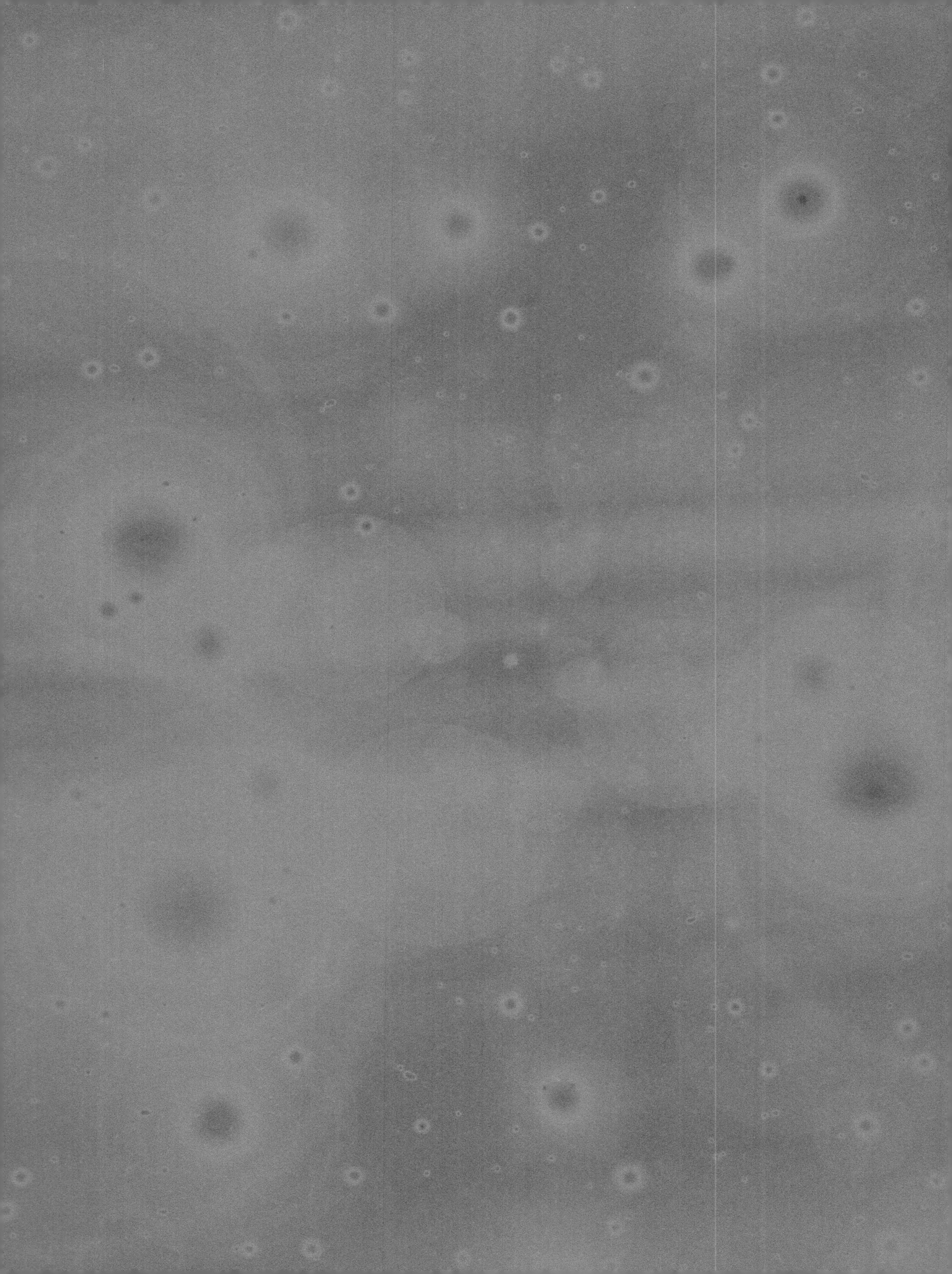

세포부터 인체까지 분자영양학

MOLECULAR NUTRITION

세포부터 인체까지

분자영양학

이명숙 · 정자용 · 권영혜 · 이미경 · 이윤경 · 강영희
권인숙 · 김양하 · 양수진 · 전향숙 · 차연수 · 최명숙

PREFACE
머리말

국내 최초로 분자영양학 저서를 내면서

최근 고령화·산업화와 더불어 급증하는 현대인의 질병은 예방 및 치료 측면의 기능성 식품 및 기능성 영양소의 인체 대사 기전규명에 집중하면서 '분자영양학'이라는 새로운 학문분야가 정착하게 되었습니다. 특히 인체유전체사업의 완성 이후 급속도로 발전하고 있는 분자생물학의 'Omics' 기술과 더불어 분자영양학은 의학, 한의학, 약학, 생명과학, 수의학, 농생명공학, 해양수산학, 질병역학 및 스포츠영양학 등 가히 놀랄 만한 영역으로까지 융합되고 있으며, 이를 바탕으로 새로운 통섭분야가 탄생하고 있습니다.

이와 같이 분자영양학의 학문적 발전에 비하여 관련 분야를 공부하는 학생들과 이를 접목하여 가르칠 교수님들에게 적당한 기본 교재가 없었던 것은 사실인지라 필요한 목차를 구성한 이후 해당 분야의 전문가를 모시고 저술하기에 이르렀습니다. 본 교재는 총 3부(기초, 영양소와 유전자 발현, 질병에의 응용)로 구성하였으며, 1부는 분자영양학의 기초를 이명숙·양수진·차연수·이미경·전향숙·이윤경·권영혜 교수님이, 2부는 당질, 지질, 비타민 및 무기질의 유전자 발현과 그 조절 기능에 대해 김양하·정자용·차연수·강영희·권인숙 교수님이, 3부는 대사증후군, 비만, 심혈관계, 암 및 노화과정의 유전자 발현과 그 조절 기능 등을 이명숙·최명숙·권인숙·권영혜·양수진·전향숙 교수님이 집필하셨습니다.

따라서 1부와 2부는 학부에서, 3부는 대학원에서 학문의 기초를 공부할 수 있으며, 이를 바탕으로 교수님께서는 자신의 전공부분을 보완 및 추가하여 강의하실 수 있도록 준비하였습니다. 영어 용어의 한글표기법은 《식품과학사전(한국식품과학회 편)》을 고려하였지만 익숙한 통용영어는 그대로 사용하였음을 양해바랍니다.

국내 최초로 '분자영양학'에 대해 책을 집필한다는 부담감 때문에 저자와 출판사 모두에게 힘겨운 일이었으나 끝까지 애쓰신 총 12분의 교수님들, 특히 편집과 교정에 도움을 주신 정자용, 권영혜, 이미경, 이윤경 교수님과 교문사 편집진께 무한한 감사를 드립니다. 마지막으로 여전히 미비한 점이 많이 발견되지만, 추후 분자영양학을 사랑하시는 더 많은 전문가께서 주시는 아낌없는 조언을 바탕으로 새롭게 거듭날 여지를 남겨 두는 것이라 이해하여 주시기 바랍니다.

2015년 4월

저자 대표 이명숙

CONTENTS
차례

CHAPTER 9 피토케미컬 (강영희)

PART 3 질병과 분자영양

CHAPTER 10 대사증후군 (이명숙)

CHAPTER 13 퇴행성 신경질환 (권영혜)

PART

1

분자영양의 기초

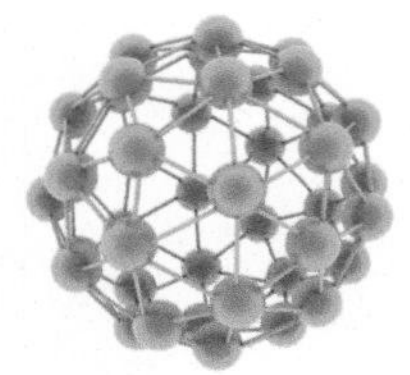

CHAPTER 1
분자영양학의 핵심개념과 분자생물학적 기술

1 분자영양학이란?

1) 정의

인간유전체사업 (Human Genome Projects)

인간의 유전체(genome, 게놈)에 있는 30억 개의 뉴클레오티드 염기쌍의 서열을 밝히는 것을 목표로 미국, 영국, 일본, 독일, 프랑스 5개국과 Celera Genomics라는 민간법인의 후원으로 이루어진 국제공동 과학연구사업임. 1987년부터 15년 계획으로 이루어졌으며, 2000년 90% 이상 게놈 초안을 밝히면서 2005년에 99.9% 목표를 달성함

'분자영양학'이란 인체에서 발생하는 모든 생리학적 혹은 생물학적인 현상을 분자 수준에서 이해하고자 하는 분자생물학의 근간을 바탕으로 한다. 2005년 **인간유전체사업**을 통하여 인간 유전자수가 2,500개로 확인되면서 유전자가 생명현상의 특징인 인종, 성별, 체형, 환경에 대한 적응력, 영양요구도, 노화 및 수명연장까지 모든 정보를 가지고 있다는 것을 알게 되었다. 그러나 유전적 배경이 같은 쌍둥이에서도 영양섭취의 양상과 정도에 따라 나타나는 표현형$_{\text{phenotypes}}$은 매우 다른 양상을 보이면서 유전자형$_{\text{genotypes}}$에 영향을 주는 영양, 운동 및 질병 등의 환경인자에 관심을 가지게 되었다. 특히 가장 영향력이 있는 인자로써 영양소가 부각되면서 발전한 학문영역이 분자영양학이다. 우리가 섭취하는 식품에는 생물학적 활성을 가진 다양한 화학물질의 혼합물로 이루어져 있으며 영양성분(비타민, 무기질, 지방산)이든 비영양성분(phytochemical과 같은 저분자 nutraceuticals 혹은 다른 대사산물)이든 이러한 물질이 인체의 유전자를 조절하는 신호로 작용하기 때문에 그 효과는 분자 수준

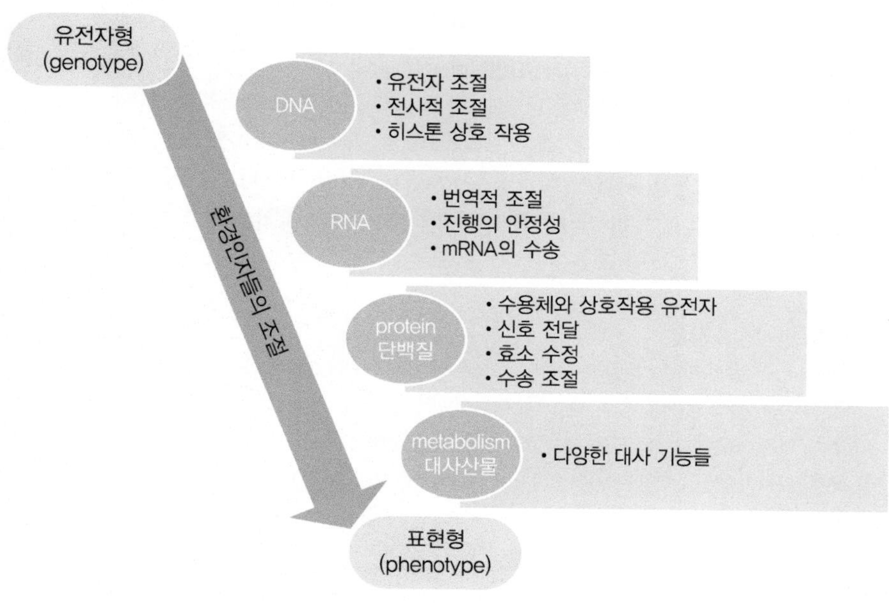

그림 1-1 분자영양학의 중심이론

molecular level에서 발생하며 질병 등에 중요한 영향을 미친다.

결론적으로 '분자영양학'이란 인체가 생존을 위하여 섭취하거나 생체에서 합성 혹은 분해하는 과정에서 생기는 영양소 분자 및 대사체 분자들이 생물학적 현상의 발현에 미치는 영향을 연구하는 학문이다. 단, 어떠한 유전자가 영양물질과 상호작용을 하는지를 분석하기 위하여 분자생물학적 '오믹스Omics 기술로써 유전체학genomics, 전사체학transcriptosomics, 단백질체학proteomics, 대사체학metabalomics'을 도구로 이용하고 있다. 더욱이 분자생물학 영역의 특화성에 따른 분석기술의 끊임없는 발달로 인하여 현재 생명과학 분야를 비롯하여 식품영양, 의학, 수의학, 한의학, 체육학, 농림수산학 등 여러 분야에서 매우 구체적으로 적용되고 있다 **그림 1-1**.

유전자형(genotypes)과 표현형(phenotypes)

유전인자에 의하여 생물 내부적으로 결정되는 숨겨진 형질을 유전자형이라고 하고, 이로 인하여 실제로 관찰되는 성질을 표현형이라고 하는데, 예를 들면 형태, 발달 및 행동, 물리적 특성 등을 포함한다. 따라서 개체 특성의 유전성이 있느냐는 관점이 상호 대비된다. 그러나 근대에는 사용하는 유전자형이라는 말은 관심 있는 표현형을 나타내는 일련의 유전자 집합을 가르키는 경우가 많다.

오믹스(Omics) 기술

Genomic한 유전체학의 등장과 더불어 탄생한 용어이다. Gene(유전자)+ome(총체)+ics(학문)이라는 신규어를 이용하여 특정 게놈에서 특징적으로 발현하는 단백질 연구를 proteomics(단백질체학), 특정 조건에서 생성되는 대사물질의 연구를 metabolomics(대사체학)이라고 명명한다. 이러한 신규 기술들이 파생된 공통접미사인 '–omics'를 가지고 있어서 오믹스 분야, 오믹스 기술이라고 한다.

2) 분자영양학 연구방법론

(1) 영양유전체학(Nutrigenomics)

유전자와 유전자산물 및 유전 등에 영향을 미치는 분자들의 생물학적 현상을 연구하는 '분자유전학'의 연구형태를 도입한 것이다. 특히 영양소의 결핍 혹은 과잉으로 인하여 발생하는 질병을 연구하는 영양학의 영역에 유전체학적 해석을 접목시켜서 발전시킨 연구분야를 '**영양유전체학**nutritional genomics, nutrigenomics'이라고 한다. 최근 영양유전체학은 유전체의 기능과 구조를 밝히고 적용화하는 **고효율적 과학기술**의 도움을 받아 영양과 유전체, 유전체와 유전체의 관계가 질병발생 과정에 미치는 영향을 규명하기에 이르렀다. 큰 의미의 영양유전체학 범주는 생리활성을 가지는 영양분자들의 유전자 발현, 단백질 발현 및 염색체 후생유전학 분야를 비롯하여 대사과정에서 동반되는 대사체 발현 분야 등 모두를 포함한다. 그러나 이 책에서는 분야별로 접근하는 연구방법이 다를 수 있으므로 1부에서는 연구방법과 분자영양학의 영역별 접근법에 중점을 두고, 2부에서는 영양유전체학의 실질적인 연구방법에 중점을 둔다. 결론적으로 영양유전체학의 발전은 영양소가 어떻게 관련 대사의 항상성을 조절하는지, 조절기능이 손상되었을 때 발생하는 질병의 과정에서 유전체 발현 정도

고효율적 과학기술 (high throughput technologies)
대용량

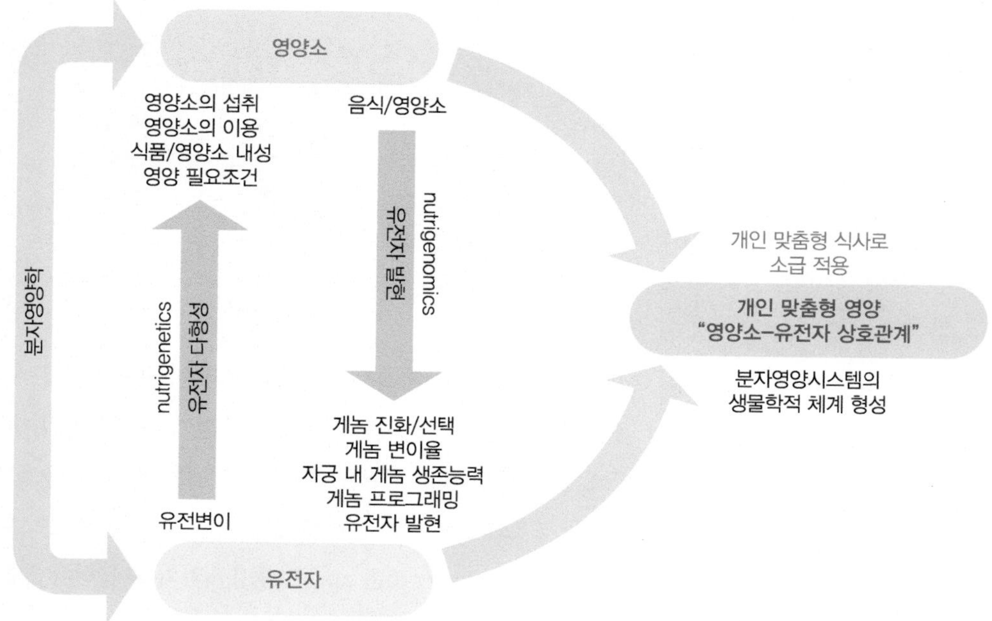

그림 1-2 개인 맞춤형 영양을 위한 분자영양적인 영양유전체학 접근방법: Nutrigenomics와 Nutrigenetics

에 따라 인체의 민감도는 어떻게 다른지 등을 규명할 수 있다 **그림 1-2**. 특히 영양유전체학은 어떤 질병의 증상이 발현되기 이전의 단계로 해석이 가능하여 질병의 개인 맞춤형 예방법 중 1차적으로 접근하는 영양치료에 기여하므로 현재 가장 주목받는 영역임에는 틀림이 없다.

(2) Nutrigenetics

영양소 및 식품 자체가 유전자 및 단백질 발현에 영향을 주는 현상을 nutrigenomics라고 한다면 유전자 변이에 따라 영양소의 흡수와 이용 등 대사 변화에 영향을 주는 현상을 설명함으로써 유전자로 인한 생물학적 변이를 설명하는 것을 nutrigenetics라고 한다. 여기서 우리는 단일염기다형성(SNP)의 개념을 이해하여야 한다. SNP는 유전학적으로 single base allele의 빈도가 1% 이상 관찰되는 핵산 수준에서의 다형성polymorphism을 말한다. 개인별로 나타내는 영양소대사의 차별적 차이는 유전적 성향으로 나타나며 SNP가 이러한 현상을 잘 설명할 수 있는 marker이다. 가장 좋은 예로, 아포지단백 E(apo E) 단백질은 카일로미크론chylomicron(소장에

SNP
single nucleotide polymorphism

apo E
apolipoprotein E

단일염기다형성(SNP)

인간유전체 1,000쌍마다 나타나는 단일염기쌍의 개체별 차이를 말한다. 인간은 99.9%의 유전자가 일치하지만, SNP의 차이로 피부, 머리카락, 체질, 질병 등 유전적 특성이 나타나며 약 DNA의 0.1%에 해당한다. 따라서 SNP 연구는 맞춤영양과 맞춤의학 등에 이용되어 질병의 치료뿐만 아니라 조기진단 및 예방에도 획기적인 정보를 제공한다. SNP 유전자 지도는 집합체인 일배체형에서 비롯된 'Hap Map'이라고 부른다.

VLDL
very low-density lipoprotein

HDL
high density lipoprotein

LDL
low density lipoprotein

서 흡수된 지질운반체), VLDL(간에서 합성된 지질운반체), HDL(간 이외 조직에서 제거되는 지질운반체) 등의 지단백질 외곽 부분의 구성성분으로 순환계로부터 조직 내로 지질(중성지방 및 콜레스테롤)을 운반하여 지질을 재분배하는 중요한 역할을 한다. 즉 wild type인 ε3 allele는 조직의 apo E 수용체를 통하여 주로 중성지방으로 운반하지만, 112번 서열 차이로 생긴 ε4 isoform은 apo E 수용체와의 결합력이 2배 이상 증가하고, 118번 변이형인 ε2 isoform은 정상적인 결합력의 1/50에 불과하다. 따라서 ε4형은 간의 중성지방이 많은 지단백질의 유입(VLDL)으로 LDL 수용체 하향조절이 유도되면서 혈중 LDL을 증가시키지만, ε2는 간의 LDL 수용체 상향조절을 유도하여 혈중 LDL을 감소시키는 반면, VLDL 등의 지단백질은 담즙으로 배설시키는 정반대의 현상이 발생한다. 따라서 지질 저하를 목적으로 하는 대체지질의 중재시험을 시도하였을 때 ε3형을 가진 사람은 기대한 결과가 나타나는 반면, ε2 혹은 ε4 allele를 가진 사람에게서 반대현상이 나타날 수 있다. 이를 섭취된 대체지질의 양과 형태 등으로 결과를 해석한다면 매우 큰 오류를 범하게 될 것이다.

예를 들면, 1970년대 에스키모인들은 다른 민족보다 심혈관질환으로 인한 사망률이 매우 낮은데 그 원인으로 고등어, 참치 등 등푸른생선에 많은 EPA, DHA와 같은 ω-3 지방의 섭취가 높은 식습관에 주목을 하였다. 그러나 에스키모인들은 apo E유전자의 ε2/ε2 homozygote가 존재하지 않기 때문에 VLDL 및 카일로미크론 등 중성지방이 높은 지단백질의 유입이 낮으며, 게다가 중성지방 저하효과가 뛰어난 ω-3 지방산이 심혈관질환 억제에 시너지 효과를 보인 것이다 **그림 1-3**. 상대적으로 많은 ε4 동형 단백질 때문에 LDL 상승을 억제하지는 못하므로 궁극적으로는 원인을 알 수 없다. 즉 nutrigenomics/nutrigenetics의 연구는 동전의 양면과 같아서 둘 다 동시에 연구되

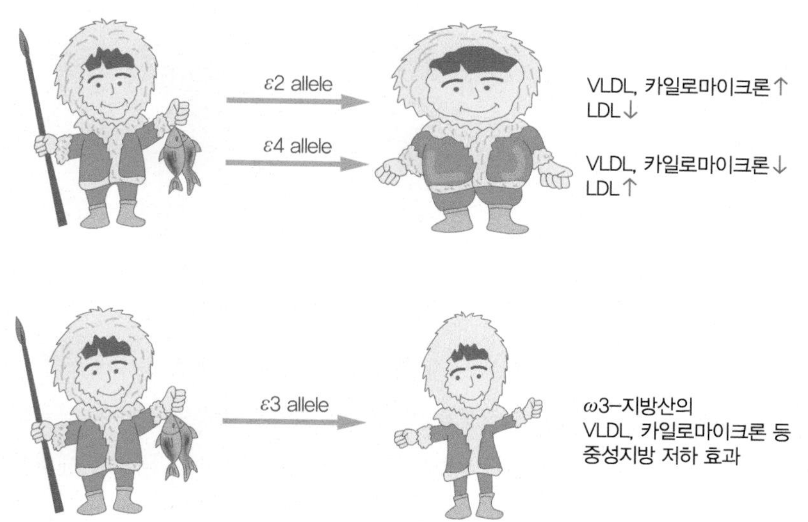

그림 1-3 apo E 유전자 다형성에 따른 혈중지질의 변화(nutrigenetics의 예)

어야만 맞춤형 영양으로써 질병예방을 설명하는 충분조건이 되는 것이다.

(3) 후생유전학(Epigenetics)

유전자지도가 완성되면서 실망스러운 몇 가지 결과가 있다. 대표적인 것이 인간유전자가 초파리나 생쥐보다 많지 않은 25,000개 정도이며, 과연 이들이 인간의 복잡한 생명현상을 설명할 수 있는가? 하는 문제이다. 더욱이 인간과 생쥐의 유전자는 99%가 일치하고 오직 300개만 차이가 났다. 따라서 유전자는 질병이나 생리현상의 결정적 인자라기보다 필요조건이라는 점이 대두되면서 1980년 히스톤 조작histone modification, DNA 메틸화methylation와 같이 유전자 구조 이외 외부인자에 의하여 유전자 발현이 조절된다는 것을 생각하였다. 이는 epigenetics, epigenomics 혹은 후생유전학, 후생유전체학이라는 새로운 연구분야로 발전하였다. 또한 외부인자가 유전자 발현에 영향을 주는 요인으로는 자궁 내 환경, 음식, 흡연, 감염, 스트레스, 환경오염, 사회적 환경, 운동, 음주, 약물 등 수없이 많다. 특히 태아는 영양소에 의한 유전자 발현에 매우 민감하게 반응하기 때문에 특정 영양소의 부족 및 과잉은 성인 질병으로 진행하는 데 있어서 조기 발현early onset disease에 기여한다. 이를 metabolic imprinting, developmental programming, fetal epigenetics라고 한다. 즉 어릴 때

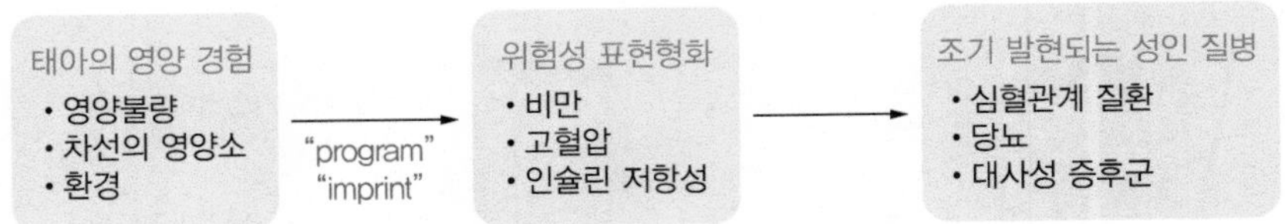

그림 1-4 인체영양과 건강에 미치는 태아후생유전학의 영향

특정 영양소에 좌우된 유전자 변이는 특정 영양소의 흡수 및 이용 등을 변화시켜서 tolerance/intolerance를 일으키게 된다 **그림 1-4**. 좋은 예로, 1944년 2차 세계대전 당시 독일에 봉쇄된 네덜란드 산모들은 극심한 영양결핍으로 인하여 심각한 저체중아가 태어났고, 이들이 자라면서 비만과 당뇨병을 앓았으며, 이후 몇 세대까지 유전되었다. 미국 오레곤주립대의 Linus Pauling 연구소에서는 유기 셀레늄(Se)을 많이 함유한 전곡, 양파, 브로콜리, 배추, 어패류 등을 섭취한 결과, 히스톤의 아세틸화가 촉진되어 대장암 및 전립샘암의 진행을 막을 수 있었다는 결과를 발표하였다. 그 외에도 다양한 피토케미컬phytochemicals이 암억제 유전자인 p21, p53의 부위에서 히스톤 아세틸화가 증가함으로써 암을 억제하였다는 보고도 다수 알려져 있다. 미주리대에서는 규칙적인 운동을, 하버드대에서는 명상을, 캐나다 맥길대는 좋은 행동습관을, 샌프란시스코대의 Ornish 박사는 이 모두를 종합한 생활습관 교정 등이 후생유전자를 통하여 유전자 발현에 영향을 미친다고 하였다. 이는 생활습관의 교정이 질병의 발생 여부를 결정한다는 매우 중요한 근거로 제시되기 시작하였다. 즉 인간유전체사업의 결과로 인하여 기존 유전학은 빙산의 일각이며 오히려 유전자 이외 요소의 중요성을 알게 되면서 집단대상 후생유전학은 임상영양 혹은 보건건강영양분야에서 질병 예방을 위한 유전자 정보를 가지는 개인 맞춤형 식사치료가 가능하게 한 혁명적 개념으로 발전할 가능성이 매우 높다.

(4) 대사체학(Metabolomics)

대사체학이란 세포 또는 조직 내 대사체의 순환, 분비 변화 등을 체계적으로 확인·정량하고, 그 결과로부터 대사체군metabolome을 다양한 생리·병리적 상태와 연관지어 대사체 네트워크를 다시 해석하는 총체적 연구이다. 따라서 특정 질환의 대사체 변화를 이해하고, 대사체 변화를 검출 및 확인하기 위한 초정밀분석기술과 그 결과를 생체의 생리적 상태와 연관지어 해석하기 위한 통계분석이 중요한 기술이다. 초정밀분석기술인 프로파일링 연구는 크게 대사체를 총체적으로 분석하는 피표적대사세 프로파일링과 지방질, 호르몬 등과 같은 특정 대사체를 분석하는 표적대사체 프로파일링으로 나눌 수 있다. 이에 미량 분석기기인 기체크로마토그래피/질량분석기, 액체크로마토그래피/질량분석기 또는 미세전기영동기/질량분석기, 핵자기공명분광법 등 최첨단 분석기자재들은 필수적이다. 궁극적으로 오믹스 분야는 인간 유전자지도의 완성으로 각광을 받았던 유전체학에서 시작되었지만, 대사체학은 미지의 유전자들의 기능을 밝혀내고자 하는 유전체학 또는 어떤 환경에서 체내 단백질의 발현을 연구하는 단백질체학proteomics의 연구방향과는 다르다 **표 1-1**.

단백질체학(proteomics)

게놈연구가 완성되면서 생체에서 실제로 기능을 하는 게놈(functional genome)에 대한 정보가 필요함에 따라 단백질 발현, 전이 후 과정 및 단백질과의 결합 형태 등을 연구하는 분야이다. 즉 유전체 구조와 세포 내 기능의 상호작용 및 네트워크 등을 질병과 연계하여 총괄적으로 이해하고자 하는 학문이다.

표 1-1 Omics 분야의 기술비교

연구분야	유전체학	단백질체학	대사체학
연구대상	유전자	단백질	대사산물
분석대상	10,000 >	5,000~200,000	100~1,000
분석기술	DNA sequencing	two D gel peptide mass fingerprinting	NMR, Mass Spec
연구대상 물질수	30,000	10,000	3,000
연구내용	염기서열 분석 유전자지도 작성	단백질 분리 및 기능 분석	대사체 분리 정량, 기능 조절
연구결과	진단표식인자	진단표식인자 작용점 발굴	진단표지대사체 작용점 발굴, 대사조절물질 개발

대사체학은 단백질의 기능에 따른 생리작용이나 병리작용과 직접 관련되는 생화학적물질 변화, 즉 표현형을 반영하기 때문에 대사체 변화로 설명할 수 있다는 장점을 가지고 있다. 대표 활용범위는 진단분야로 대사체 프로파일링의 분류에 의해 질병의 진단표식인자 도출이 용이하며, 나아가 군집 패턴 분석을 이용한 생체지표 도출도 가능하게 된다. 대사체 핑거프린틴법 또는 대사체 표현형 진단법은 질병의 진단 및 예방에 마치 DNA 프로파일링이나 DNA 핑거프린팅과 같이 유용하게 사용될 수 있고 이를 통하여 신약 개발도 가능하다. 예를 들면 ^{1}H 및 ^{13}C 핵자기공명분석기 NMR를 이용하여 퇴행성 관절염, 류머티즘성 관절염 및 외상환자의 무릎의 활액에서 다양한 내인성 성분을 분석하였는데, 당단백glycoprotein의 N-아세틸군 및 중성지방의 양과 밀접한 상관성이 있음을 보였다. 또한 암의 조기진단인자로 과인산 추출물에서 NMR 분석이 진행되고 있어서 질병과 관련 있는 물질을 확인하여 환경 및 유전적 요인에 의한 패턴 변화를 추적한다면 건강 유지나 질병을 예방할 수 있는 식품 제안도 가능하다. 따라서 의학분야 외에도 독성환경분야(내분비장애물질), 미생물분야(대량생산기술 응용), 천연물식품분야(다양한 공정과정과 가공시장 확보), 식물분야(산지 및 품종 확인) 등 응용이 가능한 분야는 무궁무진하다.

3) 분자영양학의 도전 및 제한점

(1) 개인 맞춤형 치료 및 맞춤형 예방법에 따른 영양유전체학 연구디자인의 차별화

치료와 예방은 연구방법의 접근 자체가 다르다. 치료를 근간으로 하는 연구는 이미 발생한 질병의 증후군을 억제하는 데 관련된 바이오마커 및 유전자 중심 연구라 하겠다. 반면 예방을 근간으로 하는 연구의 경우에는 질병관련 조직 자체의 분화/증식 혹은 대사 이상에 기여하는 인자를 비롯하여 질병의 시스템 및 합병증에 관여한 모든 조직을 대상으로 관련된 바이오마커 및 유전자를 추적하는 방식이다. 아울러 개개인의 관련 유전자 다형성에 따른 발현 정도에 이르기까지 그 영역을 추적하기 위해서는 분자생물학적 도구, 유전체, 전사체, 단백질체, 대사체 기술 모두를 동원하여야 하는 어려움이 있다. 따라서 질병을 치료 및 예방하는 영양문제가 단순히 어떤 식품을 추천하는 단계 혹은 영양소별 대사를 추적하는 데 그치지 말고 관련 질병까지 연계한 영양정보체계를 위한 시스템이 구축되어야 한다. 이에 질병과 관련된 분야의 기초연구를 위하여 영양, 운동, 분자생물, 화학, 의학, 약학, 통계 등 분야별 최신 기술을 접목시킨 학제 간 융합연구가 필요하다.

(2) *In vitro*-, *In vivo*- 및 인체 중재시험에 이르는 영양유전체학 적용

질병의 치료 및 예방을 위한 영양인자의 역할을 규명하기 위해서는 세포 및 동물시험법이 샘플의 유용성 및 조절의 자율성 때문에 가장 접근이 쉽다. 그러나 영양유전체학의 최종목표는 영양성분이 '인간의 질병 예방'에 미치는 과학적 근거를 밝히고 개인 맞춤형 영양personalized nutrition을 실현하는 것이므로 인체 중재시험은 최종적으로 반드시 필요하다. 그러나 인체 중재연구의 어려움 등을 이유로 세포와 동물시험을 사전시험으로 주로 이용하고 있으나, 단일 물질 처치에 따른 세포와 동물시험조차도 관찰된 각각의 유전자 발현이 동일하지 않은 경우가 허다하고, 일치한다고 하여도 대부분 인체시험에서 유사한 결과를 갖기가 매우 힘들다. 따라서 질병의 종류와 인체의 대사적 양상에 따른 발현유전체지도를 구성하거나 동일 혹은 유사한 발현양상을 가진 세포 및 동물시험 모델을 찾아서 1차적으로 규명하는 것이 무엇보다 중요하다. 그후 2차적으로 KO-(유전자 삭제knock out) 혹은 유전자 변형 모델transgenic model에서 같은 결과를 얻으면 인체시험에서도 동일한 결과를 가질 확률이 높기 때문에 이러한 단계적인 결과를 제시할 경우 인체시험의 승인이 유리하다.

(3) 유전자형에 따른 인종 및 성별 간 표현형 발현 양상 차별성 규명

기술적으로 앞선 서방의 연구내용을 참조하여야 하지만 무엇보다 중요한 것은 우리나라 사람의 질병 특성은 무엇인지를 파악하는 것이다. 종족의존적 발현이 민감한 관련 유전자의 연구인 경우, 특히 우리나라 사람을 대상으로 하는 임상중재연구가 반드시 필요하다. 비만의 경우를 예로 들면, 우리나라의 비만유병률은 선진국과 달리 지질 섭취보다는 당질 섭취가 증가하는 식습관으로 인하여 비만이 발생하므로 중성지방 축적 및 인슐린 저항성에 매우 민감하다는 점 등이 임상연구의 좋은 지표가 된다. 또한 신체활동의 경우에도 운동시간, 운동빈도, 운동강도 등이 유전자, 영양 그리고 인슐린 대사 등 경로를 공유하는 경우가 많으므로 이를 고려한 실질적인 개인 맞춤형 프로그램만이 성공 가능성이 높다.

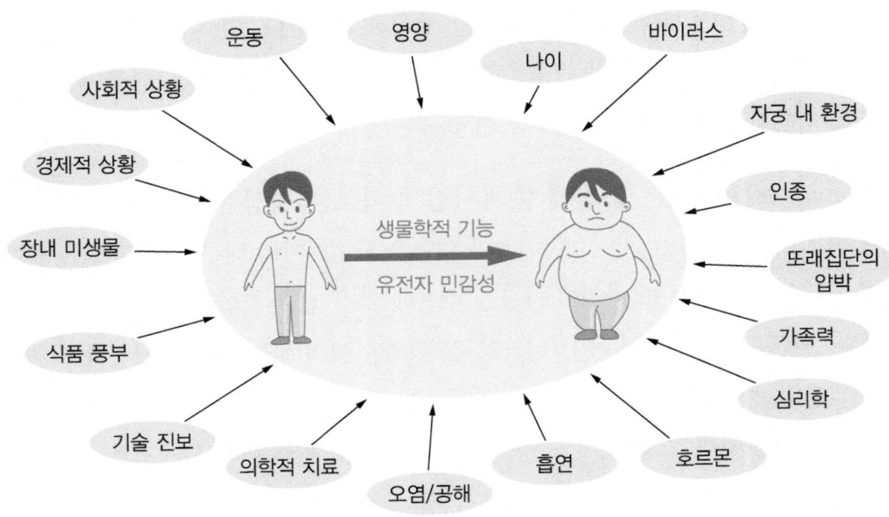

그림 1-5 유전자 민감성에 영향을 주는 환경인자의 상호 관련성
자료: PLos genetics, 2006 보정

질병은 노화, 식습관, 생활습관, 경제적 상황 등 여러 환경과 연계되어 발생하므로 유전자-환경의 상호 관련성gene-environments interaction을 배제할 수 없으며, 게다가 개체마다의 유전자에 대한 민감성susceptibility 또한 이들 관계에 영향을 미친다 **그림 1-5**. 따라서 질병관련 영양유전체연구를 위하여 반드시 대상국가의 인종적·성별 특성에 따른 식습관 등의 환경인자를 고려한 유전자연구가 진행되어야 한다.

(4) 영양섭취기준 범주: 식품과 영양소

영양유전체학 연구에서 가장 중요한 부분으로 유전자 변이에 따른 관련 영양소의 권장량을 제시하여야 진정한 맞춤형 영양으로써의 가치를 가지며 그 범주는 **평균필요량**(EAR)과 **상한섭취량**(UL) 사이의 수준이어야 한다. 즉 유전자 맞춤형 임상중재연구를 하였을 때 유전자 변이형을 가진 대상이 관련 특정 영양소의 섭취가 과잉으로 요구되는 결과를 도출하여도 **영양섭취기준**(DRI)의 상한기준을 섭취권장량으로 해석하여야 한다는 것이다. 예를 들면, 엽산의 1일 권장량(RDA)은 400 μg/day이다. 엽산의 단일 탄소 대사에 관여하는 MTHFR 유전자 SNP 677C > T의 변이형을 가진 사람에게 필요한 엽산량은 임상중재시험 결과 1.2 mg/day이었다. 이때 엽산의 최저 독

DRI
dietary reference intake

RDA
recommended dietary allowance

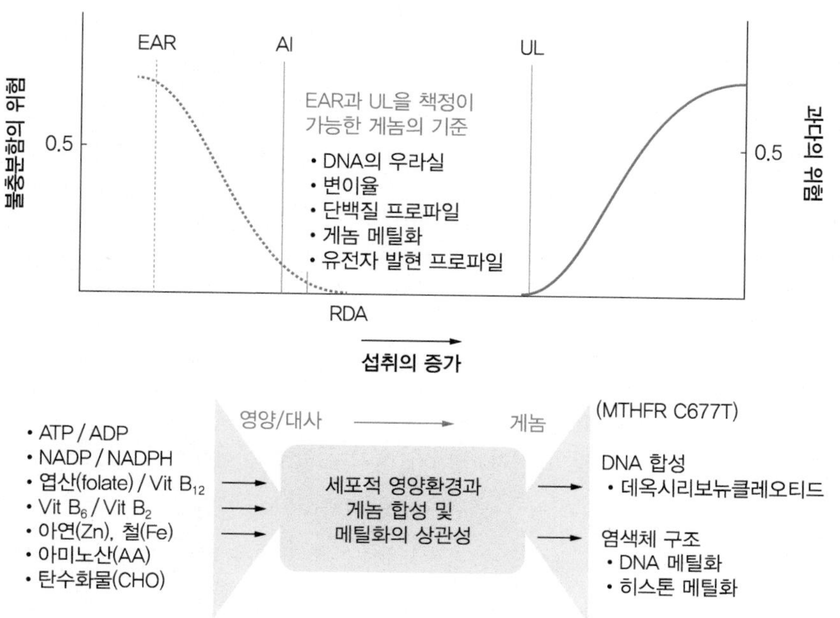

그림 1-6 엽산 결핍증과 MTHFR C677T 다형성 간의 영양유전체 연구를 통한 DRI 설정 배경

평균필요량(EAR, estimated average requirement)

대상집단을 구성하는 건강한 사람들의 절반에 해당하는 사람들의 일일 필요량을 충족시키는 값

권장섭취량(RNI, recommended nutrient intake)

평균필요량(EAR) + (표준편차의 2배)

충분섭취량(AI, adequte intake)

영양소 필요량에 대한 자료가 부족하여 권장섭취량(RDA)를 산출할 수 없는 경우에 제시함. 주로 역학조사에서 관찰된 건강한 사람들의 영양소 섭취기준을 기준으로 정함

상한섭취량(UL, tolerable upper intake level)

유해영향이 나타나지 않는 최대영양소 섭취 수준

성 수준인 UL이 1.0 mg/day이므로 MTHFR 677C > T의 T형을 가진 사람의 하루 엽산 섭취량은 1.0 mg/day를 초과하 수 없다 **그림 1-6**. 더욱이 생체세포 DNA 분자에 영향을 미치는 영양소는 우리가 섭취하는 식품에서 얻어지므로 각각의 단일 화합물의 경우도 유전자 맞춤형 섭취 기준을 설정하기가 어려우며, 식품 형태의 복합 화합물을 섭취할 경우 유전자 발현을 총체적으로 설명하는 것은 더욱 복잡하다. 따라서 최근에는 주요 대사별 장애를 가진 개인의 경우 주요 유전자 다형성에 따른 식품 맞춤형 영양학 중심의 연구가 필요하다는 주장이 제기되고 있다.

결론적으로 질병의 예방은 치료보다 효과적인 방법이며, 예방적 차원에서 건강증진은 영양과학뿐만 아니라 의학적 차원에서도 중요한 장기적인 목표이다. 최근 분자생물학과 생물정보학의 급속한 발전 덕분에 영양유전체학은 질병의 예방을 위한 맞춤영 영양 시스템에 큰 역할을 할 것이다.

2 유전자의 구조, 발현 및 조절

DNA
deoxyribonucleic acid

유전자gene는 염색체에 존재하는 DNA의 서열 가운데 유전정보를 가지는 부분이고, 유전정보의 저장, 전달 및 단백질 합성 등에 관련된 유전정보를 제공한다. DNA는 염기, 인산, 당으로 구성되는 뉴클레오티드nucleotide의 중합체인데, 각 유전자의 염기 서열과 발현 수준은 각 개체의 특성을 결정한다. 개체의 보존과 정상적인 기능을 위해서는 유전자의 복제replication, 전사transcription, 번역translation 과정과 조절작용이 정확하게 이루어져야 한다. 방사선, 화학적 돌연변이원, 자연발생적 변화 등에 의한 유전자 변이가 생기거나 특정 자극에 의해 비정상적인 유전자 발현이 일어나면 치명적인 손상을 초래할 수 있으므로 유전자 변이가 생기지 않도록 예방해야 하고, 변이로 인한 손상 발생 시 이에 대한 적절한 복구작업이 이루어져야 한다.

본 절에서는 유전자의 구조와 기능을 이해하고 유전자를 발현시키는 RNA 전사와 단백질을 합성하는 번역과정을 설명하고자 한다. 또한 유전자의 발현 및 번역의 조절과정을 전사단계에서의 조절, 전사 후 조절, 번역단계에서의 조절, 번역 후 조절로 나누어 알아보기로 한다.

1) 유전자의 구조

RNA
ribonucleic acid

DNA와 RNAribonucleic acid는 염기와 당이 결합된 뉴클레오시드nucleoside에 인산기(P_i)가 연결된 뉴클레오티드들이 연속적으로 결합된 폴리뉴클레오티드인 핵산nucleic acid이고, 핵산에는 염기와 연결된 오탄당의 종류에 따라 DNA와 RNA가 있다.

(1) 핵산의 구성

뉴클레오시드는 염기와 당이 결합된 화합물로서, 염기는 구조에 따라 퓨린purine 염기와 피리미딘pyrimidine 염기가 있다. 퓨린 염기는 아데닌adenine, A, 구아닌guanine, G이고, 피리미딘 염기는 사이토신cytosine, C, 티민thymine, T, 우라실uracil, U 등이 해당한다. 핵산을 구성하는 당은 데옥시리보스deoxyribose와 리보스ribose이다. 이 중 RNA에 특이적인 구성 염기와 당은 우라실과 리보스이다. 뉴클레오티드는 염기와 당이 결합된 뉴클레오시드에 P_i가 연결된 화합물이고, 이 뉴클레오티드가 순차적으로 연결된 것이 핵산이다 **그림 1-7**.

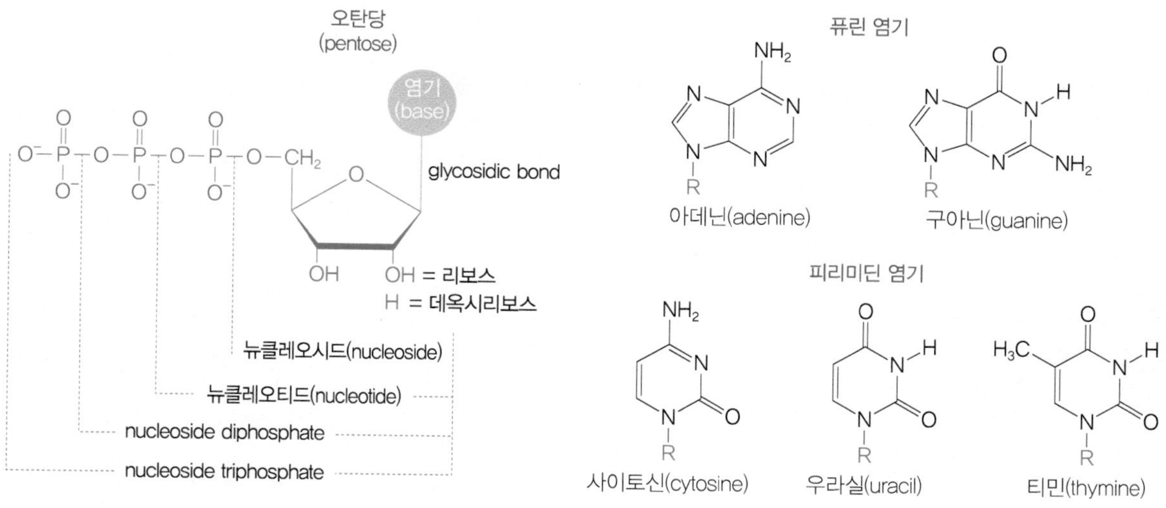

그림 1-7 핵산의 구성

DNA 이중나선은 상보적 염기쌍 사이의 수소결합과 소수성 염기들이 서로 겹쳐지는 반데르발스의 힘에 의해 형성된다. DNA의 두 가닥 폴리뉴클레오티드는 안쪽으로 각각의 소수성 염기들이 위치하면서 서로 마주보며 A와 T는 이중 수소결합에 의해, G와 C는 삼중 수소결합에 의해 결합되어 염기쌍을 이룬다. 이와 같은 염기쌍의 상보성은 정확한 유전정보의 전달에 있어 중요하고, 소수성 염기들의 반데르발스의 힘은 DNA 이중나선의 안정화에 기여한다 **그림 1-8**.

DNA와 RNA의 구조는 기본적인 골격은 유사하나, RNA는 DNA의 데옥시리보스 대신 리보스, 티민 대신 우라실로 구성된다. RNA는 단일가닥의 염기들이 우선성 나선구조를 가지고, RNA 또는 DNA 가닥과 상보적으로 결합할 수 있다.

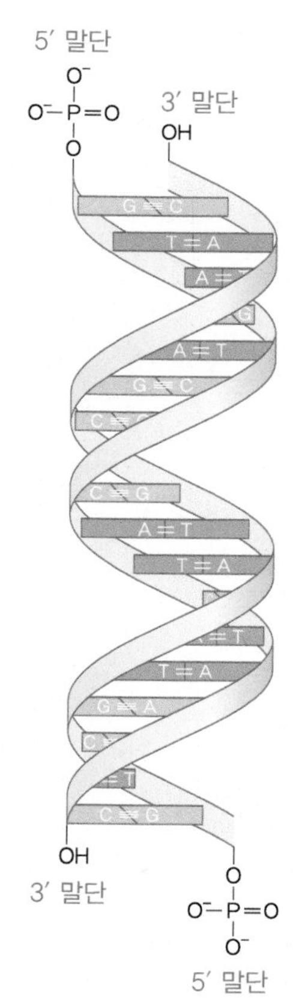

그림 1-8 DNA 이중나선 구조

(2) 유전자의 구성요소

유전자는 전사되어 RNA를 만들 수 있는 DNA 부분이고, 진핵세포의 유전자는 하나의 mRNA가 하나의 단백질을 만든다. 진핵세포의 유전자는 인트론$_{\text{intron}}$, 엑손$_{\text{exon}}$, 프로모터$_{\text{promoter}}$ 부위로 나뉜다 **그림 1-9**.

그림 1-9　유전자의 구성요소

primary transcript
hnRNA, pre-tRNA, pre-rRNA

인트론은 일차 전사체primary transcript로는 전사되지만 전사 후 가공과정에서 절단되어 mRNA를 구성하지 않는다. 프로모터와 엑손 또는 엑손과 엑손 사이사이에 존재하고 절단되어 mRNA를 구성하지 않으므로 단백질로 번역되지 않는 부위이다. 인트론의 기능은 아직 정확히 알려져 있지 않으나 단백질로 번역되는 엑손 부위를 보존하고 1차 전사체로 전사된 후의 조절과정을 통해 비정상적으로 복제되거나 전사된 유전자가 번역되지 않도록 조절하는 기능을 담당할 것이라는 추측을 하고 있다.

엑손은 전사와 전사 후 가공과정을 거쳐 최종 mRNA를 구성하고 이후 단백질로 번역되는 부분이다. 고등생물일수록 인트론이 엑손보다 많은 양을 차지하는 경우가 많으나 히스톤 유전자와 같이 인트론이 없는 경우도 있다.

프로모터는 전사 시작점의 위치를 정하고 유전자 발현을 조절하는 스위치로서의 역할을 한다.

2) 유전자의 발현

일반적인 유전정보 물질들의 흐름에 대한 가설은 1958년 Francis Crick에 의해 처음으로 제안되었고, 이후 '분자생물학의 중심원리'의 개념으로 소개되었다. 분자생물학의 중심원리는 유전정보를 가지는 DNA가 mRNA로 발현되고 전사 후 조절과정을 거친 후 번역되어 단백질을 합성한다는 것이다 **그림 1-10**. 이는 유전정보 물질들의 흐름을 정립하여 분자생물학의 발전에 크게 기여하였다.

(1) 유전자 전사

전사는 하나의 DNA 가닥으로부터 RNA를 만들어 유전정보를 전달하는 과정으로, 세포의 핵에서 일어난다. 전사의 세 가지 구성요소는 DNA 주형가닥template, RNA 합성기질, 전사기구가 있다. 유전자가 전사되려면 DNA 이중가닥이 단일가닥으로 분

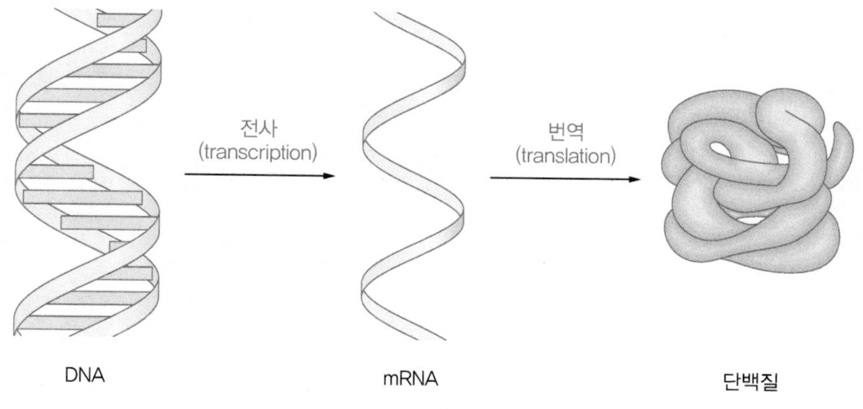

그림 1-10 분자생물학의 중심원리

리되어야 하고, 이 중 주형으로 사용되는 DNA 가닥을 주형가닥$_{\text{template strand}}$이라고 한다. 주형가닥인 DNA 가닥과 상보적 염기서열로 단일가닥의 RNA가 만들어진다. RNA 합성기질로는 ATP, GTP, CTP, UTP가 필요하다. 전사기구는 전사속도를 조절하는 단백질들의 복합체이다. 전사 결과, 세포들은 전령 RNA(mRNA), 운반 RNA(tRNA), 리보솜 RNA(rRNA) 등이 생성된다.

mRNA
messenger RNA

tRNA
transfer RNA

rRNA
ribosomal RNA

TF
transcription factor

mRNA 전사 mRNA 전사는 개시단계$_{\text{initiation}}$, 연장단계$_{\text{elongation}}$, 종결단계$_{\text{termination}}$로 구분한다.

개시단계: 전사기구복합체는 전사효소인 RNA 중합효소$_{\text{RNA polymerase}}$, 전사인자(TF), 전사활성화단백질$_{\text{transcription activator protein}}$, 공동활성인자$_{\text{co-activator}}$ 등으로 이루어진다 **그림 1-11**. mRNA의 전사는 프로모터 부위에 RNA 중합효소를 포함한 전사기구 복합체가 위치하면서 시작된다. 전사기구복합체가 프로모터 말단의 전사 시작점에 위치하면 DNA 이중가닥의 수소결합을 풀어서 단일가닥의 주형을 제공하고, RNA 중합효소는 주형가닥의 상보적 염기서열로 단일가닥의 RNA 가닥을 만든다.

연장단계: RNA 중합효소가 이동하면서 DNA 이중가닥의 수소결합을 계속 풀어주어 단일 가닥의 주형을 제공하고, 이에 상보적인 염기서열로 이루어진 RNA 전사물을 계속 생성하면서 연장시킨다.

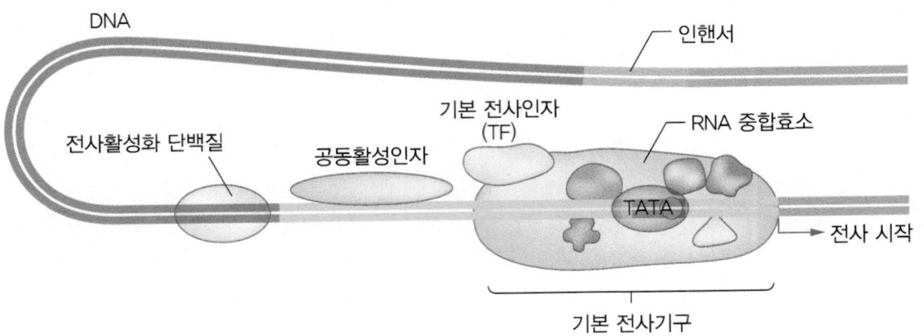

그림 1-11 전사 개시단계

종결단계: 진핵세포의 RNA 중합효소는 I, II, III 세 종류가 있고, 각각 다른 기전에 의해 전사과정을 종결시킨다. RNA 중합효소 I은 rho 단백질에 의해, RNA 중합효소 II는 Rat1 단백질에 의해 전사과정을 종결시킨다. RNA 중합효소 III는 머리핀 구조를 가지는 RNA를 형성하거나 머리핀 구조 다음에 poly(U) 사슬이 만들어지면 전사과정이 종결된다.

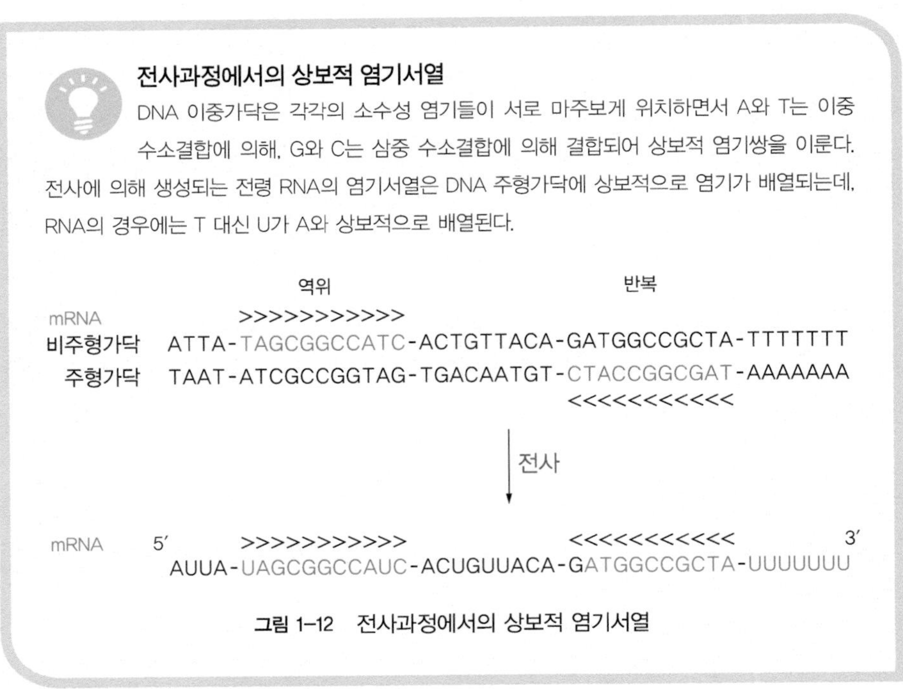

전사과정에서의 상보적 염기서열

DNA 이중가닥은 각각의 소수성 염기들이 서로 마주보게 위치하면서 A와 T는 이중수소결합에 의해, G와 C는 삼중 수소결합에 의해 결합되어 상보적 염기쌍을 이룬다. 전사에 의해 생성되는 전령 RNA의 염기서열은 DNA 주형가닥에 상보적으로 염기가 배열되는데, RNA의 경우에는 T 대신 U가 A와 상보적으로 배열된다.

그림 1-12 전사과정에서의 상보적 염기서열

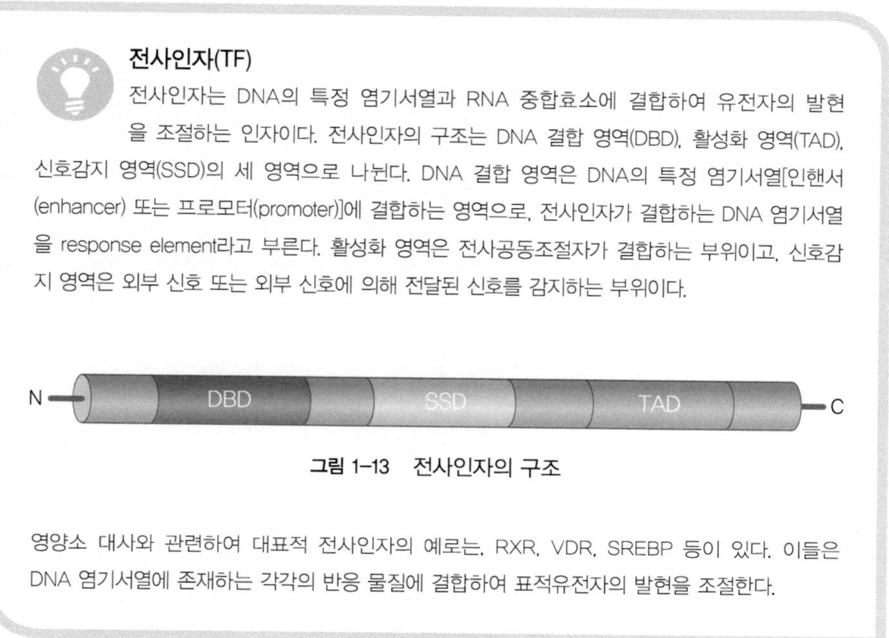

전사인자(TF)

전사인자는 DNA의 특정 염기서열과 RNA 중합효소에 결합하여 유전자의 발현을 조절하는 인자이다. 전사인자의 구조는 DNA 결합 영역(DBD), 활성화 영역(TAD), 신호감지 영역(SSD)의 세 영역으로 나뉜다. DNA 결합 영역은 DNA의 특정 염기서열[인핸서(enhancer) 또는 프로모터(promoter)]에 결합하는 영역으로, 전사인자가 결합하는 DNA 염기서열을 response element라고 부른다. 활성화 영역은 전사공동조절자가 결합하는 부위이고, 신호감지 영역은 외부 신호 또는 외부 신호에 의해 전달된 신호를 감지하는 부위이다.

그림 1-13 전사인자의 구조

영양소 대사와 관련하여 대표적 전사인자의 예로는, RXR, VDR, SREBP 등이 있다. 이들은 DNA 염기서열에 존재하는 각각의 반응 물질에 결합하여 표적유전자의 발현을 조절한다.

DBD
DNA-binding domain

TAD
trans-activating domain

SSD
signal sensing domain

RAR
retinoic acid receptor

VDR
vitamin D receptor

SREBP
sterol regulatory element-binding protein

전사 후 mRNA 가공 RNA 중합효소, 전사인자, 전사활성화단백질, 공동활성인자 등으로 이루어진 전사기구복합체에 의한 전사단계에 의해 생성된 RNA인 일차 전사체가 성공적으로 번역되기 위해서는 가공 및 변형되어야 한다.

먼저 RNA 분자의 앞쪽인 5′ 끝에 캡$_{cap}$ 구조를 결합시키고, 뒤쪽인 3′ 끝에 poly-A 꼬리$_{tail}$를 결합시킨다. 캡 구조의 형성$_{capping}$은 전사개시와 함께 바로 시작되는데, mRNA의 캡 구조는 리보솜에 의해 인식될 수 있고 핵산 분해효소$_{nuclease}$에 의한 분해작용으로부터 보호하는 역할을 하므로 전사된 mRNA의 안정성에 기여한다. Poly-A 꼬리의 첨가는 AAUAAA 서열을 인식하는 poly(A) polymerase 효소에 의해 이루어지고, 이 구조 역시 mRNA의 안정성에 기여한다.

다음 단계는 RNA 스플라이싱$_{splicing}$이다 **그림 1-14**. 전사는 세포의 핵 안에서 이루어지는데 단백질로 번역되기 위해서는 세포핵 밖으로 이동하여야 한다. 일차 전사체는 여전히 번역되지 않는 부위인 인트론을 가지고 있다. 핵 밖으로 이동하기 위해서는 인트론을 제거해야 하는데 이 과정이 스플라이싱이다. 정확한 단백질로의 번역을 위해서 이 스플라이싱은 오차 없이 정교하게 이루어져야 한다. 만약 스플라이싱 과

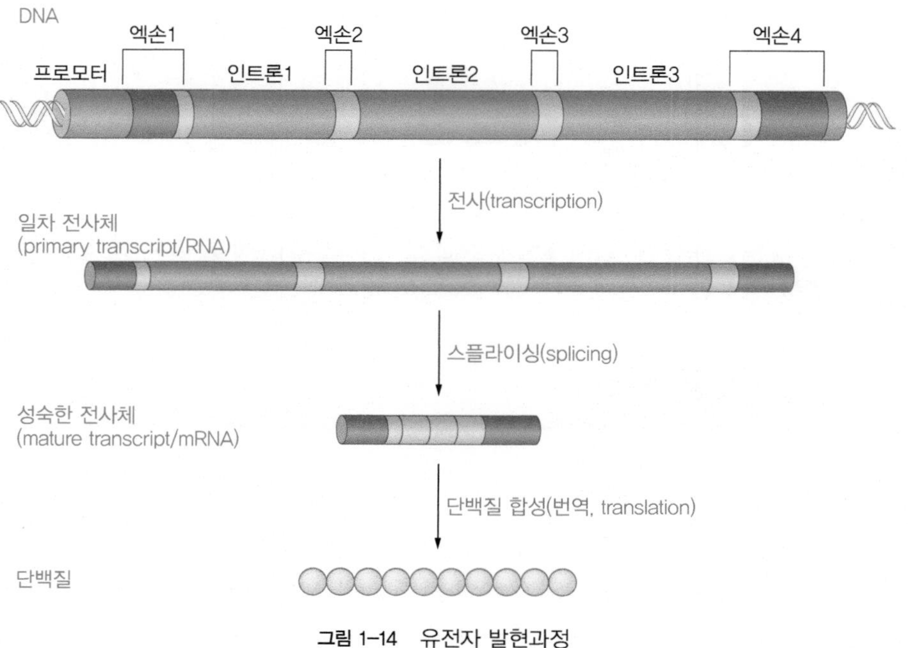

그림 1-14 유전자 발현과정

정에서 오차가 발생한다면 이후 RNA 편집에 의해 교정된다. 이러한 과정을 통해 만들어진 RNA를 성숙한 mRNA mature mRNA라 하고, 이제 핵 밖으로 이동하면 번역과정이 시작된다.

(2) 유전자 번역

유전자 번역단계 유전자 번역은 mRNA가 아미노산 염기서열을 암호화하여 단백질을 만드는 과정으로, 단백질 합성은 세포질에 있는 리보솜에서 일어난다. 번역과정은 다음과 같이 4단계로 진행된다 **그림 1-15**.

RER
rough endoplasmic reticulum

1단계: 핵에서 만들어진 mRNA가 세포핵 밖으로 방출되고 세포질 기질cytoplasmic matrix에 있는 조면소포체(RER)로 이동한다.

2단계: tRNA가 아미노산을 조면소포체의 리보솜에 붙어 있는 mRNA로 이동시킨다.

3단계: 이동된 아미노산들이 배열되고 아미노산들 간의 펩티드 결합이 형성되는데, 이를 연장이라고 한다.

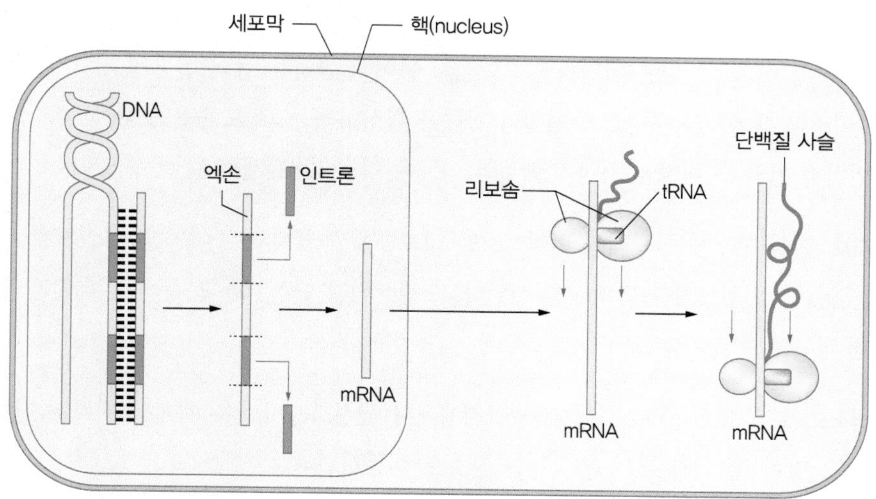

그림 1-15 유전자 번역단계

4단계: 종결코돈인 UAG, UGA, UAA 중 하나가 들어오면 상보적 안티코돈anti-codon을 가지는 아미노아실-tRNA가 존재하지 않아서 아미노산을 가진 tRNA가 들어오지 않게 되고, 연장과정의 중단과 함께 단백질 합성과정이 종결된다.

코돈(codon)

코돈은 하나의 아미노산을 암호화하는 3개의 염기서열이다. 코돈의 각 뉴클레오티드는 4개 염기(A, G, C, U) 중 하나로 구성될 수 있어 3개의 염기로 구성되는 코돈의 가능한 조합은 64개(4×4×4=64)이다. 이 중 종결코돈 3개를 제외하면 61개의 코돈이 20개의 아미노산을 암호화하는데, 이는 두 개 이상의 코돈이 한 개의 아미노산을 암호화할 수 있다는 것을 의미한다. 예로, 단백질로의 번역의 시작을 암호화하는 시작코돈은 AUG가 있고, 번역의 종결을 암호화하는 종결코돈은 UAG, UGA, UAA가 있다.

번역 이후의 단백질 변형과 이동 번역 후 각각의 단백질은 고유의 변형과정을 거친다. 독특한 접힘folding 과정을 통해 단백질은 가장 안정된 3차 구조를 형성하고, 이러한 접힘을 위해 보조 역할을 하는 샤페론chaperone 단백질의 도움을 받기도 한다. 또한 생화학적 변형과정을 거치기도 하는데 단백질 사슬의 일부가 절단되거나 아미노산 잔기가 변형되고 인산(인산화phosphorylation), 수산기(−OH기가 결합하는 하이드록실화hydroxylation), 당분자(당화glycosylation) 등이 결합하는 등의 변형을 거치기도 한다. 이러한 생화학적 변형은 단백질의 기능을 활성화하는 데 도움을 준다.

번역과 번역 후 변형을 거친 단백질의 이동은 다음의 3단계로 나눌 수 있다.

골지체: 번역 이후에는 단백질 번역장소인 리보솜에서 골지체로 이동한다. 골지체golgi apparatus는 비정상적인 단백질을 선별하고, 정상적인 단백질을 분류하는 역할을 담당한다.

분비소포: 분비소포secretary vesicle는 골지체에서 생성되는데, 골지체에서 분류된 단백질들을 담아 골지체로부터 목적하는 장소로 이동시킨다.

세포막: 단백질을 담은 분비소포가 세포막plasma membrane으로 이동하면 세포막에서는 세포 외 배출exocytosis에 의해 단백질들을 세포 밖으로 내보낸다.

3) 유전자 발현의 조절

세포는 생체 내 환경 변화와 요구에 따라 다양한 기전에 의해 유전자 발현을 조절한다. 유전자 발현 조절방식은 DNA 염기서열 변경, 전사단계에서의 조절, 전사 후 조절, 번역단계에서의 조절, 번역 후 조절 등이 있다.

(1) 전사단계에서의 조절

전사단계에서의 조절은 전사인자에 의해 조절될 수 있는데, 이들 전사인자들은 조절 DNA 부위, 인핸서enhancer DNA, 사일렌서silencer DNA 등에 결합한 후 RNA 중합효소가 결합하여 전사속도를 조절한다 **그림 1-11 참조**. 전사인자가 주로 결합하는 DNA 부위는 프로모터 부위에 존재하고, 프로모터 부위에 결합하는 조절단백질이나 전사인자의 종류에 따라 전사속도의 조절 방향이 결정된다. 인핸서 DNA 염기서열에 인핸서 결합단백질인 전사인자가 결합되면 프로모터와 전사기구 부위의 DNA를 전사기구가 접근하여 작용하기 쉽도록 고리화시키거나 느슨한 형태로 변형시켜 전사기구와의 상호작용으로 전사를 촉진한다. 반면, 사일렌서 DNA 염기서열에 사일렌서 결합단백질인 전사인자가 결합되면 전사기구 내 인자들 간의 상호결합을 억제시키고

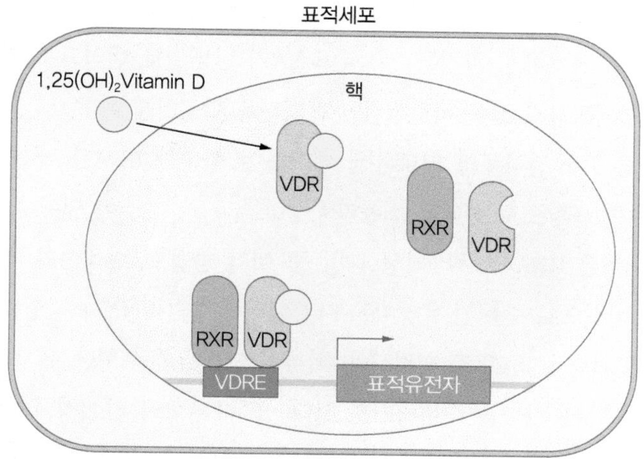

그림 1-16 VDR에 의한 전사단계에서의 조절

프로모터와 전사기구 부위의 DNA를 전사기구가 작용하기 어려운 구조로 변형시켜 전사를 억제한다.

공동활성인자는 DNA에 직접 결합하지는 않고 DNA에 결합된 전사인자에 결합하여 전사 조절에 영향을 미치는 인자이다. 전사활성인자DNA-binding transactivator는 인핸서나 조절 프로모터와 같은 전사 촉진 서열에 결합하는 인자로 전사속도를 증가시킨다.

영양소 대사와 관련하여 대표적인 전사단계에서의 조절의 예로는 RAR, RXR, VDR, SREBP에 의한 조절이 있다. RAR과 RXR은 비타민 A와 결합하여 활성화되는 핵 수용체nuclear receptor이고, RAR과 RXR이 결합한 이량체dimer가 DNA의 RARE에 결합하여 표적유전자의 발현을 조절한다. VDR은 비타민 D와 결합하여 활성화되는 핵 수용체로, RXR과 VDR이 결합한 이량체가 DNA의 VDRE에 결합하여 표적유전자의 발현을 조절한다 **그림 1-16**.

RXR
retinoid X receptor

RARE
retinoic acid response elements

VDRE
vitamin D response elements

(2) 전사 후 조절

전사 후 조절의 유형은 RNA 프로세싱, mRNA 운반, mRNA 안정성의 조절로 구분할 수 있다.

RNA 프로세싱 RNA 프로세싱은 RNA 스플라이싱과 RNA 편집과정이 해당한다.

RNA 프로세싱은 특정 단백질로의 정확한 번역을 위해 정교하게 이루어져야 하는데, 비정상적인 RNA 프로세싱 과정은 전사된 RNA가 단백질로 번역되지 못하고 분해되게 할 수 있고, 의도하지 않은 비정상적인 단백질을 합성하게 한다.

스플라이싱은 1차 전사체의 인트론을 제거하여 성숙한 RNA를 생산하는 것인데, 스플라이싱의 한 유형으로 선택적 스플라이싱alternative splicing이 일어나기도 한다. 선택적 스플라이싱은 RNA 스플라이싱 과정 중 여러 방법으로 엑손의 재결합이 일어나는 것으로, 이것으로 주어진 유전자로부터 여러 유형의 RNA가 생성될 수 있다. 또 여러 단백질 동위형isoform으로 번역된다. 각각의 단백질 동위형은 유사한 기능을 수행하지만, 일부 다른 기능을 수행하기도 한다. 또 다른 스플라이싱의 유형으로 트랜스 스플라이싱trans splicing이 있는데, 이는 한 전사체의 엑손이 다른 전사체의 엑손에 연결되는 것이다.

RNA 편집은 1차 전사체에 뉴클레오티드를 삽입 또는 결손시키거나 한 개의 염기서열을 변경시키는 등의 방법으로 RNA 구조를 변형시킴으로써 번역을 위한 최종 mRNA를 만들어내는 것이다.

영양소 대사와 관련하여 RNA 프로세싱의 대표적인 예는 포도당과 지방산에 의한 포도당 6-인산 탈수소효소glucose-6-phosphate dehydrogenase의 조절이다. 고탄수화물 식사 섭취 시 포도당 6-인산 탈수소효소의 활성이 증가되는 반면, 불포화지방 섭취 시 억제되는데, 이는 포도당과 지방산 섭취가 RNA 스플라이싱을 조절하여 성숙한 mRNA 합성 정도를 변화시키기 때문이다.

mRNA 운반 세포핵에서 전사된 mRNA가 번역되기 위해서는 세포질로 이동해야 한다. 인트론을 가진 전사체는 세포질로 운반될 수 없으므로 스플라이싱을 거친 후 생산된 mRNA가 세포질로 이동하게 된다.

mRNA 안정성 RNA 프로세싱을 거쳐 생성된 mRNA의 안정성 조절을 통해 번역되는 특정 단백질의 양을 조절할 수 있는데, 즉 mRNA 분해와 합성의 통제에 의해 mRNA의 양과 번역되는 단백질의 양을 결정하는 것이다. 세포핵 내와 세포질에서의 안정성이 높을수록 번역되는 단백질의 양은 많아진다.

TfR
transferrin receptor

영양소 대사와 관련한 mRNA 안정성 조절의 대표적인 예는 체내 철 수준에 따른 트랜스페린 수용체(TfR) mRNA의 안정성 변화이다. 이들의 안정성은 **철-반응 단백질**

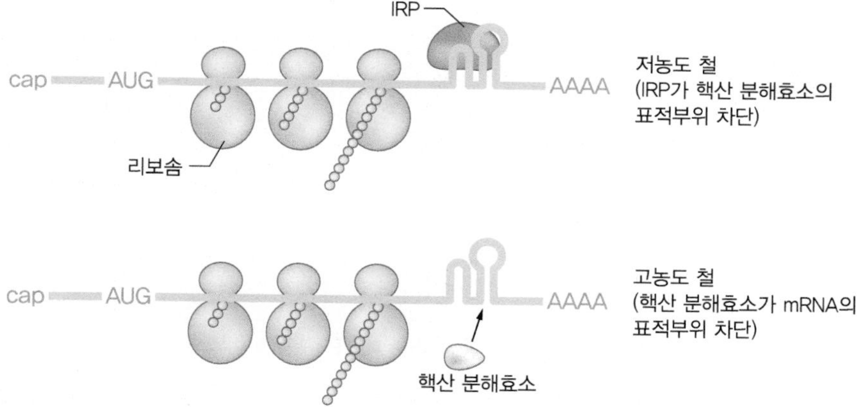

그림 1-17 세포내 철 수준에 의한 트랜스페린 수용체 mRNA 안정성 조절

IRP
iron-responding protein

IRE
iron responsive element

(**IRP**)에 의하여 조절된다 **그림 1-17**. 세포 내 철의 수준이 낮은 경우 IRP가 철과 결합하지 못하고 mRNA상의 철-반응배열(IRE)에 결합하여 mRNA의 분해를 억제시켜 트랜스페린 수용체 mRNA의 안정성이 증가된다. 반면 세포 내 철의 수준이 높은 경우에는 IRP가 철과 결합하여 트랜스페린 수용체 mRNA의 IRE에서 분리되어 mRNA가 핵산 분해효소nuclease에 의해 분해되어 트랜스페린 수용체 mRNA의 안정성이 감소된다.

철-반응 단백질(IRP)
체내 철의 수준에 따라 트랜스페린 수용체와 페리틴의 mRNA 안정성과 번역속도를 조절하는 단백질로 철-반응배열 결합단백질(IRE-BP, iron-responsive element-binding protein)이라고도 함

(3) 번역단계에서의 조절

번역단계에서의 조절은 글로벌 수준global level과 특이적 수준specific level에서 이루어진다.

글로벌 수준에서의 번역단계의 조절은 단백질 합성 개시인자(eIF2)의 인산화에 의한 것으로, 바이러스 감염, 열에 의한 충격 등과 같은 조건에서 eIF2가 인산화되면 개시 tRNA의 리보솜 결합을 유도하지 못하게 되어 전반적인 번역이 억제되고, 반대로 탈인산화되면 활성화되어 번역을 진행한다.

eIF2
elongation initiation factor 2

특이적 수준에서의 번역단계의 조절은 특정 영양상태 또는 자극에 특이적으로 특정 단백질의 번역이 조절되는 것으로, 영양소 대사와 관련하여 특이적 수준에서 번역단계 조절의 대표적인 예는 체내 철 수준에 따른 페리틴ferritin의 번역 조절이다 **그림 1-18**. 철 저장 단백질인 페리틴은 체내 철의 농도가 낮을 경우 IRP가 철과 결합하

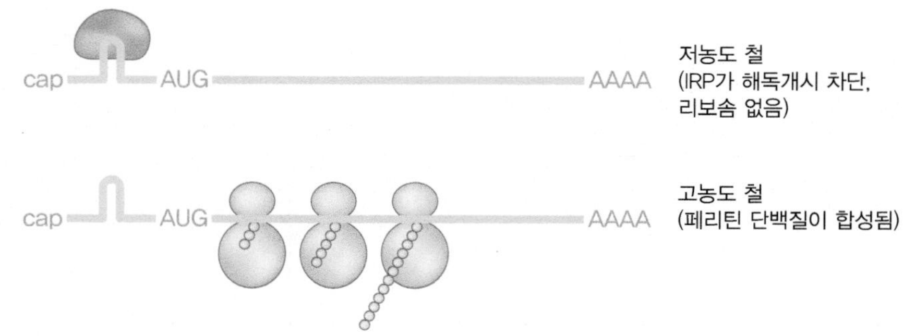

그림 1-18 세포 내 철 수준에 의한 페리틴 수용체 번역 조절

지 못하고 mRNA의 5′ 말단에 있는 IRE에 결합하여 번역기구가 코돈 AUG와 결합하는 것을 차단함으로써 페리틴 번역을 억제한다. 체내 철의 농도가 높을 경우에는 IRP가 철과 결합하면서 구조적 변화를 일으켜 페리틴 mRNA상의 IRE에서 분리되고 페리틴 번역을 증가시킨다.

(4) 번역 후 조절

PTM
post-translational modification

번역이 완료되고 단백질이 합성된 이후에도 다양한 유형의 번역 후 조절이 이루어진다. 번역 후 조절은 번역 후 변형(PTM)이라고도 하는데, 이는 단백질의 기능과 활성을 변화시킨다. 인산화는 세린, 트레오닌, 타이로신의 -OH 구조에 인산이 결합하는 것으로, 이는 대개 단백질 카이네이스protein kinase 효소에 의해 일어나고 포스파테이스phosphatase에 의해 인산이 분리된다. 인산화된 단백질은 단백질의 종류와 인산화 위치에 따라 활성화되기도 하고 반대로 불활성화되기도 한다.

번역 후 조절의 유형

- 단백질 분해(proteolytic cleavage)
- 글리코실화(glycosylation)
- 메틸화(methylation)
- 아세틸화(acetylation)
- 유비퀴틴화(ubiquitination)
- 중합반응(polymerization)
- 인산화(phosphorylation)
- 카복실화(carboxylation)
- 팔미토일화(palmitoylation)
- 황화(sulfation)

3 분자영양학 연구의 분석 기술

1) DNA를 이용한 분자영양 연구방법

생명체 내에 존재하는 분자들의 혼합물에서 표적target물질을 분석하는 블로팅blotting의 기본 실험방법은 **그림 1-19**와 같다. Gel 전기영동과 염색과정에 의해 물질을 분리한 후 혼합을 위해 멤브레인membrane으로 이동하여 **프로브**로 혼합시키고 씻는 과정을 통해 비특이적인 결합을 제거한 후 probe-target 결합부위를 검출한다 **그림 1-19**.

프로브(probe)
특정 물질이나 상태 등을 특이적으로 검출하는 물질의 총칭

(1) 서던 혼성화를 이용한 DNA 분석

서던 블롯Southern blot은 특이한 DNA 유전자가 genomic DNA에 존재하는지의 여부를 알아보기 위하여 DNA를 혼합시켜서 확인하는 실험이다. 혼합이란 한 가닥으로 된 핵산이 이와 상보적인 염기서열의 또 다른 한 가닥의 핵산과 적당한 조건에서 만나게 되면 이중나선(DNA-DNA, DNA-RNA, RNA-RNA)을 형성하는 현상을 말한다.

서던 혼성화는 먼저 genomic DNA나 plasmid DNA를 적당한 제한효소로 처리한 후 아가로스agarose gel상에서 전기영동하여 크기별로 DNA 조각을 분리한다. 이중나선 상태로 있는 DNA를 알칼리로 단일가닥 상태로 만들어준 뒤 nitro-cellulose

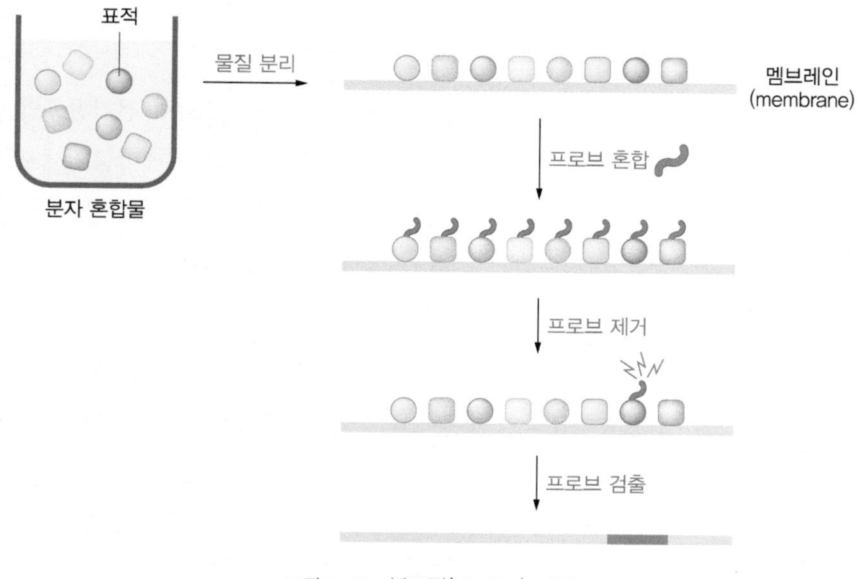

그림 1-19 블로팅(blotting) 과정

filter나 nylon membrane으로 옮긴다. 이때 gel상에서의 DNA 위치가 변하지 않고 membrane으로 옮겨지게 된다.

Gel상에서 필터로 DNA를 옮기는 방법은 capillary transfer와 vacuum transfer의 방법을 가장 많이 사용한다. Capillary transfer에서는 흡습지에 의해 transfer buffer가 모세관 현상으로 DNA와 함께 이동할 때 DNA는 그 중간에 있는 membrane에 걸려 붙게 된다. Vacuum transfer에서는 진공으로 완충액의 흐름을 빠르게 만들어주는데 단시간 내에 옮길 수 있다는 장점이 있다.

Membrane으로 옮겨진 DNA는 완전히 고정된 상태가 아니고 그물망에 엉겨 붙어 있는 정도이므로 80℃에서 2시간 동안 반응시키거나 UV를 쬐어줌으로써 membrane에 고정시킨다. Membrane에 고정된 여러 종류의 DNA는 동위원소 또는 형광물질 등으로 표지된 프로브들과 혼성화되면서 특정 DNA의 존재 유무와 정량까지 알 수 있게 해준다.

(2) 형질전환

형질전환transformation은 특정 형질을 암호화하는 유전자를 지닌 DNA를 외부에서 주입하여 생물의 유전적 성질을 변화시키는 것이다. 현재 동물을 복제하거나 원하는 형질을 가지는 생물체를 만드는 데 이용하고 있으며, 유전자 발현을 통해 필요한 유용한 단백질을 만들거나 기능이 변화된 생명체를 얻고 유전자를 **클로닝**하는 목적에 이용된다.

숙주에 따라서 다양한 형질전환법이 사용된다. **수용성 세포법**과 **전기천공법** 등은 대장균을 이용한 연구에서 사용되며, 레트로바이러스 감염법, 배아줄기세포법, **유전자총법** 등은 동물이나 식물세포의 형질전환에서 사용되고 있다.

DNA를 직접 주입하는 형질전환과 달리 DNA를 저장하는 벡터를 이용하는 것을 형질도입transduction이라고 한다. 벡터의 종류에 따라 대장균의 플라스미드에 저장하거나 배아줄기세포나 핵공여세포를 이용하여 숙주세포의 형질을 변화시킨다. 이와 같이 특정한 벡터를 이용하기 때문에 적중률이 높고 표적세포를 정할 수 있는 특성 때문에 다음 세대로 유전이 가능하다.

클로닝(cloning)
특정한 유전자형을 갖는 균일한 개체군(클론)을 만드는 것

수용성 세포법 (competent cell)
숙주세포에 특정 처리하여 DNA의 삽입을 용이하게 하는 방법

전기천공법 (electroporation)
DNA 용액에 세포를 현탁한 후 높은 직류전압을 통과시켜 세포벽(식물)과 막을 열어 DNA를 도입시키는 방법

유전자총법
최근에 주로 이용되고 있는 방법으로 유전자 도입 DNA를 미세한 금속입자로 코팅한 후(총알) 기기 후면에 장전하고 유전자총을 이용해 적정속도로 가속하여 세포 내로 주입시키는 방법

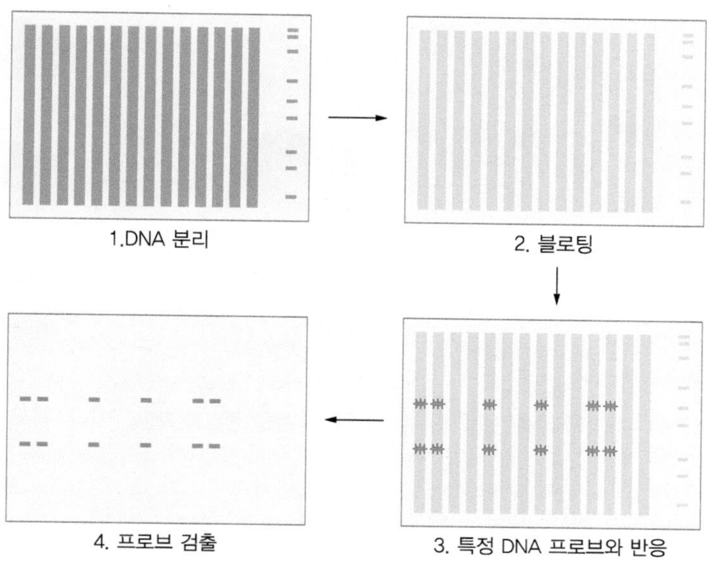

그림 1-20 DNA 분석방법

형질전환 동물의 제조법 형질전환 동물은 외부의 유전자를 초기 수정란이나 초기 **배자**의 **배간세포**에 도입해서 생산한 유전적으로 변화된 동물로서 형질전환의 기법과 유전자 재조합기술, 체외 수정란 조작기술의 공통적인 발달로 생쥐, 양, 고양이 등 다양한 동물을 통해 실험을 하고 있으며, 인류의 질병연구와 가축의 형질을 발달시키는 방법으로 이용되고 있다.

배자(embryo)
다세포생물의 발생 초기단계

배간세포 (embryonic stem cell)
배아의 발생과정에서 추출한 세포. 모든 조직의 세포로 분화할 수 있는 미분화세포

형질전환시킨 동물은 유전자재조합기술과 유전공학의 발달이 의학과 생물학에 영향을 미친 결과이다. 현재 높은 수준의 가축 생산, 생리활성물질의 생산, 질병의 항체 생산, 병리학적 동물모델 생산, 대체장기를 만드는 동물 등이 주로 생산되고 있으며, 유전자적으로 이미 알려진 특징적인 서열을 가지는 질병의 경우에 질병의 개선 및 예방을 위해 형질전환을 시킨 동물모델을 생산하기도 한다. 그 대표적인 방법은 다음과 같다.

미세주입방법: 가장 많이 이용되고 있는 방식으로 특정 형질을 가지는 DNA를 수정이 일어난 직후 1개의 세포로 이루어진 상태에서 미세주입 피펫을 이용해서 주입을 하고, 이 수정란은 대리모 자궁에 이식되어 발달과정에서 다양한 조직을 이루는 세

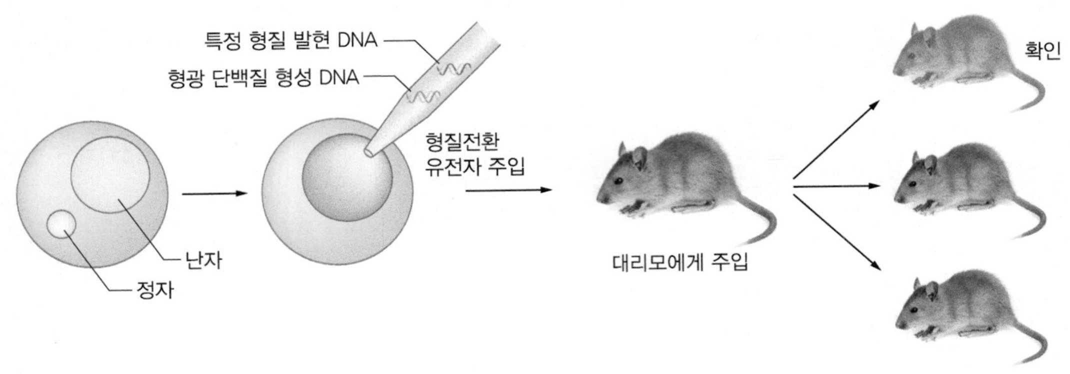

그림 1-21 유전자 미세주입을 이용한 형질전환 동물 생성과 확인

포로 나누어지면서 주입된 재조합 DNA 역시 각각의 세포로 나누어져 형질전환 동물을 생산하게 되는 것이다. 최종 외형을 가지게 된 자손은 최초 주입하는 재조합 DNA에 형광 단백질 형질과 같은 특징적인 식별 가능한 유전자를 같이 주입한 후 재조사를 통해서 형질을 가지고 있는지 여부를 판단하게 된다. 이는 정확하고 높은 효율로 재조합된 DNA를 전달하지만 시간이 오래 걸리며 손이 많이 가는 단점을 가지고 있다 **그림 1-21**.

배아줄기세포법: 배아줄기세포는 자기복제 능력이 우수한 특징을 가지고 있으며, 최종적으로 체세포로 분화가 가능하기 때문에 여러 배아줄기세포에 특정 유전자를 전이하고, 안정적으로 전이된 세포만 선별하고 이를 발생초기 수용체 배자에 주입하여 형질개체를 만들어낸다. 주로 많은 유전자 중에서 특정 유전자를 없애거나 치환시키는 방법인 유전자 적중을 위해 이용되는 방식이다.

핵이식법: 이미 분화된 체세포의 핵을 공여난자에 이식하는 방법으로 이는 제공된 체세포와 이식받은 난자의 형질이 동일한 유전정보를 가지며 이후 발달시키면 배아줄기세포를 위한 **배반포**가 된다 **그림 1-22**.

배반포 (blastodermic vesicle)
난자의 난할로 형성되는 배의 초기 상태

2) RNA를 이용한 분자영양 연구방법

(1) 노던 혼성화를 이용한 RNA 분석

전기영동을 통해 크기별로 분리된 DNA 중 원하는 RNA를 찾아내기 위해 노던 블롯

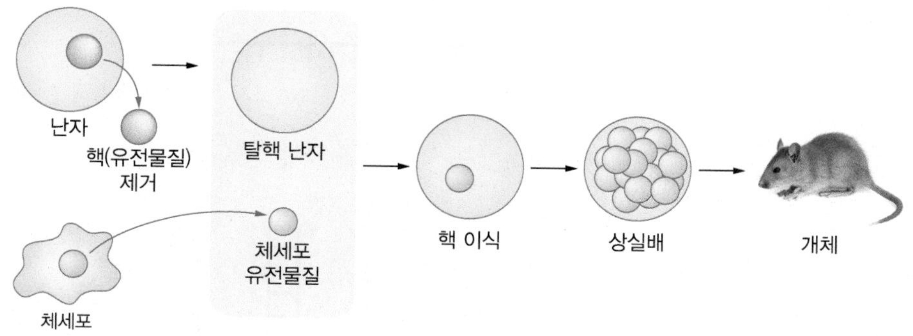

그림 1-22 공여난자의 체세포 핵이식을 통한 형질전환 동물 생산

Northern blot을 실시한다. 또한 특정 RNA가 세포 또는 조직 내에서 전사되는지의 여부와 전사되는 상대적인 양과 안정도를 정량화할 수 있다. RNA 분석방법은 DNA 분석방법과 동일하다 **그림 1-20 참고**.

(2) 마이크로어레이 방법을 이용한 유전자 발현 양상 분석

DNA 마이크로어레이microarray는 인간유전체사업이 성공적으로 마치면서 개발된 방대한 유전자정보를 처리 해독할 수 있는 기술로서, DNA의 상보적인 반응성을 이용하여 알고 있는 유전자정보와 알고자 하는 유전자를 혼성화시켜 유전자정보를 분석하는 방법이다.

DNA 마이크로어레이 기술은 데이터 유래data-driven라고 하며, 전통적인 생물학 연구방법인 가설 유래hypothesis-driven 기법과 구별된다. 즉 가설에 기초한 실험을 통해 현상을 설명하는 것(가설 유래)이 아니라 가설 없이 실험하여 자료를 얻고 분석한 후 그것을 기반으로 새로운 가설과 모형을 구축(데이터 유래)한다. 이는 대량의 자료에서 유용한 지식을 찾는 것이 목적이며, 다수의 타당한 가설들을 생성해 낸다. 서던이나 노던 같이 몇 개의 유전자만을 대상으로 하는 방법에 비해서 DNA 마이크로어레이는 상당히 많은 정보를 얻을 수 있다.

마이크로어레이로 전체적인 데이터를 분석하고 나서 마이크로어레이 데이터를 검증하거나 여기서 확인된 유전자의 발현 형태를 알아보기 위해서는 PCR이나 단백질 분석 등을 통해서 다시 검정한다. 즉 대량의 유전체 자료로부터 가능성 있는 높은 가설을 생성해 주는 역할을 한다.

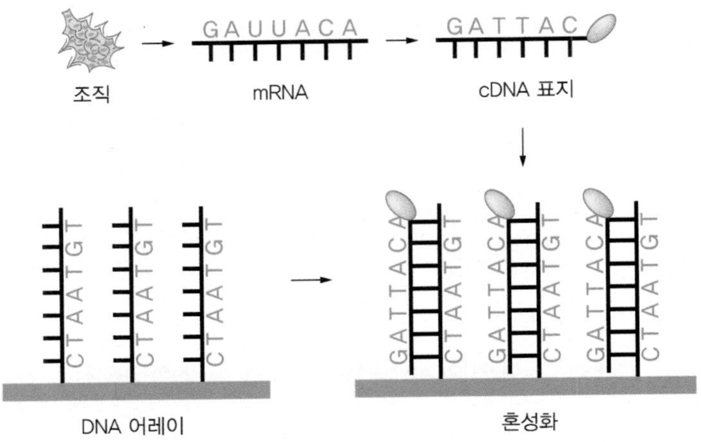

그림 1-23 일반적 DNA 어레이의 개요

Microarray의 종류 마이크로어레이의 종류는 프로브의 길이에 따라 50 bps 미만의 올리고뉴클레오티드 어레이oligonucleotide arrays, 칩 제조방법에 따라 핀pin, 잉크젯inkjet, 포토리소그래피photolithography, 일렉트로닉electronic 어레이로 분류되며, 샘플 수에 따라 구분할 수 있다.

샘플 수에 따른 어레이 방법으로 **그림 1-24**는 정상 샘플과 질병 샘플의 RNA 발현 프로파일링을 비교할 수 있는 실험 디자인이다. A는 two channel로 각 샘플의 RNA를 추출하고 각기 다른 염료로 표지한 후에 섞어서 하나의 어레이 칩에 혼성화한다. 그리고 씻는 과정 후에 두 개의 파장으로 스캔한다. B는 single channel이므로 샘플마다 각자의 칩을 이용하여 어레이하는 방법이다.

Microarray 분석 단계

유전자 서열 고정: 유전자 마이크로어레이를 제작한다. 슬라이드 1 cm^2 정도의 표면에 수천에서 수만 종류의 유전자 서열을 고정spotting한다.

RNA 추출 및 표지: 다양한 실험조건에서 채취한 세포의 mRNA를 추출RNA extraction하고 유전자 발현을 탐지하는 형광물질dye로 표지labeling한다.

혼성화: 표지된 RNA를 마이크로어레이와 혼합한다. RNA는 마이크로어레이 위의 유전자와 상보적인 결합을 하게 된다.

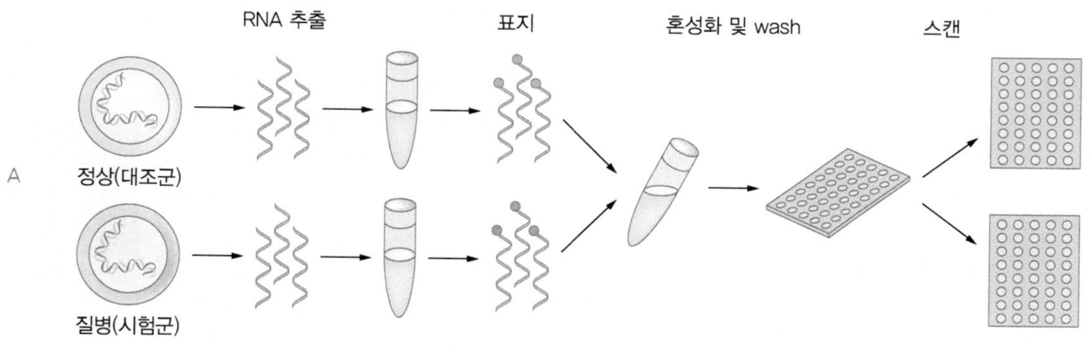

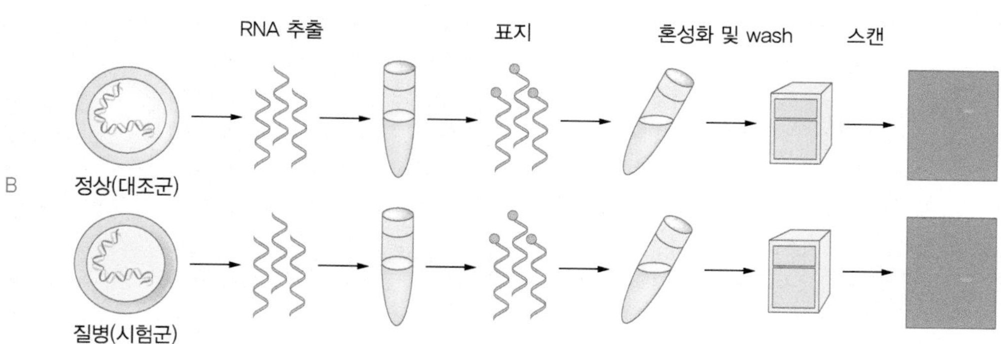

그림 1-24 정상 및 질병 샘플에 따른 RNA 발현 비교

스캐닝: RNA와 반응한 마이크로어레이를 이미지로 형상화(스캐닝$_{\text{scanning}}$)한 후 이미지 분석프로그램으로 유전자 위치마다 형광물질에 따른 발색강도를 측정한다. 유전자의 형광 강도는 그 유전자의 발현 정도를 알려주는 것이다.

분석: 정량화된 유전자 발현 수치 데이터를 수학, 통계 그리고 컴퓨터공학과 같은 정보학을 이용하여 분석한다.

결과 분석 그림 1-26은 두 개 채널을 오버랩핑해서 얻은 합성 이미지 결과이다. 암조직 유전자 발현이 많아지면 빨간색으로, 건강조직 유전자 발현이 많으면 초록색으로 나타난다. 두 유전자 발현 양이 같으면 두 색이 섞여서 노란색으로 나타나고, 두 유전자 발현이 모두 없으면 검은색으로 표시된다. 이러한 이미지로부터 정량화된 값을 수치화하여 분석하게 된다.

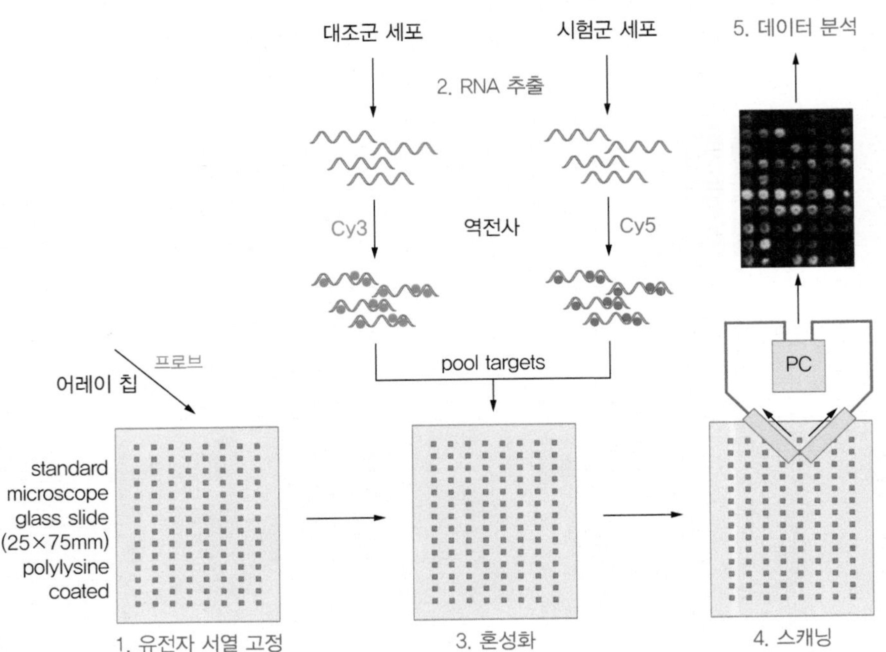

그림 1-25 마이크로어레이 분석 단계

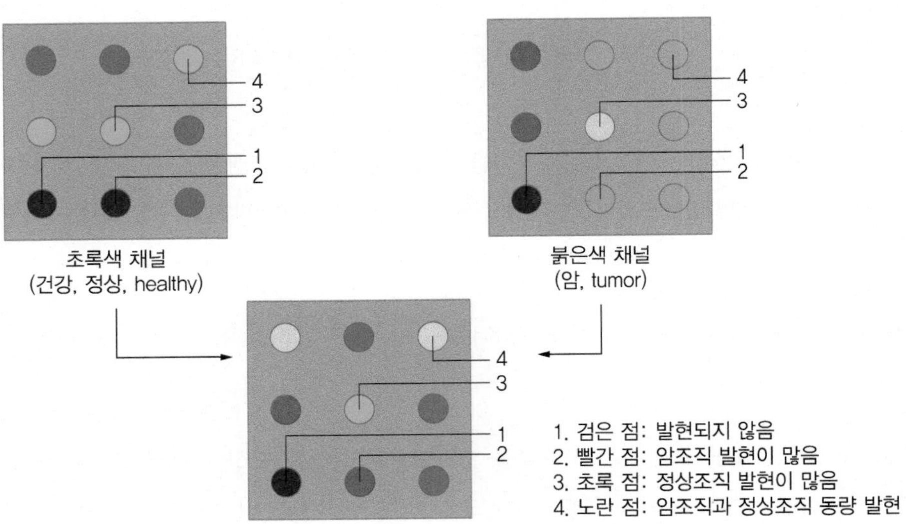

그림 1-26 마이크로어레이 합성 이미지

대부분의 마이크로어레이 실험은 전문회사에 의뢰를 하고 데이터를 받게 되는데 제조사 및 분석회사에 따라 데이터 양식이 다를 수 있다. 하지만 기본적으로 raw data와 normalized data를 받을 수 있고 이를 이용해 데이터 분석을 수행하게 된다.

전체 데이터에서 연구자가 원하는 유전자 카테고리를 정하여 그 안에서 집중적으로 유전자 발현 양상을 확인하거나 전체 데이터에서 우선적으로 연구자가 원하는 유전자 발현 양상을 갖는 유전자들을 찾고 해당 유전자들이 주요하게 작용하는 기능들과 경로들을 분석하는 방법이 있다.

(3) qPCR 방법을 이용한 mRNA 정량

qPCR 방법은 세포나 조직의 특정 시기 또는 암 조직에서 target mRNA의 정량적인 분석뿐만 아니라 유전병 환자에서 유전자형을 진단하고 분류하며, 특정 위치에서 단일 염기서열의 돌연변이, 바이러스나 세균 감염에 대한 측정에 이용된다.

qPCR
=quantitative Polymerase Chain Reaction

qPCR 기법이 개발되기 이전에는 세포 내에서 발현되는 mRNA의 정량적인 분석이 매우 어려웠다. 세포로부터 total RNA를 추출하여 Northern blot으로 정량할 수는 있었으나 이를 위해서는 상당히 많은 양의 샘플이 필요하였고 또 많은 시간이 소요되었다.

qPCR은 mRNA의 역전사로 cDNA를 만든 후, DNA에 결합하여 형광을 내는 물질인 SYBR green을 이용하여 PCR 반응물에서의 형광물질 변화량을 실시간으로 모니터링하는 방법을 이용한 기법으로써 세포 내의 mRNA를 정량적으로 분석할 수 있다 **그림 1-27**.

cDNA 만들기

RNA 분리과정: PCR을 수행하기 위해서는 sample로 RNA가 있어야 한다. 조직 샘플에서 RNA를 분리하기 위해서는 조직세포를 용해시키는 lysis buffer를 넣고 균질화해야 한다. 균질화하고 원심분리한 상층액에 클로로폼을 넣고 다시 원심분리하면 상층액에는 RNA가, 아래층에는 단백질이 남아 있게 된다 **그림 1-28, 1-29**. RNA가 들어

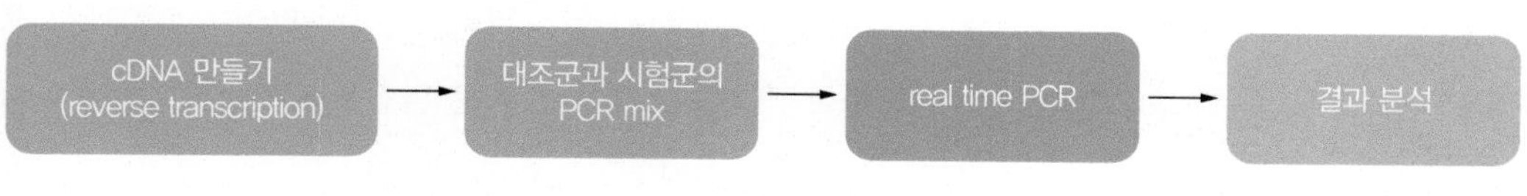

그림 1-27 qPCR의 단계

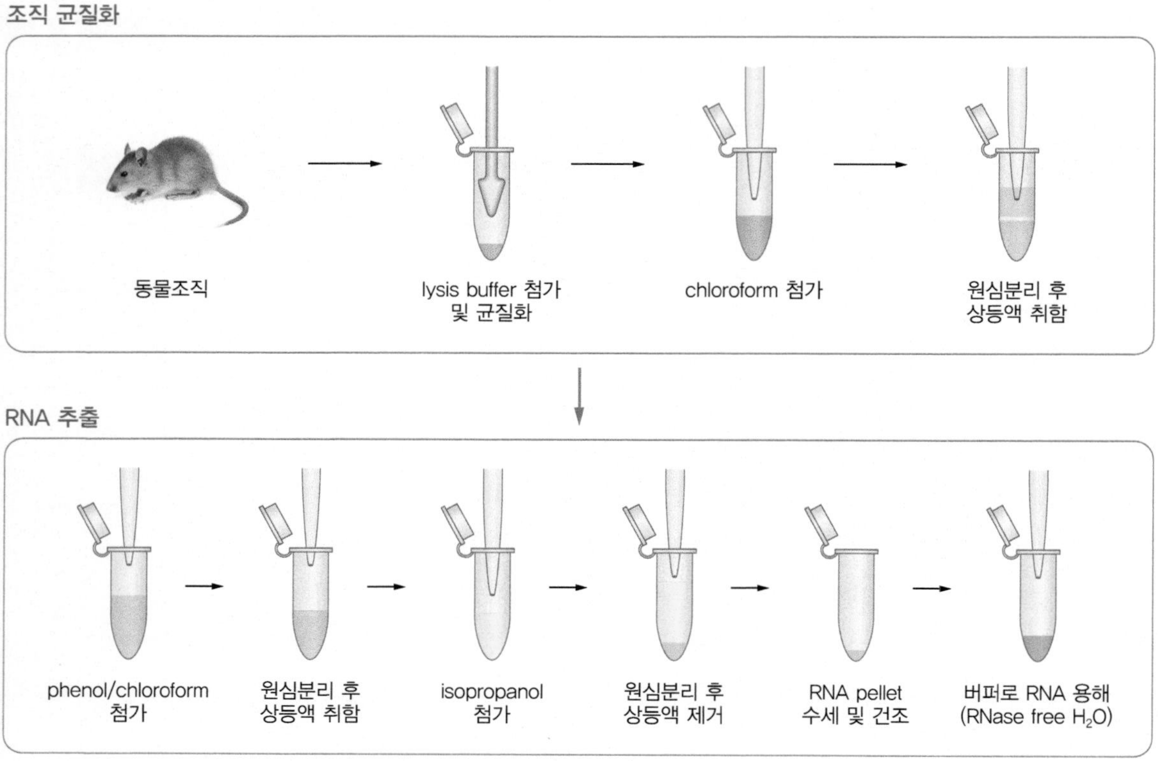

조직 균질화

동물조직 → lysis buffer 첨가 및 균질화 → chloroform 첨가 → 원심분리 후 상등액 취함

RNA 추출

phenol/chloroform 첨가 → 원심분리 후 상등액 취함 → isopropanol 첨가 → 원심분리 후 상등액 제거 → RNA pellet 수세 및 건조 → 버퍼로 RNA 용해 (RNase free H_2O)

그림 1-28 RNA 분리 단계

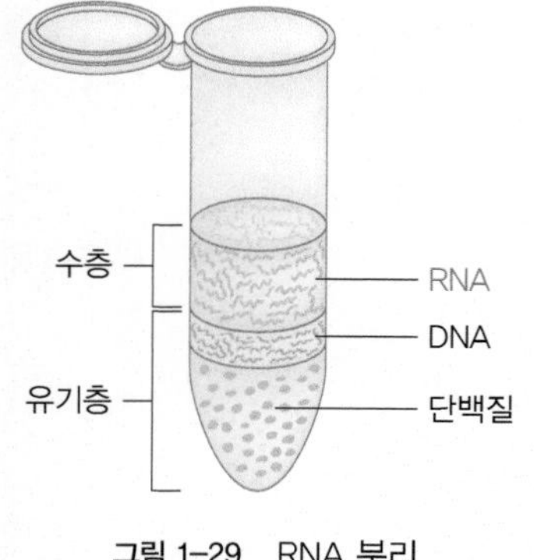

그림 1-29 RNA 분리

DEPC
(diethyl pyrocarbonate)

RNA를 분해하는 효소인 RNase 저해제로서 사용되는 시약으로 추출한 RNA의 분해를 방지하기 위해 사용함

있는 상층액에 isopropyl alcohol을 넣고 원심분리하면 상층액에 들어 있는 RNA들이 뭉쳐 침전물$_{pellet}$을 형성한다. RNA 덩어리인 pellet을 hydration buffer(**DEPC**)에 녹이면 RNA 추출이 완성된다.

cDNA 합성(역전사): RNA를 분리한 후 역전사 PCR을 통해 cDNA를 합성하고 증폭시키는 과정이다.

cDNA 합성을 위한 반응 혼합물을 만들어야 한다. 이 반응 혼합물은 Reverse transcriptase buffer, dNTPs 등이 함유된 것으로 RNA와 함께 섞어 역전사 PCR을 시행하면 cDNA가 합성된다. 역전사 PCR은 42℃에서 30분(역전사하기에 충분한 시간), 75℃에서 30분(역전사를 방해하는 reverse transcriptase 불활성화) 반응시켜 cDNA를 합성한다.

그림 1-30 RT-PCR의 단계

표 1-2 PCR 증폭 사이클

예시: 30 cycles(target의 크기가 500 bp일 때)	
① 변성(denaturation)	• 94℃, 30초 • 주형 DNA를 두 가닥으로 변성시킴
② 식힘(annealing)	• 55℃, 1분 • 냉각과정을 통해 단일가닥 주형 DNA에 primer를 결합시킴
③ 중합(extension)	• 72℃, 30초 • Taq DNA 중합효소(polymerase)의 활성이 강해지는 온도이며 DNA가 중합됨
④ 위 단계 반복	• 변성, 식힘, 중합 사이클을 반복함 • 이 사이클 수에 따라 DNA는 2^n배로 늘어남

PCR 증폭: 역전사 반응과정에서 일차적으로 cDNA에 primer를 사용하여 증폭amplification하는 과정이다.

PCR로 유전자의 특정 영역을 증폭하려면 2개의 프라이머, **열 저항성이 큰 DNA 중합효소**Taq DNA polymerase, 4종류의 데옥시리보뉴클레오티드(**dNTP**)가 필요하다. 이 프라이머를 설계하기 위해서는 프라이머의 길이, 프라이머 간의 상보성, **GC 함량**, **Tm** 값을 고려하여야 한다. 이 프라이머가 결합하는 위치에 따라 DNA의 어느 부분이 증폭되는지 결정한다.

qPCR 준비(Reaction Mix): qPCR은 PCR 기계와 효소를 매우 정교하게 다루어야 한다. 조직 샘플로부터 얻은 RT-PCR 생성물인 cDNA에 시험군용 프라이머primer pair((정량을 원하는 유전자 특이 프라이머) 또는 대조군용 프라이머(house keeping gene인 β-actin 등을 사용함)를 넣고 SYBER green을 혼합한다. DNA에 결합하여 형광을 내는 물질인 SYBER green은 형광의 강도가 강하고 변이도 적게 유발되는 특징이 있어 qPCR 생성물을 확인하고 얻는 데 유용하게 사용된다. 증폭되는 여러 개의

Taq DNA 중합효소

주형가닥의 DNA에 상보적인 데옥시리보뉴클레오티드를 연결하여 DNA를 합성하는 효소로 중합효소 연쇄반응(PCR)은 고온에서 반응이 진행되기 때문에 일반적인 DNA 중합효소를 이용할 수 없고, 고온에서도 변성되지 않는 Taq DNA 중합효소를 이용함. 이효소는 고온에 사는 극호열균에서 얻었으며 95℃ 정도의 고온에서도 변성이 일어나지 않음

dNTP (deoxyribonucleotide triphosphatase)

DNA를 구성하는 기본 단위체로 4가지 염기(A, T, G, C)를 모두 제공해야 하므로 dATP, dTTP, dGTP, dCTP 4종류를 모두 넣어줌

GC 함량

DNA의 4종 염기 중 구아닌과 사이토신의 비율

Tm (melting temperature)

oligonucleotide 중 50%가 duplex 형태를 이루고 나머지 50%는 single-strand 형태를 지닐 때의 온도

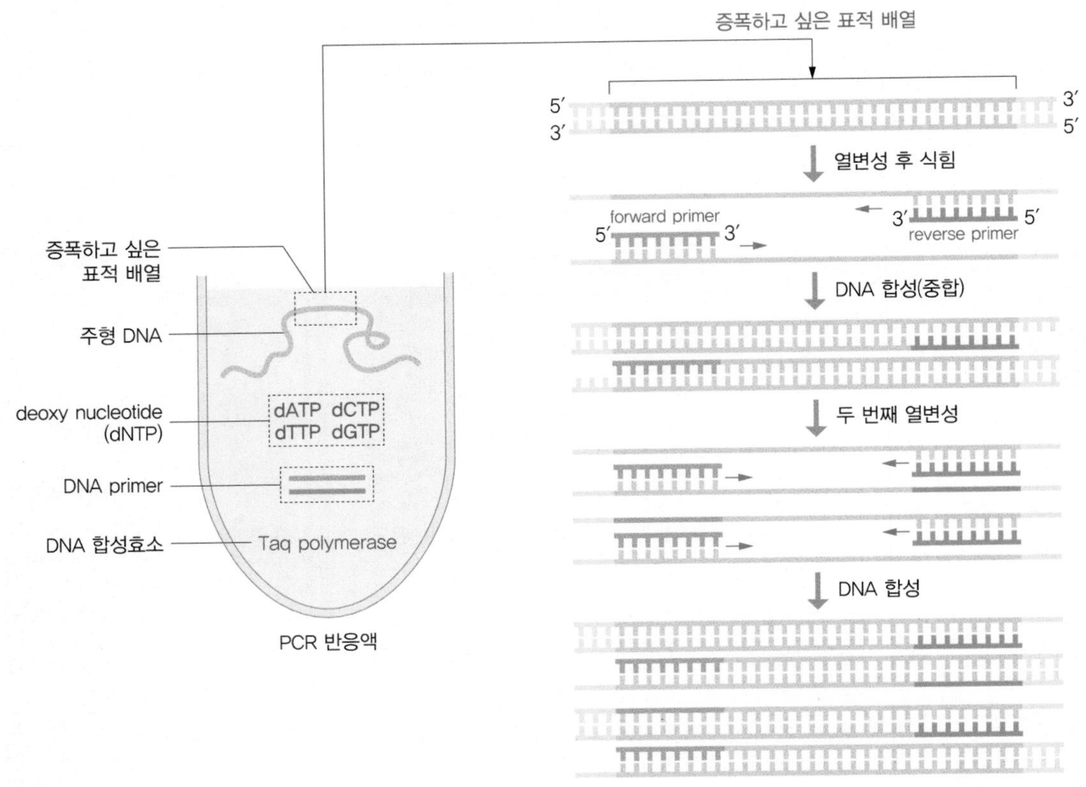

그림 1-31 PCR

PCR 반응물의 양은 이런 형광물질의 변화량을 통해 실시간으로 모니터링할 수 있으므로 real time PCR이라고 한다. 시간대별로 증가하는 반응물의 형광이 그래프로 나타날 때의 **Ct 값**으로부터 초기의 mRNA의 양을 정확하게 계산할 수 있다.

Ct 값
CP, crossing point

qPCR 실행 및 결과분석: 프로그램을 입력한 후 PCR tube를 real time PCR 기계를 통해 결과값을 읽을 수 있다. **그림 1-32**와 같이 대조군의 그래프 곡선들의 간격이 일정하게 나오면 대조군이 일정한 비율로 희석되었다는 것을 나타내므로 그것과 비교해 양이 정해지는 시험군의 정량값도 신뢰할 수 있게 된다. 또한 정량한 표준곡선에 비례하여 샘플에 존재하는 원하는 mRNA 양을 모니터를 통해 확인할 수 있다. 이와 같은 곡선을 증폭곡선이라고 하고, 사이클마다 SYBR green의 형광물질이 PCR 반

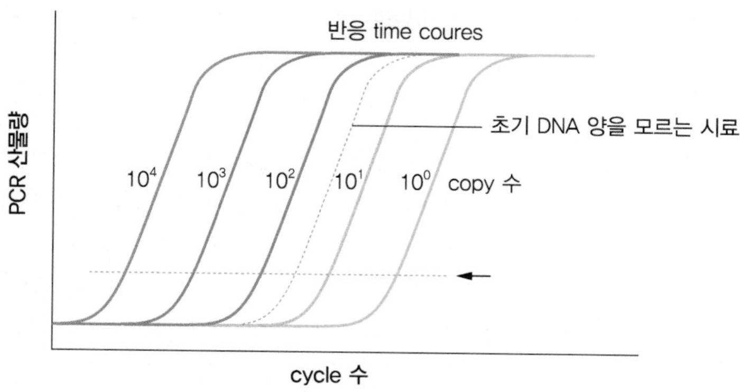

그림 1-32 PCR cycle에 대한 PCR product의 양

응물 DNA와 결합하여 나타내는 변화량을 정량하여 곡선으로 나타낸다. 이론상으로 PCR 산물은 반응당 2배씩 증가하므로 그 최종 증폭산물의 양을 비교함으로써 시험군의 표적 mRNA의 초기량을 추정하면 된다. 그렇지만 실제로 샘플에 따라 상당이 불규칙적인 결과가 나올 수 있고, PCR 증폭이 어느 사이클 이상의 횟수를 넘어가게 되면 초기의 시작 주형 DNA 양과 상관없이 일정하게 포화가 되는 플래토

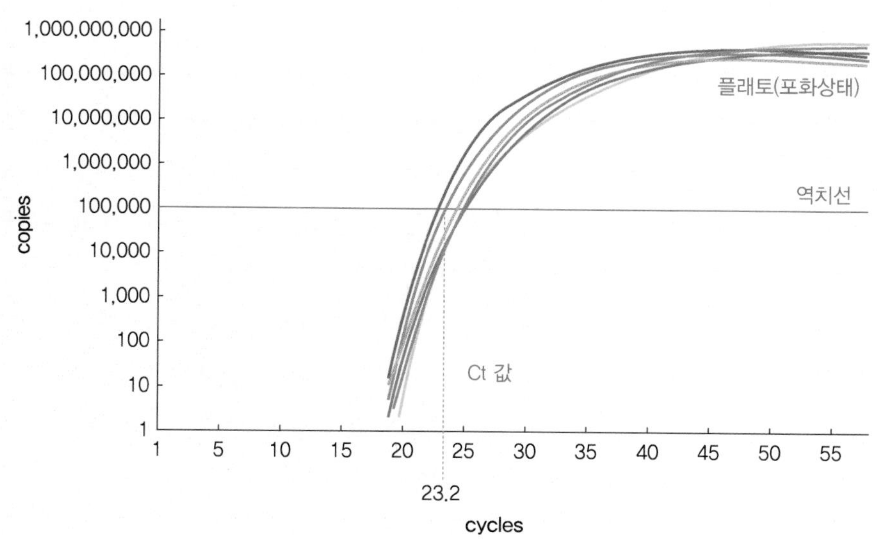

그림 1-33 real time PCR 결과 곡선

plateau현상(평평한 상태)이 나타난다. 따라서 수많은 시행착오를 거쳐야 신빙성 있는 결과를 얻을 수 있다.

(4) Small RNA를 이용한 비암호화 RNA 분석

Small RNA는 단백질을 합성하지 않는 20여 개의 뉴클레오티드로 이루어진 RNA 조각으로 miRNA와 siRNA가 대표적이다.

마이크로 RNA(microRNA, miRNA) miRNA는 암호화되지 않은 뉴클레오티드로 구성된 단일 염기가닥의 작은 RNA 분자로 세포의 분화와 발달, 세포 신호전달과 감염에 대한 반응 등 많은 생물학적 과정에서 중요한 역할을 하며, miRNA의 유전자 발현의 제어 조절기능에 문제가 생기면 암, 당뇨병과 같은 여러 질병이 발병할 수 있다.

세포의 핵 안에서 생성된 헤어핀 구조의 pri-miRNA가 Drosha-DGCR8이라는 효소에 의해 pre-miRNA가 된다. 생성된 pre-miRNA는 exportin 5 효소에 의해 핵 밖으로 나와 Dicer라는 절단효소에 의해 20~24개의 뉴클레오티드로 구성된 이중가닥 miRNA를 만든다. 이중가닥 miRNA가 성숙되어 단일가닥 miRNA를 형성한다. 단일가닥 miRNA는 RISC 복합체를 형성하고 표적 mRNA를 인식하고 결합해서 번역과정을 억제 또는 mRNA를 분해하여 단백질 합성을 늦추고 유전자 발현을 억제시킨다 **그림 1-34**.

RISC
RNA-induced silencing complex

miRNA 분리방법은 화학적 방법과 고체상 추출법이 있다. 화학적 방법은 고농도의 **극성염**을 산성 페놀 또는 페놀-클로로폼 용액에 혼합하여 RNase를 저해하고 순수한 RNA를 분리하는 방법이다. 그러나 분리되는 양이 매우 적은 것이 단점이다. 한편 고체상 추출법은 고농도 염이나 염과 알코올을 이용하여 RNA의 물에 대한 친화력은 감소시키고 고체-지지체(실리카)에 대한 친화력은 증가시켜 큰 분자 RNA를 제거하여 miRNA를 분리하는 방법이나 효율성이 낮은 것이 단점이다. 따라서 두 방법의 장점을 혼합하여 제조된 상업용 kit를 이용하여 쉽게 miRNA를 분리할 수 있다.

극성염(chaotropic salt)
구아니디움 티오시아네이트와 같은 염은 수소결합에 참여하는 원소와 결합을 이루어 수소결합을 억제하는 물질을 통칭함

DNA 수선(DNA repair)
세포가 그 자신의 유전체를 암호화하는 DNA 분자의 손상을 인지하고 교정하는 것

miRNA의 응용분야를 살펴보면, 암의 종류에 따라 발현되는 정도가 달라지긴 하지만, 암세포의 발현을 조절하여 병의 발생을 조절한다. 세포주기, **DNA 수선**, 산화적 스트레스 반응, 세포사멸과 같은 반응을 조절한다.

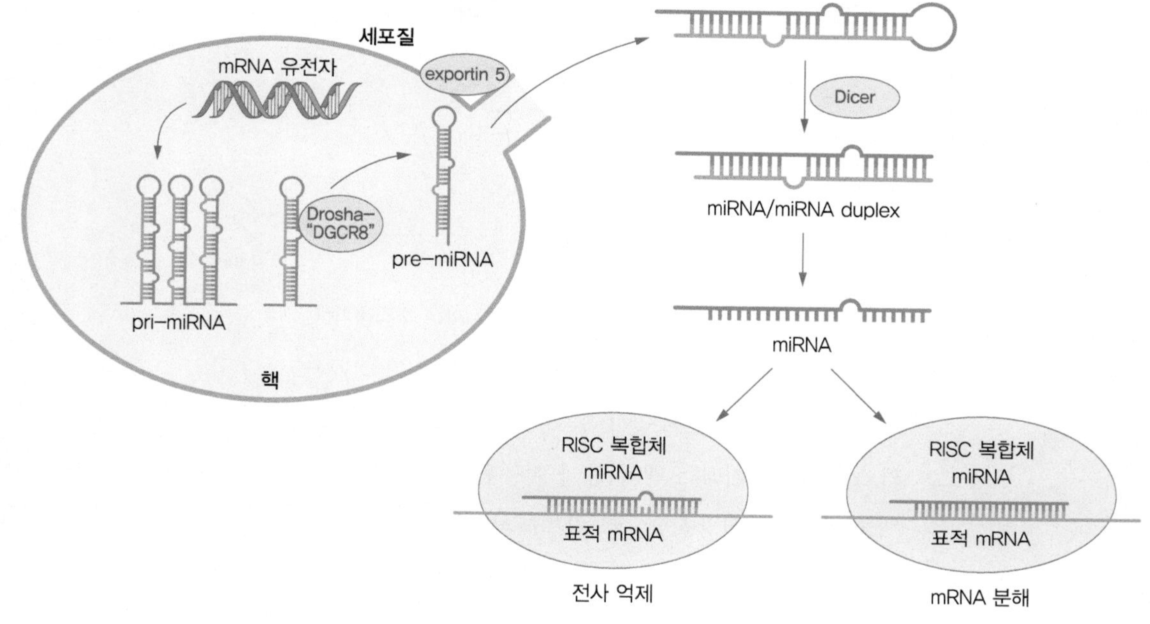

그림 1-34 miRNA의 작용기작

RNA 간섭(RNA interference, RNAi) RNA 간섭은 이중가닥 RNA(dsRNA)가 그 염기서열에 해당하는 표적 mRNA를 선택적으로 분해하여 전사와 단백질 합성을 억제하는 작용을 의미한다. 앞서 설명한 miRNA도 RNA 간섭에 해당되는데, 여기서 설명하려는 siRNA와의 차이는 miRNA가 생체 내에 존재하는 자연적인 RNA 간섭인데 비하여 siRNA는 인위적으로 세포에 넣어주는 것이다.

dsRNA
double strand RNA

siRNA
small interfering RNA

shRNA
short hairpin RNA

dsRNA가 Dicer라는 절단효소에 의해 21~23개의 뉴클레오티드로 구성된 siRNA를 만든다. 이 siRNA는 RISC를 형성하고 이때 siRNA 이중가닥이 단일가닥을 형성한다. 단일가닥 siRNA는 표적 mRNA를 인식하여 분해한다 **그림 1-35**.

RNAi 실험에서는 siRNA가 세포 내에 존재하도록 하는 조작이 필요하다. siRNA **형질주입**방법과 shRNA 형질주입방법이 있다. siRNA 형질주입법은 siRNA를 미리 만들어두고, 그것을 세포 내로 주입한다. siRNA를 화학적으로 합성하는 방법과 미생물 유래의 RNAaseIII나 인간 유래의 Dicer를 이용해 긴 dsRNA를 절단하여 siRNA 혼합물을 제조하는 방법 등이 있다. 한편, shRNA 형질주입법은 siRNA 발현 벡터를

형질주입(transfection)
세포에 DNA를 직접 도입하여 세포의 유전형질을 변이시키는 방법. 식물세포에서는 세포벽을 제거하고 원형질체로 도입

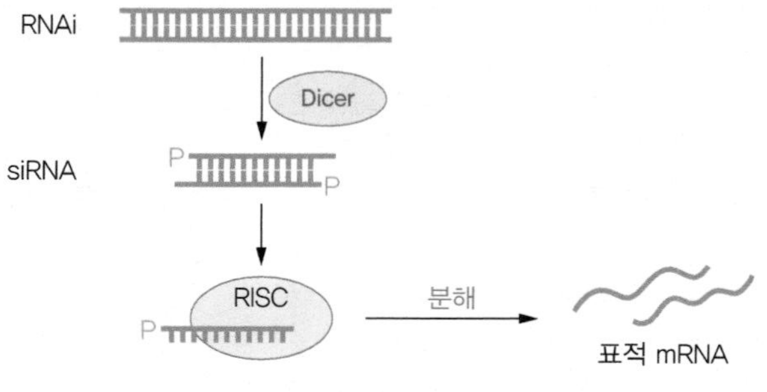

그림 1-35 siRNA의 작용기작

구축하여 세포 내로 주입한 후 siRNA가 발현되도록 구성되어 있다. 목적에 따라 플라스미드나 바이러스 벡터 등이 이용된다. 단기간에 유전자 발현 억제를 보기 위해서는 siRNA를 사용하는 경우가 많으며, 장기간에 걸친 안정적인 유전자 발현 억제를 위해서는 shRNA 벡터를 사용하는 경우가 많다.

손쉽게 유전자를 억제할 수 있으므로 개별 유전자 및 게놈 기능 해석 등의 기초연구와 유전자 치료 연구 및 암을 비롯한 각종 질환 치료제 개발에 응용할 수 있다.

SDS PAGE(sodium dodecyl sulfate polyacrylamide gel electrophoresis)

sodium dodecyl sulfate polyacrylamide gel의 전기영동에 의해서 단백질의 분자량을 결정하고 단백질의 혼합물을 분리함

PVDF
polyvinylidene fluorid

BSA
bovine serum albumin

HRP
horseradish peroxidase

ECL
enhanced chemiluminescence

3) 단백질을 이용한 분자영양 연구방법

(1) 웨스턴 혼성화를 이용한 단백질 분석

웨스턴 블롯Western blot은 전기적으로 분리된 단백질을 membrane에 옮겨 아미노산의 특별한 서열에 특정 항체로 원하는 단백질만을 찾아내는 방법이다. 특히 복잡하고 혼합한 형태의 단백질 중에 특이한 단백질을 확인하고 정량하는 데 유용하다.

분석하고자 하는 단백질 시료를 **SDS PAGE**에 의해 크기별로 분리된 후 nitrocellulose나 PVDF membrane에 옮긴다. 단백질이 결합하고 있는 부분 이외의 결합자리는 다른 단백질로 오염되거나 항체가 붙을 수 없도록 탈지유나 BSA와 같은 blocking agent를 사용하여 blocking한다. 원하는 단백질에 결합하는 항체와 1차 항체를 결합하고, HRP가 부착된 2차 항체를 반응시킨다. 2차 항체의 HRP가 ECL의 루미놀luminol을 산화시켜 방출되는 빛을 검출한다.

단백질 분석방법

단백질 추출 및 정량: 분석하고자 하는 시료에서 단백질을 추출한 다음 정량한다.

SDS-PAGE: gel 장치를 장착한다. 50 mL conical tube에 적당 농도의 acrylamide, 1.5 M Tris, 10% SDS, 증류수를 섞은 후, APS와 TEMED을 섞어 유리판 사이에 붓는다. 이때 comb의 끝에 stacking gel을 위한 공간을 남긴 후 15~20분간 gel을 굳힌다(APS와 TEMED를 넣으면 빨리 굳기 때문에 마지막에 넣어준다). Stacking gel solution을 굳은 separating gel 위에 붓고 comb을 꽂고, comb 끝에 공기 방울이 들어가지 않도록 주의하며 10~15분 정도 gel을 굳힌다. 천천히 comb을 gel에서 뺀다. Gel running trank에 장착한 후 gel 수에 맞는 1X running buffer를 넣어준다.

APS
ammonium persulfate

TEMED
tetramethyl-ethylenediamine

Transfer: Sample 정량 후 loading하여 SDS-PAGE를 통해 분리한 단백질을 membrane으로 옮긴다. SDS-PAGE 후에 gel을 떼어내서 transfer buffer에 10~15분 정도 담가둔다. Gel을 nitrocellulose filter에 얹고 transfer buffer를 electrotransfer kit에 채운다. 250~300 mA로 1시간 30분 정도 옮겨준다.

블로킹: Membrane을 Ponceau S용액에 약 5분 정도 담가 염색한 후 옮겨진 band를 확인한다. Ponceau S용액은 TBS-T로 씻어주면 제거되고, 남아 있는 Ponceau S용액은 blocking buffer로 블로킹하는 과정에서 모두 제거된다. Blocking buffer를 넣어 상온에서 1시간 정도 shaking한다.

항원-항체반응: 1차 항체를 넣고 10분 정도 shaking한 후 4℃에서 overnight한다. Membrane을 TBS-T로 10~15분 동안 씻어준다. 이 과정을 3회 반복한다. 5% BSA나 skim milk에 1/2000~ 1/10000배로 희석한 2차 항체를 넣고 한 시간 동안 shaking한다. Membrane을 TBS-T로 10~15분 동안 씻어준다. 이 과정을 3회 반복한다.

발색반응: ECL를 이용하여 발색반응을 일으킨다. 기존 membrane을 사용하여 새로운 단백질이 있는지 확인하고 싶을 때에는 stripping reagent를 이용하여 기존 membrane에 있는 항체를 제거한다(stripping).

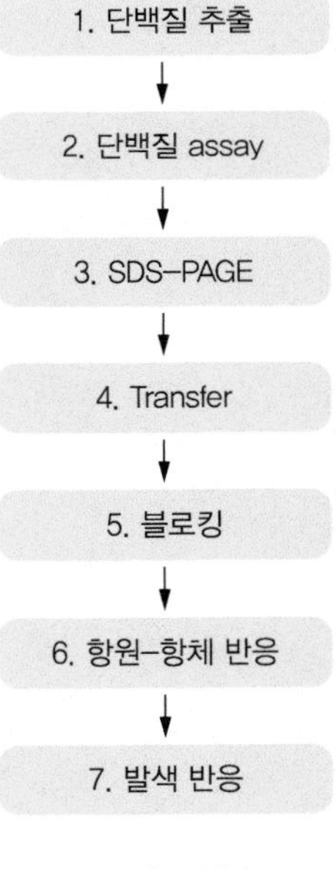

그림 1-36
Western blot 과정

(2) ELISA 방법을 이용한 효소, 호르몬, 사이토카인 및 아디포카인 정량

ELISA
Enzyme-Linked Immunosorbent Assay

효소면역정량법(ELISA)은 항체의 항원특이성 반응으로 실험동물이나 사람의 혈청을 통하여 얻은 배양 상층액 안에 우리가 원하는 항체가 생성되어 있는지를 확인하기 위한 실험이다 **그림 1-37**. 분석하고자 하는 효소, 호르몬, 사이토카인 및 아디포카인의 정량이 가능하고 실험방법이 간단하지만, kit로 구입할 경우 다소 비용이 많이 들 수 있다.

분석방법

항원-항체 plate 만들기: 96-well plate에 항원을 넣는다. Standard, control, sample을 넣고 항체와 항원이 붙을 수 있도록 incubation시킨다. Washing buffer로 씻는다.

항원-항체반응: 1차 항체를 넣고 incubation시킨다. Washing buffer로 씻는다. 2차 항체를 넣고 incubation시킨다. Washing buffer로 씻는다.

발색반응: 기질액을 넣는다. ELISA reader로 흡광도를 측정한다.

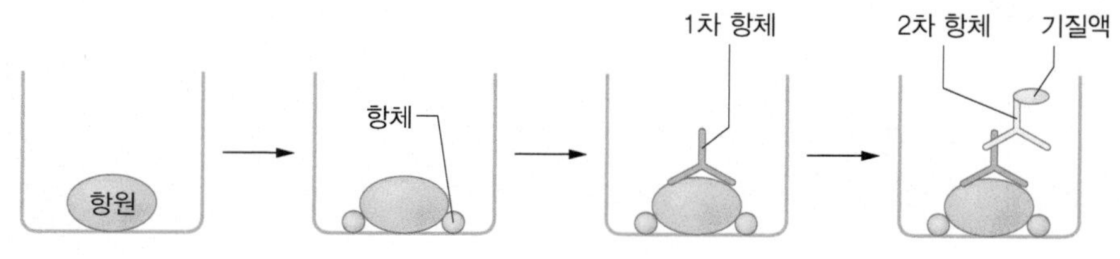

그림 1-37 ELISA 실험과정

4) 표현형-유전형 연관 연구법

인간 유전체는 약 31억 쌍의 염기서열 조합으로 구성되어 있다. 모든 인간은 99.9%가 동일한 염기서열을 지니고 있으며, 약 0.1%만 유전적 차이를 보인다. 이러한 유전적 차이를 유전적 변이라고 하는데, 혈액형, 피부색, 키 등 표현형을 결정한다. 이러한 인간의 표현형은 유전형과 환경적 요인의 상호작용으로 결정되므로 **그림 1-38** 이와 관련된 개개인의 유전형을 이해함으로써 질병을 예방, 진단, 치료할 수 있다. 대표적인 연구방법은 전 유전체 관련 분석법과 차세대 유전체 분석법이 이용되고 있다.

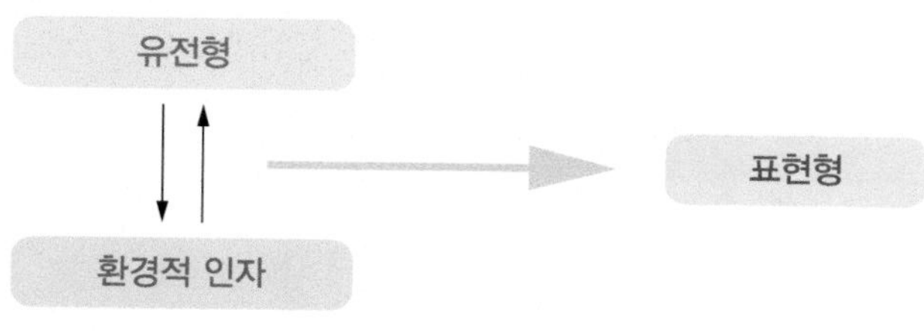

그림 1-38 표현형, 유전형 및 환경인자의 상호작용

(1) 전 유전체 관련 분석

전 유전체 관련 분석(GWAS)은 전체 유전정보를 탐색하여 질병과 관련된 유전적 요인을 연구하는 방법이다. 형질 다양성의 원인을 유전자 다형성에 두고 있는데, 특히 단일염기변이(SNP)를 이용한다. 즉 DNA 염기서열 변이 중 흔히 변이되는 곳만을 선택하여 칩의 형태로 제작하여 질병과의 관련성을 보는 것이다.

GWAS
Genome-wide association study

SNP가 존재하는 장소를 SNP 자리locus라 하고 이는 두 염기의 상보적 염기쌍으로 이루어진다 **그림 1-39**. 부모로부터 자손은 각각 하나의 염기를 물려받아 두 염기의 조합으로 개체를 완성하고 유전적 특성을 표현할 수 있는데 이것을 유전자형이라 한다 **그림 1-40**. 예를 들어 염기 A와 T로 구성된 SNP는 각 개체의 특성에 따라 AA, AT, TT 중 하나의 유전자형을 가지게 된다. 또한 다음 세대에 유전되는 염색체의 같은 위치, 다른 특성을 나타내는 것을 대립유전자allele라 하므로 염기 A와 T는 대립유전자에 해당한다. 유전자형은 표현형과 관련된 형질의 구성요소인 유전자 한 쌍의 조합이다.

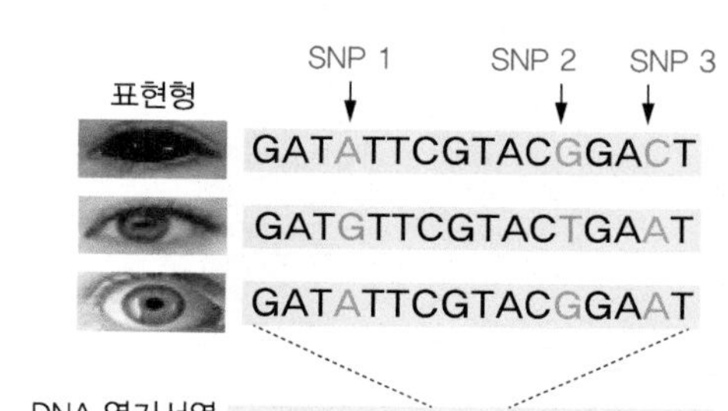

그림 1-39 표현형과 SNP

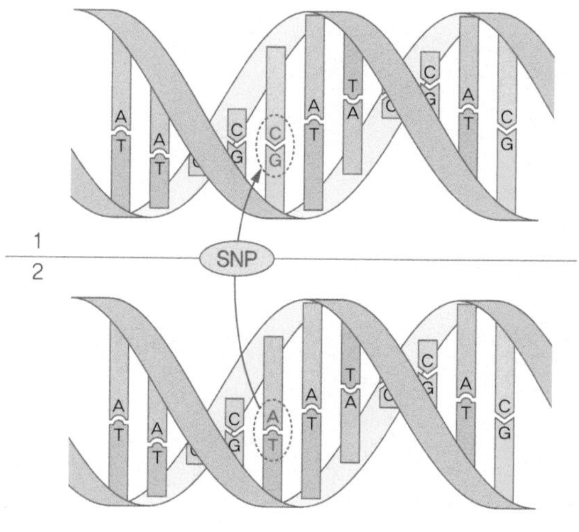

그림 1-40 SNP 자리

GWAS 연구의 의미와 한계점 GWAS는 질환군과 정상군의 DNA를 비교하고 한 개의 염기가 달라진 SNP가 유전자 구조적 문제를 일으켜 질환군에서 나

동형접합성 (homozygosity)

유전자 내에 여러 개의 대립유전자가 존재할 때 동일한 대립유전자를 지니는 경우

이형접합성 (heterozygosis)

상동염색체상의 대립하는 유전자 자리에 다른 대립유전자가 존재하는 상태

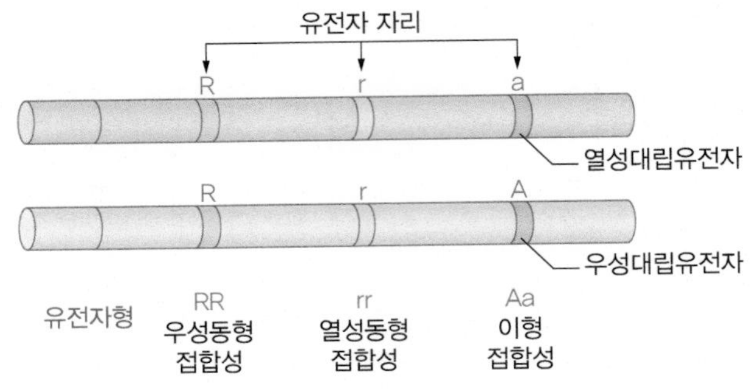

그림 1-41 유전자형

타날 경우 'associated'라고 표현한다. 이렇게 표현한 associated SNP는 질환 발병에 영향을 줄 수 있는 마커가 될 수 있다.

이와 같이 GWAS는 특정 질환을 가진 환자와 정상인을 비교하여 질병 유전자를 찾아내는 데 매우 유용한 방법이지만 질병의 95% 이상이 여러 유전자의 상호작용으로 발생하기 때문에 그 한계점이 있다.

❶ 특정한 질환군과 정상군을 선택하여 유전자 서열상의 변이를 밝혀 SNP를 찾는다.
(군의 규모는 수천에서 수만으로 하고 성, 종 등 혼란변수는 일치시킴)

❷ 1번 단계에서 quality threshold를 넘는 SNP 중에서 통계적으로 질병에 관련된 SNP를 결정한다.

❸ 새로운 집단 군에서 반복실험을 통하여 다른 집단에 적용하고, 실험적으로 기능적 효과를 검사한다.

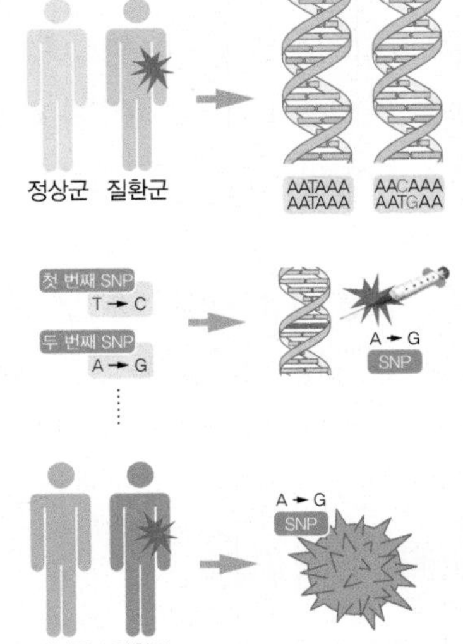

그림 1-42 GWAS 분석과정

유전자의 염기서열 분석에 사용하는 DNA 칩(chip)

전 유전체라는 표현을 사용하고 있지만 실제로는 인간의 31억 염기쌍을 하나씩 분석하는 것이 아니라 DNA 칩에 부착된 SNP 자리의 유전자형을 관측한다. 분석하고자 하는 DNA의 단편적 염기서열과 DNA 칩의 염기 사이의 상보적 결합 성질을 이용하여 염기서열이 명확하지 않은 DNA도 칩을 이용해 염기서열 해석이 가능해진다. 주입시키는 사슬에는 형광색소나 방사성 동위원소를 결합시켜 표시자 역할을 한다. DNA 칩은 그 종류에 따라 관측 위치와 수가 달라지므로 연구방향에 따라 선택해야 한다.

(2) 차세대 염기서열 분석법

Sanger법에 의한 기존의 염기서열 분석법은 한 번에 하나의 클론만을 염기서열하는 것으로 많은 시간과 비용이 소요되었다. 그러나 차세대 염기서열 분석법(NGS)은 대량의 병렬 데이터 생산이 가능한 염기서열 분석법으로 한 번의 실험에 대량의 염기

NGS
next generation sequencing

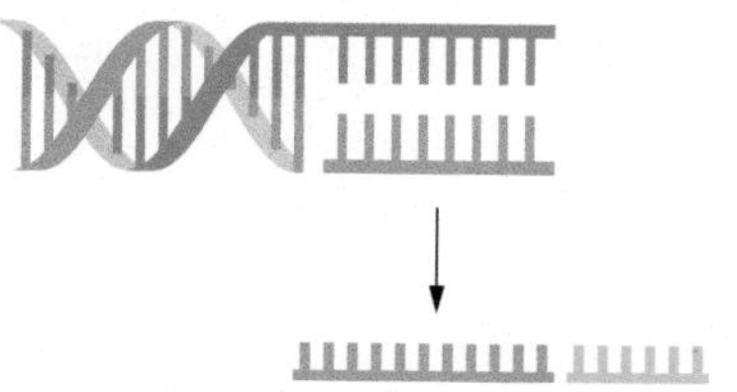

❶ DNA를 추출하여 절단하여 라이브리리를 제작하고 절편에 어댑터를 붙인다.

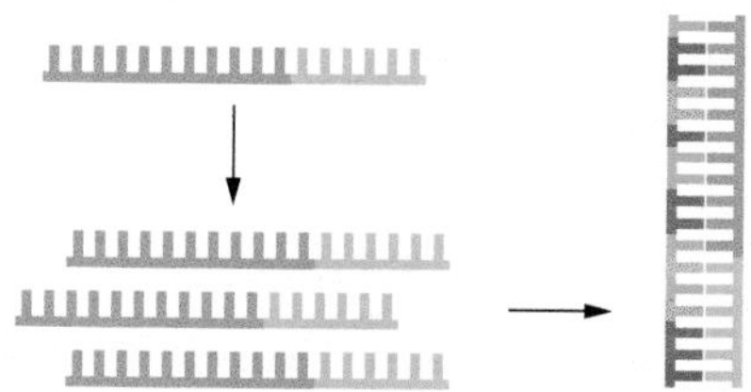

❷ 기기 장치에 따라 혼성 PCR 또는 브릿지 PCR로 DNA를 증폭시키고 유전체를 분석기를 이용해 형광 염기쌍을 결합시킨다.

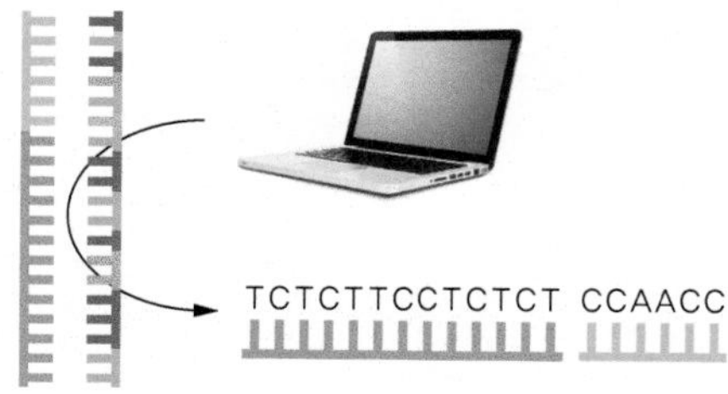

❸ 염기서열을 카메라로 이미지 처리한 후 분석 소프트웨어를 이용해 서열정보를 해독한다.

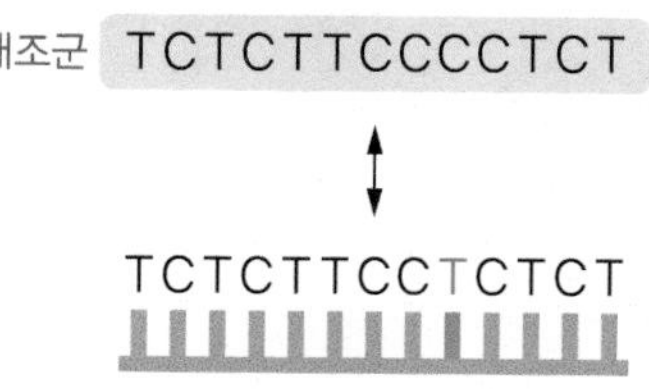

❹ 기존에 해독된 서열과 비교하는 서열 정렬(얼라이먼트)을 통하여 유전자 변이(위치, 유형, 구조 등)를 확인한다.

그림 1-43 NGS 분석과정

서열을 읽을 수 있기 때문에 저비용으로 빠르게 해독할 수 있는 방법이다. 이미 잘 알려진 유전자 변이를 해독하려면 앞서 설명한 GWAS법을 사용할 수 있으나 모든 유전자를 포함한 유전자 변이 검색에는 NGS가 유용하다. NGS에서 생산된 생성물은 길이가 짧고 정확도가 떨어지나 그 양은 방대하고 분석속도가 빠르다.

PCR 증폭

중합효소 연쇄반응법이라고도 하며, 인위적으로 유전자를 증폭하는방법

혼성(emulsion) PCR

유전체 DNA(genomic DNA)를 절단하여 얻은 DNA 라이브리(library)를 공간적으로 분리하여 emulsion 안에서 증폭하게 함으로써 각각 하나의 절편(fragment)에 대한 클론 증폭을 가능하게 함

dNTP
deoxynucleotide triphosphate

APS
adenosine 5′ phosphosulfate

ATP sulfurylase
adenosine triphosphate sulfurylase

분석방법의 종류 기본적으로 DNA 서열을 증폭한 후 형광 표식 등을 카메라로 찍어 이미지 처리로 염기를 읽어낸다. **PCR 증폭** 방식에 따라 어떤 비즈 주위에 DNA를 고정해서 증폭하는 **혼성 PCR** 방식과 브릿지 PCR로 DNA 단편의 양끝을 구부려서 판 위에 고정해서 고체상을 증폭하는 방법이 있다. 대표적인 분석방법으로 피로인산 염기서열 분석법, 연결반응을 이용한 분석법과 브릿지 증폭을 이용한 분석법이 있다.

피로인산 염기서열 분석법(pyrosequencing): DNA 중합효소가 염기를 첨가할 때 생성되는 피로인산을 측정하여 염기서열을 분석하는 방법이다. 피로인산이 방출되면서 sulfurylase에 의해 APS는 ATP로 전환되고, 이때 생성된 ATP는 루시퍼레이스가 빛을 낼 수 있도록 에너지를 제공한다. 이 반응에서 방출되는 발광은 카메라로 값을 변화하여 염기분석 데이터를 얻는다. 이때 한 개의 염기가 아닌 여러 개의 염기가 연장되면 빛 피크의 높이가 높아지므로 염기서열 분석이 가능하다 **그림 1-44**. 반응당 읽는 DNA 길이는 200~400 bp이며, 처리할 수 있는 전체 표적 DNA 길이는 수백만 bp이다.

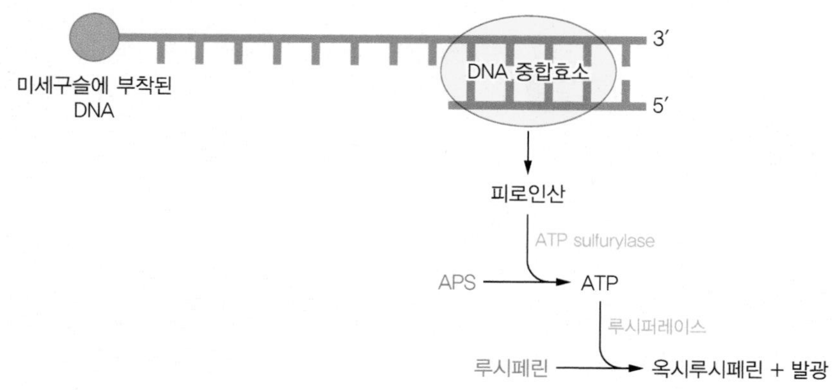

그림 1-44 피로인산 염기서열 분석법

연결반응(ligation)을 이용한 분석법: 어댑터와 미세구슬이 결합된 DNA를 슬라이드에 부착시키고 프라이머를 혼성화한다 **그림 1-45**. 형광 표지된 네 종류의 올리고뉴클레오티드(8 bp) 이중염기 탐침과 연결효소를 넣어 두 분자의 결합반응을 촉매한다. 이때 이중염기 탐침과 DNA는 상보적 결합에 의하여 연결되며 각각의 형광 신호를 해석하게 되면 6, 7, 8번의 염기는 형광물질과 함께 떨어지게 된다. 이러한 사이클을 일정하게 반복한 후 탐침가닥과 프라이머는 표적 DNA에서 분리된다. 다음 염기 하나씩 짧아진 프라이머를 사용하여 5번 반복하여 전체 염기서열을 분석한다. 이와 같이 최종적으로 각 염기를 두 번씩 중복하여 읽어서 정확도를 높인다. 평균 25~35 bp을 읽을 수 있으며 한 번에 3~4 Gbp를 해독할 수 있다.

브릿지 증폭을 이용한 분석법: 클론을 증폭시키는 과정에서 PCR을 이용하지 않고 브릿지 증폭방식을 이용한다 **그림 1-46**. DNA를 절단하여 라이브러리를 만들고 올리고 뉴클레오티드로 구성된 어댑터를 결합시킨 후에 유리상에 제작된 유동세포 위로 흘려주면 상보적 결합을 한다. 이때 PCR 시약을 첨가하고 열주기thermocycle 처리를 하면 주변 표면에 존재하는 유리 프라이머에 고정된 DNA 분절이 구부러지면서 다른 쪽 끝의 어댑터가 **annealing** 할 수 있어 증폭이 일어나고 하나의 단일 DNA 가닥의 클론인 클러스터를 형성한다. 클러스터의 단일 DNA 가닥의 어댑터에 특정 프라이머 서열이 결합하고 형광을 띠는 뉴클레오티드를 상보적으로 결합하게 되면서 최초의 단일 DNA 가닥의 서열을 알 수 있다. 염기서열의 길이는 30~40 bp이며 처리할 수 있는 염기의 길이는 130 Mbp이다.

annealing
프라이머가 주형 DNA에 결합하는 것

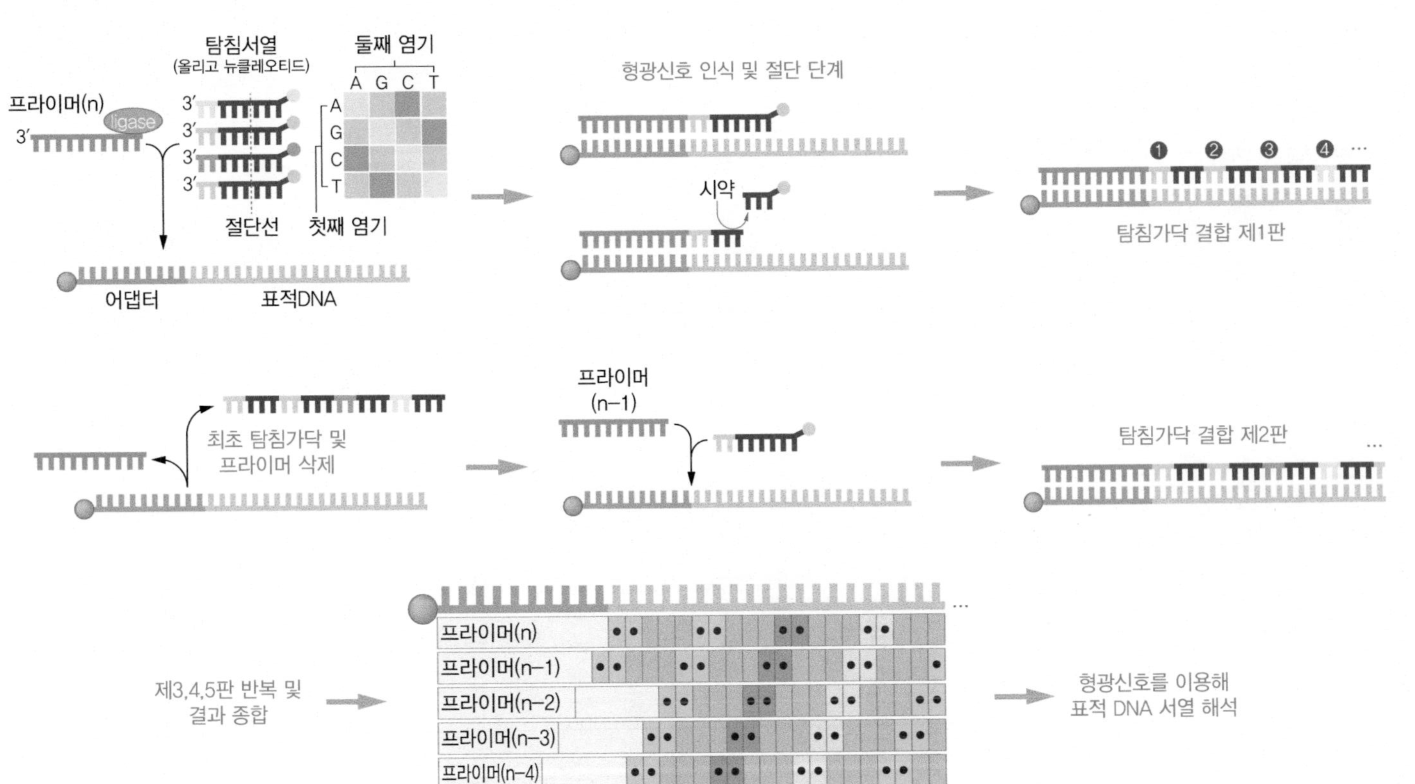

그림 1-45 연결반응을 이용한 분석과정

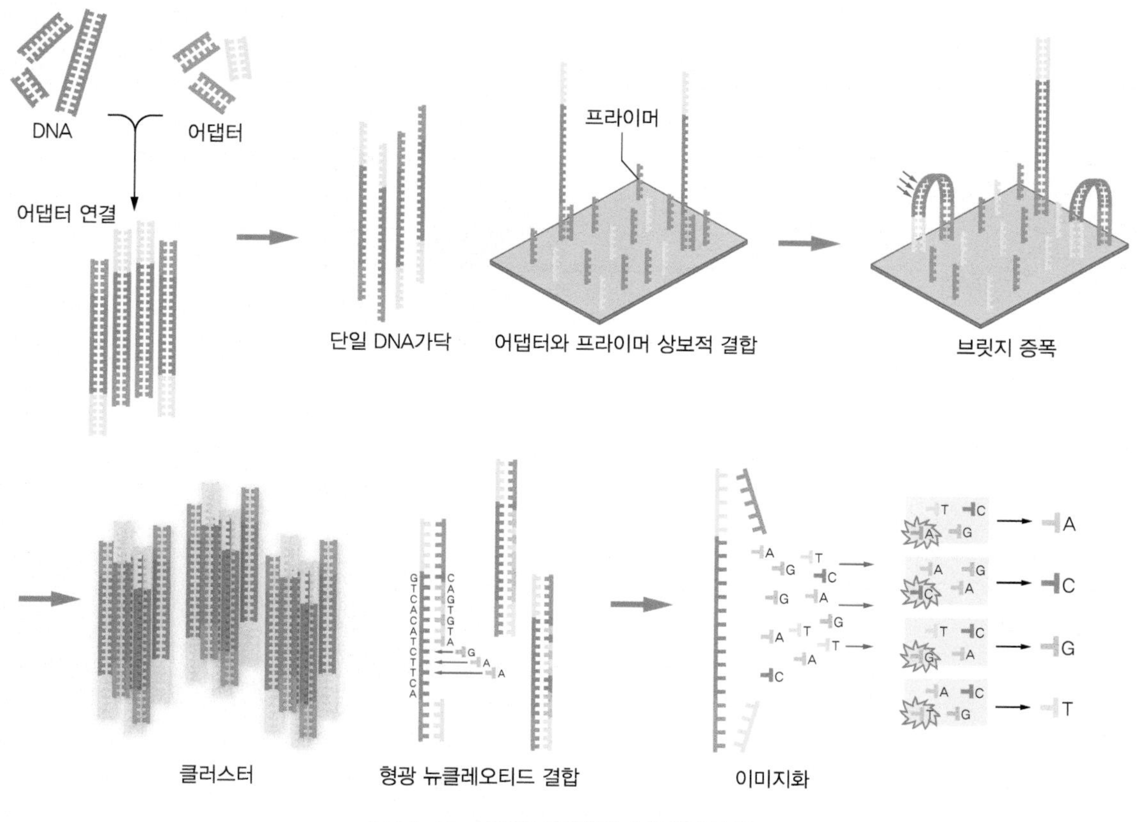

그림 1-46 브릿지 증폭법을 이용한 분석법

5) 생물정보학과 그 응용

생물정보학bioinformatics은 생명정보학이라고 불리기도 하며, 생명과학(BT)과 정보공학(IT)이 융합된 학문으로서 정보학의 중요한 응용분야이다. 즉 생물학적 데이터를 얻고 이를 바탕으로 데이터를 관리하고 분석하는 정보학(학문측면) 또는 정보기술(응용측면)로 생물학적인 문제들에 대한 해답을 구하는 데 사용된다 **그림 1-47**.

현재 생물정보학은 유전체, 전사체, 단백체, 대사체 등으로 분자생물학의 모든 분야에 응용되고 있다 **그림 1-48**. 유전체학은 세포 내 존재하는 유전정보 물질을 대상으로 하는 연구를 총칭하는 것으로, 유전정보의 수집 및 체계적 분석 혹은 발굴/발견 등을 수행하며 기능 유전체와 구조 유전체로 나눌 수 있다. 전사체학은 엑손-인트론 구조로 인하여 한 개의 유전자가 한 개의 mRNA를 만들지 않고 매우 복잡한 작

BT
biotechnology

IT
information technology

기능유전체 (functional genome)
어떤 생물의 유전체 정보로부터 각 유전자의 관련 및 기능을 말함

구조유전체 (structural genome)
유전체 정보로부터 생명현상의 기능을 담당하는 단백질의 구조와 기능의 연관성을 말함

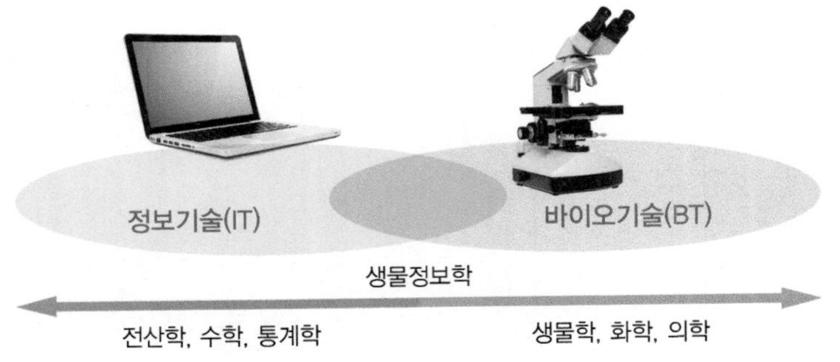

그림 1-47 생물정보학 구성요소

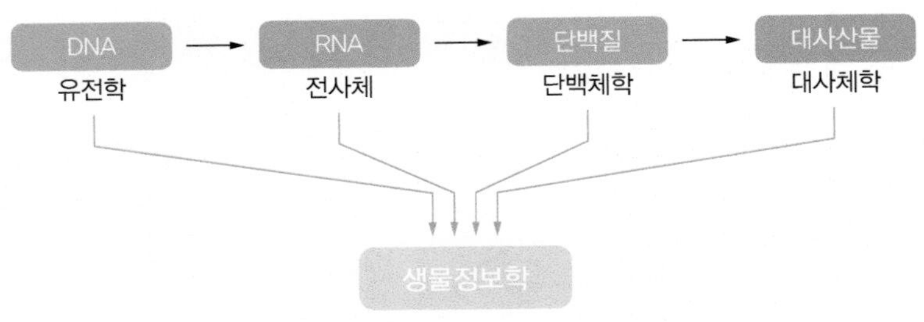

그림 1-48 생물정보학의 응용분야

용기작이 존재함이 밝혀지면서 DNA에서 RNA로 진행되는 과정을 연구하는 학문이다. 단백체학은 단백질의 발현 및 발현 후 작용(변형, 기능, 조절작용, 다른 단백질과의 상호작용)을 연구하고 나아가 이들 단백질 간의 기능 및 상호 연관 네트워크를 연구하는 학문이다. 대사체학은 GC-MS와 LC-MS 등의 분석장비를 활용해 세포 내외의 대사물질들을 정량화할 수 있으며 세포의 생리적인 상태에 관한 좀 더 정확한 정보를 연구하는 학문이다.

GC-MS
gas chromatograph-mass spectrometer

LC-MS
liquid chromatograph-mass spectrometer

최근 대량고속 분석기기들을 이용하여 대량의 데이터를 생산하고 있는데 대표적으로 자동 DNA 시퀀스, DNA 마이크로어레이, 이미지 분석기, 질량분석기 등이 이에 속한다. 이외에도 고속처리 탐색기술 및 기기 개발을 유도하여 다량의 생물학적 데이터를 양산하고 있다 **그림 1-49**. 이렇게 얻은 측정 데이터는 영역별로 정리·가공하고 상호 연결하여 데이터베이스를 구성한다.

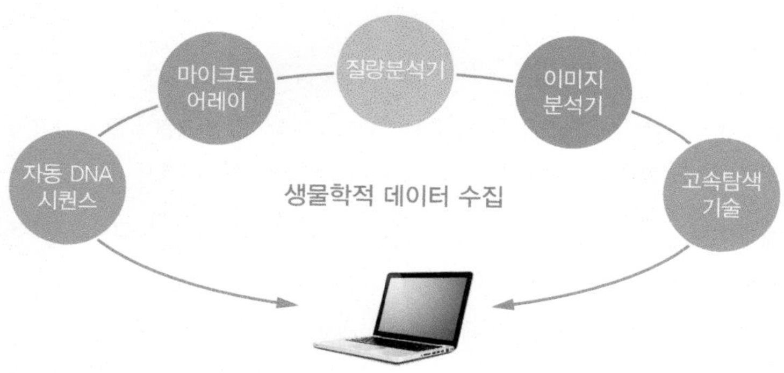

그림 1-49 데이터 정리 및 가공, 상호 연결하여 데이터베이스 구성

요약

- 유전정보를 가지는 유전자의 구조는 염기와 당이 결합한 뉴클레오시드에 인산기가 연결된 뉴클레오티드들이 연속적으로 결합된 중합체로, 염기와 연결된 오탄당의 종류에 따라 DNA와 RNA가 있다.

- 유전자의 구성요소는 크게 인트론, 엑손, 프로모터 영역으로 나눌 수 있고, 각각은 mRNA 전사와 단백질 번역의 정확성을 위해 고유의 기능을 담당하고 정교하게 조절된다.

- 유전자의 발현은 전사와 번역과정을 거치는데, 생체 내 환경 변화에 대응하기 위해 전사, 전사 후 조절, 번역, 번역 후 조절 등 각 단계마다 다양한 기전에 의해 합성하는 단백질의 종류와 합성량을 결정한다. 이같은 유전자 발현 조절을 통해 생체 내 환경과 요구에 부응하는 최적화된 생물학적 기능을 수행할 수 있다.

- 분자영양학 연구는 DNA, RNA 및 단백질을 이용한 생물분자학적 기술을 이용하며, GWAS와 NGS를 통하여 표현형과 유전형의 상관관계를 얻어 질병의 예방과 진단, 치료를 가능하게 한다. 또한 생명과학과 정보공학이 융합된 생물정보학은 유전제, 전사체, 단백체, 대사체 등 모든 분야에 응용되고 있다.

- DNA을 이용한 분자영양 연구방법으로는 서던 블롯(Southern blot)이 있는데, 서던 블롯은 특이한 DNA 유전자가 genomic DNA에 존재하는지의 여부를 알아보기 위하여 DNA를 혼합시켜서 확인하는 방법으로 ① DNA 분리, ② 블로팅, ③ 특정 프로브와 반응, ④ 프로브 검출의 과정을 거친다. 또한 특정 형질을 암호화하는 유전자(DNA)를 주입하여 생물의 유전적 성질을 변화시킨다.

- RNA을 이용한 분자영양학 연구방법으로는 노던 블롯(Northern blot), Microarray 및 qPCR를 이용한 방법이 있다. 노던 블롯은 전기영동을 통해 원하는 RNA를 찾아내기 위한 방법으로 ① RNA 분리, ② blotting, ③ 특정 프로브와 반응, ④ 프로브 검출의 과정을 거친다. Microarray는 방대한 유전자 정보를 처리·해독할 수 있는 기술로서, DNA의 상보적인 반응성을 이용하여 알고 있는 유전자 정보와 알고자 하는 유전자를 혼성화시킴으로써 유전자 정보를 분석하는 방법이다. qPCR(real time PCR)은 세포나 조직의 target mRNA의 정량적인 분석뿐만 아니라 특정 유전자 변형을 진단하고 분류하며, 특정 위치에서 단일 염기서열의 돌연변이, 바이러스나 세균 감염에 대한 측정에 이용된다. qPCR의 3단계로는 ① cDNA 만들기, ② PCR mixture 만들기, ③ real-time PCR 실행 및 결과분석의 과정이 있다.

- Small RNA는 단백질을 합성하지 않는 20여 개의 뉴클레오티드로 이루어진 RNA 조각으로 miRNA와 siRNA가 있다. 이들 small RNA는 표적 mRNA를 선택적으로 분해하여 전사와 단백질 합성을 억제한다. microRNA는 세포의 분화와 발달, 세포 신호전달 등에 중요한 역할을 하며, 그 기능에 문제가 생기면 암, 당뇨병 같은 여러 질병이 발병할 수 있다.

- 단백질을 이용한 분자영양학 연구방법으로는 웨스턴 블롯(Western blot) 및 ELISA 방법을 이용한 효소, 호르몬, 사이토카인 및 아디포카인 정량을 이용한 방법이 있다. 웨스턴 블롯은 분리된 단백질을 아미노산의 특별한 서열에서 원하는 단백질만을 찾아내는 방법으로 ① 단백질 추출, ② SDS-PAGE에 sample을 transfer, ③ 블로킹, ④ 항원-항체반응, ⑤ 발색반응을 일으켜 원하고자 하는 단백질을 검출하는 과정을 거친다. ELISA 방법은 항체의 항원 특이성 반응으로 분석하고자 하는 효소, 호르몬, 사이토카인 및 아디포카인의 정량이 가능하다.

EXERCISES
연습문제

1 유전자의 구성요소들을 나열하시오.

2 유전정보의 전달과정을 간단히 설명하시오.

3 번역의 각 단계와 번역 이후의 단백질 이동을 설명하시오.

4 영양소가 번역단계에서 유전자 발현을 조절하는 예를 들어보시오.

5 RAR/RXR과 VDR에 의한 전사조절을 설명하시오.

6 번역 후 조절의 유형을 나열하시오.

7 분자생물학적 기술을 이용한 실험의 종류를 쓰시오.

8 miRNA, siRNA, shRNA의 공통점과 차이점은 무엇인지 서술하시오.

9 GWAS와 NGS은 표현형과 유전자형의 관련성을 연구하는 방법이다. 차이점은 무엇이며, 어떤 경우에 각 방법이 유용한지 서술하시오.

10 형질전환 동물 생산이 필요한 이유는 무엇인지 서술하시오.

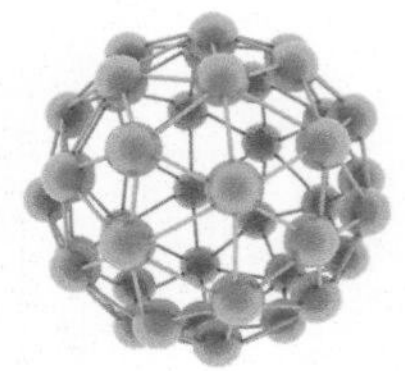

CHAPTER 2

세포기능 조절에서의 영양소 역할

1 세포분열, 세포주기 및 항상성

생명체의 최소 기본 단위인 세포는 세포에서만 유래하고, 원래 존재하던 세포는 분열을 통해서 더 많은 세포를 만든다. 세포는 세포 내 물질들을 기존보다 두 배로 증가시킨 다음, 두 개로 나뉘는 일련의 과정을 통해 기존의 세포와 동일한 세포를 계속해서 만들어낸다. 단세포 생물체인 박테리아부터 다세포 생물체인 포유류에 이르기까지 모든 생물체는 세포의 성장과 분열의 연속적 과정을 통해 존재할 수 있다.

1) 세포분열

평균적으로 건강한 성인은 하루에 1000억 개 이상의 세포가 죽고 세포분열cell division을 반복하여 생성된다. 세포분열은 모든 생명체에서 나타나는 현상이며, 생명유지에 가장 기본 과정의 하나이다. 그러므로 세포의 분열은 여러 단계의 조절과정을 거쳐 수행되며, 이런 조절과정에 변이가 일어나면 암과 같은 질환을 초래할 수도 있다. 세포분열은 세포분열 시 **방추사**의 유무에 따라 무사분열amitosis과 유사분열mitosis로 나뉜다. 세포분열 과정에서 방추사가 나타나지 않는 분열을 무사분열이라

방추사(spindle fiber)

세포의 체세포분열 때 형성되는 가는 실 모양의 섬유질 단백질. 양쪽 극 사이 또는 극과 염색체를 연결함

고 하고 주로 단세포 생물 등에서 볼 수 있다. 유사분열은 세포분열 과정에서 방추사가 나타나는 분열로 핵의 분열방식에 따라 체세포 핵분열인 유사분열과 생식세포 핵분열meiosis(감수분열)로 나뉘며, 핵의 분열 이후에 세포질의 분열이 일어나 세포분열이 완성된다. 이는 주로 진핵세포의 분열에서 관찰할 수 있다.

(1) 유사분열

유사분열은 독특하고 분리된 두 과정의 시작과 완료로 진행된다. 첫 번째 과정인 **핵분열**은 복제된 염색체를 두 딸세포로 나누는 과정이다. 두 번째 과정은 세포질 분열cytokinesis로 두 핵 사이에 세포질을 나누어 2개의 독립된 딸세포로 형성한다. 핵분열은 염색체의 구조와 위치에 따라 전기prophase, 전중기prometaphase, 중기metaphase, 후기anaphase, 말기telophase로 나뉜다 **그림 2-1**.

핵분열(karyokinesis)
그리스어로 karyo는 '핵', kinesis는 '분열'이라는 뜻

코헤신(cohesins)
복제된 각각의 염색체에서 두 개의 인접한 자매염색체를 묶어주는 단백질 복합체로 S기에 복제되어 유사분열 말기에 고리가 끊어질 때까지 자매염색분체가 분리되는 것을 막음

전기 전기에는 핵 속에 고루 퍼져 있던 염색질들이 두 개의 동일한 염색분체를 구성하여 응축된다. 이 시기에 두 자매염색체는 서로 **코헤신**이라는 단백질로 묶여 있다. 핵 밖에서는 복제된 다음 서로 멀어진 두 중심체 사이에 유사분열 방추사가 조립된다.

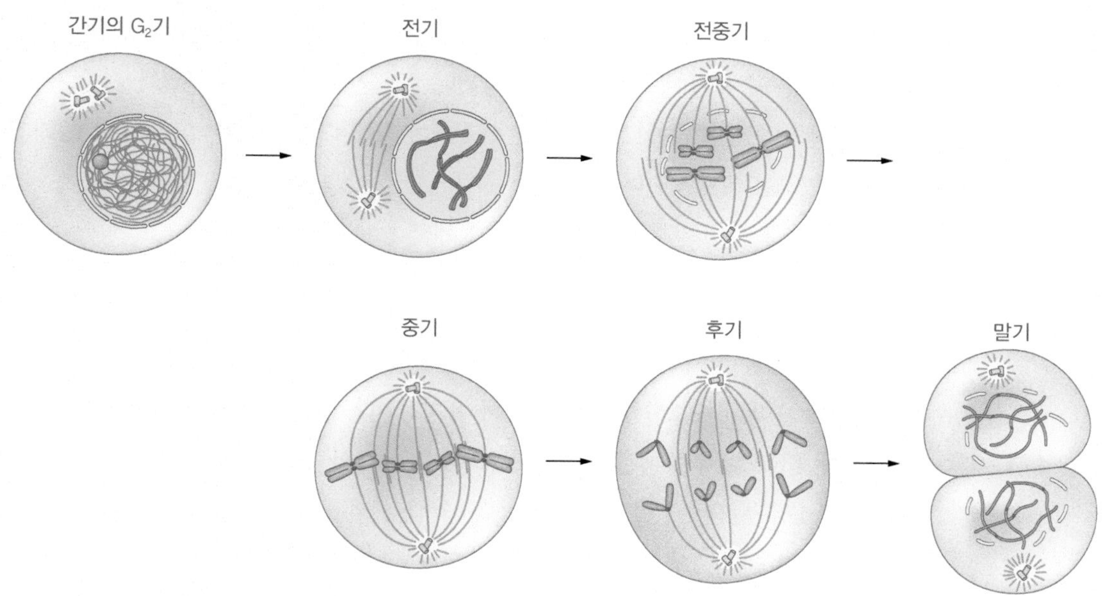

그림 2-1 세포의 유사분열

동원체(kinetochore)

염색분체 2개가 결합하는 자리

미세소관(microtubule)

세포골격을 이루는 구성성분으로 유사분열, 세포질분열, 소포수송에 관여함

후기촉진복합체 (APC, anaphase promoting complex)

코헤신을 분해시켜 염색분체를 분리해 줌

수축환(contractile ring)

세포분열에서 분열구의 세포질막 바로 밑에서 세포를 고리 모양으로 감아 세포를 절단하는 구조

전중기 전중기에는 핵막의 붕괴가 시작된다. 이 과정은 인산화에 의해 유발되는데, 결과적으로 핵막 안쪽에 위치한 섬유성 단백질의 망상구조인 핵 층nuclear lamina의 중간 필라멘트 단백질을 해체시킴으로써 이루어진다. 전기에 응축된 염색체들이 **동원체**라는 단백질 복합체를 통해 방추사와 결합한다.

중기 핵막이 없어진 후, 염색체가 방추체에 연결되어 세포 중앙체 극의 중간 쯤에 정렬된다. 각각의 자매염색체에 결합된 동원체 **미세소관**은 반대방향의 방추체극에 각기 결합한다.

후기 결합되어 있던 자매염색분체가 두 개의 염색체로 분리되어 양 방추체극으로 보통 분당 약 1 μm 속도로 천천히 이동한다. 자매염색체의 분리는 코헤신 연결이 단백질 분해효소인 세파레이즈separase에 의해 분해되면서 일어나는데, 이 효소는 후기가 시작되기 전에는 억제단백질인 세큐린securin에 결합되어 불활성화 상태로 있다. 후기가 시작되면 세큐린은 **후기촉진복합체**에 의해 파괴되므로 세파레이즈가 코헤신 연결을 끊을 수 있게 된다 그림 2-2.

말기 말기에 분리된 두 개의 염색체 집단은 각각의 방추체극에 도착한다. 두 개의 핵 형성을 위해 두 조로 분리된 염색체 주변에 핵막이 재형성됨으로써 핵분열이 완료된다. 이때 인이 다시 생성되며 응축된 염색체는 풀려서 염색질로 변환된다. 세포질 분열은 **수축환**이 형성되면서 시작된다. 동물세포의 세포질 분열과정 중 세포질은 액틴과 미오신 필라멘트로 구성된 수축환에 의해 나뉘어 각각 한 개의 핵을 가진 두 개의 딸세포가 형성된다.

(2) 감수분열

감수분열은 유성생식을 하는 생물이 생식세포를 형성할 때 일어나는 핵분열이다. 생물은 수정 전에 미리 암, 수 생식세포의 염색체 수를 반(n)으로 줄여 수정 후 수정란의 염색체 수(2n)를 늘 일정하게 유지시킨다. 체세포분열에 비해 분열기간이 길고 두 번에 걸쳐서 핵분열이 일어난다 표 2-1. 1차 감수분열은 염색체 수가 절반으로 감소하는 감수분열reductional division이다. 2차 감수분열은 1차 감수분열에 의해 생성된 두 개의 2차 감수분열 세포가 유사분열과 같은 방법으로 분열하는 동형분열

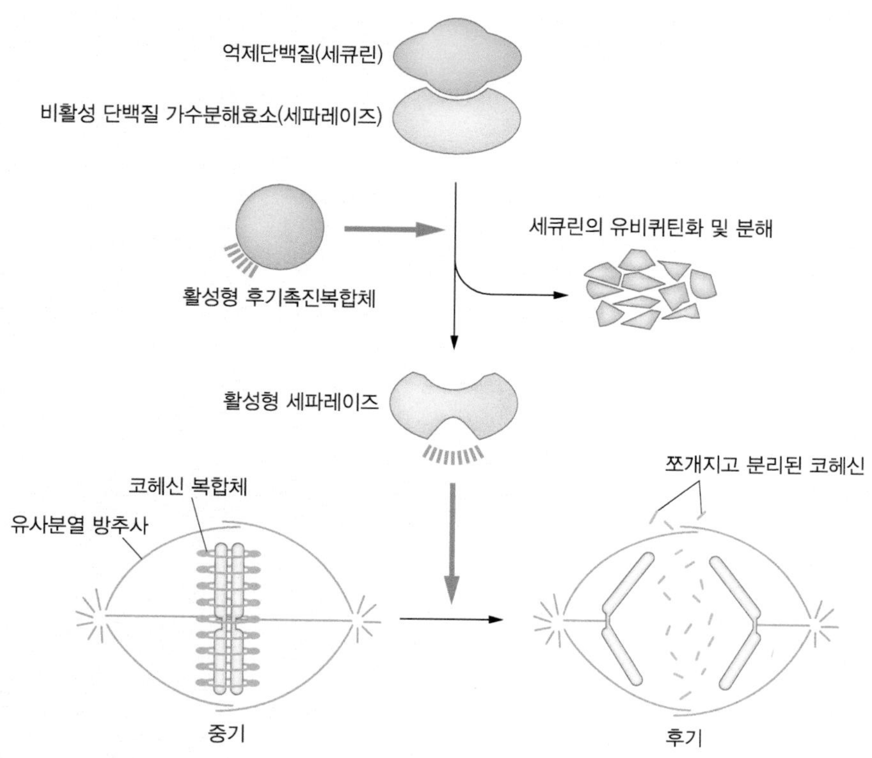

그림 2-2 후기촉진복합체 유도 코헤신 분해에 의한 자매염색분체의 분리 유발 과정

equational division으로 두 개의 2차 감수분열세포는 4개의 반수체 세포들을 생성한다 **그림 2-3**.

표 2-1 체세포분열과 감수분열의 비교

구분	체세포분열	감수분열
분열 횟수	1회	연속 2회
딸세포 수	2개	4개
염색체 수 변화	변화 없음(2n → 2n)	반감됨(2n → n)
DNA 양 변화	변화 없음	반감됨
의의	성장, 재생	생식세포 형성

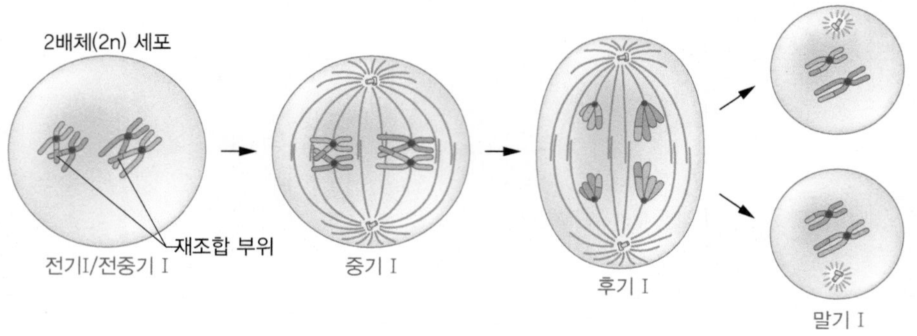

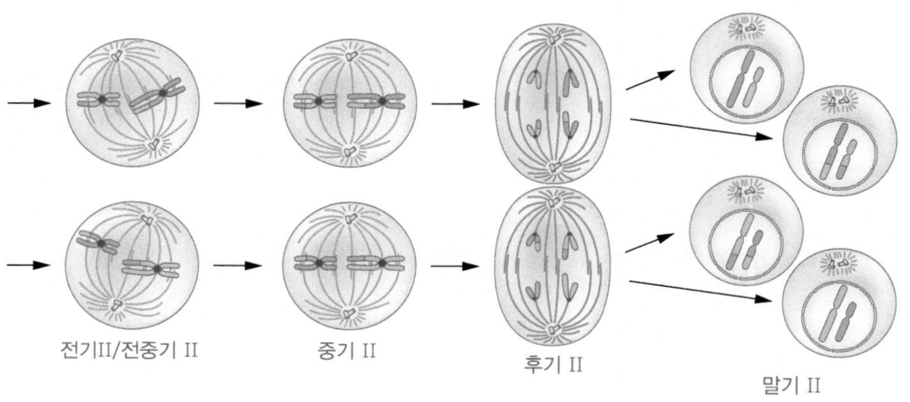

그림 2-3 감수분열 과정

1차 감수분열 1차 감수분열의 전기는 매우 복잡하고 분열 결과 상동염색체가 접합된 2가 염색체가 형성된다. 1차 분열의 전기는 세사기leptotene stage, 접합기zygotene stage, 태사기pachytene stage, 이중기(복사기diplotene stage), 이동기diakinesis로 세분되는데 가느다란 실 모양인 염색사의 길이가 줄어들어 굵고 뚜렷해지면서 상동인 염색체가 접합하여 쌍을 형성한다. 접합이 이루어진 염색체는 전형적인 염색체의 모양을 하게 되는데 이 시기의 염색체 쌍은 염색분체로 구성되어서 4분 염색체라 한다. 4분 염색체들은 교차를 일으켜 분체 간에 염색체를 교환하여 유전체의 다양성을 유도하기도 한다. 제1분열의 중기가 시작되면 핵막과 인이 소실되고 염색체가 적도면에 배열된다. 후기가 되면 상동염색체는 양극으로 분리되어 이동되며 말기를 거쳐 1차 분열이 끝난다.

2차 감수분열 2차 감수분열의 양상은 유사분열과 유사하다. 이러한 연속적인 2회의 분열로 n개의 염색체를 가진 4개의 세포가 형성되는데, 염색체는 1차 분열에서 감수로, 2차 분열에서는 균등하게 분리된다. 2차 분열의 간기에는 DNA 복제가 일어나지 않는 것이 특징이다. 전기는 염색체들이 응축하는 시기로 기본적으로 유사분열과 비슷하며, 중기 및 후기의 경우도 유사분열과 동일하다. 말기에서는 유사분열의 말기와 같이 염색체의 꼬임이 풀리며, 인과 핵막이 형성된다. 감수분열이 끝나면 염색체 수는 체세포 염색체 수의 반이 된다.

2) 세포주기

모든 세포는 일정 주기의 세포분열을 통해 동일한 유전정보를 갖는 세포들을 증식한다. 세포가 내용물을 복제하고 두 개로 분리되는 질서정연한 일련의 연속적인 순서를 세포주기라고 한다. 진핵세포의 경우, 이 과정을 세포의 분열을 준비하는 과정(간기interphase)과 분열이 일어나는 과정(분열기, 즉 유사분열과 세포질 분열, 세포주기에서는 줄여서 M기라고도 함)으로 나눌 수 있다 **그림 2-4**. 간기에는 현미경으로 뚜렷한 염색체가 관찰되지 않으며, 세포분열을 대비한 물질의 생합성과 DNA의 복제가 일어난다. DNA의 복제는 간기의 특정 시기에 일어나며 이 기간을 **S기**라 한다. 따라서 간기는 DNA 합성 전기와 DNA 합성기 그리고 DNA 합성 후기로 구분한다. 따라서 **G2기**에 있는 세포의 DNA의 양은 **G1기**에 있는 세포의 DNA 양의 두 배가 되며, 유사분열과 세포질 분열을 거쳐 세포가 분열되면 원래와 같은 양의 DNA를 갖게 된다.

S기(Synthesis period)

세포들이 똑같은 유전복제물질을 가지도록 DNA를 복제함

G1기(G1 period)

유사분열과 S기 사이로, 세포가 성장과 염색체 복제를 준비하는 과정

G2기(G2 period)

분열에 필요한 효소와 그 밖의 단백질을 합성함

3) 세포 항상성

생명체는 유사분열에서 실수가 생기면 치명적인 결과를 초래하기 때문에 정확도를 높이는 쪽으로 진화되었다. 진핵세포에서는 세포가 DNA와 세포 소기관을 모두 복제하고 순차적인 방법으로 두 개의 딸세포로 분열이 일어나도록 하기 위해 세포주기 조절 시스템이라는 조절기구가 있다.

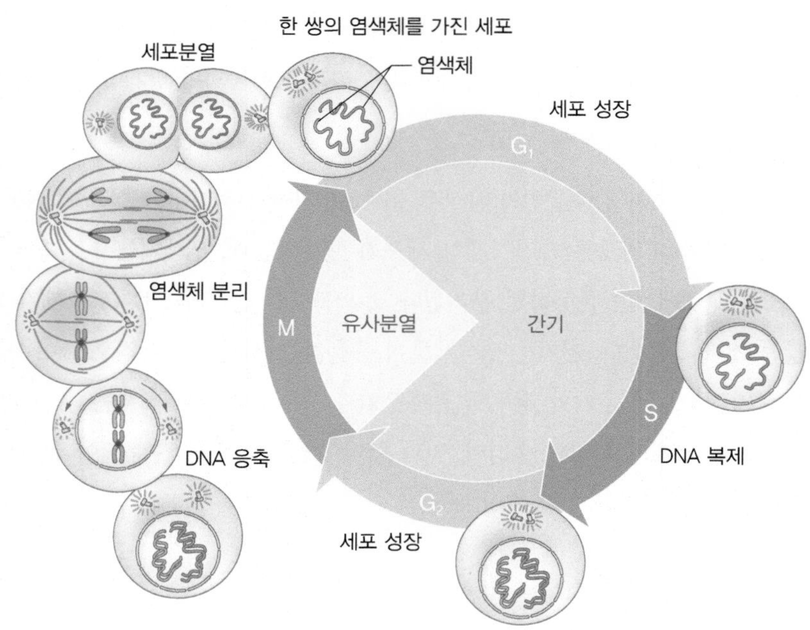

그림 2-4 동물세포에서의 세포주기

(1) 세포주기 조절 시스템

세포주기 조절 시스템은 DNA 복제, 유사분열 등으로 이어지는 세포주기의 주요 단계가 순서대로 일어나고 각 과정이 다음 단계가 시작하기 전에 완전히 끝마칠 수 있도록 한다. 이러한 일련의 수행과정에서 각 세포주기의 중요한 단계들은 조절 시스템 진행 자체의 되돌림 조절에 의해 조절된다. 이러한 되돌림 조절 없이 어떤 한 과정이라도 중단되거나 지연되면 위험한 결과가 초래될 수 있다. DNA가 손상될 경우, DNA 복제가 시작되거나 끝나기 전에 혹은 유사분열 단계로 진입하기 전에 G1, S 또는 G2에서 세포주기를 멈춰 세포가 손상을 치료할 수 있도록 해야 한다. 세포주기 조절 시스템은 다양한 확인지점에서 세포주기를 정지시킬 수 있는 분자적 제동장치를 통해 전 단계가 완전히 끝나기 전에 세포주기의 다음 단계를 시작하지 않도록 조절한다. 세포주기의 진행을 조절하는 세 개의 확인지점은 **그림 2-5**와 같다 .

G1기 확인지점 G1기의 확인지점은 S기로 들어가기에 앞서 세포증식을 하기에 영양과 특정한 신호분자 등과 같은 외부 환경이 적당한지 확인한다. 즉 G1기 확인지점

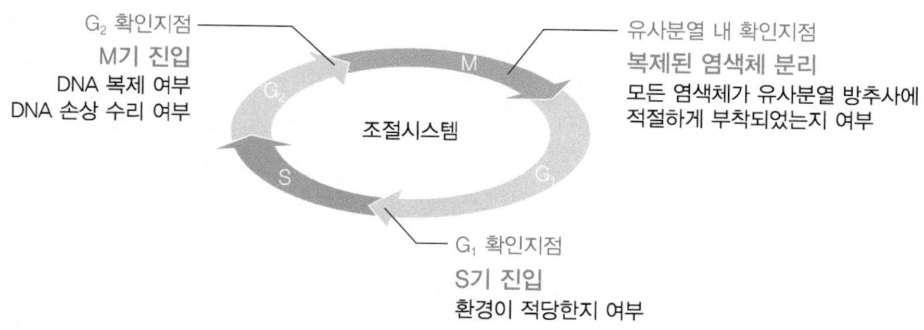

그림 2-5 세포주기 조절 시스템 내의 확인지점

에서는 세포가 S기로 나아갈 것인지를 결정한다. 만약 외부 환경이 부적절한 경우 세포는 G1기에서 세포주기를 지연시키며 G0기로 알려진 **휴지기**로 들어간다.

G2기 확인지점 G2기의 확인지점은 손상된 DNA가 치료되고 DNA의 복제가 완전하지 않을 경우 유사분열 단계로 진행되지 않도록 점검하는 역할을 한다. G2기 확인지점에서는 세포가 유사분열로 진입할 것인지를 결정한다.

휴지기
생물체의 세포나 기관이 그 활동 사이에 멈추는 기간

유사분열 내 확인지점 유사분열 내 확인지점은 유사분열 동안에 작용하는 것으로 방추사가 염색체를 밀어내어 염색체가 두 개의 딸세포로 나누어지기 전에 복제된 염색체가 유사분열 방추사에 연결되어 있는지를 점검한다. 따라서 세포가 복제된 염색체를 계속 끌어당겨 두 개의 딸세포에 나눌 것인지를 결정한다.

(2) 세포주기 조절 시스템 관여 단백질

세포주기 조절 시스템은 사이클린 의존성 단백질 인산화효소(Cdk)에 의해 활성 조절이 이루어진다. 이러한 단백질 인산화효소는 증식하는 세포의 세포주기 전반에 걸쳐 존재하나 활성은 특정 시기에만 증가하고 감소하는 주기적인 양상을 나타낸다. 적절한 시기에 이러한 인산화효소를 활성화시키고 비활성화시키는 기능은 부분적으로는 사이클린이라는 단백질에 의해 수행된다. 즉 사이클린은 그 자체로는 효소 활성이 없으나 세포주기 인산화효소에 결합하여 이들 효소를 활성화시키고 또 사이클린 분해에 의해서도 Cdk 활성을 조절한다 **그림 2-6**.

Cdk
cyclin-dependent protein kinase

사이클린은 Cdk와는 달리 세포주기 동안 그들의 농도가 주기성을 띠고 변화하는 데에서 그 이름이 유래되었다 **그림 2-7**. 사이클린 농도의 주기적 변화를 통해서 사이

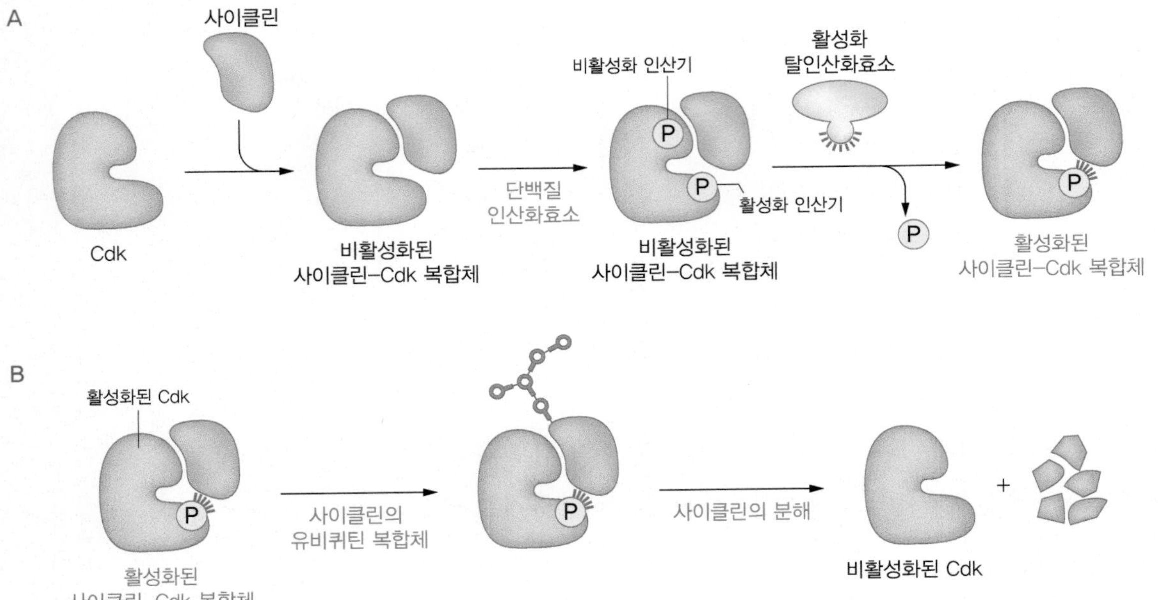

그림 2-6 Cdk 활성 조절

클린-Cdk 복합체가 주기적으로 생성되고 활성화된다. 사이클린-Cdk 복합체가 활성화되면서 S기나 유사분열기로 진입하는 등의 세포주기의 여러 단계가 진행된다.

사이클린에는 다양한 종류가 있으며, 대부분 진핵생물에서 세포주기 조절에 관여하는 Cdk도 여러 종류가 있다. 세포주기에 따라 다양한 사이클린-Cdk 복합체가 작용한다. G2기에서 M기로 들어가는 데 작용하는 사이클린을 M-사이클린이라고 부르고, M-

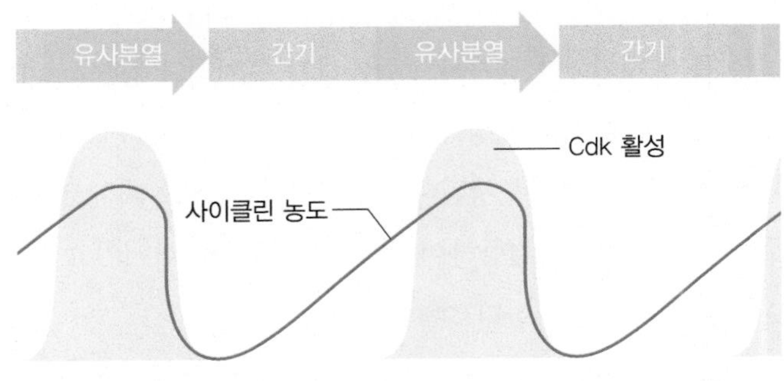

그림 2-7 사이클린 축적과 CdK 활성 조절

사이클린이 Cdk와 결합하여 활성화된 복합체를 M-Cdk이라 한다. M-Cdk는 염색체의 응축, 핵막 파괴 그리고 방추사 형성을 위한 미세소관들의 재구성 등에 중요한 역할을 한다. S-사이클린, G1/S-사이클린은 후기 G1기에 각각 다른 Cdk 단백질과 결합하여 S-Cdk와 M-Cdk를 형성하여 S기에 진입하는데 관여한다. G1-사이클린은 특정 Cdk 단백질과 결합하여 G1-Cdk를 형성하여 세포가 G1기에서 S기로 진입하도록 한다.

세포의 DNA가 손상을 받을 경우 G1기와 S기에 존재하는 DNA 손상 확인점은 세포가 S기를 시작하거나 끝마치는 것을 막아 손상된 DNA의 복제를 방지한다. 특히 **그림 2-8**에 나타낸 바와 같이, G1기 확인지점에서의 DNA 조절기작은 잘 알려져 있다. DNA 손상이 생기면 p53이라 불리는 전사조절단백질의 농도와 활성이 증가된다. p53 단백질의 활성화는 p21이라 부르는 Cdk 저해단백질을 암호화하고 있는 유전자의 전사를 촉진시킨다. 이때 발현된 p21 단백질은 세포로 하여금 S기로 들어가게 하는 G1/S-Cdk 또는 S-Cdk 복합체에 결합하여 그 활성을 억제함으로써 세포주기를 G1기에 멈추게 한다. 이는 세포로 하여금 DNA를 복제하기 전에 손상을 복구할 시간을 갖도록 한다. 만약 DNA 손상이 복구할 수 없을 정도로 심하면 p53은 세포가 세포사멸을 통해 스스로 죽도록 유도한다. p53이 결손 또는 손상된 경우에는 손상된 DNA가 복제됨으로써 돌연변이율이 높아져 세포는 암세포가 될 확률이 높아진다. 이와 같은 사실은 인간 암의 절반 이상에서 p53 유전자에 돌연변이가 발견되는 데서 잘 나타난다.

(3) 영양소에 의한 세포의 항상성 조절

비타민 A, 비타민 D, 비타민 B_{12}, 철, 엽산, 아연 등의 영양소는 세포주기의 진행에 필요한 단백질의 생산 및 작용을 조절하는 것으로 보고되고 있다 **그림 2-9**.

철은 리보뉴클레오티드 환원효소(RR)의 보조인자로 데옥시뉴클레오티드 합성에 작용한다. 또한 철은 G1/S기 진행에도 영향을 주는 것으로 알려져 있으나 정확한 표적은 아직 규명되지 않았다. 엽산은 다이하이드로엽산 환원효소(DHFR)에 의해 5, 6, 7, 8번 탄소에 4개의 수소원자가 결합된 환원형 테트라하이드로폴레이트(THF)로 전환되어 DNA 합성에 필요한 dTTP, 퓨린(ATP, GTP)과 메티오닌 합성에 요구되는 단일탄소 전이one-carbon transfer 반응에 관여한다. 비타민 B_{12} 또한 엽산으로부터 단일탄소를 받아 메티오닌 합성에 관여한다. 아연은 p21과 같은 **아연 핑거 모티브**(ZFM) 성

RR
ribonucleotide reductase

DHFR
dihydrofolate reductase

THF
tetrahydrofolate

dTTP
deoxythymidylate triphosphate

아연 핑거 모티브(ZFM, Zinc finger motif)
세포주기단백질을 포함해 전자인자를 조절

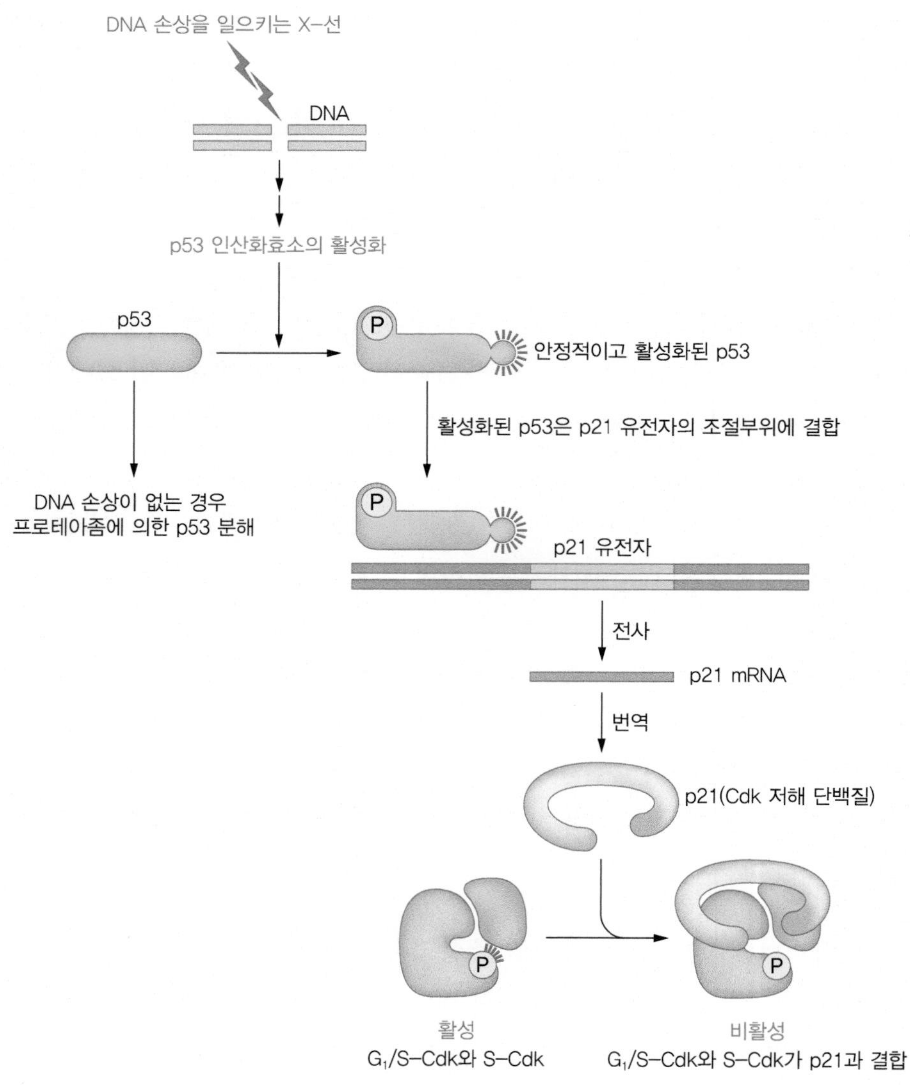

그림 2-8 세포 내 DNA 손상 시 G1기 확인지점에서의 조절 체계

RA
retinoic acid

분이다. 비타민 A 대사산물인 레티노산(RA)은 종양억제 단백질인 p53뿐만 아니라 세포주기 단백질 p21 및 p27을 조절함으로써 사이클린-Cdk 복합체 형성의 저해를 유도한다. 비타민 D는 Cdk 저해자(cip/waf and INK4) 군을 상향 조절upregulate함으로써 G1기 정지arrest를 유도하여 세포증식을 억제한다.

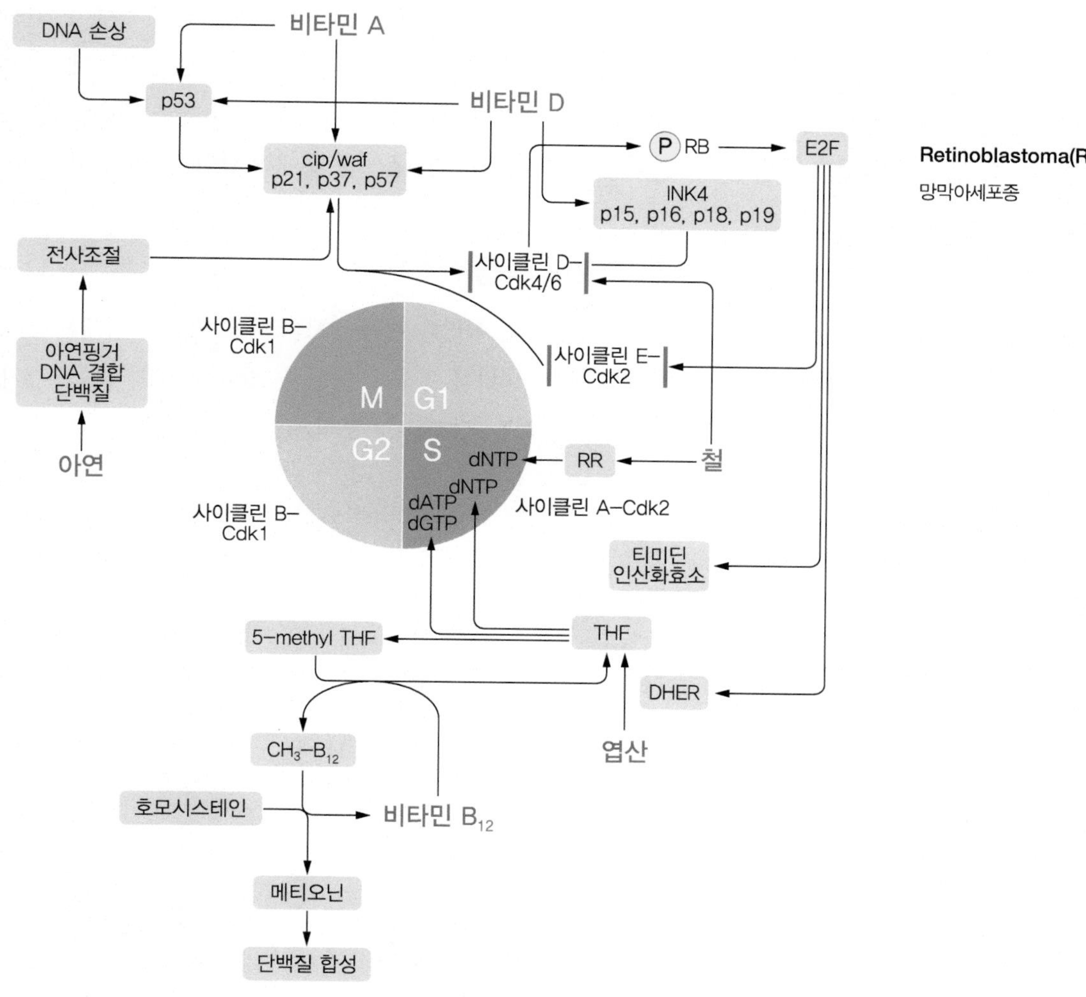

그림 2-9 영양소에 의한 세포 성장 및 세포주기 단백질의 조절

Retinoblastoma(RB)
망막아세포종

2 세포자살, 세포괴사 및 자가포식

우리 몸은 약 6천억 개의 세포로 이루어져 있으며, 이들 세포들은 끊임없는 생성과 죽음을 반복한다. 다핵생물체의 항상성은 세포 생성과 죽음의 정교한 균형에 의존하며, 이러한 균형은 정상적인 생체 발육뿐만 아니라 많은 질병의 진행에도 영향을 미친다고 알려져 있다. 즉 암, 퇴행성 신경질환, 노화와 관련된 근육의 쇠퇴증, 동맥경

화, 면역 관련 질병의 조절에 이르기까지 여러 방법을 통한 세포의 죽음과 생성의 균형은 밀접하게 연결되어 있다. 본 절에서는 세포 죽음의 여러 가지 방법에 대해 알고, 생성·증식·죽음을 통한 세포의 항상성 유지를 이해하며, 이런 세포 죽음 조절에 관여하는 영양상태, 영양소, 여러 대사적 스트레스 등에 대해 살펴보도록 하겠다.

1) 여러 경로를 통한 세포의 죽음

세포는 다양한 경로를 통해 죽는다. 이러한 여러 경로의 세포 죽음은 섬세한 생화학적 대사 변화 이외에도 형태학적 변화를 통해 구분될 수 있다. 세포의 죽음의 3가지 유형에는 세포자살apoptosis, 괴사necrosis와 자가포식autophagy이 있다 **그림 2-10**.

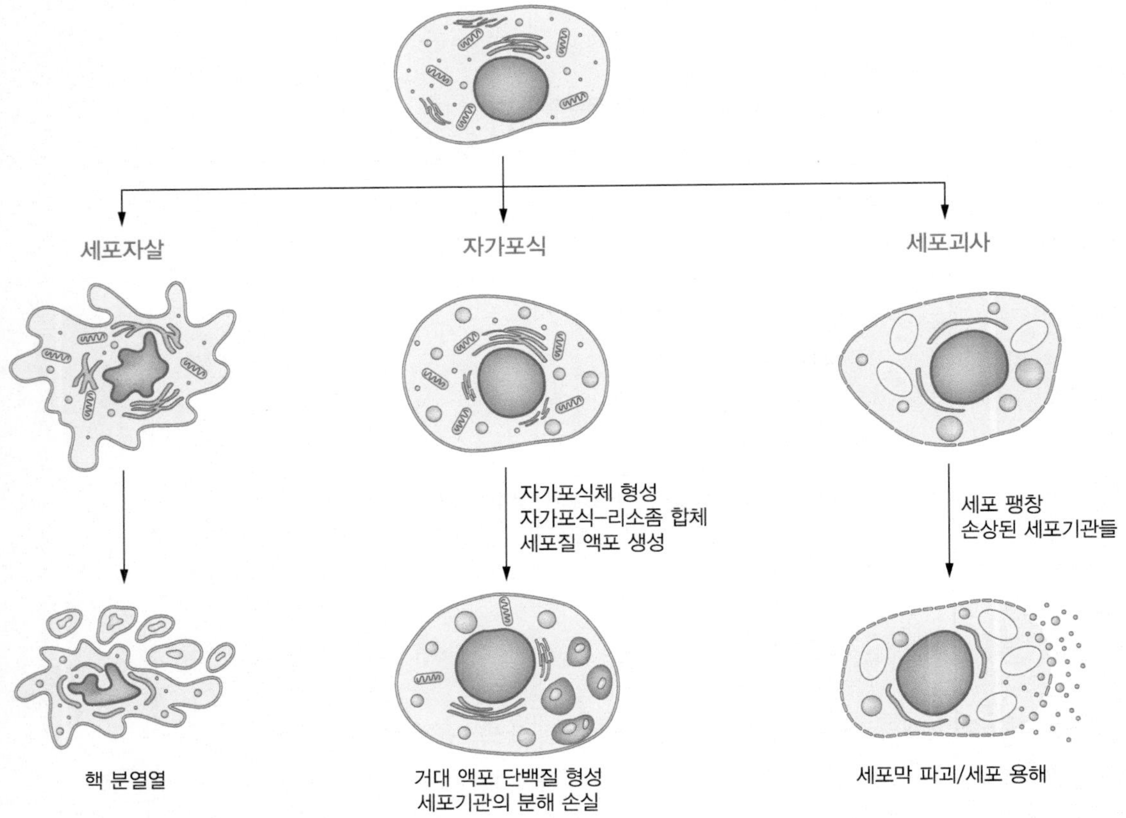

그림 2-10 세포자살과 자가포식, 세포괴사의 형태학적 특징

(1) 세포자살

세포자살은 세포의 생성/제거 조절에 의해 조직과 기관계를 유지하는 핵심적인 역할을 수행한다. 기본적으로 세포는 DNA 손상이 있을 경우 스스로를 치유하는 능력을 가지고 있으나, 복구가 힘들 정도로 손상된 DNA가 발생할 경우에는 스스로 죽음을 선택하여 변이 세포를 생성하지 않는 보호 시스템을 구축하고 있다. 많은 연구결과가 세포자살의 조절 속도 및 균형이 여러 가지 질병의 진행에 영향을 주며, 식이 요인들이 이러한 세포자살 기전에 영향을 미칠 수 있음을 보여 주었다. 예를 들어, 세포자살의 속도가 증가하거나 원하지 않는 세포자살이 계속 발생하면 퇴행성 질병인 **파킨슨병** 혹은 **알츠하이머병**이 야기되고, 반대로 세포자살이 저해된 경우에는 암이나 **자가면역 질병**과 같은 세포증식성 질병이 발생한다는 것이다.

세포자살의 시작은 세포막상의 수용체를 통한 경로와 미토콘드리아의 자극을 통해 시작된다. 두 경로 모두 캐스페이스caspase라고 부르는 단백질 분해효소에 의해 진행되며, 면역체계의 염증 활성의 방지를 위해 세포자살 사체로 포장되어 처리된다 **그림 2-11**. 캐스페이스는 세포자살뿐만 아니라 세포괴사와 염증에서도 필수적인 역할을 수행하는데, 이러한 캐스페이스는 후번역단계에서 조절된다. 캐스페이스의 종류

파킨슨병
(Parkinson' s disease)
사지와 몸이 떨리고 경직되는 중추신경계통의 퇴행성 질환

알츠하이머병
(Alzheimer's disease)
뇌의 위축으로 기억력과 지남력이 감퇴하는 병으로 노인성 치매와 거의 같은 의미로 사용됨

자가면역 질병
(autoimmune disease)
자신의 항원에 대해서 항체를 만들어 내는 면역질환. 예, 류머티즘성 관절염, 제1형 당뇨 등

Bcl-2(B-cell lymphoma 2)
세포자살을 조절하는 조절단백질인 Bcl-2 가족의 일원

Cyt c(Cytochromes c)
전자전달 단백질

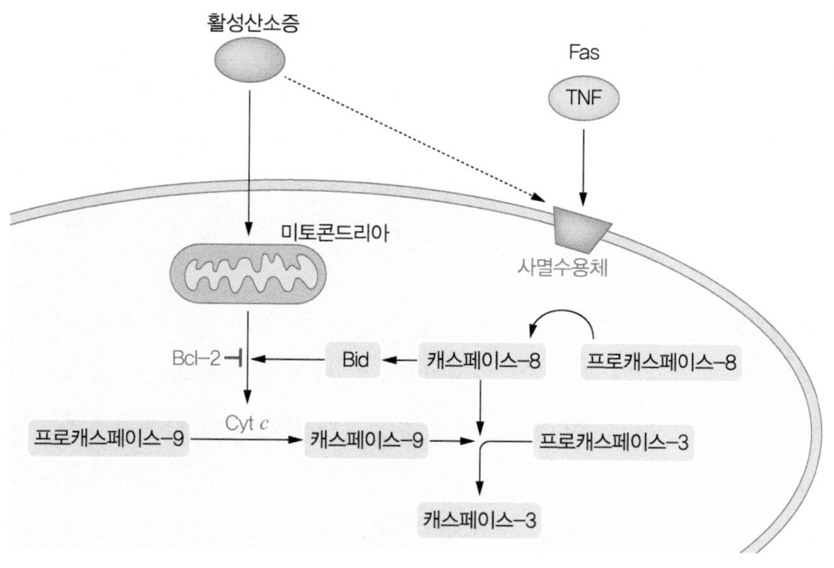

그림 2-11 세포자살의 경로

캐스페이스

캐스페이스(caspase)는 1990년대 발견된 시스틴–아스파트 단백질 분해효소(cysteine–aspartic proteases)로 세포자살, 괴사와 염증의 조절에 필수적인 역할을 담당한다. 캐스페이스는 그 역할에 따라 개시(initiator, apical)와 집행(effector, executioner) 2가지로 분류된다. 개시 캐스페이스에 의해 비활성형인 집행 캐스페이스의 전구체를 활성형으로 만들어 세포자살을 집행할 수 있게 한다.

는 그 역할에 따라 개시와 실행 2가지로 분류할 수 있다. 개시형은 아스파라진산의 C말단쪽을 절단함으로써 실행형을 활성화하여 목표단백질들을 잘라내고 세포자살의 생화학적·형태학적 변화를 진행시킨다.

세포막에 존재하는 사멸 수용체는 **TNF** 슈퍼패밀리에 속하며, 이러한 사멸 수용체는 사멸 도메인을 포함하고 있다. 대표적인 예가 **Fas**라는 사멸 수용체이며, 이는 **FADD**라는 사멸 도메인을 가지고 있다. **그림 2-11**에서 보여 주는 바와 같이 리간드와 수용체의 결합으로 인해 비활성형인 프로캐스페이스-8은 활성형 캐스페이스-8으로 전환되어 세포자살 캐스케이드를 활성화시킨다.

세포자살의 조절 요소로는 **프로아폽토틱**(세포자살촉진)과 **항아폽토틱**(세포자살억제)이 있다. 현재까지 *Caenorhabditis elegans*(*C. elegans*)를 이용한 유전학적 연구를 통해 세포자살의 필수요소인 ced-3, 활성에 관여하는 ced-4, 세포자살을 방지하는 ced-9 등이 밝혀졌으며, 현재까지 포유류 시스템에서는 적어도 13개의 ced-3, 2개의 ced-4, 12개의 ced-9 동족체가 밝혀져 있다. 고등동물로 올라갈수록 세포자살 기본 조절 틀은 유지되지만, 복잡성의 증가는 동족체의 숫자만을 봐도 가늠할 수 있을 것이다.

두 번째 경로는 세포 내 발전소인 미토콘드리아와 직접 연계되어 있다. 즉 활성산소증(ROS)의 자극으로 항아폽토틱 단백질인 Bcl-2가 비활성화되고, Bid와 같은 프로아폽토틱 단백질의 자극되어, 결과적으로 미토콘드리아로부터 방출된 시토크롬c는 **Apaf-1**과 결합하여 캐스페이스-9를 활성화시키고, 활성화된 캐스페이스-9는 곧 캐스페이스-3, -6, -7을 활성화하여 캐스페이스 케스케이드를 가동시켜, 세포자살의 목표 단백질들을 절단하여 세포사멸이 진행된다.

TNF(tumor necrosis factor)
종양괴사인자

Fas
TNF 가족에 속하는 막관통단백질로 수용체와 결합하여 세포자살을 유도

FADD(Fas-associated death domain)
Fas 연계 사멸 도메인

세포자살촉진단백질 (proapoptotic protein)
세포자살을 일으키는 데 조력을 하는, 세포자살 촉진인자 단백질
예: Bax(Bcl-2 associated X protein)

세포자살억제단백질 (antiapoptotic protein)
세포자살을 억제하는, 세포자살억제단백질
예: Bcl-2(B-cell leukemia 2)

Apaf-1(Apoptotic protease-activating factor-1)
세포질에 존재하는 단백질로 세포자살 조절 기전의 중심 중추 중 하나

(2) 세포괴사

괴사는 자기분해autolysis로 인한 세포의 이른 죽음을 일컫는다. 비교적 염증을 일으키지 않는 조용한 세포자살에 비해, 세포의 괴사는 '달리는 전차에 충돌하여 사망' 정도로 비유될 수 있다. 즉 괴사의 과정에서는 세포자살에서는 찾아볼 수 없는 염증이 유발되며, 생물에너지학적 비극의 마지막 단계인 괴사는 ATP의 결핍으로 더 이상 세포가 생존하지 못할 경우, 독성에 노출, 물리적인 손상 등으로 인해 기인한다. 형태학적인 세포괴사의 특징으로는 세포 용적의 증가, 세포기관의 부어오름, 원형질막의 파열과 이로 인한 세포 내 내용물들이 손실 등이 있다 **그림 2-10**.

과거 오랫동안 괴사는 우연하게, 수동적으로 일어나는 조절 불가능한 세포의 죽음으로 여겨졌으나, 신호전달계와 분해의 기전연구를 통해 괴사 또한 아주 섬세하게 조절되는 일련의 세포 항상성 유지 과정임이 밝혀지고 있다. 이렇게 프로그램된 괴사의 진행경로는 세포자살과 같이 사멸 수용체로 괴사의 시작이 진행되지만, 캐스페이스 비의존적이로 진행되는 세포죽음이다. 지속적인 DNA 손상은 세포자살을 유도하지만, 활발하게 분화·증식하는 세포에서의 지속적인 DNA 손상은 프로그램 세포괴사를 초래한다. 특히 프로그램 괴사는 바이러스 감염의 대응에 중요한 역할을 한다.

(3) 자가포식

'자가포식(스스로를 먹다)'이라는 단어가 의미하듯, 자가포식은 괴사와는 다르게 비세포자살적인 세포의 죽음으로 구분되어 왔다. 자가포식은 손상된 세포질의 거대 단백질 혹은 늙은 단백질/세포기관들을 제거를 함과 동시에 영양소가 부족할 때에는 분해기능을 발휘하여 세포에 에너지를 공급하는 이중적인 기능을 수행한다. 즉 세포가 힘든 시간을 보내는데 생존 전략의 하나의 방법으로 자가포식이 사용된다. 자가포식은 대자가포식macroautophagy, 소자가포식microautophagy, **CMA**의 세 가지 다른 통로를 통해 진행된다 **그림 2-12**.

CMA(chaperone-mediated autophagy)
조력자를 통한 자가포식

대자가포식 대자가포식이란 세포 내 물질이 이중막 구조로 이루어진 **자가포식소체**에 의해 내경계막으로 포장되어 나머지 세포질로부터 분리되는 일련의 과정을 일컫는다. 일반적으로 대자가포식을 자가포식이라고 부르며, 이를 더 세분화하면 거대성 자가포식과 주로 세포기관이나 작은 입자의 자가포식을 담당하는 선택적 자가포

자가포식체 (autophagosome)
자가포식소체. 세포질의 자가포식을 위한 표적물질을 리소좀으로 이동하기 위한 이중 세포막의 소낭

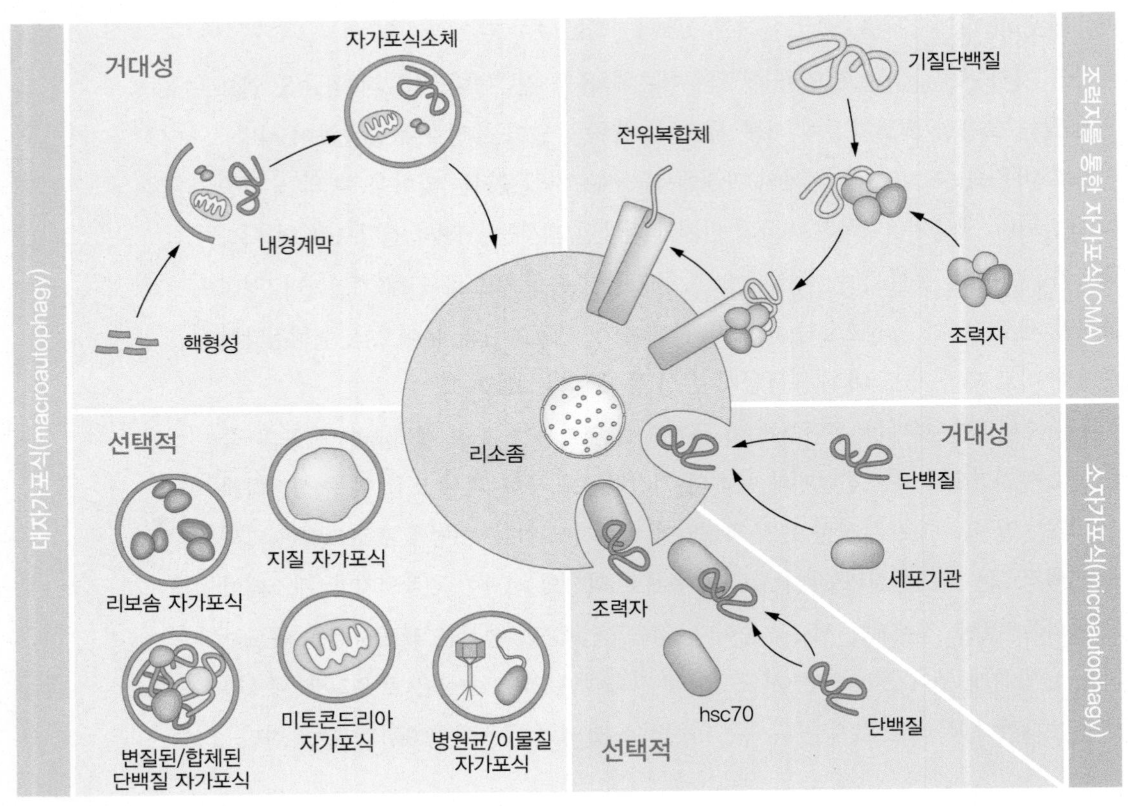

그림 2-12　포유동물 세포에서 자가포식의 종류
자료: Cuervo AM and Macian F, 2012

식으로 나눌 수 있다 **그림 2-12**. 즉 두 가지 경로 모두 이중막으로 구성된 공포, 자가포식소체를 이용하여 무차별적 혹은 선택적으로 진행된다. 제거할 물질을 포함한 자가포식 소낭은 산성을 띤 닫힘막 구조의 리소좀과 융합된다. 리소좀은 표적물질의 완벽한 분해를 위해 여러 가지 가수분해효소를 불어넣게 된다. 이러한 리소좀을 통한 세포 구성요소의 순환과 자가포식은 세포의 질적 조절을 위한 필수 대사과정이다. 선택적인 자가포식 과정에서 특정 세포기관의 대자가포식을 일컫는 신단어로 리보솜 자가포식ribophagy, 지질 자가포식lipophagy, 미토콘드리아 자가포식mitophagy, 병원균/이물질 자가포식xenophagy, 변질된/합체된 단백질 자가포식aggrephagy 등이 등장하고 있다.

소자가포식 소자가포식에서도 대자가포식에서와 같이 거대성 형태와 선택적인 분해 경로가 존재하며 **그림 2-12**, 표적단백질의 격리가 리소좀의 표면에서 직접 일어나는 것이 특징이다. 선택적 소자가포식의 경우 세포막에 붙어 있는 Hsc70이라는 조력자단백질과의 상호작용을 통해 자가포식이 진행된다. 현재까지 알려져 있는 소자가포식의 기전은 효모 연구의 결과를 토대로 구축되어 있으며 아직까지 포유류에서의 소자가포식 기전에 대한 이해는 미비한 상태이며, 특정 세포조건에 따라 소자가포식이 상향 혹은 하향 조절되는지에 대해서도 아직까지는 알려진 바 없다.

Hsc70
heat shock cognate protein

LAMP
lysosome-associated membrane protein

조력자를 통한 자가포식 용해성이 있는 단백질의 분해를 위한 자가포식 경로로 선택된 세포질의 단백질은 샤페론chaperone(조력자)을 통해 리소좀 세포막을 가로질러 직접 이동될 수 있으며, 이러한 자가포식 과정을 조력자를 통한 자가포식(CAM)이라고 한다. 자가포식의 표적물질은 Hsc70과의 상호작용을 통해 선택되며, Hsc70과 합체된 표적물질은 리소좀 관련 세포막 단백질(LAMP) 2A와 결합하여 이동에 필요한 다합체를 형성한다. 이러한 CMA 경로를 통한 자가포식은 산화적 스트레스와 세포의 오랜 기아 상태 등의 여러 가지 세포의 스트레스 요인으로 인해 증가되며, LAMP-2A의 수치가 직접적으로 CMA의 활성에 영향을 준다고 보고되어 있다.

그림 2-13과 같이 자가포식은 세포를 죽음으로부터 지키기 위한 세포의 생존전략으

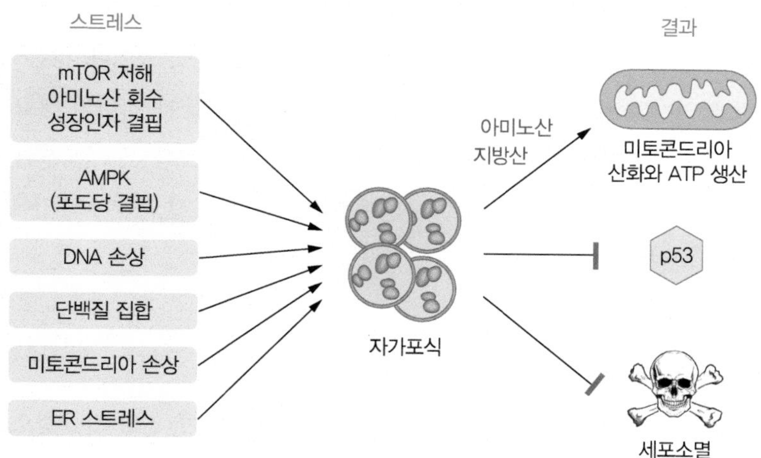

그림 2-13 세포를 죽음으로부터 지키기 위해 여러 가지 스트레스에 반응하는 자가포식
자료: Brian JA and Jeffrey CR, 2012

표 2-2 세포자살, 세포괴사와 자가포식의 특징 비교

세포죽음	세포자살	세포괴사	자가포식
원형질막	내용물은 보존되며 원형질막의 수포(bleb) 형성	원형질막의 파괴	원형질막의 파괴, 가끔 수포 형성이 관찰되기도 함
핵	핵 파괴	핵막의 팽창	작은 변화
염색질	확연한 염색사 응축	가벼운 정도에서 중간 정도의 염색사 응축	작은 변화
자가소화의 구조	다양함	다양함	수많은 자가포식체 및 자가포식-리소좀 합체 형성
다른 세포질 기관들의 변화	작은 변화	팽창	골지체, 미토콘드리아, 소포체의 거대화, 세포질 기관들의 고갈
기타 특징	세포자살 사체의 형성	세포팽창	

자료: Liu Y and Levine B, 2014

로써, 여러 가지 세포의 스트레스 요인(예: 영양소 결핍, 포도당 결핍, 미토콘드리아 손상, ER 스트레스 등)에 의해 영향을 받는다. 또한 자가포식은 미토콘드리아 산화를 위한 영양소를 공급, p53(항암인자)와 세포자살을 억제한다.

대자가포식, 소자가포식 그리고 조력자를 통한 자가포식과 같은 여러 종류의 자가포식들은 각기 자기만의 목적이 있고 큰 상호 관계가 없는 듯 보이나, 많은 경우 서로 긴밀하게 연결된 방식으로 존재하는 경우가 많다. 예를 들어, 하나의 경로가 막히면 다른 경로의 조절 증가를 통해 자가포식이 일어날 수 있도록 세포는 생존을 위해서 절충하고 타협하며 일련의 과정들을 진행해 나가며, 이는 병리학적 측면에서도 중요한 영향을 끼친다.

2) 영양소와 세포 죽음의 상관관계

영양소의 불균형은 세포자살, 세포괴사, 자가포식을 유도하며, 영양 불균형으로 인한 세포 죽음의 진행 상관관계는 **그림 2-14**와 같다. 영양소의 불균형 및 대사 스트레스에 의해 자가포식은 시작되고, 지속적으로 이러한 영양불균형 상태가 유지된다면 세

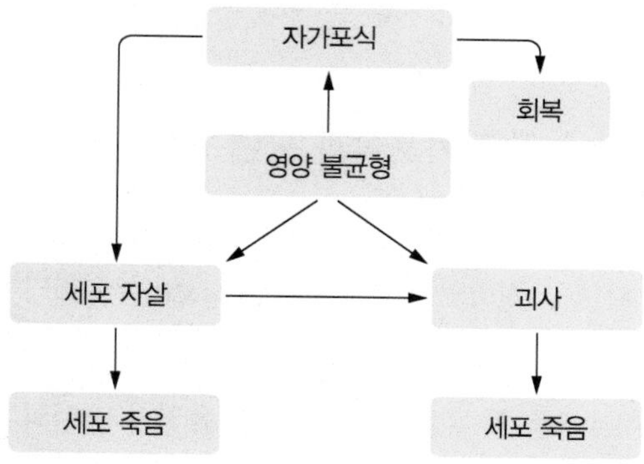

그림 2-14 영양불균형으로 인한 세포 죽음의 주된 형태
자료: Fraker PJ, 2004

포는 자가포식에서 세포자살로 진행되어 생을 마치게 된다. 이러한 정교한 세포 죽음의 조절기전에 문제가 생기면 다양한 종류의 질병들이 발생한다.

식품성분 결핍으로 유래되는 세포자살은 주로 미토콘드리아 경로를 통해 이루어지는 경우가 많다. 예를 들어 세라미드는 미토콘드리아로부터 시토크롬c의 분비를 유도하여 세포자살을 활성화시킬 수 있으며, 아연결핍은 전T세포와 전B세포에서의 세포자살을 증가시킨다. 동물실험 결과, 아연결핍은 동물의 성장 및 배아형성 동안 세포자살을 유도함을 보여 주었다. 비록 이는 동물실험 결과이지만 부최적suboptimal 영양 상태이거나 만성질병 환자에게 세포자살이 미칠 수 있는 파급효과에 대해서는 심각하게 고려해야 한다.

추가적으로 고추냉이, 겨자의 매운 성분인 알릴아이소티오사이아네이트는 항아폽토틱 단백질인 Bcl-2 유전자 전사를 억제하여 미토콘드리아로부터 시토크롬c를 방출을 수월하게 한다. 차 성분인 카테킨류의 에피갈로카테킨갈레이트(EGCG)와 커피의 카페인은 캐스페이스-3의 활성화를 촉진하여 세포자살을 유도한다. 아이소플라본 성분의 하나인 제니스테인genistein도 여러 가지 암세포에서 세포자살을 증가시킨다.

알릴아이소티오사이아네이트
allylisothio-cyanate

EGCG
epigallocatechin gallate

칼로리 제한, 비타민 D, 셀레늄, 커큐민, 레스베라트롤, 제니스틴 등은 자가포식성 공포 형성을 자극하여 자가포식을 증가시킨다고 알려져 있다. 세포의 죽음, 그중에서도 자가포식이 암, 노화 및 비만, 염증과 당뇨와 같이 현대인의 건강과 직결되는 질병과의 상관관계가 대두되면서 여러 영양성분, 나아가 신약개발 분야에서 자가포식에 미치는 영향에 대한 연구가 활발히 진행 중이다.

3) 세포자살, 세포괴사 및 자가포식과 관련 질병

세포의 끊임없는 생성/증식과 죽음의 균형 이상은 질병을 유발한다. 원하지 않는 세포자살이 많아지면 퇴행성 질병인 파킨슨병 혹은 알츠하이머병이 유발되고, 반대로 제거되어야 하는 세포 물질들 혹은 세포가 제거되지 않는다면 암 및 여러 가지 자가면역 질병이 유발된다. 예를 들어, 세포자살억제 유전자 발현의 증가와 세포자살촉진 유전자 발현의 감소로 인해 전체적인 세포의 죽음이 감소되어 암의 전형적인 병리학적 특징인 원하지 않는 세포의 성장이 일어나게 된다. 또 항암효과를 가지는 식이성분들은 세포자살촉진 관련 인자들의 발현을 증가시켜 종양의 성장을 예방 혹은 연기시킬 수 있다.

세포의 본질적인 생존전략인 자가포식의 불균형 또한 암의 발병, 간과 면역관련 질병, 병원균의 감염, 근육질환과 신경병성 질병 등을 초래한다. 특이하게도 자가포식은 암세포의 생존과 제거에 모두 영향을 미친다. 즉 자가포식은 암세포의 분화, 단백질 이화작용의 증가, 암세포의 죽음 촉진 등의 기능으로 종양억제 작용을 하며, 자가포식의 기능 중 하나인 영양이 결핍되는 암세포의 생존을 증진하여 종양세포의 생존 및 증식을 도울 수도 있으며, 정확한 이해를 위해 더 많은 연구결과가 필요한 상황이다. 최근 화두가 되고 있는 과도한 자가포식으로 인한 비만, 인슐린 저항성, 당뇨병 등의 대사적 문제 역시 빼놓을 수 없다.

마지막으로 노화와 생명연장연구 분야에서도 자가포식에 관심이 집중되고 있는데, 이는 자가포식의 감소는 노화를 촉진하고, 자가포식의 증가는 노화방지 효과가 있다는 연구결과가 노화연구에 새로운 돌파구를 제시하였기 때문이다. 좀 더 세부적인 조절 기전 이해를 위해 활발한 연구가 진행 중이다.

3 세포 신호전달 조절

신호전달은 세포 간 혹은 세포 내 분자들 간의 의사소통을 의미한다. 이러한 의사소통을 통하여 복잡한 생명현상을 조절하며, 수용-신호전달-세포반응으로 이루어진다. 일반적으로 다양한 세포 외 신호전달물질이 수용체에 결합하여 수용체가 활성화되면 세포 내부의 신호전달체계가 시작되어 단기적(세포기능, 대사, 이동) 또는 장기적(유전자 발현, 세포분열, 분화, 발달) 변화를 유도한다 **그림 2-15**.

1) 세포 신호전달에서 영양소의 역할

영양소는 체내 에너지원이나 전구물질로 알려져 왔으나 최근 다양한 신호전달 경로에서 **신호분자**로의 역할이 밝혀지고 있다. 인간은 영양소를 섭취하여 소화, 흡수하여 조직으로 운반한다. 각 조직은 일정한 영양 환경을 유지하기 위해 간조직의 글리코겐과 지방조직의 중성지방과 같이 일부 영양소를 저장하거나 필요에 따라 공급한다. 예를 들어, 혈당은 매우 정교하게 조절되는데, 수송단백질을 통해 세포 내로 들

신호분자
수용체에 특이적으로 결합하는 물질로 리간드(ligand)라고도 함

수용(reception)
신호분자가 세포 표면이나 내부에 존재하는 수용체 단백질과 결합하는 것

신호전달 (signal transduction)
세포 내 신호단백질에 신호를 전달하는 것

세포반응 (cellular response)
각각의 세포에서 기능이 발현되는 현상

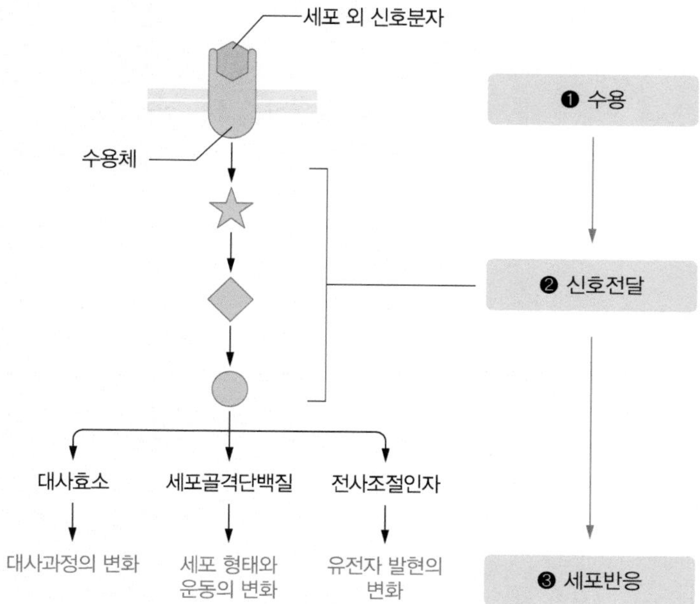

그림 2-15 세포 신호전달의 일반적 원리

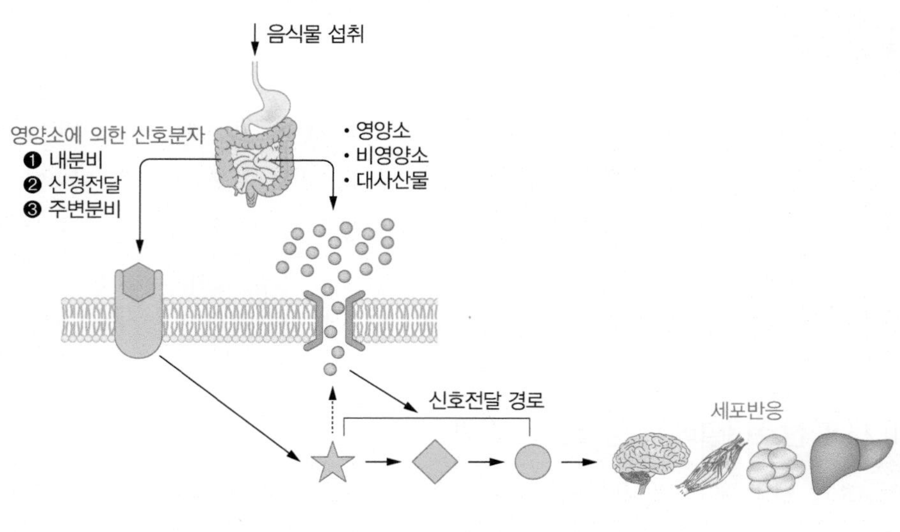

그림 2-16 영양소와 신호전달

어간 글루코스는 직접 신호전달과 대사를 조절하거나 인슐린이란 신호전달물질을 통하여 세포 내 신호전달에 영향을 미쳐 세포의 성장, 증식, 전사조절 등을 담당한다. 이와 같이 영양소들은 세포 간 신호전달물질을 통하거나 영양소 그 자체가 신호전달물질이 될 수 있다 **그림 2-16**. 대표적 신호전달 매개체인 칼슘이온은 신경전달물질의 분비, 근육의 수축 및 이완 조절, 단백질의 인산화-탈인산화 조절, 세포의 항상성 유지, 세포의 분화 등에 관여한다. 이러한 영양소들의 신호전달 기전은 비만, 당뇨, 암과 같은 질병을 예방하고 치료할 새로운 물질을 연구하는 데 큰 역할을 담당하고 있다.

2) 세포 간 신호전달체계

(1) 세포 간 정보전달방법

세포 간의 정보를 전달하는 방법은 내분비, 주변분비와 신경신호전달로 나눌 수 있다 **그림 2-17**.

내분비형endocrine signaling　다세포 생물에서 가장 많이 이용되는 정보전달방법으로 내분비샘에서 생성된 호르몬은 혈류로 분비되어 먼 거리의 표적세포에 작용한다.

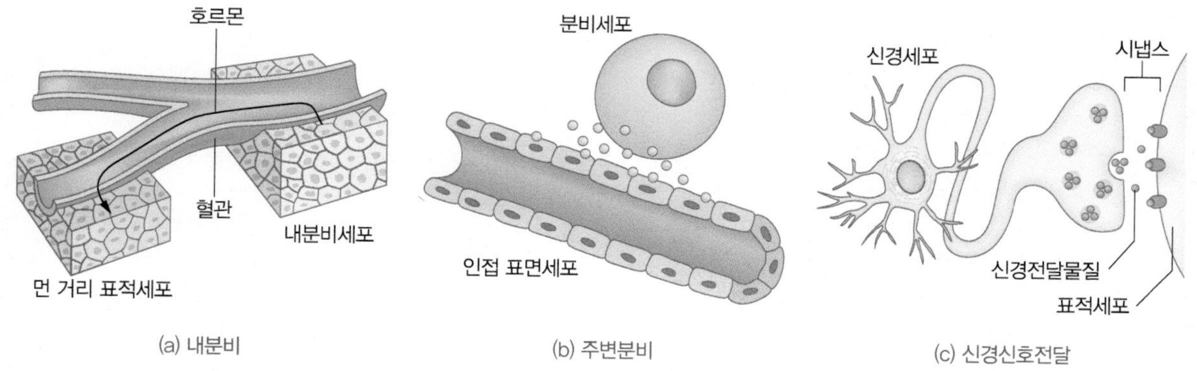

(a) 내분비
(b) 주변분비
(c) 신경신호전달

그림 2-17 신호전달 방법

표적세포는 각각의 호르몬에 대한 특이적인 수용체가 반응한다. 한 세포가 같은 호르몬에 대한 여러 종류의 수용체를 가져 각각의 수용체마다 다른 신호전달경로를 활성화시키거나 한 세포에 다른 종류의 호르몬들이 같은 신호전달경로를 활성화시켜 같은 세포반응을 유도하기도 한다(예: 인슐린, 글루카곤 등).

주변분비형paracrine signaling 신호분자가 혈액으로 분비되지 않고 세포외액을 통하여 국소적으로 확산되어 분비세포의 인접한 부위에 작용한다. 또한 자기 자신에게도 정보를 보낼 수 있는 것을 자가분비형autocrine 신호전달이라 한다(예: 증식인자, 사이토카인 등).

신경신호전달형neuronal signaling 호르몬과 달리 신경전달물질을 시냅스를 통하여 멀리 있는 표적세포에 빠르고 정확하게 전달한다(예: 아세틸콜린, 노르아드레날린 등).

(2) 신호전달물질

세포 간의 신호전달물질은 호르몬, 국소매개체와 신경전달물질이며, 이들 화학물질들을 신호전달물질 혹은 신호분자라고 부른다. 단백질, 펩티드, 아미노산, 스테로이드, 레티노이드, 지방산 유도체, 일산화질소 등 다양한 신호전달물질들이 있다 **표 2-3**.

표 2-3 신호전달물질의 예

신호전달물질	분비장소	화학적 성질	작용
호르몬			
아드레날린(에피네프린)	부신	타이로신 유도체	혈압, 심장박동수, 대사촉진
코르티솔	부신	스테로이드	대부분의 조직 내 단백질, 탄수화물, 지질의 대사작용에 영향
글루카곤	췌장의 α-세포	펩티드	간과 지방세포에서의 포도당 합성, 글리코젠과 지질 분해 촉진
인슐린	췌장의 β-세포	단백질	포도당 흡수, 단백질과 지질 합성 촉진
갑상샘호르몬(티록신)	갑상샘	타이로신 유도체	세포의 대사 촉진
에스트라디올	난소	스테로이드	여성 2차 성징 유발과 유지
테스토스테론	정소	스테로이드	남성 2차 성징 유발과 유지
국소 매개체			
표피 성장인자(EGF)	다양한 세포	단백질	표피 및 다양한 세포의 증식 촉진
혈소판유래 성장인자(PDGF)	혈소판을 비롯한 다양한 세포	단백질	다양한 세포의 증식 촉진
신경세포 성장인자(NGF)	다양한 신경조직	단백질	특정 신경세포들의 생존 증진과 이들의 축색돌기 성장 촉진
히스타민	비만세포	히스타민 유도체	염증반응 유도를 위한 혈관 팽창 유발
일산화질소(NO)	신경세포 혈관벽 내피세포	액화 가스	평활근세포 이완, 신경세포 활성 조절
신경전달물질			
아세틸콜린	신경말단	콜린 유도체	신경근육 시냅스의 중추신경계의 흥분성 신경전달물질
γ-아미노부티르산(GABA)	신경말단	글루타민 유도체	중추신경계의 억제성 신경전달물질

EGF
epidermal growth factor

PDGF
platelet-derived growth factor

NGF
nerve growth factor

GABA
gamma-amino butyric acid

3) 수용체

표적세포에는 다양한 신호를 선별적으로 받아들이는 수용체가 있다. 수용체들은 단백질로 높은 특이성과 친화성을 가지고 있어 각각의 수용체들은 해당 신호분자에 매우 특이적으로 결합한다. 예를 들어, 인슐린 수용체는 인슐린 및 **인슐린 유사성장인자**(IGF)와 결합하나 구조가 유사한 다른 호르몬과는 결합하지 않는다. 반면 동일한 그룹 내 서로 다른 수용체들은 각각의 특이적 신호분자와 결합하지만 동일한 세포반응을 일으키기도 한다. 예를 들면, 간세포에서 에피네프린, 글루카곤, 부신피질자극호르몬은 서로 다른 수용체와 결합하지만 cAMP의 합성을 촉진하여 동일한 반응에 관여한다.

인슐린 유사성장인자 (IGF, insulin-like growth factor)

인슐린과 구조가 비슷한 성장인자로 혈청 내에서 인슐린과 유사한 작용을 함

대부분 수용체들은 세포막 표면의 막횡단 단백질이나 세포 내 혹은 핵 내에 존재하며, **그림 2-18**과 같이 분류할 수 있다.

수용성 신호분자는 세포막을 통과할 수 없기 때문에 세포막 수용체와 결합하여 정보를 세포 내로 전달하는 한편, 지용성 신호분자는 세포막을 통과해 세포 내 또는 핵 내에 존재하는 수용체와 결합한다. 세포막 수용체는 신호분자가 수용체에 결합하면 수용체의 입체구조가 변화되어 세포 내 신호가 전달된다. 신호가 작동하는 시스템에 따라 G-단백질결합 수용체, 인산화효소형 수용체와 사이토카인 수용체로 분류한다.

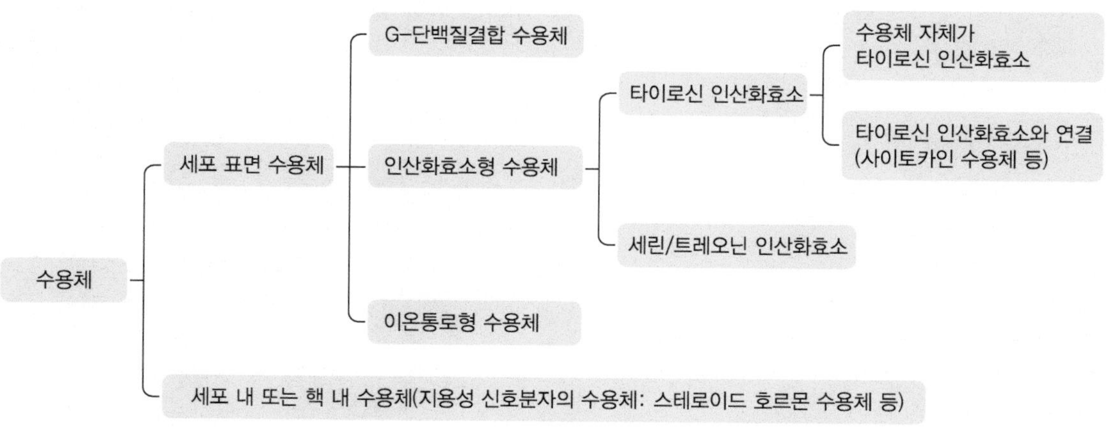

그림 2-18 수용체의 분류

많은 경우 수용체들은 동일하거나 매우 유사한 신호전달체계를 활성화시킨다. 여러 종류의 수용체들은 하나 이상의 체계를 통하여 신호를 전달할 수 있으며, 일부 체계들은 세포 종류에 따라 활성화되는 정도에도 차이가 난다. 또한 유전자들은 다수의 전사인자에 의해 조절되며, 각 전사인자는 다시 하나 이상의 세포 외 신호전달에 의해 활성화될 수 있다.

4) 세포 내 신호전달체계의 종류 및 특징

(1) G-단백질결합 수용체를 통한 신호전달

GPCR
G-protein-coupled receptor

G-단백질결합 수용체(GPCR)는 세포 표면 수용체 중에서 종류가 가장 많은 수용체로 시각, 후각, 미각, 신경전달 수용체 및 탄수화물, 단백질과 지질대사에 관련된 수용체를 포함하고 있다.

GPCR의 구조 세포막을 일곱 번 왕복하여 통과하는 하나의 폴리펩티드 사슬로서 4개의 세포외 부위(E1~E4), 4개의 세포질 부위(C1~C4)의 기본구조를 가진다. C 말단부위(C4), C3 루프(loop), C2 루프는 G-단백질결합에 관여한다 **그림 2-19**. 각 GPCR의 내부를 구성하는 아미노산 구성은 매우 다양하여 각 신호분자에 대해 별개의 수용체가 존재한다. 이와 같이 GPCR은 매우 다양한 세포 반응에 관여하기 때문에 여러 질병의 치료 표적으로 중요하다.

유리지방산은 몇몇 GPCR(FFAR1, FFAR2, FFAR3, GPR84와 GPR120)의 신호전달물질로 작용한다. FFAR1과 GPR120은 중간사슬과 긴사슬 지방산에 의해 활성화되

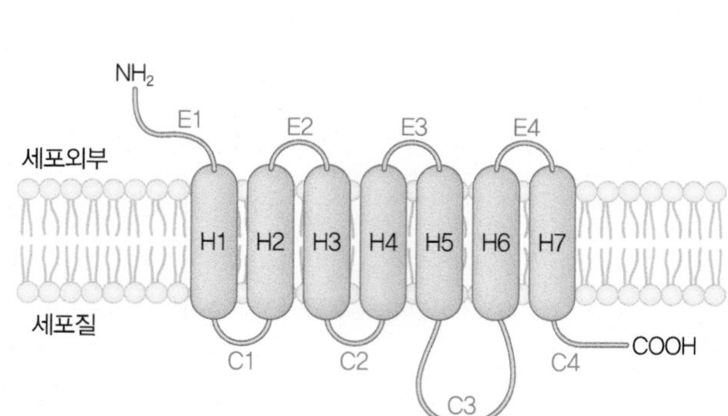

그림 2-19 G-단백질 결합 수용체의 일반적 구조

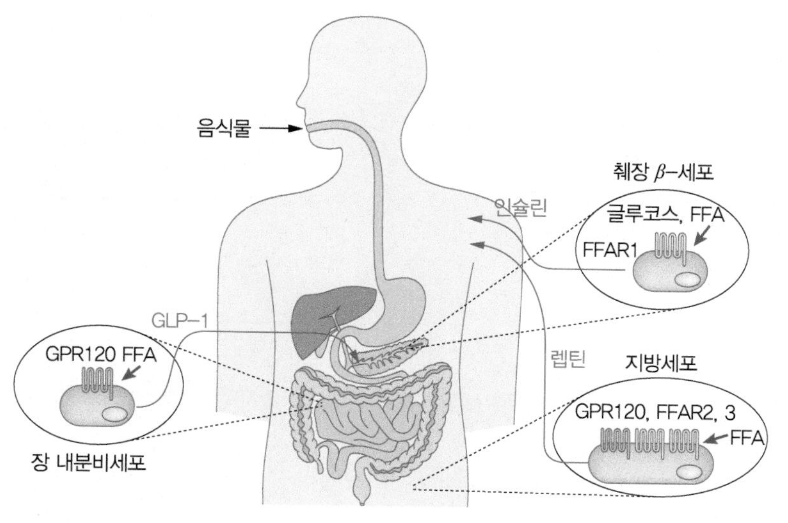

그림 2-20 에너지 조절을 위한 유리지방산에 대한 G-단백질결합 수용체의 역할
자료: Ichimura A et al., 2009

FFA
free fatty acid

FFAR
free fatty acid receptor

GPR
G-protein coupled receptor

며, GPR84는 중간사슬 지방산에 의해 활성화된다. FFAR2와 FFAR3는 짧은 지방산에 활성화된다. FFAR1은 주로 췌장 β-세포에서 발현되고 인슐린 분비를 매개하는 반면, GPR120은 주로 장에서 발현하여 **글루카곤 유사 펩티드**(GLP-1)의 분비를 촉진하며, FFAR3는 지방세포에서 렙틴$_{\text{leptin}}$의 분비에 관여한다 **그림 2-20**.

글루카곤 유사 펩티드 (GLP-1, glucagon-like peptide-1)
소장에 존재하며 인슐린 분비를 촉진시켜 혈당을 낮춤

삼량체(trimeric) G-단백질의 활성화 G-단백질은 α, β, γ의 세 개의 소단위체로 구성되어 있으며, 그중 α소단위체는 GTP와 결합하므로 GTP-결합단백질이라고도 부른다. 자극을 받지 않은 상태에서 α소단위체는 GDP와 결합하고 있으며 이 상태에서 G-단백질은 활성을 띠지 않는다.

세포 외 신호분자가 수용체에 결합하면 수용체의 입체구조가 변하여 α소단위체에서 GDP가 유리되고, 대신 세포질 속에 있던 GTP가 결합하여 α소단위체가 활성화된다. 활성화된 α소단위체는 βγ복합체로부터 해리되고 세포막으로 확산되며 신호전달 시스템을 활성화하고, βγ소단위체도 때로는 신호를 전달한다 **그림 2-21**.

G-단백질이 이온통로를 직접적으로 조절하면 세포 상태와 반응에 즉각적인 효과(예: 심장박동)를 나타내지만 효소와 작용하면 세포 내 신호전달 분자를 생성시켜 훨

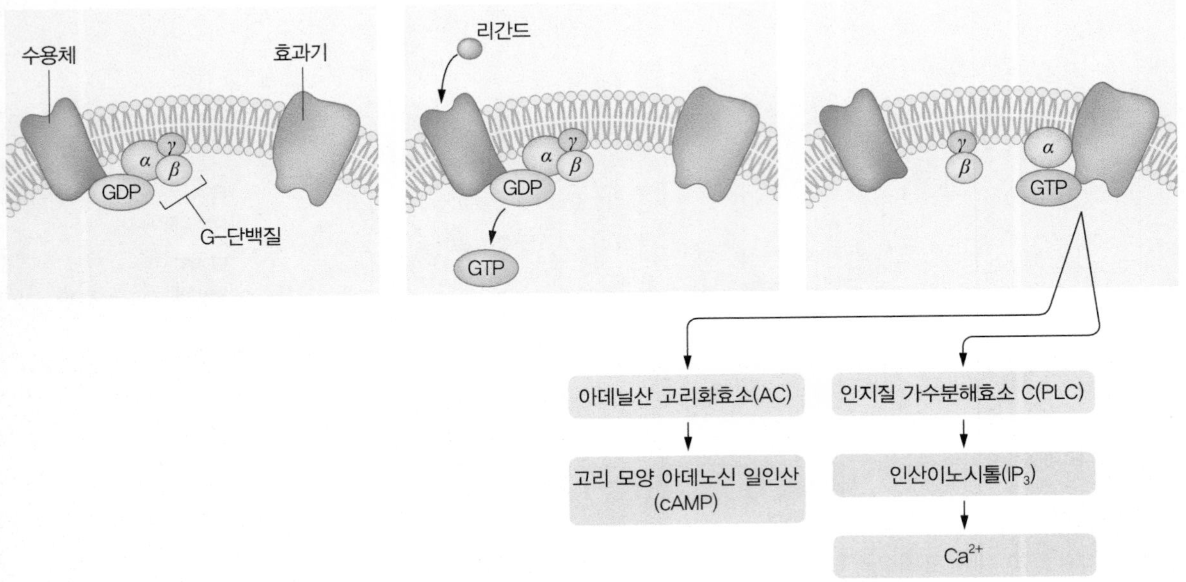

그림 2-21 아데닐산 고리화효소에 의한 cAMP 신호전달경로

씬 복잡해진다. 대표적인 G-단백질 표적효소는 세포 내의 작은 신호전달 분자인 아데닐산 고리화효소(AC)와 인지질 가수분해효소 C(PLC)이다. 이러한 연결은 효소 활성을 촉진하는 방향으로 이루어질 수도 있고 억제하는 방향으로도 이루어질 수도 있다. 신호전달 연쇄반응에서 생성되는 작은 신호전달분자를 이차 전달자라고 부르는데, 이들은 아데닐산 고리화효소 또는 인지질 가수분해효소 C와 같은 세포막에 결합된 효소가 활성화되었을 때 다량으로 생성된 후 생성된 위치로부터 빠르게 확산되어 신호를 세포의 곳곳에 전달한다.

AC
adenylyl cyclase

PLC
phospholipase C

IP_3
inositol -1,4,5-triphosphate

- 아데닐산 고리화효소: 고리형 AMP 생성
- 인지질 가수분해효소 C: 인산이노시톨(IP_3)과 다이아실글리세롤을 생성

이들 소단위체가 활성화되어 신호를 전달해 줄 수 있는 상태로 존재하는 시간은 소단위체의 상태에 따라 결정된다. α소단위체는 GTP-가수분해효소 활성을 갖고 있어 일정 시간이 지나면 결합된 GTP를 GDP로 가수분해한다. 그 결과 α소단위체는 βγ복합체와 재결합하여 비활성인 G-단백질 상태가 되고 신호전달은 중단된다.

G-단백질에 의한 cAMP 신호전달경로와 Ca^{2+} 신호전달경로

아데닐산 고리화효소(cAMP 신호전달경로): 아데닐산 고리화효소가 활성화되면 cAMP의 합성이 증가한다. cAMP를 유도하는 호르몬과 조직에서의 반응은 **표 2-4**와 같다.

cAMP는 조절 소단위체를 분리하여 **단백질 인산화효소** A(PKA)를 활성화시킨다. 활성화된 PKA는 효소단백질의 인산화에 관여하여 특이적 효소를 활성화하거나 불활성화함으로써 대사를 조절한다 **그림 2-22**. 예를 들어, 혈당이 낮아지면 췌장의 글루카곤이 분비되고 스트레스가 높아지면 부신수질에서 에피네프린이 분비된다. 이들 호르몬은 세포 내 글리코겐을 분해하도록 신호를 보내 글루코스를 생성하게 한다. 간에서의 글루카곤과 에피네프린은 각기 다른 GPCR에 결합하지만 이들 수용체들은 모두 아데닐산 고리화효소를 활성화시켜 cAMP를 통하여 **캐스케이드**(증폭) 반응을 이룬다.

단백질 인산화효소 (PK, protein kinase)
인산기를 ATP에서 떼어내어 단백질로 옮겨주는 효소

캐스케이드(cascade)
반응이 개시되면 전 단계에 의해 각 단계가 종료 시까지 계속되는 반응

표 2-4 다양한 조직에서 cAMP 유도 호르몬에 대한 세포 반응

표적기관	호르몬	주요 반응
지방	에피네프린 부신피질자극호르몬 글루카곤	중성지방의 가수분해 증가 아미노산 흡수 감소
간	에피네프린 글루카곤 노르에피네프린	글리코젠에서 글루코스로의 전환 증가 글리코젠 합성 억제 아미노산 흡수 증가 당신생 증가
난포	여포자극호르몬 항체형성호르몬	에스트로겐과 프로게스테론 합성 증가
부신피질	부신피질자극호르몬	알도스테론, 코르티솔 합성 증가
심장근육	에피네프린	수축 속도 증가
갑상샘	갑상샘자극호르몬	티록신 분비
뼈	파라티로이드 호르몬	뼈에서 혈액으로 칼슘 방출 증가
골격근	에피네프린	글리코젠에서 글루코스의 전환 증가
장	에피네프린	체액 분비
신장	바소프레신	수분의 재흡수
혈소판	프로스타글란딘 I	응집과 분비 억제

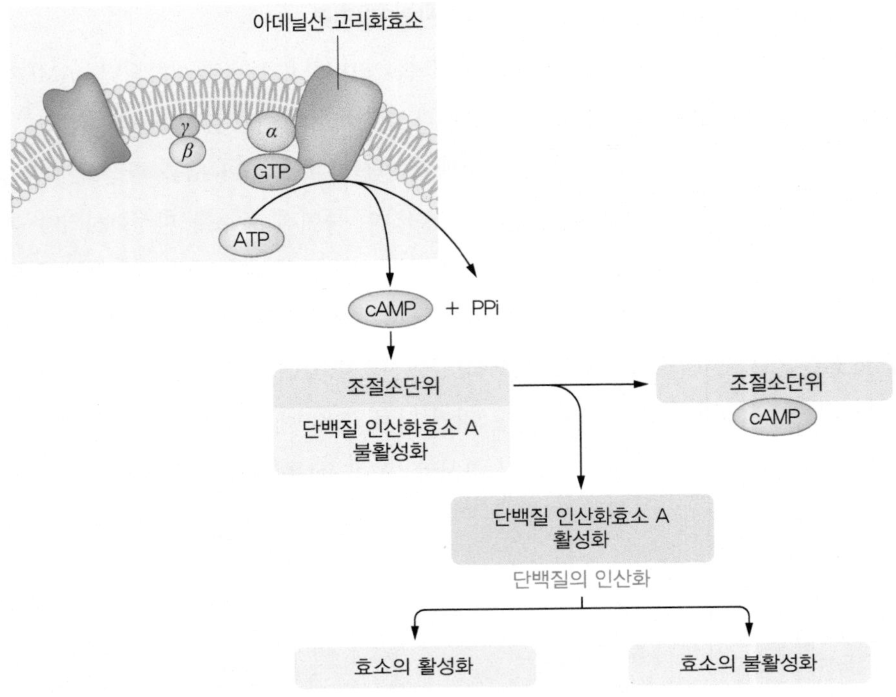

그림 2-22 아데닐산 고리화효소에 의한 cAMP 신호전달경로

cAMP의 신호전달은 세포 반응이 빠르게 나타나거나 느리게 나타난다. 예를 들어, 골격근에서 글리코젠 분해는 아드레날린이 수용체에 결합한 지 수 초 내에 일어나지만, cAMP 반응이 유전자 발현의 변화를 동반하면 몇 분에서 몇 시간이 지나서 나타나기도 한다. 이런 느린 반응에서 PKA가 특정 유전자의 전사를 활성화하여 전사인자를 인산화시킴으로써 이루어진다.

인지질 가수분해효소 C(Ca^{2+} 신호전달경로): 인지질 가수분해효소 C는 세포막의 구성성분인 이노시톨 인지질을 가수분해하여 작은 신호분자인 이노시톨-1, 4, 5-삼인산(IP_3)과 다이아실글리세롤을 만든다. 친수성의 당-인산인 IP_3는 세포질로 확산되고 지방인 다이아실글리세롤은 세포막에 끼어 남아 있게 된다.

IP_3는 빠르게 소포체에 도달하여 소포체막에 존재하는 IP_3 수용체에 결합한 후 Ca^{2+} 이온통로를 열어 소포체 내에 저장되어 있던 Ca^{2+}을 세포질 내로 유리시키고 이러한 Ca^{2+}은 다른 단백질에 신호를 전달한다. 한편, 다이아실글리세롤은 세포막에 결

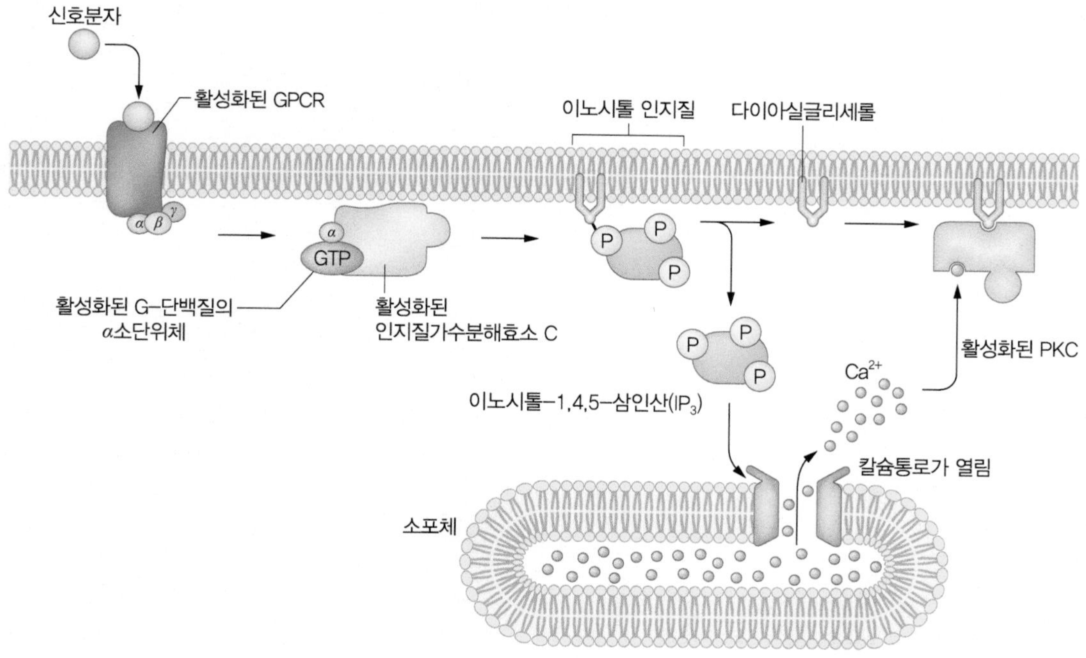

그림 2-23 인지질 가수분해효소 C에 의한 두 가지 신호전달경로

합된 상태로 Ca^{2+}과 함께 단백질 인산화효소 C(PKC)를 활성화한다. 활성화된 PKC 효소는 세포의 종류에 따라 특정한 세포 내 표적 단백질을 인산화하여 신호를 전달한다 **그림 2-23**. 세포질 내 Ca^{2+} 유도 호르몬에 대한 세포 반응은 **표 2-5**와 같다.

표 2-5 세포질 Ca^{2+} 유도 호르몬에 대한 세포 반응

표적기관	호르몬	주요 반응
췌장	아세틸콜린	아밀레이스, 트립시노겐 등의 소화효소 분비
타액샘	아세틸콜린	아밀레이스 분비
혈관 또는 위 평활근	아세틸콜린	수축
간	바소프레신	글리코젠에서 글루코스 전환
혈소판	트롬빈	응집, 호르몬의 분비
비만 세포	항원	히스타민 분비
섬유아세포	성장인자 펩티드	DNA 합성, 세포분열

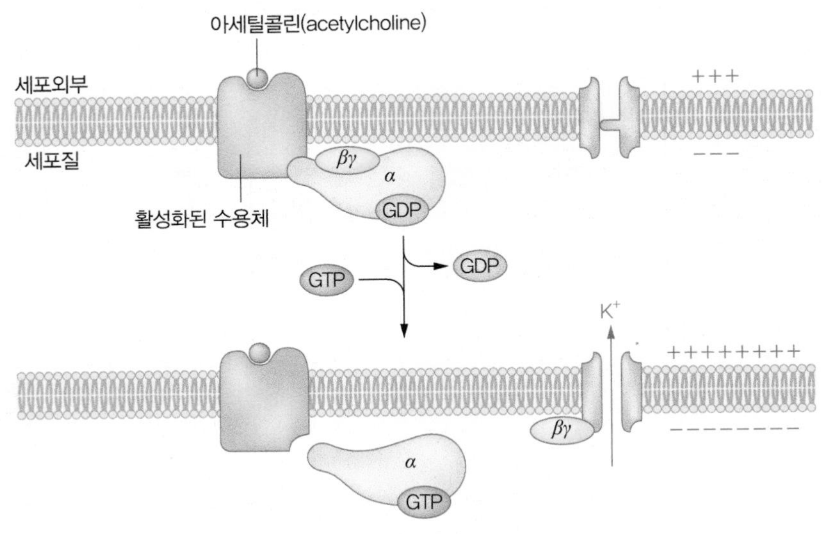

그림 2-24 심근세포에서 G-단백질에 의한 이온통로 조절

탈분극(depolarization)

흥분이나 전기적 자극에 의해 일어나는 세포막 내외 이온의 변화, 즉 내부의 음(-)분극이 감소하여 양(+)분극으로 바뀌는 현상

G-단백질에 의한 이온통로 조절 심근세포에서 신경전달물질인 아세틸콜린이 G-단백질결합 수용체에 결합하면 G-단백질인 α의 활성화가 유도된다. 활성화된 βγ복합체는 심근세포막에 있는 K^+ 통로를 열고 K^+이 세포 밖으로 빠져나가도록 하여 **탈분극**을 억제, 심장근육 수축률을 감소시킨다. GTP 가수분해로 α소단위체는 비활성화되고, G-단백질은 비활성화된 상태로 돌아가며 이와 함께 K^+ 통로는 닫힌다 **그림 2-24**.

(2) 수용체 타이로신 인산화효소를 통한 신호전달

RTK
receptor tyrosine kinase

NGF
nerve growth factor

PDGF
platelet-derived growth factor

FGF
fibroblast growth factor

EGF
epidermal growth factor

효소연결 수용체$_{\text{enzyme-linked receptor}}$는 세포의 성장, 증식, 분화 및 생존을 조절하는 세포 외 신호분자에 반응하며, 세포 외부에 신호분자 결합부위가 존재하고 세포질에 접해 있는 수용체 부위가 효소 활성을 갖거나 다른 효소와 복합체를 이룰 수 있는 아미노산 서열을 지니고 있다. 효소연결 수용체 중에서 타이로신 단백질 인산화효소의 활성을 가지고 있어서 세포 내 특정 단백질의 타이로신 잔기를 인산화시키는 수용체를 수용체 타이로신 인산화효소(RTK)라고 부른다. RTK를 활성화시키는 신호분자는 수용성이거나 막결합 펩티드 또는 신경세포성장인자(NGF), 혈소판유도성장인자(PDGF), 결합조직성장인자(FGF), 표피성장인자(EGF), 인슐린 등의 단백질 호르몬 등이다.

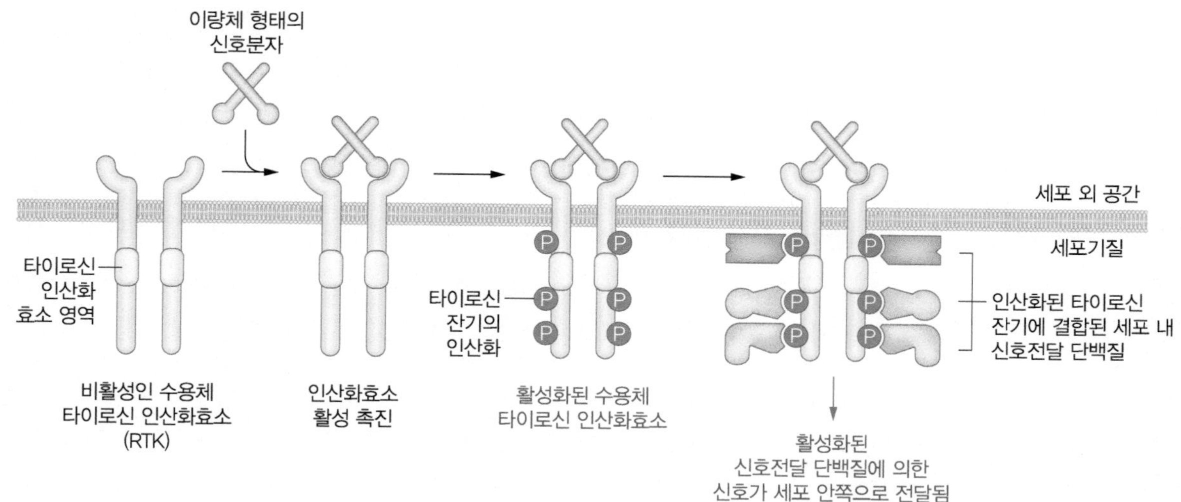

그림 2-25 수용체 타이로신 인산화효소의 활성화에 따른 세포 내 신호전달단백질 결합

RTK는 한 개의 세포막 관통 단백질로서 신호분자가 세포 외 부위에 결합하면 두 수용체 분자가 이량체를 형성한다. 두 개의 수용체가 이량체를 이루면 세포 내 위치한 수용체 말단 부분의 인산화효소 기능이 활성화되어 특정한 타이로신에서 인산화된다. 타이로신 잔기가 인산화되면 세포 내 신호전달을 위한 복합체가 수용체 말단 부위에 모인다. 새롭게 인산화된 타이로신 잔기는 여러 신호전달 단백질이 결합할 수 있는 자리를 만들어주며, 이들 중 일부는 수용체에 결합한 뒤 인산화됨으로써 활성화되어 신호를 전달하기도 하고, 일부는 다른 신호전달단백질을 수용체에 연결함으로써 신호전달 복합체를 활성화시키는 어댑터 역할을 한다 **그림 2-25**.

RTK의 세포질 부위에 형성된 신호전달 복합체는 몇 가지 경로를 통하여 세포 내의 여러 곳으로 신호를 전달하여 세포 내 복잡한 반응을 유도한다. 신호전달 종결은 세포 내의 단백질 타이로신 **탈인산화효소**가 세포 외 신호에 의해 인산화된 부위의 인산기를 떼어내어 일어나거나 일부는 활성화된 수용체가 세포 내 도입endocytosis에 의해 리소좀에서 분해되어 종결된다.

탈인산화효소 (phosphatase)
인산기를 제거하는 효소

RTK을 통한 PI3K 신호전달 경로와 MAPK 신호전달 경로

PI3K(phosphoinositide 3-kinase) 신호전달: RTK의 중요한 신호전달 기작 중 하나는 인

PI3K(phospho-inositide-3 kinase)
세포막 이노시톨 인지질을 인산화하는 효소

MAPK (mitogen-activated protein kinase)
유사분열 활성화 단백질 인산화효소로 다양한 세포 외 성장 신호에 반응함

Ras
Rat Sarcoma

Grb2
growth factor receptor bound protein 2

Sos
Son of sevenless

산이노시티드 3-인산화효소를 경유하는 것이다. 이 효소는 세포막에 있는 이노시톨 인지질을 인산화시킨다. 인산화된 이노시톨 인지질은 신호전달단백질 중에서 세린/트레오닌 인산화효소인 Akt과 결합하여 다른 단백질들을 활성화시켜 세포의 성장, 증식, 생존 등에 관여한다 **그림 2-26**.

MAPK(mitogen-activated protein kinase) 신호전달: RTK는 많은 종류의 세포 내 신호전달 단백질을 결집시키고 이러한 신호전달단백질 중 하나가 Ras이다. Ras는 세포막 안쪽의 지질로 이루어진 꼬리에 결합하고 있는 작은 GDP 결합단백질이다. Ras 단백질은 하나의 소단위체로 구성된 단량체로서 작은 GTP 결합단백질군의 한 종류이며 대부분의 RTK는 Ras 단백질을 활성화시킨다. 또한 Ras는 G-단백질의 α 소단위체와 비슷하여 GTP가 결합하면 활성화 상태가 되고, GDP 결합하면 비활성화 상태로 존재한다. Grb2가 수용체 타이로신 산화 부위를 인식하여 결합하면 Sos가 활성화된다. Sos는 구아닌 뉴클레오티드 교환 단백질의 일종으로 Ras에 결합하고 있는 GDP를 GTP로 치환하여 Ras를 활성화한다.

활성화된 Ras 단백질은 순차적인 인산화반응으로 신호의 증폭과 분배에 관여하는 세 가지 단백질 인산화효소를 활성화시킨다. 최종적으로 활성화된 효소가 MAP 인산화효소이다. 좁은 의미의 MAPK는 증식인자나 세포분열 촉진인자$_{\text{mitogen}}$에 의해 활성이 강하게 유도되는 세린/트레오닌 인산화효소이며, ERK라고도 부른다. 이러한

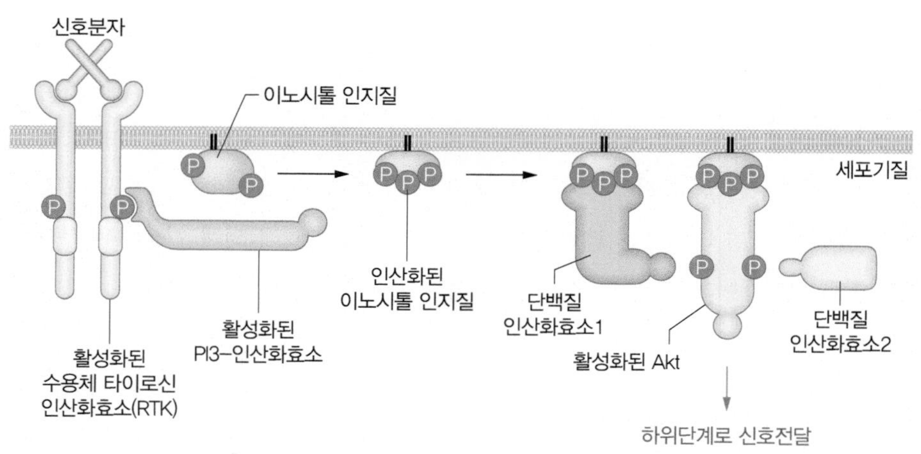

그림 2-26 수용체 타이로신 인산화효소에 의한 PI3K/Akt 신호전달경로

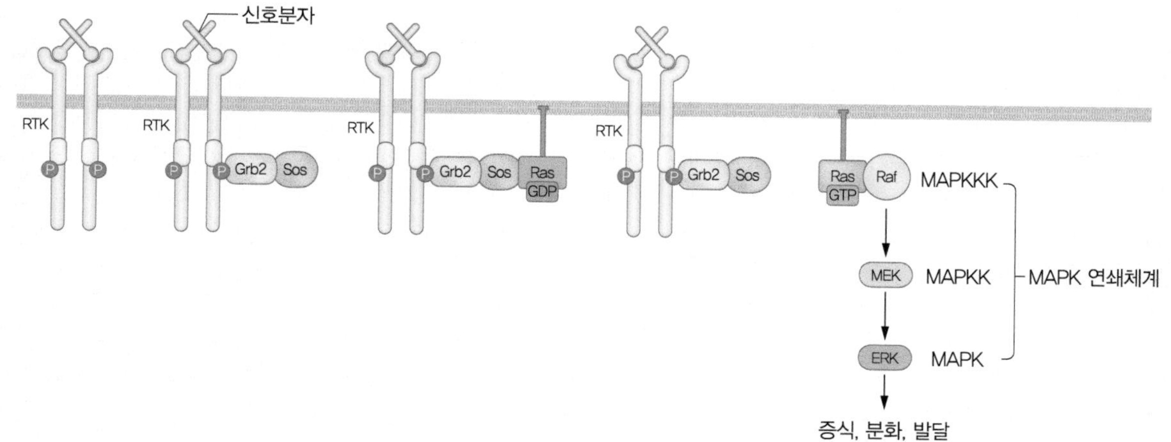

그림 2-27 수용체 타이로신 인산화효소에 의한 Ras의 활성화 및 MAPK 신호전달경로

변화는 세포증식, 생존과 분화를 일으킨다 그림 2-27.

대표적 RTK인 인슐린 수용체를 통한 신호전달 경로 현재까지 약 20개의 RTK가 밝혀져 있으며 인슐린 수용체(IR)는 제2분류에 속한다. 인슐린 수용체는 인슐린, 인슐린 성장인자 1과 2(IGF-1, IGF-2)에 의해 인산화되는 막관통 수용체로 혈당 조절에 중요한 역할을 한다. IR의 기능에 문제가 생기면 당뇨병과 암 같은 질병이 발병한다.

인슐린이 RTK인 인슐린 수용체에 결합하면 타이로신 단백질 인산화효소를 가지고 있는 RTK의 세포 내 특정 단백질의 타이로신 잔기를 자동인산화하고, 인산화된 인슐린 수용체는 IRS의 인산화를 촉진시킨다. IRS는 4개로 알려져 있으며 각각의 기능은 다음과 같다 표 2-6.

IRS 인산화는 MAPK와 PI3K의 주된 반응으로 구분된다 그림 2-28. 인산화된 IRS는 PI3K의 소단위체와 상호작용하여 인산화된 후 PDK1을 인산화시킨다. PDK1에 의해 활성화된 Akt는 세포 성장과 분열, 생존, 지질과 탄수화물 대사와 관련된 다양한 단백질의 활성과 저해에 영향을 미친다. 또한 세포 표면의 수송체인 GLUT4에 중요한 역할을 한다. Akt에 의해 활성화되는 단백질의 기능은 다음과 같다.

영양이 풍부한 상태에서는 mTOR가 활성화되어 단백질, 지질 및 핵산의 합성을 촉진하고 **자가포식** 같은 분해작용을 억제하여 세포성장을 촉진한다. 반면, 영양이 결핍된 상태에서는 빠르게 mTOR의 합성작용이 억제되어 생존을 위한 최소한의 에너

Raf
rapidly accelerated fibrosarcoma

MAPKKK
mitogen-activated protein kinase kinase kinase

MAPKK
mitogen-activated protein kinase kinase

ERK
extracellular signal regulated protein kinase

IR
insulin receptor

IRS
insulin receptor substrate

PDK1
phosphoinositide-dependent protein kinase 1

Akt
protein kinase B

GLUT4
glucose tranporter type 4

mTOR
mammalian target of rapamycin

녹아웃 생쥐 (knock-out mouse)

암호화된 서열이 기능하지 못하도록 유전적 공학으로 DNA를 주입하여 불활성화된 유전자를 가지고 있는 생쥐

자가포식(autophagy)

세균이 자신의 소기관이나 세포성분을 분해하는 과정

표 2-6 IRS의 기능

종류	녹아웃 생쥐의 표현형
IRS1	성장저해, 말초조직 인슐린저항성, 내당능장애
IRS2	말초조직 및 간에서 인슐린 저항성, β-cell 감소 및 제2형 당뇨병 진행
IRS3	정상적이거나 정상에 가까운 성장 및 대사
IRS4	

지와 영양소를 유지할 수 있도록 분해작용이 일어난다. 항암제로 쓰이는 라파마이신rapamycin은 mTOR를 억제하는 효과가 있는데, 이는 세포의 성장과 생존의 측면에서 PI3K-Akt 신호전달경로의 중요성을 제시한다. Foxa2는 기아상태에서 지방산 산화와 케톤체 생성에 관여한다. 식후 인슐린 분비는 Akt를 활성화시키고 Foxa2를 저해함

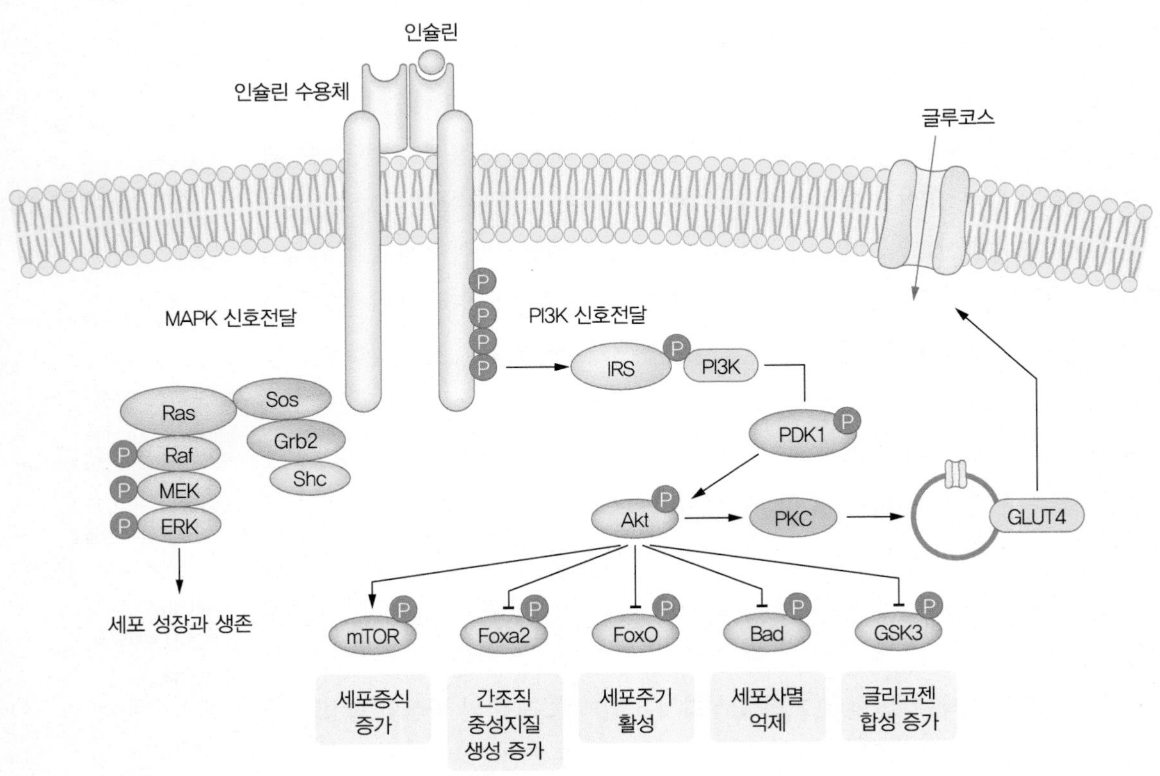

그림 2-28 인슐린 수용체를 통한 신호전달

으로써 간에서 중성지방 생성이 증가하게 된다. FoxO 단백질은 다양한 전사인자들과 상호작용하여 세포주기 조절, 세포사멸, 세포대사에 관여하며, FoxO1은 지질대사에 관여하고 G6Pase와 PEPCK를 활성화시켜 당생성을 촉진하며 VLDL의 생산을 촉진한다. FoxO는 Akt에 의해 저해된다. Akt는 세포사멸을 유도하는 Bad를 인산화시킴으로써 세포사멸을 억제한다. Akt는 GSK3를 인산화함으로써 글리코젠 합성효소 활성 상태를 유지하게 되어 글리코젠을 합성한다. GLUT4는 Akt에 의해 활성화되어 세포 내로 글루코스 유입을 촉진한다.

Foxa2
forkhead box protein A2

FoxO
forkhead box, classo

G6Pase
glucose-6-phosphatase

PEPCK
phosphenolpyruvate carboxykinase

VLDL
very low-density lipoprotein

Bad
Bcl-2-associated death promoter

GSK3
glycogen synthase kinase-3

Shc
src homology and collagen protein

GLUT2
glucose transporter type 2

한편, 인슐린은 IRS와 Shc를 모두 인산화시키거나 그중 하나를 인산화시키게 된다. 이는 Grb2와 Sos와 상호작용하여 세포 표면의 Ras와 결합한다. Ras는 분자적 스위치로 작동하며 세린인산화 반응을 Raf, MEK(MAPK/extracellular signal-regulated kinase kinase), ERK(MAPK)를 단계별로 활성화시키면서 자극하며, 인산화된 ERK는 핵 내로 들어가서 세포 성장과 분화에 관여하는 전사를 개시한다.

혈중의 포도당은 췌장 β-세포의 GLUT2에 의해 세포 내로 유입되어 해당과정과 산화적 인산화반응을 통해 ATP를 생산한다. ATP는 K^+/Ca^{2+} 채널을 자극하여 인슐린을 세포막 밖으로 방출하고 간, 근육 등에서 MAPK와 PI3K 신호전달에 관여하여 지질, 글리코젠 합성 등을 촉진한다. 또한 세포 내 유리지방산이 증가하면 다이아실글리세롤과 중성지방이 증가하여 IRS의 작용을 억제시킨다. 억제된 IRS는 하부 단계인 PI3K의 활성을 억제하여 포도당에 대한 인슐린의 신호전달능력을 저하시켜 인슐린 저항성을 유발한다. 항산화제인 비타민 A, C, E는 PKC의 중요한 조절 영양소이다.

(3) 사이토카인 수용체를 통한 신호전달

사이토카인$_{\text{cytokine}}$은 면역 관련 세포에서 분비되는 단백질, 폴리펩티드 또는 당단백질로서 면역, 염증과 조혈작용을 조절하는 신호분자이다. 사이토카인은 표적세포의 세포 표면에 있는 수용체와 결합함으로써 작용을 시작한다. 수용체는 구조적 특성에 따라 Ig형, 사이토카인 수용체 1형, 사이토카인 수용체 2형, TNF 수용체형, 키모카인 수용체형으로 나눈다 **그림 2-29**.

또한 사이토카인 수용체들이 사용하는 신호전달경로에 따라 분류할 수 있는데 **표 2-7**, 그중 대표적인 JAK/STAT와 TNF-α 경로를 살펴본다.

CD
cluster of differentiation

G-CSF
granulocyte colony-stimulating factor

GM-CSF
granulocyte macrophage colony-stimulating factor

IFN
interferon

Ig
immunoglobulin

IL
interleukin

LT
leukotriene

M-CSF
macrophage colony-stimulating factor

TNF
tumor necrosis factor

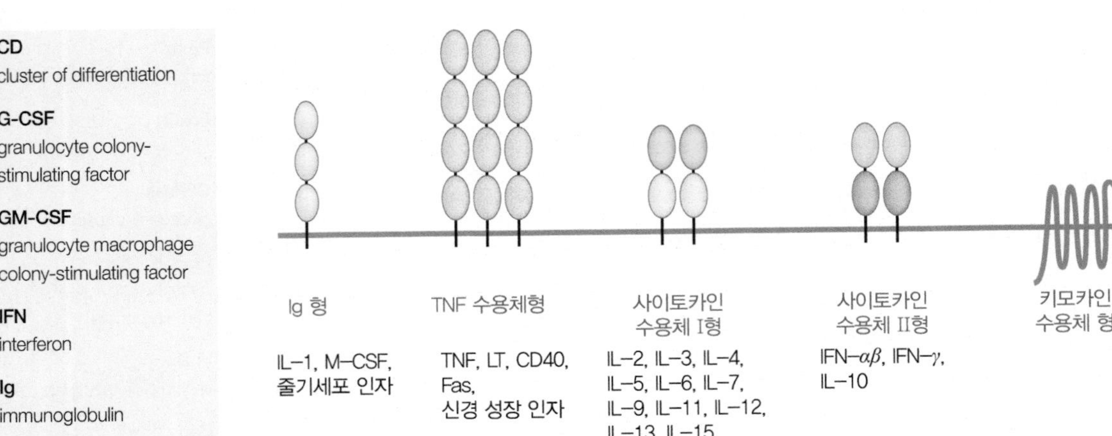

그림 2-29 사이토카인 수용체 가계

JAK/STAT에 의한 사이토카인 신호전달 사이토카인 수용체는 세포질 내 타이로신 인산화효소를 지닌 JAK단백질이 결합하고 있다. 신호분자가 사이토카인 수용체에 결합하면 JAK는 활성화되어 수용체의 타이로신 잔기를 인산화하고 비활성 상태로 존재하는 전사조절 단백질인 STAT을 결합하여 인산화하여 활성화시킨다. 이들 단백질은 수용체에서 분리되어 이량체를 만들어 핵 내로 이동하여 특정 유전자의 전사를 활성화한다 **그림 2-30**.

TNF 수용체에 의한 신호전달 TNF는 TNFR1, TNFR2와 모두 결합할 수 있다.

표 2-7 사이토카인의 수용체의 신호전달 기전

신호전달경로	이 경로를 사용하는 사이토카인 수용체	신호전달기전
JAK/STAT	제1형 및 제2형 사이토카인 수용체	STAT 전사인자의 JAK-매개적 인산화 및 활성화
TRAFs에 의한 TNF 수용체 신호전달	TNF 수용체형: TNF-RII, CD40	어댑터 단백질의 결합, 전사인자의 활성화
사멸 영역에 의한 TNF 수용체 신호전달	TNF 수용체형: TNF-RI, Fas	어댑터 단백질의 결합, 카스파아제의 활성화
RTKs	M-CSF 수용체, 줄기세포인자 수용체	수용체 내 내재적 타이로신 인산화효소 활성
G 단백질 신호전달	키모카인 수용체	$G\beta\gamma$로부터 GTP교환 및 $G\alpha$·GTP의 해리, $G\alpha$·GTP는 다양한 세포 내 효소를 활성화시킴

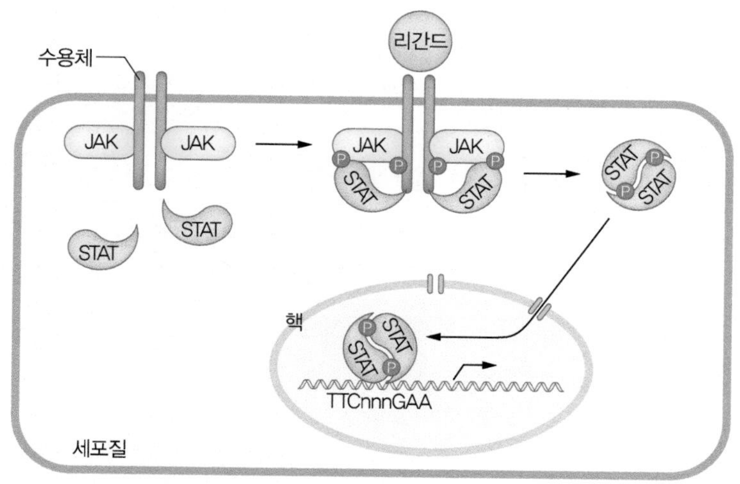

그림 2-30　JAK/SAT 신호전달경로

TNFR1은 대부분의 조직에 존재하며, TNFR2의 경우는 면역체계에서만 존재하며 대부분의 TNF 신호전달은 TNFR1에서 유래된다. TNFR1은 유전자 전사나 세포사멸을 유도한다. 즉 TNF가 TNFR1에 결합하면 어댑터 단백질 TRADD에 의해서 시작되어 TRAF와 RIP가 결합됨으로써 새로운 유전자 전사를 나타내거나 FADD가 결합되어

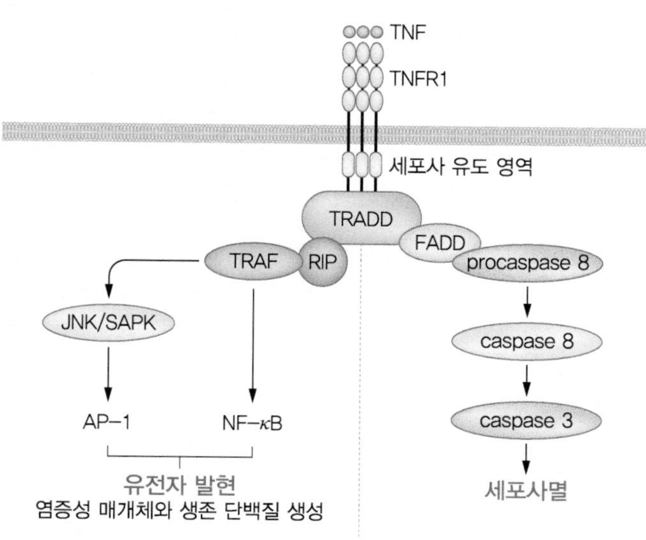

그림 2-31　TNF 수용체 신호전달경로

JAK
janus kinase

STAT
signal transducer and activator of transcription

TNFR
tumor necrosis factor receptor

TRAF
TNF receptor associated factors

TRADD
tumor necrosis factor receptor type-I-associated death domain

RIP
receptor-interacting protein

FADD
Fas-associated protein with death domain

JNK
C-Jun N-terminal kinase

SAPK
stress-activated protein kinase

AP-I
activator protein I

NF-κB
nuclear factor-kappa-light-chain-enhancer of activated B cells

세포사멸을 유도한다 **그림 2-31**.

5) 신호전달경로의 상호작용

복잡한 생체 내 반응은 하나의 신호전달에 의해 조절되기보다 서로 다른 경로 사이의 교신에 의해 정교하게 조절되고 있다. 이들 경로에서 단백질 인산화효소들은 다른 반응경로에 속하는 단백질을 인산화시킨다 **그림 2-32**. 어떤 인산화효소들은 같은 표적단백질을 인산화하기도 한다. 한편 어떤 세포 내 신호전달단백질은 여러 신호를 통합하는 역할을 한다.

칼모듈린(calmodulin, CaM)

칼슘이온 수용단백질로 칼슘이온이 결합하여 신호로 변환하고 이를 목표 단백질에서 발현시킴

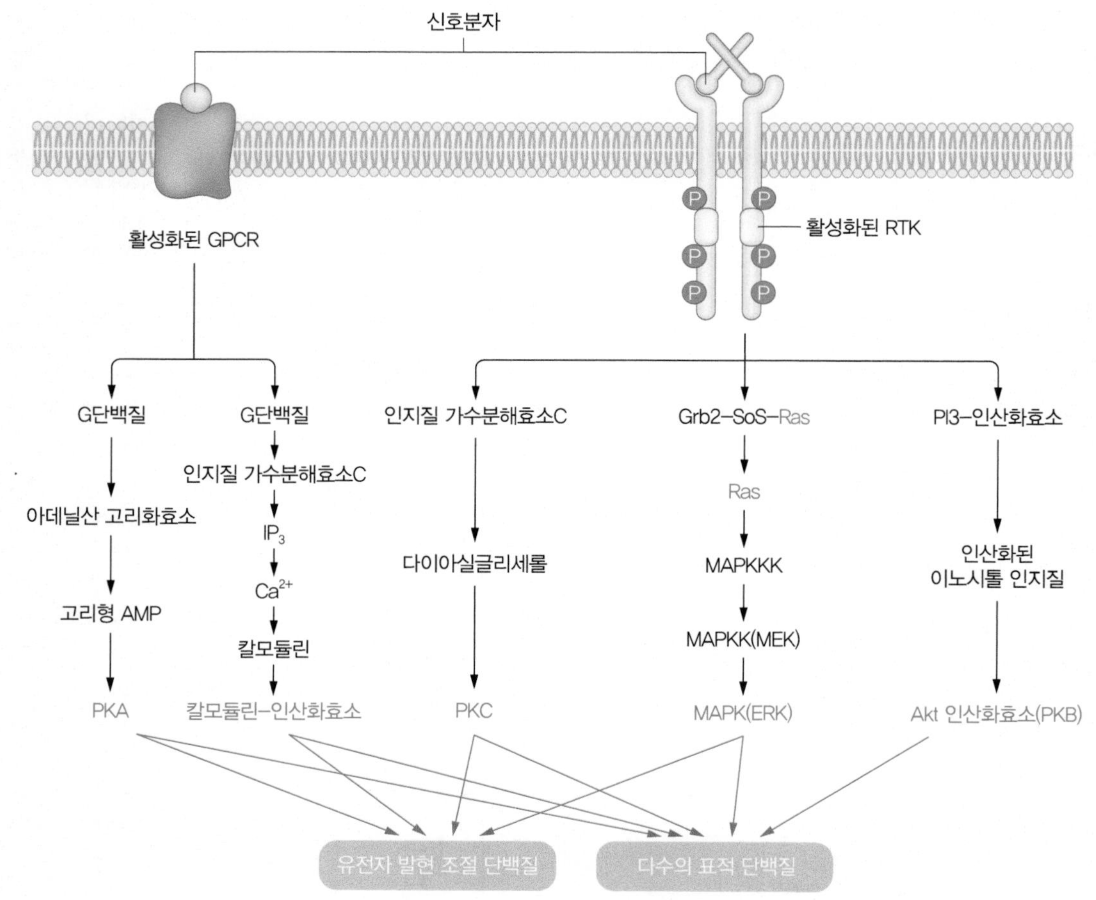

그림 2-32 신호전달로의 상호작용

4 염색질 구조 변형 관련 유전자 발현 조절과 후생유전학

다세포 생물을 구성하는 모든 세포의 핵은 동일한 유전정보를 가지고 있다. 그렇다면 이 세포들은 어떻게 다양한 구조와 기능을 가질 수 있을까? 이는 각각의 세포들이 서로 다른 유전자를 가지고 있어서가 아니라 분화과정을 통하여 각 조직 및 장기의 특성에 맞는 유전자들만 발현되기 때문이다. 이와 같이 DNA의 염기서열은 바뀌지 않고 DNA 염기의 부속구조 또는 염색질의 변형을 통하여 획득된 유전자의 발현 양상과 표현형의 변화가 유사분열 혹은 감수분열 시 자손세포에게 전달되는 현상을 후생유전이라고 하며, 이를 연구하는 학문을 후생유전학epigenetics 또는 후성유전학이라 한다.

후생유전체(epigenome)

하나의 세포 또는 유기체가 가지고 있는 전체 DNA와 히스톤단백질에서 일어나는 모든 종류의 화학적 변형을 지칭한다. 한 가지 종류의 유전체(genome)는 환경적 조건, 조직의 특이성, 발달단계에 따라 여러 가지의 후생유전체를 가질 수 있으며, 이와 같은 관계(n가지 종류의 후생유전체/1가지 종류의 유전체)가 조직의 전분화능(pluripotency), 세포 분화, 표현형의 다양성과 같은 생리적 특징의 기본 요소가 될 수 있다.

후생유전에 따른 유전자 발현의 조절은 DNA 메틸화, 비암호화 RNA에 의한 RNA 간섭, 히스톤 변형, 염색질 구조 조정 등을 통하여 이루어진다. 이와 같은 후생유전적 변화는 유전자 염기서열의 변화와 같이 안정적이지 않기 때문에 단기적인 변화로 머물 수 있으며 경우에 따라 환경적 조건에 의하여 다시 변형이 일어날 수도 있다 **그림 2-33**.

1) 진핵세포의 염색질 구조

굉장히 긴 한 개의 선형 DNA 분자로 이루어진 각 염색체는 DNA와 단백질이 고도로 응축되어 있는 뉴클레오솜이라는 기본 단위로 구성되어 있다. 염색체의 응축과정은 **그림 2-34**와 같이 여러 단계를 거쳐 이루어진다.

간기 염색체의 염색질은 균일한 응축상태로 존재하지는 않으나, 여전히 매우 높은

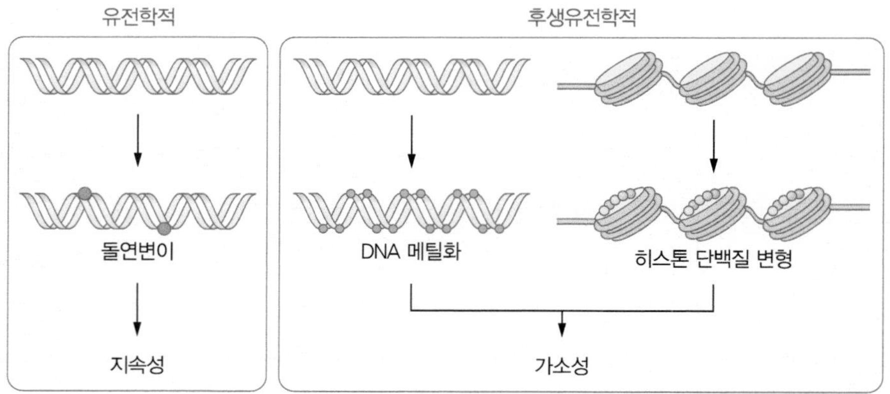

그림 2-33 유전학과 후생유전학적 생물현상 조절과정의 비교

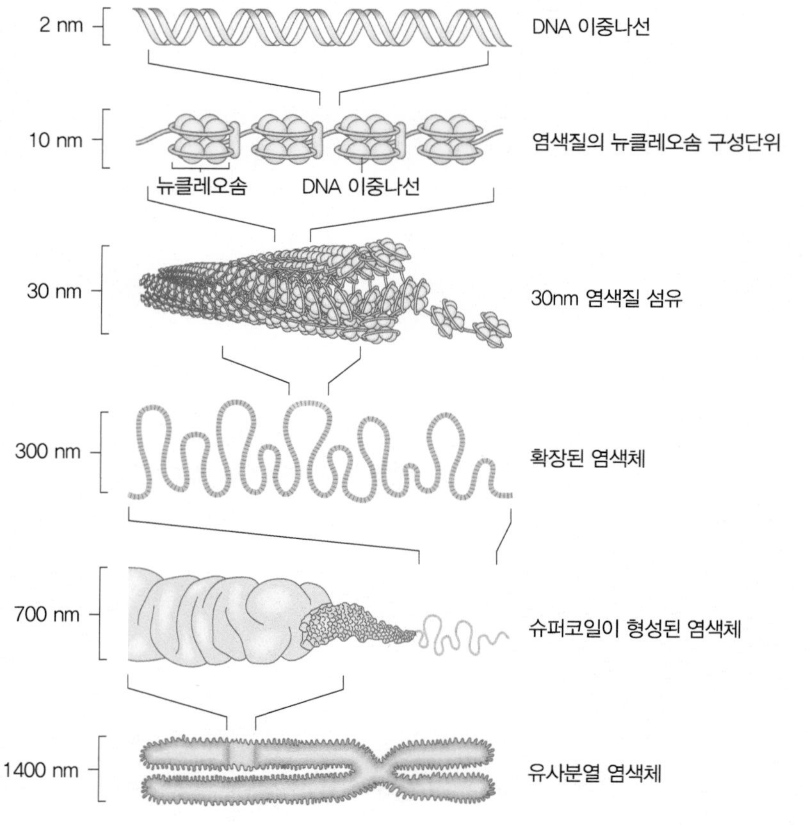

그림 2-34 염색체와 DNA 응축

응축률을 보인다. 진핵생물의 염색체는 비교적 복잡한 구조를 가지고 있으며, 두 가지 종류의 염색질로 구성되어 있다.

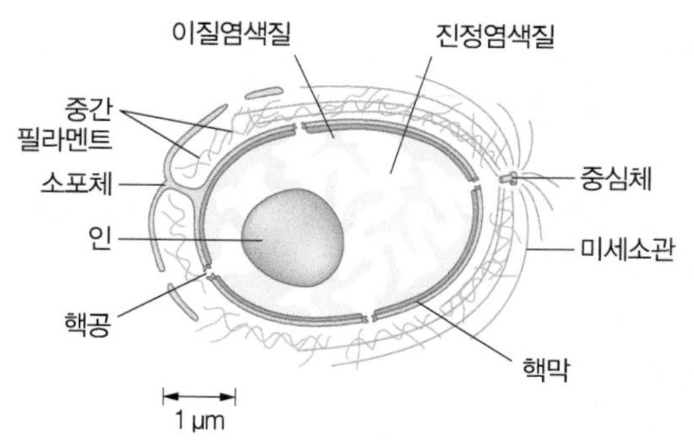

그림 2-35 핵 내 염색질의 분포

진정염색질euchromatin 전사에 관여하는 염색질로 느슨한 형태를 가지며, 활성 유전자와 불활성 유전자가 공존한다.

이질염색질heterochromatin 염색질이 응축되어 있어 광학현미경으로 관찰할 때 매우 선명하게 염색되는 부위를 의미하며, 이 부위의 유전자에서는 전사가 일어나지 않는다. 전체 간기 염색체의 약 10%에 해당하며, 이 중 항구적constitutive 이질염색질은 동원체 부위와 염색체의 양쪽 말단의 텔로미어telomere에 집중되어 있고, 절간intercalary 이질염색질은 염색체 전반에 걸쳐 발견된다.

2) 뉴클레오솜과 염색질 구조 변형

(1) 염색질 구조 변형

DNA는 응축된 구조 형성에 관여하는 히스톤단백질뿐 아니라 유전자 발현, DNA 복제, DNA 수선과정에 관여하는 다양한 단백질과 필요에 따라 결합한다. 염색체는 세포주기에 따라 응축되거나 이완되는데, 간기에는 염색체의 서로 다른 부위가 풀림으로써 특정 DNA 염기서열에서 DNA 복제 및 수선, 유전자 발현이 일어난다. 이때 뉴클레오솜은 유전자 발현 조절에 있어서 중요한 역할을 한다. 뉴클레오솜을 구성하는 DNA는 뉴클레오솜을 구성하지 않는 DNA에 비해 전사가 훨씬 적게 일어난다. 즉 뉴클레오솜의 구조는 전사인자나 RNA 중합효소와 같은 단백질이 DNA의 프로모터 부위에 결합하는 것을 막음으로써 전사개시를 억제할 수 있다.

염색질 구조 조정 복합체chromatin remodeling complex 반복되는 ATP 가수분해를 통하여 뉴클레오솜을 감싸고 있는 DNA를 밀어냄으로써 염색질의 구조를 이완시켜 복제나 전사, 수선과정에 관여하는 단백질이 염색질에 접근할 수 있도록 한다 **그림 2-36**. 반면 세포분열기에는 일부 염색질 구조 조정 복합체가 비활성화되어 분열기 염색체mitoic chromosome를 고도로 응축된 구조로 유지시킨다.

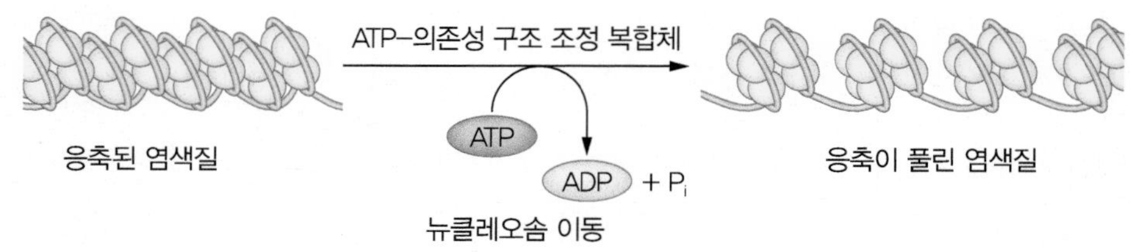

그림 2-36 염색질 구조 조정 복합체의 작용

핵산 가수분해효소 고민감도 지역(nuclease hypersensitive site)

대략 200 bp에 해당되는 연결 DNA(linker DNA)로 구성된 뉴클레오솜 연결부위를 지칭하며 핵산 가수분해효소의 절단에 특히 민감하다. 복제, 전사 및 다른 DNA 활동을 조절하는 염기서열을 가지고 있으며, RNA 중합효소에 의해 인식되는 부위인 것으로 보인다. 예를 들어, 초파리, 쥐와 사람 DNA의 많은 프로모터는 핵산 가수분해효소 고민감도 지역에 위치한다.

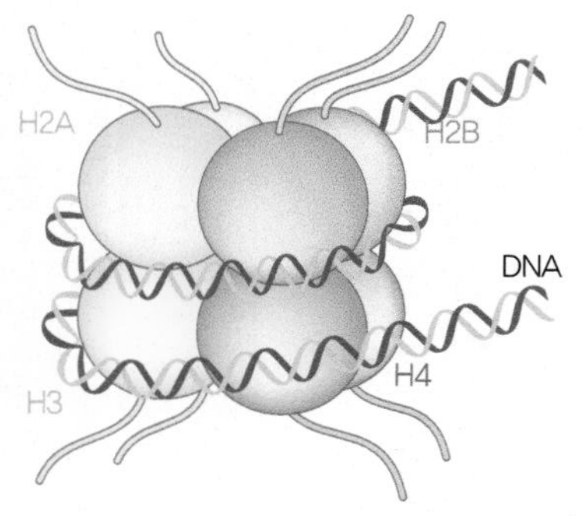

그림 2-37 뉴클레오솜의 구조

SUMO(small ubiquitin-related modifier)

97개의 아미노산으로 구성되어 있으며, 유비퀴틴과 유사한 구조를 가짐. 단백질의 SUMO화는 해당 단백질의 세포 내 위치나 결합하는 단백질을 변화시킴으로써 단백질의 기능을 변화시킬 수 있음

(2) 히스톤단백질의 아미노산 잔기 변형

염색질의 기본 구성단위인 뉴클레오솜의 핵심입자 부분은 약 147개의 뉴클레오티드 쌍과 네 종류의 히스톤단백질(H2A, H2B, H3, H4)이 각각 2개씩 모여 이루어진 8량체의 구조를 가지고 있다 **그림 2-37**.

히스톤은 라이신과 아르기닌과 같은 양전하성 아미노산을 많이 포함하고 있으며, 이러한 아미노산 잔기에서 주로 인산화, 아세틸화, 메틸화, 유비퀴틴화ubiquitination, ADP-리보실화, 글라이코실화 등의 화학적 변형이 일어난다. 이외에도 **SUMO**화, 비오틴화, 인산화 등의 변형도 일어나는 것으로 알려져 있다. 이러한 변형은 전형적으로 뉴클레오솜 중심으로부터 외부로 돌출되어 있는 N-말단 꼬리에서 일어나며 **그림 2-38**, 이와 같은 히스톤 잔기의 변형을 히스톤 코드라고도 한다.

히스톤 꼬리 부위에서 발생하는 공유결합적 변형의 유형에 따라 뉴클레오솜의 구조적 역동성이 변화되며, 이에 따라 DNA에 대한 단백질의 접근 용이성 또한 변화된

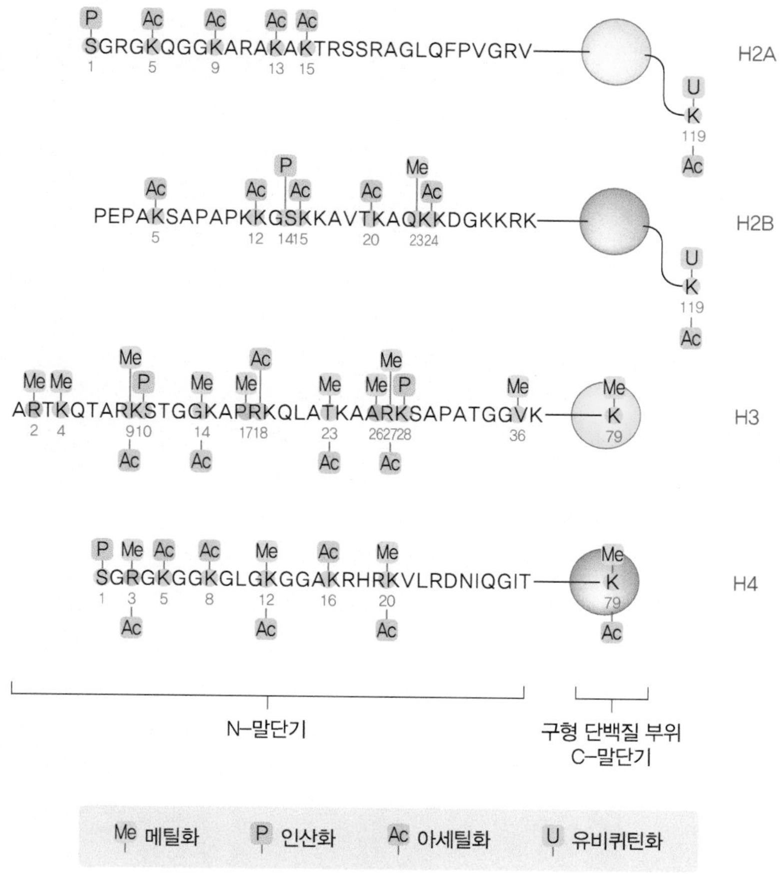

그림 2-38 코어히스톤단백질 N-말단부위 아미노산 잔기의 공유결합적 변형

다. 이와 같이 히스톤단백질의 변형은 전사에 관여하는 다른 조절단백질과 DNA와의 상호 접촉단계를 조절한다 **표 2-8**.

아세틸화 일반적으로 히스톤 아세틸화는 전사활성과 관련이 있으며, 이는 히스톤 아세틸화가 뉴클레오솜 상호 간의 작용이나 뉴클레오솜 꼬리와 연결 DNA와의 상호 작용을 감소시켜 DNA에 대한 접근 용이성을 증가시키기 때문이다 **그림 2-39**. 히스톤 아세틸기 전달효소(HAT)는 히스톤의 N-말단을 아세틸화시켜 뉴클레오솜이 DNA에 덜 단단하게 결합되도록 하며, 전사인자의 접근 및 결합을 가능하게 한다. 히스톤 탈아세틸화효소(HDAC)는 이와 반대의 작용을 통하여 전사를 억제한다. 이와 같은 아

HAT
histone acetyltransferase

HDAC
histone deacetylase

표 2-8　히스톤 구조 변형을 통한 유전자 발현 조절

	히스톤	아미노산 잔기	발현 조절
아세틸화	H2A H2B H3 H4	K5, K9, K13 K5, K12, K15, K20 K9, K14 K18, K23, K56 K5, K8, K13, K16	활성 활성 활성 활성
메틸화	H3 H4	K4, K9, K36, K79 K9, K27 R17, R23 R3 K20	활성 억제 활성 활성 억제
인산화	H3	T3, S10, S28 Y41	활성 활성
유비퀴틴화	H2B	K120	활성
SUMO화	H4	K5, K8, K12, K16, K20	억제
비오틴화	H4	K8, K12	억제

세틸기의 탈·부착은 염색질의 구조를 변형시켜 진정염색질과 이질염색질 간의 변화를 가능하게 한다.

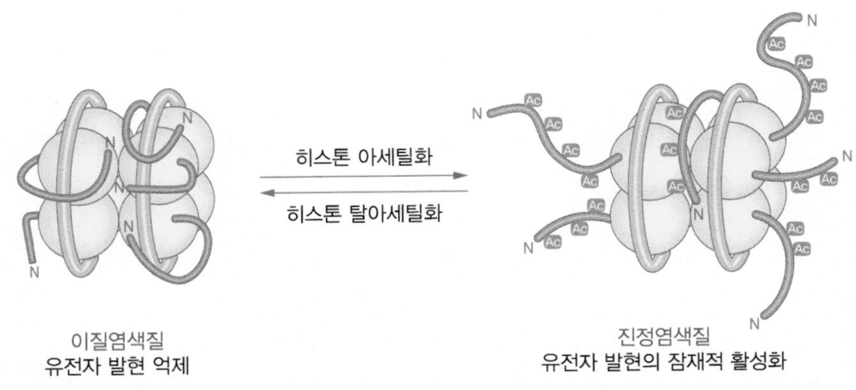

그림 2-39　히스톤 아세틸화에 따른 유전자 발현 조절

메틸화 히스톤단백질의 라이신 아미노산 잔기의 메틸화는 특정 유전자나 큰 염색체 구역의 활성화 또는 억압을 초래하는 일련의 현상에 대한 염색질 표지이다. 히스톤 메틸화는 히스톤 메틸화효소histone methyltransferase에 의하여 일어나며, 메틸기의 공여자는 SAM이다. 메틸화는 아세틸화와는 달리 뉴클레오솜 전체의 전하는 변경시키지 않는다. 히스톤 메틸화는 매우 안정된 화학적 변형이며, 포유류의 경우 전체 히스톤의 40~80%가 H3K9, H3K27, H3K36 또는 H4K20 잔기가 이중메틸화되어 있으며, 경우에 따라 단일메틸화나 삼중메틸화되어 있다. 히스톤 탈메틸화효소가 발견되기 전에는 불가역적인 후생유전적 표지로 간주되었지만, 히스톤 탈메틸화효소가 발견된 후 가역적 변화임이 밝혀졌다. 히스톤 탈메틸화는 히스톤 메틸화와 마찬가지로 각 라이신 잔기마다 고유한 탈메틸화효소를 가지고 있으며, **LSD 계열**과 **JMJC 계열**이 있다. 히스톤 라이신 잔기의 메틸화의 특징은 가까운 거리에 위치한 두 개 라이신 잔기의 메틸화가 각각 전혀 다른 기능을 할 수 있다는 것이다.

SAM
S-adenosylmethionine

LSD
lysine-specific demethylas

JmjC
Jumonji C

LSD 계열 탈메틸화 효소
flavin을 함유하고 있는 amine oxidase

JmjC 계열 탈메틸화 효소
JmjC 도메인을 가지고 있는 비-이온의존 dioxygenase

히스톤 잔기 변형에 따른 통합적 유전자 발현 조절 앞에서 살펴본 바와 같이 히스톤은 다양한 잔기에서 다양한 변형이 함께 일어날 수 있으며, 이러한 변형이 통합되어 유전자 발현을 조절한다. 히스톤 H3의 N-말단부위의 아미노산 잔기의 탈메틸화와 아세틸화, 그리고 인산화는 해당 아미노산의 위치와 변형의 조합에 따라 유전자 발현의 조절작용이 다르다 그림 2-40.

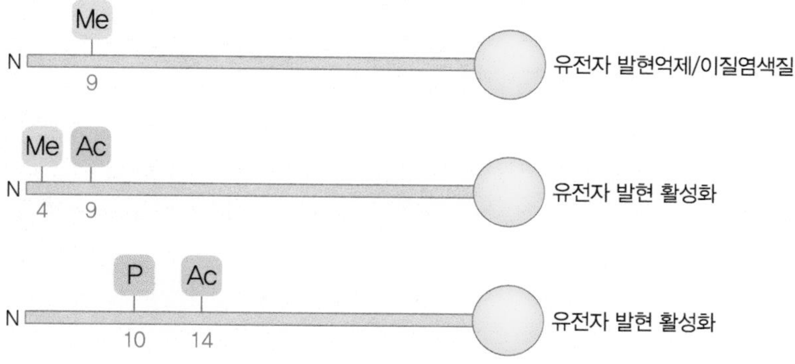

그림 2-40 히스톤 H3단백질의 아미노산 잔기 변형에 따른 유전자 발현 조절

3) 염색질의 구조 변형에 따른 유전자 발현 조절

진핵세포에서 유전자 활성인자 단백질과 억제인자 단백질은 염색질의 구조를 변형하여 유전자 발현을 조절한다.

(1) 유전자 발현의 활성화

유전자 활성인자 단백질은 염색질 구조 변형에 관여하는 단백질들을 프로모터 부위로 유인하여 유전자 발현을 조절하게 된다. 프로모터 부위로 유인된 히스톤 아세틸화효소는 히스톤단백질 말단의 특정 라이신 잔기를 아세틸화함으로써 염색질 구조를 변형시킨다 **그림 2-41**. 이 경우 일부 보편전사인자와 전사활성인자는 히스톤에 결합된 아세틸기 자체를 인식하여 결합할 수 있다. 히스톤 샤페론chaperone과 같은 단백질은 아세틸화가 된 히스톤을 더욱 쉽게 제거하거나 교체시킬 수 있다. 이와 같이 유전자 발현의 활성화과정들은 독립적으로 일어나는 것이 아니라 서로 작용한다.

(2) 유전자 발현의 억제

또한 역작용을 통하여 염색질 구조를 변형시키면 유전자 발현의 저해를 유도할 수 있게 된다. 유전자 억제인자 단백질도 염색질을 변형시켜 전사개시 효율을 낮춘다.

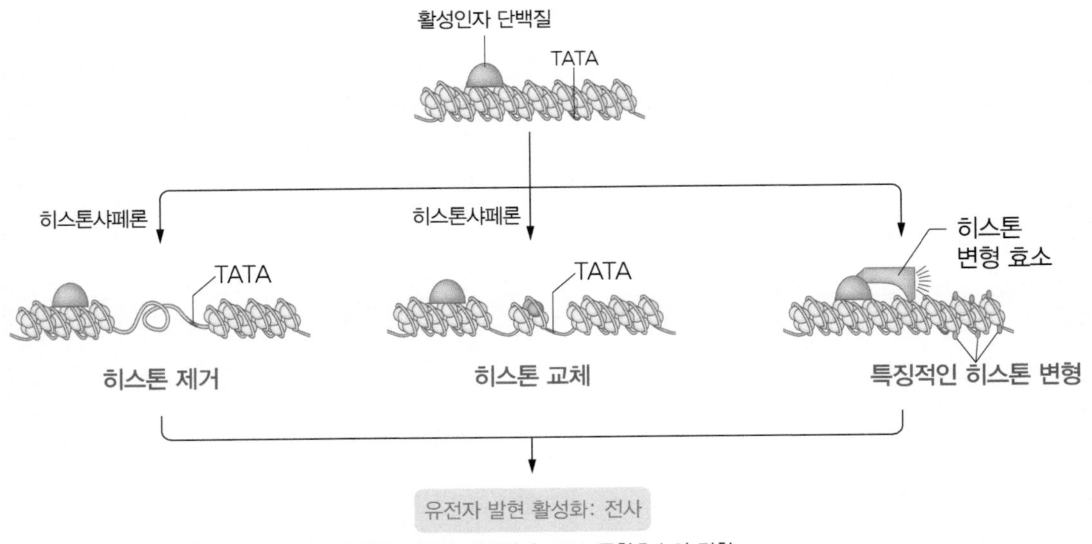

그림 2-41 염색질 구조 변화에 따른 유전자 발현 활성화과정

예를 들어, 여러 억제인자는 히스톤 말단에 있는 아세틸기를 제거하는 효소인 히스톤 탈아세틸화효소를 유인하여 아세틸화가 전사개시에 미치는 활성 효과를 역전시킨다. 진핵생물의 일부 억제인자 단백질은 각 유전자 단위에 작용하지만, 다른 억제인자는 여러 유전자를 포함하는 긴 행렬의 전사 비활성화 염색질 형성에 관여한다. 이러한 전사-비활성화 DNA 부위는 간기 염색체에서 나타나는 이질염색질 및 포유류 암컷의 X염색체에서 발견된다.

4) DNA 메틸화와 유전자 발현 조절

(1) DNA 메틸화

DNA-단백질 상호작용에 있어 메틸화의 중요성은 잘 알려져 있다. 인간과 대부분의 포유동물에서 DNA 메틸화는 생체 내에서 정상적으로 일어나는 유일한 DNA 구조의 변형으로 구아닌 바로 앞의 사이토신에서만 일어난다. 이러한 **CpG 서열**에서의 사이토신 메틸화는 DNA 합성 후에 일어나는 변화이며, 공여자인 SAM에서 사이토신의 피리미딘 고리의 탄소 5번 위치로 메틸기를 효소에 의해 전달하는 반응의 결과이다 **그림 2-42**. DNA 메틸화는 DNA 메틸기 전달효소(DNMT)에 의하여 일어나며, 현재 포유동물에서는 DNMT1, 2, 3A, 3B, 3L이 알려져 있다. DNMT1은 대부분의 세포에서 가장 많이 존재하며, 세포분열과 수선과정에서 DNA가 합성될 때 DNA 메틸화 상태를 보존시키는 기능을 한다. DNMT3A와 DNMT3B는 신생합성*de novo synthesis*을 하는 효소로 hemiacetylated DNA와 메틸화되지 않은 DNA를 메틸화한다. DNMT3L의 경우 직접적으로 메틸기 전이에 관여하지는 않으나, DNMT3A와 3B와의 상호작용을 통하여 DNA 메틸화를 조절한다. 반면, DNA 탈메틸화 과정에는 MBD2가 작용할 수 있을 것으로 보고되었으나 관련성이 나타나지 않은 연구결과도 있다. 최근 연구에 따르면, TET 효소에 의하여 5-hydroxymethylcytosine으로 전환된 후 탈아미노 반응, 글리코실화 과정, 염기 절제 수선을 거쳐 탈메틸화가 진행될 수도 있는 것으로 보고되었다.

생명체의 종류에 따라 전체 사이토신 중 메틸사이토신(5mC)이 차지하는 비중은 다양하다. 척주동물의 경우, CpG 서열에서만 메틸사이토신이 발견되며, 전체 사이토신 중 4~5%가 메틸사이토신이다. 인간 DNA의 CpG 중 70~80%가 메틸화되어 있

CpG 서열

보통 DNA의 같은 가닥에 있는 두 개의 염기를 나타낼 때는 두 염기 사이에 CpG와 같이 p를 넣어, 두 염기가 인산다이에스터 결합에 의해 동일한 가닥에서 연결되어 있는 것이며, 수소결합에 의한 염기쌍처럼 서로 다른 가닥에 있는 것이 아님을 나타냄

DNMT
DNA methyltransferase

SAH
S-adenosylhomocysteine

MBD2
methyl-CpG-binding protein

TET
ten-eleven translocation

5mC
5-methylcytosine

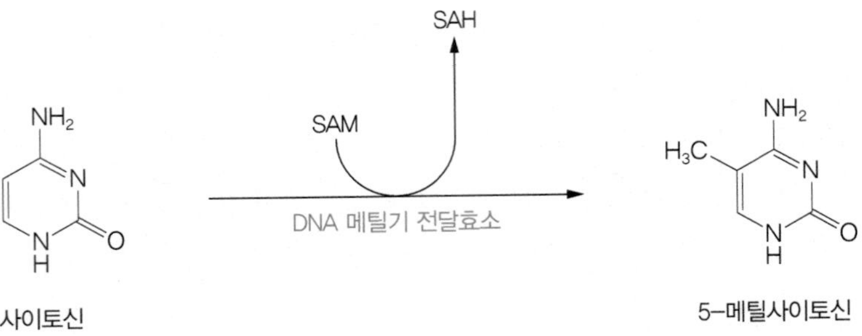

그림 2-42 DNA 메틸화

으며, 인트론, 엑손, 부수 DNAsatellite DNA, 트랜스포존과 비유전자 DNA에 위치한 CpG들은 대부분 메틸화되어 있다. 유전자의 5′ 말단에 주로 존재하는 CpG 섬CpG island은 CpG 서열을 포함하고 있는 DNA가 200 bp 이상 배열되어 있으며, 비정상적으로 CpG의 비율이 상대적으로 높다. 60~70%의 유전자 프로모터 부위에서 CpG 섬이 발견되며, 대부분 **하우스키핑**housekeeping **유전자**와 상당수의 조직특이적 유전자가 여기에 포함된다.

하우스키핑 유전자
세포의 생명활동에서 필수적으로 필요한 유전자. 모든 세포에서 상시적으로 발현됨

부모 DNA 가닥의 메틸화 양상은 DNA 메틸화 유지에 관여하는 DNMT에 의하여 DNA 복제 후 바로 딸세포로 전달되므로 세포분열 이후에도 유지될 수 있다 **그림 2-43**. DNA 메틸화는 유전자의 불활성 정도와 관련이 있다. 특정 유형의 세포에서는 불활성화되었으나, 다른 유형의 세포에서는 활성화된 유전자 또는 특정 발생 단계에서는 불활성이나 다른 발생 단계에서는 활성화된 유전자의 경우 DNA 메틸화 정도에 차이가 있는 것으로 알려져 있다.

유전체 각인(genomic imprinting)

부성과 모성 기원의 대립유전자가 모두 발현되면 유전자 이상이 야기되는 수십 종의 유전자군이 존재한다. 따라서 이들 유전자군은 발생기간 중 어느 한쪽의 유전자만이 배타적으로 발현되도록 조절되며, 이러한 비멘델성 유전현상을 '각인'이라 한다. 각인현상이 일어나는 이유는 생식세포 발생단계 초기에 해당 유전자의 CpG섬이 선택적으로 메틸화되어 발현을 억제하기 때문이다. 결국 메틸화되지 않은 대립유전자만 발현됨으로써 유전자 양이 적절하게 조절될 수 있다. 예를 들어, IGF2는 부계에서 온 대립유전자만 발현된다.

IGF2
insulin-like growth factor 2

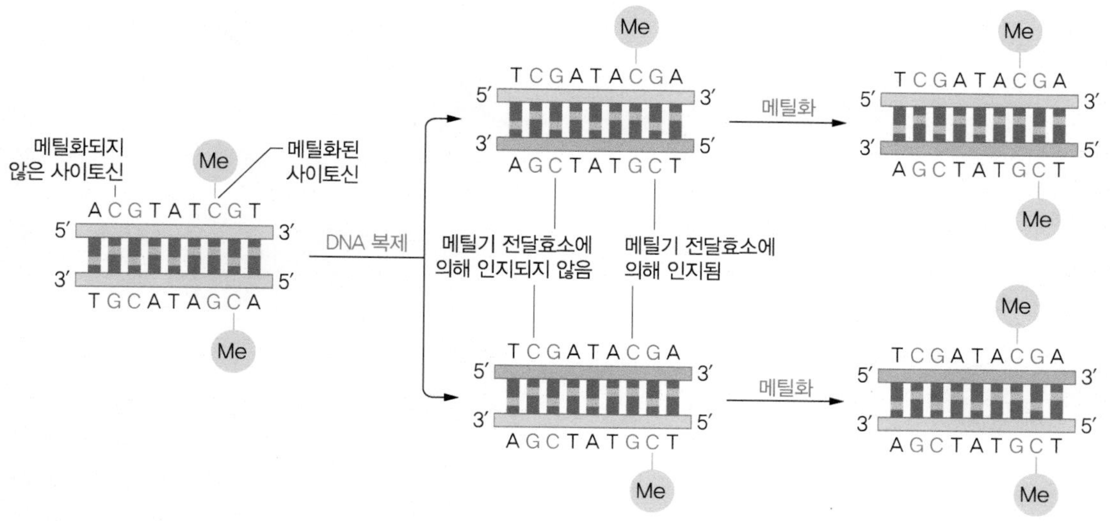

그림 2-43 DNA 메틸화 양상의 딸세포로의 전달 과정

(2) 히스톤 변형과 DNA 메틸화의 상호 조절

많은 연구가 진행됨에도 불구하고 DNA 메틸화에 의한 유전자 발현 억제작용의 분자적 기전이 완전히 밝혀진 것은 아니다. 유전자 발현의 억제는 일반적으로 프로모터의 CpG 부위의 과메틸화hypermethylation와 히스톤단백질의 탈아세틸화에 의하여 유도된다. 현재까지 알려진 바로는 다음과 같은 기전들에 의하여 DNA 메틸화가 유전자 발현을 억제할 수 있다. 첫째, 프로모터 내의 CpG 부위의 메틸화를 통하여 전사인자가 결합하는 것을 직접적으로 억제한다. 둘째, 메틸화된 DNA와 탈아세틸화된 히스톤단백질 간에 이질염색질을 형성함으로써 전사인자가 결합하는 것을 저해한다. 셋째, 메틸사이토신 부위에 MeCP2 등이 결합하면 HDAC-corepressor 복합체를 유입하며, 히스톤 탈아세틸화를 유발한다. 이는 결과적으로 전사인자와 RNA 중합효소가 프로모터 부위에 결합하는 것을 저해한다. 따라서 트리코스타틴trichostatin, 발프로산valproic acid, 부티르산 나트륨sodium butyrate과 같은 HDAC효소 저해제와 5-AzaC와 같은 DNMT효소 저해제는 염색체의 구조를 변형시킴으로써 유전자 발현 조절에 관여한다 **그림 2-44**. 그러나 단순히 메틸화 정도에 따른 유전자 발현 간의 상관관계가 성립되는 것은 아니다.

5-AzaC
5-aza-2′-deoxycytidine

MeCP2
methyl-CpG-binding protein 2

CoR
corepressor

TF
transcription factor

Pol II
RNA polymerase II

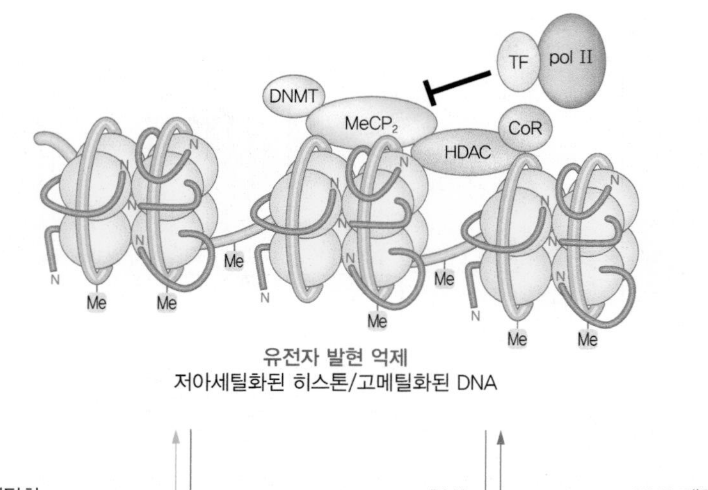

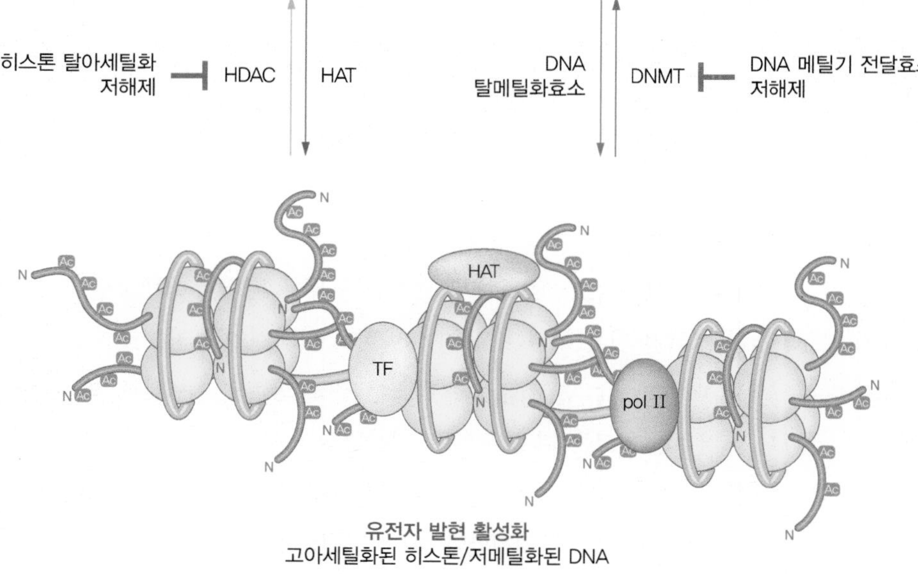

그림 2-44 히스톤 잔기 변형에 따른 유전자 발현 조절

5) 비암호화 RNA에 의한 유전자 발현 조절

piRNA
PIWI-interacting RNA

tiRNA
transcription initiation RNA

UTR
untranslated region

짧은 길이의 비암호화 RNA는 유전자를 코딩하지 않는 RNA로서, 마이크로 RNA miRNA, 내인성 siRNA, piRNA, tiRNA 등이 있다. 21~25개 내외의 뉴클레오티드로 이루어진 miRNA는 특정 표적 RNA의 3′ UTR 염기서열과 상보결합함으로써 RNA의 안정성과 번역을 조절하는 전사 후 조절인자post-transcriptional regulator로서 기능을 한다. 인간의 경우 400개 이상의 miRNA가 단백질 코딩 유전자의 1/3 이상의 발현

을 조절하는 것으로 보고되었다. miRNA 전구체는 RNA 중합효소에 의하여 합성된 후 mRNA와 마찬가지로 캡 구조의 형성capping과 poly-A 꼬리 첨가가 일어난다 **그림 2-45**. 이후 특이적 절단작용을 거치고, 여러 개의 단백질과 함께 RISC를 형성하게 된다. 생성된 RISC는 상보적인 염기서열을 가지는 표적 mRNA를 찾으며, 일반적으로

RISC
RNA-induced silencing complex

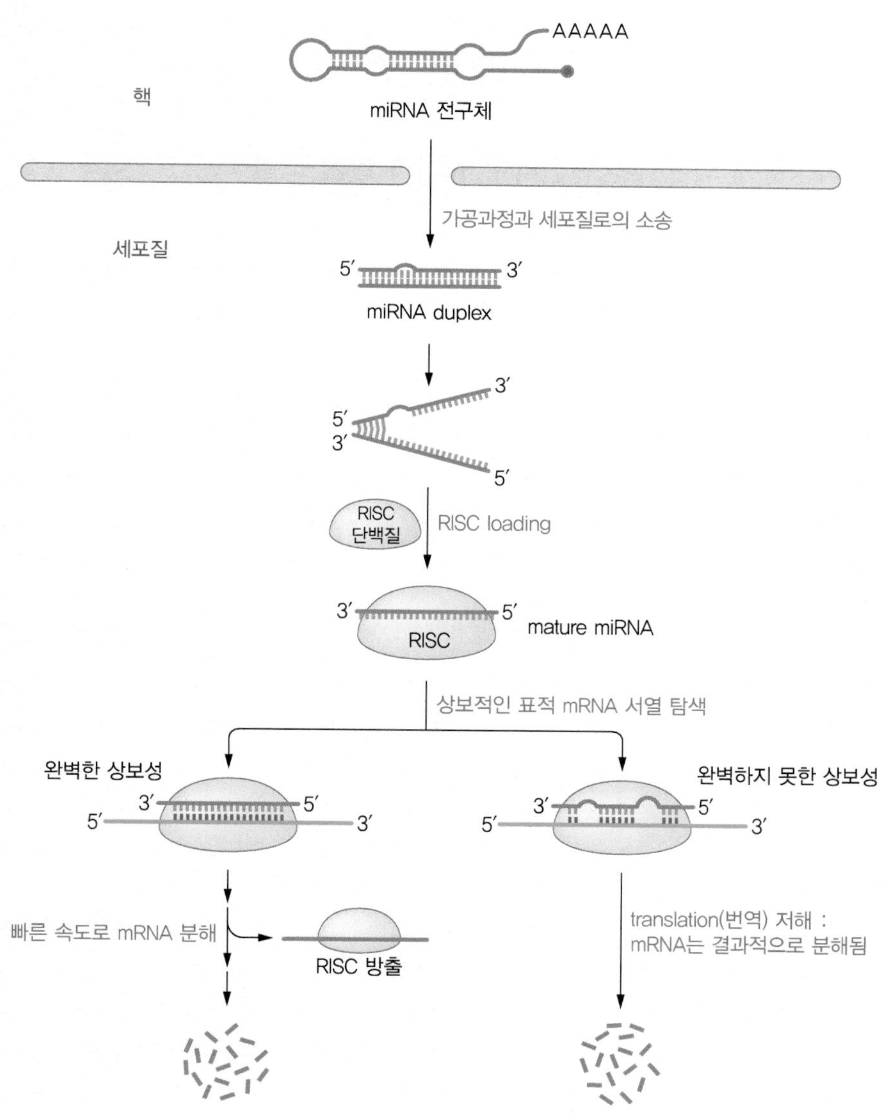

그림 2-45 miRNA 프로세싱과 작용과정

표적 mRNA의 3′ UTR 부위에서 7개의 염기서열 간의 상보적인 결합이 이루어진다. 만약 이들 간의 상호 결합이 강하다면 mRNA는 RISC 구성단백질인 Argonaute 단백질에 의하여 절단이 일어나며, 절단 후 분리된 RISC는 새로운 mRNA와 다시 상보결합을 한다. 만약 이들 간의 상호 결합이 상대적으로 약하다면 Argonautre 단백질은 mRNA의 번역과정을 저해하며, poly-A 꼬리를 짧게 함으로써 mRNA의 안정성을 감소시켜 분해가 일어나도록 한다. 특히 발생, 세포사멸과 증식, 조혈작용, 인슐린 분비, 면역반응 관련 유전자들의 발현이 miRNA에 의하여 조절받는 것으로 알려져 있다.

6) 식이성분에 의한 후생유전학적 유전자 발현 조절

(1) 태내 대사 프로그래밍

식이성분에 의한 후생유전학적 유전자 발현 조절은 주요 장기의 형성과 발달이 진행되는 태아기 및 초기 영아기에서 일어나며, 성인의 경우에도 장기적 식이 변화(고지방 식이 섭취, 에너지 제한 식이 섭취 등)에 의하여 일어날 수 있다. 특히 환경에 민감하고 장기 발달의 가소성을 보이는 자궁 내 기간이 '임계기간critical windows'에 해당된다. 즉 모체의 질병이나 불량한 영양상태, 심한 스트레스 등은 태아의 조직과 장기의 형성 및 기능, 대사작용에 영구적인 영향을 줄 수 있으며, 자궁에서의 태아의 성장이 지연된다. 일반적으로 초기 배아의 경우에는 DNA가 저메틸화되어 있다가 기관 생성organogenesis과 조직 분화를 거치면서 DNA 메틸화가 증가된다. 따라서 식이를 비롯한 모체가 노출된 환경의 변화는 DNA 메틸화 등을 포함한 후생유전학적 조절 기전을 통하여 태아의 대사적 환경 조절이 가능하며, 이를 태내 대사 프로그래밍programming of fetal metabolism이라고 한다.

네덜란드 대기근(Dutch Hunger Winter)

제2차 세계대전 당시 1944~1945년에 식량 공급이 제한됨에 따라 총 에너지 섭취가 400~800 kcal까지 감소되었던 시기를 말한다. 이때 임신을 한 어머니에게서 출생한 자손의 경우 태중 대기근에 노출되었던 기간에 따라 성인기에 당뇨병, 비만, 심장병, 암, 정신분열증으로의 이환율이 다른 집단에 비해 유의한 정도로 증가되었다.

(2) 식이성분에 의한 후생학적 유전자 발현 조절 기전

식이성분은 첫째, 메틸기 공여체로서 직접적으로 후생유전학적 조절 기전에 관여하거나, 둘째, 세포 내 ATP를 비롯한 영양학적·대사적 환경을 변화시켜 NAD^+, FAD, α-ketoglutarate, SAM 등의 농도에 영향을 줌으로써 후생유전학적 조절 기전에 관여할 수 있다. 또한 최근 연구에 따르면, 장내 미생물균총에 의하여 합성되는 엽산과 프로피온산, 부티르산 등의 단쇄지방산이 장내 상피세포와 간조직에서 DNA와 히스톤의 메틸화 그리고 히스톤의 아세틸화와 같은 후생유전학적 변화를 각각 유발하여 동물 모델의 표현형의 차이를 보일 수 있는 것으로 보고되었다.

식이성분에 의한 DNA 메틸화 조절 기전 엽산, 메티오닌, 콜린, 비타민 B_6, 비타민 B_{12}, 리보플라빈, 아연은 직접적으로 체내 메틸기를 비롯한 단일 탄소를 공급하는 대사과정에 참여한다. 또한 녹차 성분인 에피갈로카테킨갈레이트(EGCG)와 대두 성분인 제니스테인과 같이 메틸기 전이효소의 활성도를 조절함으로써 세포 내 DNA 메틸화를 조절할 수 있다 **그림 2-46**.

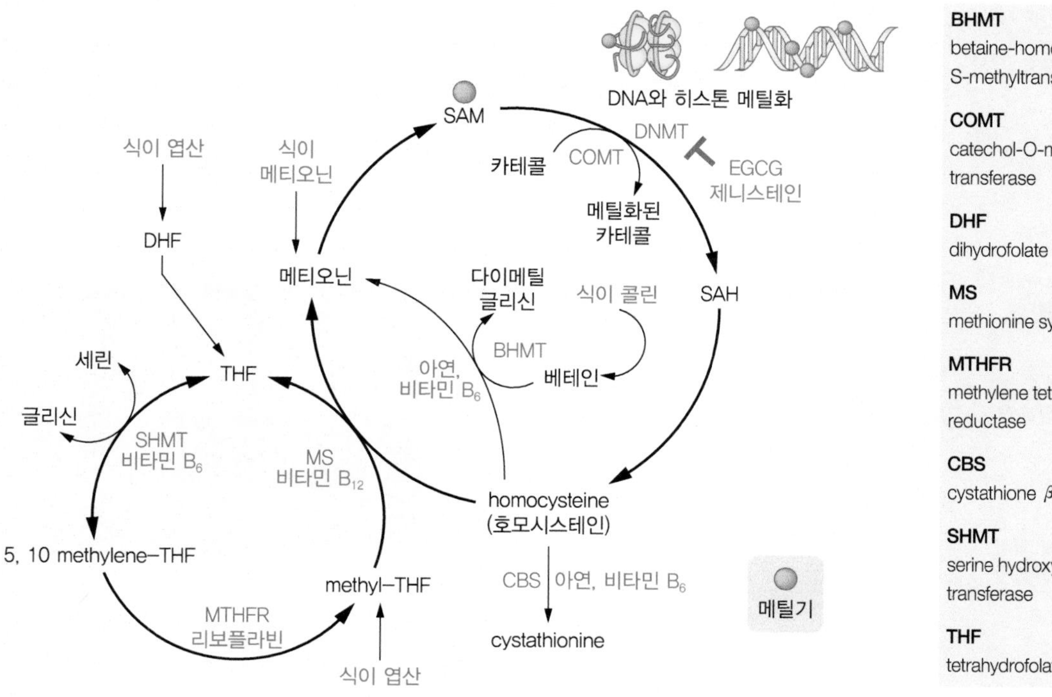

BHMT
betaine-homocysteine S-methyltransferase

COMT
catechol-O-methyl-transferase

DHF
dihydrofolate

MS
methionine synthase

MTHFR
methylene tetrahydrofolate reductase

CBS
cystathione β-synthase

SHMT
serine hydroxymethyl transferase

THF
tetrahydrofolate

그림 2-46 식이성분에 의한 DNA와 히스톤 메틸화 조절 작용

DNA 메틸화에 따른 유전자 발현 조절 최근 연구에 따르면, 모체의 식이에 포함되어 있는 영양소에 의하여 DNA 메틸화 변형이 유발됨에 따라 자손의 유전자 발현이 조절되는 것으로 보고되었다. 아구티 생쥐를 이용한 연구결과에서 아구티 유전자의 IAP 부위가 메틸화되면 아구티 유전자는 피부의 모낭에서만 발현되며, 야생형$_{\text{wild type}}$과 같은 털색을 가진다 **그림 2-47**. 그러나 이 부위가 저메틸화되면 조직 내 유전자 발현에 변화가 일어나며, 자손 쥐는 털이 노란색이고 과체중이며 암에 쉽게 걸리는 특징을 나타낸다. 어미 쥐가 임신기에 메틸기를 공여할 수 있는 영양소가 보충된 식이를 섭취하는 경우 IAP 부위의 메틸화에 의하여 자손 쥐들은 야생형과 유사한 털색을 가졌다. 이와 같은 연구결과는 생애 초기에 노출된 환경이 추후 자손이 성인기에 도달하였을 때 가지게 되는 표현형을 결정할 수 있을 만큼 유전자의 발현 변화를 안정적으로 유도할 수 있음을 의미한다.

IAP
intracisternal A particle

아구티 생쥐(Agouti mouse)

아구티(Agouti viable yellow, Avy) 생쥐는 아구티 유전자의 엑손 부위에 역전위인자(retrotransposon)인 IAP가 삽입되어 있으며, IAP 부위의 메틸화 정도에 따라 유전자 발현이 조절됨으로써 자손 쥐의 실제 털의 색깔, 체중 등의 표현형에 차이가 있음. 또한 자손 쥐의 당뇨와 암 등에 대한 감수성에도 차이가 있는 것으로 보고됨

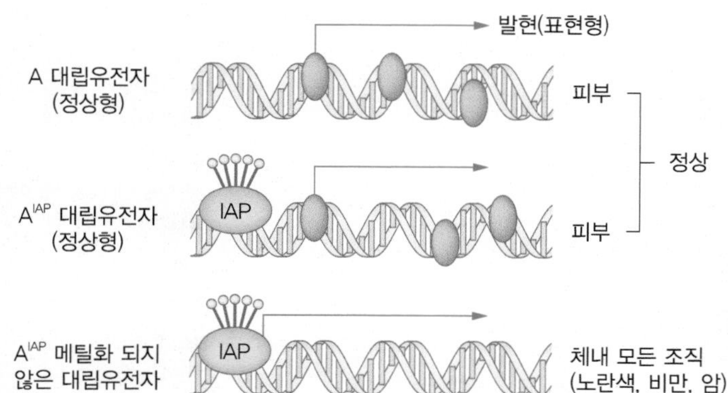

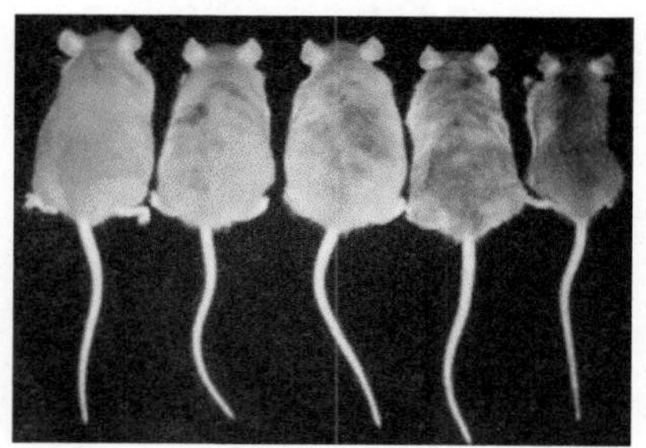

그림 2-47 아구티 유전자의 발현에 따른 아구티 생쥐 모델의 털 색깔
자료: Jaenisch R and Bird A, 2003

이외에도 다양한 동물실험 모델과 인체 모델을 이용하여 식이 섭취에 따른 DNA 메틸화 변화 양상이 연구되었다 **표 2-9**.

표 2-9 영양소 섭취에 따른 DNA 메틸화 변화 양상 연구

식이/영양소	연구모델(섭취 대상: 분석조직)	주요 DNA 메틸화 부위
메틸기 공여체 보충식이	생쥐 연구(모체-자손) 생쥐 연구(모체-자손: 폐조직)	아구티 유전자 82개 유전자(Runx3 포함)
메틸기 공여체 결핍식이	양(sheep) 연구(모체-자손) 랫트 연구 생쥐 연구(수유기 이후) 생쥐 연구(모체)	1400개 CpG 섬 p53 Igf2 Esr1, Igf2, Sk39a4CC
엽산 보충제	인체 연구(모체-자손) 폐경기 여성	IGF 유전체 전반
콜린 결핍식이	생쥐 연구(모체-태아: 뇌조직) 랫트 연구(모체-자손: 간조직과 뇌조직)	유전체 전반 및 Cdkn3 DNMT1, Igf2, 유전체 전반의 메틸화
혈중 엽산/호모시스테인 수준	인체 연구(모체-태아: 제대혈액) 인체 연구(성인 MTHFR 677C>T 유전자형)	14,496개 유전자 유전체 전반
단백질 제한식이	생쥐 연구(모체-태아: 간조직) 생쥐 배반포(blastocytes) 배양 연구 돼지 연구(모체-자손: 간조직)	Lxrα CpG섬 H19 CpG섬 HMGCR 프로모터
에너지제한식이	인체 연구(모체-자손)	대사질환과 심혈관질환 관련 15개 유전자 (IL10, LEP, ABCA1 등)
고지방식이	랫트 연구(지방조직) 생쥐 연구(모체-자손: 뇌조직)	Leptin 프로모터 유전체 전반 및 DAT, MOR, PENK 프로모터
제니스테인 보충식이	생쥐 연구(모체-자손) 인체 연구(성인여성: 유방조직)	아구티 유전자 RARβ2, CCND2, p16, RASSF-1A, ER 유전자

자료: Parle-McDermott A and Ozaki M, 2011 재정리

후생유전학 연구를 위한 참고 사이트

miRBase www.mirbase.org/

Roadmap Epigenomics project http://www.roadmapepigenomics.org/data

NCBI Epigenomics Gateway http://www.ncbi.nlm.gov/epigenomics

Human Epigenome Browser http://epigenomegateway.wustl.edu/

UCSC Epigenomics Browser http://www.epigenomebrowser.org/

요약

- 세포분열은 정상 조직에서는 엄격히 조절되지만, 종양 형성(tumorigenesis)과 같이 질병 진행에는 비정상적이다.
- 세포주기는 G1기, S기, G2기 및 유사분열(M)의 4단계로 구분된다. 세포주기의 한 단계에서 다음 단계로의 진행은 복잡하고 정교하게 조절되며, 세포 상태와 주변 신호를 감안하는 여러 확인점(checkpoints)이 존재한다.
- 세포주기 진행을 조절하는 특정한 영양소들이 있다. 기본적으로 영양소들은 에너지원으로 작용하여 세포분열에 관여하나 철, 엽산, 아연, 비타민 B_{12}, 비타민 A, 비타민 D 등의 영양소는 세포주기의 진행에 필요한 단백질의 생산 및/또는 작용을 조절한다.
- 세포자살, 괴사 그리고 자가포식과 같은 여러 방법의 세포 죽음은 세포가 다양한 대사적 스트레스에 대응하고 항상성을 유지하는 데 밀접하게 관련되어 있다. 이 정교한 균형이 깨지면 암, 노화, 당뇨, 심장 및 근육 쇠퇴증, 자가면역 질병과 같은 여러 가지 질병을 야기한다.
- 대사적 스트레스의 큰 부분을 차지하는 것이 영양소이며, 여러 영양소가 세포의 죽음에 직·간접적으로 영향을 미친다. 따라서 영양소와 세포 죽음의 상관관계, 정확한 기전의 규명 및 이해는 기능성 식품의 연구 및 나아가 신약 개발의 새로운 돌파구를 제시할 것이다.
- 신호전달은 세포 간 혹은 세포 내 분자들 간의 의사소통을 의미하며 수용, 신호전달, 세포 반응으로 이루어진다.
- 영양소는 자체가 세포 간의 신호전달물질로 작용하거나 신호전달물질로 전환되어 각 조직에 전해져 신호전달에 관여하며, 세포 내 신호전달 체계는 크게 G-단백질결합 수용체(GPCR), 수용체 타이로신 인산화효소(RTK)와 사이토카인 수용체를 통한 신호전달로 나눌 수 있다. 그러나 생체반응은 하나의 신호전달에 의존하기보다 서로 다른 경로 사이에 교신에 의해 정교하게 조절되고 있다.
- 후생유전학은 최근 급속하게 학문적으로 발전하고 있는 분야이며, 고전적인 유전학의 개념과는 달리 염기서열의 변화없이 유전자의 기능과 발현에 영향을 주어 개체의 형질적 특성을 나타내게 하는 현상을 연구하는 학문이다. 후생유전적 변이에 따른 유전자 발현은 DNA의 메틸화, 히스톤 변형, miRNA 등에 의하여 조절된다.
- 후생유전적 변이는 다양한 질환의 발병과 진행과정에 관여한다. 특히 DNA 메틸화의 변화는 암화과정에서 중요한 역할을 하는 것으로 보고되고 있다. 비가역적인 DNA 돌연변이와 비교 시 후생유전적 변이는 가역적이기 때문에 질병 치료의 표적 기전이 될 수 있다. 또한 후생유전적 변이는 다음 세대까지 되물림될 수 있으므로 생애 초기에 노출되는 영양소를 비롯한 다양한 환경요인에 의한 태내 대사 프로그래밍 연구가, 다양한 실험 모델을 이용하여 진행되고 있다.

연습문제 EXERCISES

1 세포가 손상된 DNA를 복구하지 않고 그대로 복제한다면 어떤 결과가 예상됩니까?

2 다음 중 세포주기의 조절과 관련이 없는 영양소는 무엇입니까?

1) 철　2) 비타민 A　3) 비타민 D　4) 아연　5) 칼륨

3 보기에 나타낸 세포분열 동안 발생하는 사건을 세포분열 순서대로 나열하시오.

가) 세포질 분열　나) 후기　다) 전기　라) 말기　마) 전중기　바) S기　사) G1기　아) 중기

4 세포자살, 괴사, 자가포식에 대해 정의하고 공통점과 차이점을 설명하시오.

5 세포자살의 역할에 대해 설명하시오.

6 자가포식의 종류와 그 역할에 대해 설명하시오.

7 대자가포식의 기전에 대해 설명하시오.

8 영양소가 이러한 여러 가지 세포 죽음에 미치는 영향에 대해 예를 들어 설명하시오.

9 세포의 죽음과 질병과의 상관관계에 대해 예를 들어 설명하시오.

10 인슐린 수용체는 혈당 조절에 중요한 역할은 한다. 식후 인슐린이 분비되어 글루코스가 세포 내로 유입되는 신호전달 과정을 설명하시오.

11 단백질 인산화효소 A, B, C의 각각의 역할은 무엇인지 설명하시오.

12 G-단백질의 활성화와 Ras 단백질의 활성화 과정을 비교하시오.

13 생체반응은 여러 신호전달 반응들이 상호작용하여 일어나고 있다. 어떻게 일어나고 있는지 설명하시오.

14 후생유전적 유전자 발현 조절 기전을 나열하고 간단히 설명하시오.

15 히스톤단백질의 아미노산 잔기 변형의 종류를 설명하시오.

16 DNA 메틸화 과정에 작용하는 메틸기 전달효소들의 공통점과 차이점을 설명하시오.

17 CpG 서열과 CpG 섬을 설명하시오.

18 태내 대사 프로그래밍을 설명하시오.

19 식이성분에 의한 DNA 메틸화 조절 기전과 관련 탄일 탄소 대사를 설명하시오.

⊙ CHAPTER 1

1 분자영양학이란?

이명숙(2000). 아포지단백질대사. 도서출판 효일.

정봉철(2006). 질환연구분야에서의 대사체학. *molecular & cellular biology news*. 18(1): 17-27.

한국인영양섭취기준 개정위원회(2010). 한국인영양섭취기준. 보건복지부, 한국영양학회, 식품의약품안전청.

Ashford JW (2004). APOE genotype effects on Alzheimer's disease onset and epidemiology. *J Mol Neurosci*. 23(3): 157-165.

Bailey LB (2003). Folate, Methyl-related nutrients, alcohol, and the MTHFR 677C→T polymorphism affect cancer risk: intake recommendations. *J Nutr*. 133(11): 3748S-3753S.

Baird PN, Richardson AJ, Robman LD, Dimitrov PN, Tikellis G, McCarty CA, Guymer RH (2006). Apolipoprotein (APOE) gene is associated with progression of age-related macular degeneration (AMD). *Hum Mutat*. 27(4): 337-342.

Chen J, Gammon MD, Chan W, Palomeque C, Wetmur GJ, Kabat GC, Teitelbaum SL, Britton JA, Terry MB, Neugut AI, Santella RM (2005). One-Carbon Metabolism, MTHFR Polymorphisms, and Risk of breast cancer. *Cancer Res*. 65: 1606-1614.

Deary IJ, Whiteman MC, Pattie A, Starr JM, Hayward C, Wright AF, Carothers A, Whalley LJ (2002). Cognitive change and the APOE epsilon 4 allele. *Nature*. 2002 Aug 29; 418(6901): 932. Erratum in: Nature 3; 419(6906): 450.

Gillies PJ (2003). Nutrigenomics: Rubicon of molecular nutrition. *J Am Diet Assoc*. 103: S50-S55.

Lotito SB, and Frei B (2006). Consumption of flabonoid-rich foods and increased plasma antioxidant capacity in humans: Cause, consequence, or epiphenomenon? *Free Radical Biol Med*. 41: 1727-1746.

Lucas A, Fewtrell MS, Cole TJ (1999). Fetal origins of adult disease-the hypothesis revisited. *British Medical J*. 319(24): 245-249.

Myzak MC, Ho E, Dashwood RH (2006). Dietary agents as histone deacetylase inhibitors. *Molecular Carcinogenesis*. 45(6): 443-446.

Mutch DM and Clement K (2006). Unraveling the Genetics of human obesity. *PLOS genetics*. 2(12): e188. DOI:10.1371/journal.pgen.0020188

Mutch DM, Wahli W. and Willisamson G (2004). Nutrigenomics and nutrigenetics. *The Emerging Faces of Nutrition*. 19(12): 1602-1616.

Ordovas JM and Mooser V (2004). Nutrigenomics and nutrigenetics. *Curr Opin Lipidol*. 15(2): 101-108.

Park Y, Kim SB, Wang B, Blanco RA, Le NA, Wu S, Accardi CJ, Alexander RW, Ziegler TR, Jones DP (2009). Individual variation in macronutrient regulation measured by proton magnetic resonance spectroscopy of human plasma. *Am. J. Physi*. 297: R202-R209. DOI:10.1152/ajpregu.90757.2008

Rajendran P, Ho E, Williams D, and Dashwood RH (2011). Dietary phytochemicals, HDAC inhibition, and DNA damag/repair defects in cancer cells. *Clinical Epigenetics*. 3(4): 1-23.

Schuler GD, Boguski MS, Stewart EA et al. (1996). A gene map of the human genome. *Science*. 274(25): 540-546.

2 유전자의 구조, 발현 및 조절

Alberts B, Johnson A, Lewis J, Raff M, Robert K, Walter P (2002). *Molecular biology of the cell*, 4th ed., Garland Science.

Bidlack WR, Rodriguez RL (2012). *Nutritional genomics*. CRC Press.

Campbell MK, Farrell SO (2009). *Biochemistry*, 6th ed., Thomson Brooks/Cole.

Champe PC, Harvey RA, Ferrier DR (2008). *Lippincott's illustrated reviews biochemistry*, 4th ed., Lippincott Williams & Wilkins.

Clark DP, Russell LD (2010). *Molecular biology made simple and fun*, 4th ed., Cache River Press.

Collingwood TN, Urnov FD, Wolffe AP (1999). Nuclear receptors: Coactivators, corepressors and chromatin remodeling in the control of transcription. *J Mol Endocrinol*. 23:255-275.

Crick F (1970). Central dogma of molecular biology. *Nature*. 227(5258): 561-563.

Crick FH (1958). On Protein Synthesis. *Symp Soc Exp Biol*. 12: 138-163.

Evans RM (2004). A transcriptional basis for physiology. *Nat Med*. 10: 1022-1026.

Gropper SS, Smith JL, Groff JL (2009). *Advanced nutrition and human metabolism*, 5th ed., Wadsworth Cengage Learning.

Horton HR (2006). ***Principle of Biochemistry***, 4th ed., Pearson International.

Leibold EA, Guo B (1992). Iron-Dependent Regulation of Ferritin and Transferrin Receptor Expression by the Iron-Responsive Element Binding Protein. ***Annu Rev Nutr.*** 12: 345-368.

Lesk AM (2001). ***Introduction to protein architecture.*** Oxford University Press.

MacDonald P, Baudina T, Tokumaru H, Dowd D, Zhang C (2001). Vitamin D receptor and nuclear receptor coactivators. ***Steriods.*** 66: 171-176.

Malacinski GM (2003). ***Essentials of molecular biology***, 4th ed., Jones and Bartlett Publishers.

Murry RK (2009). ***Harper's illustrated biochemistry***, 4th ed., McGraw-Hill Medical.

Nelson DL, Cox MM (2008). ***Leninger principle of biochemistry***, 5th ed., Freeman.

Regina B, Hans-Georg J (2006). ***Nutritional Genomics.*** Wiley-VCH.

Salati LM, Szeszel-Fedorowicz W, Tao H, Gibson MA, Amir-Ahmady B, Stabile LP, Hodge DL (2004). Nutritional regulation of mRNA processing. ***J Nutr.*** 134(9): 2437S-2443S.

Stipanuk MH, Caudill MA (2012). ***Biochemical, physiological, molecular aspects of human nutrition***, 3rd ed., Saunders.

Theil EC (1990). Regulation of ferritin and transferrin receptor mRNAs. ***J Biol Chem.*** 265(9): 4771-4774.

Zempleni J, Hannelore D (2003). ***Molecular Nutrition.*** CABI Publishing.

3 분자영양학 연구의 분석 기술

김영희(2011). 분자생물학 실험서. 월드사이언스.

김유일, 손종구, 김은선(2003). 바이오 인포메틱스. 한국과학기술정보연구원.

김상구, 서동상, 서봉보, 이정주, 정기화, 황혜진 공역(2008). 유전학원론(제4판). 월드사이언스.

김희발, 도창희, 손시환, 신영수, 양영훈, 여인서, 여정수, 이득환, 이정구, 이학교, 조병욱, 최연호, 한재용, 홍영호(2011). 바이오시대의 동물유전학. 서진문화사.

남상욱, 권현빈, 최선심(2011). 유전공학의 미래(제2판). 라이프사이언스.

박태성(2005). 마이크로어레이. 한국과학기술정보연구원.

배영석, 박완, 최동국, 김철희(2005). 그림으로 보는 최신 분자생물학. 월드사이언스.

안성민(2011). 표현형-유전형의 연관 연구: From GWAS to NGS. *J Clin Endocrinol Metab.* 26(3): 187-192.

유욱준, 신인철(2009). Biomedical Research, Lab. 분자방.

이명석 번역(2007). (알기 쉽고 재미있는) 분자 생물학. 라이프사이언스.

이수영(2005). 유전체(지놈, genome)의학. 수문사.

정동수, 박준호(2006). 국내 생물정보학(Bioinformatics) 연구현황. 한국공업화학회지 9: 11-21.

정의섭, 이진원(2006). 바이오 인포메틱스 기술현황. 한국공업화학회지 9: 1-10.

최형호(2004). 미생물학. 아카데미서적.

Balding DJ (2006). A tutorial on statistical methods for population association studies. *Nat Rev Genet.* 7(10): 781-91.

Carrington JC, Ambros V (2003). Role of microRNAs in plant and animal development. *Science.* 336-338.

Cejka D, Losert D, Wacheck V (2006). Short interfering RNA(siRNA): tool or therapeutic? *Clin Sci* (Lond). 110(1): 47-58.

Department of Trade and Industry (2002). *UK Bioinformatics: current landscapes and future horizons.* CRIC Press.

Famulok M, Verma S (2002). In vivo-applied functional RNAs as tools in proteomics and genomics research. *Trends Biotechnol.* 20(11): 462-466.

Fasanaro P, Greco S, Ivan M, Capogrossi MC, Martelli F(2010). microRNA: Emerging therapeuric targets in acute ischemic disease. *Pharmacology & Therapeutics.* 125(1): 92-104.

Kawasaki H, Wadhwa R, Taira K (2004). World of small RNAs: frome ribozymes to siRNA and miRNA. *Differentiation.* 72(2-3): 58-64.

Kruglyak L (2008). The road to genome-wide association studies. *Nat Rev Genet.* 9(4): 314-8.

Leung RK, Whittaker PA (2005). RNA interference: from gene silencing to gene-specific therapeutics. *Pharmacol Ther.* 107(2): 222-239.

Ozaki K, Ohnishi Y, Iida A, Sekine A, Yamada R, Tsunoda T, Sato H, Sato H, Hori M, Nakamura Y, Tanaka T (2002). Functional SNPs in the lymphotoxin-alpha gene that are associated with susceptibility to myocardial infarction. *Nat Genet.* 32(4): 650-654.

Stuart M Brown (2012). *Next-Generation DNA Sequencing Informatics.* ColdSpring Harbor Laboratory.

Uprichard SL (2005). The therapeutic potential of RNA interference. *FEBS Letters.* 597(26): 5996-6007.

Weinholds E, Plasterk RH (2005). MicroRNA function in animal development. *FEBS Letter.* 579(26): 5911-5922.

Wu D, Hu L(2006). MicroRNA: A new kind of gene regulators. *Agricultural Sciences in China.* 5(1): 77-80.

⊙ CHAPTER 2

1 세포분열, 세포주기 및 항상성

박상대 외 역(2010). 필수 세포생물학 3판. 교보문고.

Brenda L, Bohnsack KH, Karen KH (2004). Nutrient regulation of cell cycle progression. *Annu. Rev. Nutr.* 24: 433-453.

Lynne C, George P, Vishwanath RL (2010). *Lewin's CELLS*, 2nd Ed. Jones & Bartlett Publishers.

Ryhanen S, Jaaskelainen T, Mahonen A, Maenpaa PH (2003). Inhibition of MG-63 cell cycle progression by synthetic vita- min D3 analogs mediated by p27, CDK2, cyclin E, and the reginoblastoma protein. *Biochem. Pharmacol.* 66: 495-504.

Le NTV, Richardson DR (2002). The role of iron in cell cycle progression and the proliferation of neoplastic cells. *Biochem. Biophys. Acta.* 1603: 31-46.

Alisi A, Leoni S, Placentani A, Devirgillis LC (2003). Retinoic acid modulates the cell cycle in fetal rat hepatocytes and HepG2 cells by regulating cyclin-CDK activities. *Liver Int.* 23: 179-86.

2 세포자살, 세포괴사 및 자가포식

도명술, 유리나, 박건영(2010). 분자영양학. 라이프사이언스.

Altman BJ and Rathmell JC (2012). Metabolic stress in Autophagy and cell death pathways. *Cold Spring Harb Perspect Biol.* 4: a008763.

Amelio I, Melino G, Knight RA (2011). Cell death pathology: Cross-talk with autophagy and its clinical implications. *Biochem and Biophys res comm.* 414: 277-281.

Bursch W, Karwan A, Mayer M, Dornetshuber J, Frohwein U, Schulte-Hermann R, Fazi B, Sano FD, Piredda L, Piacentini M, Petrovski G, Fesus L, Gerner C (2008). Cell death and autophagy: Cytokines, drugs, and nutritional factors. *Toxicology.* 254: 147-157.

Choi AMK, Ryter SW, Levine B (2013). Autophagy in Human Health and Disease. *New England J of Med.* 368: 651-662.

Cuervo AM, Macian F (2012). Autophagy, nutrition and immunology. *Molecular Aspects of Medicine.* 33: 2-13.

Donati A (2006). The involvement of macroautophagy in aging and anti-aging interventions. *Mol Aspects Med.* 27: 450-470.

Edinger AL and Thompson CB (2004). Death by design: apoptosis, necrosis and autophagy. *Current opin. in Cell Biol.* 16: 663-669.

Fraker PJ (2005). Roles for cell death in Zinc deficiency. *J of Nutr.* 135: 359-362.

Franek F and Chladkova-Sramkova K. (1995) Apoptosis and nutrition: Involvement of amino acid transport system in repression of hybridoma cell death. Cytotechnology. 18: 113-117.

Kroemer G, Galluzzi L, Vandenabeele P, Abrams J, Alnemri ES, Baehrecke EH, Blagosklonny MV, El-Deiry WS, Golstein P, Green DR, Hengartner M, Knight RA, Kumar S, Lipton SA, Malorni W, Nunez G, Peter ME, Tschopp J, Yuan J, Piacentini M, Zhivotovsky B, Melino G (2009). Nomenclature Committee on Cell Death 2009: Classification of cell death: Recommendations of the nomenclature committee on cell death 2009. ***Cell Death Differ.*** 16: 3-11.

Madeo F, Tavernarakis N and Kroemer G (2010). Can autophagy promote longevity? ***Nat. Cell biol.*** 12: 842-846.

Rubinsztein DC, Marino G, Kroemer G (2011). Autophagy and aging. ***Cell.*** 146(5): 682-695.

Singletary K and Milner J (2008). Diet, Autophagy, and Cancer: A Review. ***Cancer Epidemiol Biomarkders Prev.*** 17:1596-1609.

Spiegel S and Merrill AH (1996). Sphingolipid metabolism and cell growth regulation. ***FASEB J.*** 10: 1388-1397.

Stipanuk MH and Caudill MA (2013) ***Biochemical, Physiological, and Molecular Aspects of Human Nutrition.*** 3rd edition. Elsevier.

Watson WH, Cai J, Jones DP (2000). Diet and Apoptosis. ***Annual review of nutrition.*** 20: 485-505.

Mathew R, Karp CM, Beaudoin B, Vuong N, Chen G, Chen HY et al. (2009). Autophagy suppresses tumorigenesis through elimination of p62. ***Cell.*** 137: 1062-1075.

Jin S, White E (2007). Role of autophagy in cancer: management of metabolic stress. ***Autophagy.*** 3: 28-31.

3 세포 신호전달 조절

강재성 외 역(2004). 세포분자면역학. 범문사.

도명술, 유리나, 박건영(2010). 분자영양학. 라이프사이언스.

박상대 외 역(2010). 필수 세포생물학 3판. 교보문고.

배영석 외 역(2005). 그림으로 보는 최신 분자생물학 2판. 월드사이언스.

오세관, 오억수 역(2006). 세포신호 전달 일러스트 맵. 월드사이언스.

이한웅 외 역(2011). 분자세포생물학 6판. 월드사이언스.

현창기 외 역(2009). 신호전달. 월드사이언스.

Arbouzova NI, Zeidler MP (2006). JAK/STAT signalling in Drosophila: insights into conserved regulatory and cellular functions. ***Development.*** 133(14): 2605-16.

Chen G, Goeddel DV (2002). TNF-R1 signaling: a beautiful pathway. ***Science.*** 296(5573): 1634-5.

Ebina Y, Ellis L (1985). The human insulin receptor cDNA: the structural basis for hormone-activated transmembrane signalling. ***Cell.*** 40(4): 747-58.

Godsland IF (2009). Insulin resistance and hyperinsulinaemia in the development and progression of cancer. ***Clin Sci. 23***; 118(5): 315-32.

Guertin DA, Sabatini DM (2007). Defining the role of mTOR in cancer. *Cancer Cell*. 12(1): 9-22.

Hebenstreit D, Horejs-Hoeck J and Duschl A (2005). JAK/STAT-dependent gene regulation by cytokines. ***Drug News Perspect.*** 18(4): 243-249.

Ichimura A, Hirasawa A, Hara T and Tsujimoto G (2009). Free fatty acid receptors act as nutrient sensors to regulate energy homeostasis. ***Prostaglandins & other Lipid Mediators*** 89: 82-8.

Kamagate A, Dong HH (2008). FoxO1 integrates insulin signaling to VLDL production. ***Cell cycle.*** 7(20): 3162-70.

Kim SG, Buel GR and Blenis J (2013). Nutrient regulation of the mTOR complex 1 signaling pathway Mol. ***Cells.*** 35: 463-473.

Malaguarnera R, Belfiore A (2012). Proinsulin binds with high affinity the insulin receptor isoform A and predominantly activates the mitogenic pathway. ***Endocrinology.*** 153: 2152-63.

Marshall S (2006). Role of insulin, adipocyte hormones, and nutrient-sensing pathways in regulating fuel metabolism and energy homeostasis: a nutritional perspective of diabetes, obesity, and cancer. ***Sci STKE.*** re7.

Saltiel AR, Kahn CR (2001). Insulin signalling and the regulation of glucose and lipid metabolism. ***Nature.*** 13; 414(6865): 799-806.

von Meyenn F, Porstmann T, Gasser E, Selevsek N, Schmidt A, Aebersold R, Stoffel M (2013). Glucagon-induced acetylation of Foxa2 regulates hepatic lipid metabolism. ***Cell Metabolism.*** 17(3): 436-47.

Wajant H, Pfizenmaier K, Scheurich P (2003). Tumor necrosis factor signaling. ***Cell Death Differ.*** 10(1): 45-65.

Ward CW, Lawrence MC (2009). Ligand-induced activation of the insulin receptor: a multi-step process involving structural changes in both the ligand and the receptor. ***BioEssays.*** 31(4): 422-34.

4 염색질 구조변형 관련 유전자 발현 조절과 후생유전학

Alberts B, Bray D, Hopkin K, Johnson A, Lewis J, Raff M, Roberts K, Walter P (2009). ***Essential cell biology***, 3rd Ed. Garland Science.

Alberts B, Johnson A, Lewis J, Raff M, Roberts K, Walter P (2008). ***Molecular biology of the cell***, 5th Ed. Garland Science.

Allis C, Jenuwein T, Reinberg D (2007). ***Epigenetics***, 1st Ed. Cold Spring Harbor Laboratory Press.

Bergman Y, Cedar H (2013). DNA methylation dynamics in health and disease. ***Nat Struct Mol Biol.*** 20: 274-281.

Borrelli E, Nestler EJ, Allis CD, Sassone-Corsi P (2008). Decoding the epigenetic language of neuronal plasticity. ***Neuron.*** 60: 961-974.

Branco MR, Ficz G, Reik W (2012). Uncovering the role of 5-hydroxymethylcytosine in the epigenome. ***Nat Rev Genet.*** 13: 7-13.

Cedar H, Bergman Y (2012). Programming of DNA methylation patterns. ***Annu Rev Biochem.*** 81: 97-117.

Feinberg AP, Ohlsson R, Henikoff S (2006). The epigenetic progenitor origin of human cancer. ***Nat Rev Genet.*** 7: 21-33.

Franchini DM, Schmitz KM, Petersen-Mahrt SK (2012). 5-Methylcytosine DNA demethylation: more than losing a methyl group. ***Annu Rev Genet.*** 46: 419-441.

Haggarty P (2012). Nutrition and the epigenome. ***Prog Mol Biol Transl Sci.*** 108: 427-446.

Heerwagen MJ, Miller MR, Barbour LA, Friedman JE (2010). Maternal obesity and fetal metabolic programming: a fertile epigenetic soil. ***Am J Physiol Regul Integr Comp Physiol.*** 299: R711-722.

Ho E, Beaver LM, Williams DE, Dashwood RH (2011). Dietary factors and epigenetic regulation for prostate cancer prevention. ***Adv Nutr.*** 2: 497-510.

Jaenisch R, Bird A (2003). Epigenetic regulation of gene expression: how the genome integrates intrinsic and environmental signals. ***Nat Genet.*** 33: Suppl. 245-254.

Jimenez-Chillaron JC, Diaz R, Martinez D, Pentinat T et al. (2012). The role of nutrition on epigenetic modifications and their implications on health. ***Biochimie.*** 94: 2242-2263.

Katada S, Imhof A, Sassone-Corsi P (2012). Connecting threads: epigenetics and metabolism. ***Cell.*** 148: 24-28.

Kooistra SM, Helin K (2012). Molecular mechanisms and potential functions of histone demethylases. ***Nat Rev Mol Cell Biol.*** 13: 297-311.

McKay JA, Mathers JC (2011). Diet induced epigenetic changes and their implications for health. *Acta Physiol*(Oxf). 202: 103-118.

Parle-McDermott A, Ozaki M (2011). The impact of nutrition on differential methylated regions of the genome. *Adv Nutr.* 2: 463-471.

Snykers S, Henkens T, De Rop E, Vinken M et al. (2009). Role of epigenetics in liver-specific gene transcription, hepatocyte differentiation and stem cell reprogrammation. ***J Hepatol.*** 51: 187-211.

Vaissiere T, Sawan C, Herceg Z (2008). Epigenetic interplay between histone modifications and DNA methylation in gene silencing. ***Mutat Res.*** 659: 40-48.

Waterland RA, Jirtle RL (2004). Early nutrition, epigenetic changes at transposons and imprinted genes, and enhanced susceptibility to adult chronic diseases. ***Nutrition.*** 20: 63-68.

PART

2

영양소 대사와 유전자 발현

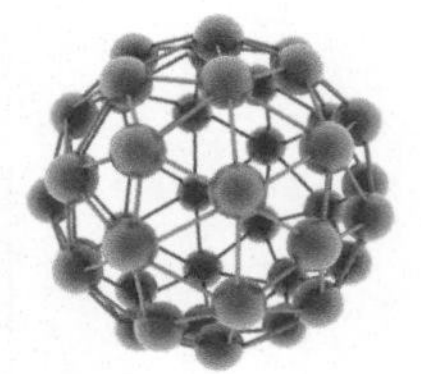

CHAPTER 3
탄수화물

1 탄수화물의 대사

1) 탄수화물의 소화

식이 탄수화물 중 주요 에너지 공급원인 전분은 포도당으로 이루어져 있으며, α-1,4 결합으로 이루어진 아밀로스amylose와 α-1,4 결합과 α-1,6 결합으로 이루어진 아밀로펙틴amylopectin의 두 가지 형태가 있다. 전분의 소화는 입에서 시작되며, 타액 α-아밀레이스salivary α-amylase가 전분의 α-1,4 결합을 가수분해하며 시작된다. 음식이 입에 머무르는 시간이 짧으므로 모두 소화되기는 힘들며, 타액 α-아밀레이스가 부분적으로 전분을 분해하여 덱스트린dextrin이라는 길이가 짧은 여러 다당류를 만든다.

일단 음식물이 식도를 거쳐 위로 가면 위의 산성 환경(pH 1~2)으로 인하여 타액 α-아밀레이스는 불활성화된다. 소화되지 않고 위를 통과한 덱스트린이 소장에 들어가면 췌장은 췌장 α-아밀레이스pancreatic α-amylase 효소를 분비한다. 덱스트린은 췌장 아밀레이스에 의해 α-1,4 결합이 더욱 분해되어 이당류인 맥아당과 3~4 분자의 포도당이 α-1,6 결합을 지니고 있는 형태인 한계 덱스트린limit dextrin으로 분해된다. 이당분해효소들은 소장세포에서 합성되어 그 점막세포의 흡수 표면에 존재하는데, 이당류가 소장벽에 닿으면 소장 점막세포의 특정 효소들은 각각의 이당류를 단당류로 분해한다. 말테이스maltase는 맥아당을 포도당 두 분자로, 수크레이스sucrase는 서당sucrose을 포도당과 과당fructose으로, 락테이스lactase는 유당을 포도당과 갈락토스galactose로 분해한다. 또한 같은 장소에서 합성되어 존재하는 α-덱스트리네이스α-dextrinase에 의해 한계 덱스트린의 α-1,6 결합이 분해되어 포도당이 생성된다.

2) 탄수화물의 에너지생성 대사

이당류가 완전히 분해된 후, 분해산물인 단당류는 소장세포로 흡수되어 혈액으로 이동한다. 포도당과 갈락토스는 ATP와 운반체를 사용하는 능동이동 기전으로 나트륨과 함께 흡수된다. 반면, 과당은 에너지를 필요로 하지 않는 촉진확산 기전에 의해 흡수된다. 흡수된 단당류는 혈액으로 이동하여 간문맥을 따라 간으로 유입되며, 간에서는 갈락토오스와 과당이 대부분 포도당으로 전환된다. 포도당은 모든 세포의 주요 에너지원으로 뇌, 근육, 지방조직, 신장과 같은 각 조직으로 운반되기 위해 바로 혈액으로 직접 방출되거나, 탄수화물 저장형태인 글리코겐이나 지방으로 합성된다. 혈액을 타고 운반된 포도당은 인슐린에 의해 에너지를 필요로 하는 각 기관의 세포 내로 유입된다.

포도당은 세포 내에서 해당과정glycolysis에 의하여 두 분자의 피루브산으로 분해되며, 소량의 에너지가 2분자의 ATP와 2분자의 NADH에 저장된다. 산소가 부족한 상

능동이동(active transport)과 촉진확산(facillitated diffusion)

능동이동은 에너지를 소비하면서 농도기울기에 역행하면서 운반체단백질을 통해 물질을 이동시키는 작용, 즉 세포막을 경계로 저농도에서 고농도로 물질을 이동시는 기전이고, 촉진확산은 물질이 농도 기울기에 따라 고농도에서 저농도로 에너지의 소모없이 운반체 단백질을 통해 이동하는 것을 말한다.

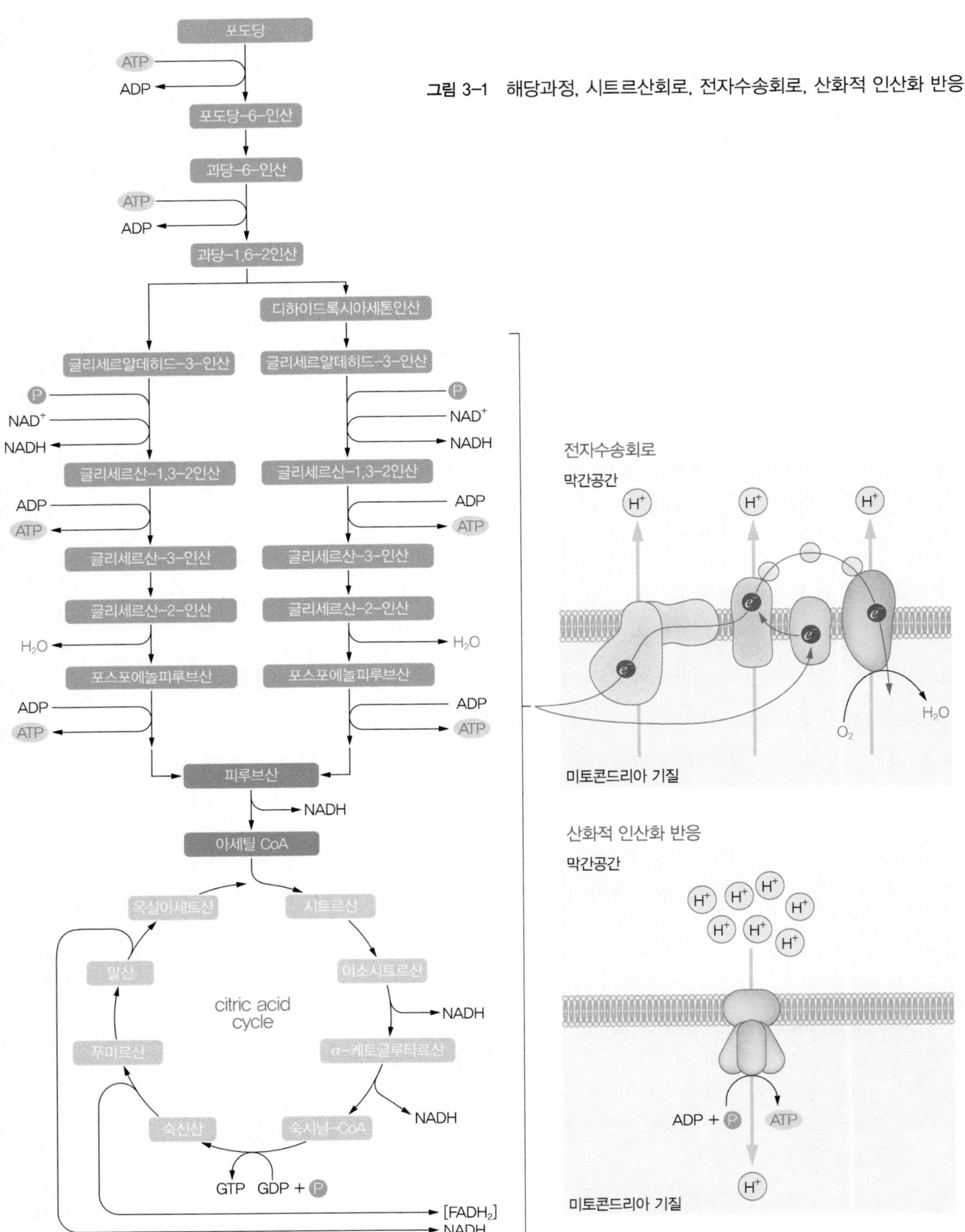

그림 3-1 해당과정, 시트르산회로, 전자수송회로, 산화적 인산화 반응

태에서는 피루브산이 발효과정을 통해 젖산과 같은 노폐물로 전환되며, 산소가 충분한 상태에서는 피루브산이 아세틸 CoAacetyl coenzyme A로 전환되어 1분자의 NADH를 생성하고, 시트르산회로citric acid cycle, 전자수송회로electron transport pathway, 산화적 인산화 반응oxidative phosphorylation을 통해 CO_2와 물로 전환된다 **그림 3-1**. 시트르산회로는 아세틸 CoA와 옥살로아세트산oxaloacetic acid이 축합하여 시트르산을 형성하면서 시작되는데 결과적으로 옥살아세트산이 재생되며, 2분자의 CO_2, 3분자의 NADH, 1분자의 $FADH_2$와 1분자의 GTP가 생성된다. 환원된 조효소(NADH, $FADH_2$)는 전자수송사슬electron transport chain에 의해 산화되는데, 이때 발생하는 에너지는 산화적 인산화 반응에서 ATP 합성을 일으키는 양성자 기울기proton gradient를 일으킨다. 결과적으로 포도당 한 분자의 완전한 산화를 통해 29.5~31개의 ATP가 생성된다 **그림 3-1**.

$FADH_2$
flavin adenine dinucleotide, reduced

GTP
guanosine-5'-triphosphate

3) 식이 탄수화물과 지방합성

포유동물이 고탄수화물식이를 섭취하였을 때 과잉 탄수화물의 대부분은 에너지 저장 형태인 중성지방triglyceride으로 전환된다. 지방합성 과정은 간, 지방조직 및 유선조직 등에서 일어나는데, 그 정도는 종에 따라 다양하다. **그림 3-2**는 지방합성의 주요 대사경로를 나타낸 것으로, 포도당은 간으로 유입된 후 해당과정과 시트르산회로에 의해 아세틸 CoA와 시트르산으로 전환된다. 과잉의 포도당을 섭취할 경우 세포내로 유입된 포도당은 지방산생합성과정을 통해 중성지방으로 전환되어 에너지가 필요할 때까지 저장된다. 이러한 지방합성 경로대사는 식이 탄수화물에 의하여 서로 다른 두 기전에 의하여 촉진된다.

지방합성(lipogenesis)

신체내에서 지방산 합성과 연속적으로 일어나는 중성지방의 생합성 과정을 의미한다.

지방산합성은 살아있는 유기체의 주 에너지원인 단순당(예: 포도당)의 대사 중간산물인 아세틸 CoA가 지방산으로 전환되는 과정을 의미하며, 중성지방의 생합성은 3분자의 지방산이 1분자의 글리세롤과 에스터결합을 통하여 이루어진다.

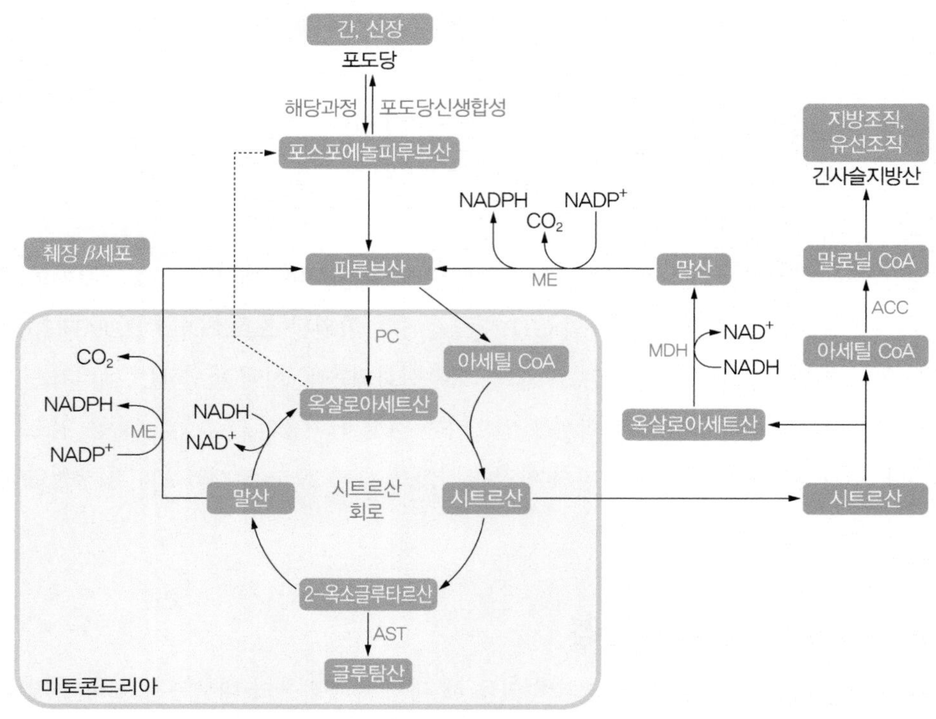

그림 3-2 지방합성의 주요 대사경로
자료: Jitrapakdee S and Wallace JC, 1999

PEPCK
phosphoenolpyruvate carboxykinase

MDH
Malate dehydrogenase

ACC
acetyl-CoA carboxylase

ME
malic enzyme

AST
aspartate aminotransferase

PC
pyruvate carboxylase

그 첫 번째는 지방합성에 관여하는 주요 효소들의 활성을 변화시키는 것이다. 고탄수화물식이는 해당과정과 지방산 합성에 관여하는 효소들을 활성화하며, 동시에 **지방산 산화**나 **당신생합성**과 같은 반대 대사경로를 촉진시키는 효소들의 활성을 억제하기도 한다. 효소 활성 조절은 다른자리입체성 작동체allosteric effector 작용기전 혹은 효소의 공유결합 변형covalent modification에 의하여 나타나는데, 이와 같은 변화는 수 분 내에 나타나므로 지방합성 대사의 빠른 조절을 가능하게 한다. 식이 탄수화물이 지방합성을 촉진하는 두 번째 기전은 지방합성에 관여하는 주요 효소들의 양적 증가induction에 의한 것이다. 지방합성에 관여하는 주요 율속-효소rate-limiting enzyme의 증가는 식이 탄수화물이 중성지방으로 전환되는 것을 더욱 효율적으로 촉진하며, 이와 같은 반응은 수 시간이 걸리므로 고탄수화물식이에 대한 생체의 적응 반응으로 여겨진다. 탄수화물에 의한 지방합성 대사 조절반응을 보기 위한 많은 연

표 3-1 절식–식이 투여 방법을 사용한 동물모델에서 지방합성 효소의 증가

	투여 (n=9)	24시간 절식 그룹 (n=4)	48시간 절식 그룹 (n=6)	48시간 절식 그룹 + 48시간 재투여 그룹 (n=6)
Lipogenic enzyme mass(g)	5.6 ± 0.5	3.5 ± 0.2**	3.1 ± 0.4**	6.2 ± 1.6††
Fatty acid synthase(units/gland)	11.3 ± 3.6	6.3 ± 0.7*	2.1 ± 0.3**	9.7 ± 3.3††
Glucose 6-phosphate dehydrogenase (units/gland)	163 ± 12	123 ± 28*	105 ± 21**	189 ± 40††
Malic enzyme(units/gland)	29 ± 6	23 ± 6	18 ± 1**	29 ± 5††

*P<0.05, **P<0.01 vs. 대조군(Fed) 그룹, ††P<0.01 vs. 48시간 절식 그룹

자료: Grigor MR and Gain KR, 1983

구에서 절식-식이 투여$_{\text{fast-refeeding}}$ 방법이 사용된다. 이와 같은 모델에서 흰쥐나 마우스와 같은 실험동물들은 18~48시간을 굶은 다음 고탄수화물(예: 서당), 무지방 식이를 섭취하게 된다. 이러한 식이 조절은 지방합성에 관여하는 간의 효소들을 생성시켜 지방합성을 극단적으로 촉진시키는 효과를 나타낸다 **표 3-1**.

지방산 산화(fatty acid oxidation)

세포 내 미토콘드리아와 퍼옥시좀에서 지방산의 베타탄소가 산소가 결합되어 일어나는 연속적인 산화. 지방산을 아세틸 CoA 단위로 분해하는 에너지 생성 기전이다.

당신생합성(gluconeogenesis)

해당과정과 반대방향의 과정으로 피루브산, 락트산, 젖산이나 글리세롤 등 대사산물뿐만 아니라, 아미노산으로부터 포도당을 만드는 대사경로. 혈당량이 떨어지는 것을 방지하기 위한 것이다.

2 포도당의 세포 신호전달 조절

모든 종류의 다량영양소들(탄수화물, 단백질, 지방)은 세포생리를 변화시킬 수 있는 신호$_{\text{signal}}$로 작용할 수 있는 분자들을 포함하고 있다. 탄수화물의 분해산물인 포도당은 에너지 생산을 위한 산화 기질로 사용될 뿐만 아니라, 세포기능의 조절인자로서도 작용을 한다. 에너지의 저장과 사용에 관여하는 많은 세포들은 세포 내 포도당 수준을 인지하고, 주요 에너지대사 경로들을 포도당의 사용가능성에 따라 변화시킨다. 세포 내 이러한 에너지대사 변화는 유전자 발현 양식, 특히 DNA의 **전사** 수준의 변화를 통하여 이루어진다.

전사(transcription)
DNA의 특정 부위가 RNA 중합효소에 의해 상보적인 서열을 갖은 mRNA로 복제되는 과정

전사인자 (transcription factor)
특정 유전자의 DNA 조절부위에 결합하여 RNA 중합효소가 작용하는 것을 조절함으로써 그 유전자의 전사를 촉진 또는 억제시키는 단백질

PDX-1
pancreatic and duodenal homeobox-1

MafA
v-maf musculoaponeurotic fibrosarcoma oncogene homolog A

GLUT2
glucose transporter 2

1) 포도당에 의한 췌장 β세포에서 인슐린의 생성 및 분비 조절

췌장의 β세포에서는 포도당 신호에 반응하여 인슐린의 생성 및 분비가 조절된다. 인슐린 생성 조절은 인슐린 생산 경로의 여러 단계에서 일어나는데, 인슐린 유전자의 전사 조절이 이에 포함된다. β세포에서 포도당 대사 변화에 반응하는 **전사인자**인 PDX-1과 MafA가 발견되었고, 이 두 전사인자는 인슐린 유전자 발현 조절을 통한 인슐린 생성 조절에 중요한 것으로 알려졌다. β세포의 포도당 농도가 낮을 때 PDX-1가 인산화$_{\text{phosphorylation}}$되어 전사인자로서의 기능이 억제되어 인슐린의 생성이 억제되는 것으로 알려졌다. 이와 반대로 포도당 대사가 증가하면 전사인자인 PDX-1과 MafA가 췌장 β세포의 핵으로 유입되어 인슐린 유전자 프로모터의 A와 C 위치에 각각 결합하여 인슐린 유전자의 전사를 촉진한다 **그림 3-3**.

인슐린의 분비 또한 β세포에서 이루어지는 포도당 신호 반응에 의해 조절된다. 혈중 포도당 농도가 증가하면 포도당 운반체인 GLUT2에 의하여 포도당이 β세포로 유입된다. 포도당의 해당작용에 의하여 생성된 ATP에 의하여 β세포 세포막의 ATP-sensitive K^+ 채널이 비활성화되고, 탈분극이 일어나 Ca^{2+}이 세포 내로 유입된다. β세포 내 Ca^{2+}의 증가는 과립상태로 저장되어 있던 인슐린이 세포 외 배출작용을 통한 인슐린의 분비를 촉진시킨다 **그림 3-4**.

분비된 인슐린은 에너지의 저장과 사용에 관여하는 조직들에서 여러 전사인자의 활성을 변화시켜 에너지대사에 영향을 준다. 예를 들면, 간에서 발현되는 SREBP-1c는 인슐린에 반응하여 전사, 프로세싱$_{\text{processing}}$, 활성$_{\text{activity}}$이 더욱 촉진된다.

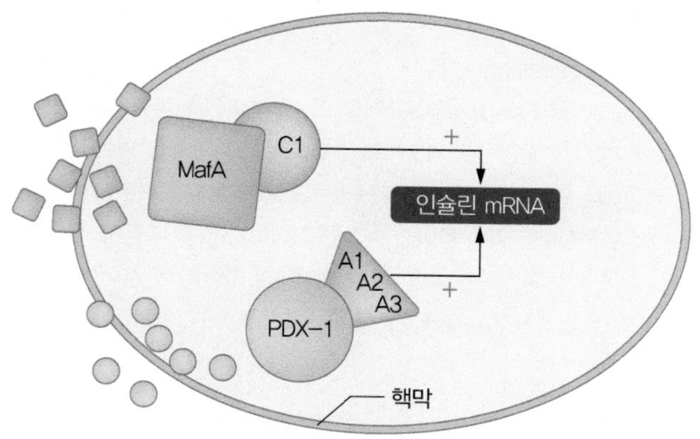

그림 3-3 췌장 β세포에서의 MafA와 PDX-1에 의한 인슐린 유전자 발현 조절
자료: Robertson RP, 2010

SREBP-1c 활성 증가에 따라 지질을 합성하는 효소들의 유전자 발현이 증가되어 탄수화물로부터 지질합성*de novo* lipogenesis이 촉진되어 과도하게 존재하는 포도당이 중성지방으로 전환된다.

SREBP-1c
sterol regulatory element binding protein-1c

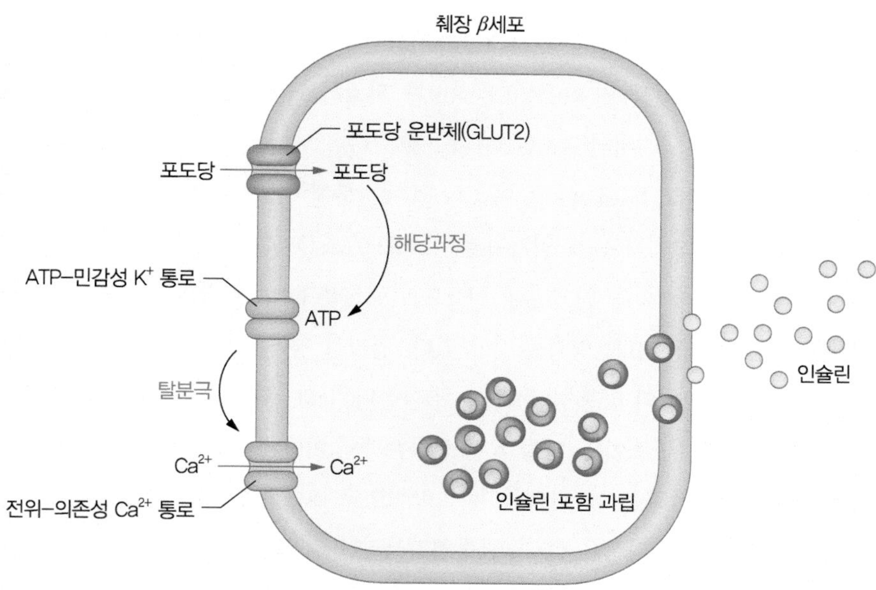

그림 3-4 췌장 β세포에서의 포도당의 신호전달에 의한 인슐린 분비 조절
자료: http://dolcera.com/wiki/index.php?title=Diabetes_products_and_services

프로세싱(processing)

유전자의 전사에 의해 생성되는 RNA 또는 mRNA의 번역에 의해 만들어지는 단백질에 있어 제1차 산물인 전구체분자에서 효소적으로 구조를 변환하여 기능을 갖는 분자로 성숙하는 과정이다. RNA의 경우 핵산 가수분해효소에 의한 잉여부분의 절단, 제거나 RNA 중의 인트론(intron, 유전정보를 갖지 않아 단백질을 합성하지 않는 부위)에 대응하는 염기배열이 스플라이싱(splicing)에 의해 제거되는 과정 등을 의미하며, 단백질의 경우 mRNA의 번역산물인 폴리펩티드가 특이적인 단백질 가수분해효소에 의해 분해되어 기능을 갖는 단백질분자가 생성되는 것을 말한다.

3 포도당의 유전자 발현 조절

고탄수화물 식이 섭취 후 증가된 지방합성 효소는 유전자 전사단계에서 단백질 합성에 이르는 여러 단계에서 나타난다. 하지만 대부분의 경우 지방합성 효소 생성의 변화가 mRNA 양과 비례하는 것을 볼 때 **번역**단계가 아니라, 전사단계 조절이 중요하다는 것을 알 수 있다.

지질을 생성하는 효소(예: L-PK, ACC, FAS)의 유전자 **프로모터**에는 특정 DNA-조절 염기서열인, 탄수화물 반응요소(ChoRE)가 위치하고 있다. ChoRE는 E-box라고 알려진 6 bp의 공통염기서열(CACGTG) 두 개가 5 bp 사이에 격리되어 있는 구조(5′-CACGTGnnnnnCACGTG-3′)이고, 이 ChoRE에 4분체 ChREBP-Mlx 복합체로 결합하여 작용한다 **그림 3-5**. E-box 염기서열은 bHLH/LZ DNA-결합부위binding domain를 포함하는 전사인자에 의해 인지된다. bHLH 단백질은 DNA 결합영역인 염기성 영역과 이량체 형성영역인 HLH 영역을 갖고 있다. 염기성 영역은 α-나선 구조를 이루며, E-box라 불리는 DNA의 공통염기서열과 결합한다. HLH 영역은 2개의 α-나선이 고리에 의하여 분리된 구조이며, 이들 α-나선들은 동형이량체homodimer 혹은 이형이량체heterodimer를 형성하는 데 관여한다. 일반적으로 bHLH 단백질 그룹 전사인자는 이량체를 형성하는데, 각각은 DNA 공통염기서열인 E-box의 절반씩을 인식하여 결합하게 된다 **그림 3-6**. E-box 또는 E-box 사이의 공간에서의 변이는 ChoRE가 포도당 반응을 조절하는 능력을 잃게 한다.

번역(translation)

리보솜 복합체가 전사과정을 통해 형성된 mRNA를 판독하여 특정 아미노산 사슬을 형성하는 과정

프로모터(promoter)

특정 유전자의 상부(up-stream)에 위치하여 그 유전자의 발현을 조절하는 DNA 조절부위

L-PK
liver pyruvate kinase

FAS
fatty acid synthase

ChoRE
carbohydrate response element

E-box
Enhancer Box

ChoREBP
carbohydrate response element-binding protein

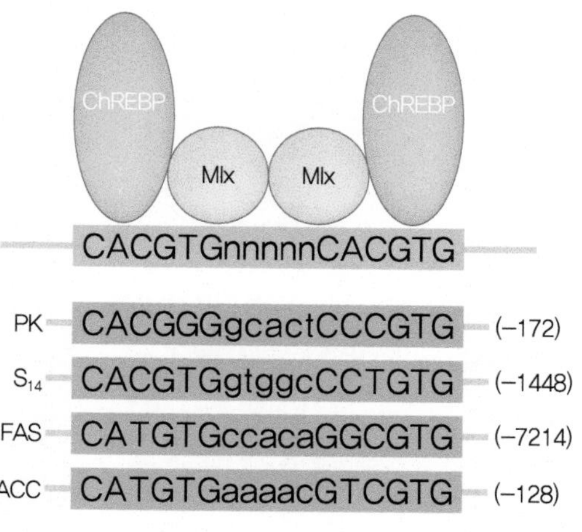

그림 3-5 ChREBP–Mlx와 ChoRE의 결합
자료: Towle HC, 2005

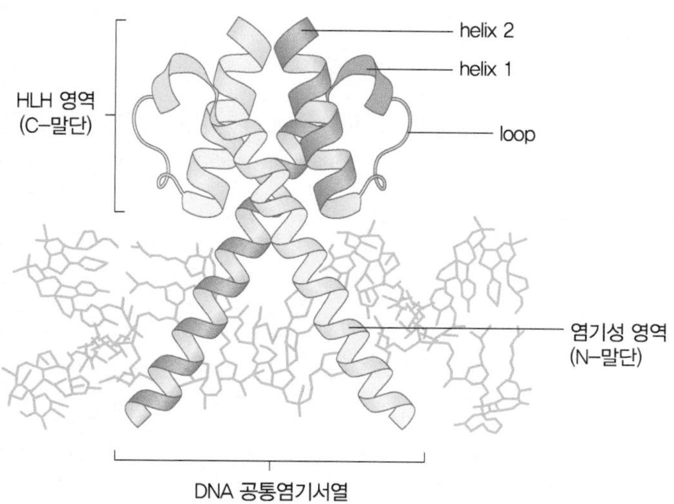

그림 3-6 bHLH 단백질과 DNA의 결합
자료: 권영명 외, 2003

Mlx
max-like factor X

bHLH/LZ DNA
basic helix-loop-helix/
leucine zipper DNA

HLH
helix-loop-helix

S14
spot14

4 포도당에 반응하는 전사인자들의 작용

1) ChREBP

간은 탄수화물을 에너지 저장형태인 지방으로 전환시킴으로써 장기간의 에너지 요구를 충족시키는 데 중요한 역할을 한다. 탄수화물의 섭취는 혈당을 증가시키며, 이에 반응하여 췌장의 β세포에서 빠르게 인슐린이 분비된다. 인슐린이 간에서 지방합성 효소들의 전사를 유도한다는 것은 이미 잘 알려져 있으며, 이러한 인슐린의 효과는 SREBP-1c에 의해 조절된다. 최근 포도당이 인슐린과는 별개로 지방합성에 관여하는 효소의 유전자들(예: ACC, FAS, L-PK)의 발현을 조절한다는 것이 알려졌다. 이러한 유전자들에서 ChoRE가 존재할 뿐만 아니라 bHLH를 포함한 전사인자를 인지하는 염기서열도 일치하였다.

고탄수화물을 섭취시킨 흰쥐의 간에 존재하는 핵 추출물을 이용하여, L-PK 유전자와 결합하는 전사인자를 정제하였고, 이 단백질을 ChREBP라고 하였다. ChREBP는 포도당에 반응하는 bHLH/LZ 전사인자로서 864개의 아미노산으로 이루어진 대형 단백질이다. 그 구성은 종간에 매우 유사한데(사람, 쥐, 및 마우스 간에 82%의 아미노산 서열이 같음), 이는 ChREBP가 중요한 역할을 가지고 있음을 의미한다. 특히 ChREBP는 PKA와 AMPK에 의해 인산화되는 부위를 포함하고 있어 인산화, 탈인산화dephosphorylation 반응을 통한 ChREBP의 활성 조절을 가능케 한다.

PKA
cAMP-dependent protein kinase A

AMPK
AMP-activated protein kinase

GK
glucose kinase

Xu-5-P
xylulose-5-phosphate

PP2A
protein phosphatase 2A

cAMP
cyclic AMP

ChREBP는 Mlx와 이형이량체를 형성하여 지방합성에 관여하는 유전자(예: L-PK)의 프로모터에 있는 ChoRE에 결합한다 **그림 3-5**. Mlx는 영양소나 호르몬 신호전달에 의해 발생하는 조절 특성을 가지지 않으나, 상대적으로 양이 풍부하고, 안정적이므로 ChREBP/Mlx 복합체와 DNA와의 결합을 향상시키기 위해 필수적이다. 반면 ChREBP는 불안정한 단백질이지만, 다른자리입체성 변형allosteric modification을 통해 영양소에 의한 조절작용이 가능하므로 ChREBP/Mlx 복합체에서 영양소 대사를 인지하는 중요한 역할을 한다.

ChREBP의 활성은 영양소의 섭취와 이에 반응하는 인산화 기전을 통해 조절된다 **그림 3-7**. 간으로 포도당의 유입이 증가하면 간세포에 존재하는 포도당 운반체glucose transporter와 포도당 인산화효소(GK)에 의해 포도당이 빠르게 흡수되고, 다양한 경로를 통해 세포 내 포도당 농도의 균형이 이루어진다. 세포 내로 유입된 포도당이

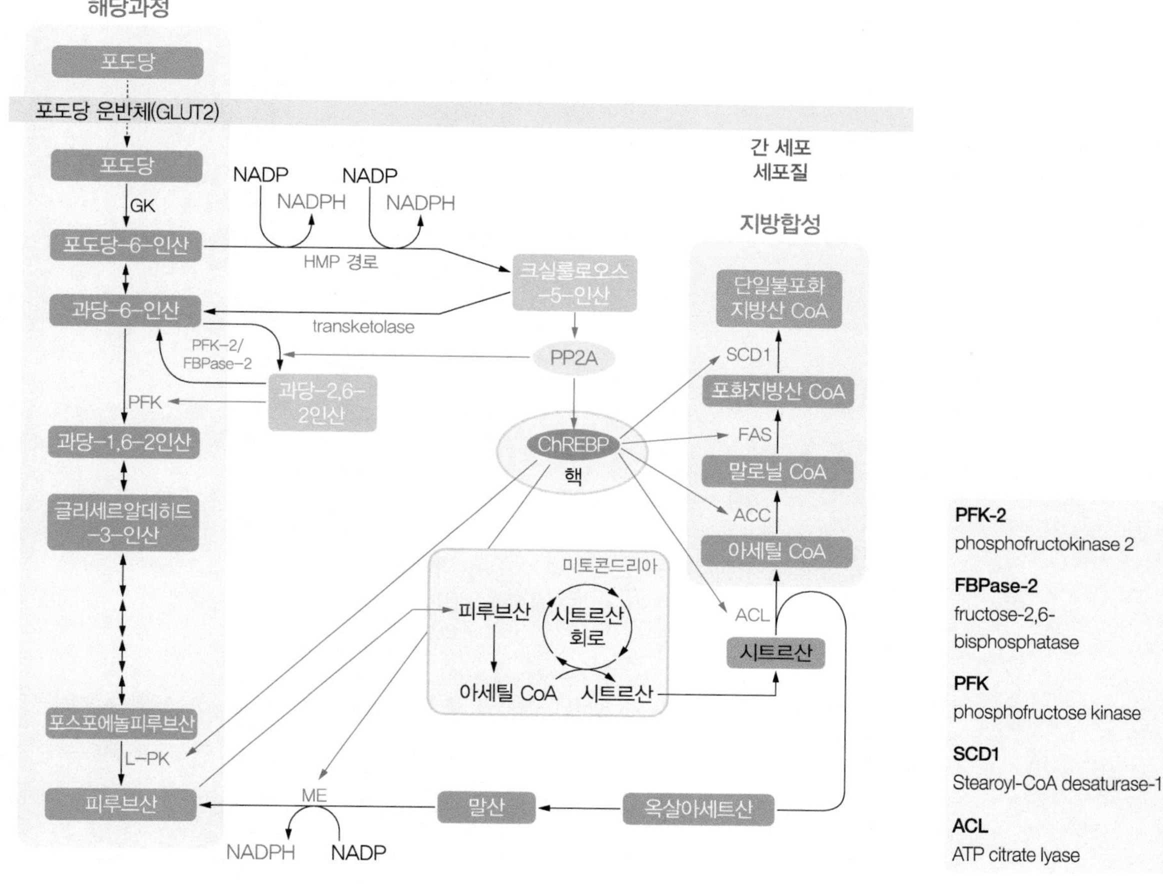

그림 3-7 간세포의 해당작용과 지방질생합성에서 ChREBP의 역할

해당작용 초기의 다른자리입체성 조절은 파란색으로 표시하였고, L-PK를 통한 해당작용의 전사조절과 ChREBP에 의해 조절되는 지방합성의 중요한 효소들은 빨간색으로 표시하였다(자료: Uyeda K and Repa JJ, 2006).

HMP경로$_{\text{hexose monophosphate shunt}}$에 의해 신호전달 분자인 크실룰로스-5-인산으로 전환되는데, 이에 따라 해당작용에 관여하는 효소들의 활성이 촉진되며, ChREBP를 탈인산화하는 PP2A가 활성화되어 ChREBP를 핵으로 빠르게 이동시킨다. 활성화된 ChREBP는 핵에서 전사인자로 작용하여 해당작용의 최종산물들이 지질로 전환되는 데 관여하는 효소들의 전사를 촉진한다.

금식을 하는 동안에는 췌장에서 분비된 글루카곤과 지방조직에서 유래한 지방산

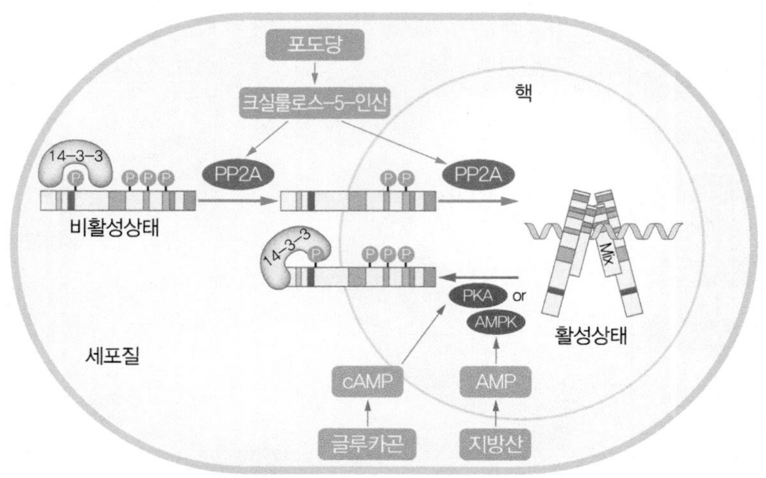

그림 3-8 호르몬/영양소에 의해 중재되는 ChREBP의 인산화 조절
간세포에서 포도당 농도 증가에 따른 크실로스-5-인산, PP2A, chREBP 변화는 초록색으로 표시하였고, 금식으로 인해 증가된 글루카곤과 지방산에 의한 chREBP 인산화와 위치 변화는 빨간색으로 표시하였다(자료: Uyeda K and Repa JJ, 2006).

에 의해 간에서는 cAMP와 AMP 수준이 증가하게 된다. 증가된 cAMP와 AMP는 각각 PKA와 AMPK를 활성화하며, 지방합성에 관여하는 전사인자인 ChREBP는 인산화되어 ChREBP 기능이 억제된다. **그림 3-8**에 의하면, PKA와 AMPK가 ChREBP를 인산화하여 ChREBP가 비활성화되고 DNA와의 결합이 억제된 것을 확인할 수 있다. 또한 PKA에 의해 인산화된 ChREBP는 14-3-3 단백질과 상호작용이 촉진되는데, 이에 따라 ChREBP가 핵으로부터 세포질로 격리됨으로써 전사인자로서의 기능이 억제됨을 알 수 있다 **그림 3-8**.

ChREBP가 전사와 번역에 의해 조절되는 기전은 아직 잘 알려지지 않았지만, 이에 관한 몇몇의 연구결과가 밝혀지고 있다. 인슐린종세포insulinoma를 고농도의 포도당에 노출시켰을 때, ChREBP의 전사가 촉진되어 ChREBP mRNA의 수준이 증가하였으며, 마우스 지방세포인 3T3-L1이 분화differentiation될 때도 ChREBP mRNA 수준이 증가되었다. 한편 초대배양간세포primary hepatocyte에 다가불포화지방산을 처리 시 ChREBP mRNA의 분해속도가 증가되었는데, 이에 따라 ChREBP의 활성이 억제되는 것이 확인되었다. 하지만 ChREBP의 전사와 번역에 의한 조절작용에 관해서는 아직 더 많은 연구가 필요하다.

2) SREBP

탄수화물로부터 지방을 합성하는 데 관여하는 효소의 유전자 발현을 조절하는 두 번째 전사인자로는 SREBP가 있다. SREBP는 콜레스테롤에 의하여 조절되는 유전자들의 프로모터에 있는 스테롤 반응요소(SRE)와 결합하는 전사인자이다. 세포 내 스테롤 농도가 충분할 경우, SREBP-SCAP 복합체는 INSIG 단백질에 결합하여 소포체 내에 존재한다. 스테롤 수준이 감소하면, SREBP-SCAP 복합체는 골지체로 이동하고, SREBP는 다시 site 1, site 2 단백질 분해효소들에 의해 절단된다. bHLH-Zip 영역을 포함하는 SREBP의 N-말단은 핵으로 이동한 후, SRE와 결합하여 스테롤이나 다른 지질의 흡수 또는 합성에 관여하는 유전자의 발현을 촉진한다 **그림 3-9**. SREBP는 SREBP-1a, SREBP-1c 및 SREBP-2의 3개의 형태가 있다. SREBP-1a와 SREBP-1c는 N-말단을 제외하고는 거의 같은 구조를 가지고 있지만, SREBP-2는 SREBP-1과 DNA 결합부위만 매우 유사하고, 그 외의 부분은 같지 않은 별개의 유전자이다. 콜레스테롤 합성이 일어날 때 핵의 SREBP-2 수준이 증가하므로 SREBP-2가 콜레스테롤 항상성 유지에 관여한다는 것을 알 수 있다. 그러나 핵의 SREBP-1 수준은

SREBP
sterol regulatory element binding protein

SRE
sterol response element

INSIG
insulin-induced gene

SCAP
SREBP cleavage-activating protein

S1P
site 1 protease

S2P
site 2 protease

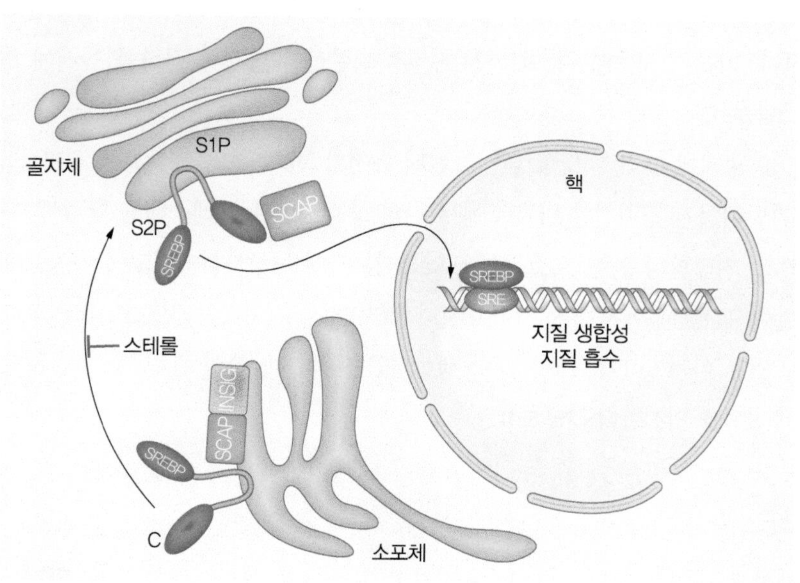

그림 3-9 스테롤에 의해 조절되는 SREBP의 전사 활성화 경로
자료: Bien CM and Espenshade PJ, 2010

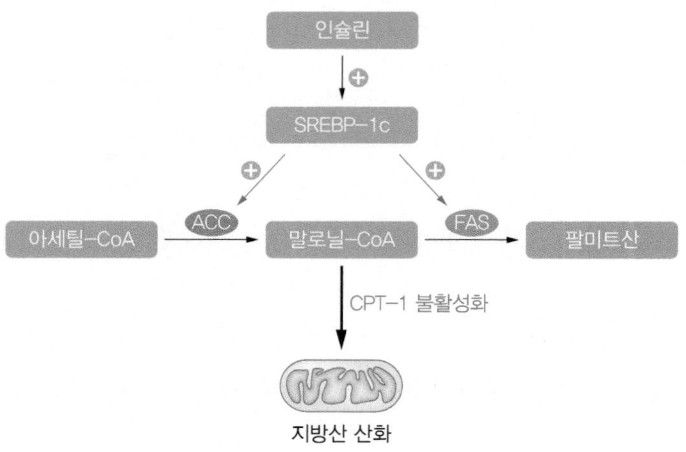

그림 3-10 인슐린 신호전달에 의한 SREBP-1c의 발현
자료: Lelliott C and Vidal-Puig AJ, 2004

같은 상황에서 증가하지 않으므로 그 역할이 서로 다름이 알 수 있다. 여러 연구를 통해 SREBP가 지방합성 조절에도 관여함이 알려졌다. 인슐린에 의한 지방합성 연구에서, 증가된 SREBP-1c mRNA는 ACC, FAS와 같은 지방산합성 유전자의 발현을 증가시키며, 이와 함께 지방산 산화를 억제하는 물질이라고 알려져 있는 말로닐 CoA를 생성한다. 따라서 SREBP-1c의 전사조절은 지방산의 합성과 산화를 동시에 영향을 준다 **그림 3-10**.

SREBP 형태에 따라 지방합성과 관련된 유전자 변화 정도를 살펴본 결과, SREBP-1a를 과발현시킨 형질전환 마우스에서 간의 중성지방과 콜레스테롤 합성이 매우 증가하였고, 지방합성 관련 효소들의 mRNA 양도 매우 증가하였다고 한다. SREBP-1c, -2 과발현시킨 경우에서는 SREBP-1c보다 적지만 서로 비슷한 정도로 mRNA 수준을 증가시켰다. 이는 SREBP-1a가 많이 생산되었을 때 지방합성 관련 효소의 유전자 발현이 촉진됨을 암시한다 **그림 3-11**.

3) USF

지방합성에 관여하는 L-PK, S14 유전자의 ChoRE와 상호작용하는 또 다른 bHLH 그룹 전사인자 중에는 USF가 있다. USF는 현재 USF1과 USF2의 두 종류가 밝혀

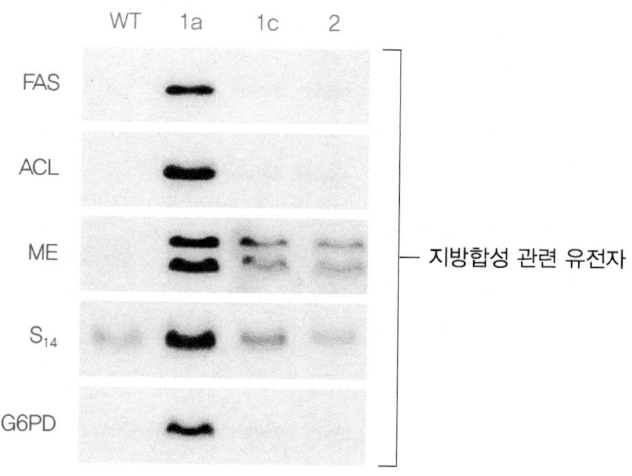

그림 3-11 SREBP-1a, -1c, -2 형질전환 쥐의 간에 존재하는 지방합성 관련 효소의 mRNA 수준
자료: Amemiya-Kudo M et al., 2002

G6PD
glucose-6-phosphate dehydrogenase

USF
upstream stimulatory factor

져 있으며, USF1과 USF2는 각각 동형이량체나 USF1-USF2의 이형이량체를 형성하여 DNA와 결합한다. USF가 포도당에 의한 지방합성 조절에 관여하고 있다는 사실은 USF가 L-PK와 S14 유전자의 ChoRE에 결합한다는 실험결과로부터 밝혀졌다. 절식 후 재급여 시, USF2의 발현을 억제시킨 쥐의 L-PK와 S14 유전자의 발현 속도가 정상 쥐보다 매우 늦어진 것을 보아 USF2가 탄수화물에 의한 조절에 관여하고 있음을 알 수 있다. 반면, USF1의 발현을 억제시킨 쥐는 탄수화물에 의한 조절에 아무 이상이 없었으므로 USF2 동형이량체가 USF1 발현 억제 쥐에서 USF 작용을 전담하고 있다는 것을 알 수 있다. USF1 발현 억제 쥐를 이용한 실험에서 탄수화물에 의한 L-PK와 S14의 mRNA 수준이 정상이었지만, FAS 유전자에 대한 조절은 매우 늦었는데, 이를 통해 USF1이 인슐린과 포도당에 의한 FAS 유전자 조절에도 관여함을 알 수 있다.

간에서 탄수화물에 의한 지방합성 조절에 USF가 관여함을 보여주는 연구결과에도 불구하고 USF의 역할에 대해서 몇 가지 이견이 있다. 왜냐하면, USF는 모든 조직에서 발현되므로 세포 특이적인 포도당 조절을 설명할 수 없고, ChoRE에 대한 USF의 결합이 식이에 의하여 변하지 않기 때문이다. 또한 간세포에서 USF의 과발현이 L-PK와 S14 프로모터의 포도당 반응을 억제하지 못하였고, 특히 간세포에서 한 개의 특정 염기를 바꾸었을 경우 USF와 DNA의 결합이 100배 이상 감소되었으나 포도당에 의한 반응 정도에는 변화가 나타나지 않아 포도당에 의한 조절에서 USF는 간접적으로 작용하는 것으로 생각되기도 한다.

5 결론

포도당 대사에 의하여 유전자 발현이 조절되는 기전에 대한 많은 연구로부터 조절기전들이 대체로 밝혀졌다. 이와 같은 정보들은 췌장에서 분비되는 호르몬 및 다른 자리입체성 조절인자들에 의한 조절기전과 함께 간에서 지방의 이용과 저장 대사의 조절을 이해하는 데 도움이 된다. 포도당과 같이 에너지를 생산하는 영양소들의 조직-특이적 효과들은 세포생리의 결정인자로 중요한 역할을 하므로 사람의 건강과 질병에 관한 연구에 있어서 이러한 대사경로에 대하여 더 많은 연구가 필요하다. 본 고찰에서는 주로 간세포에서 탄수화물의 지방합성에 관여하는 유전자들의 전사조절 역할에 초점을 맞추었으나, 이와 같은 조절기전에 대한 많은 연구가 여러 세포모델에서 진행 중에 있다. 아미노산이 유전자 발현 조절기전에 미치는 효과는 거의 밝혀진 바가 없지만, 아미노산 대사를 조절하는 데 있어서 탄수화물이나 지방산과 유사한 조절 역할을 할 것으로 생각된다. 앞으로 이 분야에 대한 이해를 위한 새로운 정보가 많이 보고될 것이며, 이와 같은 정보를 통하여 건강과 질병에 있어서 다량영양소의 역할이 더욱 더 정확하게 이해될 수 있을 것이다.

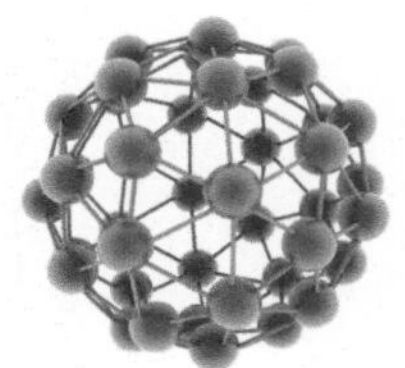

CHAPTER 4

지방산

에너지의 대사와 저장에 관련된 조직들에서 유전자 발현의 변화는 세포기능에 중요한 역할을 한다. 탄수화물, 단백질, 지방과 같은 거대영양소macronutrients는 에너지 생산을 위한 기질로서만 생각되어 왔으나 최근 세포기능을 조절하는 역할이 입증되면서 세포생리를 변화시키는 신호로도 작용하는 것으로 인식되고 있다. 따라서 지방산에 의한 유전자들의 발현 조절을 살펴본다면, 분자 수준에서 거대영양소들에 의하여 에너지 대사가 조절되는 기전을 이해하는 데 도움이 될 것이다.

거대영양소 중에서도 식이 지방은 에너지 대사 기질과 세포막 구조를 구성하며 세라미드ceramide, 다이아실글리세롤, 에이코사노이드와 같은 신호전달분자를 생성한다. 또한 지방섭취의 양과 성분의 변화는 대부분의 조직에서 생리적 영향을 미친다. 과량의 식이 지방이나 '포화지방 : 불포화지방' 또는 'n-6 : n-3 다가불포화지방산'의 불균형은 관상동맥질환과 죽상경화증, 당뇨와 비만, 암 및 우울장애 등 여러 만성질환의 발병 및 진행에 영향을 준다 **표 4-1**. 따라서 여러 임상 및 기초과학 연구에서

표 4-1 다가불포화지방산이 생체에 미치는 영향

계	영향
중추신경계	인지기능, 뉴런의 세포자멸
망막	시력
심혈관계	부정맥, 아테롬성 동맥경화증
간	탄수화물로부터 지방합성, VLDL 합성 및 분비, 지방산 산화, 콜레스테롤 대사
면역계	T-세포 활성화, 염증반응
골격근	인슐린감수성
다세포	에이코사노이드 생성, 사이토카인 생성, 세포 성장 및 분화

자료: Donald BJ, 2004

는 인간의 건강과 관련된 복잡한 생리적 체계에 미치는 지방산의 효과에 대한 생화학적·분자적 근거를 이해하는 데 주력하고 있다.

지방산fatty acid은 세포에서 구조, 대사 및 조절에 관여하는 성분들에 영향을 미치는데, 이와 같은 효과들은 세포막에서 발생하는 세포신호전달에 작용하는 세포막 지방산 조성의 변화와 관련이 있다 **그림 4-1**. 또한 지방산은 세포신호기전에 영향을 주

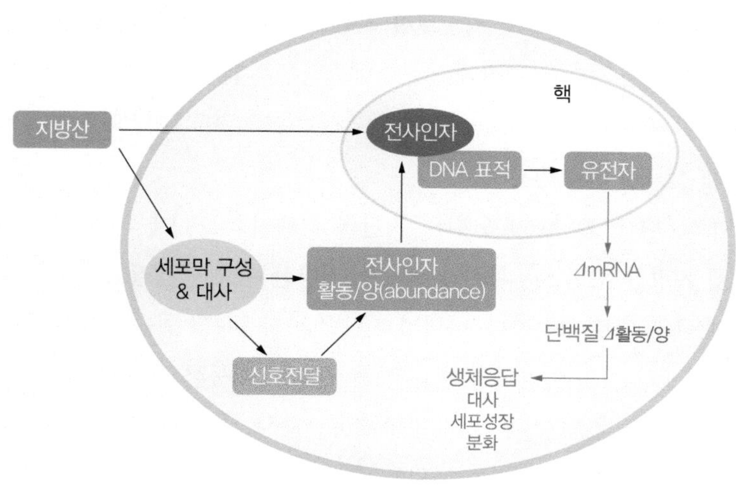

그림 4-1 세포기능에 있어 다가불포화지방산의 다양한 효과
자료: Donald BJ, 2004

는 핵수용체nuclear receptor를 조절하는 것으로 밝혀졌으며, 지방산에 의해 조절되는 유전자 전사인자들이 보고된 이후 지방산의 다양한 조절기능이 활발히 연구되고 있다. 지방산은 유전자 발현 과정에서 전사인자의 활동이나 양을 조절할 뿐만 아니라 mRNA의 회전율turnover과 단백질 양abundance에 영향을 미침으로써 세포의 대사, 성장, 분화의 일련 과정에 관여하고 있음이 밝혀지고 있다.

지방산은 매우 다양한 경로를 통해 세포기능에 영향을 주기 때문에 인간의 건강에 대한 식이 지방 또는 지방산의 역할을 규명하는 것은 매우 복잡하다. 따라서 이번 지방산과 유전자 발현 조절에서는 세포기능에 대한 지방의 효과와 같은 포괄적인 논점 대신 지방산이 생리적 체계에 미치는 효과에 대해 초점을 두고자 한다 **표 4-1**. 먼저 지방산 대사를 정리하고, 지방산의 전사인자들과의 직접적인 작용을 통한 유전자 발현조절 과정을 살펴본 후 지방산이 전사인자들에 미치는 영향을 검토하고자 한다.

카일로미크론 (chylomicron)

혈장지질단백질. 소장에서 만들어져서 주로 소화관에서 흡수된 지방을 신체조직에 보내는 역할을 함

지단백 리페이스 (lipoprotein lipase)

중성지방에 풍부한 혈장 리포단백질에 작용하여, 중성지방을 가수분해하는 지방질 가수분해효소

비에스터형 지방산 (nonesterified fatty acid, NEFA)

혈장 중의 유리형 지방산. 호르몬감수성 지방질 가수분해효소(hormone sensitive lipase)에 의해서 지방조직으로부터 유리되어 알부민과 복합체를 형성하고, 혈장을 통해 여러 조직으로 운반됨

지방산 수송 단백질(fatty acid transport protein, FATP)

긴사슬 지방산 수송에 관여하는 단백질

1 식이 지방의 대사

1) 식이 지방의 대사

식이 지방은 섭취된 후 소화관에서 가수분해된 후 소장에서 다시 에스터화esterification되어 지단백 입자인 **카일로미크론**의 형태로 응집된다 **그림 4-2**. 중성지방triglyceride, 인지질phospholipid, 콜레스테롤 에스터cholesterol ester 등의 복합지질은 소장에서 합성된 카일로미크론 또는 간에서 합성된 초저밀도 지단백(VLDL)의 형태로 혈액을 통해 세포에 전달된다.

카일로미크론과 VLDL은 세포 밖의 **지단백 리페이스**(LPL)에 의해 가수분해되고, **비에스터형 지방산**(NEFA)은 확산작용 또는 **지방산 수송 단백질**(FATP) 혹은 CD36, FAT을 통해 세포 내로 이동한다. 나머지 지단백을 함유하고 있는 카일로미크론 혹은 VLDL 잔여물remnant은 여러 수용체를 통해 간으로 이동한 후 리페이스에 의해 가수분해된다. 지방조직adipose tissue에서 호르몬감수성 지방질 가수분해효소(HSL) 작용에 의하여 생성된 NEFA도 위와 동일한 방식으로 세포 내로 이동한다 **그림 4-3**.

식이 지방산은 크게 4가지로 분류된다. 포화지방산(SFA), 단일불포화지방산(MUFA), 다가불포화지방산(PUFA)인 n-3 지방산, 그리고 n-6 지방산이다 **그림 4-4**.

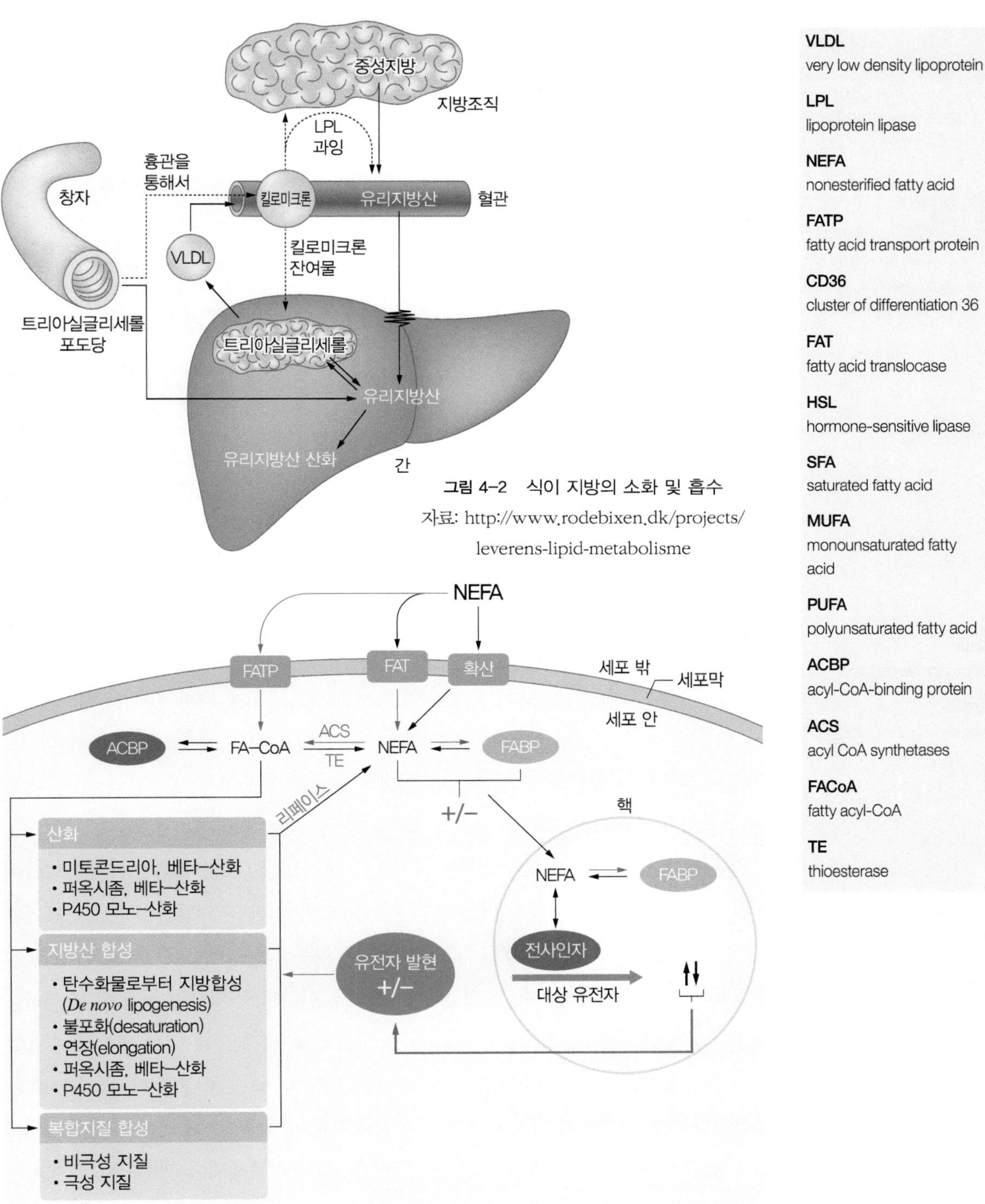

그림 4-2 식이 지방의 소화 및 흡수
자료: http://www.rodebixen.dk/projects/leverens-lipid-metabolisme

그림 4-3 지방산의 세포 내 흡수 및 유전자 발현과 대사에 미치는 영향
자료: Donald BJ et al., 2005

VLDL
very low density lipoprotein

LPL
lipoprotein lipase

NEFA
nonesterified fatty acid

FATP
fatty acid transport protein

CD36
cluster of differentiation 36

FAT
fatty acid translocase

HSL
hormone-sensitive lipase

SFA
saturated fatty acid

MUFA
monounsaturated fatty acid

PUFA
polyunsaturated fatty acid

ACBP
acyl-CoA-binding protein

ACS
acyl CoA synthetases

FACoA
fatty acyl-CoA

TE
thioesterase

포화지방산
분자 내에 이중결합을 갖지 않는 지방산. 불포화지방산에 비해 산화에 안정적이며, 녹는점이 높다.
불포화지방산
분자 내에 이중결합을 갖고 있는 지방산. 포화지방산에 비해 산화되기 쉬우며 화학적으로 불안정하고 녹는점이 낮다.
단일불포화지방산
분자 중에 이중결합을 1개 갖고 있는 지방산
다가불포화지방산
분자 중에 이중결합을 1개 갖고 있는 지방산
n-3 지방산
지방산의 메틸기 말단에서 3번째의 탄소가 이중결합을 갖는 필수 불포화지방산
예) 에이코사펜타엔산(EPA), 도코사헥사에노산(DHA)
n-6 지방산
지방산의 메틸기 말단에서 6번째의 탄소가 이중결합을 갖는 필수 불포화지방산
예) 리놀레산(LA), 감마-리놀렌산(GLA), 아라키돈산(AA/ARA)

그림 4-4 식이 지방에 존재하는 지방산의 분류

DHA
docosahexaenoic acid

EPA
eicosapentaenoic acid

2) 세포 내 지방산

지방산은 세포 내로 진입하여 세포막 수용체membrane receptor에 연결된 G-단백질 G-protein을 조절할 뿐만 아니라 세포 내 전사인자의 분포 또는 활성을 조절한다. 세포에 작용하는 지방산의 효과 중에서 비교적 빠르게 작용하는 경우들은 이들 세포막 수용체가 관여하여 진행될 것으로 추측된다.

β-산화(β-oxidation)
지방산을 아세틸 CoA 단위로 분해하는 에너지 생성기전

복합지질(complex lipid)
탄소, 수소, 산소 외에 인, 질소 등의 원소를 함유하는 지질로 글리세로지질과 스핑고지질 또는 인지질과 당지질로 분류됨

FABP
fatty acid binding protein

세포 내로 이동한 NEFA는 지방산 아실 CoA 합성효소(ACS) 혹은 FATP에 의하여 지방산 아실 CoA(FACoA)로 변환된다. FACoA로의 전환은 지방산이 미토콘드리아 mitochondria 또는 퍼옥시좀peroxisome에서 일어나는 **β-산화**에 의한 분해 과정에 진입하거나 **복합지질**(중성지방, 콜레스테롤 에스터, 인지질, 스핑고지질 등)로 합성되는 과정의 율속단계rate-limiting step이다. NEFA와 FACoA은 세포 내 대사 혹은 핵수용체와의 작용을 위하여 지방산 결합단백질(FABP) 또는 아실 CoA 결합 단백질(ACBP)과 결합한다 **그림 4-3**. 한편 세포 내 NEFA는 복합지질이 리페이스에 의해 가수분해되거나 FACoA가 티오에스테레이스thioesterase에 의해 가수분해되어 생성되는데, 이렇게 생성된 NEFA도 세포 내 전사인자를 조절하는 데 중요한 역할을 한다.

2 지방산과 유전자 발현

지방산은 여러 기전을 통하여 유전자의 전사조절에 중요한 역할을 한다. 지방산은 전사인자와 직접 결합하여 전사인자의 활성을 조절하기도 하며, 전사인자의 핵 내 농도나 활성에 변화를 일으킴으로써 간접적으로 작용하기도 한다. 이번 장에서는 유전자 발현을 조절하는 지방산의 두 가지 기전을 모두 살펴보고자 한다.

PPAR
peroxisome proliferator-activated receptor

LXR*α*
liver X receptor *α*

HNF4
hepatocyte nuclear factor4

DBD
DNA-binding domain

LBD
ligand bind domain

RXR
retinoid-X receptor

1) 지방산과 전사인자의 직접적 결합에 의한 유전자 발현 조절

지방산이 유전자 전사를 조절하는 가장 간단한 기전은 지방산 또는 대사물질이 전사인자에 직접 결합하여 전사인자의 활성을 조절하는 것이다. 지방산 또는 대사물질이 직접 결합하는 대표적인 전사인자로서 핵수용체nuclear receptor가 있는데, 종류로는 PPARα, β, γ1, γ2, LXRα, HNF4α, γ 등이 있다. 핵수용체들은 N-terminal domain, DBD, LBD, C-terminal domain으로 구성된 공통적인 구조를 가진다 **그림 4-5**. DBD는 유전자의 특정 염기배열에 존재하는 **조절요소**와 결합하는 부위이며

조절요소 (regulatory element)
전사제어 인자나 RNA 중합효소가 염기배열을 인식하여 결합하는 DNA 영역. 단백질을 암호화하기보다는 전사조절을 위해 사용되는 DNA 서열

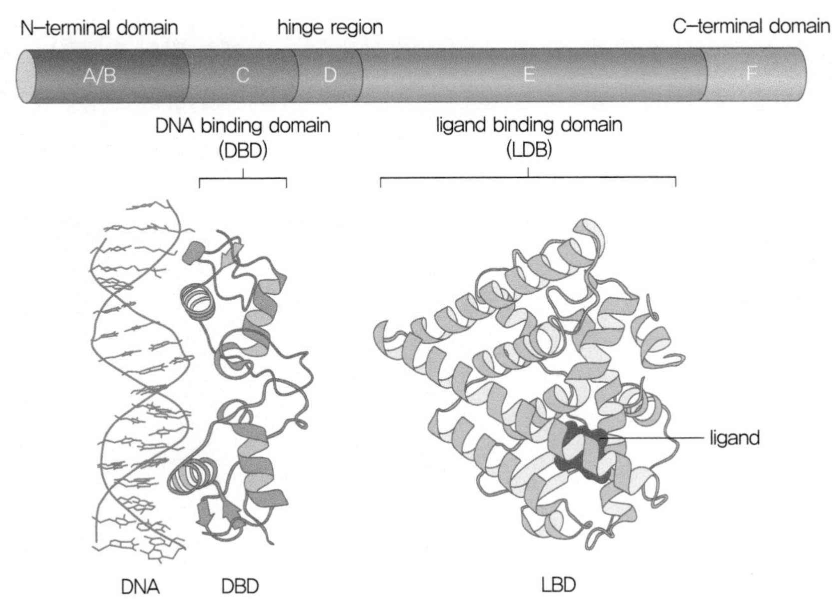

그림 4-5 유전자 전사를 조절하는 핵수용체의 구조
http://en.wikipedia.org/wiki/File:Nuclear_Receptor_Structure.png

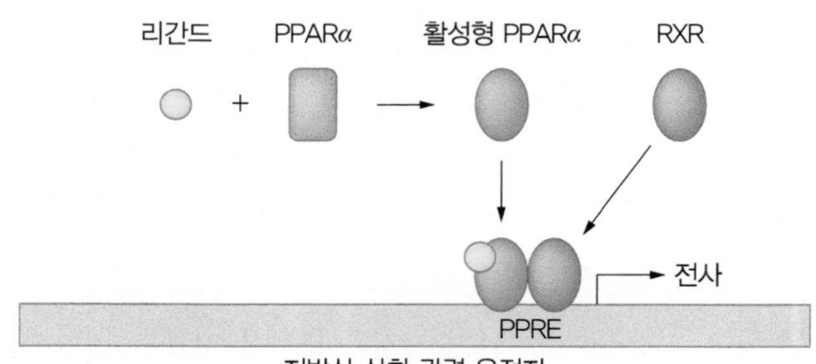

그림 4-6 지방산에 의한 PPARα의 활성
자료: Manabu TN et al., 2004

리간드(ligand)
특정 수용체의 정해진 부위에 특이적으로 결합하는 화합물

이형이량체(heterodimer)
서로 다른 2개의 폴리펩티드가 4차 구조를 형성하고 있는 단백질

LBD는 지방산과 같은 **리간드**와 결합하는 부위이다.

(1) PPAR

PPAR는 퍼옥시좀 증식체peroxisome proliferator에 의해 활성화되는 핵수용체이다. RXR과 **이형이량체**를 이루어 작용하며 **그림 4-6**, PPARα, PPARβ(=PPARδ), PPARγ 세 가지 형태가 존재한다. 긴사슬지방산long chain fatty acid 또는 에이코사노이드와 같은 리간드와 결합이 일어나면 활성화된다.

PPARα는 지방산을 에너지로 사용하는 간, 심장, 근육 등에서 많이 발현하며, 지방산의 산화를 촉진한다 **그림 4-7**. PPARγ는 주로 지방조직에 발현하며, 인슐린에 반응

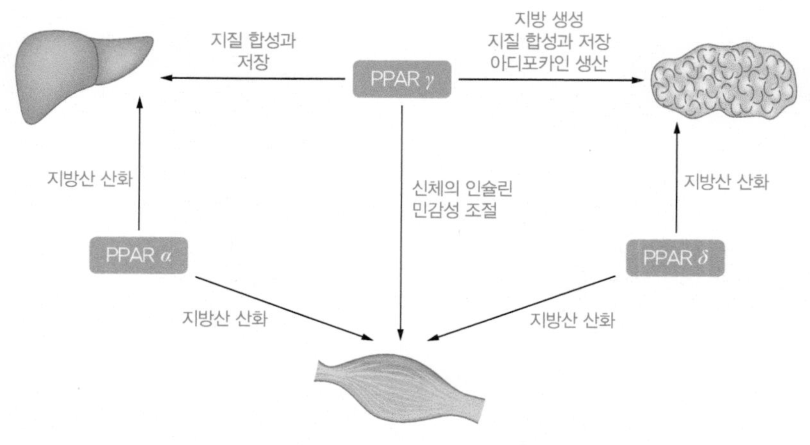

그림 4-7 PPAR 수용체의 종류
자료: Manabu TN et al., 2004

하는 아디포카인adipokine의 생성에 관여하여 지방세포 내에 지방이 축적되는 것을 조절하고 당 대사에 관여한다. PPARδ는 여러 조직에 두루 존재하는데, 주로 근육이나 갈색지방 내의 지방산 산화를 증가시키는 유전자 발현에 관여한다.

간에서 지방산 산화를 조절하는 PPARα 간은 공복 시에 포도당과 케톤체를 다른 기관에 공급함으로써 에너지 대사에 중요한 역할을 하는데, 이러한 대사적 적응에는 당신생, 지방산 산화, 케톤체 생성에 관여하는 효소들이 관여한다. 실험결과에 의하면, PPARα 유전자를 제거시킨 마우스는 자유 식이를 하는 중에는 정상이었으나 공복 상태에서는 저혈당, 저케톤혈증, 저체온증뿐만 아니라 간에서 지방산 산화와 케톤체 생성 효소 유도장애가 나타났다. 게다가 PPARα 유전자를 제거시킨 마우스 중 일부는 금식 후 48시간 이내 사망하기도 하였다. 이러한 연구결과들은 PPARα가 공복 중에 일어나는 에너지 대사의 전사적 적응에 중요한 역할을 한다는 사실을 입증하고 있다. PPARα는 낮은 농도의 지방산과 강한 결합력을 가지는데, 공복 중 지방조직에서 분비되는 지방산이 간세포에서 PPARα의 리간드 역할을 함으로써 PPARα를 활성화하여 지방산 산화 및 케톤체 생성과 관련된 유전자들의 발현을 핵심적으로 증가시키는 것으로 보인다.

간에서 불포화지방산과 PPARα의 작용 생선기름에 풍부한 22:6 n-3((DHA)와 20:5 n-3(EPA)와 같은 다가불포화지방산은 간에서 지방산 산화효소의 활성 및 유전자 발현을 증가시키는데, 이는 PPARα와의 결합에 의해서 일어난다. 세포 내 지방산의 대사에서 비에스터형 22:6 n-3와 20:5 n-3 지방산은 세포 내로 이동하여 ACS 또는 FATP에 의하여 신속하게 FACoA로 전환된 후 복합지질로 동화된다. FACoA 단계에서 18:3 n-3와 20:5 n-3가 포화도가 감소되면서 최종 생성물인 22:6-CoA로 변환된 후 복합지질로 동화된다. 잉여의 22:6은 22:6-CoA로 전환되어 퍼옥시좀에서 20:5 n-3-CoA로 변환되어 복합지질로 동화된다. 이때 리페이스에 의한 복합지질의 분해 또는 티오에스터레이스(TE)에 의한 20:5 n-3의 가수분해에 의하여 NEFA인 20:5 n-3가 생성되어 PPAR의 리간드로 작용하게 된다 **그림 4-8**.

근육에서 지방산 산화를 조절하는 PPARδ 근육은 에너지 대사가 활발하게 일어나는 조직 중의 하나이며 에너지 공급을 위해 지방산에 크게 의존한다. PPARδ는 PPAR

Δ6D
Δ6 desaturase

ELS
elongase

Δ5D
Δ5 desaturase

β-Ox
β-oxidation

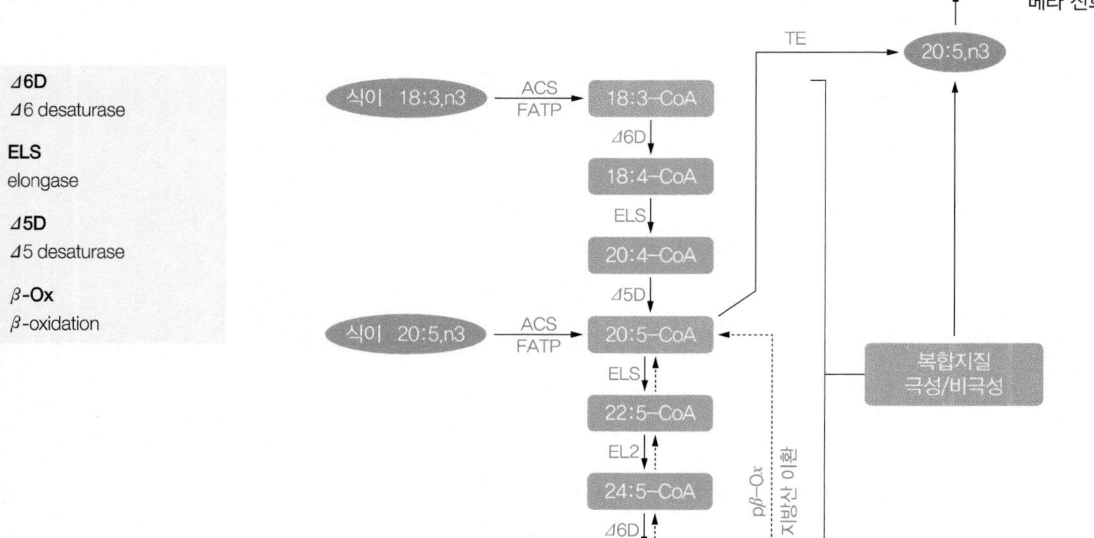

그림 4-8 n-3 불포화지방산 대사와 핵수용체 리간드의 생성
자료: Donald BJ et al., 2008

중에서 근육에 가장 풍부한 핵수용체이다. 실험에 의하면 PPARδ 유전자를 제거시킨 대부분의 배아는 조기에 사망하였으며, 일부 생존한 PPARδ 유전자 제거 마우스는 체지방량의 감소 현상을 보였다고 보고하였다. 하지만 지방세포에 한정하여 PPARδ 유전자를 제거한 동물에서는 이러한 결과가 나타나지 않았다. 이는 PPARδ가 지방세포에 작용하기보다는 신체 전신에 영향을 미침으로써 지질대사에 관여함을 추측할 수 있다. PPARδ 리간드로 작용하는 다가불포화지방산이 지방산 생합성에 작용하는 말로닐-CoA 탈카르복실화 효소malonyl-CoA decarboxylase 발현을 억제시킬 뿐만 아니라 CPT1 및 UCP3와 같은 지방산 산화에 중요한 유전자 발현 증가에 관여하고, 근육세포에서 지방산 산화의 속도를 증가시킨다고 보고되었다.

CPT1
carnitine palmitoyltransferase I

UCP3
mitochondrial uncoupling proteins 3

(2) HNF4 α

HNF4α는 핵수용체에 해당하는 또 다른 전사인자로서 간에서 주로 발현이 된다. HNFα는 PPRE와 유사한 염기서열에 결합하는 것으로 알려졌다. HNF4α 활성을 조절하는 리간드로는 지방산 아실 CoA$_{\text{fatty acyl CoA}}$가 있으며, 이 지방산 분자는 HNF α와 매우 단단히 결합한다. 최근 HNF4α가 간과 췌장에서 발현된 유전자의 12% 이상과 결합하였다는 보고도 있다. 이러한 결과들로 미루어 볼 때 HNF4α의 기본적인 생리학적 기능은 대사경로를 조절하기보다 조직 특이적인 유전자 발현에 관여하는 것으로 추측된다.

PPRE
peroxisome proliferator response element

(3) LXR

LXR 또한 핵수용체 과에 속하는 전사인자이다. LXR은 두 가지 동형$_{\text{isoform}}$이 존재하는데, 간에서 주로 발현되는 LXRα와 여러 조직에서 흔히 발견되는 LXRβ가 있다. 옥시스테롤로 알려진 콜레스테롤 대사물질은 천연 리간드로써 LXR을 활성화한다. LXR은 콜레스테롤/담즙산 수송에 속하는 콜레스테롤 역수송과 담즙산 합성에 관련된 유전자들의 발현을 증가시킨다 **표 4-2**.

표 4-2 Liver X-receptor 표적 대상 유전자의 종류

역할	LXR 표적 대사 유전자
담즙 합성	CYP7A (7 α -hydrolylase) (설치류에서만)
콜레스테롤 역수송체	ATP 결합 상자(ATP-binding cassettes): A1, G1, G5 & G8
혈장단백질	아포지방단백질(Apolipoproteins): The E/CI/CIV/CII gene cluster
	인지질 전달 단백질(Phospholipid transfer protein : PLTP)
	CETP(Cholesterol ester transfer protein)
지질 합성과 대사	SREBP-1c(Sterol regulatory element binding protein)
	지방산합성효소(Fatty acid synthase)
	SCD-1(Stearoyl CoA desaturase-1)
지방산 및 포도당 흡수	지단백질 지방분해효소(Lipoprotein lipase)
	포도당 수용체 4(Glucose transporter-4)

자료: Donald JB, 2004

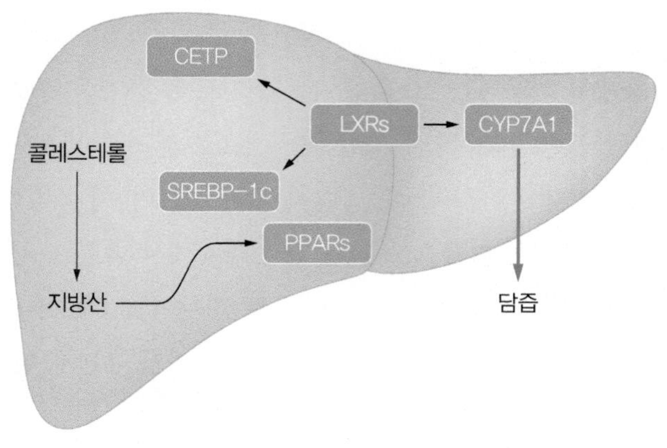

그림 4-10 간세포에서 LXR의 작용

아고니스트(agonist)
세포의 수용체와 특이적으로 결합하여 신경전달물질이나 호르몬 등과 비슷한 기능을 나타내는 물질

한편 합성 LXR **아고니스트**는 SREBP-1c를 유도하며, 마우스의 SREBP-1c에서 LXR과 반응하는 염기서열이 확인된 바 있다. 간에서 LXRα 활성에 의해 유도된 SREBP-1c의 생리적 역할은 담즙의 필수성분인 인지질과 잉여 콜레스테롤을 강제로 제거하기 위한 콜레스테릴 에스터의 합성을 위해 지방산을 제공하는 것으로 추측된다 **그림 4-10**. 최근 세포실험에서 밝혀진 바에 따르면 다가불포화지방산이 합성 LXR 아고니스트의 작용을 방해함으로써 SREBP-1c 전사를 억제시켜 지방합성이 저하되는 것으로 나타났다. 한편 동물실험에서도 다가불포화지방산이 흰쥐의 간에서 SREBP-1c mRNA 수준을 감소시키는 것으로 나타났다. 그러나 20:5 n-3 다가불포화지방산이 LXR 아고니스트에 의한 SREBP-1c 유도를 방해하였으나, 담즙 대사에 관여하는 다른 LXR 반응 유전자에 대해서는 유도작용을 하지 않았다고 보고되기도 하였다. 따라서 다가불포화지방산이 LXR 활성을 억제하는가에 대해서는 앞으로 좀 더 많은 연구가 필요하다.

2) 전사인자에 미치는 지방산의 간접적 효과

NFκB
nuclear factor κB

C/EBPβ
CCAAT/enhancer-binding proteinβ

CBP
CREB binding protein

앞에서는 직접적으로 핵수용체의 리간드로 작용하는 지방산의 작용에 대하여 살펴보았다. 한편 세포에 처리한 지방산 또는 동물에게 주는 다양한 지방식이 조성은 SREBP, NFκB, C/EBPβ, HIF-1α와 같은 여러 핵 내 전사인자에 간접적인 영향을 미친다. 이것은 지방산과 전사인자의 직접 결합에 의해서가 아니라 전사인자의 농도나 활성의 변화를 통하여 이루어진다. 이와 같이 전사인자를 조절하는 지방산의 간접적인 효과를 SREBP-1c와 NFκB의 예로 설명하고자 한다.

(1) SREBP-1c에 의한 지방산 합성 조절

SREBP는 콜레스테롤, 지방산, 복합지질을 합성하는 데 관여하는 전사인자이다. SREBP는 저밀도 지단백수용체 프로모터에 결합하는 전사인자로 알려져 있다. SREBP는 3가지 형태가 있는데, SREBP-1a, SREBP-1c, SREBP-2이다. SREBP-1과 SREBP-2는 서로 다른 유전자로부터 전사되며, SREBP-1c와 SREBP-1a는 같은 유전자로부터 전사되지만 프로모터와 **엑손**의 차이 때문에 N-말단이 서로 다르다. SREBP가 DNA에 결합을 하면 **CREB 결합 단백질**(CBP)을 포함하는 여러 공활성인자$_{\text{co-activator}}$들이 모인다. 많은 지방합성이 SREBP-1c에 의하여 유도되지만 아직까지 SREBP-1c와 핵수용체 그리고 **공활성인자**의 상호작용에 관하여 명확히 입증된 바는 없다.

SREBP-1a는 지방산과 콜레스테롤을 합성하는 유전자 전사를 활성화하고, SREBP-2는 주로 콜레스테롤 대사와 합성에 관여하는 유전자 전사를 활성화한다. SREBP-1c는 간에서 지방산과 글리세롤지질$_{\text{glycerolipid}}$ 합성에 관여하는 유전자를 활성화하며 콜레스테롤 대사와 관련된 유전자를 활성화하지는 않는다. 다른 핵수용체와 다르게 지방산이나 콜레스테롤이 직접적으로 SREBP-1이나 SREBP-2에 결합한다는 증거는 없으며, 지방산과 콜레스테롤이 SREBP의 핵 내 양을 조절하는 것으로 밝혀져 있다. SREBP-1c는 여러 조직에서 발현하는데, 특히 간, 부신, 지방, 그리고 뇌조직에서 가장 많이 발현한다.

SREBP(sterol regulatory element-binding proteins)
스테롤 조절 요소 DNA 서열에 결합하는 전사인자. 콜레스테롤 생합성과 흡수, 지방산의 생합성에 간접적으로 작용함

엑손(exon)
유전자를 구성하는 아미노산 서열 중에서 단백질의 정보를 갖고 있는 부분

CREB 결합 단백질 (CREB binding protein)
인산화한 CREB에 특이적으로 결합하는 단백질

공활성인자(co-activator)
DNA 결합 도메인을 포함하는 전사인자에 결합하여 유전자 발현을 증가시키는 단백질. DNA에 직접 결합하지 않고 작용함

(2) 다가불포화지방산에 의한 SREBP-1c의 활성 억제

2~3%의 다가불포화지방산을 포함한 식이를 할 때 간의 지방합성 유전자의 발현이 억제된다. 그러나 포화지방산이나 단일불포화지방산과 같은 다른 지방산들은 이러한 억제작용을 하지 못한다. 다가불포화지방산은 SREBP-1c 전구체 유전자 mRNA 발현 과정과 SREBP-1c 전구체가 분해되어 활성화하는 과정의 두 단계에서 SREBP-1c의 활성을 억제한다 **그림 4-11**. 다가불포화지방산에 의해서 SREPB-1c mRNA 전사가 억제되는 기전은 잘 알려져 있으나, SREBP-1c의 분해로 인하

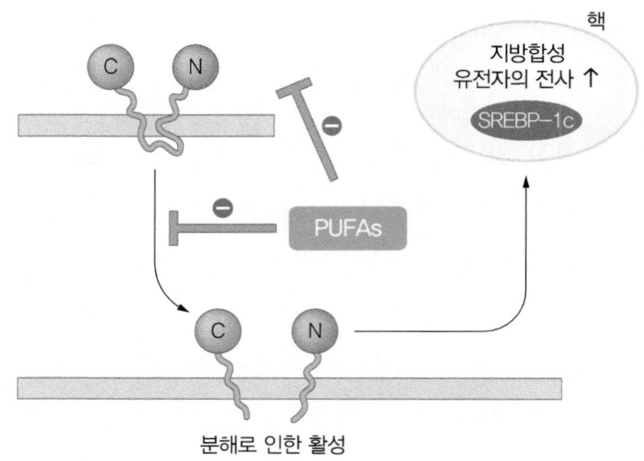

그림 4-11 다가불포화지방산에 의한 SREBP-1c의 조절
자료: Manabu TN et al., 2004

여 활성이 억제되는 자세한 기전은 현재 연구 중에 있다. SREBP-1c는 여러 유전자 프로모터에서 다가불포화지방산에 반응하는 DNA 서열인 **다가불포화지방산 반응 염기서열**에 결합하며, 지방산 합성, SCD, Δ6D 유전자에 대해 발현 억제 작용을 하는 전사인자로 확인되었다. SCD의 산출물은 18:1 n-9와 16:1 n-7이며, 이는 인지질, 중성지방, 콜레스테릴에스터 등 넓은 범위의 지질에 속한다. 그러나 Δ6D의 산출물은 20:4 n-6과 22:6 n-3이며, 대부분 중성지방이 아닌 인지질에 한정되는 특징을 가지고 있다.

다가불포화지방산 반응 염기서열(PUFA responsive sequence)
스테롤 조절 요소 DNA 서열에 결합하는 전사인자. 콜레스테롤 생합성과 흡수, 지방산의 생합성에 간접적으로 작용함

SCD
stearoyl CoA desaturase

IκBα
nuclear factor of kappa light polypeptide gene enhancer in B-cells inhibitor α

IκK
Inhibitor of κB kinase

(3) 지방산에 의한 NFκB의 합성 조절

NFκB는 면역과 염증반응에 중심적 역할을 하는 전사인자로서 거의 모든 세포에서 발현된다. NFκB는 p50과 p65 단백질이 결합된 이형이량체 형태이며 주로 DNA에 결합한다 **그림 4-12**. 비활성 상태에서 억제인자인 IκBα와 함께 복합체를 이루어 세포질에 존재하다가, 염증반응을 촉진하는 사이토카인cytokine이 세포 표면에 있는 수용체와 결합하게 되면 IκBα를 인산화하는 IκK가 활성화된다. IκBα가 인산화하면 IκBα는 p50-p65 이형이량체로부터 분리된다. 인산화된 IκBα는 유비퀴틴ubiquitine에 의해 분해되고 NFκB는 핵으로 이동하여 공통서열 (GGGRNNYYCC) 프로모터에 결합하여 관련 유전자를 발현시킨다. NFκB는 c/EBPβ와 같은 전사요소들이 자리하는

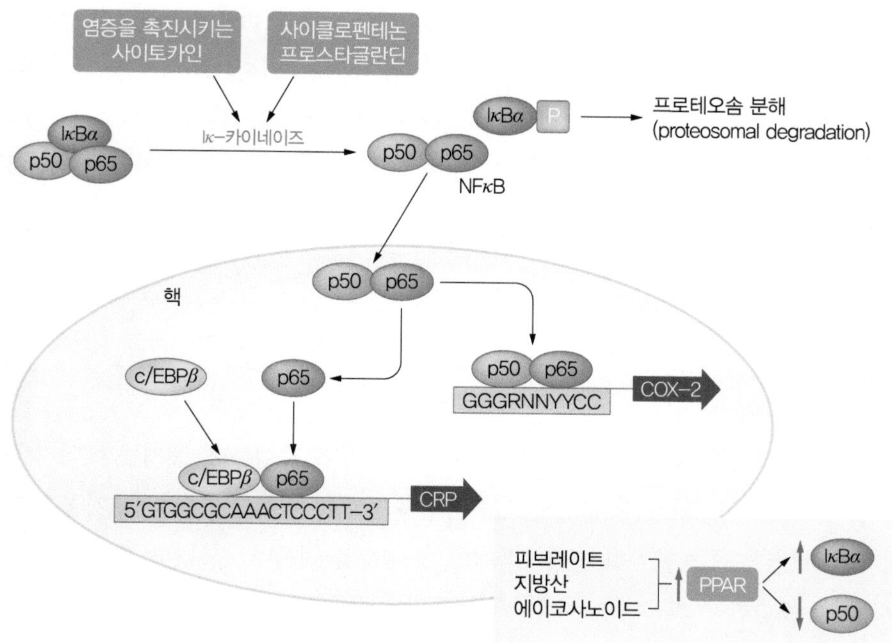

그림 4-12 유전자 발현을 조절하는 NFκB의 메커니즘
자료: Donald BJ, 2004

위치에 결합하는데, 최근 연구에 의하면 p65가 c/EBPβ에 의해서 CRP의 프로모터에 위치한다고 한다.

NFκB를 조절하는 지방산의 작용은 다양하다. NFκB의 표적 중 하나는 COX-2 프로모터이다. 염증반응을 촉진하는 사이토카인은 IκK를 활성화하여 염증반응을 일으키는 프로스타글란딘prostaglandin 생산을 유도한다. 염증반응 후반 단계에서 프로스타글란딘 합성은 사이클로펜테논 프로스타글란딘cyclopentenone prostaglandin을 합성하는 방향으로 다시 돌려진다. 이러한 반응은 IκK에 의해서 직접적으로 억제되며, 이로 인해 IκBα의 인산화와 핵 안의 NFκB의 양을 감소시켜 염증반응을 악화시킨다. 두 번째 기전은 지방산과 피브레이트에 의해 조절되는 핵수용체인 PPARα가 작용한다. 피브레이트fibrates는 CRP 유전자 발현을 감소시키는데, 이는 간에서 p50-NFκB-c/EBPβ 복합체의 형성을 방해함으로써 조절된다. 세 번째 기전에서는 LPS가 혈액의 단핵구/대식세포에서 COX-2와 TNFα의 전사를 촉진시킨다. 이는 결과적으로

CRP
C-reactive protein

COX-2
cyclooxygenase-2

LPS
lipopolysaccharide

TNFα
tumor necrosis factor α

PI3K
phosphatidylinositide 3-kinases

AKT
protein kinase B

MEKK1
mitogen activated protein kinase kinase kinase 1

TLR-4
toll like receptor-4

COX-2와 TNFα 프로모터에서 NFκB가 활성화하며, LPS에 의해 유도된 전사는 n-3 다가불포화지방산에 의해서 억제가 된다. 그러나 이 기전은 IκBα의 인산화 또는 NFκB를 활성화하는 다른 기전인 PI3K/AKT, IκK, MEKK1에는 관여하지 않으며, n-3 다가불포화지방산(20:5 n-3와 22:6 n-3)가 원형질막 수준에서 TLR-4 작용에 개입하는 것으로 밝혀졌다.

3 결론

인간의 생리학적 관점에서 식이 지방은 두 가지 역할을 수행한다. 첫째는 에너지 공급과 세포구조 구성의 역할이며, 둘째는 유전자 발현의 변화를 통해 세포기능을 조절하는 것이다. 이는 다양한 생리학적 기능에 영향을 미치며, 전사인자 및 신호전달 매개체를 포함한다 **그림 4-13**. 지방산의 작용을 받는 세포는 지방산의 존재 유무, 지

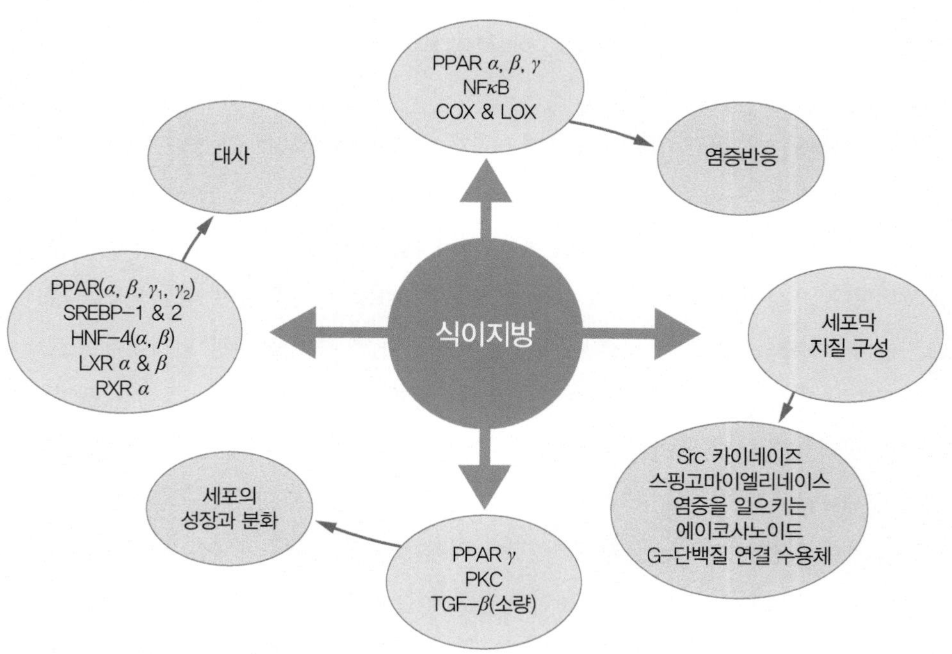

그림 4-13 식이 지방이 세포 내 유전자 발현과 기능에 미치는 다양한 영향
자료: Donald BJ, 2004

방산의 구조, 세포 특이적인 대사 등의 영향을 받는다.

특정 세포기능을 조절하는 지방산의 기능은 섭취한 식이 지방의 종류와 양이 어떻게 인간의 건강과 만성 질환의 발병 및 진행에 영향을 미치는가를 짐작하게 한다. PPAR, LXR, HNF-4, RXR를 포함한 여러 핵수용체가 지방산에 의해 조절되는 것이 밝혀졌는데, 이들 중 PPAR의 기능만이 잘 정립되어 있으며 HNF-4, LXR, RXR의 조절에 대한 지방산의 역할은 아직도 논란의 여지가 있다. 따라서 이러한 핵수용체와 관련된 네트워크를 통제하는 지방산의 역할에 대한 더 많은 연구가 필요하다.

한편 세포 특이적인 지질 대사는 지방산에 따라 세포의 생물학적 반응의 차이를 의미하며, 이는 n-6와 n-3 다가불포화지방산의 차별적인 효과를 뒷받침하여 준다. 지질에 의한 대사경로가 수년간 연구되는 동안에도 지방산의 차이에 따라서 전사인자의 활성이 어떻게 달라지는지는 아직 명확하게 입증되지 않았다. 더욱 새로운 접근방법으로 세포의 작용에 있어서 지질 매개체를 생성하는 특정 기전에 대한 연구가 필요하며, 이러한 심도 깊은 연구는 유전자와 식이 지방의 상호작용에 대한 이해를 향상시킬 것이며, 지질에 관련된 만성 질환에 대처할 수 있는 새로운 전략을 제안할 수 있을 것이다.

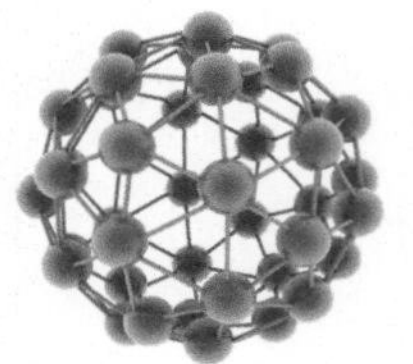

CHAPTER 5
비타민 A

RAL
retinal

RA
retinoic acid

비타민 A는 다양한 대사 및 생리활성을 가진 영양소로, 정상적인 성장과 발달, 시각기능, 면역기능, 건강한 피부 및 상피세포의 작용 등을 위해 필수적으로 요구된다. 비타민 A는 체내에서 몇 가지 서로 다른 형태로 전환될 수 있으며, 각 대사물질에 특이적인 결합단백질과 효소를 이용하여 그 과정이 엄격하게 조절된다. 잘 알려진 대로 비타민 A의 대사물질 중 11-*cis*-레티날(RAL)은 로돕신rhodopsin 형성을 통해 시각 정보의 전달에 관여한다. 이와 달리 비타민 A의 좀 더 다양한 기능은 주로 유전자 발현 조절을 통해 이루어지는데, 특히 레티노산(RA)은 대표적인 유전자 발현 조절 영양소로서 500가지 이상의 유전자에 대한 전사활성에 관여한다.

본 장에서는 비타민 A의 대사경로와 조절방법을 알아보고, 비타민 A 및 그 대사물질이 유전자 발현에 미치는 영향과 관련 작용기작에 대해 설명하고자 한다. 마지막으로, 비타민 A의 주요 저장장소이며 대사장소인 간과 지방조직에서 비타민 A의 유전자 발현 조절이 간과 지방조직의 주요 기능에 미치는 영향을 알아본다.

1 비타민 A의 체내 대사

비타민 A는 레티놀(ROH)과 그 활성을 갖는 관련 화합물을 모두 일컫는 용어로, 그 구조는 β-이오논 고리에 이중결합을 가진 탄화수소 곁가지가 연결된 공통적인 특징을 갖는다. 레티노이드$_{retinoid}$는 비타민 A의 활성 여부에 관계없이 비타민 A와 구조적으로 공통점을 갖는 화합물을 말하며, 자연적으로 존재하거나 합성된 물질을 모두 포함한다 **그림 5-1**.

ROH
retinol

RE
retinyl ester

REH
RE hydrolase

혈중 비타민 A의 대부분은 레티놀이며, 비타민 A 대사는 레티놀의 조직 간 이동, 레티놀과 레티닐 에스터(RE) 사이의 에스터화/탈에스터화 반응, 레티놀의 단계적 산화 등으로 구성된다.

β-ionone

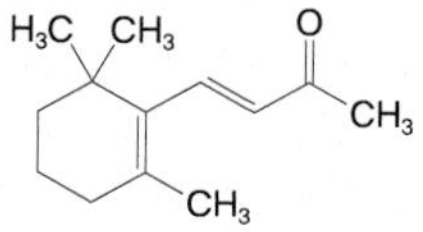

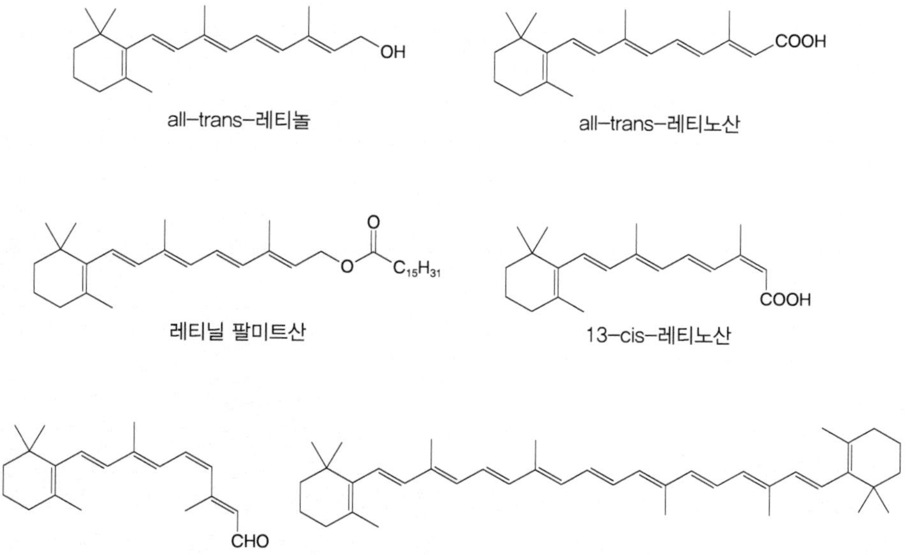

그림 5-1 주요 레티노이드와 베타-카로틴의 구조

1) 비타민 A의 대사 경로

(1) 소장에서의 흡수

동물성 식품에는 레티닐 에스터와 레티놀, 식물성 식품에는 비타민 A 전구체가 주로 함유되어 있다. 레티닐 에스터는 소화효소에 의해 식품으로부터 유리된 뒤, 담즙 및 지방산 등과 미셀을 형성하고, 소장 점막세포에서 레티닐 에스터 가수분해효소(REH)에 의해 분해되어 레티놀의 형태로 흡수된다. 베타-카로틴 및 일부 카로티노이드 등의 비타민 A 전구체는 소장 점막세포에서 쪼개짐cleavage 효소에 의해 레티날을 거쳐 레티놀로 전환될 수 있다.

CRBP-II
cellular retinol binding protein-II

LRAT
lecithin: retinol acyltransferase

HSC
hepatic stellate cell

RBP
retinol binding protein

이렇게 흡수된 레티놀은 소장 점막세포에서 CRBP-II와 결합하여 운반되고, LRAT에 의해 지방산과 결합하여 레티닐 에스터로 재조합된다. 재조합된 레티닐 에스터는 중성 지질, 콜레스테롤 에스터와 함께 카일로미크론에 쌓여 림프관을 통해 체내로 흡수된다 **그림 5-2**.

(2) 간 조직에서의 대사 및 저장

간은 체내 비타민 A의 대사와 항상성 유지에 중추적 역할을 담당한다. 카일로미크론에 포함되어 흡수된 레티닐 에스터는 카일로미크론 잔유물remnant에 남아 간세포hepatocyte로 흡수되고, 간세포 내에서 다시 가수분해되어 레티놀이 된다. 가수분해

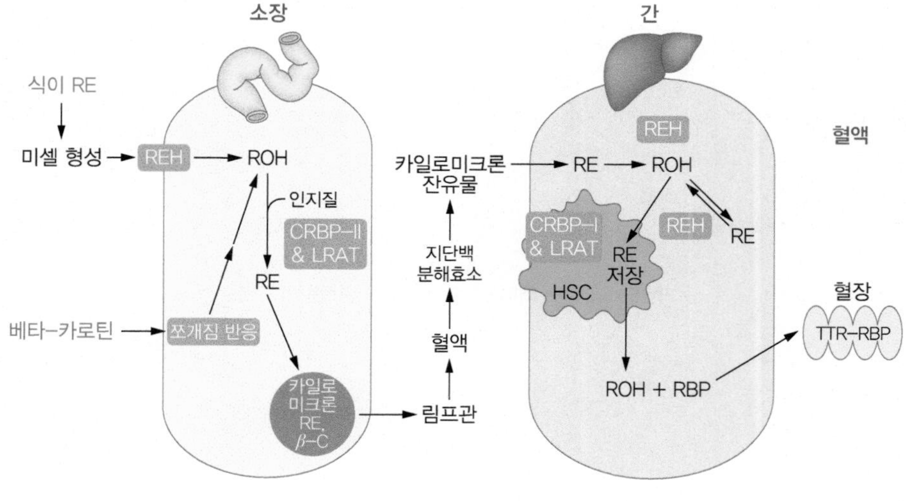

그림 5-2 비타민 A의 주요 대사과정

된 레티놀의 상당량은 간의 성상세포(HSC)로 이동되어 저장되는데, 특히 체내 비타민 A가 충분한 경우 카일로미크론 잔유물에 존재하는 대부분의 레티닐 에스터는 레티놀로 전환된 후 HSC로 이동되어 저장된다. 이때 HSC에는 CRBP-I과 LRAT가 다량 발현되어 레티닐의 에스터화 및 저장에 관여한다. HSC에 저장된 비타민 A의 양은 대부분의 사람들에서 수 주 혹은 수 개월의 필요량에 해당하는 정도로 풍부하다. HSC는 필요에 따라 레티놀이 혈액으로 이동되는 정도를 조절함으로써 혈액 레티놀 농도가 식이 섭취량의 변동에 영향을 받지 않고 1~2 μM 수준으로 유지되도록 한다.

(3) 혈액 이동

간 조직의 레티놀은 레티놀 결합단백질(RBP)과 결합하여 혈액으로 분비된다. RBP는 콜레스테롤 등의 지용성 성분과 결합하는 단백질 종류인 리포칼린lipocalin 단백질 패밀리에 속하는 단백질로서, 주로 간에서 합성된다. 소포체에 위치한 RBP는 레티놀과 결합하면 골지체로 이동되고, 이어 혈액으로 분비된다. 혈중 RBP의 거의 95%는 트랜스티레틴(TTR) 단백질과 1:1 결합을 하여, 레티놀-RBP-TTR 복합체의 형태로 존재한다.

혈중 레티놀은 표적target조직의 세포막에 존재하는 STRA6 막단백질을 통과하여 각 조직으로 전달된다.

TTR
transthyretin

STRA6
stimulated by RA gene 6

at-RA
all-*trans*-retinoic acid

RDH
retinol dehydrogenase

ADH
alcohol dehydrogenase

RALDH
retinal dehydrogenase

(4) 세포 내 비타민 A 대사

대부분의 비타민 A 대사물은 각 표적세포에서 생성되며, 다양한 효소가 관여한다 **표 5-1**. All-*trans*-레티노산(at-RA)은 가장 활성이 강한 비타민 A 대사물질로 all-*trans*-레티놀로부터 두 단계 반응을 걸쳐 생성된다.

첫 번째는 레티놀이 레티날로 산화되는 반응으로 몇 개의 레티놀 탈수소효소(RDH)에 의해 촉매된다. RDH는 short-chain dehydrogenase/reductase 수퍼패밀리에 속하는 효소로, 상대적으로 낮은 기질특이성을 갖고 있다. 또한 레티놀은 알코올 탈수소효소(ADH)에 의해서도 레티날로 산화될 수 있다. 레티놀의 레티날로의 첫 번째 산화반응은 레티노산 생성에 있어 속도조절단계rate-limiting step이다. 레티날은 레티놀의 2% 미만으로 대부분의 조직에서 매우 낮은 농도로 존재한다.

레티날의 레티노산으로의 산화는 비가역적인 반응으로, 레티날 탈수소효소

CMO
carotene-15,15'-monooxygenase

CYP26
cytochrome P-450 26

표 5-1 주요 비타민 A 대사 효소

효소	기질	기능	주요 작용 장소
LRAT	레티놀	인지질의 지방산 부분을 레티놀로 이동하여 레티닐 에스터 형성	대부분의 조직과 특히 눈, 소장, 간
CMO	베타-카로틴과 비타민 A 전구체 카로티노이드	카로티노이드의 중심 분열로 레티날 형성	소장, 간, 고환, 다른 장기
REH	레티닐 에스터	저장된 레티놀의 이동을 위해 레티닐 에스터의 탈에스터화	소장, 간, 많은 다른 장기
ADH	레티놀, 다른 알코올	레티놀이 레티날로 산화	대부분의 조직, 간, 눈, 다른 장기
RDH	레티놀, 다른 알코올	레티놀이 레티날로 산화	대부분 조직, 간, 피부, 고환, 신장과 폐
RALDH	레티날, 다른 알데히드	레티날이 레티노산으로 비가역적 산화반응	대부분의 조직
CYP26	레티노산	레티노산의 산화적 분해	대부분의 조직, 배아조직
UDP-glucuronosyl transferases	레티노산과 레티놀	체외 배출을 위해 글루쿠론산과의 결합으로 수용성화	간, 다른 조직

(RALDH) 단백질 패밀리나 cytochrome P-450 단백질 패밀리 등 다양한 효소가 관여한다. 특히 RALDH2 유전자는 배아 형성기 레티노산 생성에 매우 중요하다.

CYP26 단백질 패밀리 등 cytochrome P-450 효소는 레티노산의 산화적 하이드록실화oxidative hydroxylation를 통해 레티노산을 제거하는 데에 관여한다. CYP26 패밀리에 의한 at-RA의 대사 산물에는 4-oxo-at-RA, 4-hydroxy-at-RA, 5,8-epoxy-at-RA, 18-hydroxy-at-RA 등이 있다.

2) 레티노이드 결합단백질의 종류와 기능

비타민 A 대사에는 레티노이드와 결합하는 다양한 종류의 샤페론chaperone 단백질이 관여한다. 이들 레티노이드 결합단백질은 친유성인 레티노이드 분자가 수용성 환

표 5-2 세포 내 레티노이드-결합 단백질의 종류와 기능

단백질	주요 리간드	작용 기작	체내 기능
RBP	at-레티놀	• 간 조직에서 레티놀 방출 • 혈중 레티놀 운반	혈중 레티놀 항상성 유지
CRBP-Ⅰ	at-레티놀 ≫at-레티날	• 혈중 레티놀을 세포 내로 이동 • 레티놀과 레티날의 용해도 높임 • 레티놀이 막과 비특이적인 반응에 의해 분해되는 것으로부터 보호 • LRAT에 의한 레티놀의 에스터화 유도 • 레티놀과 레티날의 탈수소효소에 의한 산화반응 조절	세포 내 레티놀 풀의 증가 비타민 A의 저장 조절 레티노산 합성 조절
CRBP-Ⅱ	at-레티놀 at-레티날	• LRAT에 의한 레티놀의 에스터화 유도 • 레티놀 → 레티날 재산화 방해 • 레티날 → 레티놀 환원 유도	소장에서 식이 비타민 A의 흡수 조절
CRABP-Ⅰ과 CRABP-Ⅱ	at-레티노산	• 레티노산을 RAR으로 수송 • 레티노산 → 극성 대사산물 전환 촉진(CRABP-I)	레티노산의 세포작용 조절
CRALBP	11-*cis*-레티놀 11-*cis*-레티날	• at-레티놀 → 11-*cis*-레티놀 이성질화 반응 • 11-*cis*-레티놀 → 11-*cis*-레티날 산화 촉진	11-*cis*-레티날의 생성 조절
IRBP	at-레티놀 11-*cis*-레티날	• 망막에서 11-*cis*-레티날 수송	로돕신의 재생 및 이용

경에서 원활하게 이동할 수 있도록 도움을 줄 뿐 아니라, 레티노이드의 저장, 이동 및 대사를 조절하는 역할을 한다 **표 5-2**.

(1) RBP와 TTR

혈액 속 비타민 A의 95%는 all-*trans*-레티놀 형태이며 이들의 거의 대부분은 세포 외 레티노이드 결합단백질의 하나인 RBP와 결합하여 존재한다. RBP는 분자량이 21 kDa이고, 레티놀과 결합할 수 있는 소수성 부위hydrophobic pocket를 가지고 있어 레티놀과 1:1 비율로 결합한다. 레티놀과 결합한 RBP를 holo-RBP라고 부르는데, 앞에서

설명한 대로 holo-RBP는 혈액에서 TTR과 결합하여 운반된다. TTR은 4량체tetramer로 이루어져 있으며 holo-RBP의 구조를 안정화시킨다. 또한 holo-RBP-TTR 복합체의 형성은 이들 복합체의 분자량을 약 75 kDa으로 크게 하여 사구체에서의 여과를 감소시키고, 이에 따라 신장에서의 레티놀 손실을 줄이는 역할을 한다.

RBP과 마찬가지로 TTR은 주로 간조직에서 합성된다. RBP의 반감기는 apo-RBP 4시간, holo-RBP 12시간으로 비교적 짧아 혈중 농도가 낮은 편이다. 이에 반해 TTR은 RBP에 비해 혈중 농도가 높아 대부분의 TTR이 RBP와 결합되지 않은 유리된 형태free form의 4량체로 존재한다. TTR은 RBP 이외에도 펩티드 호르몬인 티록신thyroxine과 결합하여 혈액 내 티록신 운반을 담당하기도 한다.

RBP에 대한 유전자인 *RBP4*는 간 조직에서 가장 높은 수준으로 발현된다. 하지만, 지방조직이나 신장에서도 간조직의 약 3~10%에 해당하는 RBP4 mRNA가 있어 이들 조직에서도 RBP가 합성되는 것으로 생각된다. 특히 지방조직에서 합성되는 RBP는 아디포카인adipokine으로 작용하여 포도당 대사 항상성 유지에 관여하는 것으로 알려져 있으며, 다양한 대사지표와의 연관성이 보고되고 있다(175쪽 참고).

(2) CRBP

CRBP
cellular retinol binidng protein

CRBP-I와 CRBP-II는 지방산 결합단백질fatty acid binding protein/CRBP 패밀리에 속하는 단백질이다. 약 14.6 kDa 크기로, 한 분자의 레티놀과 결합할 수 있는 소수성 결합부위를 가지고 있다. CRBP-I은 가장 흔한 형태로, 간, 신장, 고환 및 다른 여러 조직에 분포하며, CRBP-II는 주로 소장세포에 국한되어 분포한다. CRBP-I은 주로 all-*trans*-레티놀과 결합하며, all-*trans*-레티날과는 상대적으로 드물게 결합한다. 반면, CRBP-II는 all-*trans*-레티놀 또는 all-*trans*-레티날과 비슷한 친화도로 결합한다. 레티놀에 대한 친화도는 CRBP-I가 CRBP-II에 비해 100배 정도 높고, 레티날에 대한 친화도는 CRBP-I과 CRBP-II가 비슷하다.

CRBP-I의 주요 기능을 살펴보면 첫째, 세포 내 레티놀 풀pool을 증가시킨다. 즉 레티놀 및 레티날과 결합함으로써 세포 내 저장장소passive reservoirs를 제공하고, 세포 내 유리형태의 비타민 A 농도를 낮게 유지함으로써 혈중 레티놀이 세포 내로 이동하는 것을 원활하게 한다. 뿐만 아니라, CRBP-I에 결합된 레티놀은 레티놀이 인지질 막과 비특이적으로 반응하여 분해되는 것으로부터 보호된다. 둘째, CRBP-I은 LRAT과의 단백질–단백질 상호작용을 통해 CRBP-I에 결합되어 있는 레티놀을 노출시킴으로써 레티놀의 에스터화를 유도하여 저장형태인 레티닐 에스터의 생성을 증가시킨다. 셋째, CRBP-I와 결합된 레티놀과 레티날은 특정 형태의 RDH 및 RALDH에 대한 기질으로만 작용함으로써 레티노산 합성을 조절한다.

CRBP-II는 소장 점막세포에서 LRAT에 의한 레티놀의 에스터화를 유도함으로써 식이 비타민의 체내 흡수를 돕는다. 또한 CRBP-I과 마찬가지로 CRBP-II는 레티놀과 레티날에 작용하는 효소의 기질특이성에 영향을 주어 대사과정을 조절한다. 예를 들어, 소장 점막세포의 레티날 환원효소retinal reductase는 CRBP-II에 결합된 레티날을 환원시켜 레티놀을 생성하지만, 유리된 형태의 레티날에는 작용하지 못한다. 반대로, 소장 점막세포의 RDH는 유리형태의 레티놀에만 작용한다. 따라서 CRBP-II에 결합되어 격리된sequester 레티놀은 레티날로의 재산화가 억제된다.

(3) CRABP

CRABP-1과 CRABP-II는 CRBP와 비슷한 구조를 갖고 있으며, all-*trans*-레티노산과 결합한다. CRABP-I은 대부분의 조직에서 발현되고 CRABP-II는 피부, 자궁 및 난소, 뇌의 맥락총choroid plexus에 조직특이적으로 발현된다. 일반적으로 CRBP보다 낮은 농도로 존재한다.

CRABP-I는 CYP26 단백질과의 상호작용을 통해 레티노산이 산화적 대사산물로 전환되는 것을 촉진한다. 또한 CRABP-I과 CRABP-II는 레티노산이 핵 내로 이동하여 RAR로 전달될 수 있도록 도움으로써 비타민 A의 유전자 발현 조절에 관여한다.

CRABP
cellular retinoic acid binding protein

CRALBP
cellular retinal binding protein

IRBP
interstitial retinoid-binding protein

RPE
retinal pigment epithelium

IPM
interphotoreceptor matrix

(4) CRALBP와 IRBP

CRALBP와 IRBP는 거의 눈에서만 발현되는 단백질로 시각기능과 밀접한 관계가 있다. 즉 CRALBP는 눈의 망막retina에서 발현되는 단백질로 all-*trans*-레티놀의 11-*cis*-레티놀로의 이성질화 반응에 필수적으로 요구된다. 이때 CRALBP는 이성질화 효소의 활성에 직접 영향을 주기보다는 11-*cis*-레티놀과의 친화도가 매우 높아 11-*cis*-레티놀과 결합하여 격리시킴으로써 생성물의 농도를 낮추어 이성질화 반응을 촉진하는 것으로 알려져 있다. 또한 CRALBP는 생성된 11-*cis*-레티놀의 LRAT에 의한 에스터화는 억제하고, 11-*cis*-레티날로의 산화반응은 촉진함으로써 망막색소

상피세포(RPE)에서의 11-*cis*-레티날 농도를 높인다. 한편, IRBP는 RPE에서 생성된 11-*cis*-레티날을 IPM를 통과하여 광수용체photoreceptor 표면으로 수송하는 역할을 한다.

2 비타민 A의 유전자 발현 조절

비타민 A는 세포증식, 분화, 세포사멸 등에 영향을 미치며, 대사조절에도 중요하게 관여한다. 이러한 다양한 기능은 비타민 A의 핵 레티노이드 수용체를 통한 유전자 발현 조절과 밀접한 관계가 있다.

1) 핵 레티노이드 수용체를 통한 유전자 발현 조절

RE
reponse element

NR
nuclear hormone receptor superfamily

RAR
retinoic acid receptor

RXR
retinoid X receptor

핵 레티노이드 수용체는 표적 유전자의 프로모터 부위에 위치한 반응 배열(RE)에 결합하여 전사를 촉진하는 전사인자이다 **그림 5-3**. 핵 레티노이드 수용체는 리간드-의존적인 전사인자이며, 핵 레티노이드 수용체를 통한 유전자 발현 조절은 핵 레티

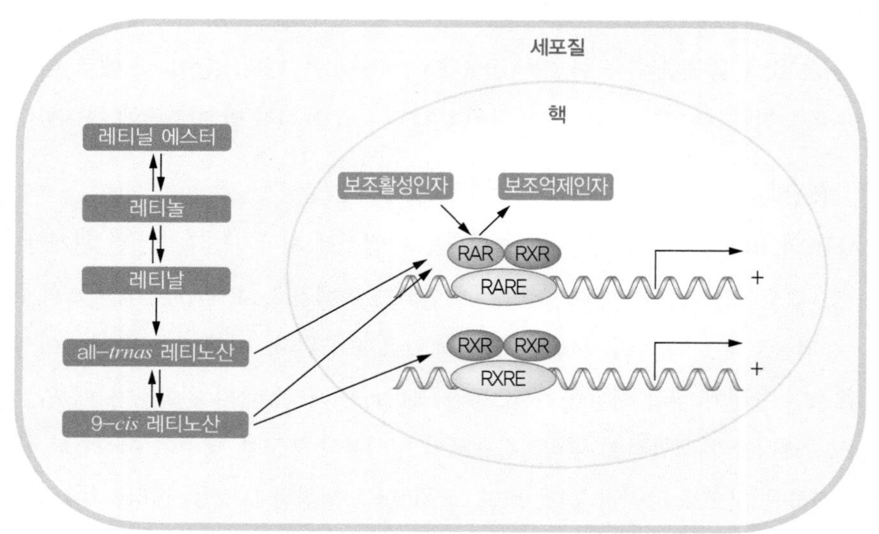

그림 5-3 비타민 A의 핵 레티노이드 수용체를 통한 유전자 발현 조절

노이드 수용체의 이량체 형성, 표적 유전자 반응 배열과의 결합, 리간드 결합, 보조활성인자co-activator 모집recruitment, 염색질 재구성chromatin remodeling, 전사개시 등의 여러 단계로 이루어진다.

(1) 핵 레티노이드 수용체

핵 레티노이드 수용체는 핵 호르몬 수용체 수퍼패밀리(NR)에 속하며, RAR과 RXR의 두 종류가 있다. RAR과 RXR은 각각 세 개의 subtype(RARα, RARβ, RARγ, RXRα, RXRβ, RXRγ)을 가지는데, 이들은 모두 서로 다른 유전자 부위에 위치하고 있어 독립적인 기능을 한다 **표 5-3**. RARα와 RXRβ는 비교적 모든 조직에 분포하고, 이 외의 레티노이드 수용체들은 조직특이적으로 발현된다. 또한 각 subtype은 선택적 스플라이싱alternative splicing과 분별적 프로모터 이용differential promoter usage 등을 통해 몇 개의 동형을 가질 수 있어(RARβ1, RARβ2 등), 핵 레티노이드 수용체의 복합성을 더해 준다.

RAR은 all-*trans*-레티노산 또는 9-*cis*-레티노산과 결합하여 활성화되는 반면, RXR은 주로 9-*cis*-레티노산에 의해서만 활성화된다. 이들 리간드와 결합하여 활성화된 수용체는 RXR-RXR 동종이량체를 형성하거나 RAR-RXR 이종이량체를 형성한다. 또한 RXR은 RAR 이외에 VDR, TR, PPAR, COUP-TF, farnesoid X-activated receptor, liver-X receptor 등 다양한 핵 호르몬 수용체들과 이종이량체를 형성할 수 있다. RXR과 이종이량체를 형성하는 수용체의 리간드에는 지방산, 프로스타글란딘, 콜레

VDR
vitamin D receptor

TR
thyroid hormone receptor

PPAR
peroxisome proliferator-activator receptor

COUP-TF
chicken ovalbumin upstream promoter-transcription factor

표 5-3 핵 레티노이드 수용체의 종류

핵 수용체	유전자 위치	발현조직	리간드	주요 기능
RARα	17q21.1	보편적	at-RA, 9-*cis* RA	전사인자; RXR과 결합
RARβ	3p24	근육, 전립샘	at-RA, 9-*cis* RA	
RARγ	12q13	피부, 폐	at-RA, 9-*cis* RA	
RXRα	9q34.3	간, 피부, 신장	9-*cis* RA	전사인자; RXR, RAR, VDR, TR, PPAR 등 다양한 NR과 결합
RXRβ	6p21.3	보편적	9-*cis* RA	
RXRγ	1q22.23	근육, 심장	9-*cis* RA	

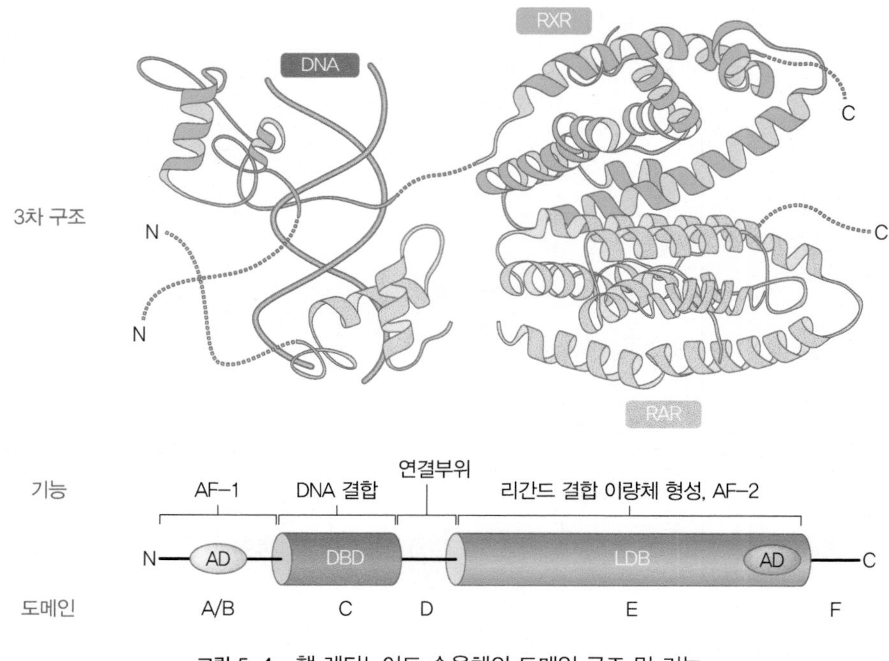

그림 5-4 핵 레티노이드 수용체의 도메인 구조 및 기능

스테롤 대사체 등 대사 생성물이 많아 RXR을 '대사 센서metabolic sensor'로 구분하기도 한다.

핵 레티노이드 수용체는 5~6개의 독립적인 기능을 갖는 도메인으로 구성되어 있는데, 특히 DNA-결합 도메인(DBD)과 리간드-결합 도메인(LBD)은 진화적으로 잘 보존된 도메인이다 **그림 5-4**. DBD는 두 개의 아연 핑거zinc finger 부위를 갖고 있으며, DNA 배열을 인지하는 데 관여한다. LBD는 전사 활성을 조절하는 다기능 도메인으로 리간드-결합 포켓, 이량체 형성 도메인과 리간드-의존적인 전사활성 도메인(AF-2)으로 구성된다. N-terminal의 A/B 도메인은 리간드-비의존적인 전사활성을 가지며(AF-1), MAP 키네이스나 cyclin-의존성 키네이스에 의해 인산화될 수 있는 부위를 가지고 있다.

DBD
DNA-binding domain

LBD
ligand-binding domain

NLS
nuclear localization signal

D 도메인은 DBD와 LBD의 연결부위hinge region로, DNA 결합 시 적절한 입체 구조를 형성할 수 있도록 한다. 또한 이 부위에는 핵 위치신호(NLS)가 있으며, 전사보조인자와의 상호작용에도 관여할 것으로 생각되고 있다. F 도메인은 RAR에만 있고 RXR에는 없으며, 구체적인 기능은 알려져 있지 않다.

(2) 레티노산 반응 배열

핵 레티노이드 수용체와 결합하는 특정 DNA 배열을 레티노산 반응 배열(RARE)이라고 한다. 매우 다양한 종류의 유전자들이 레티노산에 의해 전사가 조절될 수 있으며, 이들 유전자들은 대부분 프로모터 부위에 RARE를 가지고 있다 **표 5-4**. 예를 들어, RARα2, RARβ2, RARγ2 등 핵 레티노이드 수용체에 대한 유전자들은 프로모터 부위에 전형적인 DR5 형태의 RARE가 있어 레티노산에 의해 전사가 증가한다. 또한 CRBP-I, CRBP-II, CRABP-II, CYP26 등 레티노이드 대사 관련 단백질에 대한 유전자들도 RARE가 있어, 레티노산의 생성 및 분해가 레티노산에 의해 자가조절self-

RARE
retinoic acid response element

표 5-4 비타민 A 표적 유전자의 레티노산 반응 배열

형태	유전자	염기배열	기능
		PuG(G/T)TCA (1,2,5) PuG(G/T)TCA	
DR5	RAR α 2	GA GGTTCA GCGAG AGTTCA GC	전사인자
	RAR β 2	AG GGTTCA CCGAA AGTTCA CT	전사인자
	RAR γ 2	CC GGGTCA GGAGG AGGTGA GC	전사인자
	CYP26	TT AGTTCA CCCAA AGTTCA TC	레티노이드 분해
	Hoxa-1	CA GGTTCA CCGAA AGTTCA AG	배아 발생
	Hoxd-4	TA TGGTGA AATGC AGGTCA CA	배아 발생
	HNF3 α	AA AGGTCA GGGGG AGGGGA CA	전사인자
	ADH3	AG GGGTCA TTCAG AGTTCA GT	알코올 대사
	MGP	AA GGTTCA CCTTT TGTTCA CC	뼈와 혈관의 무기질 침착
DR1	CRBP-II	AC AGGTCA C AGGTCA CA	레티노이드 대사
	CRABP-II	GA AGGGCA G AGGTCA CA	레티노이드 대사
	ApoA I	GC AGGGCA G GGGTCA CA	지질 수송
	PEPCK	CA CGGCCA A AGGTCA AG	당질대사 수송
DR2	CRBP-I	GT AGGTCA AA AGGTCA GA	레티노이드 대사
	CRABP-II	CC AGTTCA CC AGGTCA GG	레티노이드 대사
	ApoA I	AG GGGTCA AG GGTTCA GT	지질 수송

RARE의 구조에 따른 기능 특이성

전형적인 RARE 구조의 특징을 살펴보면, 5′–PuG(G/T)TCA–3′의 6개 뉴클레오티드로 이루어진 모티프가 직접 반복(direct repeat, DR)되는 구조를 갖고 있으며, 반복되는 모티브 사이에는 1~5개의 뉴클레오티드 간격이 있다(DR1~DR5). 이 중 RXR–RAR 이종이량체는 주로 DR5 또는 DR2, RXR–RXR 동종이량체는 주로 DR1 형태의 RARE와 결합한다. 또한 DR은 5′– 또는 3′–의 방향성(polarity)이 있어 활성에 변화를 준다. 즉 DR2와 DR5에 결합하는 RXR–RAR의 경우 RXR이 5′쪽에 위치하여 전사 활성을 증가시키는 반면, DR1에 결합하는 RXR–RAR은 RXR이 3′쪽에 위치하여 결합하여 전사활성을 억제한다. 이 밖에 RARE는 다양한 조합의 이량체와 결합할 수 있는데, RXR–VDR은 DR3, RXR–TR은 DR4, RXR–PPAR은 DR1 형태의 RARE와 결합한다(그림 5–5).

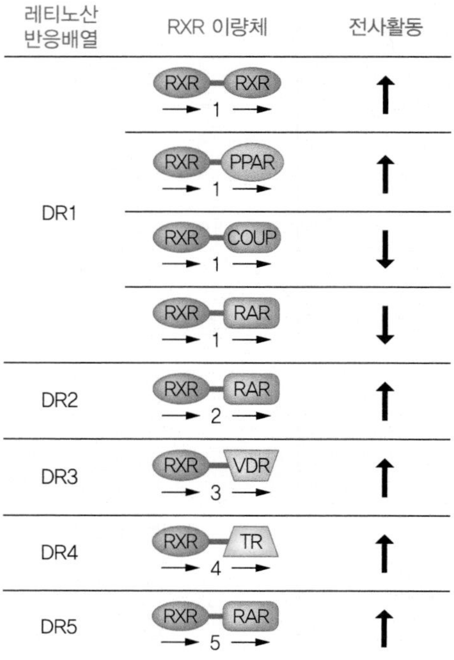

레티노산 반응배열	RXR 이량체	전사활동
DR1	RXR–RXR (→ 1 →)	↑
	RXR–PPAR (→ 1 →)	↑
	RXR–COUP (→ 1 →)	↓
	RXR–RAR (→ 1 →)	↓
DR2	RXR–RAR (→ 2 →)	↑
DR3	RXR–VDR (→ 3 →)	↑
DR4	RXR–TR (→ 4 →)	↑
DR5	RXR–RAR (→ 5 →)	↑

그림 5–5 RARE의 종류와 기능

regulation될 수 있음을 보여준다. 이 밖에 ADH3, Hox, HNF3, PEPCK, MGP 등도 유전자 프로모터 부위에 RARE를 통해 세포 내 레티노산의 수준에 따라 유전자 발현이 조절된다.

ADH
alcohol dehydrogenase

HNF3
hepatocyte nuclear factor 3

PEPCK
phosphoenol-pyruvate carboxykinase

MGP
matrix gla protein

NCoR
nuclear receptor corepressor

SMRT
silencing mediator for retinoid and thyroid hormone receptors

(3) 보조활성인자와 염색질 재구성

핵 레티노이드 수용체의 전사인자로서의 활성은 리간드 결합 여부에 따라 달라지는데, 이러한 활성 변화는 보조활성인자와의 결합 및 염색질 리모델링을 통해 이루어진다.

① 리간드와 결합하지 않은 상태의 핵 레티노이드 수용체 복합체는 표적유전자의 프로모터 부위에 위치한 반응 배열과 약하게 결합을 하고 있지만, LBD 부위에 NCoR과 SMRT 등의 보조억제인자co-repressor가 결합하고 있어 전사가 억제된 상태이다. 이들 보조억제인자는 히스톤 디아세틸레이스(HDAC) 활성을 갖는 커다란 복합체를 불러들여 히스톤 단백질의 N-terminal 부위에 작용함으로써 염색질

chromatin을 좀 더 뭉치게 하고condensed 전사인자가 결합할 수 없는 상태로 만든다 그림 5-6a.

HDAC
histone deacetylase

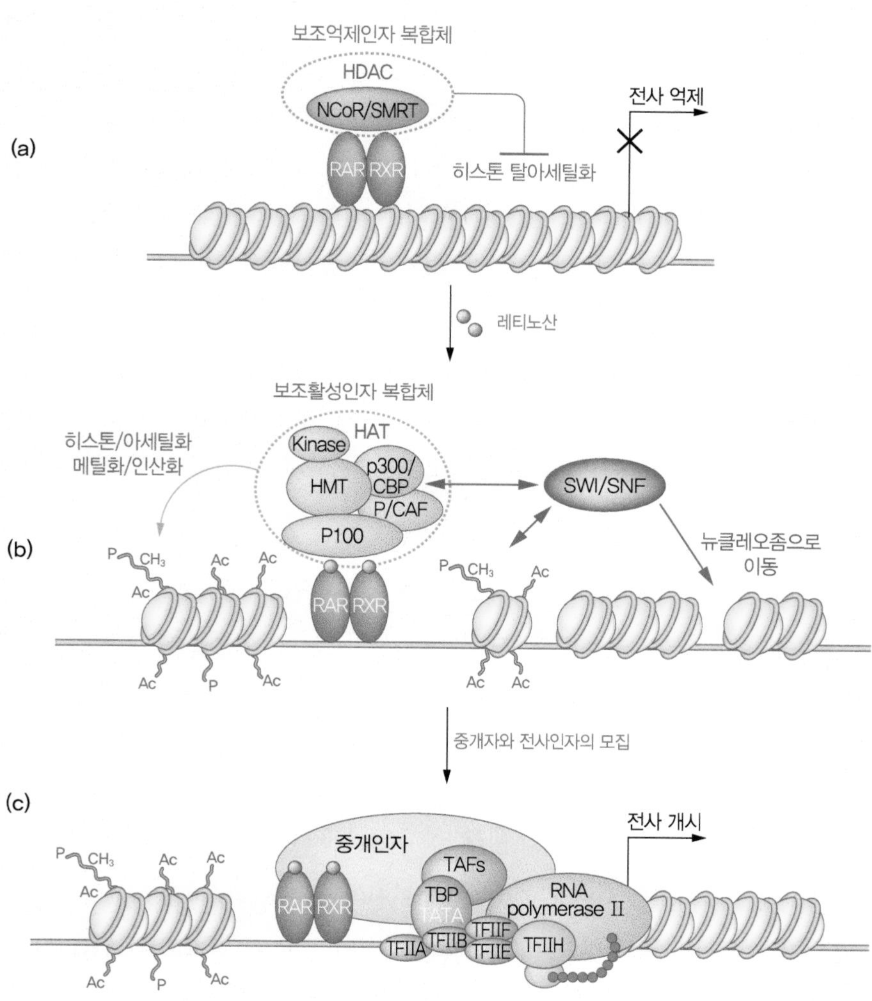

그림 5-6 핵 레티노이드 수용체의 작용 기작

(a) 리간드(레티노산) 부재 시, 핵 레티노이드 수용체는 보조억제인자와의 결합한다. 보조억제인자는 HDAC 활성을 통해 염색질을 뭉치게 하고 전사를 억제한다.

(b) 리간드 존재 시, 핵 레티노이드 수용체는 보조활성인자와 결합한다. 보조활성인자는 HAT 활성을 통해 염색체를 풀리게 한다.

(c) 풀린 염색질 부위로 RNA 중합효소 II와 기본전사인자로 이루어진 전사개시 복합체가 형성되어 전사가 개시된다.

(AC: 아세틸화, CH_3: 메틸화, P: 인산화)

SRC
steroid receptor coactivator

CBP/p300
CREB-binding Protein/p300

P/CAF
P300/CBP-associated factor

SMCC
SRB/MED-containing cofactor complex

HAT
histone acetyl transferase

HMT
histone methyltransferase

GTF
general transcription factor

② 리간드와 결합한 레티노이드 수용체는 입체구조가 바뀌어, 보조활성인자라고 부르는 핵 단백질이 결합할 수 있는 부위가 노출된다. 레티노이드 수용체에 결합하는 보조활성인자는 다양한데, 그중 SRC 단백질 패밀리(SRC/p160, CBP/p300, P/CAF 등)가 대표적이다. SRC 보조활성인자는 히스톤 아세틸 트랜스퍼레이스(HAT) 활성을 가지고 있어 뉴클레오솜 중심 히스톤의 아세틸화를 통해 염색질 구조를 이완시키고, DNA가 전사인자에 노출될 수 있도록 한다. 이 밖에 여러 보조활성인자가 HAT, 히스톤 메틸 트랜스퍼레이스(HMT) 및 키네이스의 활성을 통해 염색질 구조를 변화시킨다. 또한 리간드의 결합은 핵 수용체에 SWI/SNF를 불러들이는데, SWI/SNF는 12개의 서브유닛으로 이루어진 2 MDa의 거대 단백질로 ATP-의존적인 염색질 리모델링에 관여한다 **그림 5-6b**.

③ 염색질 리모델링은 HAT 활성을 갖는 보조활성인자를 유리시키고, SMCC 중개복합체mediator complex를 불러들인다. 이들 중개 복합체는 RNA 중합효소 IIRNA polymerase II와 기본전사인자GTF를 불러들여 전사개시복합체를 형성하고, 이에 따라 전사가 시작된다 **그림 5-6c**.

(4) 핵 레티노이드 수용체의 인산화와 분해

앞서 살펴본 바와 같이 핵 레티노이드 수용체는 리간드 결합 여부에 따라 활성이 조절되는 리간드-의존성 전사인자이다. 동시에, 핵 레티노이드 수용체는 다양한 세포 신호전달경로에 의해서도 활성에 영향을 받는다. 예를 들어, PKA, MAP 키네이스, PI3 키네이스 등은 RAR과 RXR의 인산화를 통해 전사활성을 조절할 수 있다. 즉 RAR은 LBD의 세린 부위가 PKA에 의해 인산화될 수 있고, RXR은 LBD 부위의 세린 혹은 타이로신 부위가 MAP kinase에 의해 인산화될 수 있다. 이 밖에 SMRT, CBP/p300 등의 보조억제 및 활성인자도 인산화될 수 있다. RAR 및 RXR의 인산화는 이들 수용체의 보조활성인자 동원recruitment 능력, 보조억제인자와의 연합association, 기본전사인자와의 연합 정도 등에 영향을 미쳐 RAR 및 RXR의 표적유전자에 대한 전사활성을 조절한다.

뿐만 아니라, RAR 및 RXR의 인산화는 이후 이들 핵 수용체가 분해되거나 핵 외로 방출되는 과정을 조절한다. 한 예로, RARγ의 AF-1 도메인은 다양한 키네이스에 의해 인산화되는데, 이를 유비퀴틴 연결효소가 감지하여 RARγ의 유비퀴틴화 및 프로테오좀에서의 분해를 촉진한다. 이러한 과정은 핵 레티노이드 수용체를 통한 전사활성의 정도와 지속시간을 조절하는 주요 작용기작이 된다.

2) 비타민 A 유전자 발현 조절의 기타 기작

비타민 A(레티노산)는 RAR 및 RXR의 리간드로 작용하여 표적유전자의 RARE를 통해 전사활성을 조절하는 전형적인classical 작용기작 이외에, 다양한 경로를 통해서도 유전자 발현을 조절할 수 있다 **그림 5-7**.

(1) 다른 전사인자와의 상호작용

레티노산은 NF-κB, AP-1, PPARβ/δ 등의 다른 전사인자와의 상호작용을 통해, 이들 다른 전사인자의 활성에 영향을 미침으로써 RARE를 보유하지 않은 표적 유전자의 유전자 발현을 조절할 수 있다. NF-κB는 염증 및 면역반응에 관여하는 전사인자인데 레티노산은 NF-κB의 전사활성을 현저히 억제함으로써 NF-κB에 의존적인 유전자들의 발현을 감소시키고 비정상적인 염증 및 면역반응을 제어한다. 또한 레티노산은 AP-1의 전사활성을 억제함으로써 세포증식을 억제할 수 있다. AP-1은 c-Jun과 c-Fos로 이루어진 이량체로 표적 유전자의 AP-1 RE에 결합하여 세포증식을 촉진한다. 레티노산-RAR/RXR 복합체는 c-Jun과의 상호작용을 통해 AP-1의 형성 및 DNA 결합을 방해함으로써 세포증식을 억제한다. 이 밖에 레티노산은 PPARβ/δ의 리간드로 작용하여 RARE가 아닌 PPARβ/δ에 대한 RE를 가진 유전자의 활성을 조절할 수 있다.

NF-κB
nuclear factor kappa B

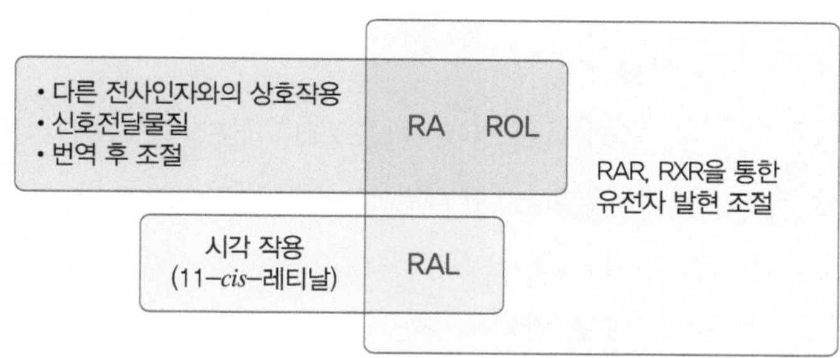

그림 5-7 비타민 A의 핵수용체 의존적 및 비의존적 작용

(2) Holo-RBP / STRA6 / JAK / STAT 신호전달경로

레티놀은 RBP와 결합된 holo-RBP의 형태로 혈액 중에 운반되다가 레티놀 부분이 막 단백질인 STRA6를 통과하여 각 세포에 전달되는데, 이때 혈중 RBP 수준은 각종 대사지표와도 밀접한 관련이 있다. 예를 들어, 혈중 RBP 농도는 비만 쥐 및 비만인에서 높게 나타나며, 혈중 RBP 농도의 증가는 인슐린저항성을 유발한다. 이러한 RBP의 작용은 STRA6가 세포막에서 레티놀을 통과시키는 역할뿐만 아니라, 세포막 표면에서 신호전달을 매개하는 수용체로 작용할 수 있기 때문인 것으로 최근 밝혀졌다.

Holo-RBP는 STRA6를 수용체로 하는 신호전달물질로서 유전자 발현 조절에 관여할 수 있다. STRA6는 9개 혹은 11개의 도메인으로 구성된 막관통transmembrane 단백질로, 세포 외 부분 도메인이 holo-RBP과 결합되면, 세포질 내부의 타이로신 부위에 인산화가 일어난다. 인산화된 STRA6는 JAK2를 불러들여 활성화시키고, 이것은 다시 STAT5의 인산화를 유발한다. 인산화된 STAT5는 활성형으로 이량체를 형성하고, 핵 내로 이동하여 표적유전자의 발현을 증가시킨다.

JAK
janus kinase

SOCS3
suppressor of cytokine signaling 3

NK
c-Jun N-terminal kinase

STAT5에 의해 직접 발현이 조절되는 유전자 중 인슐린 작용과 지질 항상성에 관여하는 유전자의 대표적인 예로 SOCS3와 PPARγ가 있다. SOCS3는 인슐린과 렙틴 수용체와 같은 사이토카인 수용체에 의한 신호전달을 억제하는 역할을 하고, PPARγ는 지방세포 분화와 지방세포의 지질합성을 조절하는 주요 인자이다. STRA6가 발현되는 세포에 Holo-RBP를 처리했을 때 STAT5가 활성화되면서 이들 SOCS3와 PPARγ 발현이 증가되었으며, 이에 따라 인슐린 신호전달이 억제되고 지질이 축적됨이 보고되었다. 또한 JAK/STAT 신호전달경로는 여러 사이토카인, 호르몬, 성장인자들에 의해 활성이 조절되므로, holo-RBP는 이들 다양한 신호들과 상호작용할 수 있다.

(3) 단백질의 레티노일화

비타민 A는 단백질의 레티노일화를 통해, 세포분화, 세포성장, 스테로이드 합성 등을 조절할 수 있다. 레티노일화는 단백질에 대한 번역 후 조절post-translational modification단계에서 생성되며, 세포특이적으로 일어나는데 지금까지 간, 신장, 뇌, 및 다양한 세포주에서 발견되었다. 레티노일화는 레티노산이 티오에스터thioester 결합을 통해 혈청 알부민, cAMP-결합단백질 등 다양한 단백질 **표 5-5**에 공유결합을 형성하는 것으로서 효소의존적인 반응으로 생각되고 있다. 나이, 식이, 세포 내 RA 농

표 5-5 레티노일화가 일어나는 단백질과 관련 질병 혹은 기능

기질 단백질	조직/세포주	종	관련 질병/기능
Nuclear matrix proteins(p51, p55)	골수	Rat	노화
Oxogulatarate carrier	고환, 미토콘드리아	Rat	테스토스테론 합성
Thioredoxin reductase	Keratinocytes	Human	Thioredoxin reductase 억제
Protein kinase A, type I and II (cAMP-regulatory subunit)	HL-60	Human	Granulocyte-like 세포로 분화
	MCF-7	Human	세포 성장
	Fibrablasts	Human	Psoriasis
Vimentin	HL-60	Human	Granulocyte-like 세포로 분화
Actin-binding protein(α-actinin)	HL-60	Human	Granulocyte-like 세포로 분화
Basic proteins(histone)	HL-60	Human	Granulocyte-like 세포로 분화
Cytokeratins 16 and 10	피부	Mice	정상피부기능; 상피세포 분화
Serum albumin	피부	Mice	RA에 대한 반응을 매개함

도 등 다양한 요인이 레티노일화에 영향을 주는 것으로 알려져 있으며, 특히 동물실험에서 비타민 A 결핍 쥐에서 정상 쥐에 비해 레티노일화가 증가하는 것으로 나타났다(Kubo 외, 2005). 비타민 A의 비유전적 활성에 대한 연구는 아직 초기단계로 앞으로 구체적인 작용기작이 좀 더 밝혀질 것으로 예상된다.

3 간과 지방조직에서 비타민 A 대사 관련 유전자 발현 조절

1) 비타민 A의 지질대사 관련 유전자 발현 조절

간과 지방조직은 비타민 A가 대사되고 저장되는 주요 조직임과 동시에 체내 지질대사 항상성 유지에 가장 중추적 역할을 하는 조직이다. 비타민 A는 간과 지방조직에서 다양한 경로를 통해 지질대사의 조절에 관여한다.

(1) 핵 레티노이드 수용체를 통한 유전자 발현 조절

지질대사에 관여하는 다수의 유전자가 RARE를 보유하고 있어 RAR-RXR 복합체의 작용을 통해 전사활성이 조절된다. 특히 PEPCK, SCD1, UCP1, UCP3, MCAD, HSL 등의 유전자는 프로모터 부위에 RARE를 가지고 있어 세포 내 레티노산 수준에 따라 유전자 발현이 증가되는 대표적 유전자들이다.

또한 RXR은 다른 NR과 이종이량체를 형성하여 유전자 발현을 조절하는데, 특히 LXR과 PPAR 등은 지질대사 조절에 있어 매우 중요한 전사인자들이다. 레티노이드는 RXR의 리간드로 작용함으로써, LXR-RXR 또는 PPAR-RXR 복합체에 의존적인 유전자 발현의 조절에 관여한다. LXR-RXR 복합체의 작용에 의해 발현이 조절되는 유전자에는 SREBP-1c와 FAS 등이 있다. PPAR-RXR 복합체는 PPAR 반응배열PPRE에 작용하여 발현을 조절하는데, CAC, ACOX 등의 유전자가 그 예이다. PPAR-RXR은 LXR-RXR에 의한 SREBP-1c의 유전자 발현을 억제하기도 한다. UCP1과 UCP3는 RARE 이외에 PPRE도 가지고 있어 RAR-RXR 복합체뿐만 아니라 PPAR-RXR 복합체에 의해서도 유전자 발현이 조절된다. 이 밖에 RXR-RXR 동종이량체는 PPAR 없이도 PPRE에 결합할 수 있어 PPAR 표적유전자의 유전자 발현을 조절할 수 있다.

SCD1
stearoyl-CoA desaturase-1

UCP1
uncoupling protein-1

UCP3
uncoupling protein-3

MCAD
medium chain acyl-CoA dehydrogenase

HSL
hormone-sensitive lipase

FAS
fatty acid synthase

SREBP-1c
sterol regulatory element binding protein-1c

CAC
carnitine/acyl-carnitine carrier

ACOX
acyl-CoA oxidase

FABP5
fatty acid binding protein 5

(2) 핵 레티노이드 수용체에 비의존적인 유전자 발현 조절

레티노산은 핵 레티노이드 수용체 이외의 다른 전사인자의 리간드로 작용하여 유전자 발현을 조절할 수 있다. 예를 들어, RAR의 리간드인 at-레티노산은 PPARδ/β와도 높은 친화도로 결합하여 PPARδ/β의 전사활성을 촉진할 수 있다. 세포 내 at-레티노산의 이용은 세포 내 지질 결합단백질의 상대적인 수준에 따라 결정되는데, CRABP-II는 RAR로, FABP5는 PPARδ/β로 at-레티노산의 이동을 유도한다channeling. PPARδ/β는 근육과 백색지방에서 지질 분해를 증가하는 유전자의 발현을 촉진하여 비만 발생을 억제하고 인슐린 민감도를 향상시킬 수 있다.

이 밖에 앞에서 설명한 대로 레티노산은 AP-1과 NF-κB 등의 다른 전사인자의 활성을 억제하여 세포증식 및 염증반응을 제어한다. 또한 레티노산은 지방세포 형성에 필요한 주요 전사인자인 C/EBP 단백질 패밀리의 전사활성을 방해하여 지방세포 형성을 억제할 수 있다.

레티노산은 몇몇 중요한 키네이스의 활성에 직접 영향을 미쳐 지질대사를 조절할 수 있는데, p38 MAPK가 대표적인 예이다. 레티노산은 p38 MAPK 활성화를 통해 지방세포에서 UCP1의 발현을 유도한다. 이 밖에 p38 MAPK는 SREBP-1c의 전사 억제를 통해 지방합성을 억제하고, PPARα의 활성화를 통해 지방산의 β-산화를 촉진하는 등 지질대사에 매우 중요한 역할을 한다. 또한 p38 MAPK는 AMPK와 상호 조절cross-talk을 할 수 있으며, 레티노산은 근육세포에서 AMPK 인산화를 통해 p38 MAPK의 인산화시키는 것으로 알려져 있다.

p38 MAPK
p38 MAP Kinase

AMPK
AMP-activated kinase

2) 비타민 A의 간질환 관련 유전자 발현 조절

(1) 간 조직에서 비타민 A의 기능

간은 비타민 A의 저장과 대사에서 가장 중요한 역할을 하는 조직이다. 간은 비타민 A가 양적으로 가장 많이 저장되는 장소이며, 소장으로부터 흡수된 식이 비타민 A 중 가장 많은 65~75%를 흡수하는 조직이다. 또한 체내 RBP의 70~80%가 간에서 합성되고 분비되어 각 조직에서의 비타민 A의 이용을 원활하게 한다. 이처럼 간은 비타민 A의 저장과 대사의 거의 모든 과정에 참여한다.

뿐만 아니라, 간은 비타민 A의 기능을 필요로 하는 주요 조직이기도 하다. 간에서는 RARα, RARβ, RARγ, RXRα, RXRβ, RXRγ 등 모든 종류의 핵 레티노이드 수용체가 발현되는데, 이를 통한 비타민 A의 역할은 간의 정상적인 기능을 위해 필수적으로 요구된다. 간조직 RARα의 활성을 억제시킨 형질전환 동물의 경우, 자연적으로 간암이 발생되는 것으로 알려져 있다. 이와 같이 간의 기능을 위해서는 비타민 A가 필요하며, 비타민 A 저장량 감소와 간질환 발생 사이에는 역의 상관관계가 있음이 잘 알려져 있다. **그림 5-8**은 대표적인 예로 알코올성 간질환 환자에서, 간 손상 정도가 심할수록 간의 비타민 A 저장량이 감소함을 나타낸다(Leo 외, 1982). 이러한 관계는 간의 비타민 A 저장량 부족 시 간 손상이 쉽게 일어나거나, 간의 비타민 A 대사 이상 시 비타민 A의 대사산물에 의한 비정상적인 유전자 조절에 의해 간 손상이 유발될 수 있을 가능성을 제시한다.

앞에서 설명한 대로, 비타민 A는 간조직에서 지질대사에 관여하는 많은 유전자의 발현을 조절한다. RAR/RXR 이종이량체 활성을 억제하는 형질전환 동물의 경우, 간의 β-산화가 감소되고 퍼옥시좀의 β-산화가 증가되어 간의 지방염증steatohepatitis이

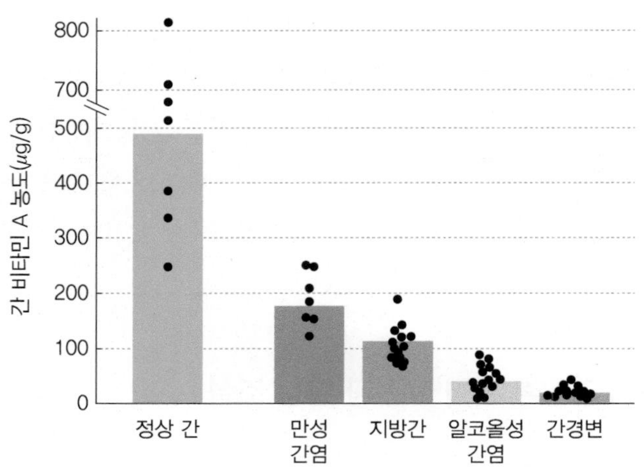

그림 5-8 간 손상 진행 정도와 간 조직의 비타민 A 함량과의 관계
자료: Leo 외, 1982

유발되었으며, 이후 간암을 유발한다고 보고된 바 있다(Yanagitani 외, 2004). 베타-카로틴의 비타민 A 전환에 중요한 CMO를 결핍시킨 쥐의 경우, 자연적으로 지방간이 발생하며, 고지방식이로 유발되는 지방산대사 이상에 정상 대조군 쥐보다 취약한 것으로 나타났다(Hessel, 2007).

특히 간질환과 간의 비타민 A 저장 및 대사 사이의 관계에는 HSC가 주요하게 작용한다. HSC는 간조직에 존재하는 지방세포로, 간조직 내 비타민 A의 70~90%를 저장하고 있다. 급성 혹은 만성 간 손상은 HSC의 활성화를 유발하여 근섬유아세포myofibroblaste의 표현형을 갖는 상태로 전환시킨다. 활성화된 HSC는 세포 외 기질extracellular matrix을 합성하며, 계속 진행시 간 섬유증fibrosis을 유발한다. 이러한 HSC 활성화와 간 섬유화 발병에는 간의 레티닐 에스터 저장량의 감소가 동반된다.

HCC
hepatocellular carcinoma

또한 혈중 레티놀 농도는 간암(HCC)에 대한 고위험군을 구별하는 마커로 제안되어 왔다. 점진적인 혈청 레티놀 농도 감소가 간경변 환자에서 나타났으며, 특히 경변과 HCC를 동시에 갖고 있는 경우, 혈중 레티놀 농도는 간경변만 있는 환자에 비해 현저히 감소된다.

(2) 알코올성 간질환과 비타민 A의 유전자 발현 조절

만성적이고 과량의 알코올 섭취는 비타민 A 대사의 이상을 가져온다. 주 작용 메커니즘으로는 ① 레티놀 산화의 첫 번째 단계인 ADH에 대한 경쟁작용, ② CYP 효소, 특히 CYP2E1의 발현 증가로 인한 RA의 산화 가속화, ③ 간조직의 비타민 A가 말초조직으로의 이동 등이 있다 **그림 5-9**. 이러한 비타민 A의 대사 이상은 지방간, 간염, 간 섬유화, 간경변 및 간암으로 진행될 수 있다. 또한 기존의 많은 연구에서 RXRα가 알코올성 간질환에서 지질대사와 염증을 조절하는 데 필수적인 역할을 하는 것으로 보고되고 있다.

만성적이고 과량의 알코올 섭취는 간의 MAP kinase 세포신호전달 경로에 영향을 준다. 특히 JNK와 ERK를 통해 c-Jun과 c-fos의 발현 및 활성을 증가시켜 간의 세포증식을 활성화한다. Wang 외(1997)는 만성적인 알코올 섭취가 c-Jun과 c-Fos의 단백질 수준을 유의적으로 증가시키는 것을 실험동물 모델에서 보였으며, 알코올은 또한 간 세포주인 HepG2 세포에서 AP-1을 활성화시킨다. 이렇게 알코올로 유도된 c-Jun과 cyclin D, JNK의 인산화는 RA를 식이로 보충하였을 때 유의적으로 감소하는 것으로 나타났다(Chung 외, 2002). HCC의 발암과정과 암으로의 전이과정에서 JNK와 cyclin D가 필수적으로 작용하므로 RA는 알코올성 간세포 증식과 암화과정을 예방하는 효율적인 방법이 될 수 있을 것으로 생각된다.

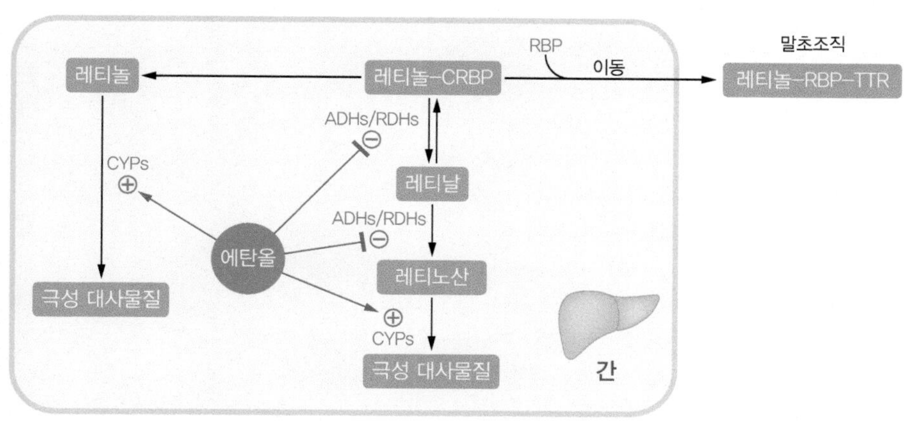

그림 5-9 알코올과 비타민 A 대사의 상호작용
자료: Wang XD, 2005

4 결론

비타민 A는 레티닐 에스터, 레티놀, 레티날, 레티노산의 다양한 형태로 대사되며, 여러 가지 생리활성을 나타내는 필수 영양소이다. 특히 비타민 A는 레티노산에 의해 활성이 조절되는 핵 레티노이드 수용체를 통해 다양한 유전자의 전사를 직접 조절한다. 뿐만 아니라, 최근의 여러 연구들에 따르면 비타민 A는 핵 레티노이드 수용체 이외에 다른 전사인자의 활성을 조절하거나 다양한 세포신호전달 경로와의 상호작용, 단백질의 번역 후 조절 등 여러 경로를 통해 유전자 발현을 조절할 수 있다. 비타민 A에 의해 발현이 조절되는 유전자들은 세포증식, 분화, 세포사멸 및 대사조절과 밀접한 관계가 있으며, 비타민 A에 의한 유전자 발현 조절이 정상적이지 못할 경우, 각종 질병 특히 대사성 질환이나 암 등의 위험도를 높인다. 따라서 질병 예방 및 치료과정에서 비타민 A의 기능 및 분자 수준의 작용기작에 대한 이해가 매우 중요하며, 앞으로 이에 대한 활발한 연구가 필요하다.

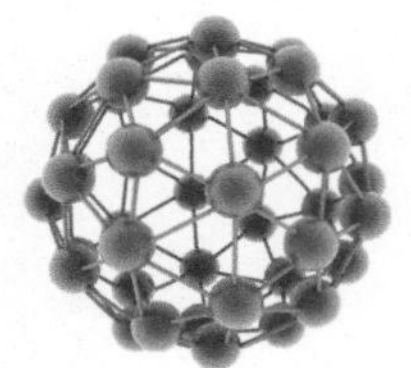

CHAPTER 6
비타민 D

1 비타민 D의 기능 및 세포 합성

호르몬(hormone)

주로 특정 조직세포 내에서 합성되어 세포 밖으로 분비된 후, 목적하는 조직세포들 (호르몬의 목적세포들)에까지 혈류를 타고 운반되어 세포에 신호를 주는 물질. 주로 단백질 펩타이드(peptide)나 스테로이드(steroid) 물질임

호르몬 유사물질(hormone-like substance)

펩타이드나 스테로이드가 아니더라도 호르몬처럼 행동하는 물질로서, 식물체나 동물체 또는 인공합성 화합물, 영양소 또는 특정의 식품성분도 해당함

1) 비타민 D의 호르몬으로서의 기능

비타민 D는 탄소를 함유하는 아민amine 물질로서 이제까지는 주로 영양소의 한 종류로 알려졌다. 원래 비타민vitamin의 어원은 '우리 몸에 꼭 필요한vital 탄소를 함유하는 아민 화합물로서, 체내에서 합성되지 않기 때문에 식품으로부터 섭취를 해야 하는 화합물'이다. 하지만 비타민 D는 이러한 비타민 고유의 속성에서 약간 벗어난 특성을 가지고 있다. 예외적으로 비타민 D는 체내 합성이 가능하며, 따라서 근래에 와서는 영양소 비타민 기능과 더불어 **호르몬** 역할도 함으로써 **호르몬 유사체** 화합물hormone - like compound 또는 호르몬으로 새로이 재해석되고 있다.

비타민 D를 호르몬 유사체 또는 호르몬으로 볼 수 있는 이유는 비타민 D가 신체 내에서 합성되며, 식품을 통해 섭취한 비타민 D 형태는 체내에서 다시 신체가 필요로 하는 **활성형 비타민** D 형태로 변환되어야 하는 과정이 있으며, 체내에서는 비타민 D를 필요로 하는 특정 세포들(또는 호르몬의 목적 세포들이라 불림)에까지 혈류를 타고 운반되어 세포신호 전달을 한다는 점 등이 호르몬과 유사하기 때문이다.

이러한 비타민 D의 특성 및 기능은 이제까지 영양소로서만 비타민 D를 이해하고 있던 것 외에 여러 신체세포들에서 다양한 기능들을 보여주고 있다. 뼈를 튼튼하게 하는 기능 이외에, 항암, 항염증, 항당뇨병 및 심혈관질환 예방 등이 새로운 비타민 D의 기능으로 알려지고 있다.

2) 비타민 D의 체내 합성과정

신체의 세포들이 비타민 D를 만드는 과정을 좀 더 자세히 살펴보면 다음과 같다. 식품으로 섭취하거나 체내에서 합성된 콜레스테롤7-dehydrocholesterol은 피부 밑의 세포(피하세포)에 의해서 비타민 D 전구체provitamin D, cholecalciferol, Vit D_3로 합성된다. 피하조직 세포가 콜레스테롤을 이용하여 합성한 비타민 D 전구체는, 세포 밖으로 분비되어 혈관을 타고 간liver으로 가서 간세포 내에 존재하는 세포 소기관 **미토콘드리아** 및 **마이크로솜**에 있는 효소에 의해서 25(OH)D25-OH vit D, 25-hydroxycholecalciferol(탄소수 25번째 자리에 OH기가 붙은 형태의 비타민 D) 물질로 합성된다. 혈액에는 주로 이 25(OH)D 형태의 비타민 D가 분비되어 존재한다. 25(OH)D는 신체에서 세포가 비타민 D를 필요로 할 때 간세포 밖으로 분비가 되어 혈관을 통해 신장조직으로 가서 신장세포에서 1번 탄소에 OH기를 붙여서 $1,25(OH)_2D$를 합성하게 되며, 합성된 $1,25(OH)_2D$1,25-dihydroxy vit D는 신장세포 밖으로 분비되어 혈관을 통해 마지막으로 목적하고자 하는 세포에 가서 비타민 D의 세포신호 전달 기능을 하게 된다. 신장세포가 합성하는 마지막 단계의 비타민 D 형태, 즉 $1,25(OH)_2D$가 되어야 비로소 우리 몸의 세포가 활용할 수 있는 비타민 D가 되며, 이를 '활성형 비타민 D'라고 한다 **그림 6-1**.

그림 6-1과 **9-2**에는 다양한 종류의 비타민 D을 제시하였으며, 이는 우리 몸이 콜레스테롤로부터 활성형 비타민 D로 만들어지는 과정의 모든 비타민 D 종류들을 제시한 것이다. **그림 6-2**에서 보는 바와 같이, 콜레스테롤 7번 자리 탄소에서 수소(H)를 하나 떼면 7-dehydrocholesterol(비타민 D 전구체, provitamin D)가 되는데, 식품으

활성형(active form) & 비활성형(inactive form)

호르몬이나 효소 중 세포에서 만들어져 분비된 그 상태로는 아직 제 기능을 하지 못하는 형태를 비활성형(inactive form)이라고 함. 호르몬이나 효소가 제 기능을 하기 위해서는 모양이나 형태를 바꾸며, 실제 활성을 나타낼 수 있는 상태로 바뀌는데 이를 활성형이라고 함. 예를 들면, 식품으로부터 섭취하는 비타민 D 전구체(provitamin D) 형태나 간세포에서 만들지는 25(OH)D 형태는 아직 비활성형이며, 신장세포에서 만들어지는 $1,25(OH)_2D$는 활성형임

활성형 비타민 D

호르몬과 같은 기능을 하는 활성형 비타민 D는 3개의 하이드록실기(OH)를 가지고 있는데, 그중 1번과 25번 탄소에 OH가 붙어 있어야 활성형임(그림 6-1, 9-2E 참조). 약자로는 $1,25(OH)_2D_3$ 또는 간략히 $1,25(OH)_2D$로 표기하고, 명칭으로는 1,25-dihydroxy vit D, 1,25-dihydroxycholecalciferol 또는 간단히 calcitriol로 부르기도 함

미토콘드리아 (mitochondria)

세포 안의 소기관으로서 주로 ATP 생성, 즉 에너지 생성을 담당함

마이크로솜(microsome)

세포 내 소포체의 일부가 분리되어서 만들어진 세포소기관으로서 세포 내 물질을 운반하는 운반체의 기능을 하거나, 스테로이드 같은 물질을 합성하기도 함

로 섭취되는 비타민 D는 주로 이 비타민 D 전구체의 형태이다. 비타민 D 전구체가 일단 우리 몸에 섭취되면 일련의 과정을 거쳐서 **그림 6-1 참조** 활성형 비타민으로 변한 뒤 체내에서 이용되게 된다.

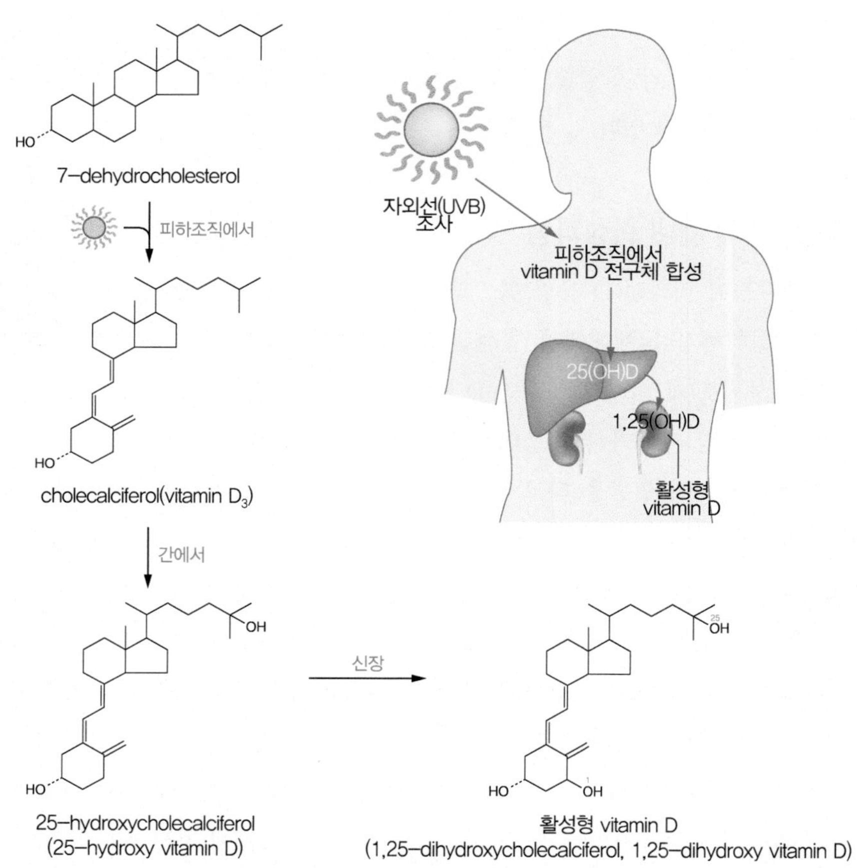

그림 6-1 신체가 햇빛과 체내 콜레스테롤을 이용하여 비타민 D를 합성하는 과정

자료: http://www.health.harvard.edu/newsweek/vitamin-d-and-your-health.htm

비타민 D의 표기 및 명칭

1. 비타민 D 전구체	• Provitamin D 또는 provitamin D_3
	• 7–dehydrocholesterol
	• cholecalciferol(vitamin D_3)
2. 비타민 D_2	• Ergocalciferol
3. 비타민 D_3	• 25(OH)D
	• 25–hydroxycholecalciferol(25–hydroxy vitamin D)
4. 활성형 비타민 D	• 1,25$(OH)_2$D, 1,25$(OH)_2D_3$, 1,25$(OH)_2$Vit D
	• 1,25–dihydroxycholecalciferol, 1,25–dihydroxy vitamin D
	• Calcitriol

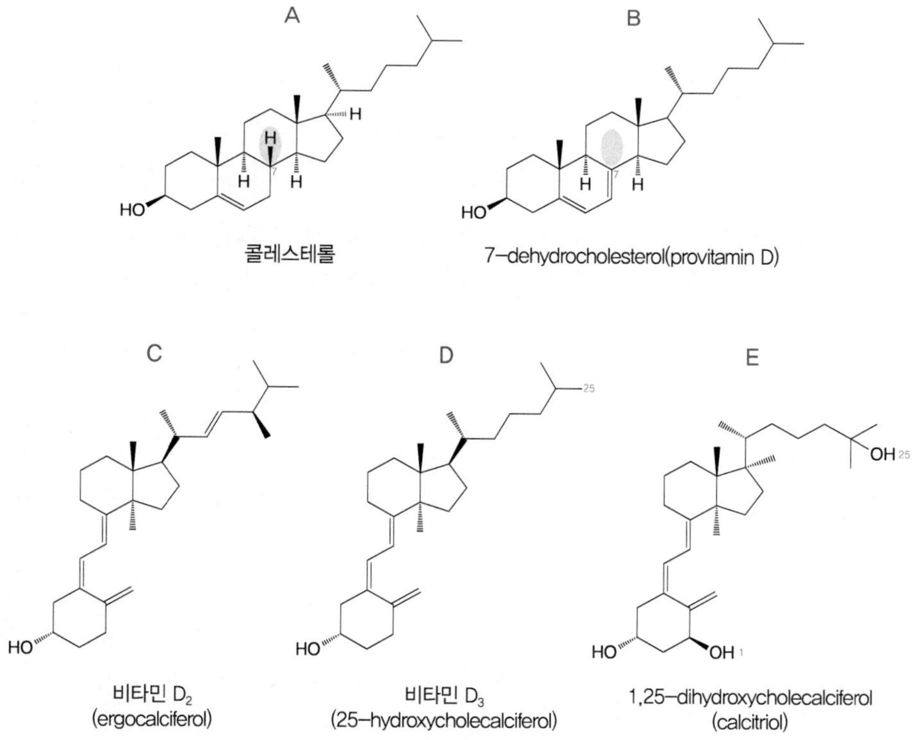

A 콜레스테롤

B 7–dehydrocholesterol(provitamin D)

C 비타민 D_2 (ergocalciferol)

D 비타민 D_3 (25–hydroxycholecalciferol)

E 1,25–dihydroxycholecalciferol (calcitriol)

그림 6–2 Cholesterol과 비타민 D 종류들

활성형 비타민 D_3(1,25-dihydroxycholecalciferol 또는 calcitriol)는 체내에서 합성된 콜레스테롤이나 버섯 같은 식품에서 섭취되는 비타민 D_2 형태(ergocalciferol), 또는 25-hydroxycholecalciferol 등을 피부세포가 자외선을 이용하여 만든다. 그림에서 파란색 숫자는 탄소의 자리를 표시한다.

2 뼈 형성과정 및 관련 호르몬

1) 뼈 형성과정

뼈조직은 뼈세포bone cell와 뼈기질bone matrix로 구성되어 있으며, 뼈를 이루는 세포들로는 조골세포osteoblast, 파골세포osteoclast 및 골세포osteocyte가 있다. 조골세포는 뼈를 형성하는 세포로서 당단백질과 콜라겐 합성, 칼슘과 인을 침착시키는 등의 역할을 하며, 파골세포는 뼈에서 무기질을 용출시키거나 콜라겐 분해에 관여한다.

뼈조직을 이루는 조골세포와 파골세포는 뼈조직에 특이적으로 존재하는 여러 종류의 단백질들을 합성하여 분비하는데, 비타민 D는 이러한 뼈조직 관련 단백질들 합성과정의 전사transcription 및 전이translation에 영향을 줌으로써 뼈 형성과 밀접하게 연관되어 있다. 뼈는 인체조직 중에서 특이하게 리모델링bone remodeling을 하는 조직이다. 대부분의 신체기관은 같은 종류의 세포가 자라서 죽으면 새로운 세포가 자라나는 형태의 세포재생을 통해서 조직이 유지되지만, 뼈조직은 뼈를 이루는 두 가지 다른 세포(파골세포 및 조골세포)가 뼈 용해와 뼈 형성의 과정을 서로 조율하면서, 즉 리모델링하면서 뼈조직을 이룬다. 먼저 뼈조직이 일정한 상태에서, 파골세포가 뼈의 조직을 용해하면 조골세포가 용해된 뼈조직을 새롭게 형성하는 과정을 거치면서 일정한 뼈 건강 상태를 유지하게 된다 **그림 6-3**. 비타민 D는 이러한 뼈 형성 과정에

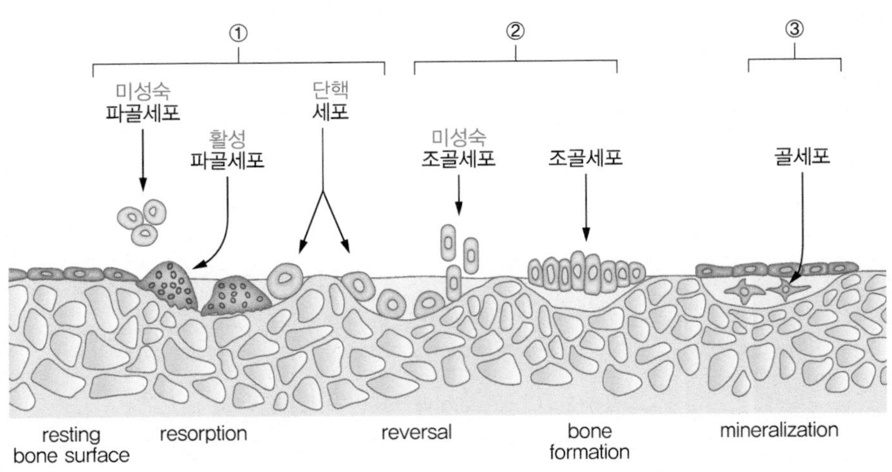

그림 6-3 뼈의 리모델링(remodeling)

뼈의 리모델링

휴지기(resting period)의 뼈조직을 단핵구에서 분화된 파골세포가 용해시키면 조골세포는 뼈조직을 새롭게 형성한 후, 골세포로 변환되어 뼈조직의 칼슘화(무기질화)를 이루면서 이루게 된다. 비타민 D는 뼈 형성 관련 유전자들의 발현은 촉진시키고, 뼈 용해 관련 유전자들의 발현은 저해시킴으로써 뼈 형성을 촉진한다.

서 조골세포의 뼈 형성 관련 유전자들의 발현을 촉진하고, 한편으로는 뼈 용해성 단백질을 만드는 유전자들의 발현을 저해하는 방식으로 뼈 형성을 도와주는 것으로 알려져 있다.

비타민 D 종류에 속하는 25(OH)는 신장에서 1,25$(OH)_2$D로 활성화되어 호르몬 유사물질로 작용한다. 이는 소장에서의 칼슘 흡수를 촉진시켜서 체내 혈중 칼슘농도를 높여주며, 따라서 뼈에 칼슘이 잘 침착할 수 있게 해준다. 따라서 식이로의 섭취나 체내에서 합성되는 비타민 D가 결핍되면, 칼슘의 체내 흡수가 감소되고 혈중 칼슘농도도 저하되며, 혈중의 Ca 농도를 일정한 수준으로 유지하기 위해 오히려 뼈로부터 칼슘이 혈액으로 용출되어야 하므로 뼈조직을 약하게 할 수 있다.

우리 몸의 대부분의 칼슘은 많은 양이 뼈에 무기질의 형태로 저장되어 골격조직을 이루는 데 주로 쓰이고 있다. 그러나 아주 적은 양의 Ca은 혈액 중에 존재하면서 세포의 생리적인 작용, 예를 들면 세포 내로의 신호전달을 하거나 신경세포가 신경전달물질을 만들 때도 쓰이고, 근육세포가 수축을 할 때에도 Ca이 필요하다. 따라서 소량이기는 하지만 혈액에는 일정량의 Ca이 존재해야 하며, 만약 혈중 Ca이 부족하면 뼈에 있는 Ca이 용출되어서bone resorption 혈액의 Ca 농도를 일정하게 유지하므로 뼈가 약하게 되는 것이다.

2) 뼈 형성 관련 호르몬들

뼈 형성에는 다양한 호르몬들이 관련하며 이들은 대체로 뼈의 칼슘 함량 및 조골세포, 파골세포의 분화를 조절하면서 뼈 형성에 관여하게 된다. 대표적인 호르몬들로는 부갑상샘호르몬(PTH), 칼시토닌calcitonin, 에스트로겐estrogen과 1,25$(OH)_2$D가 있다. 부갑상샘호르몬의 혈중 농도가 높아지면 뼈의 칼슘 용출이 증가되며, 칼시토닌

PTH
parathyroid hormone

은 갑상샘조직에서 분비되는 호르몬으로 혈중 높아진 칼슘 양을 뼈에 침착시킴으로써 뼈를 건강하게 유지한다. 에스트로겐은 조골세포에 작용하여 파골세포의 활성을 억제하는 단백질들을 합성시킴으로써 골 조직이 용해되는 것을 막아주며, 따라서 뼈 손실을 저하시킨다.

표 6-1에는 뼈 형성을 촉진 또는 저하시키는 호르몬들의 종류와 기능에 대해서 기술하였다. 대부분의 호르몬은 호르몬을 만드는 세포에서 합성된 다음, 세포 밖으로 분비되어 호르몬의 신호전달 목적세포에까지 운반되어서 작용한다. 예를 들어, 에스트로겐이 부족하면 뼈의 Ca이 쉽게 혈액으로 빠져 나와 뼈가 약해질 수 있다. 이와 같이 비타민 D, 칼시토닌, 성장호르몬, 인슐린 등의 호르몬은 분비 시 직접 또는 간접적으로 뼈 형성을 촉진시킨다.

표 6-1 비타민 D 및 뼈와 관련된 호르몬

호르몬 종류	기능	뼈 형성 및 용해작용
비타민 D (1,25(OH)$_2$D 또는 calcitriol)	• 혈중 칼슘을 뼈에 침착시킴 • 소장에서 칼슘과 인의 체내 흡수를 증가시킴 • 신장에서 칼슘 재흡수를 증가시킴	뼈 형성
칼시토닌 (calcitonin)	• 파골세포에 의한 뼈의 용해를 감소시킴 • 신장에서 인의 재흡수를 감소시킴	뼈 형성
에스트로겐 (estrogen)	• 부족 시 뼈의 용해를 촉진시켜 골다공증 유발	뼈 형성
성장호르몬 (growth hormone)	• 연골과 콜라겐 합성을 촉진함 • 1,25(OH)$_2$D의 생성과 칼슘 흡수를 증가시킴	뼈 형성
인슐린 (insulin)	• 조골세포의 콜라겐(뼈조직의 대표적 기질 단백질) 합성을 촉진시킴 • 부족 시, 뼈 단백질 합성 부족으로 인한 골격 성장 감소 및 골질량 감소	뼈 형성
부갑상샘호르몬 (PTH)	• 뼈로부터 혈액 중으로 칼슘 용출을 증가시켜 뼈 용해를 촉진시킴 • 신장에서 체내로, 인의 재흡수도 감소시킴 • 부족 시, 아동은 성장 지연, 성인은 뼈의 전환율 감소	뼈 용해

뼈의 전환율 (bone turnover, bone remodeling)
뼈가 형성되고 용해되는 정상적 뼈 형성의 주기

3 비타민 D의 세포신호 전달 및 뼈 관련 유전자 발현 조절

1) 비타민 D의 세포신호 전달

비타민 D가 유전자 발현 조절을 시작하는 첫 단계는 혈액을 타고 운반되어 비타민 D가 작용하려는 표적세포까지 가서 세포에 신호전달을 해주는 과정이며, 이렇게 신호전달을 받은 세포 내에서는 비타민 D에 의해 유전자 발현이 영향을 받게 된다.

혈중 1,25$(OH)_2$D(활성형 비타민 D)가 세포 내로 이동되고, 세포 내에서 신호전달을 어떻게 하는지 그리고 세포 내에서 어떻게 유전자 발현을 조절하는지에 대해서 **그림 6-4**에서 나타내었다. 좀 더 상세히 설명하면, 신장세포에서 최종적으로 합성된 1,25$(OH)_2$D가 혈액으로 분비되면, 혈액의 비타민 D 결합단백질(DBP)과 결합하여 세포막을 통과하여 세포 내로 이동한다.

DBP
vitamin D binding protein

VDR
vitamin D receptor

한편 세포 내로 들어온 1,25$(OH)_2$D는 세포질에서 비타민 D 결합단백질(DBP)과는 떨어져서 핵 안으로 이동하며, 핵 안에서 비타민 D를 감지하는 비타민 D 수용체(VDR) 단백질과 결합한다. 이렇게 핵 내에서 비타민 D가 VDR과 결합하여 만든 1,25$(OH)_2$D-VDR 결합체는 DNA의 특정한 유전정보를 가진 부분(특정 단백질로 합성이 될 수 있는 유전정보를 가지고 있는 DNA 염기서열 부분)에 결합한다. DNA에 결합을 할 때는 1,25$(OH)_2$D-VDR 결합체가 다시 **RXR**과 결합하여 복합체를 형성하며, DNA 부분의 **VDRE**에 결합하고, 이때에 유전자 발현을 촉진하거나 지연시키는 분자물co-activators/repressors과 결합하여 유전자 발현을 조절하게 된다 **그림 6-4**.

RXR (retinoid X receptor)
비타민 A의 전구물질인 레티노이드를 감지하는 수용체 단백질. 따라서 비타민 A 대사와 기능에 관여하는 유전자 발현에 관여함. RXR은 비타민 D가 세포 안에서 유전자 전사 조절에 관여할 때 복합체를 만들기 위해서 반드시 필요함

VDRE(vitamin D response element)
vitamin D receptor가 결합하는 DNA element 부분

이렇게 특정 유전자의 발현을 촉진 또는 지연시키기 위해 비타민 D 복합체가 결합하는 DNA의 염기서열 부분을 VDRE라고 하며, 비타민 D가 발현을 조절하는 유전자들이 여러 개 있을 수 있으므로 실제 DNA 염기서열에서 다양한 유전자 부분들이 이에 해당한다. 이렇게 비타민 D-VDR 결합체가 DNA에 결합하면, RNA 중폭효소RNA polymerase에 의해서 해당 유전자 부분의 RNA가 합성되고(전사), 이렇게 합성된 특정 RNA는 핵 밖으로 분비되어 세포질의 리보솜에서 유전정보 번역의 과정을 거쳐서 단백질로 합성이 된다. 비타민 D는 이러한 과정을 통해서 일차적으로는 세포 내의 유전자 발현을 조절하고, 최종적으로 단백질 합성을 조절하여 세포 밖으로 내보낸다.

세포막 수용체(cell membrane receptor), 핵막 수용체(nucleus membrane receptor), 핵 내 수용체(nuclear receptor)

세포에는 세포 밖의 신호전달물질(예를 들면 호르몬이나 지방, 비타민, 무기질 등 일부 영양소들)을 인식하는 물질이 있는데 바로 수용체(세포에 대한 신호를 인식한다는 뜻)들이다. 주로 단백질로 이루어진 수용체들은 세포막에 존재하며 세포 밖의 신호전달물질(리간드)이 결합되면 곧바로 세포 안으로 신호를 전달시켜서 세포의 여러 기능을 하게 만든다. 이러한 수용체 단백질들은 세포막뿐만 아니라 세포질, 핵막 또는 핵 안에 존재하기도 한다. 비타민 D 수용체(VDR)는 세포질에 존재하며 비타민 D와 결합하여 핵 안으로 이동한 후, 핵 안에서 DNA의 일정 부분에 결합하여 비타민 D-의존적 유전자 발현에 영향을 끼친다.

그림 6-4에서 보는 바와 같이, 비타민 D가 뼈 건강에 좋다고 하는 것을 비타민 D의 세포 내 신호전달과정에서 보면, 뼈에 칼슘을 많이 축척하기 위해서는 소화관에서 Ca의 흡수를 높여야 하는데, 비타민 D는 이러한 Ca의 흡수를 도와주는 단백질들의 유전자 발현(전사, mRNA 합성을 뜻함)을 증가시킨다. 또한 이 유전자 발현 분자물을 해독하여 합성하는 칼슘 흡수 촉진 단백질들이 소화관에서 칼슘 흡수를 증가시키도록 해준다.

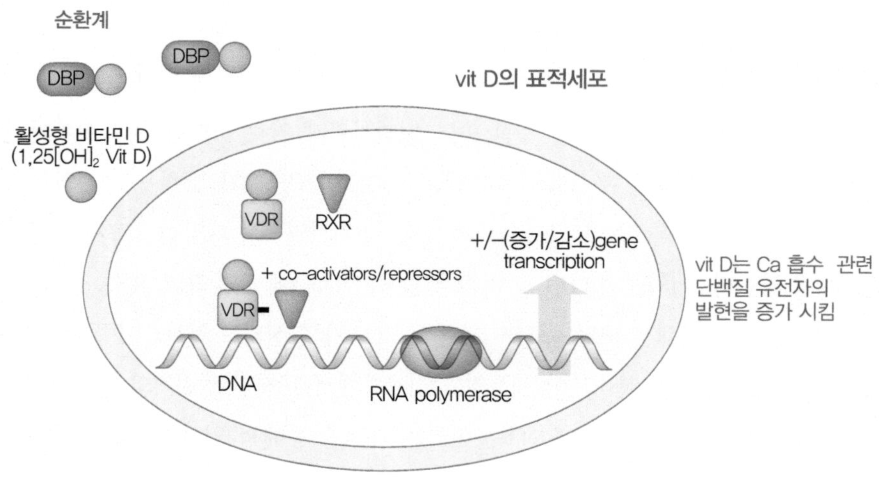

그림 6-4 비타민 D의 유전자 발현 조절을 위한 세포 내로의 이동 및 세포신호 전달 기능
자료: Am J Cardiol 2010, 106: 798-805

2) 비타민 D의 뼈 관련 유전자 발현 조절

앞에서 설명한 대로, 비타민 D는 비타민 D 수용체(VDR)에 결합하여 핵 내로 이동하고, 뼈 형성을 도와주는 유전자들의 발현이 신체의 각 조직세포에서 일어날 수 있도록 조절한다. 이를 위해서는 해당 조직세포는 VDR를 발현하여야 하고, 이 VDR 단백질은 비타민 D와 결합하면 언제든 세포에 신호전달을 할 수 있게 된다.

비타민 D는 신체의 각기 다른 조직세포에서 표적유전자들의 발현을 촉진up-regulation 또는 저하down-regulation시키면서 뼈 형성을 도와주고 있다. **표 6-2**에 뼈의

ECaC
(Endothelial Ca channel)
상피 칼슘채널

PMCA1b
Plasma membrane Ca^{2+}-ATPase(세포 형질막 Ca^{2+}-ATP 분해효소)

PTH
(parathyroid hormone)
부갑상샘호르몬, para-: 그리스어 접두어로 '곁에', '가까이' 등의 뜻)

RANKL(RANK ligand)
리간드는 수용체 등의 단백질에 가서 붙는 분자물. 따라서 RANKL은 RANK와 결합하는 단백질임

골용해(bone resorption)
골흡수라고도 함. 뼈의 Ca이 혈액으로 빠져나오는 현상

표 6-2 비타민 D의 표적유전자들

조직	작용	표적유전자	기능
소장	칼슘 흡수 촉진	ECaC	소장 점막세포(흡수세포)의 세포막에 발현하는 Ca 수송 단백질(그림 6-5에서 Ca channel TRPV6 단백질)
		PMCA1b	소장 점막세포의 혈관쪽 기저막에 주로 발현하는 Ca 수송 단백질(그림 6-5에서 Ca-ATPase)
		Calbindin	소장 점막세포 내의 Ca 수송 단백질(그림 6-5 참조)
신장	칼슘 재흡수	1α-hydroxylase (*CYP1a*)	1α 탄소자리에 수산기(-OH)를 붙이는 효소, 1α-수산화효소
		24-hydroxylase	24-수산화효소
		ECaC	신장 흡수세포의 세포막에 발현하는 Ca 수송 단백질
		PMCA1b	혈관쪽 기저막 세포에 발현하는 Ca 수송 단백질
		Calbindin	점막세포 내의 Ca 수송 단백질(그림 6-5 참조)
부갑상샘	PTH 생성 억제	Parathyroid hormone(*PTH*)	PTH는 혈액 중의 Ca 농도를 유지하기 위해서 뼈로부터 Ca를 용해시켜서 혈액으로 유출함. 비타민 D는 부갑상샘 조직세포가 PTH의 합성을 저하시켜서 뼈 용해를 방지함 (참고) thyroid hormone은 뼈 성장을 촉진
조골세포	뼈기질 형성과 무기질화	Osteoclacin	조골세포가 분비하는 뼈 기질(bone matrix) 구성 단백질
		Osteopontin	조골세포가 분비하는 뼈 기질 구성 단백질
		Osteoprotegerin	조골세포가 분비하는 단백질로서 골용해를 방지함
		RANKL	조골세포가 분비하며, 조골세포의 수용체에 붙게 되면 골용해가 일어남. 따라서 비타민 D는 RANKL의 분비를 저하시켜서 골용해를 저하시킴
파골세포	골 용해	RANKL	파골세포가 분비하는 세포막 단백질로서 RANKL이 결합되면 골용해가 일어남. 비타민 D는 RANKL의 발현을 저하시킴
		Integrin receptor	골 용해 시 integrin(골용해 단백질)을 수용하는 단백질

형성과 관련된 호르몬, 단백질, Ca 흡수를 도와주는 단백질, 뼈의 용해를 억제하는 호르몬, 조골세포에서 합성되어 분비된 후 뼈 기질의 구성분이 되는 단백질 등에 대해서 서술하였다. 비타민 D는 뼈를 재생하는 조골세포에서는 뼈조직의 세포 외 기질extracellular matrix을 이루고 뼈의 칼슘화를 도와주는 조골세포 특이적-단백질들(osteocalcin, osteopontin 등)의 유전자 발현을 촉진시키고, 반대로 파골세포에서는 골용해(골흡수)를 도와주는 RNAK 단백질 또는 인테그린 수용체integrin receptor 단백질의 발현을 저지한다. 소장에서는 식이로부터 들어온 Ca을 체내로 더 많이 흡수하고자 소장 흡수세포에서 칼슘의 체내 이동에 관여하는 단백질들(소장 상피세포의 Ca channel protein, 세포 형질막 Ca^{2+}-ATP 분해효소, 칼빈딘calbindin 등)의 유전자 및 단백질 발현을 촉진시킨다. 비타민 D 주요 기능인 뼈 형성 촉진 기능은 이와 같이 Ca 흡수와 관련된 유전자들의 발현을 조절하여 소장 내에서 Ca의 흡수를 도와주는 단백질 합성을 촉진시키고, 조골세포(골형성세포)와 파골세포(골용해세포)의 세포 분화와 기능을 조절함으로써 뼈 건강을 촉진한다.

RANK
Receptor activation of nuclear factor kappa-B

3) 칼슘 흡수와 비타민 D의 유전자 발현 조절

비타민 D는 소장에서의 Ca의 흡수를 촉진하는 데 필요한 단백질들의 유전자 발현을 촉진시킨다. 소장에서 Ca이 체내로 흡수되는 단계는 소장 융모막에서 소장 상피세포(흡수세포의 성격) 안으로의 유입, 융모막에서 **기저막**으로의 수송, 기저막에서 상피세포 밖으로 유출되어서 최종적으로 혈중에 흡수의 순서로 이루어진다. 비타민 D는 이들 각 단계에 필요한 단백질의 발현을 조절, 촉진한다. 이러한 단백질들로는 소장세포의 융모막에서 소장 내의 Ca의 유입에 관여하는 단백질 ECaC, 세포 내에서 Ca의 수송에 관여하는 Ca 결합단백질 칼빈딘 그리고 흡수세포의 기저막 쪽에서 Ca 펌프의 역할을 하면서 Ca을 세포 밖으로 내놓는 세포막 Ca^{2+}-ATPase (PMCA)가 있는데, 비타민 D는 이들 단백질의 유전자(mRNA) 발현을 촉진시켜서 Ca의 체내 흡수를 증진시킴으로써 뼈의 건강을 촉진한다 **그림 6-5**.

기저막(basal membrane)
조직의 바깥쪽에 위치하는 얇은 막으로서 기저층 (base)에 위치한다고 해서 이렇게 불림. 주로 엘라스틴(elastin) 같은 단백질로 구성되어 있으며, 소화관 내의 물질이 체내로 흡수되려면 이 막을 통과해야만 혈액 순환계로 들어갈 수 있음

그림 6-5를 좀 더 상세히 설명하면, 비타민 D는 Ca의 체내 흡수(소화관으로부터 혈관으로의 흡수)를 촉진시키는 단백질들(TRPV6, Calbindin, Claudin)의 유전자 및 단백질 발현을 촉진시켜서 Ca의 흡수를 증가시킨다. Ca의 체내 흡수는 소화관 상피

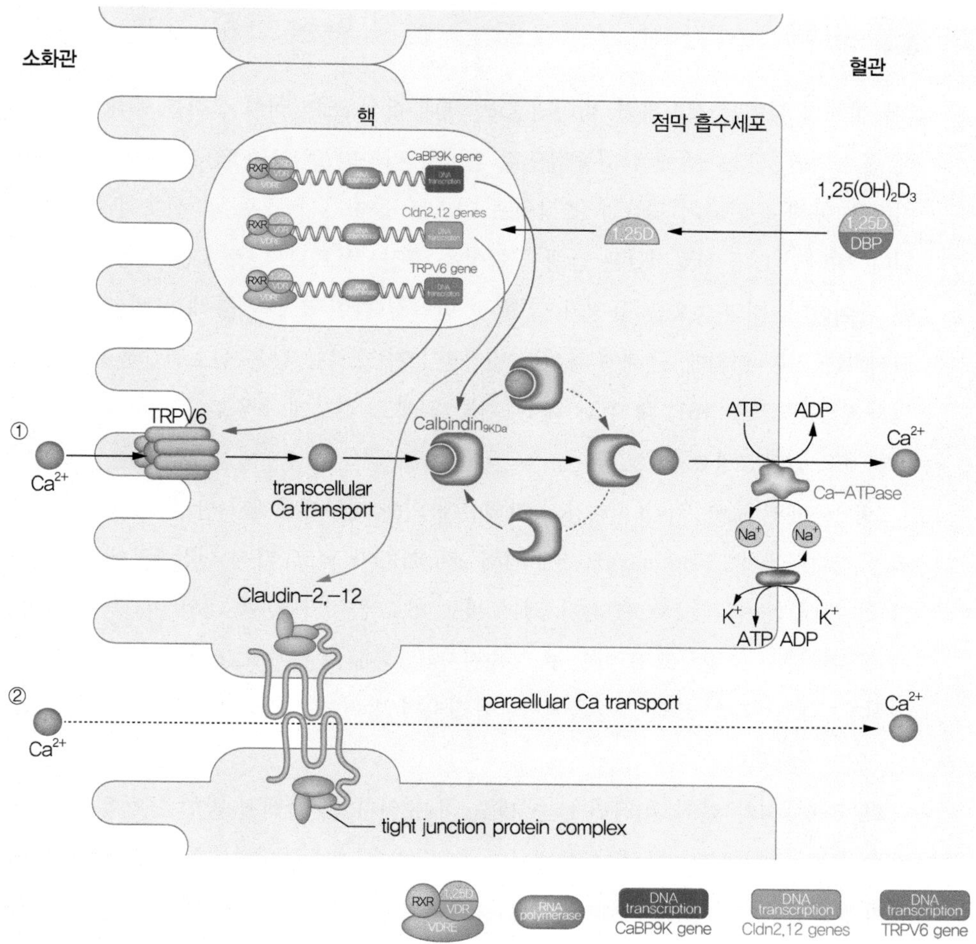

그림 6-5 비타민 D의 소화관 내 Ca 흡수 촉진을 위한 유전자 및 단백질 발현 조절 기전

세포(흡수세포)의 Ca 채널 단백질(TRPV6)을 통과하거나transcellular Ca transport, 세포의 밀착연접tight junction 부분에서 Ca의 흡수를 촉진하는 Claudin 단백질에 의해 이루어진다paracellular Ca transport. Ca이 최종적으로 혈관 내로 흡수될 때는 기저막에서 ATP의 소비와 Na/K pumping에 의해서 혈관 안으로 흡수된다.

4 비타민 D의 타 질병 관련 유전자 발현 조절 기능

지금까지의 설명을 정리하면, 비타민 D는 체내 합성 또는 식이 섭취를 통해 우리 몸에 흡수되면, 신장조직에서 최종적으로 활성형 비타민 D[1,25$(OH)_2$D] 형태가 되어서 혈액을 통해 운반되어 필요한 조직세포 안으로 들어가서 세포 내 신호전달을 하게 된다. 비타민 D의 신호전달은 단백질 합성을 촉진시킴으로써 우리 몸의 생리적 기능에 관여한다. 비타민 D는 유전자 발현 및 단백질 발현 조절을 통해서 뼈 건강을 촉진시키는 기능 이외에, 근래에 와서는 비타민 D가 호르몬 같은 신호전달물질로서 유전자 발현을 조절하고, 뼈 건강 촉진 기능 외에도 건강에 유익한 다양한 기능들이 밝혀지고 있다 **그림 6-6**.

그림 6-6에서 보면, 식이나 태양의 자외선에 의해 피부세포에서 합성된 비타민 전구체는 간세포에서 25-hydroxylase에 의해 25(OH)D가 되고, 다시 신장세포에서 OH기가 하나 더 붙어서 1,25$(OH)_2$D가 되어 세포 내로 들어가면, 핵 내의 비타민 D 수용체와 결합해서 조절하고자 하는 촉진유전자$_{promotor}$ 부위에 RXR과 같이 붙게 된다. 이렇게 되면 비타민 D의 조절을 받는 유전자의 발현이 시작되고, mRNA 발현이 촉진 또는 저하된다.

그림 6-6에서와 같이, 비타민 D는 세포 내 유전자 및 단백질 발현 조절을 통하여, 칼슘 흡수 촉진, PTH 합성, 신장에서의 Ca 및 P의 재흡수 촉진, 조골세포와 파골세포의 분화 조절에 관여한다(뼈 건강을 증진시키는 기존의 기능, classical 기능). 이외에, 질병 예방적인 기능으로서 항암, 항염증성, 항당뇨 기능 등의 세포 생리활성적 기능들이 있다(non-classsical 기능). 암세포의 증식을 저하시키고 암세포가 죽는 것을 조절하는 유전자들의 발현을 조절하여 암을 예방하는 항암기능, 면역에 관여하는 단백질 합성을 촉진시켜서 염증 관련 질병을 예방할 수 있는 기능, 심혈관계질환을 예방·저하하는 단백질들의 합성을 촉진시켜서 심혈관계질환 및 고혈압을 예방할 수 있는 기능, 그리고 항당뇨병성 기능 등에 대한 여러 연구결과가 보고되고 있다. 이러한 비타민 D의 기능은 호르몬으로의 역할처럼 세포 내에서 합성되는 단백질 합성을 조절할 수 있는 세포신호 전달 기능에 의해서 행해진다 **그림 6-6**.

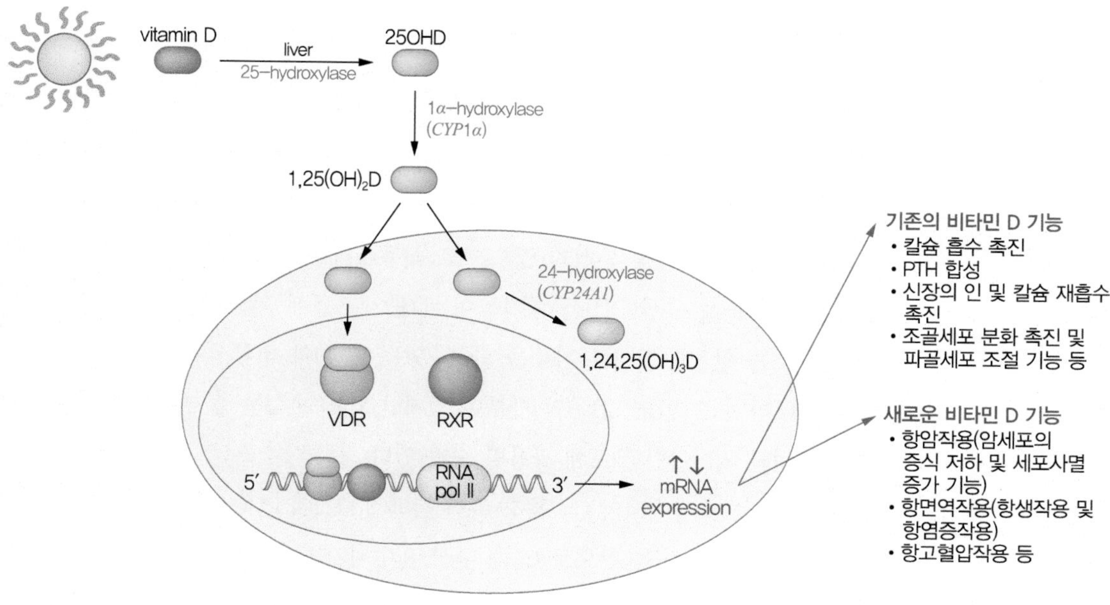

그림 6-6 비타민 D의 유전자 조절에 의한 질병 예방 기전
자료: http://ortho.ucla.edu/body.cfm?id=205

유전자명과 단백질명

그림 6-6에서 보면 1α-hydroxylase(1α-수산화효소, 탄소 1번에 수산(OH)를 붙이는 효소) 이름 밑 괄호 속에 *CYP1α*이라고 쓰여 있다. 여기서 1α-hydroxylase는 이 효소 단백질 이름이고, 이 단백질을 만드는 유전정보가 되는 DNA의 부분(유전자)에 해당되는 이름은 *CYP1α*이다. 즉 DNA의 *CYP1α* 유전정보가 전사와 번역의 과정을 거쳐서 단백질이 발현, 합성되는 것이다. 보통 DNA의 유전자명과 단백질명이 같을 수도 있으나, 이 경우에서처럼 완전히 다른 경우도 많다. 또한 유전자명과 단백질명이 같을 경우는 구분을 하기 위해서 유전자명은 이탤릭체로 쓰고, 단백질명은 그대로 쓰고 있다.

세포증식, 세포분화 & 성장, 발달

- 세포증식(cell proliferation): DNA의 분할로 세포의 수가 늘어나는 것, 성장(growth)과 관련
- 세포분화(cell differentiation): 세포수가 어느 정도 늘어나면 세포 성장(세포 증식)은 멈추고 세포 고유의 특성을 나타내는 것, 발달(development)과 관련

예를 들어, 뼈조직에서 조골세포가 초창기에는 수가 늘어나지만(세포증식), 세포수가 충분히 늘어나면 조골세포가 특이적으로 만들어내는 단백질들(뼈 형성 관련 단백질들, 예: osteocalcin, osteoponin)을 분비하게 되는 과정(세포 분화)의 경우이다.

5 결론

비타민 D는 영양소 비타민으로서의 기능도 있지만, 근래에 와서는 여러 조직세포에서 세포신호 전달을 하는 호르몬 유사 물질(또는 호르몬)으로서의 기능이 알려지고 있다. 비타민 D가 호르몬과 같은 기능을 한다고 보는 이유는 대부분의 다른 영양소는가 우리 신체가 합성을 하지 않으므로 식품으로부터 섭취해야 하는데, 비타민 D는 콜레스테롤에 수산(OH)을 첨가하여 체내 세포들에 의해서 합성이 되며, 대부분의 영양소는 활성형(실제로 기능을 할 수 있는 형태)과 비활성형(호르몬이나 효소의 활성을 나타낼 수 없는 상태)의 구분이 없지만, 비타민 D는 호르몬 단백질처럼 활성형으로 변환 되어야만 세포에 작용할 수가 있다.

비타민 D는 소장에서의 Ca 흡수 촉진 단백질(ECaC, PMCA1b, calbindin), 신장에서의 Ca 재흡수과정(몸 안으로 Ca을 다시 흡수시키는 과정), 뼈에서의 Ca 용출 방지, 뼈 기질에 축적되는 단백질(osteocalcin, osteopontin, osteoprotegerin 등), 골용해에 관여하는 단백질(RANK, intergrin receptor)들의 유전자 및 단백질 발현을 조절함으로서 뼈를 튼튼하게 유지할 수 있다.

비타민 D가 유전자 발현을 조절하는 기전은 혈액 중에 비타민 D 수용체 단백질(DBP)와 결합되어 있던 활성형 비타민 D[1,25$(OH)_2$D]가 DBP와 떨어져서 세포 안으로 이동되면, 세포질에서 VDR, RXR와 결합하여 DNA의 VDRE에 결합하면서 유전자의 발현을 조절한다. 이제까지는 비타민의 주된 기능으로 알려진 뼈조직을 건강하게 하는 기능(Ca 체내 흡수 촉진, PTH 합성 관여, Ca 및 P 신장에서의 재흡수를 통한 손실 예방, 조골세포 및 파골세포의 성장과 세포분화에 관여하는 단백질에 대한 유전자 조절)뿐만 아니라(비타민 D의 classical function), 근래에는 항암기능(암세포 성장 저지, 암세포 사멸 촉진 및 암세포 성장을 돕는 신생혈관 생성 저지 등), 항면역 기능(항박테리아성 기능, 항염증 기능 등), 항심혈관계 질병 기능(항고혈압성 등)에 대한 비타민 D의 유전자 및 단백질 조절에 관한 내용이 많이 알려지고 있다. 이제 비타민 D는 과거 뼈를 튼튼하게 하는 단일 비타민에서, 더욱 다양한 세포생리적인 기능들을 가지고 있어서 다양한 질병 예방까지도 기대해 볼 수 있는 영양소라고 볼 수 있다.

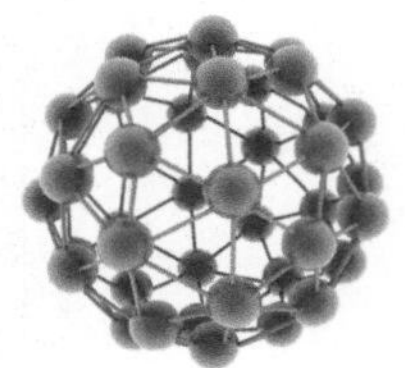

CHAPTER 7
철

1 철 항상성의 중요성

철은 거의 모든 생물체에서 필수적으로 요구되는 원소이다. 생리적 pH에서 환원철 Fe^{2+}, ferrous과 산화철 Fe^{3+}, ferric의 두 가지 형태가 존재하며, 전자를 주고받음으로써 쉽게 상호 전환된다. 철의 이러한 성질은 산화환원 반응에서 촉매 역할을 가능하게 하며, 다양한 효소와 단백질에서 조효소 혹은 구성성분으로 작용한다. 대표적인 예로, 철은 헤모글로빈과 미오글로빈, 전자전달계의 사이토크롬, 리보뉴클레오티드 환원효소ribonucleotide reductase의 구성요소로 산소의 운반과 저장, ATP 합성, 핵산 합성 등의 다양한 기능에 관여한다. 하지만, 과량의 철은 과산화수소를 반응성이 매우 강한 자유라디칼로 전환하는 펜톤 반응fenton reaction을 촉매할 수 있으며, 이때 생성된 자유라디칼은 세포의 막지질, 단백질, DNA을 공격하여 조직에 심한 손상을 유발한다.

정상 상태에서 대부분의 철은 단백질에 결합되어 존재하므로 펜톤 반응에 참여하지 않고, 혈액 내 철은 트랜스페린 단백질과 결합하여 이동하며 세포질 내에서는 페리틴 단백질과 결합하여 저장된다. 또한 헴heme 혹은 철-황 중심iron-sulfur clusters의 구성 성분으로 효소의 보조인자로 작용한다. 하지만 체내 철 대사에 이상이 발생하여 과량의 철이 존재하게 되면 일부의 철은 결합된 단백질로부터 유리되어 나와 펜톤 반응을 통해 자유라디칼을 발생시킨다. 따라서 체내에 존재하는 철의 양과 분포를 적절하고 엄격하게 조절하는 항상성 유지가 매우 중요하며, 철 항상성의 이상은 다양한 질병을 유발한다.

철에 의한 자유라디칼의 지속적인 생성

철은 과산화수소와 반응하여 하이드록실(hydroxyl) 라디칼을 생성한다(펜톤 반응). 또한 수퍼옥시드(superoxide) 라디칼은 Fe^{3+}을 환원시켜 Fe^{2+}를 재생산한다. 이 두 반응을 합치면, 과산화수소와 수퍼옥시드 라디칼은 철의 촉매작용으로 인하여 반응성이 매우 강한 하이드록시 라디칼을 지속적으로 생성하게 된다[하버-바이스(Haber-Weiss) 반응].

$Fe(II) + H_2O_2 \rightarrow Fe(III) + OH^- + OH^-$ (Fenton)

$Fe(III) + O_2^- \rightarrow Fe(II) + O_2$

net reaction:

$H_2O_2 + O_2^- \rightarrow OH^- + OH^- + O_2$ (Haber-Weiss)

1) 체내 철 분포 및 대사

인체는 대략 3~5 g의 철을 보유하고 있으며[체중 1 kg당 45 mg(여자) 혹은 55 mg(남자)], 이 중 대부분(60~70%)은 적혈구와 골수의 헤모글로빈에 존재한다. 대략 10~15%는 근육의 미오글로빈이나 각 조직의 효소의 구성 성분으로 존재하고, 혈액에는 약 3 mg의 철이 트랜스페린과 결합하여 존재한다. 나머지는 간조직과 세망내피계reticuloendothelial system의 대식세포에 저장된다 **그림 7-1**.

철 대사에서 큰 특징 중의 하나는 철의 재사용recycling이다. 다른 무기질과는 매우 대조적으로 철은 뚜렷한 배설 경로가 없고 점막 탈락, 피부 표피의 박리, 출혈 등

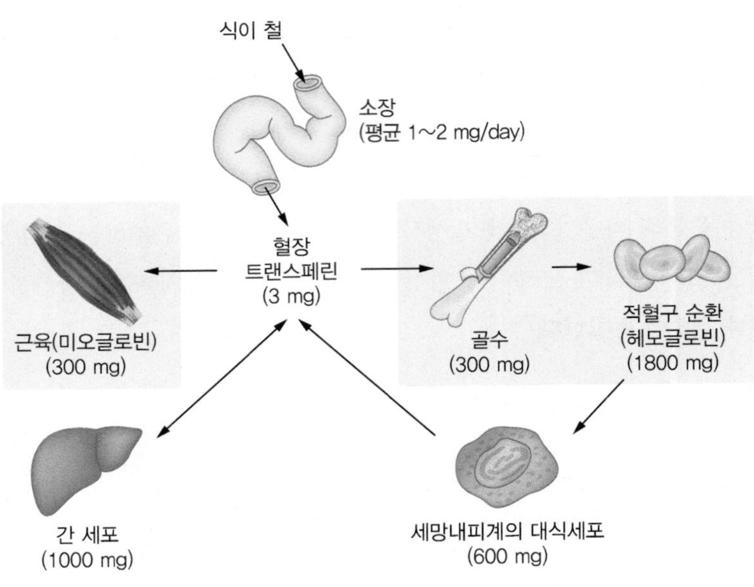

그림 7-1 체내 철 분포 및 대사

을 통해 극히 소량(1~2 mg/일)만 배설된다. 하루 평균 식이로부터의 철 흡수량은 체내 철 보유량의 0.05% 정도인 약 1~2 mg인데 이는 하루 철 배설량을 보상하기 위한 수준이다. 이에 반해 적혈구 생성 등을 위해 하루에 필요한 철의 양은 약 30 mg으로 하루 철 흡수량의 15~20배에 해당하는 양이며, 인체는 체내에 보유한 철을 재사용함으로써 필요량의 대부분을 충족한다.

2) 철 항상성의 주요 경로 및 관련 유전자

체내 철 항상성은 크게 소장에서의 흡수 조절, 대식세포에서의 효율적인 재사용, 적혈구모세포erythroblast에서의 효과적인 이용, 간과 대식세포에서의 저장량 조절의 4가지 경로를 통해 유지된다 **그림 7-2**.

(1) 소장에서의 철 흡수

앞서 설명한 대로 철은 뚜렷한 배설 경로가 없으므로, 체내 철 과잉 축적을 방지하기 위해 소장에서의 철 흡수는 매우 엄격하게 조절된다. 식품 속의 비헴철은 주로 Fe^{3+} 형태로 존재하는데, 소장 점막세포 표면에서 Fe^{2+}로 환원된 후, 미세융모막brush

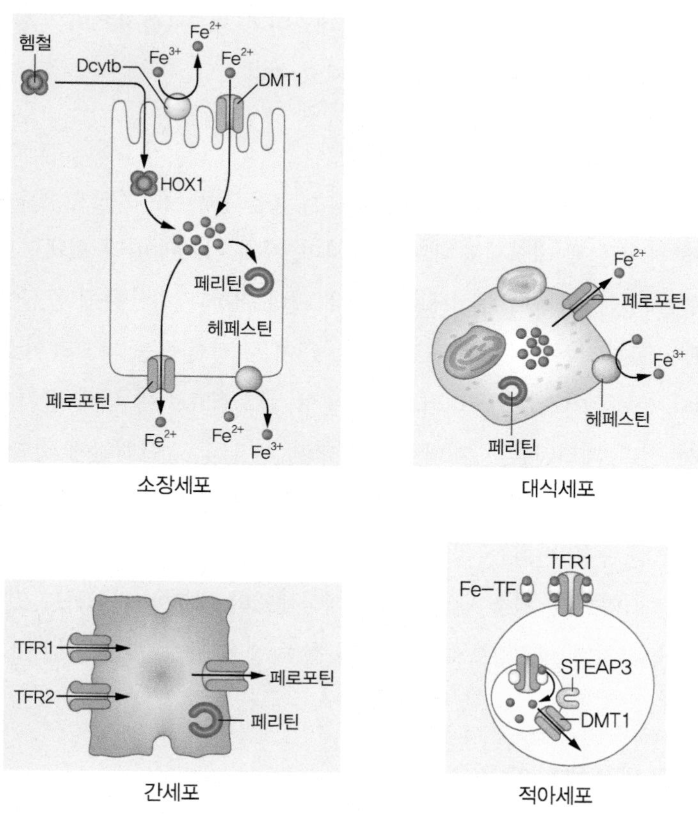

그림 7–2 철 항상성에 관여하는 주요 조직과 관련 단백질

border membrane을 통과하여 소장 점막세포 내로 들어온다. 이때 철 환원에 관여하는 효소는 Dcytb이며, Fe^{2+}를 통과시키는 막관통transmembrane 수송체 단백질은 DMT1이다. 식품 속의 헴 철은 hcp1에 의해 헴의 형태로 미세융모막을 통과한 후, 소장 점막세포 내에서 헴 산소화효소(Hox-1)에 의해 헴으로부터 Fe^{2+}가 유리되어 비헴 철 풀과 합쳐진다. 이후 Fe^{2+}는 소장 점막세포의 기저막basolateral membrane으로 이동하여 막관통 철 방출 단백질transmembrane iron exporter인 페로포틴ferroportin에 의해 혈액으로 방출되어 체내로 흡수된다.

한편, 혈중 철 운반 단백질인 트랜스페린은 Fe^{3+} 형태의 철과 결합하므로, Fe^{2+}는 다시 Fe^{3+}으로 산화되어야 하는데, 소장 점막세포의 기저막에는 철 산화효소인 헤페스틴hephaestin이 있어 철을 산화시킨다. 이 밖에, Fe^{2+}은 혈청 단백질인 세룰로플라즈민

Dcytb
duodenal cytochrome b ferri-reductase

DMT1
divalent metal transporter 1

hcp1
heme carrier protein 1

Hox-1
heme oxygenase-1

ceruloplasmin에 의해서도 산화될 수 있다. 헤페스틴과 세룰로플라즈민은 활성을 위해 구리를 조효소로 필요로 하는 공통점을 가지고 있다.

(2) 대식세포에서의 철 저장 및 재사용

대식세포는 노쇠한 적혈구를 포식작용phagocytosis을 통해 흡수하고, 흡수된 적혈구의 헴을 분해하여 철을 대식세포 내에 저장하며, 체내 필요에 따라 혈액으로 철을 방출하는 역할을 한다. 따라서 대식세포는 체내 철의 저장과 재사용에 중심이 된다.

대식세포의 포식작용을 통해 세포 내로 들어온 적혈구는 파고라이소좀phago-lysosome에서 분해되어 헴이 유리되고, 이후 헴 산소화효소에 의해 철이 유리된다. 세포 내에서 철은 페리틴ferritin이나 헤모시데린hemosiderin 단백질에 결합되어 저장된다. 대식세포의 철 방출은 주로 페로포틴에 의해 이루어진다. 따라서 대식세포막에서의 페로포틴 수준 변화는 철의 재사용 정도를 조절하는 중요한 작용 기작이 된다. 최근 연구에 의하면, 평소 페로포틴은 대식세포의 내부에 위치하고 있다가 체내 철 요구도가 높아지면 세포막으로 이동하여 철 방출을 증가시키는 것으로 보고되고 있다.

(3) 적혈구모세포에서의 철 이용

적혈구모세포 (erythroblast)

적혈구 전 단계의 세포로, 핵을 가지고 있으며 주로 골수 속에 존재함. 성숙과정에서 핵을 잃고, 헤모글로빈을 함유하여 붉은색을 띠는 적혈구가 됨

TFR1
transferrin receptor 1

체내 철의 가장 많은 양이 적혈구 생성을 위한 헴 합성에 사용된다. 따라서 체내 적혈구 요구도에 따른 **적혈구모세포**에서의 효과적인 철 이용은 철 항상성 조절에 중요하게 작용한다. 혈액 중의 철은 트랜스페린transferrin에 결합되어 운반되는데, 적혈구모세포는 세포막에 트랜스페린 수용체 1(TFR1)을 다량 보유하고 있어 수용체-매개성 세포 내 이입receptor-mediated endocytosis을 통해 혈액의 철을 세포 내로 흡수한다. 따라서 적혈구모세포의 TFR1 발현 수준은 적혈구 생성을 위한 철 사용량과 직접적으로 비례한다. 한편, TFR1에 의해 세포 내 이입된 철은 철 환원효소인 STEAP3와 막단백질인 DMT1을 이용하여 세포질로 이동하여 헴 합성에 사용된다.

(4) 간세포에서의 철 저장

간조직은 체내 철을 가장 많이 저장하고 있는 조직이다. 간조직의 주를 이루는 간세포hepatocyte는 세포막에 TFR2를 다량 보유하고 있어 혈중 트랜스페린에 결합된 철을 세포 내로 흡수한다. 간세포의 세포막에는 TFR1도 약간 발현되나 TFR2의 발현량

이 훨씬 크다. 세포 내로 흡수된 철은 페리틴에 의해 저장되었다가 체내 필요에 의해 페로포틴을 통과해 혈중으로 다시 방출된다. 따라서 간조직은 소장조직 및 대식세포와 함께 페로포틴의 발현량이 매우 높다. 한편, 간조직은 체내 철 항상성을 조절하는 호르몬인 헵시딘hepcidin이 합성되는 장소이기도 하다.

철의 트랜스페린 수용체를 통한 세포 내 이입

혈액의 트랜스페린은 최대 두 분자의 Fe^{3+} 이온과 결합할 수 있으며, 세포막의 TFR1은 혈중 $(Fe^{3+})_2$–트랜스페린과만 선택적으로 결합한다. 이들 리간드–수용체 복합체가 형성된 세포막 부위는 클라트린(clathrin) 코트(coat) 단백질에 의해 함몰되어 소낭(vesicle)을 형성하면서 세포 내로 이동하고, 코트 단백질이 분해되면서 엔도좀(endosome)이 된다. 양성자 펌프(proton pump)에 의해 엔도좀 내부의 pH가 낮아지면, Fe^{3+}가 트랜스페린으로부터 유리되어 나오고, TFR–트랜스페린 복합체는 다시 세포막으로 돌아가 재사용된다. 한편, 엔도좀 내부에 유리된 Fe^{3+}는 STEAP3 철 환원효소에 의해 Fe^{2+}로 환원되고, DMT1에 의해 엔도좀 막을 통과하여 세포질로 이동한다.

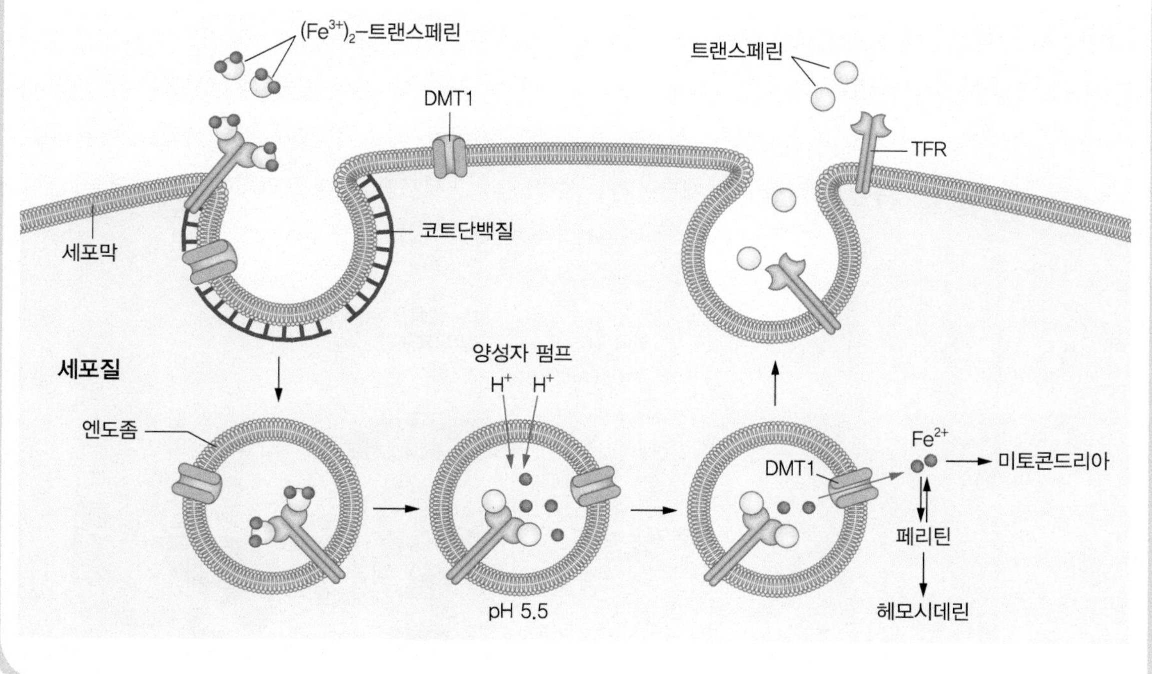

2 철 항상성 조절 기작

1) 헵시딘의 역할 및 작용 기작

헵시딘은 25개의 아미노산으로 이루어진 펩티드 호르몬이다. 헵시딘은 철이 혈액으로 유입되는 3가지 주된 경로인 소장에서의 식이 철 흡수 억제, 대식세포로부터 재사용되는 철 방출 억제, 간조직의 저장철의 방출을 억제함으로써 혈액으로 유입되는 철의 양을 조절하는 데 중추적 역할을 한다 **그림 7-3**.

헵시딘의 주요 표적target분자는 철 방출 단백질iron exporter인 페로포틴이다. 구체적으로, 헵시딘의 N-말단terminal 부분은 세포막에 위치한 페로포틴의 세포 외 고리extracellular loop 부분과 직접 결합하고, 이렇게 형성된 헵시딘-페로포틴 복합체는 세포 내로 이입endocytosis된 후, 리소좀에서 분해된다. 결과적으로, 헵시딘은 세포막에 위치한 페로포틴을 제거하여 페로포틴이 위치한 조직으로부터 혈액으로의 철 방출을 억제하게 된다.

헵시딘은 주로 간세포hepatocyte에서 생성된다. 간세포는 식이로 흡수된 철이 간문맥hepatic portal vein을 통해 도달하는 곳이며, 체내 철 저장에 관여하고, 병원체를 인식하고, 적혈구를 재활용하는 쿠퍼Kupffer 세포와 가깝게 위치하고 있어서 철 조절에

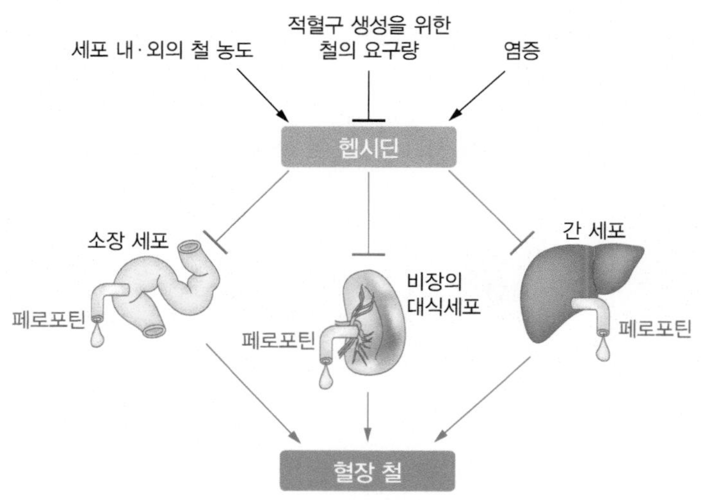

그림 7-3 철 항상성 유지를 위한 헵시딘의 역할

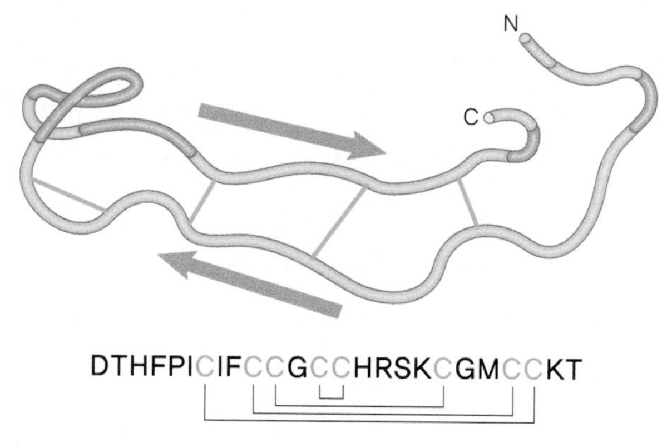

그림 7-4 헵시딘 펩티드의 구조 및 아미노산 배열

관여하는 호르몬을 생성하기에 매우 적합한 장소이다. 간세포 외에 대식세포 혹은 지방세포에서도 헵시딘 합성이 일어나기는 하나 그 양은 매우 적다. 이들은 혈액 중의 헵시딘 농도에는 크게 기여하지 않고, 단지 헵시딘 합성이 일어난 세포 주위의 철 이동에 국소적인 영향을 줄 것으로 생각된다.

헵시딘 분자구조의 특징을 살펴보면 **그림 7-4**, 초기에 84개 아미노산으로 이루어진 프리-프로펩티드pre-propeptide 형태로 합성된 후, 몇 번의 분열을 거쳐 성숙된 형태로 혈액으로 분비된다. 또한 크기가 작아 신장의 사구체에서 여과되어 소변으로 배설될 수 있다. 헵시딘 펩티드의 구조는 구부러진 β-헤어핀 형태를 하고 있으며, 4개의 이황화결합이 이 구조를 안정화시킨다. 특히 N-말단 부분에 위치한 9개 아미노산은 페로포틴과의 결합에 매우 중요하게 작용한다.

2) 헵시딘 유전자의 발현 조절

헵시딘 합성 및 분비는 체내 철 저장량 및 농도, 적혈구 생성 정도, 염증 상태 등의 다양한 신호에 의해 조절되며, 이를 통해 철 항상성에 영향을 준다. 예를 들어, 간세포에 철이 풍부한 경우, 헵시딘 생성이 증가되어 철 흡수나 저장조직으로부터의 철 방출을 억제한다. 반대로 철이 부족하게 되면, 간세포의 헵시딘 합성이 줄어들거나 정지되어 철이 혈액으로의 유입을 증가시킨다. 헵시딘은 간세포에 저장된 철뿐만 아니라 혈액의 트랜스페린에 결합된 철 농도의 증가에 의해서도 합성이 촉진될 수 있다. 또한 적혈구 생성 요구량에 의해 합성이 조절되는데, 적혈구 생성이 활발할 때에는 헵시딘 생성이 억제되어 헤모글로빈 합성을 위해 필요한 철의 유입량을 증가시킨다.

헵시딘 유전자의 발현 조절에 관여하는 주요 신호전달체계는 다음과 같다.

(1) BMP/SMAD4 신호전달체계

BMP
bone morphogenic protein

BMP-R
BMP receptor

HJV
hemojuvelin

GPI
glycosylphosphatidyl-inositol

TFR1
transferrin receptor 1

BMP/SMAD4 경로는 헵시딘 유전자 발현을 조절하는 가장 강력한 신호전달체계이다. BMP는 BMP 수용체(BMP-R)에 대한 리간드로써, 특히 BMP6는 간세포 표면에서 BMP-R I과 II, 그리고 BMP 보조수용체인 헤모주베린(HJV)과 결합하여 신호를 개시한다. BMP-R은 BMP-R I 두 분자와 BMP-R II 두 분자로 이루어진 세린/트레오닌 키네이스serine/threonine kinase 수용체인데, 리간드와 결합되면 세포 내에 위치하는 전사인자인 SMAD1/5/8을 인산화한다. SMAD1/5/8의 인산화는 다시 전사인자인 SMAD4와의 결합을 촉진하여 핵 내로 이동하게 한다. SMAD1/5/8과 SMAD4의 복합체는 헵시딘 프로모터의 특정 부위에 결합하여 헵시딘 전사를 활성화시킨다.

BMP/SMAD4 신호전달체계가 최대로 활성화되기 위해서는 HJV을 필요로 하는데, HJV은 글리코실포스파티딜이노시톨(GPI)이 연결된 막 단백질로써 BMP의 보조수용체로 작용한다. 또한 GPI 연결 부분이 잘린 수용성 형태의 sHJV이 존재하는데, sHJV는 BMP6과 결합하여 BMP6와 BMP-R와의 결합을 방해한다. 즉 HJV는 BMP/SMAD4 신호전달체계를 최대한 활성화하지만, sHJV는 이 신호전달체계를 억제한다. sHJV는 퓨린 단백질에 의해 분비가 증가하는데, 퓨린은 단백질 분해효소의 일종으로 세포 내에 존재하는 HJV의 GPI 연결 부분을 잘라 sHJV의 생성 및 분비를 촉진한다.

한편, BMP/SMAD4 신호전달체계는 메트리파테이스matripatase-2에 의해 억제될 수 있다. Matriptase-2는 TMPRSS6라고도 불리는 막관통 세린 단백질 분해효소transmembrane serine protease로써, 주로 간에서 발현되어 철 항상성에 주요한 역할을 한다. Matriptase-2는 HJV과 결합 후 HJV을 분해하여 BMP/SMAD4 신호전달체계를 억제한다. 따라서 TMPRSS6 유전자 돌연변이를 가진 경우, 헵시딘이 과잉 발현되어 철 공급에도 치료되지 않는 가족성, 철 저항성 철결핍 빈혈familial iron-refractory iron-deficiency anemia이 발생한다.

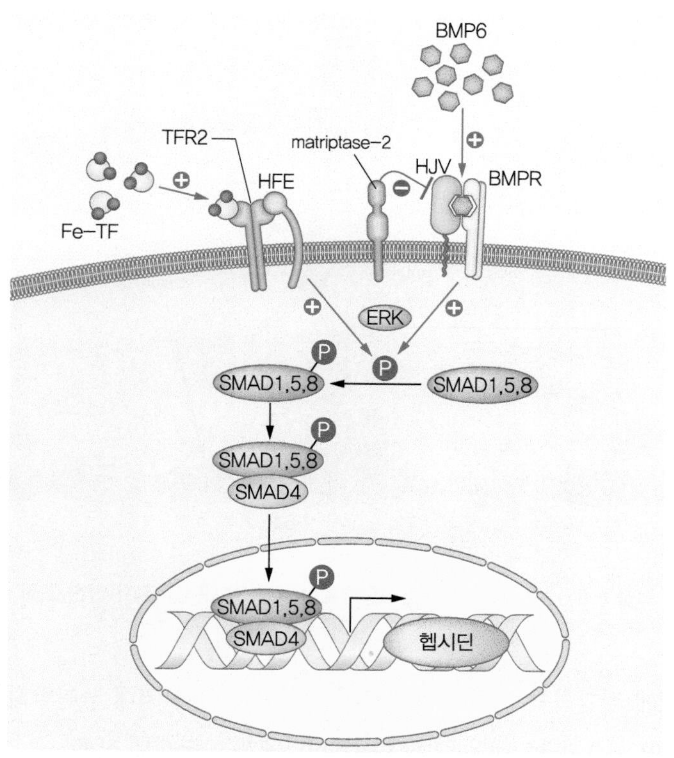

그림 7-5 BMP/SMAD 신호전달체계를 통한 헵시딘 유전자 발현 조절

(2) HFE-TFR2 신호전달체계

HFE는 β2-마이크로글로불린microglobulin과 함께, TFR1 혹은 TFR2와 복합체를 형성할 수 있다. 특히 HFE-TFR2 복합체는 적어도 두 가지 이상의 서로 다른 기작을 통해 헵시딘 유전자 발현 조절에 관여한다. 첫 번째 기작으로는 HFE-TFR2 복합체가 ERK 인산화를 유발하고, 이는 SMAD1/5/8의 인산화를 촉진한다. 또 다른 기작으로, HFE-TFR2 복합체가 퓨린의 활성을 억제하여 sHJV 농도를 낮춤으로써 BMP에 대한 BMP-R의 민감도를 증가시켜 BMP/SMAD4 신호전달체계를 촉진한다.

ERK
extracellular regulated kinase

(3) JAK3/STAT3 신호전달체계

IL-6는 JAK을 활성화시켜 STAT-3를 인산화시키고, 이로 인해 STAT3는 핵 내로 이동하여 헵시딘 유전자 프로모터 부위에 존재하는 STAT 반응배열response element과 결합하여 헵시딘 전사를 유도한다. 뿐만 아니라 활성화된 STAT3는 SMAD4가 해

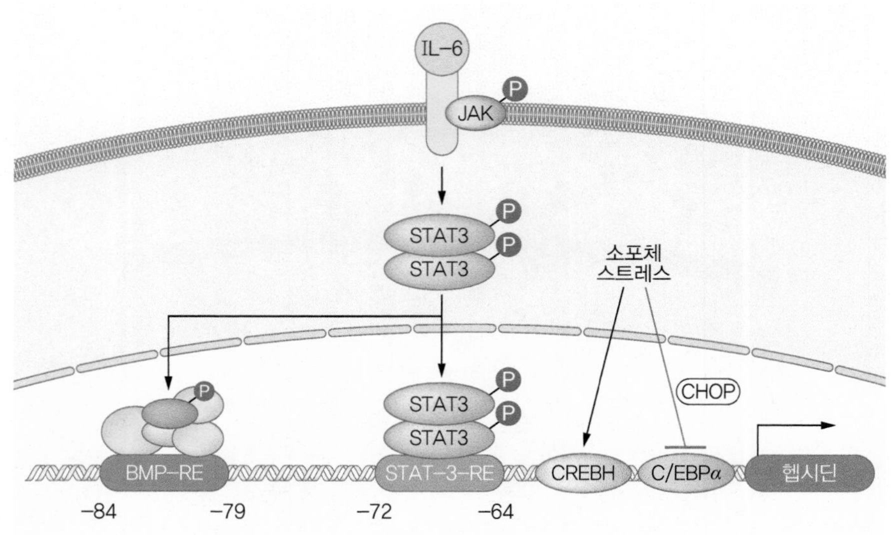

그림 7-6 JAK/STAT3 신호전달체계를 통한 헵시딘 유전자 발현 조절

당 반응배열에 결합하는 것을 활성화하여 헵시딘 전사를 최대한 활발하게 한다. 이와 같이, BMP 신호전달체계와 STAT3 신호전달체계는 별개로 작용하는 것이 아니라, 상호 영향을 주면서 작용한다. 이 밖에, 염증과 관련된 소포체 스트레스endoplasmic recticulum stress는 CHOP에 의해 C/EBPα를 억제하거나 CREBH 활성화함으로써 헵시딘 발현을 촉진한다.

3) 헵시딘 유전자의 발현에 영향을 미치는 인자

앞서 기술한 대로, 헵시딘 발현은 혈중 철-트랜스페린 농도, 간의 철 저장량, 적혈구 생성 활성, 저산소증, 염증 등의 다양한 인자가 복합적으로 관여하는데, BMP/SMAD4 신호전달체계는 이러한 다양한 인자들을 통합적으로 수용하여 헵시딘 유전자 발현 정도를 결정하는 데 중심적인 역할을 한다.

(1) 간의 철 저장량

BMP6 생성량은 간의 철 저장량과 비례하여 생성된다. 따라서 간의 철 저장량이 많을수록 BMP6 농도가 높아지고, 이에 따라 BMP/SMAD4 신호전달체계가 자극되어 헵시딘 발현량이 증가한다.

(2) 혈중 철-트랜스페린 농도

혈중 철-트랜스페린은 HFE-TFR2 복합체를 안정화시켜 HFE-TFR2 신호전달체계를 자극한다. 뿐만 아니라, 혈중 철-트랜스페린은 TFR1과의 결합을 통해 간접적으로 HFE-TFR2 신호전달체계를 자극하여 TFR2가 철-트랜스페린과 HFE의 동시 결합이 가능한 반면, TFR1은 철-트랜스페린과 결합하면 HFE과는 결합하지 못하기 때문에 좀 더 많은 농도의 HFE가 TFR2와 결합할 수 있게 된다.

반대로 혈중 철-트랜스페린 농도가 낮아지면, matriptase-2의 활성이 증가하여 HJV 분해가 증가하여 BMP/SMAD4 신호전달체계가 억제되게 된다. 또한 퓨린의 활성도 증가하여 sHJV 분비가 증가하고, 이에 따라 BMP/SMAD4 신호전달체계가 억제되고 헵시딘 발현이 감소한다. 더욱이 혈중 철-트랜스페린 농도가 낮아지면 TFR2 발현량은 감소하는 반면, TFR1 발현량은 증가하여 HFE-TFR1 복합체 형성이 증가하고, 상대적으로 HFE-TFR2 복합체의 형성은 감소하여 헵시딘 발현이 줄어들게 된다.

(3) 적혈구 생성 정도

적혈구 생성이 증가하면 체내 철 저장량과 무관하게 철 흡수가 증가하는 것으로 알려져 있으며, 이는 에리트로포에틴(EPO), 성장분화인자 15(GDF15), TWSG1 등의 물질을 통해 이루어지는 것으로 보인다. EPO는 지질다당류(LPS)에 의한 STAT3 인산화와 철에 의한 SMAD 1/5/8 인산화를 감소시킴으로써 헵시딘 발현을 억제한다. 또한 소장의 DMT1과 헤페스틴hephaestin 유전자 발현을 증가시킨다.

GDF15와 TWSG1은 TGFβ family의 하나로, 각각 적혈구 생성의 최종 단계와 초기 단계에서 분비되는데, 이들은 BMP/SMAD4 신호전달체계를 억제함으로써 헵시딘 발현을 감소시키는 것으로 보인다.

EPO
erythropoietin

GDF15
growth differentiation factor 15

TWSG1
twisted gastrulation 1

LPS
lipopolysaccharide

HIF
hypoxia-inducible factor

(4) 저산소증

저산소 유도인자(HIF)는 여러 개의 소단위로 이루어진 전사인자로, 철과 산소를 필요로 하는 프로일릴 수산화효소prolyl hydroxylase에 의해 불안정한 알파-소단위가 분해됨으로써 활성이 조절된다. 따라서 저산소증이나 철 결핍 등의 상황에서는 프로일릴 수산화효소가 불활성화되어 HIF가 축적되고, 핵 내로 이동하여 간세포의 헵시딘의 프로모터 부위에 결합하여 헵시딘 발현을 억제한다. 반면 소장세포에서는 HIF가 DMT1의 프로모터 부위에 결합하여 DMT1 유전자 발현을 촉진한다.

(5) 감염 혹은 염증 상태

IL-6와 같은 염증성 사이토카인은 JAK-STAT3 경로를 통해 헵시딘의 전사를 촉진한다.

3 철 수송체 유전자의 발현 조절

1) IRP/IRE에 의한 전사 후 조절

소장에서의 식이 철 흡수는 철 항상성 유지의 주요한 조절경로로써 헵시딘에 의한 전 개체systemic 수준의 철 요구도를 반영한 조절과 함께 소장 상피세포의 철 수송체의 수준 변화에 따라 조절될 수 있다. 특히 소장 상피세포의 DMT1과 페리틴 단백질 수준은 세포 내 철 농도에 따라 민감하게 변화하는데, 이는 세포질의 철 조절 단백질(IRP)과 표적 유전자의 전사체(mRNA)에 존재하는 철 반응배열(IRE) 사이의 상호 작용에 따라 이들 유전자의 전사 후 또는 번역과정이 조절post-transcriptional control되기 때문이다 **그림 7-7**.

IRP
iron regulatory protein

IRE
iron responsive element

UTR
untranslated region

IRE-BP
IRE-binding protein

IRP는 mRNA의 5′-비번역 부위(UTR) 혹은 3′-UTR에 존재하는 IRE와 결합할 수 있는 단백질로, IRE-결합 단백질(IRE-BP)이라고도 한다. IRP의 IRE와의 결합능력은 세포 내 철 농도에 따라 달라지는데, 세포 내 철 농도가 낮은 경우 IRP는 IRE에 결합하게 되지만, 세포 내 철 농도가 높아지면 IRP는 IRE와 결합하지 못한다.

DMT1 mRNA는 3′-UTR 부위에 IRE를 가지고 있다. 소장세포의 철 농도가 낮으면, IRP는 DMT1 mRNA의 3′-UTR의 IRE에 결합하여 DMT1 mRNA를 안정화시킨다. 그 결과, DMT1 mRNA의 반감기half-life가 길어지고, DMT1 단백질 합성이 증가한다. 이와 같이 체내 철 수준이 낮아 소장세포의 철 농도가 감소하면 소장 DMT1 단백질 수준이 증가하여 식이로부터의 철 흡수를 현저히 증가시킨다. 한편, 페리틴 mRNA의 경우 5′-UTR 부위에 IRE를 가지고 있어, 철 결핍 시 IRP가 5′-UTR 부위의 IRE와 결합하게 되면, 이 전사체의 번역이 억제되고 단백질 합성은 중지된다. 따라서 페리틴 농도는 세포 내 철이 부족한 상태에서는 감소하게 된다. 세포 내 철이 충분한 경우, 페리틴 합성이 원활하여 식이로부터 흡수된 철이 소장 내 페리틴에 결합되어 격리되며, 소장 상피세포 탈락 시 함께 소실되어 체내 흡수를 억제하는 요인이 된다.

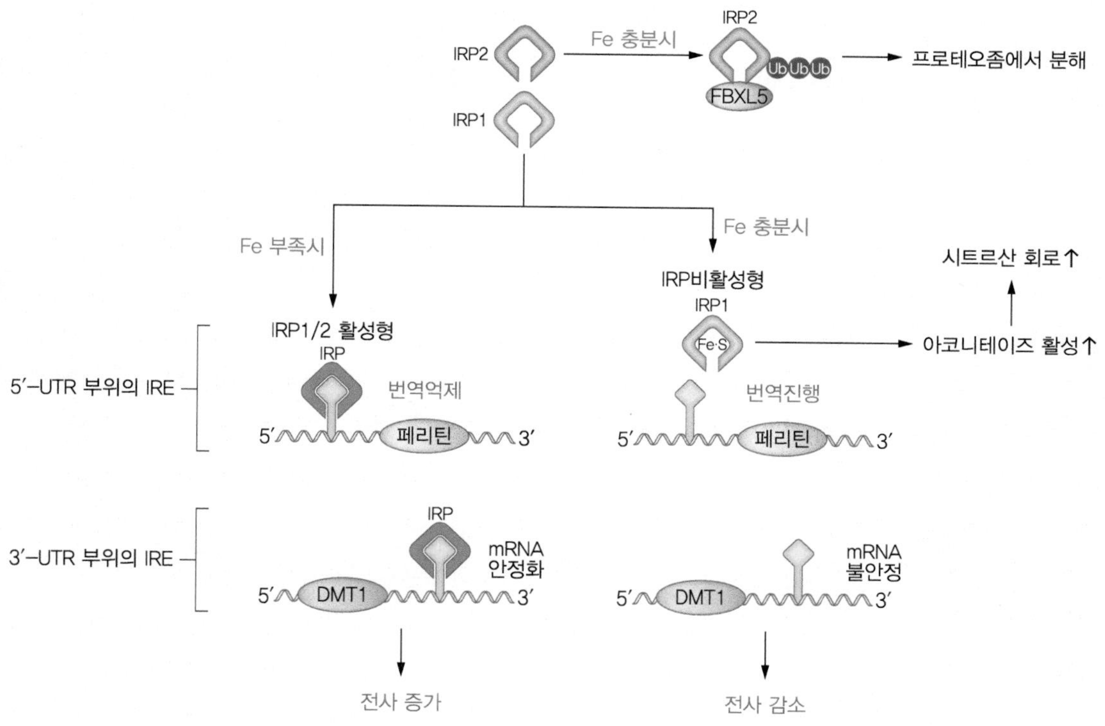

그림 7-7 IRP/IRE 시스템을 통한 DMT1과 페리틴 유전자 발현 조절

IRP1과 IRP2

IRP에는 IRP1과 IRP2의 두 종류가 있다. 세포 내 철 농도가 낮은 경우, 두 단백질은 모두 IRE와 결합하는 활성을 갖는다. 세포 내 철 농도가 높은 경우, IRP1은 내부에 활성형의 철-황 중심(Fe-S cluster)이 형성된다. 이로 인해, IRP1은 IRE-결합 활성은 잃는 대신 아코니테이스(acconitase) 활성을 갖게 된다. 아코니테이스는 TCA cycle에 참여하여 ATP 합성에 관여하는 효소이다. 반면, IRP2는 세포 내 철 농도가 높아지면 유비퀴틴화 된 후 프로테오좀에서 분해된다. 이는 철 존재 시 IRP2가 유비퀴틴 연결효소(ubiquitin ligase) 활성을 갖는 FBXL5(F-box and leucine-rich repeat protein 5)와 결합하여 복합체를 형성하기 때문이다.

2) HIF-2α 안정화에 의한 전사 조절

Dcytb, DMT1, FPN1A/FPN1B 등의 유전자는 프로모터 부위에 HIF 반응 배열(HRE)을 가지고 있어 철 결핍 시 HIF-2α에 의해 전사과정이 증가된다 **그림 7-8**.

HIF-2α는 HIF 전사인자 패밀리의 한 종류로, 소장 철 흡수를 조절하는 주요 조절인자 중의 하나로 작용한다. 정상 산소상태normoxia에서 HIF는 생성된 후 곧 분해된다. 이는 HIF에는 프로일릴 수산화효소가 작용하는 도메인(PHD)이 있어 이 부위에 수산화가 일어나면 VHL 암 억제인자tumor suppressor protein와의 복합체가 형성된 후 유비퀴틴화가 일어나기 때문이다. 프로일릴 수산화효소가 활성화되기 위해서는 산소, 철, 비타민 C를 보조인자로 필요로 한다. 따라서 저산소상태hypoxia에서는 프로일릴 수산화효소가 불활성화되며, HIF가 분해되지 않고 안정화된다. HIF는 핵 내로 이동하여 HIF 반응 배열에 결합하여 유전자 전사를 활성화한다. 이와 비슷하게, 철 결핍 시에도 HIF가 안정화되며 프로모터 부위에 HRE를 가지고 있는 유전자 발현을 증가시킨다. 따라서 HIF의 PHD는 세포의 철 수준을 감지하는 철 센서iron-sensing 단백질로 작용한다.

HRE
HIF-response element

PHD
prolyl hydroxylase domain

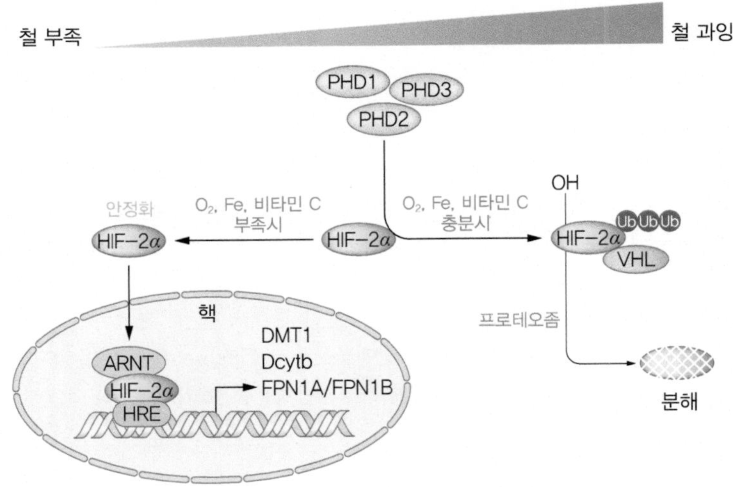

그림 7-8 HIF-2α에 의한 DMT1, Dcytb, 페로포틴의 유전자 발현 조절

4 철 항상성 이상에 의한 질병 및 관련 유전자

1) 염증과 철 대사

염증성 빈혈anemia of inflammation 혹은 만성병 빈혈(ACD)은 염증으로 인해 철 항상성이 제대로 유지되지 못해 발생하는 문제로, 암, 류마티스성 관절염, 염증성 장질환, 울혈성 심부전, 만성신부전, 패혈증 등 다양한 염증성 만성질환에서 흔하게 나타난다. ACD는 세망내피계의 대식세포에 철이 격리되어 있어 이용되지 못하는 기능적 철 결핍(FID)으로, 혈청 페리틴은 정상 혹은 정상보다 높음에도 불구하고 혈청 철 농도는 낮고 트랜스페린 포화도는 낮은 특징을 가지고 있다. 이로 인해 적혈구 생성이 제한되고, 경도~중등도 정도의 빈혈이 발생하는 특징을 보인다.

ACD
anemia of chronic disease

FID
functional iron deficiency

ACD의 발생 기작의 중심에는 헵시딘 과잉발현이 있는데, 염증으로 유도된 헵시딘 증가는 감염 초기 혹은 염증성 질환의 초기에 혈중 철 농도 감소hypoferremia를 유발하는 원인이 된다. 이러한 기작은 철을 필요로 하는 병원성 미생물의 번식을 억제하려는 숙주의 방어 메카니즘이 될 수 있다. 하지만, 이 과정에서 철이 저장조직에 격리되어 이용되지 못하고, 혈중 철 농도는 낮아져서 적혈구 생성에 필요한 철이 부족하게 되고, 이로 인해 ACD가 유발된다.

이 밖에 TNFα, IFNγ, IL-1, -6, -8, -10 등의 염증성 사이토카인 등은 다음에 나열된 여러 가지 기작으로 정상적인 철 대사를 방해한다.

- 적혈구 수명 감소(잘못된 적혈구 생성dyserythropoiesis, 적혈구 손상, 적혈구 식세포작용의 증가): TNFα
- 신장에서의 EPO 생성 감소: TNFα, IL-1
- 골수에서의 EPO에 대한 민감성 감소: TNFα, IFNγ, IL-1
- 적혈구 모세포의 분화 및 증식 감소: TNFα, IFNγ, IL-1, α1-antitrypsin
- 대식세포의 DMT1, TFR 발현 증가 및 FPN 발현 감소: IFNγ, IL-6, IL-10

2) 선천성 철 대사이상과 관련 유전자

앞에서 살펴본 대로, 철 항상성 유지를 위해 체내에는 매우 다양한 조절경로가 있으며 여러 가지 단백질이 이의 조절에 관여한다. 따라서 이들 단백질에 대한 유전자 이

표 7-1 선천성 철 대사이상과 관련 유전자

종류	질병명	관련 유전자	기능
철 과잉 축적 (Iron overload)	유전성 혈색소침착증 (Hereditary hemochromatosis, HH) • HH, Type I • HH, Type II • HH, Type III • HH, Type IV	• HFE • HJV • TFR2 • Ferroportin	• 헵시딘 발현 조절 • BMP 수용체의 보조수용체 • HFE와 함께 헵시딘 발현조절 • 철 방출 수송체
철 결핍 빈혈 (Iron deficiency anemia)	철 저항성 철 결핍 빈혈 (iron-refractory iron deficiency anemia)	TMPRSS6	헤모주베린 분해효소
철 보유 빈혈 (Iron loading anemia) - 철 흡수, 수송, 이용 또는 재사용 결함	• 트랜스페린저하혈증(hypotransferrinemia) • 철적아구성 빈혈(sideroblastic anemia) • 무세룰로플라즈민혈증(aceruloplasminemia)	• Transferrin • ALAS2 • Ceruloplasmin	• 혈액 철 운반 단백질 • 헴 합성경로의 첫 번째 반응 촉매 • 철 산화효소(철 흡수 및 재사용)

HH
hereditary hemo-chromatosis

NTBI
non-transferrin bound iron

상은 철의 체내 분포 및 이용에 영향을 주어 철 과잉 축적iron overload, 철 결핍iron deficiency 혹은 철을 충분량 보유하고 있으나 이의 이용이 원활하지 않은 기능성 철 결핍functional iron deficiency 등의 상태를 유발한다 **표 7-1**.

선천적으로 철이 과잉 축적되는 질병을 유전성 혈색소침착증(HH)이라고 하는데, 주로 체내 철 상태에 비해 헵시딘 발현량이 부족하여 발생한다. 체내 철 상태에 비해 낮은 헵시딘 농도는 페로포틴 수준을 증가시키고, 이로 인해 체내 철이 충분한 상태에서도 소장에서의 철 흡수와 대식세포의 철 방출이 증가되어 간조직에 철이 과잉 축적되게 된다. 철이 지나치게 축적되면 혈중 트랜스페린 단백질을 모두 포화시키고, 혈액 중에 트랜스페린과 결합되지 않은 철(NTBI) 농도가 증가된다. 이러한 철들은 매우 반응성이 높아 유리라디칼 형성을 촉매하고 세포에 손상을 주게 된다. 이로 인해 철 과잉 축적 시에는 각종 질병의 위험도를 높이는데, 특히 간 경변, 간 암, 심근증 등의 심장질환, 당뇨 등의 주요 위험인자가 된다 **표 7-2**.

유전성 혈색소침착증은 관련 유전자의 종류에 따라 크게 4가지 형태로 구분된다. 제1형은 가장 흔한 형태로 HFE 유전자의 이상으로 인해 HFE의 헵시딘 발현 조절에 이상이 발생하는 경우이다. 특히 Cys272Tyr HFE 돌연변이는 서양인에게 매우 흔

표 7-2 철의 결핍 혹은 과잉 축적시 나타나는 주요 증상 및 징후

철 결핍	철 과잉 축적
• 빈혈(창백함, 피로, 운동능력 감소) • 면역능력 감소 • 집중력, 기억력 등의 뇌기능 감소	• 피로 • 우울 • 관절 통증 • 피부 색소 침착 • 간 질환의 간경변으로 이환 • 간암 발생 • 심근증과 부정맥 • 당뇨 • 생식샘기능저하증 • 퇴행성 뇌질환(알츠하이머 및 파킨슨병)

하게 나타나는 돌연변이이다. 제2형은 HJV 유전자의 이상으로 인해 BMP 수용체의 보조수용체인 헤모주베린 수준이 감소하여 헵시딘 발현이 억제되며, 어린 나이부터 철 과잉 축적이 시작되는 소아 유전성 혈색소침착증juvenile HH이 유발된다. 제3형은 TFR2 유전자의 돌연변이에 의한 것으로, HFE2와 함께 복합체를 형성하여 헵시딘 유전자 발현을 조절하는 경로에 영향을 준다. 제4형은 헵시딘의 표적분자인 페로포틴에 대한 유전자에 이상이 생겨 발생하는 형태이다.

TMPRSS6는 matripatase-1 효소에 대한 유전자로, 이 유전자의 결함은 matriptase-1의 헤모주베린 분해 활성을 저해하여 헵시딘을 과량 발현되게 한다. 헵시딘의 과량 발현은 체내 철 수준에 관계없이 소장에서의 철 흡수와 대식세포의 철 재사용을 억제하므로 철의 보충 공급으로도 해결되지 않는 철 결핍 상태iron-refractory iron deficiency anemia를 유발하게 된다. 이 밖에 트랜스페린, 세룰로플라즈민 등에 대한 유전자 결함은 각각 철의 수송과 철의 흡수 및 재사용을 억제하여 철의 기능성 결핍 상태를 유발한다.

5 결론

철은 필수 영양소로서 체내에서 다양한 기능을 가진다. 하지만 과량의 철은 반응성이 강한 라디칼의 지속적인 생성을 촉매하여 세포와 조직을 손상시킨다. 또한 체내에는 철을 배설하는 뚜렷한 경로가 없어 여분의 철은 연령이 증가함에 따라 계속하여 비가역적으로 축적된다. 따라서 체내에 존재하는 철의 양과 분포를 적절하고 엄격하게 조절하는 항상성 유지가 매우 중요하며, 다양한 철 결합 단백질 및 수송체가 철 항상성에 관여한다. 특히 헵시딘 펩티드는 체내 철 요구도를 반영하여 합성되고 분비되는 호르몬으로 전 개체 수준에서의 철 항상성 유지에 중추적 역할을 한다.

철 결핍은 단순한 식이 철 섭취 부족에 의한 경우 이외에 염증 상태나 대사이상으로도 발생할 수 있다. 한 예로, 비만으로 인한 만성적 염증 상태는 헵시딘 발현을 자극하여 비만인에서 철 흡수 불량으로 인한 빈혈을 유발한다. 반대로, 철의 과잉 축적은 간 질환, 심장병, 당뇨, 퇴행성 신경질환 등의 유병률을 높일 수 있다. 철 항상성 기작에 대한 이해를 통해 만성 질병에서 철 대사 변화와 관련 유전자를 규명하고, 이들 질병의 치료 및 예방에 적합한 영양학적 접근 방법을 제시하는 연구가 필요하다고 하겠다.

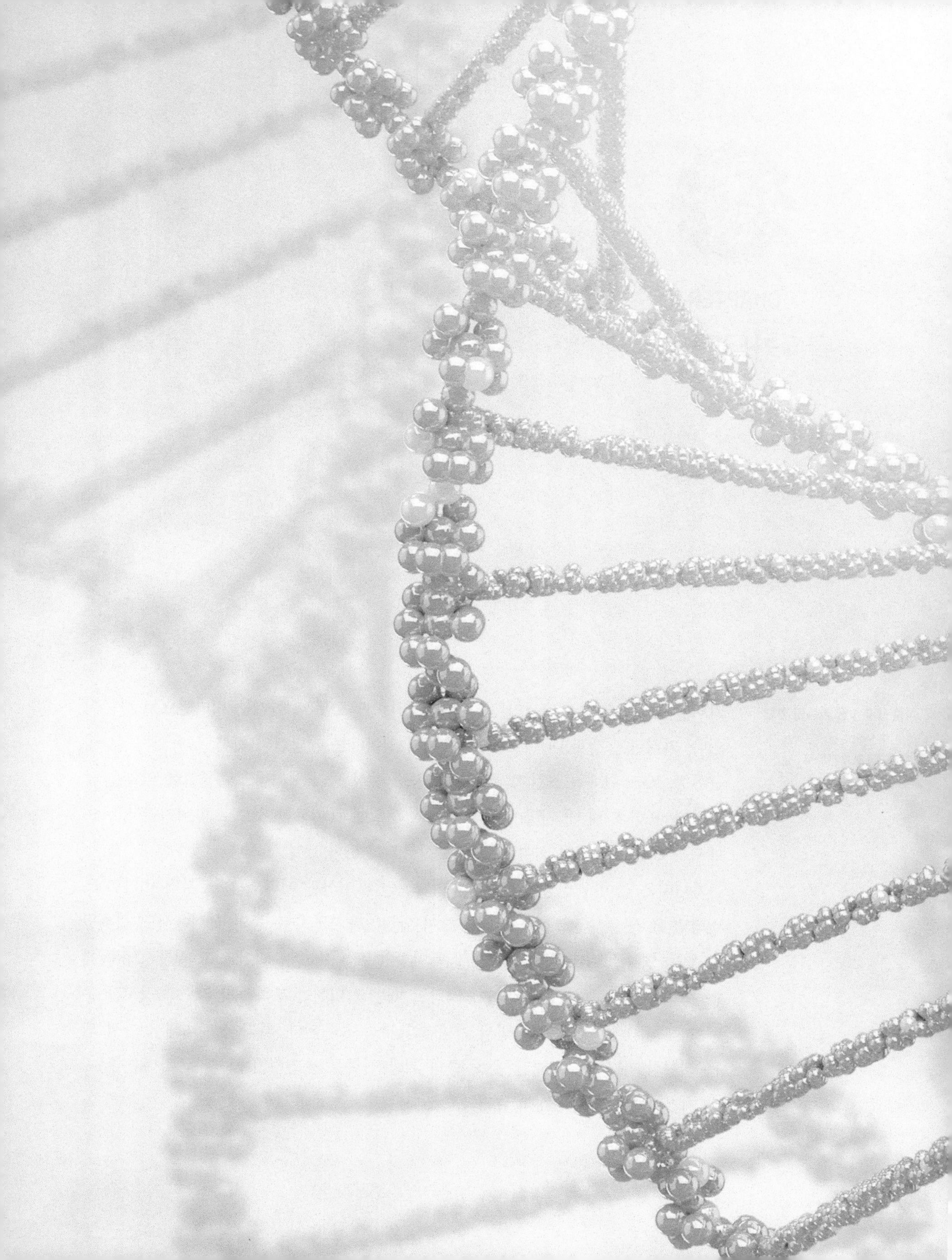

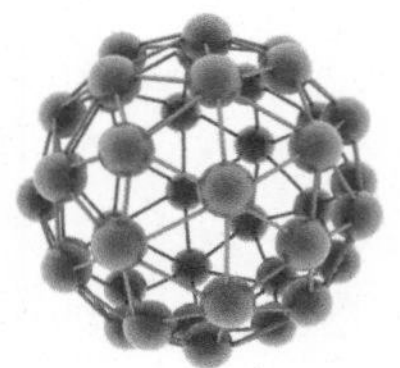

CHAPTER 8

카니틴

식품 100 g 중 카니틴 함량

쇠고기(스테이크) : 65 mg
조리된 닭고기 간 : 94 mg
조리된 연어 : 5.8 mg
당근 : 0.3 mg

카니틴carnitine은 161.2 Da의 분자량을 가진 영양소로서, 한때는 비타민으로 간주되었다. 카니틴은 생체 내 미토콘드리아에서 일어나는 지방산의 분해, 근육의 수축, 심근활동 보조, 단백질 균형 및 산소 섭취능력 향상 등의 생리적으로 중요한 역할을 담당한다. 또한 인체 내 지방 분해와 에너지 생성에 관여하는 것으로 밝혀지면서, 국외에서는 20년 이전부터 식이 보조제로 사용되고 있다.

카니틴은 간이나 신장에서 필수아미노산인 라이신과 메티오닌으로부터 비타민 C, 비타민 B_6 및 철을 조효소로 사용하여 합성된다. 또 육류 등의 음식에서도 섭취될 수 있는 영양소로서, 특히 동물성 식품인 육류에 다량 함유되어 있고 식물성 식품에는 소량만 존재한다. 영양 섭취가 정상일 때는 카니틴이 부족하지 않으나 장시간 운동 시에는 대사량이 증가하면서 카니틴이 부족하게 된다. 따라서 체내에서 합성 되는 내인성 카니틴은 장시간 운동 중의 지방 산화를 촉진하기에는 부족하다는 문제가 제기되면서 그 연관성이 규명되고 있다.

카니틴

라틴어로 'flesh'를 의미하는 카니틴은 100년 전 근육에서 발견되었고, 그 후 약 20년 후에 3-hydroxy-4-N,N,N-trimethylaminobutyric acid로 확인되었다.

$$H_3C-\overset{\displaystyle CH_3}{\underset{\displaystyle CH_3}{N^+}}-CH_2-\overset{\displaystyle OH}{CH}-CH_2-\overset{\displaystyle O}{\overset{\|}{C}}-OH$$

체내 카니틴의 95% 이상은 골격근에 존재하며, 긴사슬지방산(long chain fatty acid)을 미토콘드리아 기질 안으로 이동시킨다.

1 카니틴이란?

1) 카니틴의 체내 대사

인체에서 합성된 카니틴은 주로 골격근에 저장되며 소변을 통해 배설된다. 카니틴은 짧은사슬 및 긴사슬의 아실-카니틴acyl-carnitine과 유리 카니틴free carnitine의 합이다. 휴식 시 일반 사람의 혈장 속에는 총 카니틴 중 10~30%의 아실-카니틴이 존재하고, 근육과 간에는 총 카니틴 중 5~40%의 아실-카니틴이 존재한다. 소변을 통해 배설되는 총 카니틴 중 70~80% 이상이 아실-카니틴이다. 이러한 비율은 영양 상태와 운동 상태에 따라 매우 유동성 있게 달라진다.

일반적으로 미생물 내에서 카니틴은 다음과 같은 경로에 의해 생합성이 되는 것으로 알려져 있다. 감마-뷰티로베타인γ-butyrobetaine이 합성효소에 의해 활성화되고, 탈수소효소dehydrogenase에 의해 크로토노베타인 CoAcrotonobetaine CoA로 전환된다. 이것이 다시 가수분해효소에 의하여 β위치가 가수분해hydroxylation되고, 티오에스터 효소thioesterase에 의해 최종적으로 카니틴으로 전환한다. 결국, 감마-뷰티로베타인의 β위치를 가수분해하기 위하여 4단계의 효소반응을 필요로 하며, 이들 반응을 위해 coenzyme A, FAD, 그리고 ATP와 같은 조효소 및 에너지원을 필요로 한다.

FAD
flavin adenine dinucleotide

ATP
adenisine tri-phosphate

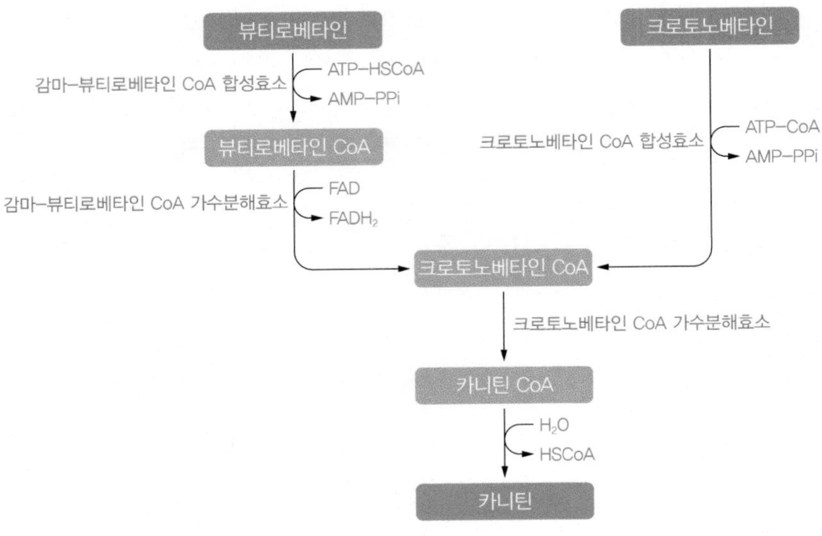

그림 8-1 카니틴의 대사

2) 카니틴과 지질대사

카니틴의 주요 기능은 체내에서 지방산과 결합해 에너지 대사를 돕는 것으로, 미토콘드리아에서 두 가지 중요한 대사적 기능을 수행한다.

① 에너지원으로 쓰일 긴사슬지방산을 다른 장기 또는 미토콘드리아 내막으로 이동시켜 지방산의 β-산화를 촉진시키는 데 필수적인 물질이며, 카니틴 팔미톨 트랜스퍼레이스(CPT-I)가 지방산화의 중요한 속도제한rate limiting 효소이다.

CPT-I
carnitine palmitoyl-transferase

카니틴 + 아실 CoA ←→ 아실-카니틴 + CoA

② 미토콘드리아로부터 독성 대사산물(지방산 대사물질)과 같은 노폐물을 세포질 밖으로 운반한다.

한편, 카니틴은 지방산화가 중시되는 지구성 운동종목 선수들에게 유리지방산의 이용을 증가시켜 지방을 에너지원으로 사용하는 능력을 향상시키기도 한다.

세포 내로 유입된 지방산은 미토콘드리아 외막에서 CoA와 결합하여 아실 CoAacyl CoA가 된 뒤 외막과 내막 사이로 들어가며, 미토콘드리아 외막과 내막 사이에서 아실 CoA가 카니틴과 결합하여 CoA가 떨어지면서 아실–카니틴이 된다. 이러한 형태가 미토콘드리아 내막 안으로 이동할 수 있으며, 카니틴이 지방산의 이동에 중요한 이유이다.

아실–카니틴이 미토콘드리아 내에서 아실기와 카니틴으로 나누어지고, 아실기는 다시 CoA와 결합하여 아실 CoA로 환원된 뒤 β-산화를 거쳐 아세틸 CoA$_{\text{acetyl CoA}}$로 전환되며, 이후에는 크렙스 사이클$_{\text{krebs cycle}}$로 들어간다.

또한 아세틸 CoA는 지방산 합성에 있어서 속도제한효소인 아세틸 CoA 카복실레이스(ACC)의 촉매에 의해 말로닐 CoA를 형성하게 되며, 이는 긴사슬지방산의 생합성에 관여하는 중간체로서 역할을 한다. 특히 말로닐 CoA는 운동 시 근육에서 지방산 산화의 조절자로서 글루코스나 인슐린에 의해 말로닐 CoA의 농도가 증가되며, 이

ACC
acetyl CoA carboxylase

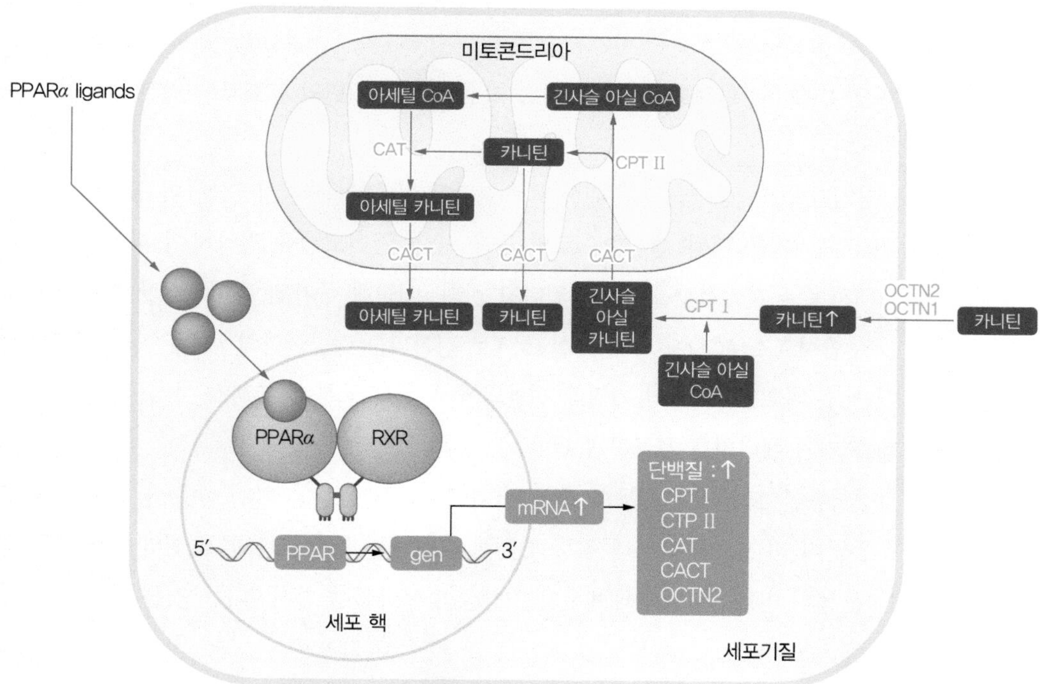

그림 8–2 카니틴과 지질대사

카니틴은 아미노산 정도의 분자량을 가진 영양소로서 에너지원으로 쓰일 지방산을 미토콘드리아 내막으로 이동시며 지방의 β-산화를 촉진시키는 데 필수적인 물질이며 CPT-I, II와 아실-카니틴 전위효소(acyl-carnitine translocase)가 카니틴 작용에 관여한다(자료: The AOCS Lipid Library, 2009).

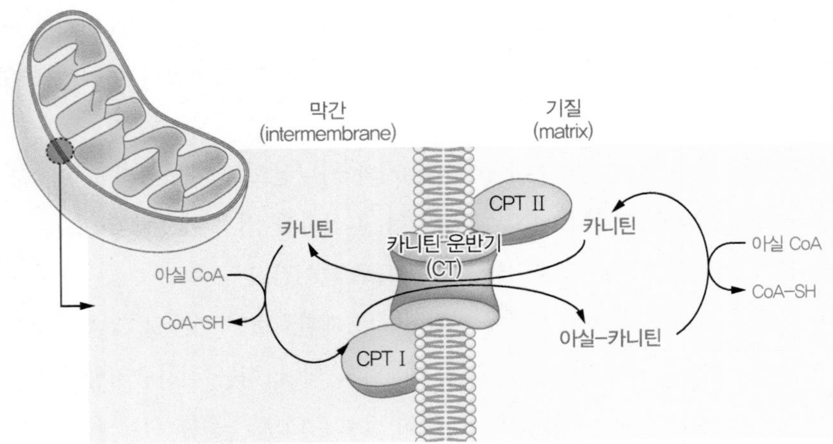

CT
carnitine transporter

ACS
acyl CoA synthetase

그림 8-3 카니틴에 의한 지방산의 미토콘드리아 내로의 이동
지방산을 미토콘드리아 내로 운반하기 위해서는 카니틴이 필요하다. 아실-카니틴의 미토콘드리아 내로 수송과 유리카니틴의 세포질 내로 수송 시 카니틴 운반기(CT)에 의해 매개된다.

는 곧 CPT-1의 활성도를 저하시키고 이로 인해 카니틴의 감소로 지방산의 산화는 저지된다.

장기간 운동 중에는 지질대사가 촉진되어 혈중의 유리 지방산량이 증가되고 이로부터 에너지를 다량 생산함으로써 근육 중의 글리코겐을 절약하여 피로도를 지연시켜서 운동지속시간을 연장시킨다고 한다. 이렇게 증가된 유리지방산 분자가 아실 CoA 합성효소(ACS)에 의해 아실 CoA로 전환되는 지방산화의 과정은 세포질에서 일어난 후 미토콘드리아의 기질로 전달되어 β-산화를 통해 크렙스 사이클과 전자전달계를 거쳐 에너지를 공급하게 된다.

실험동물 모델에서 운동의 유무에 따라 CPT-I 유전자 발현 수준을 비교한 결과, 운동군이 비운동군에 비해 월등히 높게 나타나는 것으로 알려져 있다. 이러한 결과는 운동이 미토콘드리아 내에서의 지방산의 산화를 증가시킨다는 것을 의미한다.

2 카니틴과 운동수행능력

1) 카니틴에 의한 운동수행능력

카니틴은 유산소 운동 시 글리코겐 절약효과를 통해 지구력에 긍정적인 역할을 한다. 글리코겐 절약효과가 나타나는 일차적인 원인으로 카니틴에 의해 근육 미토콘드리아 내로 지방산의 유입이 증가되어 에너지원으로 지방산의 이용이 증가되었기 때문이라고 볼 수 있다. 또한 카니틴은 기질의 효과적인 사용에 도움을 주는 것으로 알려져 있다. 즉, 혈류 증가, 암모니아 해독, 크렙스 사이클의 최적 기능을 위한 아실 CoA 이용도 증가 그리고 연속적인 β-산화작용을 위한 미토콘드리아 내막을 통과한 지방산의 이동 증가 등의 여러 기전을 통해 유산소 지구력을 증가시킨다. 이것이 유산소성 지구력에 관한 카니틴의 보조제ergogenic aids 효과이다.

한편, 장기간 지속적인 운동 중에는 근육의 카니틴 함량이 감소되지만, 근육조직에서는 카니틴 합성 능력이 없기 때문에 외부 공급에 의존한다. 이에 운동이 장기간 지속될 때는 내인성endogenous 카니틴 양이 운동 중 지방산화를 촉진하기에 부족하다는 가능성 때문에 운동 중 카니틴의 보충효과에 대한 연구가 시도되었다. 예를 들면, 지구성 운동선수를 대상으로 운동 1시간 전에 카니틴 15 g을 섭취시키면 운동 중 근육에서의 유리지방산이 증가되고, 근육의 글리코겐이 절약되어 결과적으로 지방산화를 촉진시켜 운동수행시간을 증가시킨다는 연구보고가 있다.

카니틴 투여가 건강한 사람의 운동수행 능력에 미치는 긍정적 영향

- 근육 내 지방산 산화 향상
- 근육 내 글리코겐 고갈률의 감소
- 근육에서 이용되는 기질이 지방산에서 글루코스로 이동
- 아세틸 CoA 농도를 낮추는 것을 통해 피루브산 탈수소효소(pyruvate dehydrogenase)의 활성화
- 근육의 피로에 대한 저항 향상
- 운동 중에 손실된 카니틴을 대체

표 8-1 운동 중 카니틴의 보충 효과

모집단	섭취량/일	섭취기간	측정	카니틴 효과
6명의 경보선수	4 g	2주	최대산소섭취량(VO_2 max), 젖산(lactate), 호흡지수(respiratory quotient, RQ)	VO_2 max 증가
40명의 엘리트 선수	3 g	3주	VO_2 max	VO_2 max 증가
10명의 운동선수	2 g	28일	RQ, VO_2 max, 심박수, 젖산, 혈중 포도당 농도	RQ 값 감소
10명의 적정훈련을 받은 남성	2 g	운동 1시간 전 1회 섭취	VO_2 max, 혈중 젖산 농도	• 카니틴 섭취에 의해 운동 후 젖산 농도 감소 • VO_2 max 증가
14명의 운동선수	2 g	6개월	미토콘드리아 전자전달 효소 활성 측정	카니틴과 효소 활성 증가
16명의 마라톤 선수	2 g	6개월	• 근육의 피루브산 탈수소효소와 카니틴 활성 • 팔미톨-트랜스퍼레이스 활성	피루브산 탈수소효소 증가

2) 운동보조제로서의 카니틴

영양상태가 불충분하거나 지구력 운동 등에 의해 카니틴 대사량이 증가하게 되면 체내 카니틴이 부족될 수 있고, 운동 중 유리지방산의 에너지 기질 의존도가 높은 조직에서의 카니틴 요구량이 증가될 수 있다는 가능성 때문에 운동 중 카니틴의 보충효과에 대한 연구가 시도되어 왔다.

실험동물 모델에서 운동 및 보충제 섭취 유무에 따른 체내 변화를 살펴보기 위해 8주간 매일 60분 동안 트레드밀(10° 경사에서 20 m/분)에서 달린 결과, 운동 중 카니틴 및 항산화제를 섭취는 체내 카니틴, 중성지질의 이용 및 지구력, CPT-I 유전자 발현을 증가시켜 지질 산화를 증가시켰다.

이를 바탕으로 인체에서 운동 및 카니틴 섭취(6주간, 매일 4 g씩) 유무에 따른 결과를 재확인한 결과, 운동 유무에 관계없이 보충제의 섭취는 소변의 유리카니틴 및 아실-카니틴의 배출을 증가시켰다. 또한 근육의 CPT-I 유전자 발현은 보충제 섭취 및 운동에 의해서 증진되었다. 따라서 카니틴과 항산화제 섭취는 운동수행 능력을 개선시키는 것으로 생각된다.

Study 1: 매일 4.5 g의 **글리신 프로피오닐 엘카니틴**(GPLC)을 무산소운동 선수들에게 투여한 결과, GPLC 투여는 다음과 같은 효과를 보였다.

- 운동 강도 향상
- 젖산 생산 감소

글리신 프로피오닐 엘카니틴(GPLC, glycine propionyl-L-carnitine)

prohionyl-L-carnitine(PLC) 분자들과 아미노산 글리신(Amino acid glycine) 분자들이 결합되어 있는 형태. GPLC는 카니틴 계열로 분류되며, 크레아틴 형성에 없어서는 안 될 성분임. 다른 형태의 카니틴 성분들과 비교했을 때, 심장을 포함한 근육조직에 가장 큰 영향력을 가진 성분으로 알려져 있음

Study 2: 카니틴은 운동 후 혈관이완에 효과가 있는 것으로 알려져 있다. 체중당 2 g의 카니틴을 섭취한 후 다음과 같은 효과를 보였다.

- 운동 후 스트레스 감소
- 유리기 생성 감소
- 조직 손상 감소
- 근통증 자각도 감소

3) 운동강도와 카니틴

지방산 산화는 가벼운 운동과 중간 강도의 운동에서 휴식 때에 비해 5배에서 10배 더 증가하며, 최고 산소섭취량(Vo_2 peak)의 약 65% 운동 강도일 때 최고조에 이른다. 그러나 운동강도가 더 증가할수록 지방산 산화는 점진적으로 감소한다. 이로 인해 내인성 글리코겐의 이용이 가속화되어 결국은 피로를 가져오고 고강도 및 중강도 운동(70% VO_2 max 이상)을 유지하지 못하게 한다.

이러한 현상에 대해 현재까지 가장 설득력 있는 주장은 다음과 같다. 고강도 운동에서 빠르게 진행되는 해당작용으로 과도한 아세틸 CoA가 미토콘드리아에 제공되어 유리카니틴이 아세틸 카니틴acetyl carnitine 형태로 된다. 따라서 근육의 유리 카니틴 농도가 떨어짐에 따라 CPT-I 활성이 감소되고 지방산이 미토콘드리아로 이동되는 능력이 감소되어 지방산 산화 비율이 감소한다는 것이다.

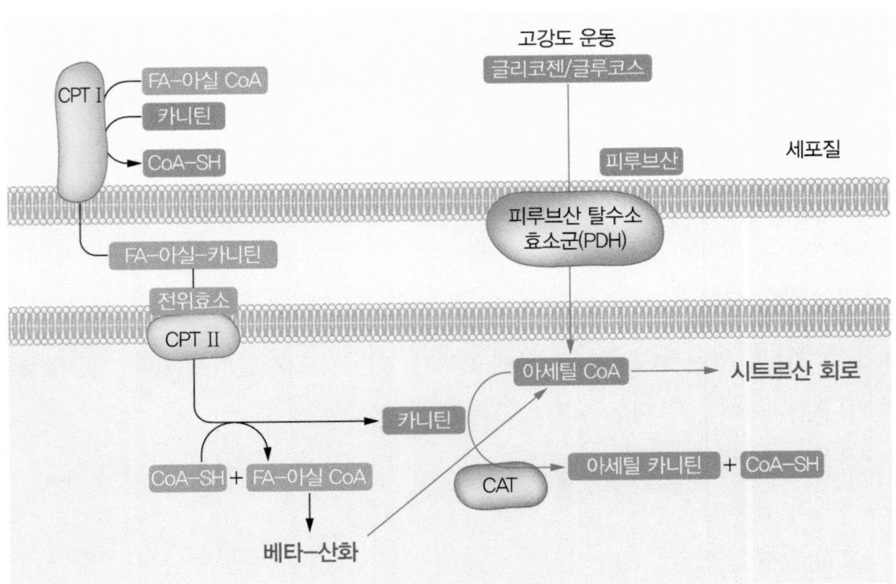

그림 8-4 고강도 운동 중 골격근에서 일어나는 대사

고강도 운동 시 탄수화물이 주된 에너지로 사용된다. 탄수화물은 피루브산으로 분해 후 아세틸 CoA로 변환되어 에너지 시스템인 시트르산회로로 들어간다. 유리카니틴은 CPT-I과 같은 아실트랜스퍼레이스에 의해 에스터화된다. 아실-카니틴의 미토콘드리아 막을 통한 이동은 카니틴 전위효소(carnitine translocase)에 의해 일어나며, CPT-II에 의해 가수분해 되어 카니틴과 FA-아실 CoA를 분비한다(자료: Jacob J and Bente K, 2010).

4) 카니틴에 의한 피로물질의 조절

카니틴의 활성화로 인한 지방산 산화의 증가는 피로물질의 축적을 감소시킨다. 특히 글리코젠의 절약효과로 인해 말초피로를 가져오는 젖산 축적량이 감소하고, 운동으로 인해 생성되는 젖산의 농도가 카니틴 보충으로 인해 감소된다. 지방산은 휴식 시와 장기간 저강도의 운동 시 가장 중요한 에너지원이다. 이러한 지방산이 산화되기 위해서는 카니틴이 필수적이기 때문에 근육에서의 지방산화와 카니틴 수준은 깊은 상관관계가 있다. 운동 시 지방산화의 증가는 글리코젠의 절약효과로 인한 피로지연의 효과가 있다.

예를 들면, 10명의 중급 운동선수들을 대상으로 운동하기 1시간 전에 2 g의 카니틴을 투여한 후 자전거 에르고미터를 이용하여 최대운동을 실시한 결과, 카니틴 투여군에서 운동 후 혈중 젖산은 감소하였고 아세틸 카니틴은 증가하였다는 연구결과가 보고되고 있다.

3 운동수행 관련 유전자 발현

1) 운동수행과 카니틴 수송체

카니틴의 세포 내 항상성은 각각 다른 막수송체membrane transporter에 의해 조절된다. 대표적인 수송체인 OCTNs는 생화학적으로 가장 중요한 역할을 한다. OCTNs는 OCTN 1, 2, 3로 나뉘는데 주로 카니틴 수송에 관여하는 OCTN2는 신장, 심장, 장 또는 뇌 등의 대부분의 세포에서 Na^+ 이온 의존적인 수송체이다. OCTN2는 카니틴의 장내 흡수와 신장 재흡수를 작동시키며, 카니틴을 조직에 분배하는 중요한 역할을 한다. 이러한 카니틴 수송대사의 선천적 또는 후천적 장애는 카니틴 결핍을 유발시킨다. OCTN2 mRNA 농도는 노화상태이거나 산화 라디칼에 의해 감소지만, 운동수행 후에 그 발현이 증가된 점을 보아 운동수행과 카니틴 수송체가 높은 상관관계가 있다고 보인다.

OCTNs
organic cation transporters

CPT-I
carnitine palmitoyl tranferase-I

AMPK
AMP-activated protein kinase

2) CPT-I

CPT-I은 지방산화의 중요한 속도조절효소이며, 카니틴과 함께 긴사슬지방산이 미토콘드리아 안으로 들어가서 에너지를 생성시키는 기질 이용의 중추적인 역할을 한다. CPT-I은 대표적으로 CPT-IA, CPT-IB 그리고 CPT-IC 3개의 형태를 가진다. CPT-IA는 간에서, CPT-IB는 심장 또는 근육에서, CPT-IC 심장에서 형성되며 운동수행 후에 그 발현 양이 증가한다.

3) AMPK

AMPK는 세린-트레오닌 키네이스serine/threonine kinase의 일원으로 세포 내 에너지 상태를 감지하는 '에너지 센서'로 알려져 있는 효소이다. AMPK는 운동과 같은 세포 내 에너지가 부족한 상황에서 활성화되어 정상에너지 균형을 회복시키기 위해 지

LCACoA
long chain acyl coA

HMG-CoA reductase
3-hydroxy-3-methyl-glutaryl-coenzyme A reductase

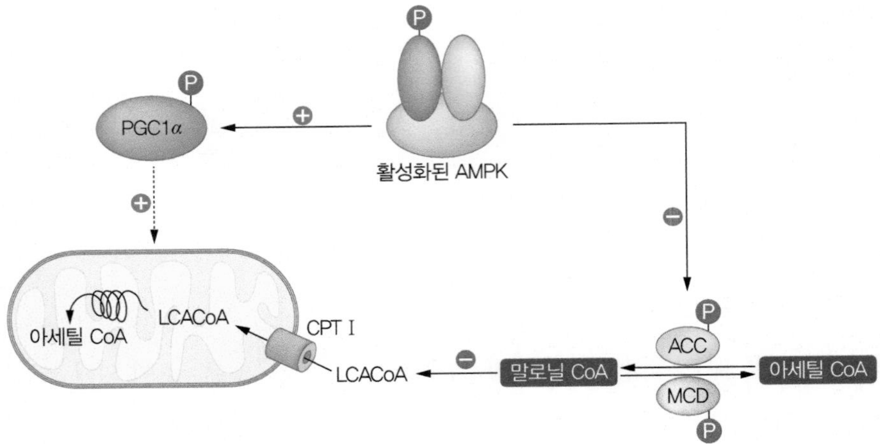

그림 8-5 AMPK와 지방산 산화

말로닐 CoA는 CPT-I을 억제하는 역할을 하는데 AMPK가 활성화되어 말로닐 CoA가 감소되면 결과적으로 CPT-I에 대한 억제 효과가 감소하게 되어 지방산 산화가 증가된다.

방산과 콜레스테롤 합성과 같은 ATP를 소비하는 과정을 억제하고, 지방산 산화와 같은 ATP를 생산하는 과정을 활성화시킨다.

AMPK의 활성화에 대한 효과는 에너지 대사 조절과 밀접하게 연관되어 있는 표적 장기에 관여되어 있다. 즉, 간에서 AMPK가 활성화되면 지방산과 콜레스테롤의 합성을 억제하고 지방산의 산화를 촉진한다. 골격근에서 AMPK가 활성화되면 지방산 산화와 당 흡수를 촉진하며 지방세포에서는 지방분해를 촉진하고 지방합성을 억제한다.

AMPK의 활성화는 ATP를 소비하는 과정에 필요한 효소인 ACC와 HMG-CoA reductase를 인산화 및 불활성화시킨다. AMPK는 지방산 합성 및 ACC와 같은 지질 합성에 관계된 유전자 발현을 억제시킨다. 말로닐 CoA를 합성하는 ACC 효소는 지방산 합성에 중요한 전구체이며 미토콘드리아의 지방산 산화에 대한 잠재적인 억제자로 작용한다. AMPK에 의한 ACC 불활성화는 말로닐 CoA의 농도 저하를 초래하고 CPT-1의 활성도를 증가시켜 지방산 산화를 증가시킨다.

4 결론

인체의 카니틴은 식사를 통해 얻을 수 있으며, 라이신과 메티오닌의 대사작용에 의해 생합성된다. 카니틴의 합성은 대부분 간과 신장에서 합성되고, 저장은 주로 골격근에서 이루어지며, 배설을 주로 소변을 통해 배설된다. 카니틴은 짧은사슬과 긴사슬의 아실-카니틴의 에스터형으로 조직과 체액에 존재하고, 근육과 간에는 총 카니틴 중 5~40%의 아실-카니틴이 존재한다.

지구성 운동 중 인체 내의 카니틴은 아세틸에 의해 아세틸화되고, 지방산의 산화를 촉진하며, 긴사슬지방산을 미토콘드리아 내로 운반하는 데 필수적이다. 카니틴 보충에 따른 지구성 운동능력을 향상시키는 기전적 원인은 카니틴에 의한 유리지방산의 이용 증가와 이에 따른 근육과 간에서의 글리코젠 저장효과일 것이라고 보고되었다. 카니틴의 활성화로 인한 지방산 산화의 증가는 피로물질의 축적을 감소시킨다. 특히 글리코젠의 절약효과로 인해 말초피로를 가져오는 젖산 축적량이 감소하고, 운동으로 인해 생성된 젖산의 농도가 카니틴에 의해 감소된다. 지방산은 휴식기와 장기간 저강도 운동 시 가장 중요한 에너지원이다. 이러한 지방산이 산화되기 위해서는 카니틴이 필수적이기 때문에 근육에서의 지방산화와 카니틴 수준은 깊은 상관관계가 있다고 할 수 있다.

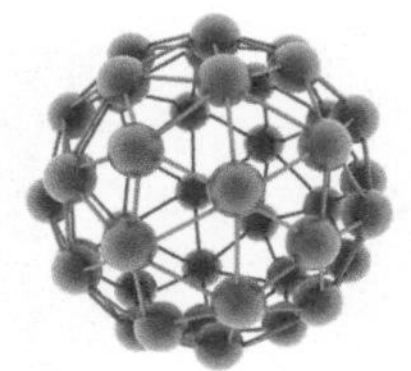

CHAPTER 9
피토케미컬

1 피토케미컬의 정의

피토케미컬pytochemicals은 식물의 뿌리나 잎에서 만들어지는 모든 화학물질을 통틀어 말하는 것으로 식물들이 자신과 경쟁하는 식물의 생장을 방해하거나 각종 미생물, 해충 등으로부터 자신을 보호하기 위하여 생성된 것이다. 식물을 뜻하는 'phyto'와 화학을 뜻하는 'chemical'의 합성어로 식물성 식품 속에 미량으로 존재하는 성분이지만 다양한 생리활성을 가지고 있는 비영양적인 식물성 화학물질이다. 피토케미컬은 사람의 생명을 유지하는 데 꼭 필요한 영양소는 아니지만, 최근 많은 연구에서 이러한 화학물질은 항산화적인 역할을 발휘하여 사람의 건강을 유지시킬 수 있다는 것을 증명하고 있다. 피토케미컬을 함유하고 있는 식품은 이미 우리의 일상적인 식이의 일부분이 되었고, 사실 정제된 설탕이나 증류주를 제외하고는 거의 대부분의 식품에 소량 함유되어 있다. 식품에 함유된 피토케미컬은 정제되지 않은 곡류, 각종 과일과 채소에 다양한 종류의 플라보노이드가 함유되어 있고, 당근과 호박과 같은 녹황색채소에는 카로티노이드carotenoids, 마늘과 양파에는 황화합물의 일종인 알리신allicin 등이 들어 있다. 특히 피토케미컬은 화려하고 짙은 색소에 많이 들어 있는데, 색소에 따라 붉은색, 주황색/노란색, 푸른색/자주색, 초록색에 많이 함유되어 있다. 뿐만 아니라 마늘과 버섯의 흰색/황갈색에도 피토케미컬이 들어 있다. 함유되어 있는 피토케미컬에는 카로티노이드, 플라보노이드flavonoids, 인돌indols, 리모넨limonen, 트라이테르피노이드triterpenoids, 안토사이아닌anthocyanins 및 알리움allium 등 수많은 종류가 있다. 지금까지의 많은 보고에서 피토케미컬은 대장, 위 및 피부 등의 신체기관에서 발생하는 암에 걸릴 확률을 낮추는 항암작용, 항산화작용과 혈중 콜레스테롤 저하 및 염증 감소효과를 가지고 있다. 최근에 피토케미컬을 이용하여 의약품과 식품원료 등으로 개발하기 위한 연구가 활발히 진행되고 있다.

설포라판 (sulphoraphane)

미국 존스홉킨스대학의 연구진들에 의해서 발견된 성분으로 분자식이 $C_6H_{11}NOS_2$이며, 특히 브로콜리에 많이 함유되어 있으며 브로콜리에서도 새싹에 20~50배 이상 다량 함유되어 있음

색깔에 따른 피토케미컬

초록색	주황색/노란색	붉은색	푸른색/자주색	흰색/황갈색
루테인(lutein) 지젠틴(zeaxanthin) 아이소플라본 (isoflavone) 인돌 설포라판 (sulphoraphane)	루테인 베타카로틴 (β-carotene) 베타 크립토잔틴 (β-cryptoxanthin) 헤스페리딘 (hesperidine)	라이코펜(lycopene) 쿼세틴(quercetin) 엘라그산 (ellagic acid) 헤스페리딘	안토사이아닌 레스베라트롤 (resveratrol)	에피갈로카테킨 갈레이트(EGCG) 알리신(allicin) 쿼세틴 인돌
눈 건강, 혈관기능, 폐 건강, 간기능, 세포 건강, 상처 치유, 잇몸건강	눈 건강, 면역기능 성장 및 성숙	전립샘, 비뇨기관, DNA, 암, 심혈관질환 예방	장, 뇌, 혈관, 뼈 건강, 인지능력, 암 퇴치, 건강한 노화 유지	뼈 건강, 순환 및 혈관기능, 암·혈관질환 예방
케일, 키위, 아보카도, 브로콜리	오렌지, 호박, 당근, 복숭아, 바나나	토마토, 석류, 수박	자두, 포도, 블루베리, 가지	양파, 마늘, 버섯류

2 피토케미컬의 종류 및 구조

현대 의학에서 건강을 유지하고 질병을 예방하는 차원에서 색깔을 가진 과일과 채소가 각광을 받고 있고, 그 중심에 피토케미컬이 자리하고 있다. 지금까지 수천 개 이상의 피토케미컬이 알려져 있다. 가장 잘 알려진 피토케미컬은 토마토에 함유되어 있는 라이코펜과 콩에 함유된 아이소플라본isoflavone이라고 할 수 있다. 피토케미컬은 질병에 대한 대비 또는 예방을 위한 호르메시스hormesis(preconditioning)를 보여주는 식물에서 추출한 수많은 분자물질이다.

피토케미컬은 여러 카테고리로 분류되는데, 각 피토케미컬의 생리적인 활성은 이들의 분자구조와 직접적인 연관성을 가지고 있다. 항산화제와 유전자 조절인자 등등의 생물학적인 수행에 피토케미컬의 구조가 어떻게 영향을 미치는지 많은 연구가 진행되고 있다.

피토케미컬은 방향족 고리aromatic ring를 하나 이상 가지고 있고, 수산기hydroxyl group를 하나 이상 가지고 있는 폴리페놀polyphenols 화합물이다. 현재 8,000개 이상의 화합물이 이러한 구조를 가지고 있으며, 식물의 2차적인 대사산물로서 알려져 있다. 이 가운데에는 간단한 구조를 가진 페놀산phenolic acid에서 중합체인 탄닌tannins까지 다양하다. 이들은 정상적인 성장, 발달 및 생식의 직접적인 생명유지에는 관여하지 않지만, 오랜 기간에서 나타나는 여러 신체기관의 손상에는 효과적인 기능을 가지고 있다. 오늘날 당뇨병, 비만, 심혈관 질환, 관절염, 알츠하이머병, 파킨슨병 및 암과 같은 질병이 해당한다.

1) 피토케미컬의 함유성분과 분류

그림 9-1은 강력한 항산화적인 역할을 가지며, 식품으로 자주 섭취할 수 있는 피토케미컬들이 열거되어 있다.

현재까지 발견된 식물성 페놀화합물은 단일 성분을 칭하는 것이 아니라 식물 내에 존재하는 여러 페놀화합물의 총칭이다. 이러한 화합물들은 동물이 폴리페놀 합성능력이 없어서 식물에만 존재하고 식물의 잎, 뿌리, 열매 등 거의 모든 조직에 존재한다. 일반적으로 식물체에서는 대개 람노스rhamnose, 포도당glucose, 루티노스rutinose의 배당체glycosides로 존재한다. 폴리페놀에는 비(非)플라보노이드non-flavonoids와 플

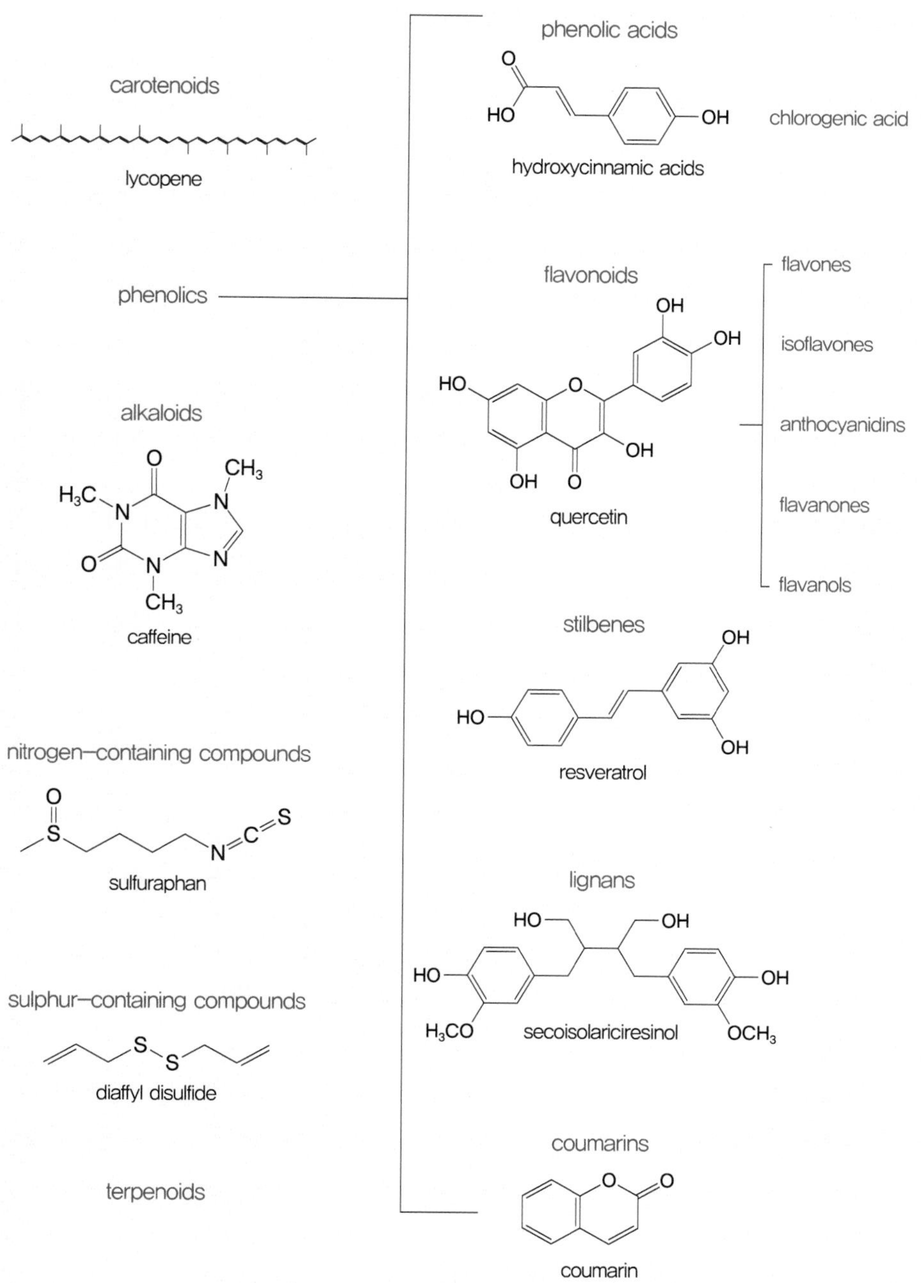

carotenoids
lycopene
phenolics
alkaloids
caffeine
nitrogen–containing compounds
sulfuraphan
sulphur–containing compounds
diaffyl disulfide
terpenoids
phenolic acids
hydroxycinnamic acids
chlorogenic acid
flavonoids
quercetin
flavones
isoflavones
anthocyanidins
flavanones
flavanols
stilbenes
resveratrol
lignans
secoisolariciresinol
coumarins
coumarin

그림 9–1 피토케미컬의 종류와 함유식품

라보노이드 두 종류가 있는데 플라보노이드는 세부적으로 더 분류될 수 있다.

(1) 플라보노이드

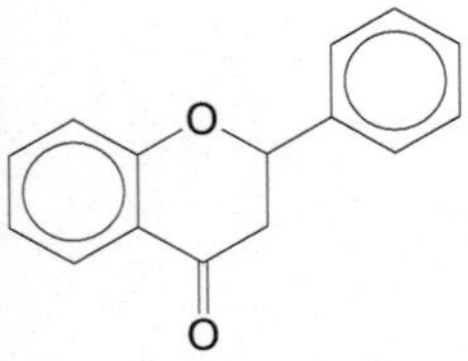

지구상에는 4000여 종의 플라보노이드가 있는데, 대부분 강력한 항산화 효능을 가지고 있다. 플라보노이드는 2개의 벤젠고리에 산소를 포함한 pyrone ring을 매개로 결합되어 있는 2-phenyl-1,4-benzopyrone ring 화합물이며, 카로티노이드와 tetrapyrrole 유도체와 함께 식물체의 자연적인 색소성분이다.

플라보노이드 기본골격이 C6-C3-C6으로 되어 있으며 자연계에 널리 분포되어 있다. 안토사이아닌, 카테킨catechins, 플라바놀flavanols, 플라보논flavonones, 플라본flavones, 플라보놀flavonols 및 아이소플라본이 대표적인 플라보노이드 계열이다.

안토사이아닌 안토사이아닌은 색소라는 범주에 속하고, 심홍색과 자홍색에서 보라색과 남색까지 갖가지 색소를 띤다. 체리, 자두, 붉은 건포도, 블랙베리와 블루베리에 널리 분포되어 있고 현재 70여 가지 이상 확인되고 있으며 pelagonidins, cyanidins, delphinidin, petunidins, malvidins 등의 이름을 가지고 있다.

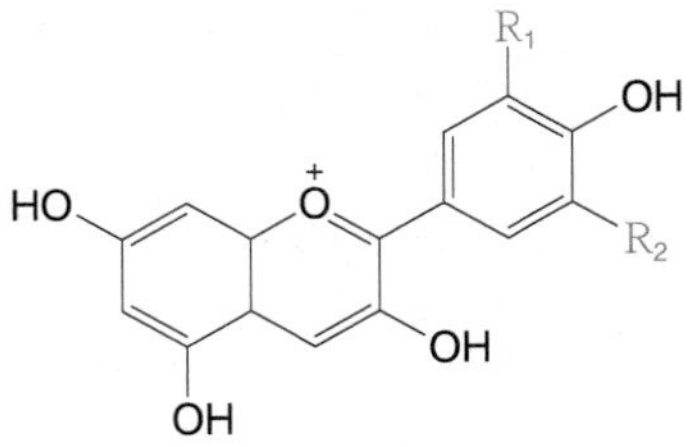

	R_1	R_2
malvidin	$-OCH_3$	$-OCH_3$
petunidin	$-OCH_3$	$-OH$
peonidin	$-OCH_3$	$-H$
delphinidin	$-OH$	$-OH$
cyanidin	$-OH$	$-H$

아이소플라본 주로 대두나 콩류 및 콩제품에서 찾을 수 있으며 phytoestrogens으로 분류된다. 아이소플라본에는 제니스틴genistein, 다이드진daidzein, 글리시테인glycitein 3가지로 나눌 수 있고 분자적인 차이가 있다.

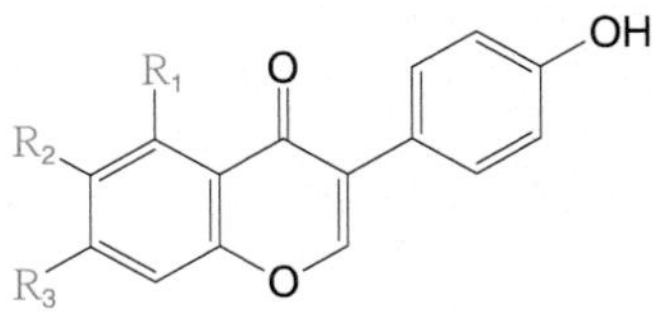

	R_1	R_2	R_3
daidzein	$-H$	$-H$	$-OH$
genistein	$-OH$	$-H$	$-OH$
glycitein	$-H$	$-OCH_3$	$-OH$

플라바놀 여기에는 단위체monomer인 카테킨, 에피카테킨epicatechin, 에피갈로카테킨epigallocatechin, 에피칼로카테킨 갈레이트(EGCG)가 여기에 속하고, 특히 녹차에 많이 함유되어 있다. 그 외 초콜릿, 포도, 베리 및 사과 등에도 함유되어 있다. Theaflavins과 thearubigins은 이합체dimer로 주로 홍차나 우롱차에 들어 있다. 중합체로는 프로안토사이아니딘proanthocyanidins이 해당되며, 초콜릿, 사과, 베리, 적포도, 그리고 적포도주에 들어 있다.

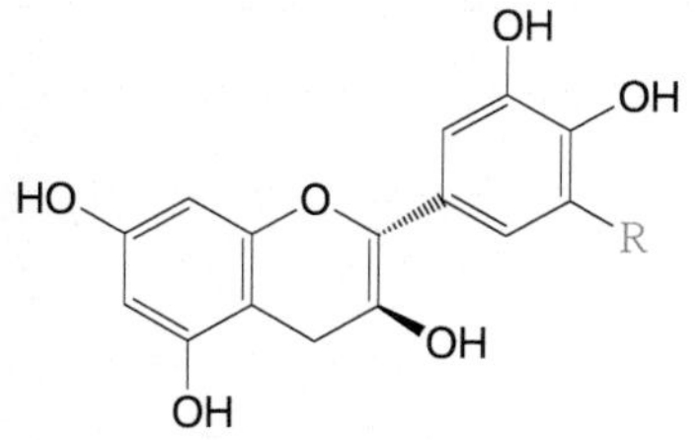

(+)–catechin : R = – H
(+)–gallocatechin : R = – OH

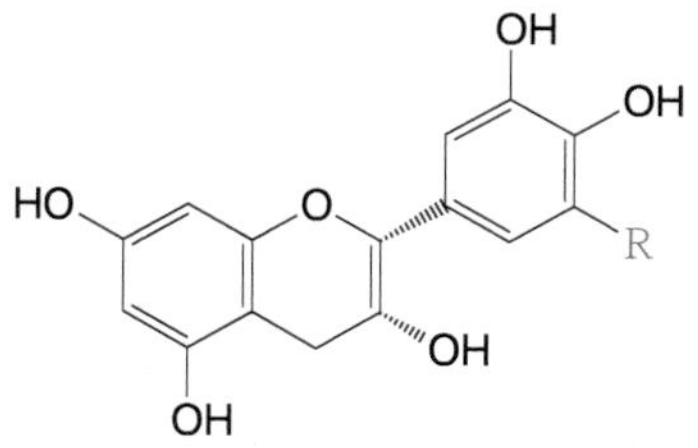

(–)–epicatechin : R = – H
(–)–epigallocatechin : R = – OH

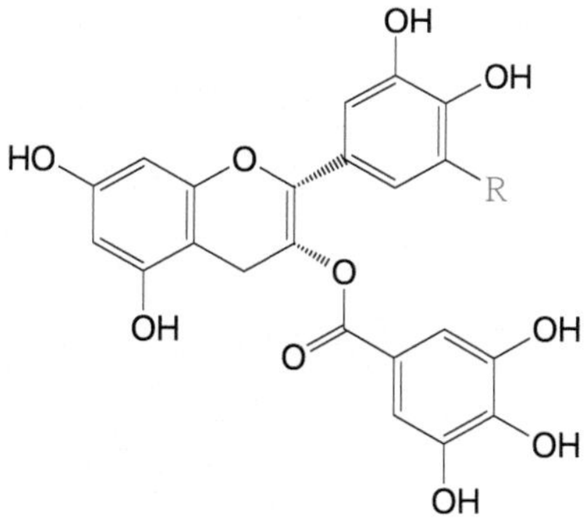

(–)–epicatechin gallate : R = – H
(–)–epigallocatechin gallate : R = – OH

플라바논 레몬, 그레이프프루트과 오렌지 등의 시트르스 과일 성분으로 대표된다. 오렌지의 헤스페리틴, 그레이프프루트의 나린제닌naringenin 그리고 레몬의 에리오딕티올eriodictyol이 해당된다.

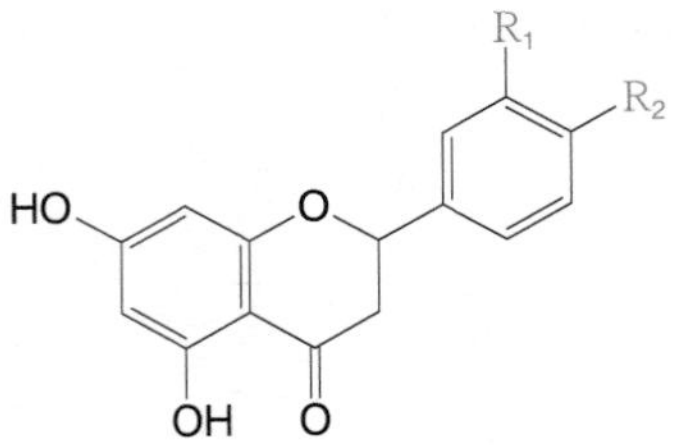

	R_1	R_2
naringenin	– H	– OH
eriodictyol	– OH	– OH
peonidin	– OH	– OCH_3

플라보놀 노란 양파, 파, 케일, 브로콜리, 사과, 차, 베리 등에 널리 분포되어 있으며, 켐페놀kaempferol, 퀴세틴, 미리세틴myricetin과 아이소람네틴isorhamnetin이 여기에 해당된다. 플라보놀은 많은 건강적인 이점을 가지고 있는데 항암작용, 면역 시스템의 강화와 염증반응을 감소시킨다. 예로서, 퀴세틴은 항히스타민 작용이 있어서 염증을 완화할 수 있고, 혈압과 LDL 콜레스테롤을 저하시킨다.

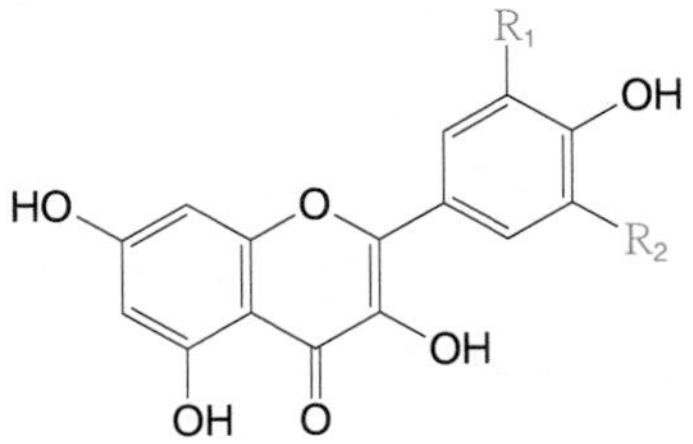

	R_1	R_2
kaempferol	– H	– H
quercetin	– OH	– H
myricetin	– OH	– OH
isorhamnetin	– OCH_3	– H

플라본 아피제닌apigenin, 루테올린luteolin이 여기에 해당되며, 파슬리, 타임, 셀러리와 파프리카 등에 함유되어 있다. 동맥경화증, 골다공증, 당뇨병과 암에 대한 유익한 효능이 발표되면서 최근에 플라본에 대한 많은 관심이 집중되고 있다.

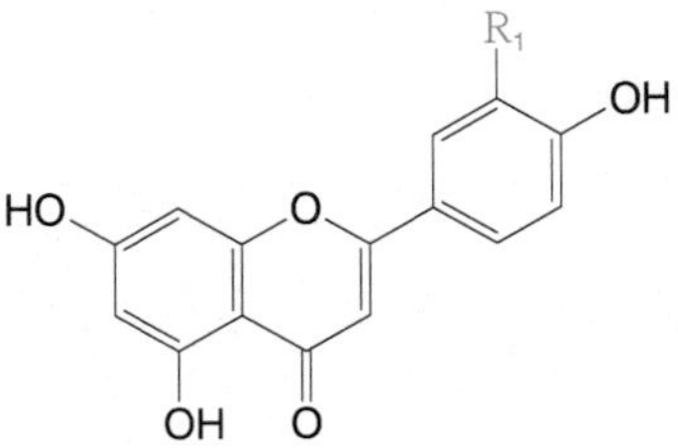

	R_1
apigenin	– H
luteolin	– OH

2) 카로티노이드

카로티노이드는 아이소프렌[CH_2=C(CH_3)CH=CH_2] 단위가 중합되어 이루어진 색소성분을 총칭한 것으로 당근에서 처음으로 분리되었기 때문에 카로티노이드로 명명되었다. 카로티노이드는 식물, 해조류, 광합성을 하는 세균 등에서 합성되며, 거의 모든 살아있는 동식물에 보편적으로 분포하는 노란색, 주황색, 빨간색의 무질소성 색소이다. 녹색식물의 노란색 카로티노이드는 빛에너지를 흡수해 광합성을 위한 녹색색소인 엽록소에 전달하는 광합성의 부수적 역할을 수행한다. 카로티노이드는 동물의 생물학적 채색에 중요한 역할을 한다. 1970년대 이후 많은 역학연구에서 과일과 채소를 많이 섭취하면 암과 심혈관질환을 예방하는 효능이 밝혀지면서 색소인 카로티노이드에 관심을 두게 되었다. 특히 베타카로틴, 루테인, 라이코펜, 지젠틴이 각광을 받았다. 이들은 탄화수소 계열인 카로틴과 수산기 계열인 젠틴xanthin의 두 가지 주요 형태가 있다.

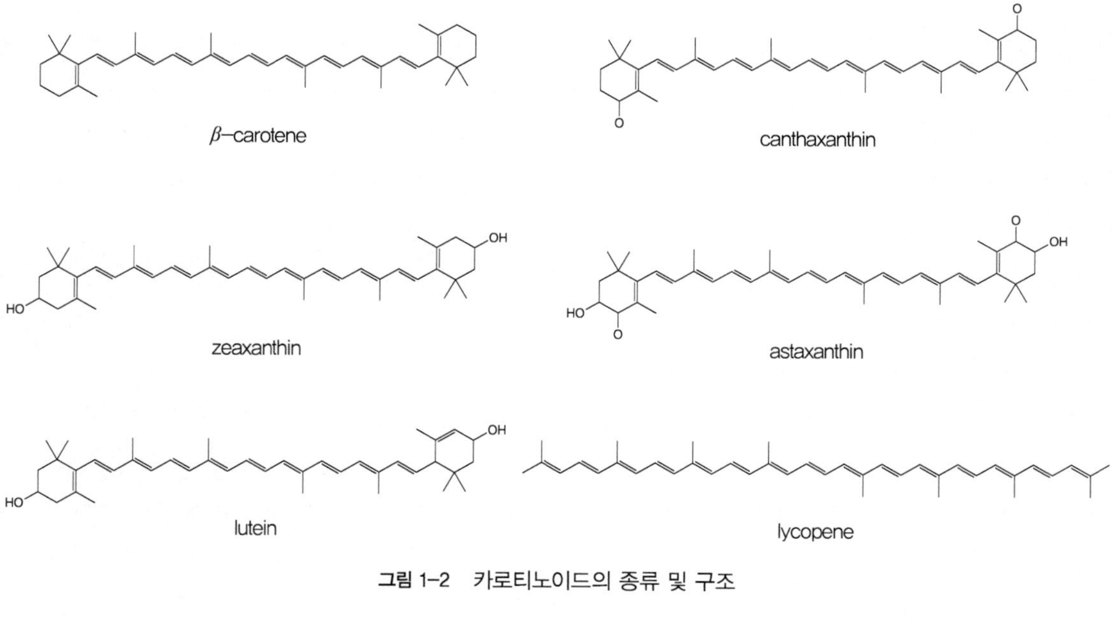

β–carotene

canthaxanthin

zeaxanthin

astaxanthin

lutein

lycopene

그림 1-2 카로티노이드의 종류 및 구조

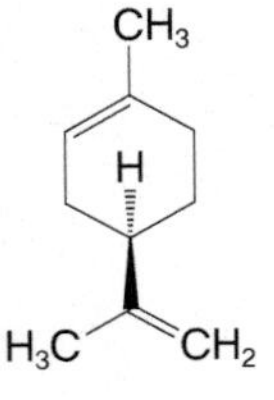

CH3

H

H3C CH2

3) 터핀과 트라이터피노이드

리모넨의 분자식은 $C_{10}H_{16}$이며 레몬향이 나는 고리형cyclic 터핀terpenes으로 분류되는 무색 액체의 탄화수소이다. 분자식은 같지만 구조가 다른 2가지 이성질체가 있는데, 편광면을 반시계방향으로 회전시키는 L형 리모넨L-limonen과 시계방향으로 회전시키는 D형 리모넨D-limonen이 있다. D형 리모넨이 좀 더 일반적이고 강한 오렌지향을 가지고 있으며 화학합성에서 L-carvone의 전구체로 작용한다. L형 리모넨은 솔잎이나 솔방울에 들어 있다. Racemic limonen인 다이펜틴dipentene은 L형 이성질체와 D형 이성질체가 같은 양 섞여 있는 혼합물로서 터핀오일terpene oil의 구성성분이다.

트라이터핀은 콜레스테롤과 유사한 자연적인 스테로이드 또는 스테로이드 알칼로이드alkaloids이다. 피토스테롤phytosterols과 피토엑디스테로이드phytoecdysteroids도 여기에 포함되며, 트라이터핀은 특이한 구조에 따라 20여 종으로 나눌 수 있으며, 인삼에 함유된 사포닌인 **진세노사이드**가 유명하다. 사포닌은 여러 개의 산소가 붙어 있는 탄소 30개가 4~5개의 고리로 배열되어 있는 트라이터핀의 배당체이며, 물에 녹아 발포작용을 나타내는 물질의 총칭이다.

진세노사이드 (ginsenosides)

독점적으로 인삼에 함유되어 있는 트라이터핀 사포닌 계열에 속하는 배당체임. 진세노사이드 함량은 종에 따라 다르고, 재배장소와 수확 전 성장기간에 따라 다양함. 현재까지 37종이 보고되어 있고, 홍삼의 대표적인 진세노사이드는 Rg1과 Rb1임

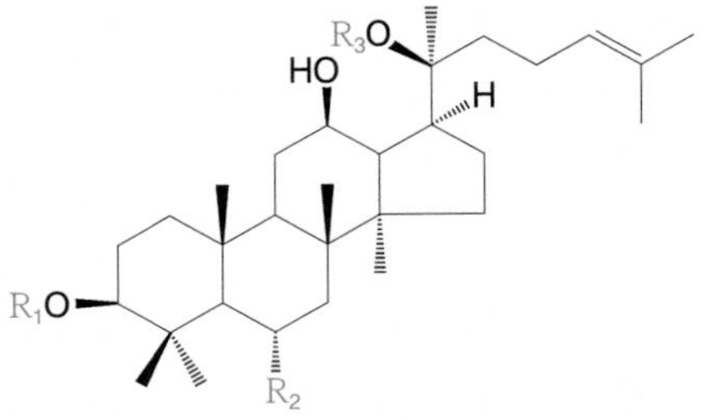

R3O

HO

H

R1O

R2

	R_1	R_2	R_3
ginsenoside Rb1	– H	– Glc² – Glc	– Glc⁶ – Glc
ginsenoside Rb2	– H	– Glc² – Glc	– Glc² – Ara(pyr)
ginsenoside Rc	– H	– Glc² – Glc	– Glc² – Ara(fur)
ginsenoside Rd	– H	– Glc² – Glc	– Glc
ginsenoside Re	– O – Glc² – Rha	– H	– Glc
ginsenoside Rf	– O – Glc² – Glc	– H	– H
ginsenoside Rg1	– O – Glc	– H	– Glc

Glc : glucose, Rha : rhamnose, Ara : arabinose

4) 인돌

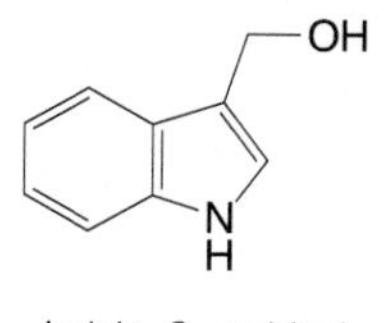

indole-3-carbinol

인돌은 벤조피롤benzopyrrole이라고도 하는데, 분자식은 C_8H_7N이며 매우 묽은 용액에서 좋은 향기가 나는 무색의 고체이다. 자스민꽃과 오렌지꽃 같은 일부 꽃에 들어 있는 정유 성분과 콜타르 및 배설물에서 산출되는 유기 헤테로고리 화합물이다. 흔히 페닐하이드라진phenylhydrazine과 피루브산을 반응시켜서 합성한다. 인돌 분자구조가 있는 화합물에서 가장 잘 알려진 것은 인돌 알칼로이드이며, 30여 종 이상의 식물에서 분리되었고, 사일로신psilocin, 사일로사이빈psilocybin, 레세핀reserpine, 스트리크닌strychnine이 이에 속한다.

인돌 분자구조를 가진 화합물인 인돌 카비놀indole-3-carbinol은 양배추, 브로콜리, 케일 등의 십자과 채소에서 발견되는 강력한 항산화 작용을 하는 피토케미컬이다.

5) 알리움 화합물

마늘, 파, 부추, 달래, 파에는 유황을 포함한 매운 성분의 알리움 화합물allium compounds인 organosulfides 또는 allyl sulfides가 있다. 알리신($C_6H_{10}O_2S$)은 마늘에 들어 있는 황을 함유하고 있는 성분이다. 이것은 마늘 속에 있는 알리네이스allinase 분해효소가 산소에 접촉하면 작용을 해서 강한 매운 냄새가 나는 알리인aliin으로 변한다.

allyl isothiocyanate

allicin

diallyl disulfide

diallyl sulfide

dipropyl disulfide

3 피토케미컬의 유전적인 기능 및 역할

많은 선행연구 보고에 의하면, 식이에서 섭취되는 피토케미컬은 유전자의 발현에 막대한 영향력을 가지고 있어 다양한 생리활성을 발휘한다고 알려져 있다. 피토케미컬는 유전자 상호작용에서 직접 유전자와 결합하여 작용하거나 표적세포의 막수용체에 결합한 후 신호전달 과정을 활성화시킨다. 최근에 유전자 상호작용을 매개하는 많은 전사인자에 대하여 피토케미컬을 이용한 연구도 활발히 이루어지고 있다.

1) 산화적 스트레스에 의한 신호전달 과정

H_2O_2와 superoxide anion(O_2^-)를 포함한 활성산소종(ROS)은 많은 암세포에서 생성되지만 정확한 발생기전은 밝혀져 있지 않다. 암세포는 구조적으로 많은 양의 H_2O_2를 생성하기 때문에 지속적인 산화적 스트레스에 노출되어 있다고 볼 수 있으며, 이것 때문에 암세포가 다양하게 비정상적인 특이성을 나타낸다고 볼 수 있다. H_2O_2는 세포 내 수산기 라디칼의 수를 높이고, 이로 인해 DNA의 산화적 손상으로 더 많은 유전자 변이가 암세포에서 발생하게 된다. 또한 DNA뿐만 아니라 다른 생체분자들도 손상을 받게 되는데, 악성종양조직에서 지질 과산화물이 생성되어 이것에 의한 단백질 변형이 자주 발생하기도 한다.

현재까지 많은 피토케미컬의 항산화작용이 보고되었으며, 특히 브로콜리의 설포라판, 녹차 페놀성분인 EGCG, 포도의 레스베라트롤, 강황의 커큐민 등의 항산화작용이 널리 알려져 있다. 피토케미컬의 항산화작용 기전으로는 활성산소종을 직접 제거하거나 항산화 관련 효소의 신생합성을 유도하여 세포 내 항산화 방어력을 높이는 간접적인 작용기전이 있다. 울금이나 강황에 함유된 커큐민은 항산화작용과 활성산소종의 청소부 역할을 하여 산화에 의한 DNA 손상과 지질 과산화를 억제한다. 또한 사이토크롬 P450 효소를 잠정적으로 억제하고, glutathione S-transferase 효소를 유도한다. 나아가 커큐민은 항산화 활성으로 벤조피렌에 의한 DNA 부가물의 형성을 억제하여 항암작용과 항돌연변이작용을 발휘한다. 또한 콩류에 함유되어 있는 사포닌은 세포 DNA 복제를 방해하여 암세포의 증식을 억제하는 것으로 알려져 있다. 양파에 함유된 쿼세틴은 대식세포에서 heme oxygenase-1 효소를 유도하여 활성산소의 생성과 미토콘드리아 불능을 억제한다. 페놀성 피토케미컬의 항산화 활성은 일차적으로 활성산소종을 제거하는데 수소원자들을 제공할 수 있는 페놀성 수산

활성산소종(ROS, reactive oxygen species)

활성산소종은 일반적인 안정 상태의 산소보다 활성이 강하고 불안정하여 에너지가 높은 산소를 말한다. 대표적으로 과산화수소(H_2O_2), 수산기 라디칼(OH•), 수퍼옥시드(superoxide, O_2^-) 등이 있다. 이들은 신체의 다른 분자들과 쉽게 산화반응을 일으켜 세포와 조직에 손상을 입히게 된다.

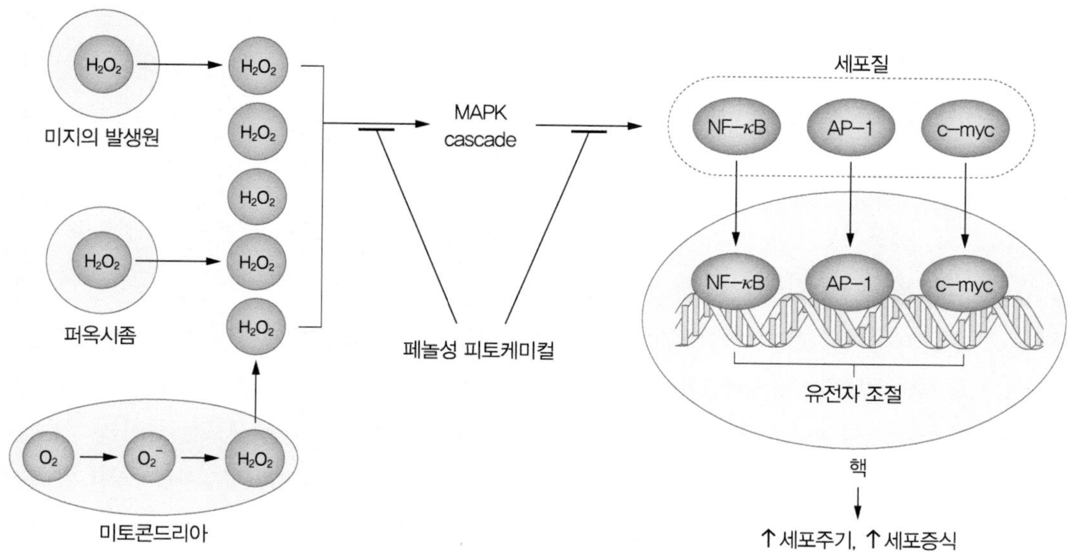

그림 9-3 페놀성 피토케미컬의 항산화 신호전달회로

기(−OH)가 존재하기 때문이다. H_2O_2는 암세포 성장, 증식, 생존과 관련하여 산화환원반응redox에 민감하게 반응하는 전사인자들과 신호전달 중재과정에 필요한 유전자들을 활성화시킨다. 활성산소종에 의한 산화적인 스트레스가 MAPK 신호전달과정을 과도하게 활성화하여 산화환원 반응에 민감한 전사인자와 반응 유전자의 지속적인 활성을 일으켜서 암세포 증식을 증가시킨다 **그림 9-3**. 따라서 항산화 활성을 가진 피토케미컬을 이용하여 H_2O_2에 의한 전사인자들의 활성과 인산화를 억제시킨다면 항산화 신호전달 회로가 작동하게 될 것이다.

많은 선행연구에서 피토케미컬은 항산화 활성을 이용하여 항암효과를 비롯한 다양한 생리활성을 나타내고 있다. EGCG는 자외선에 노출된 사람의 표피 케라틴 형성세포keratinocytes에서 생성된 H_2O_2에 의하여 유도된 MAPK 활성을 감소시킨다. 또한 레스베라트롤은 TNF가 처리된 면역세포들에서 핵 전사인자들인 NF-κB와 AP-1 활성을 억제시키고, 활성산소종의 생성을 차단시킨다고 한다. 일반적으로 페놀성 피토케미컬은 항산화작용을 가지고 있지만, 역설적으로 다른 조건에서는 산화촉진작용을 발휘하기도 한다. 피토케미컬인 페닐 아이소티오사이아네이트phenyl isothiocyanate

은 오히려 활성산소종을 많이 생성하여 암세포 증식을 억제시킨다고 한다. EGCG, 퀴세틴, 갈산gallic acids과 같은 피토케미컬은 세포 밖에서 활성산소종 생성을 증가시키고 이것이 세포 내로 확산되어 들어와서 세포 독성을 일으키기도 한다.

2) 세포사멸 신호전달과 세포주기 정지

세포사멸은 특정 상황에서 세포가 스스로 자살하는 프로그램화된 과정으로 배아 발생, 암, 면역 등의 과정에서 매우 중요한 역할을 한다. 세포자살이라고도 하는 세포사멸은 여러 유전자와 이것에 의해 발현된 단백질들에 의해 조절되며, 다양한 신호전달과정이 관여한다. 암은 다양한 유전자 변이 등이 원인이 되어 세포가 비정상적으로 증식하며 세포사멸에 저항하면서 끊임없이 증식한다. 세포를 죽이는 것은 항세포사멸 단백질인 Bcl-xL과 Survivin 수준을 감소시키고, 세포사멸 촉진 단백질인 Bax와 PARP 활성을 증가시켜 이루어진다. 크게 두 가지로 분류되는 세포사멸에서 내인성 세포사멸는 세포 내부에서 미토콘드리아 투과성에 의한 사이토크롬 C의 방출을 통해 apoptosome이 형성되어 caspase-9을 활성화시키는 기작을 말한다. 반대로 외인성 세포사멸은 세포 외부의 리간드에 의해 TNF 수용체, TRAIL 수용체, Fas/CD95 등의 세포사멸 수용체의 활성화로 이루어진다.

아피제닌, 퀴세틴, 제니스틴은 활성산소종을 제거하여 미토콘드리아 탈분극을 일으키고 사이토크롬 C 분비와 캐스페이스 활성을 일으켜 세포사멸을 유도하여 종양세포 증식을 억제한다. 셀러리, 아티초크, 오레가노 등은 아피제닌과 루테올린 등의 플라보노이드를 함유하여 인간 췌장암세포 사멸을 용이하게 하는 glycogen synthase kinase-3β 효소를 활성화하여 항세포사멸 유전자 생성을 줄이는 역할을 한다. 서양협죽도의 주성분인 올린안드린oleandrin은 전립샘암 세포에서 caspases-3과 관련된 작용기작을 유도하여 세포사멸을 증가시킨다고 한다. 십자과 채소에 함유된 벤질 아이소티오사이아네이트benzyl isothiocyanate는 미토콘드리아 산화환원반응에 민감한 기전을 통하여 세포사멸을 유도한다. 뿐만 아니라 커피의 클로로젠산chlorogenic acid은 다양한 세포에서 p38 MARK 활성을 통하여 만성 골수성 백혈병의 세포사멸을 유도한다. 레스베라트롤은 쥐의 부신 갈색 세포종 PC12 세포에서 H_2O_2에 의하여 초래되는 세포사멸을 촉진시키고 활성산소종의 세포 내 축적을 억제하며,

미토콘드리아 신호전달과정으로 세포사멸을 유도한다.

피토케미컬은 활성산소종을 제거하고 단백질 인산화를 억제하면서 세포분열에 필수 요소인 세포주기를 정지arrest시키고, 암세포 증식을 유도하는 일련의 과정들을 방해한다. 세포주기 G2/M기를 체크포인트로 하여 세포주기가 원활히 작동하여 세포분열이 일어나게끔 하는 데 관여하는 cyclin B1 유전자는 여러 유형의 암조직에서 과도하게 발현한다. 레스베라트롤은 사람의 피부종양세포인 A431 세포에서 세포주기 G1기 단계에서 세포주기 정지를 유도한다. 벤질 아이소티오사이아네이트와 라이코펜은 항산화 저장고인 GSH을 산화시키면서 인간 결장암 세포를 G2/M 세포주기에서 정지시킨다. 이로서 피토케미컬의 항암작용은 세포 내 산화환원 환경을 변화시킴으로써 암세포의 증식을 억제하는 것이다.

활성산소종은 비가역적으로 DNA를 손상시키고 세포주기 정지와 세포사멸을 초래하는 AP-1, octamer-1 전사인자와 Waf-1 유전자를 인산화시키는 p53 등의 스트레스 유전자의 활성을 가져온다. 레스베라트롤은 세포사멸을 촉진시키는 p21 또는 Bax 유전자를 활성화시키는 전사인자인 p53의 활성과 인산화를 초래하는 MAPK의 하나인 JNK 활성으로 암세포 세포사멸을 일으킨다. EGCG은 추가적으로 대식세포에서 H_2O_2를 생성하여 대식세포에서 MAPK 의존성 COX-2 유전자 발현을 증가시킬 수 있다고 한다. 염증물질에 의하여 발생한 생쥐의 대장암에서 퀴세틴은 세포주기 정지를 일으키고 세포사멸을 유도한다. 십자과 채소의 인돌 카비놀 성분은 전립샘암 세포의 세포주기 정지를 일으키고 세포증식을 억제한다. 이 성분은 전사인자인 NF-κB를 하향 조절하여 Bax는 증가시키고 Bcl-2는 감소시켜 세포사멸을 증가시키고, Akt 활성화를 억제하여 세포사멸을 유도시킨다.

COX-2
cyclooxygenase-2

3) 염증반응 신호과정

염증은 국소적인 손상으로 인하여 나타나는 혈관이 분포되어 있는 조직에서 주로 일어나는 반응을 말한다. 염증의 원인으로는 세포를 손상시키는 인자에 의하여 발생하며, 미생물 감염, 화상과 외상 등의 물리적 인자, 화학물질, 괴사조직 및 면역반응을 일으키는 화학물질 등이 염증인자로 작용한다. 염증의 임상적 증후는 발적, 종창, 발열, 동통 및 기능장애로 나타나며, 염증 부위에는 조직학적으로 세포괴사, 모세혈관 확장, 부종, 호중구 등의 염증성 세포의 침윤이 나타난다.

NF-κB는 스트레스, 사이토카인, 활성산소종과 방사성 및 박테리아 또는 바이러스 항원과 같은 자극에 반응하고, 감염에 대한 면역반응을 조절하는 데 핵심적으로 작용한다. NF-κB의 과발현은 모든 유형의 암에서 가장 자주 나타나는 변이 중의 하나인데, 이것의 활성은 염증신호에 의하여 IκB 단백질이 NF-κB로부터 분리되면서 시작된다. NF-κB 단백질은 세포질에서 IκB와 결합되어 비활성 상태로 존재하다가 IκB가 탈락한 후에 핵 내로 이동하여 원하는 유전자의 κB 영역으로 표식된 DNA 배열에 결합한다. NF-κB는 면역조절, 염증반응, 발암과정과 세포사멸에 관련된 수백가지 이상 유전자의 전사과정을 조절한다.

IκB
inhibitory kappa B

현재까지 NF-κB 활성을 억제하여 항암작용이나 항염증반응을 유도하고 면역작용을 증강하는 여러 표적이 되는 부위가 밝혀지고 있다. 프로테오솜은 세포주기가 원활하게 진행하는 데 관여하는 cyclins, CDK, NF-κB 전사인자들을 제대로 작동하지 못하게 한다. 녹차의 EGCG와 양파의 쿼세틴, 감초에 함유된 트라이터펀인 이소앙그스톤isoangustone은 혈관 내피세포의 NF-κB의 핵내로의 이동을 차단하여 종양괴사인자에 의한 단핵구의 혈관 내피조직으로의 이동을 억제하고, NF-κB 유전자들을 억제하여 세포주기와 세포사멸 작용을 조절한다 **그림 9-4**.

생강에 함유되어 있는 진저롤gingerol은 피부세포와 무모 쥐에서 자외선B에 의하여 유도된 COX-2의 발현과 활성을 억제시키고, NF-κB 활성을 감소시킨다. 또한 진저롤은 12-O-tetradecanoylphorbol-13-acetate 염증물질에 의하여 유도된 p38 MAPK와 NF-κB 신호과정을 차단하여 COX-2 발현을 억제한다. 쿼세틴은 대식세포에서 lipopolysaccharide에 의하여 유도된 inducible NO synthase 효소의 발현을 억제한다. 레스베라트롤은 폐암세포인 NCI-H838의 방사성 민감성을 높이고 방사선에 의하여 활성화된 NF-κB을 억제하며 세포주기 S기 정지를 가져온다.

플로레틴phloretin과 플로리진phlorizin의 사과껍질에 있는 폴리페놀은 염증성 T세포의 활성화를 억제하여 경구 투여된 동물 쥐의 대장 염증을 억제한다고 한다. 따라서 사과 폴리페놀은 궤양성 대장염, 크론병Crohn's disease, 대장 염증으로 인한 결장암의 치료제로 활용가능하다. 피토케미컬은 염증반응과 관련된 세포 내 많은 신호과정에 영향을 끼치지만 분명한 작용 기작은 여전히 연구대상에 있다. 피토케미컬의 항염증

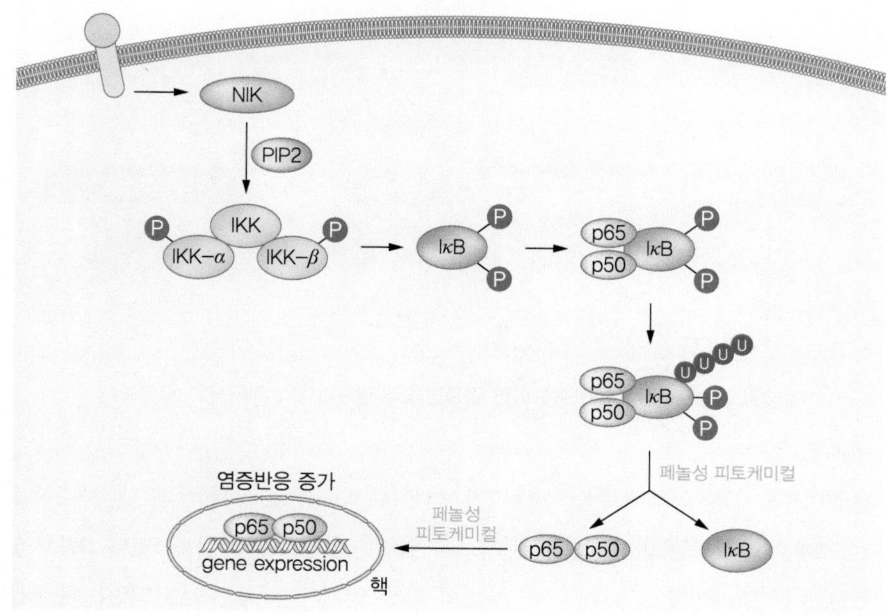

그림 9-4 염증반응에 관련된 NF-κB의 활성화와 피토케미컬의 표적 부위

반응은 염증반응을 촉진하는 COX 효소와 리폭시게네이스$_{\text{lipoxygenase}}$를 억제하거나 NF-κB에 의한 염증성 사이토카인의 분비를 억제하여 염증반응을 차단하는 것이 하나의 기전이라고 할 수 있다.

신경성 염증반응은 알츠하이머병의 발병에 핵심적으로 작용하는데, 많은 선행 연구에서 이 염증반응에 NF-κB의 신호전달이 중요한 역할을 담당한다고 밝혔다. 커큐민은 NF-κB를 강력하게 억제하는 항염증 활성을 가지고 있는데, 커큐민은 lipopolysaccharide에 노출된 BV2 microglia에서 IL-1β, IL-6, TNF-α 등의 사이토카인 매개물질의 발현을 억제하며, 프로스타글란딘 E2, 산화질소 분비, inducible NO synthase와 COX-2 mRNA와 단백질 발현을 감소시킨다. 또한 이 피토케미컬은 PPARγ 촉진제로서 신경교 성상세포$_{\text{astrocytes}}$에서 염증반응을 억제한다.

세라미드는 성장, 발달 및 분화의 정상적인 기능이나 염증반응, 세포사멸과 알츠하이머병과 같은 신경성 질환 등의 병리 상태에서 중요한 매개물질로서 역할을 담당한다. 세라미드의 세포사멸 촉진능은 종양을 억제하고 다양한 암세포의 증식 억제작

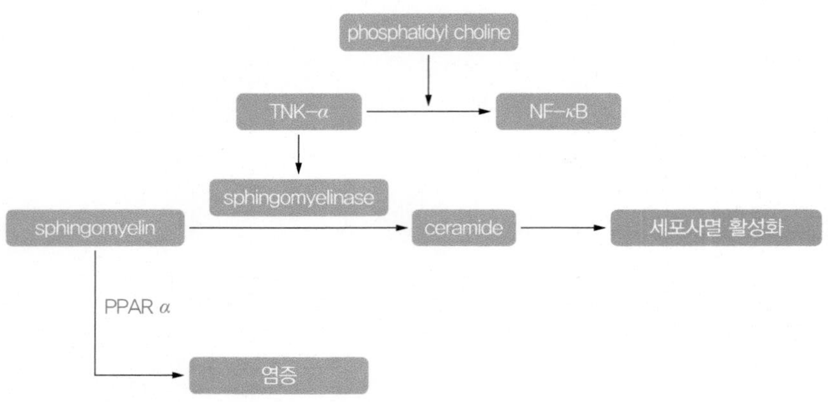

그림 9-5 스핑고미엘린에 의한 염증반응과 세라미드의 세포사멸 활성화

용을 가진다. 또한 동맥경화증, 심장발작, 허혈성 재관류 손상과 균체 내 독소에 의한 쇼크에 세라미드는 산화적인 스트레스와 염증반응을 증가시킬 수 있다 **그림 9-5**.

스핑고마이엘리네이즈sphingomyelinases의 활성 억제제가 최근 보고되었는데, 식물체 추출물이 스핑고마이엘리네이즈를 변화시키고 과산화물을 포함한 라디칼을 제거하여 다양한 감염 질환에 효능을 보인다고 한다. 카모마일의 chamiloflan 플라보노이드와 아피제닌 배당체는 사염화탄소(CCl_4)와 에탄올에 의하여 손상된 간 조직과 간세포에서 스핑고리피드sphingolipid 교체에 관여하는 핵심 효소를 활성화시키고, 세라미드의 수준을 정상화시켜 간세포막을 안정화시킨다. 녹차 폴리페놀인 EGCG는 다발성 골수종에서 산성 스핑고마이엘리네이즈를 활성화하여 지질 래프트 집락 형성lipid-raft clustering을 유도한다. 염증성 세포사멸을 유도하기 위하여 레스베라트롤은 세라미드와 스핑고마이엘린 신호전달을 활성화하여 세라미드 형성과 단백질 인산화효소인 protein kinases의 하류cascades 활성을 촉진한다. 피토케미컬인 커큐민,

세라미드(ceramide)

세라미드는 밀랍 같은 지질성분인 스핑고지질(sphingolipid)의 한 계열이며, 스핑고신(sphingoshine)과 지방산으로 구성되어 있다. 세라미드는 인간 피부 표피층의 주요 성분이며, 수분 증발이 과도하게 일어나지 않도록 방지한다. 세라미드는 순수하게 구조적인 성분으로만 국한되지 않고, 다양한 신호전달과정에 관여하여 분화, 증식, 세포사멸을 조절한다.

파테놀리드parthenolide, 제니스틴, 고시폴gossypol, 엘라그산, 위타페린withaferin, 플럼바긴plumbagin은 세라미드 신호전달 과정을 강화시킨다고 한다.

4) 염색질 재형성과 후생적 조절

암세포는 정상적인 세포와 달리 유전적인 보상과정에서 유전적인 착오가 초래되며 유전자 발현에 악성 변종이 나타난다. 유전적인 보상과 착오는 악성 변종을 초래하는 유전자 발현의 변화에 큰 역할을 담당한다. 뿐만 아니라 실질적인 유전자 배열은 변이가 일어나지 않는 염색질에서도 변화가 상당하고, 개체의 유전자 발현 형상에도 큰 영향을 줄 수 있다. 이러한 변화를 후생적인 변형이라고 부르고, 여기에는 유전자 발현에는 변화를 초래하지만 관련 DNA 배열에는 변화가 나타나지 않는 염색질에서의 유전적인 변화도 모두 포함한다. DNA 메틸화methylation와 같은 DNA 자체의 화학적인 변형도 포함되고, DNA와 결합하여 염색질 꾸러미 속으로 채워 넣는 히스톤과 같은 DNA와 밀접하게 연결되어 있는 단백질의 변이도 포함된다. 게놈의 후생적인 변이는 돌연변이나 다른 유전적인 변이보다는 훨씬 역동적이고 일반적이다. 후생적인 변이는 근본적으로 염색질 차원에서 일어나고 이것은 DNA 패키지를 변화시켜 전사기능에 영향을 주어 염색질 재형성에 변화를 가져온다. 히스톤은 아세틸화acetylation, 메틸화, 인산화, 유비퀴틴화ubiquitination 및 수모일화sumoylation와 같은 다양한 형태로 변이가 일어날 수 있다. 히스톤의 아세틸화는 HAT 효소에 의하여 일어나고, 이것이 유전자 전사의 활성과 연결되어 있다. 히스톤의 탈아세틸화deacetylation은 HDAC에 의하여 일어나서 유전자 전사의 Silencing과 연결되어 있다. HAT과 HDAC은 유전자 전사 변형에 유도할 수 있는 염색질 단백질과 세포주기, 분화 또는 세포사멸을 조절하는 히스톤이 아닌 단백질 그 자체인 caspase의 아세틸화와 탈아세틸화에도 관여한다. DNA 메틸화는 체내 DNA를 변형시키는 유일한 기전으로 DNMT에 의해 일어나는데, 세포분열과정에서 DNA가 합성될 때 DNA 메틸화 상태를 유지시키는 기능을 지닌 것으로 생각되며 새로운 메틸화를 촉매하는 기능을 갖고 있는 것으로 풀이된다.

HAT
histone acetyltransferases

HDAC
histone deacetylases

DNMT
DNA methyltransferase

피토케미컬은 발암과정에 중요한 역할을 하는 히스톤 변형와 DNA 메틸화를 포함한 여러 생리과정에 관여한다고 알려져 있다. 또한 피토케미컬은 세포사멸을 억제하

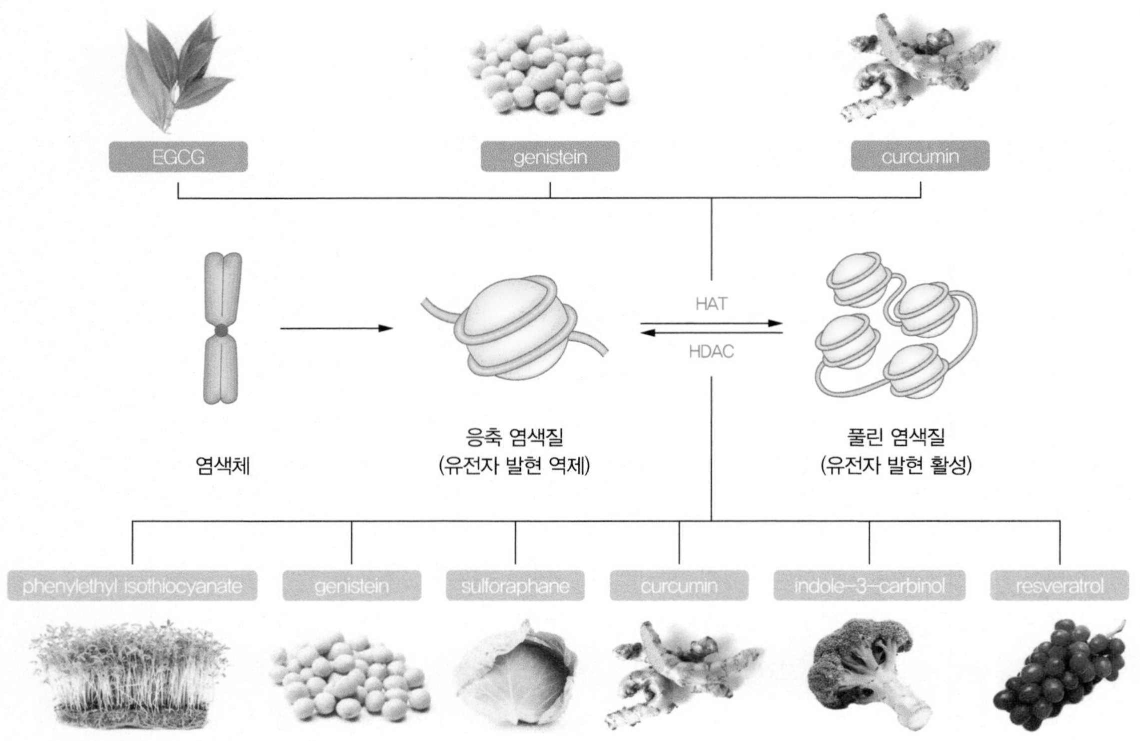

그림 9-6 HAT 효소와 HDAC 효소를 억제시키는 피토케미컬

는 데 도움이 되는 히스톤 아세틸화를 증가시켜 DNA 손상을 복구하고 DNA 메틸화를 변화시킨다고 알려져 있다. 따라서 유전적인 그리고 후생적인 변이에 대한 피토케미컬의 효과는 여러 유형의 암을 퇴치하고 건강을 증진할 수 있다고 보고되고 있다 **그림 9-6**. EGCG, 제니스틴 및 커큐민은 HAT 효소를 불활성화하여 히스톤 아세틸화를 억제하는 데 중요한 역할을 한다. 설포라판, 레스베라트롤과 인돌 카비놀 등의 피토케미컬은 HDAC 효소를 불활성화하여 풀린 염색질의 탈아세틸화를 억제시킬 수 있다. 십자과 채소에 함유된 페닐 아이소티오사이아네이트는 사람 전립샘암 세포주인 LNCaP 세포와 C57BL/6 생쥐에서 c-myc와 HDAC 활성을 억제하고 이로 인하여 p21 단백질을 활성화시켜 세포증식을 억제한다. 캐슈넛에 함유된 아나카드산 anacardic acid은 암세포에서 p300 단백질의 HAT 유전자를 하향 조절하고, Tip60 단백질의 HAT 유전자를 억제한다. HDAC을 억제하는 피토케미컬은 염색질 재형성과

산화적 스트레스를 통하여 DNA 양가닥double-strand breaks을 절단한다. 또한 정상적인 세포는 세포주기의 체크포인트를 활성화시키고, 항산화 기작과 효과적인 DNA repair 과정을 수행한다.

후생적인 변화는 메틸기 공여자methyl donors의 세포 내 저장고를 고갈시켜 균형이 맞지 않는 DNA 메틸화와 단백질 아세틸화 또는 메틸화를 초래할 수 있다. 플라바놀이 풍부한 식품은 메틸기 공여자의 대사과정과 SAM의 활용 저장고를 저해하여 DNA 메틸화와 히스톤 메틸화에 변화를 가져오게 한다. 다양한 피토케미컬은 DNA에 메틸기 전달을 촉매하는 DNMT에 영향을 주는데 **그림 9-7**, 이들은 DNMT 효소에 의하여 리보뉴클리오시드의 하나인 시티딘cytidine의 염기 사이토신cytocine의 메틸화를 억제한다. 시티딘의 과도한 메틸화는 종종 전사인자의 silencing과 유전자 불활성화를 가져온다. 레스베라트롤, 커큐민, 녹차 페놀, 제니스타인과 설포라판 그리고 페

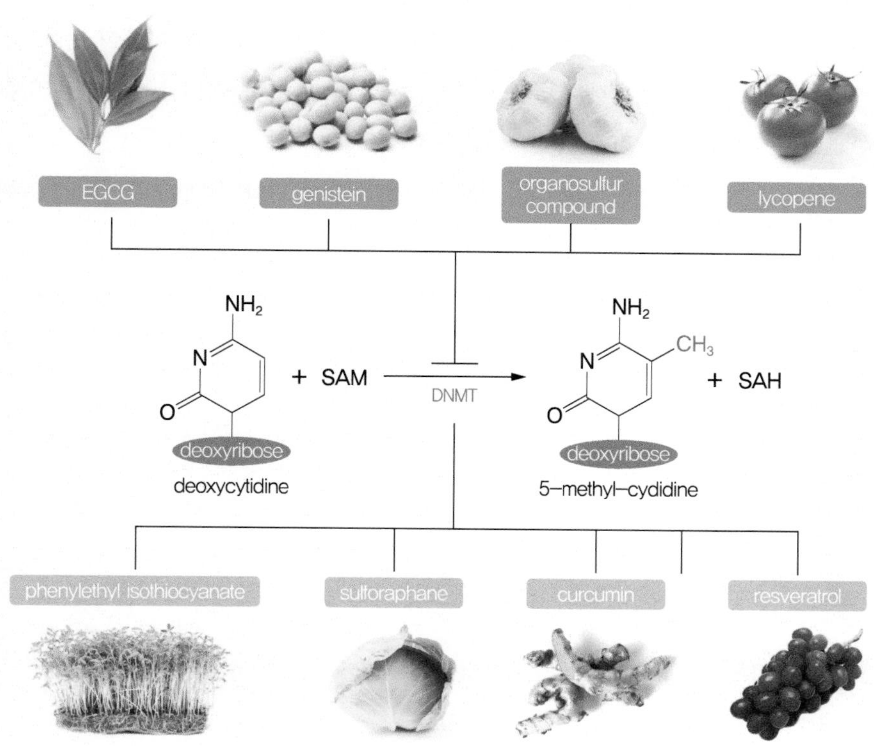

그림 9-7 DMNT의메틸화/탈메틸화에 대한 피토케미컬의 효능

SAM(S-adenosyl methionine)

SAM은 메티오닌이 시스테인 합성과정에서 만들어진다. SAM은 메틸기를 옮기는 데 관여하는 기질로 작용하며, 대부분 SAM은 간에서 생성된다. 40가지 이상의 대사반응에서 핵산, 단백질, 지방 또는 2차적인 대사산물과 같은 다른 기질로 메틸기를 전달한다.

닐 아이소티오사이아네이트 등은 DNMT의 억제제로서 작용하고 후생적인 기전에 의하여 유전자 발현을 변화시킨다. 또한 커피에 함유된 카페산caffeic acid과 클로로젠산은 유방암세포에서 DNMT에 의하여 촉매되는 DNA 메틸화를 억제한다. 설포라판도 유방암세포와 전이성 유방암 세포주에서 DNMT에 영향을 주는 후생적인 조절자로 작용한다.

SIRT
Sirtuin

단백질로 암호화시키지 못하는 noncoding RNA도 염색질의 구조를 조절할 수 있다. 비암호화 짧은 RNAnon-coding microRNA는 DNMT, HDAC, 장수유전자(SIRT)와 polycom 단백질과 같은 후생적인 장치들의 발현을 후전사 조절에 의하여 변화시킬 수 있다 **그림 9-8**. 피토케미컬은 발암과정에 중요한 역할을 하는 비암호화 짧은 RNA 발현에도 관여한다고 알려져 있다. 에너지 대사와 미토콘드리아 호흡에 영향을 끼치는 피토케미컬은 수명과 연관성을 가지는 SIRT 활성 변화에 대한 후생적인 효과를 가질 수 있다. 레스베라트롤과 같은 SIRT 활성제는 후생적인 조절자이며 대사적인 작용을 뒤집을 수 있다. 따라서, 피토케미컬은 HDAC와 DNMT 효소와 같은 후생적인 요소들의 활성을 목표로 하여 암을 비롯한 다양한 질병을 퇴치하는 데 유용할 수 있다.

시르투인(sirtuin)

시르투인은 노화, 전사, 세포사멸 및 염증과 같은 세포과정에 다양하게 관여한다고 알려져 있다. 이것은 처음 효모의 장수를 유도하는 SIR2 유전자로 알려져 있다. 시트루인은 수명 연장의 가능성에 대한 타깃으로 작용하고 레스베라트롤은 시트루인 활성을 증가시킨다고 한다.

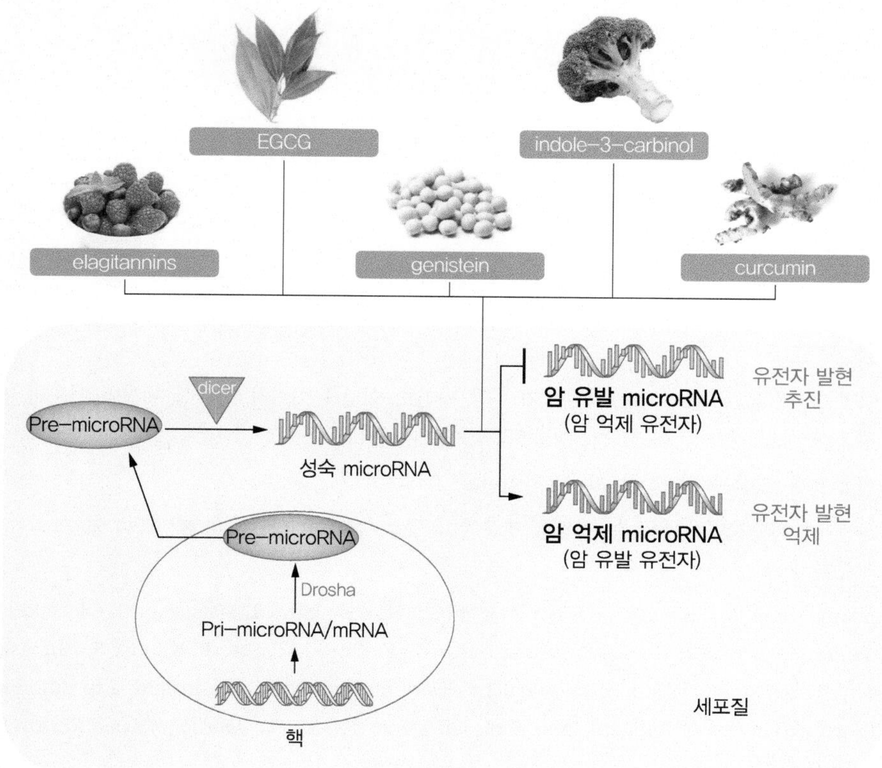

그림 9-8 microRNA을 조절하는 피토케미컬

4 결론

피토케미컬은 유전자 발현에 막대한 영향을 끼치므로 직접 유전자와 결합하여 작용하거나 표적세포의 막수용체에 결합하여 신호전달과정을 활성화시켜 작용한다. 피토케미컬이 작용하는 신호전달과정은 산화적 스트레스에 의한 신호전달과정, 세포사멸과 세포주기와 관련된 신호전달과정, 염증반응 신호전달과정 그리고 염색질 재형성과 후생적 조절 등이 있다.

이와 같은 신호전달과정을 통하여 피토케미컬은 항산화작용, 항염증작용, 면역증강작용 등을 발휘하게 된다.

⊙ CHAPTER 3

권영명, 고석판, 김준철, 문병용, 박민철, 박원범, 박인호, 이영숙, 이이하, 이준상, 이진범, 이춘환, 전방욱, 조성호, 홍주봉(2003). 최신식물생리학. 아카데미서적.

박인국(2006). 생화학 길라잡이. 라이프사이언스.

이상선, 정진은, 강명희, 신동순, 정혜경, 장문정, 김양하, 김혜영, 김우경(2008). NEW 영양과학. 지구문화사.

Amemiya-Kudo M, Shimano H, Hasty AH, Yahagi N, Yoshikawa T, Matsuzaka T, Okazaki H, Tamura Y, Iizuka Y, Ohashi K, Osuga J, Harada K, Gotoda T, Sato R, Kimura S, Ishibashi S, Yamada N (2002). Transcriptional activities of nuclear SREBP-1a, -1c, and -2 to different target promoters of lipogenic and cholesterogenic genes. ***The Journal of Lipid Research***. 43: 1220-1235.

Audrey P, Catherine P (2011). Cross-regulation of hepatic glucose metabolism *via* ChREBP and nuclear receptors. ***Biochimica et Biophysica Acta***. 1812: 995-1006.

Bien CM, Espenshade PJ (2010). Sterol Regulatory Element Binding Proteins in Fungi: Hypoxic Transcription Factors Linked to Pathogenesis. ***Eukaryotic Cell***. 9: 352-359.

Gaëlle F, Sandra G, Renaud D, Jean G, Catherine P (2013). Novel insights into ChREBP regulation and function. ***Trends in Endocrinology and Metabolism***. 24: 257-68.

Grigor MR, Gain KR (1983). The effect of starvation and refeeding on lipogenic enzymes in mammary glands and livers of lactating rats. ***Biochem J***. 216: 515-518.

Jitrapakdee S, Wallace JC (1999). Structure, function and regulation of pyruvate carboxylase. ***Biochemical Journal***. 340: 1-16.

Katsumi I (2013). Recent progress on the role of ChREBP in glucose and lipid metabolism. ***Endocrine Journal***. 60: 543-555.

Lelliott C, Vidal-Puig AJ (2004). Lipotoxicity, an imbalance between lipogenesis de novo and fatty acid oxidation. ***International Journal of Obesity***. 28: S22-S28.

Renaud Dentin, Pierre-Damien Denechaud, Fadila Benhamed, Jean Girard, Catherine

Postic (2006). Hepatic Gene Regulation by Glucose and Polyunsaturated Fatty Acids: A Role for ChREBP. *J. Nutr.* 136: 1145-1149.

Robertson RP (2010). Antioxidant Drugs for Treating Beta-cell Oxidative Stress in Type 2 Diabetes: Glucose-centric Versus Insulin-centric Therapy. ***Discovery Medicine.*** 9: 132-137.

Towle HC (2005). Glucose as a regulator of eukaryotic gene transcription. ***Trends in Endocrinology and Metabolism.*** 16: 489-494.

Uyeda K, Repa JJ (2006). Carbohydrate response element binding protein, ChREBP, a transcription factor coupling hepatic glucose utilization and lipid synthesis. ***Cell Metabolism.*** 4: 107-110.

⊙ CHAPTER 4

Chih-Hao L, Peter O, Ronald ME (2003). Minireview: Lipid Metabolism, Metabolic Diseases, and Peroxisome Proliferator-Activated Receptors. ***Endocinology.*** 144(6): 201-2207.

Donald BJ (2004). Fatty Acid Regulation of Gene Transcription. ***Critical Reviews in Clinical Laboratory Sciences.*** 41(1): 41-78.

Donald BJ (2008). N-3 polyunsaturated fatty acid regulation of hepatic gene transcription. Current opinion in lipidology.19(3): 242-247.

Donald BJ, Daniela B, Yun W, Jinghua X, Barbara C, Olivier D (2005). Fatty Acid Regulation of Hepatic Gene Transcription. ***The Journal of Nutrition.*** 135(11): 2503-2506.

Manabu TN, Yewon C, Yue L, Takayuki YN (2004). Mechanisms of regulation of gene expression by fatty acids. ***Lipids.*** 39(11): 1077-1083.

Ronald ME, Grant DB, Yong-Xu W (2004). PPARs and the complex journey to obesity. ***Nature Medicine.*** 10: 355-361.

Yuan Z, David JM (2002). LuXuRies of Lipid Homeostasis: The Unity of Nuclear Hormone Receptors, Transcription Regulation, and Cholesterol Sensing. ***Molecular Interventions.*** 2(2): 78-87.

핵 수용체의 구조 http://en.wikipedia.org/wiki/File:Nuclear_Receptor_Structure.png

식이 지방의 소화 및 흡수 http://www.rodebixen.dk/projects/leverens-lipid-metabolisme

⊙ CHAPTER 5

Amann PM, Eichmüller SB, Schmidt J, Bazhin AV (2011). Regulation of gene expression by retinoids. ***Curr Med Chem.*** 18: 1405-1412.

Bastien J, Rochette-Egly C (2004). Nuclear retinoid receptors and the transcription of retinoid-target genes. *Gene.* 328: 1-16.

Berry DC, Noy N (2012). Signaling by vitamin A and retinol-binding protein in regulation of insulin responses and lipid homeostasis. ***Biochim Biophys Acta.*** 1821(1): 168-76.

Blomhoff R, Blomhoff HK (2006). Overview of retinoid metabolism and function. ***J Neurobiol.*** 66(7): 606-30.

Bonet ML, Ribot J, Palou A (2012). Lipid metabolism in mammalian tissues and its control by retinoic acid. ***Biochim Biophys Acta.*** 1821(1): 177-89.

Chung J, Chavez PR, Russell RM, Wang XD (2002). Retinoic acid inhibits hepatic Jun N-terminal kinase-dependent signaling pathway in ethanol-fed rats. ***Oncogene.*** 21(10): 1539-47.

Connolly RM, Nguyen NK, Sukumar S (2013). Molecular pathways: current role and future directions of the retinoic acid pathway in cancer prevention and treatment. ***Clin Cancer Res.*** 19(7): 1651-9.

Hessel S, Eichinger A, Isken A et al. (2007). CMO1 deficiency abolishes vitamin A production from beta-carotene and alters lipid metabolism in mice. ***J Biol Chem.*** 282(46): 33553-61.

Leo MA, Lieber CS (1982). Hepatic vitamin A depletion in alcoholic liver injury. ***N Engl J Med.*** 307(10): 597-601.

Ross AC, Caballero B, Cousins RJ, Tucker KL, Ziegler TR (2012). ***Modern nutrition in health and disease***, 11th ed., Lippincott Williams & Wilkins.

Shirakami Y, Lee SA, Clugston RD, Blaner WS (2012). Hepatic metabolism of retinoids and disease associations. ***Biochim Biophys Acta.*** 1821(1): 124-36.

Wang XD (2005). Alcohol, vitamin A, and cancer. ***Alcohol.*** 35(3): 251-8.

Yanagitani A, Yamada S, Yasui S et al. (2004). Retinoic acid receptor alpha dominant negative form causes steatohepatitis and liver tumors in transgenic mice. ***Hepatology.*** 40(2): 366-75.

⊙ CHAPTER 6

도명술, 유리나, 박건영(2010). 분자영양학. 라이프사이언스.

이명숙 외 편역(2012). 임상영양학. 양서원.

Adams JS, Hewison M (2008). Unexpected actions of vitamin D: new perspectives on the regulation of innate and adaptive immunity. ***Nat Clin Pract Endocrinol Metab.*** 4: 80-90.

Anderson PH, Atkins GJ (2008). The skeleton as an intracrine organ for vitamin D metabolism. ***Mol Aspects Med.*** 29: 397-406.

Artaza JN, Mehrotra R, Norris KC (2009). Vitamin D and cardiovascular system. *Clin J Am Nephrol*. 4: 1515-1522.

Colston KW (2008). Vitamin D and breast cancer risk. *Best Practice & Research Clinical Endocrinology & Metabolism*. 22: 587-599.

Dusso AS, Brown AJ, Slatopolsky ES (2005). Vitamin D. *Am J Physiol-Renal*. 289: F8-F28.

Grundmann M, Versen-Hoynck F (2011). Vitamin D - roles in women's reproductive health? *Reprod Biol Endocrin*. 9: 146. (e journal. http://www.rbej.com/content/9/1/146)

Haussler MR, Kerr Whitfield G, Kaneko I, Haussler CA, Hsieh D, Hsieh J, Jurutka PW (2013). Molecular mechanism of vitamin D action. *Calcified Tissue International*. 92: 77-98.

Holick MF (2007). Vitamin D deficiency. *New Engl J Med*. 357: 266-281.

Vitamin D and your health: Breaking old rules, raising new hopes. http://www.health.harvard.edu/newsweek/vitamin-d-and-your-health.html

⊙ CHAPTER 7

Andrews NC (2008). Forging a field: the golden age of iron biology. *Blood*. 112(2): 219-230.

Camaschella C, Strati P (2010). Recent advances in iron metabolism and related disorders. *Intern Emerg Med*. 5: 393-400.

Chung J, Wessling-resnick M (2003). Molecular mechanisms and regulation of iron transport. *Crit Rev Clin Lab Sci*. 40(2): 151-182.

Crichton R (2009). *Iron metabolism: from molecular mechanisms to clinical consequences*, 3rd ed. Wiley.

Ganz T, Nemeth E (2012). Hepcidin and iron homeostasis. *Biochi Biophs Acta*. 1823: 1434-1443.

Hentze MW, Muckenthaler MU et al. (2010). Two to Tango: Regulation of mammalian iron metabolism. *Cell*. 142: 24-38.

Knutson MD (2010). Iron-sensing proteins that regulate hepcidin and enteric iron absorption. *Annu Rev Nutri*. 30: 149-171.

Munoz M, Garcia-Erce JA, Rewacha AF (2011). Disorders of iron metabolism. Part 1: molecular basis of iron homeostasis. *J Clin Pathol*. 64(4): 281-6.

⊙ CHAPTER 8

소동문 외(2000). L-Carnitine을 함유한 전해질 혼합 음료가 단련한 흰주의 지구력 운동능력 및 글리코겐 절약 효과에 미치는 영향. 대한스포츠의학회지 18(2): 314-324.

하주헌, 이수호(2010). 생체 에너지 대사 조절에서 AMPK의 역할. 대한내분비학회지 25(1): 9-17.

Alfred Lohninger et al. (2005). Endurance exercise training and L-Carnitine supplemenration stimulates gene expression in the blood and muscle cells in young athletes and middle aged subjects. ***Monatshefte fur Chemie.*** 136: 1425-1442.

Barnett C et al. (1994). Effect of L-carnitine supplementation on muscle and blood carnitine content and lactate accumulation during high-intensity sprint cycling. ***Journal of sports nutrition.*** 4: 280-288.

Cha YS (2008). Effects of L-carnitine on obesity, diabetes, and as an ergogenic aid. ***Asia Pacific Journal of Clinical Nutrition.*** 17: 306-308.

Collins SA et al. (2010). Carnitine palmitoyltransferase 1A (CPT1A) P479L prevalence in live newborns in Yukon, Northwest Territories, and Nunavut. ***Molecular Genetics and Metabolism.*** 101: 200-204.

Demarquoy J et al. (2004). Radioisotopic determination of L-carnitine content in foods commonly eaten. ***Western countries Foof Chemistry.*** 86(1): 137-142.

Jacob J and Bente K (2012). Regulation and limitations to fatty acid oxidation during exercise. ***The Journal of Physiology.*** 590(5): 1059-1068.

Obici S et al. (2003). Inhibition of hypothalamic carnitine palmitoyltransferase-1 decreases food intake and glucose production. ***Nature Medicine.*** 9: 756-761.

Ringseis R et al. (2009). Biological Effects of Frying Oils Mediated by the Activation of Peroxisome Proliferator-Activated Receptors (PPAR). ***The AOCS Lipid Library***, Frying Oils-nutritional aspects.

http://lipidlibrary.aocs.org/frying/n-ppar/index.htm

⊙ CHAPTER 9

Loo G (2003). Redox-sensitive mechanisms of phytochemical-mediated inhibition of cancer cell proliferation (review). ***Journal of Nutritional Biochemistry.*** Feb 14(2): 64-73.

Nambiar D, Rajamani P, Singh RP (2011). Effects of phytochemicals on ionization radiation-mediated carcinogenesis and cancer therapy. ***Mutatation Research.*** Nov-Dec 728(3): 139-157.

Shankar S, Kumar D, Srivastava RK (2013). Epigenetic modifications by dietary phytochemicals: implications for personalized nutrition. ***Pharmacology & Therapeutics.*** Apr 138(1): 1-17.

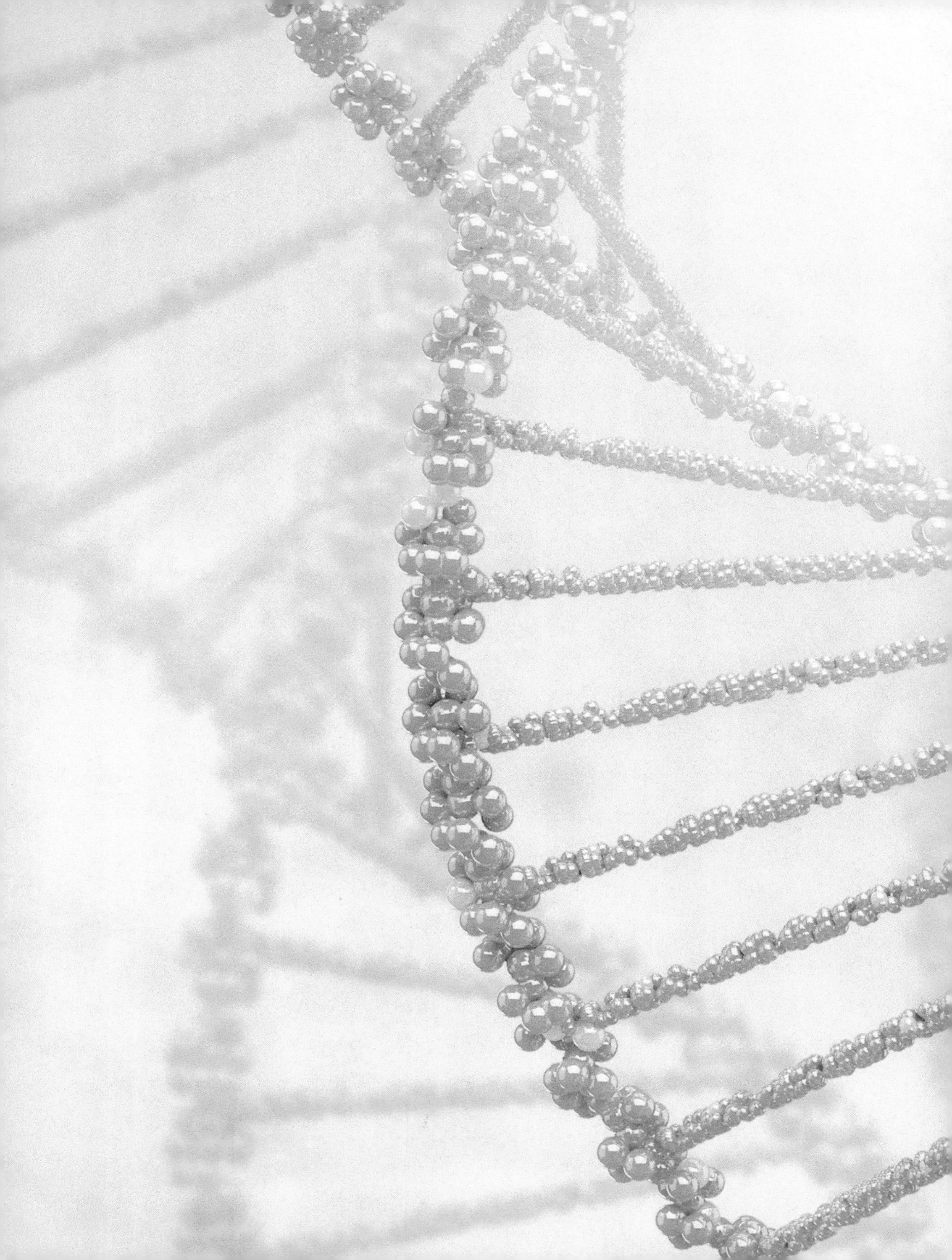

PART

3

질병과 분자영양

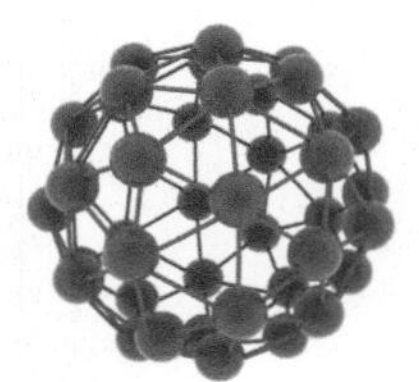

CHAPTER 10

대사증후군

1 정의 및 판정기준

1) 대사증후군이란?

MetSyn
Metabolic syndrome

대사증후군(MetSyn)은 오랫동안 우리 몸 속 대사에 장애가 일어나 내당능장애(당뇨병 직전 단계), 고혈압, 비만, 고지혈증, 동맥경화증 등 여러 만성질환이 동시에 나타나는 것을 말한다. 최근 현대인들의 운동 부족과 영양 과잉 섭취 경향이 높아짐에 따라 미국, 일본 등 선진국에서는 삶의 질과 사회경제적 비용 감소를 위해 적극적인 예방운동을 진행하고 있다. 우리나라의 경우 전체 국민 3명 중 1명이 MetSyn인 것으로 나타났음에도 불구하고, 전체 환자 중 본인의 증상을 알고 있는 사람은 12.2%에 불과한 상황이다. 이와 같은 MetSyn은 뇌졸중이나 심장병 등의 치명적인 합병증 발병의 위험 때문에 국민 건강의 중요한 문제로 대두되고 있다.

2) 역사

1965년, 고지혈증, 비만, 허혈성 심질환 및 고혈압을 동반한 당뇨병 환자들에 대해 기술하면서 다원성 MetSyn Plurimetabolic Syndrome이라고 명명하다가 1981년에서야 MetSyn에 대한 포괄적인 개념이 역학 및 병태생리학적 기초 임상연구에 의해 정립되었다. 그러나 1979년, DeFronzo 등이 정상혈당 고인슐린증 클램프euglycemic hyperinsulinemic clamp 기법으로 인슐린저항성 측정법이 개발되면서 비로소 MetSyn 연구가 빠르게 발전하였다. 즉, 비만, 제2형 당뇨병, 고혈압, 고중성지방혈증, 고LDLc혈증, 저HDLc혈증과 심혈관, 죽상경화증 같이 공통적으로 인슐린저항성(고인슐린혈증)과 밀접한 연관성을 갖고 있다는 것도 이때 밝힐 수 있었다. 1988년, Reaven은 미국당뇨병학회에서 인슐린저항성이 MetSyn을 이루는 질병들의 주요 병인이 된다는 학설을 제시하고 'X증후군'이라고 하였다. 그 이후 대사질환의 공통된 결함을 '인슐린저항성증후군'이라는 용어를 사용하였고, 가장 적절한 용어인 Deadly Quarter(남성형 비만, 내당능장애, 고지혈증, 고혈압)라는 용어가 등장하였다. 즉, 인슐린 저항성과 MetSyn에 대한 연구는 오래되었지만 1998년 WHO는 인슐린저항성이 앞에서 제시한 모든 증상들을 설명할 수 있다는 확증이 없기에 '인슐린저항성증후군' 대신 'MetSyn'으로 부르기로 한 것이다.

LDLc
low density lipoprotein cholesterol

HDLc
high density lipoprotein cholesterol

NCEP ATP-III
National cholesterol education program, adult treatment panel-III

IDF
International diabetes federation

EGIR
European group for the study of insulin resistance

WHR
Waist hip ratio

WC
waist circumferences

NIDDM
non insulin dependent diabetes mellitus

FBS
fasting blood sugar

AER
albumin excretion rate

3) 판정기준

MetSyn의 판정은 복부비만, 당뇨, 이상지혈증, 고혈압을 진단하는 주요 생체마커인

표 10-1 국제기준협회에서 제시한 MetSyn의 판정기준

	국제보건기구 (WHO)	미국콜레스테롤 교육프로그램 (NCEP ATP-III)	국제당뇨학회 (IDF)	유럽 인슐린 저항성 모임 (EGIR)
복부비만	WHR ♀ > 0.85 ♂ > 0.9, BMI > 30	WC ♂ > 90, ♀ > 80 cm	WC ♂ > 94, ♀ > 80 cm	WC ♂ > 94, ♀ > 80 cm
혈압 (최고/최저혈압)	160/90 mmHg	130/85 mmHg	130/85 mmHg	140/90 mmHg
이상지혈증	TG: > 150 mg/dL HDLc: ♂ < 35, ♀ < 39 mg/dL	TG: > 150 mg/dL HDLc: ♂ < 40, ♀ < 50 mg/dL	TG: > 150 mg/dL HDLc: ♂ < 40, ♀ < 50 mg/dL	TG: > 150 mg/dL HDLc: ♂ < 40, ♀ < 50 mg/dL
인슐린저항성	NIDDM	FBS: > 110 mg/dL	FBS: > 100 mg/dL	FBS: > 110 mg/dL
기타	microalbuminuria (AER < 30 μg/min)			

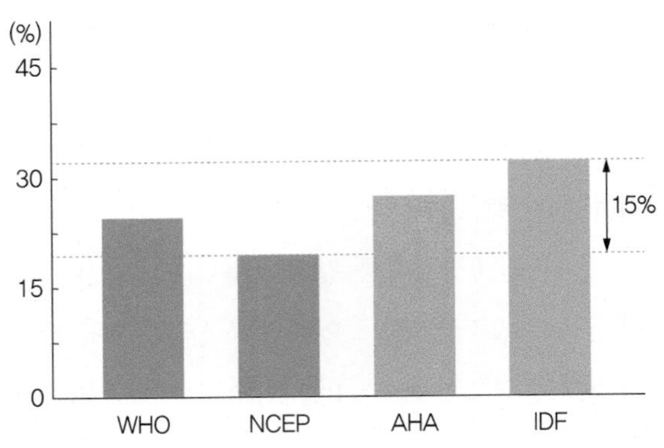

그림 10-1 MetSyn 판정기준별 유병률의 차이(Bruneck Study를 중심으로)

BMI
body mass index

허리둘레[혹은 체질량지수(BMI)], 공복혈당, 혈중 HDLc, 중성지방 및 혈압이다. **표 10-1**은 학회/협회에 따른 판정기준을 표기한 것이며 WHO는 제2형 당뇨가 우선 판정된 자 중 4가지 마커의 2가지 이상을 가진 자로 하였다. 반면 국제당뇨협회(IDF)에서는 비만(허리둘레)를 우선 판정된 자로 나머지 4가지 마커 중 2가지 이상으로 정하였으며, **미국의 콜레스테롤 교육프로그램(NCEP)**에서는 5가지 마커 중 3가지 이상으로 정하여 중요성을 인식하는 정도에 차이가 있음을 나타냈다. 우리나라는 NCEP-ATP III을 수정한 모델을 주로 사용한다. 이들의 판정기준은 학회/협회 및 국가/인종에 따라 다른 수치를 가지므로 적용범위에 따라 유병률 및 발병률이 달라진다. 동일한 이탈리아인 919명을 대상(40~79세)으로 **그림 10-1**에서 제시한 기준에 따라 MetSyn 유병률을 조사한 Bruneck 연구를 살펴보면 가장 낮은 비율을 나타낸 NCEP-III 기준과 가장 높은 비율을 보이는 IDF 기준의 차이가 무려 15%임을 알 수 있다. 즉, MetSyn의 판정기준은 영양유전체연구 및 역학연구에서 표현형으로 사용되므로 나라별 기준 설정은 매우 중요하다.

미국 국립 콜레스테롤 교육프로그램(National cholesterol education program, NCEP)
미국 내 콜레스테롤 관련 고위험질환을 치료하는 통합적 프로그램으로 2001년 성인치료패널 버전III이 나온 이후 2005년에는 대사증후군을 추가함

American Heart Association(AHA)
미국심장학회

4) 인슐린저항성

다양한 MetSyn 기준의 논란이 제시되면서 4가지 질병위험 구성요소들에 대한 계층 내 비교적합도comparative fit index를 이용한 요인분석 결과, 4가지 질병이 모두 독립적으로 영향을 주지만 인슐린저항성과 비만요인이 MetSyn 발병에 가장 큰 영향력을

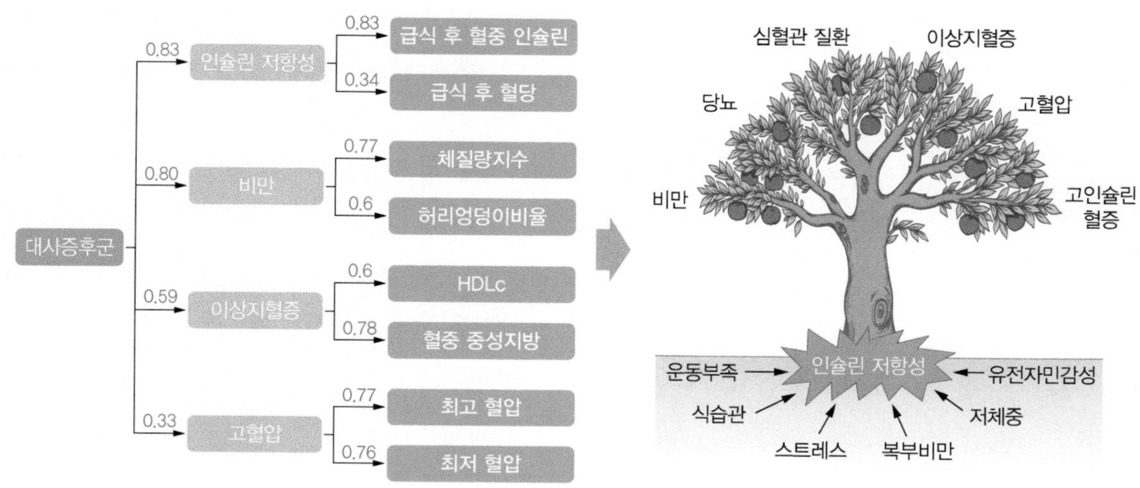

그림 10-2 대사증후군의 요인분석(좌)을 근거로 한 대사증후군 발병 도식도(우)

주었고, 그 다음으로 이상지혈증, 고혈압 순서로 나타났다. 이는 비교적합도 수치가 클수록 영향력이 크다고 보기 때문인다 **그림 10-2**. 이는 MetSyn 위험인자의 군집적 발생이 질병 유병률에 영향을 주며 인슐린저항성과 비만이 중심 역할을 한다는 것을 말해 주고 있다. 인슐린저항성의 생체마커로 금식 후 혈청 인슐린과 혈당을 이용한 **HOMA-IR**이 이용되고 있으나 인슐린저항성을 설명하는 데 금식 후 혈당의 영향이 매우 적기 때문에 MetSyn과의 관련성을 설명할 수 있는 인슐린저항성 생체마커 연구가 더욱 필요하다. 또한 비만에서 유도된 인슐린저항성은 염증설, 유리지방산설 등 다양한 경로로 인슐린저항성을 유발하므로 이러한 기전연구 또한 MetSyn 판정, 예방, 치료에 기여할 것이다.

HOMA-IR(homeostatisis model assessment-insulin resistance)
공복혈중인슐린(μU/mL)×{공복혈당(mM/L)/2.25}의 공식을 이용한 인슐린저항성 생체마커

2 MetSyn의 발병인자

1) 환경적 인자

MetSyn에 영향을 주는 요인은 4가지 주요 질병의 공통인자인 인슐린저항성 및 비만과 관련된 생체마커가 중심에 있으면서 다양한 유전적·환경적 요인이 기여한다. 환

early-life(years) programming 가설

1장의 development programming 가설과 같음

경적 요인으로는 영양불균형, 신체활동량, 출생체중, 체질량지수, 노화, 치매, 내분비장애, 흡연, 음주, 염증성 인자 및 산화 스트레스 등이 제안되고 있다. 영국, 미국, 오스트레일리아, 유럽 및 아시아에서 저체중 출산이 당뇨, 고혈압, 심혈관질환과 연계 있다는 보고가 있었다. 이는 신생아 때의 장기적인 대사기억으로 인하여 **early-life programming 가설**이 제안되었기 때문이다. 우리나라의 경우 연령이 증가하고 경제상태 및 교육수준이 낮을수록 MetSyn 유병률이 증가하며, 특히 60세 이상의 노인 여성은 경제적 여건으로 양질의 식생활을 누리지 못하기 때문에 여성의 MetSyn 발병률이 증가하는 것으로 추정된다 **그림 10-3**. 반면 한국 남성의 경우 비만, 과열량 섭

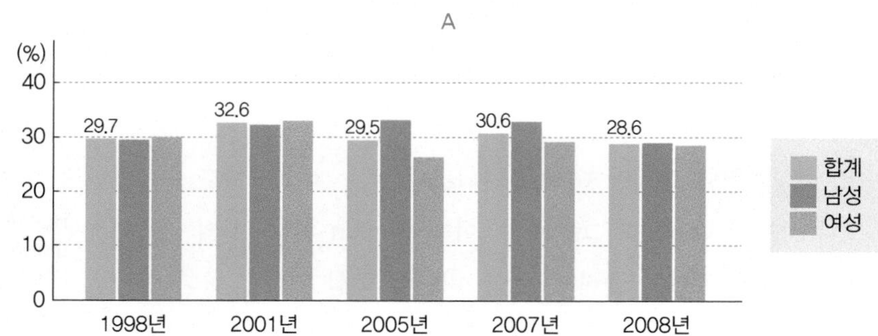

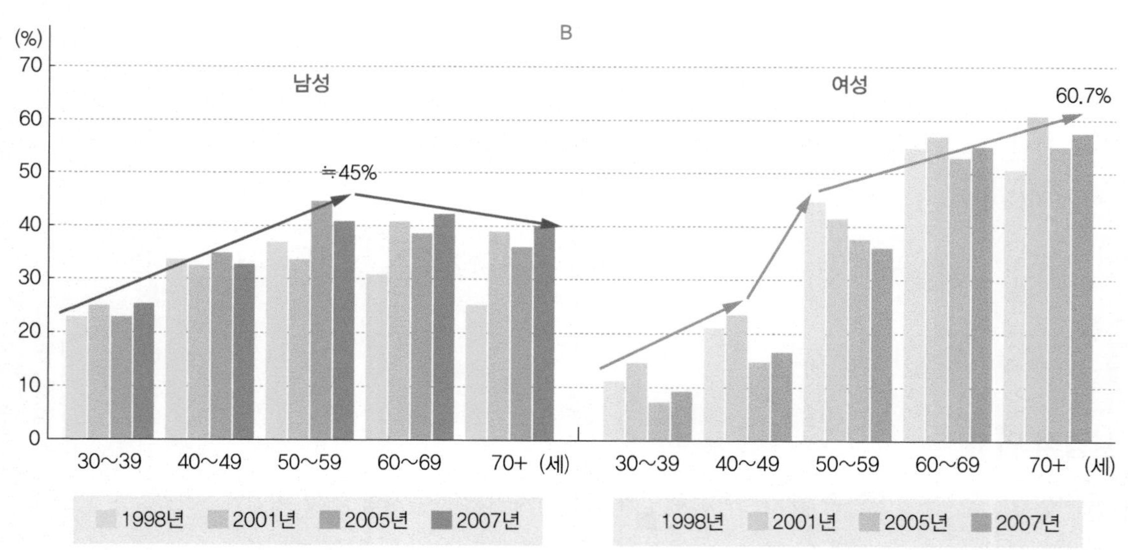

그림 10-3 한국인의 대사증후군 유병률 경향(국민건강영양조사 자료 중심으로)

(A) 전체 남녀별 유병률, (B) 30세 이상 남녀별·연령별 유병률 경향

취와 운동 부족, 흡연, 음주 등이 MetSyn의 원인으로 부각되어 유전적 요인이나 흡연 및 운동 부족과 같은 요인보다는 식생활이 주요 원인으로 보인다.

2) 유전적 인자

MetSyn은 유전적 요인과 식습관 등 환경적인 요인의 영향이 둘 다 중요하다. 우선 2형 당뇨 환자의 1세대 자손 중 45%가 인슐린저항성을 보이며, 가족력이 없는 사람 중에서는 20% 발생하는 것으로 비교하면 확실히 유전적 요인이 기여함을 보여준다. 그러나 체중 감소, 활동량 증가, 금연, 식사 조절 등 생활습관 교정이 치료 및 예방에 효과적인 것으로 보아 환경적 요인도 무시하기가 힘들다. MetSyn의 주요 유전자가 아직 발견되지 않았지만 당뇨/비만 및 인슐린감수성과 관련된 병태생리학을 기초로 하는 유전자들이 각각 혹은 동시에 작용하기도 한다. 여러 역학연구자는 이러한 요인들이 MetSyn 발병에 어떠한 영향을 주는지 다양한 분석방법을 동원하여 검토하고 있으나 인슐린저항성 개선이 MetSyn 예방의 근본임을 대체적으로 동의하는 경향이다. 최근 인간유전체사업의 완성과 100만 개 이상의 단염기다형성 칩chip을 이용한 **광범위유전체연관성 연구**(GWAS)의 상업화된 기술이 도입되면서 상당수의 유전자들이 발견되고 있다.

광범위유전체연관성 연구 (GWAS, genome-wide association study)

전장유전체 연관분석이라고 하며 질환과 관련된 유전자를 밝히는 유용한 표준방법

(1) MetSyn 결과

서울시MetSyn사업단KMSRI-Seoul study; 2005-2010의 GWAS 연구는 NCEP-III 판정 기준에 따라 서울시 거주 979명을 대상으로 44만 개 SNP를 이용하여 조사한 결과, T-cadherin13(Cdh13, rs3865188)이 MetSyn과 상관성이 강력한 유전자로 나타났으며, SLC2A9 및 CEBP도 유력하였다. T-cadherin13은 아디포넥틴adiponectin과 상관성이 높은 유전자로 KMSRI-Seoul study에 참여한 약 27,000명의 한국인을 대상으로 아디포넥틴이 낮고 HOMA-IR이 높을수록 MetSyn 유병률의 위험도는 남자는 10배, 여자는 25배까지 증가하는 경향을 보였다 **그림 10-4**. 이는 **그림 10-3**에서 보여준 한국인 여성의 MetSyn 발병이 남자보다 증가한 결과는 아디포넥틴의 변수가 있는 것으로 보인다.

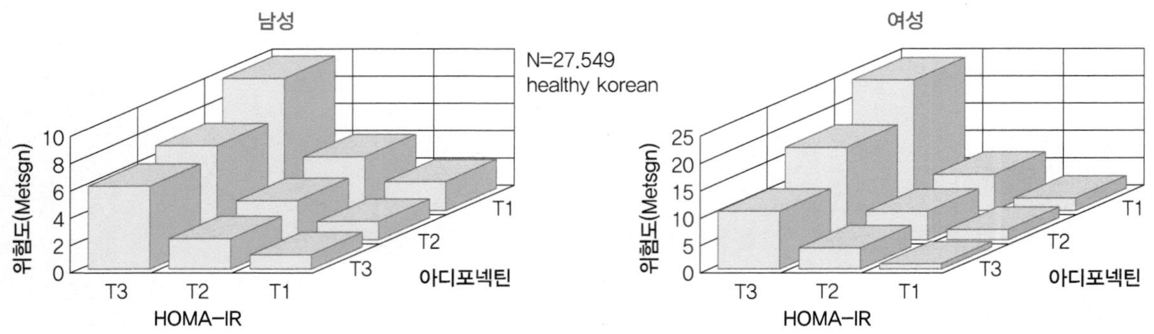

그림 10-4 한국인의 아디포넥틴 수치와 MetSyn 유병률 위험도

자료: Kim SY et al., 2011. p.33

MODY(maturity-onset-diabetes of the young)

제2형 당뇨병의 2~5%를 차지하며 췌장 베타세포의 기능 이상을 보이는 질환. 상염색체 우성 유전으로 2대 이상의 가족력이 있으며 제 2형 당뇨병의 환자 중 청소년기에 주로 발병함. 현재까지 6종이 알려져 있는데 가장 흔한 MODY3형은 12번 염색체 장완의 HNF-1α 유전자의 돌연변이에 의해 발생함

HNF4A/HFNIB

HNF1A 유전자와 더불어 포유류의 이자 간, 신장 및 소장의 자동조절에 기여함

PPARγ(peroxisome proliferator activated receptor gamma)

PPARr-1은 근육을 제외한 모든 조직에서, PPARr-2는 지방조직 및 소장에서 발견되며 지질흡수, 지방합성 등과 관련된 전사인자임

KCNII

내향성 칼륨 통로 단백질로 칼륨의 세포 유입에 기여함

(2) 당뇨 및 인슐린저항성

GWAS 연구가 가장 많이 진행된 분야는 역시 당뇨병이며, 당뇨병의 유전적 소인이 중요한 이유는 인종별로 유병률이 다르다는 점과 부모 모두 당뇨병일 경우 이환율이 70%까지 증가한다는 점 때문이다. 특히 **MODY** 당뇨병이 MetSyn 발병에 기여하는 것으로 알려져 있으며, 관련 유전자는 **HNF4A** 혹은 **HNF1B**, **PPARγ**, **KCNII**, **TCF7L2** 등이 제시되었다. 14,00명의 프랑스인을 대상으로 한 GWAS 연구에서 TCF7L2가 가장 유력한 당뇨병 위험유전자(위험도 1.65, $p<10^{-7}$)로 나타났고, 그 외에도 **HHEX**, **SLC30A8**이라는 새로운 유전자 변이가 당뇨와 관련있음이 2007년 2월 〈*Nature*〉를 통하여 밝혀졌다. 2007년 〈*Nature Genetics*〉에 발표된 6,700명의 아이슬란드인을 대상으로한 deCODE 연구에서도 TCF7L2이 가장 강력하였고 HHEX와 SLC30A8도 관련이 있음을 재현하였다. 영국인 17,000명을 대상으로 한 WTCCC 연구에서는 TCF7L2, FTO, **CDKAL1**의 3유전자가 당뇨발병에 강력한 대상으로 나타났다 **그림 10-5**. 특히 FTO 유전자는 인체에서 α-ketoglutarate-dependent dioxygenase family로 알려져 있으며, 비만 및 type II 당뇨병과 관련성이 높다. FTO 유전자변이형는 렙틴과 BMI 증가, 에너지 소비 감소 등과 관련되어 체구성 성분을 변화시키는 것으로 알려져 있다. 종합하면, 2007년 〈*Nature Reviews Genetics*〉에 발표된 바와 같이 제2형 당뇨병와 연관성이 입증된 유전자는 **표 10-2**와 같다.

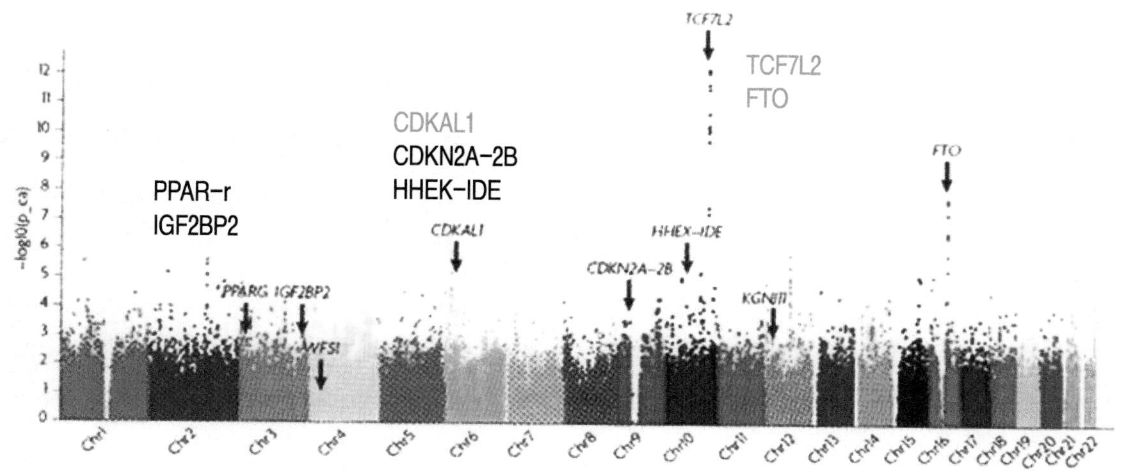

그림 10-5 영국의 당뇨 GWAS 결과(WTCCC 연구를 중심으로)
자료: The wellcome trust case control consortium, 2007

표 10-2 제2형 당뇨병과 연관성이 입증된 유전자

유전자	SNP	확인년도/측정법	유의성	위험도(OR)
PPARG	rs18012182(P12A)	2000/후보유전자접근법	2×10^{-6}	1.14(1.8~1.20)
KCNJ11	rs5215(E23K)	2003/후보유전자접근법	5×10^{-11}	1.14(1.10~1.19)
TCF7L2	rs7901695	2006/연관분석 후 인접부위정밀 검색	1×10^{-48}	1.37(1.31~1.43)
TCF2(HNF1B)	rs4430796	2007/후보유전자접근법	8×10^{-10}	1.10(1.07~1.14)
HHEX	rs1111875	2007/GWAS	7×10^{-17}	1.15(1.10~1.19)
SLC30A8	rs13266634	2007/GWAS	1×10^{-19}	1.15(1.12~1.19)
CDKAL1	rs10946398	2007/GWAS	2×10^{-18}	1.14(1.11~1.17)
CDKN2A-2B	rs10811661	2007/GWAS	8×10^{-15}	1.20(1.14~1.25)
IGF2BP2	rs4402960	2007/GWAS	9×10^{-16}	1.14(1.11~1.18)
FTO	rs8050136	2007/GWAS	1×10^{-12}	1.17(1.12~1.22)

TCF7L2 (transcription factor II-like 2; T-cell specific)

type II 당뇨병과 관련된 주요 바이오지표임

HHEX (hematopoieticall-expressed homobox protein)

조혈성 세포분화에 기여함

SLC30A8(solute carroer family30-8)

인체에서 인슐린의 분비와 관련된 아연수송체

CDKAL1

methylthiotransferase family로써 type II 당뇨에 민감한 유전자임

WTCCC
Welcome trust Case Control Consortium

FTO
fat mass obesity associated protein

(3) 비만

정상체중보다 체중이 35~40% 증가하면 인슐린감수성이 30~40% 감소한다고 알려져 있다. 대부분의 비만인은 인슐린저항성이 있지만 췌장 베타세포의 보상적 인슐린 분비 증가로 정상혈당을 유지한다. 일부 유전적 소인을 가지는 사람이거나 장기적으로 체중이 증가한 사람은 이러한 항상성 기전을 감당하기가 힘들기 때문에 당뇨병이 발생한다. 한국인 대상의 연구결과에서도 12주간 체중 조절로 약 8.1 kg 감량을 유도하였을 때 내장지방 23%, 허리둘레 6.6 cm, 혈당 3.8 mg/dL, 중성지방 14.4 mg/dL 및 혈압 9.8/4.4 mmHg 등이 감소하였으며, 전체적으로 인슐린저항성 및 MetSyn 개선효과가 나타났다. 실제로 비만지수인 BMI가 유전되는 정도heritability는 25~60%인데 비하여 비만과 관련된 유전자에 대하여 불분명한 점이 많다. 첫째, 비만기전에 따른 후보유전자접근법candidate gene approach으로 제안된 monogenetic-obese 유전자는 300여 개에 이르지만 GWAS 분석을 통한 분석 결과, 인종에 따라 후보유전자의 영향력이 매우 다르기 때문이다. **그림 10-6**은 약 244개 비만 후보 유전자 중 인종

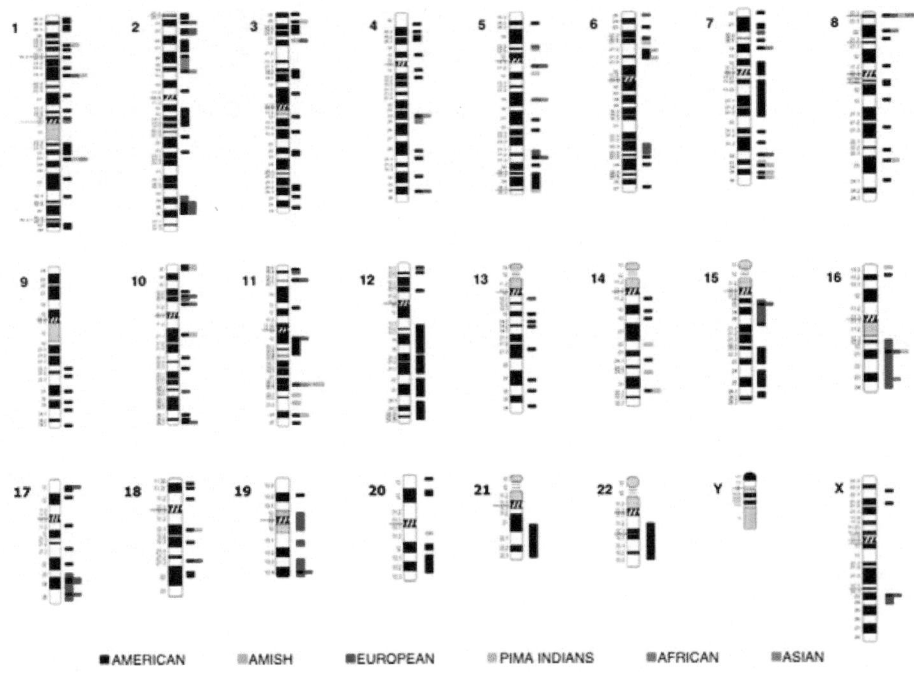

그림 10-6 인종별 발현하는 비만후보유전자들

자료: Mutch DM and Clément K, 2006

별로 다른 색깔로 표기하였을 때 실제로 같은 염색체상에서 다른 인종 간에서 동시에 비만으로 나타나는 유전자는 22개에 불과하다 **그림 10-6**. 실제로 프랑스인에서 발견된 유전자는 독일인에서는 나타나지 않는 것이다. 둘째는 다양한 비만기전뿐만 아니라 환경인자와의 상호작용을 가지는 경우 비만이 발생하는 polygenetic-obese 유전자들 때문에 다양한 환경인자에 따라 해석이 달라지는 현상이 빈번하게 나타나기 때문이다. 그럼에도 불구하고 메타분석에 의하여 꾸준히 제안되고 있는 비만유전자는 PPARg, ADRB3, **LEP**, **ADIPOQ** 등이다. 특히 흥미로운 것은 당뇨병 유전자를 찾는 과정에서 발견된 FTO 유전자 변이가 체지방과 관련성이 높게 나타나서 비만 관련 유전자로 주목을 받고 있다. 미국에 거주하는 비만군 520명(BMI > 35 kg/m^2)과 대조군 540명(BMI < 25 kg/m^2)을 대상으로 GWAS 분석을 시행한 결과 FTO 유전자(rs17817449, P=2.5×10^{-12})가 가장 강력히 나타났다.

LEP

렙틴으로 지방세포에서 분비되어 뇌의 포만중추를 자극하는 단백질. 그 외에도 면역 및 염증반응에 관여하는 내분비호르몬의 역할도 함

ADIPOQ(adiponectin, C1Q & collagen domain containing)

유전자변이형이 아디포넥틴 결핍에 기여함

비만 유전자의 분류

- monogenetic obese gene: 1개의 유전자의 기능변화가 비만을 야기하는 데 기여하는 유전자로 실험쥐에서 knock-out/in 유전자실험으로 증명이 가능하다.
- polygenetic obese gene: 유전자의 발현/억제에 따른 기능변화가 환경인자(영양, 운동, 약물, 가족력, 바이러스 등)에 따라 비만 발생 여부가 좌우되는 유전자를 일컫는다.

(4) 이상지혈증

혈중 HDLc의 유전정도는 40~60%, TG의 유전정도는 35~48%, LDLc의 유전정도는 40~50%로 알려져 있다. 지난 수십 년간 혈중지질도의 유전자변이를 찾는 노력에 따라서 가족성 고지단백혈증과 관련된 LDL 수용체, apoB, apoE, PCSK9) LPL, **CETP**의 TaqIB 변이, GCKR 등 유력한 유전자들이 발견되었다. 이상지혈증과 관련된 유전자들의 특징은 인종별로 영향력이 매우 약한 것들도 발견되지만 반복실험에서 상반된 결과들이 보고되는 것이 매우 드물다는 것이다. 중성지방 증가와 HDLc 감소가 주요 마커인 이상지혈증은 특히 한국인에서의 MetSyn 발병과 유의적인 관련성이 있다. 서울시 거주 979명과 분당구 거주 2,277명을 대상으로 HDL 수준에 따른 GWAS

CEPT(cholesterol-ester transfer protein)

지단백질 사이에서 CE와 TG를 교환하는 데 이용되는 수송체

PCSK9
protein convertase subtilisin-like kexin type-9

LPL
lipoprotein lipase

GCKR
glucokinase regulatory protein

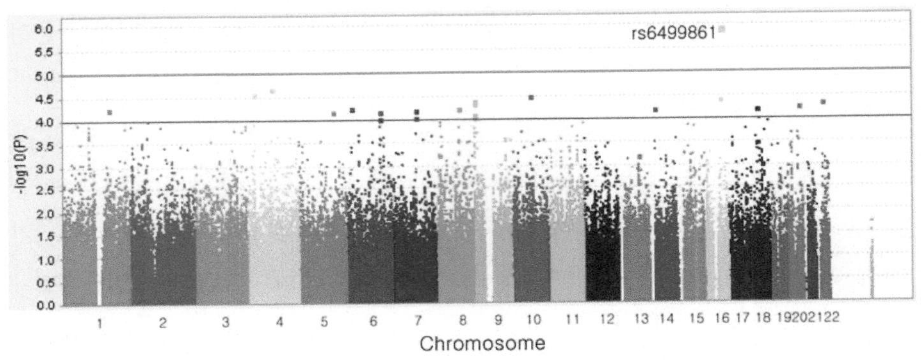

그림 10-7 혈중 HDL수준에 따른 GWAS 결과

자료: Sull JW et al., 2012

결과를 살펴보면, CETP 유전자 SNP rs6499861, rs6499863를 비롯한 5 SNP가 HDL 수준과 상관성이 높게 나타나서 한국인에게는 CETP가 HDL 수준에 영향을 주는 것으로 보인다(p=3.83×10^{-5}) **그림 10-7**.

(5) 기타 요인

당뇨와 비만이 극심한 피마 인디언들이나 비만/당뇨 동물모델인 *ob/ob*와 Zucker에서는 교감신경계의 활성이 감소하는데 교감신경계가 지방 분해를 촉진하여 연차적으로 포도당 분비를 증가시키는 역할을 하기 때문이다. 대뇌 변연계-시상하부-뇌하수체-부신의 기관 연결고리에 이상이 발생하면 코티졸이 과잉분비되어 체지방을 축적시키고 인슐린저항이 발생한다는 보고가 있다.

11β-HSD1
11β-hydroxy-steroid dehydrogenase type 1

지방세포에서 과잉생성된 글루코코르티코이드는 활성형 변환효소인 11β-HSD1에 의하여 지방조직을 비롯하여 간, 중추신경계, 골격근 등에서 과잉발현된다. 따라서 이러한 조직을 중심으로 인슐린저항성, 아디포사이토카인 혹은 쿠싱증후군과 관련된 조절기능을 직간접적으로 손상시킨다 **그림 10-8**. 또한 미토콘드리아 DNA의 감소는 당뇨 및 항산화 능력이 감소하는 질병과 연계되어 있다는 제안은 10년 전부터 시작되었으며, 실제로 미토콘드리아 산화반응과 관련된 유전자인 PPARγ, **HNF-4**, **PGC-1α** 등의 발현 감소가 인슐린저항성과 당뇨를 매개한다고 알려져 있다.

HNF-4(hematocyte nuclear factor-4)
지방산을 리간으로 핵 수용체 단백질이며, MODY1이 HNF-4 mutant와 관련됨

PGC-1α (PPARg coactivator-1α)
에너지대사와 관련된 유전자의 전자조절인자임

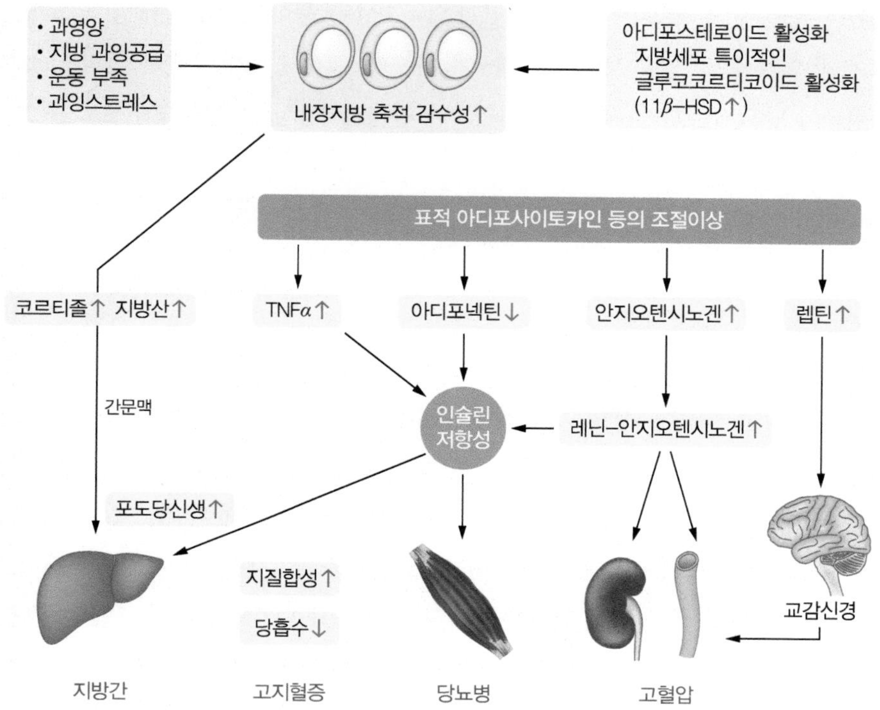

그림 10-8 아디포스테로이드 활성화에 있어서의 렙틴, 안지오텐시노겐, TNFα, UCP-1, 아디포넥틴 등의 유전자 발현 정도 변동

> **쿠싱증후군(Cushing syndrome)**
> 뇌하수체 및 부신피질 부전 등의 원인으로 부신피질자극호르몬(ACTH) 혹은 코르티졸 호르몬의 과잉 분비에 따른 내분비장애 질환이다. 체중 증가, 보름달 얼굴(moon face), 고혈압, 인슐린저항성, 골다공증 등의 증세를 보인다.

3) MetSyn 고위험군 관리

(1) 고위험군과 염증반응

MetSyn과 염증의 연계성은 단면 연구 혹은 전향적 연구에서 염증과 관련된 인슐린 저항성 발현과정으로 잘 보여주고 있다. Framingham Offspring study 혹은 IRAS 등의 결과에서도 내피세포 기능부전인자인 CRP가 MetSyn의 모든 요소와 상관성이

IRAS
Insulin resistance atherosclerosis study

CRP
C-reactive protein

IL-6
interleukin-6

TNF*α*
tumor necrosis factor-a

PAI-1
plasminogen activating factor-1

MCP-1
monocyte chemoattractant protein-1

높았다. 염증성 표지인자인 CRP, IL−6, TNF*α*, PAI−1 등이 내당능장애 및 당뇨병 환자의 발병 예측인자임을 보여주는 연구가 다수다. 그러나 CRP가 높은 군의 MetSyn 발병률이 낮은 군보다 3~4배 증가하였지만 인슐린저항성 및 생활습관 요소를 보정하면 발병과의 연관성이 미비해진다. 이는 인슐린저항성 요소가 MetSyn 발병의 일차적 변수임을 나타내는 결과이다.

최근에는 TNF*α*나 IL-6 같은 직접적인 염증 매개물질 외에도 지방세포에서 분비되는 아디포넥틴, 렙틴, MCP-1, PAI-1, 안지오텐시노겐, 아밀로이드 A 등의 아디포사이토카인도 인슐린저항성의 병인요소로 제시되고 있다 **그림 10-9**. 아디포넥틴의 경우, 혈중 아디포넥틴 농도가 4.0 μg/mL 이하이면 심혈관질환의 위험도가 2배로 증가하며, 약 2만 명을 6년간 관찰한 연구에서도 혈중 아디포넥틴이 증가하면 심근경색 발병률이 현저히 낮아진다고 하였다. 아디포넥틴이 간섬유화를 억제하여 비알코올성 지방간염과 관련성이 있으며, 아디포넥틴 I164T 유전자 다형성을 가지는 경우 아디포넥틴 분비 장애에 의한 혈중 농도가 현저히 낮아지며 이와 관련된 MetSyn의 표현형을 나타낸다는 연구가 있다. 이같이 아디포넥틴은 여러 가지 생태반응의 과반응에 대한 방어적 작용을 하는 분자인 것으로 확인되어 MetSyn의 발병에도 중요한 인자로 보인다.

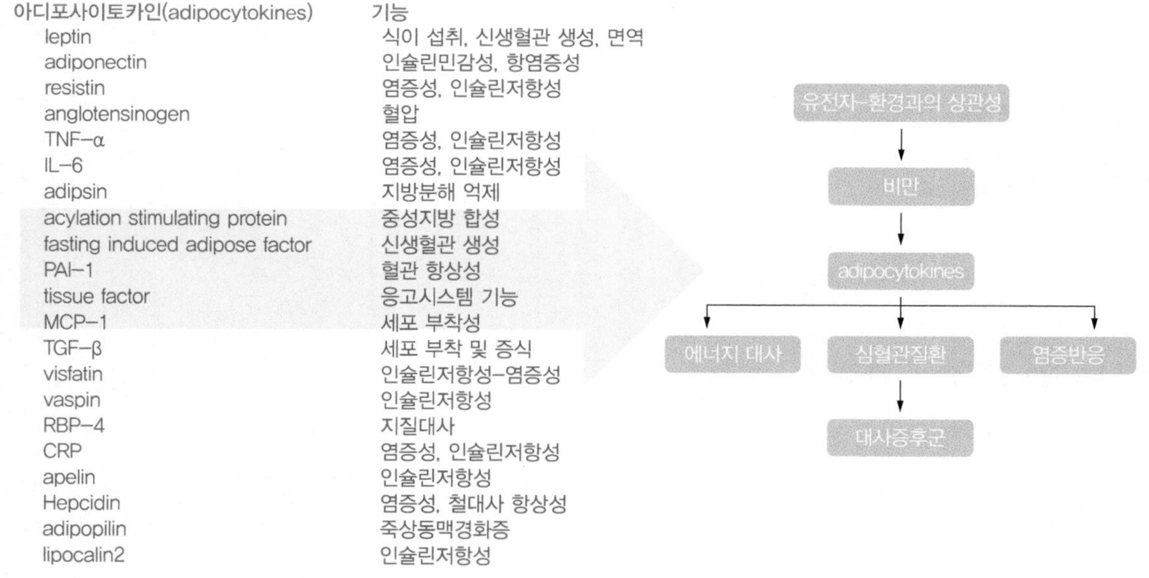

아디포사이토카인(adipocytokines)
기능
leptin
식이 섭취, 신생혈관 생성, 면역
adiponectin
인슐린민감성, 항염증성
resistin
염증성, 인슐린저항성
anglotensinogen
혈압
TNF−α
염증성, 인슐린저항성
IL−6
염증성, 인슐린저항성
adipsin
지방분해 억제
acylation stimulating protein
중성지방 합성
fasting induced adipose factor
신생혈관 생성
PAI−1
혈관 항상성
tissue factor
응고시스템 기능
MCP−1
세포 부착성
TGF−β
세포 부착 및 증식
visfatin
인슐린저항성−염증성
vaspin
인슐린저항성
RBP−4
지질대사
CRP
염증성, 인슐린저항성
apelin
인슐린저항성
Hepcidin
염증성, 철대사 항상성
adipopilin
죽상동맥경화증
lipocalin2
인슐린저항성
유전자−환경과의 상관성
비만
adipocytokines
에너지 대사
심혈관질환
염증반응
대사증후군

그림 10−9 대사증후군의 병리학적 기전에서 비만과 아디포사이토카인의 역할

(2) 고위험군과 HDL subtypes 표현형

HDL는 심혈관질환의 주요 독립적인 위험인자이기도 하지만 MetSyn 판정기준에 이상지혈증 인자로 포함되어 HDL의 영향력을 설명하는 주요 인자이기도 하다. HDLc 1 mg/dL(0.03 mmol/L)이 증가하면 심혈관질환을 2~3% 억제할 수 있다는 역학조사 자료가 있지만 이를 토대로 한 MetSyn 연구는 현재 미비하다. 서울시MetSyn사업단에서 실시한 이상지혈증이 MetSyn에 미치는 위험성을 연구한 결과, MetSyn 판정기준(WC, BP, TG, FBS, HDL) 인자의 누적 수가 증가할수록 한국인 남녀 모두 HDL_{2b}는 유의적으로 감소하고 HDL_{3b}는 증가하였다. 즉, MetSyn 위험도에 HDL sutypes 중 HDL_{2b}가 양(+)의 상관성, HDL_{3b}가 음(−)의 상관성으로 영향력을 미치는 것을 볼 수 있다.그러나 HDL_{2b}가 증가할수록 MetSyn 위험도가 감소하는 경향은 남녀가 비슷하지만 HDL_{3b}가 증가할수록 MetSyn 위험도가 증가하는 경향은 여자가 남자의 3배 정도 높다 **표 10-3**. 이는 MetSyn 예방을 위하여 성별에 따라 맞춤형 치료가 필요하다는 해석을 할 수 있겠다. 이와 같은 결과는 HDL 대사가 성별에 따라 MetSyn 위험에 결정적인 역할을 한다는 것을 보여준다.

질병에 의하여 HDL subtypes 분포가 민감한게 변하므로 HDL 대사, 즉 역콜레스테롤 운반기전reverse cholesterol transport; RCT mechanism과 관련된 유전자 발현에 관하여 관심이 증대되고 있다. 서울시MetSyn사업단에서 조사한 결과, RCT 효소들의 활성과 HDL subtypes 간의 패턴이 특이하게도 CETP는 HDL_{2a}와 음(−)의 상관성을,

표 10-3 HDL subclasses의 범위에 따른 한국인의 성별 MetSyn 위험도

HDL subtypes		범위(%)	남자	여자
HDL_{2b}	Tertile 1	<29.7	1.0	1.0
	Tertile 2	29.1~32.7	0.6	0.8
	Tertile 3	>32.71	0.2	0.3
HDL_{3b}	Tertile 1	<12.0	1.0	1.0
	Tertile 2	12.11~13.0	1.8	10.3
	Tertile 3	>13.11	3.8	11.2

자료: Lee M et al., 2010

표 10-4 HDL subtypes와 역콜레스테롤 운반기전과 관련된 효소들의 발현 간의 상관성†

	Peak size(nm)	HDL_{2b}(%)	HDL_{2a}(%)	HDL_{3a}(%)	HDL_{3b}(%)	HDL_{3c}(%)
LCAT(μg/mL)	-.126	-.015	-.066	-.140*	.079	.143*
CETP(μg/mL)	-.48	-.212**	-.075	.210**	.115	.081
LPL(ng/mL)	-.66	.010	.070	-.054	.113	.024

†pearson correlation analysis, *$p<0.005$, **$p<0.01$

LCAT
(lecithin-cholesterol acyltransferase)
유리콜레스테롤에 지방산을 에스터 결합시키는 효소임. HDL의 중심부에서 소수성 결합을 증가시킴으로써 구형으로 전환하는 데 기여함

HDL_{3a}와 양(+)의 상관성을 보인 반면, **LCAT**은 HDL_{3a}와 음(−)의 상관성을, HDL_{3c}와 양(+)의 상관성을 보였다. LPL은 영향력이 없었다 **표 10-4**. 이는 간 이외 조직의 콜레스테롤을 간으로 보내주는 연속적 과정에 의하여 RCT 관련 효소의 활성에 따라 LDL/HDL 분획 변화에 직접적으로 영향을 주기 때문이다 **그림 10-10**.

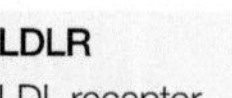

LDLR
LDL receptor

SR-BI
scavenger receptor class B type 1

ABCA1
ATP-binding cassette transporter A1

CE
cholesteryl ester

FC
free cholesterol

PL
phospholipid

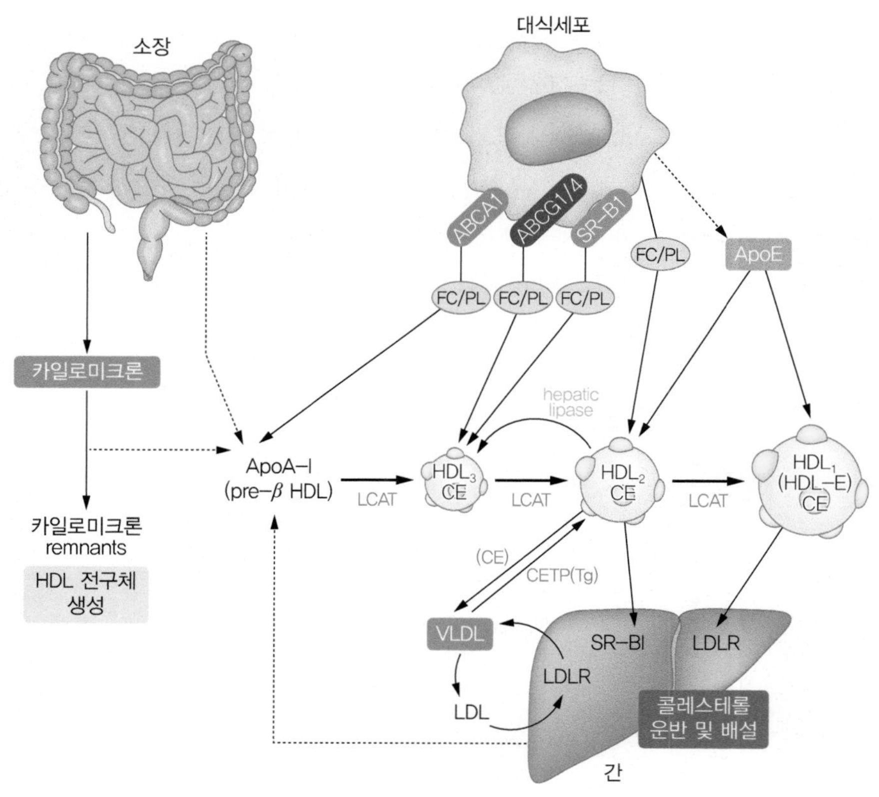

그림 10-10 역콜레스테롤 운반 기전에서 HDL subclasses의 변화

4) 환경과 유전자의 상호작용

(1) 유전자와 유전자 간 상호작용

지단백질 분해효소인 LPL 유전자 발현의 감소는 혈중 TG를 증가시키고 HDLc를 감소시키는 이상지혈증을 초래하여 MetSyn 발병을 촉진한다. 한국인 Metsyn 280명과 대조군 269명을 대상으로 LPL의 PvuII와 HindIII 하플로타입haplotypes 간의 LPL 활성을 살펴본 결과, 각 SNP의 변이형을 동시에 보유한 사람이 LPL 활성이 감소함을 확인할 수 있었고, LPL mass가 감소하면 혈중 TG가 유의적으로 증가하였다 **그림 10-11**.

(2) 유전자와 환경(영양, 운동 등)의 상호작용

서울시MetSyn사업단에서 실시한 LPL PvuII와 HindIII 하플로타입과 당질 섭취 간의 상호작용을 검증한 결과, 각 SNP의 정상형(P1H1)에 비하여 변이형을 동시에 가진 P2H2 보유자가 1일 당질 섭취가 276.2 g/day 이상일 경우 MetSyn의 허리둘레 판정기준 이상으로 증가할 위험성이 7배 증가하고, 각 이형접합체를 동시에 가진 보유자(P1H2/P2H1)는 혈압이 증가할 위험성이 약 8배 증가하였다 **그림 10-12**. 비만과 상관성이 높은 탈공역 단백질(UCP-1)을 대상으로 정상형과 변이형을 가진 한국인에

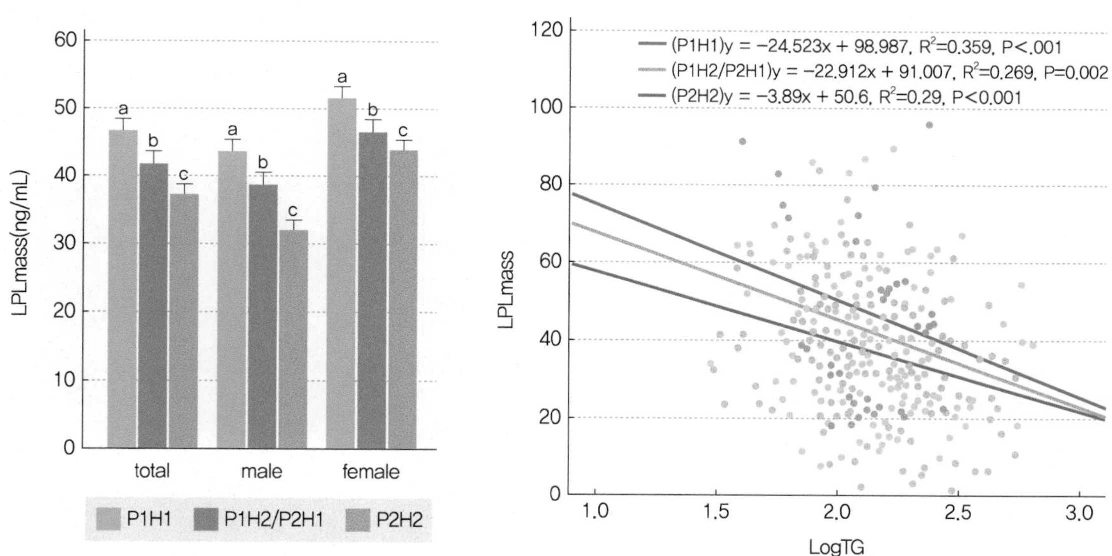

그림 10-11 LPL 유전자 변이형에 따른 LPL 발현(좌)과 변이형별 regression(우)

자료: Kim Y et al., 2013

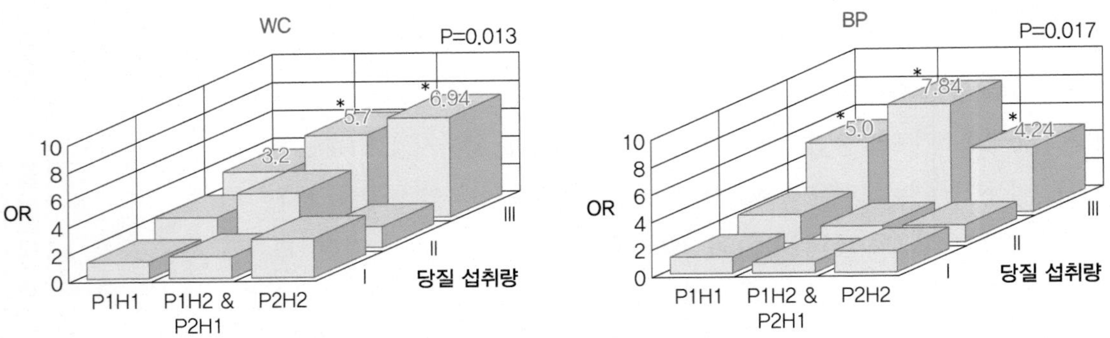

그림 10-12 LDL PvuII/HindIII 하플로타입과 당질 섭취 간의 상호작용이 허리둘레 및 혈압에 미치는 위험도
*p<0.05; P1H1+저당질섭취군 vs. 각 기타 군 간의 유의성
자료: Kim Y et al., 2013 수정

게 된장을 12주간 임상중재시험한 결과 변이형을 가진 위약군의 복부비만은 증가한 반면, 된장을 섭취한 군은 정상형과 변이형에 상관없이 방사선 단층촬영으로 확인한 복부지방이 유의적으로 감소하였다 **그림 10-13A**. 된장의 섭취는 PPARγ 정상형과 변이형에서도 같은 효과를 보여주었다. 즉 변이형을 가지고 있어도 된장을 섭취한 군에서 복부지방 감소가 뚜렷하였다 **그림 10-13B**. 이는 유전자와 영양성분 간의 상호작용이 나타난 결과이다. EU의 LIPGENE 연구를 살펴보면 렙틴 수용체(rs3790433)의

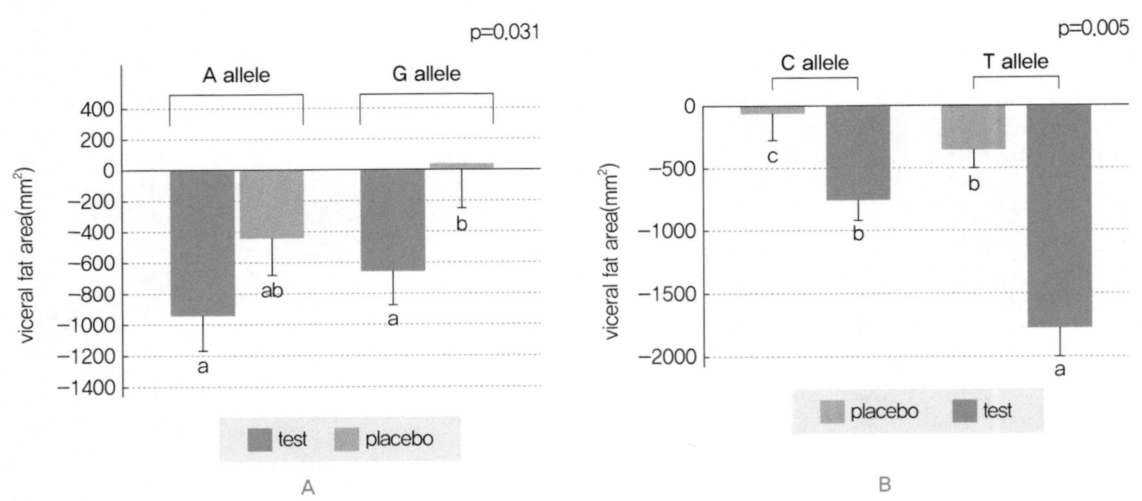

그림 10-13 UCP-1 allele(A)과 PPARγ allele(B)에 따른 된장의 복부비만 억제효과를 시험한 임상중재연구
자료: (A) Lee M et al., 2012; (B) Cha YS et al., 2014

GG 유전형은 GA+AA형에 비하여 인슐린민감도가 증가하는 경향이 있는데 12주간 저지방-고당질식사(LFHCC)를 하였을 때는 차이가 없었다. 그러나 매일 1.2 g ω-3 지방산을 추가로 섭취(LFHCC+(n-3))하였을 때 전체적으로 인슐린 민감도가 유의적으로 증가하였으며 마찬가지로 G가 A allele보다 인슐린저항성이 감소하였다.

최근 10세 초등학생 1,260명을 대상으로 소아시절 짜게 먹는 습관과 비만의 발병률을 추적한 결과, 나트륨 섭취 증가는 비만을 초래하였고, 안지오텐신 전환효소(ACE)의 D형을 가진 여자아이가 남자아이에 비하여 나트륨 섭취에 민감하였다. 이는 ACE I/D 다형성이 나트륨 섭취 정도에 따라 비만을 유발하는데 성별에 따라 정도의 차이가 크다는 것을 설명하고 있다.

ACE
angiotensin-converting enzyme

5) 동물모델의 가능성 타진

MetSyn 관련 유전자 연구는 대표적인 다원성 유전자이므로 MetSyn 대사의 중심에 있는 인슐린저항성 및 복부비만을 평가할 때 상호작용이 있는 환경인자(영양 및 운동) 간의 연계성을 반드시 유념해야 한다. 이는 MetSyn-유전자 연관연구가 인체를 중심으로 이루어질 수밖에 없는 이유이다. 그러나 인체실험 전 단계를 위하여 MetSyn의 대사적 양상에 따른 발현유전체 지도와 동일 혹은 유사한 발현 양상을 가진 세포 및 동물시험 모델을 찾아서 1차적으로 개발하는 과제도 소홀히 할 수가 없다. MetSyn의 대사 및 기전 중심으로 1차적 전 단계 연구가 가능한 동물모델은 **표 10-5**와 같으나 이 또한 기작연구 정도가 가능하지만 인체와 유사한 성별 및 노화과정의 특징을 감안한 총체적인 MetSyn을 판정하기는 어렵다 **표 10-5**.

그럼에도 불구하고 MetSyn의 가능성을 제시하는 동물모델을 소개하고자 한다.

AP2 프로모터를 이용하여 지방조직에서의 11β-HSD1을 과잉발현하는 aP2 HSD1 생쥐는 비만에서 활성화되는 효소의 상승을 수반하여 내장지방형 비만, 인슐린저항성, 고지혈증, 지방간 등 MetSyn의 주요 요소를 모두 나타내는 모델이다. AP2 HSD1 쥐는 정상다이어트로도 대조군보다 15% 체중 증가를 보이며, 내장지방을 증가시키는 LPL을 비롯하여 TNFα, 렙틴 등의 유전자 발현을 증가시킨다. 반면 11β-HSD1 KO 쥐는 지방이화와 관련한 CTP-1, ACO, 탈공역단백질-2(UCP-2) 등과 이를 제어하는 PPARα 발현을 억제한다. 이는 지방조직에서의 11β-HSD1 활성이 증가하는 유전자형이 MetSyn의 질환 감수성이 높음을 시사한다 **그림 10-14**.

CTP-1
carnitine pamitoyltransferase

ACO
acyl CoA oxidase

UCP-2
uncoupling protein 2

표 10-5 대사증후군 연구의 가능성을 제시하는 동물모델

역할의 가설 내용	동물모델 제안	비고
인슐린저항성의 인과관계를 설명하는 주요 유전인자 개발	• monogenic 유전모델(obese mouse/Zucker fa/fa) • 약물유도모델(alloxan, streptozotocin) • 아디포넥틴 과발현모델 • NZBWF1 생쥐모델	• 인체의 췌장 병태생리학과는 다름 • 약물의 독성효과가 장기마다 다름 • 고혈압, 당뇨이상지혈증, 인슐린저항성은 유도되나 비만은 유도가 안 됨
비만기전(지방세포 및 지질대사) 중심	• Ob/Ob(렙틴 결핍) • Zucker (fa/fa) 비만쥐 • SREBP-1c Tg 생쥐 • PPARr KO 생쥐 • 식이유도비만모델(DIO) • 아디포카인 과발현모델 • aP2 HSD1 생쥐	• 각 모델의 특성이 매우 분명하나 대사증후군의 총체적 설명이 어려움
태아 프로그래밍(저체중 신생아, 절약유전자 및 따라잡기 성장 관련인자)	• 태반부전모델	• 초기영양 및 성장효과가 MetSyn에 영향을 주지만 모체의 에너지 섭취 과잉 및 부족(철 포함), 당류 코르티코이드 등 분만 후 영향을 주는 모체영양도 고려되어야 함
비건강 생활습관인자	• 고설탕유도고혈압쥐(SHR) • 고과당유도흰쥐(SD) • 사막쥐 • DNA 복구 NEIL1 KO 생쥐	

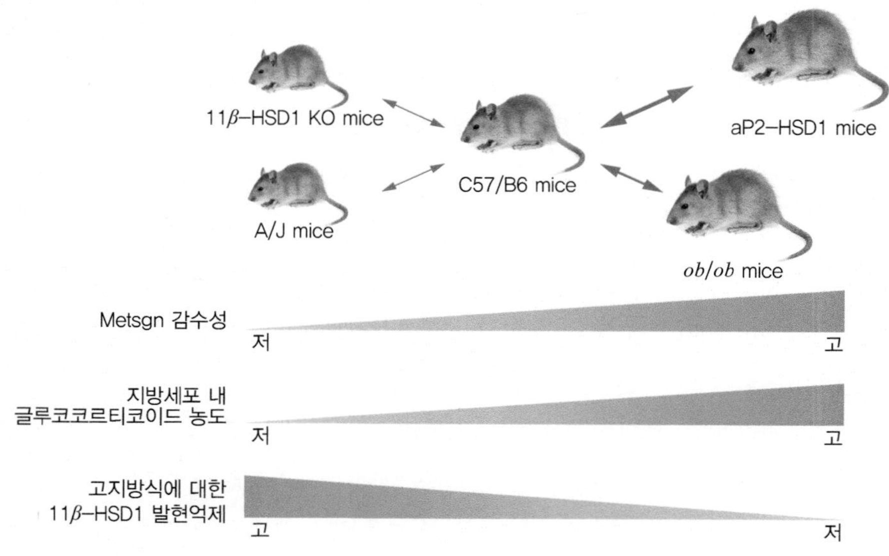

그림 10-14 MetSyn 감수성 유전자로서의 11β–HSD1 발현의 의미

3 결론 및 제언

MetSyn 연구를 위하여 관련유전자 변이에 의한 대사불균형을 발견한 다음 2차적으로 세포실험이나 동물실험을 이용하여 기전 변화에 따른 유전자 발현 변화를 규명한다고 하여도 인체에 이를 적용 시 전혀 다른 결과가 나타나기도 한다. 이는 MetSyn이 다양한 위험인자를 가진 질병으로 유전자와 환경에 따라서 상호 독립적 혹은 연계적으로 작용하기 때문이다. 게다가 이의 치료와 예방을 위하여 분자영양의 양방향 연구방법을 동시에 성공적으로 수행할 수 있는 방법은 오로지 임상중재연구 혹은 코호트 추적 연구뿐이다. 아쉽게도 우리나라에서는 과학적 근거를 제시할 만한 대규모의 임상영양중재 연구가 전무하여 대부분을 외국 연구를 인용하는 실정이지만 아래와 같이 유념해야 할 점을 제안하고자 한다.

- MetSyn의 판정기준에 따라 인종별 발병률이 15% 이상 차이가 나므로 다학제간 학술대회에서 한국인의 MetSyn 표현형을 결정하기 위한 합리적인 MetSyn 판정기준 설정이 우선 시행되어야 한다.
- 5가지 판정기준 각각에 따른 평가를 할 경우 MetSyn의 종합적인 판정이 어려울 수 있으므로 주요 중심기작인 인슐린저항성 등 신뢰성이 높은 공통 공집합인자를 포함한 경우 판정기준을 새로이 설정할 필요가 있다. 최근 부각되고 있는 MetSyn의 기전적 지방세포 증식과 관련된 염증인자 발현을 비롯한 비만기전 연구와의 연계성 연구는 계속적으로 이루어져야 한다. 이를 위하여 인체 전 단계 실험으로 세포 및 동물실험 등 대체 연구 모델의 개발이 시급하다.
- 지질을 과다 섭취하는 선진국에서는 고당질-고섬유소-저당지수-저지방 식사요법이 대표적으로 제안되지만, 당질 및 나트륨 섭취가 많은 한국인의 경우 저당질-고섬유소-저당지수-저지방-저나트륨 식사요법이 적절하다. 그러나 당질 섭취의 제안 범위(45~60%E)가 크므로 45%와 60%에 대한 MetSyn 발병의 과학적 근거가 있는 임상중재 연구가 필요하다. 무엇보다도 생활습관 교정이 최고의 치료수단이자 최선의 예방법임을 강조하고 싶다.
- MetSyn의 궁극적인 치료는 2가지로 접근이 가능하다. 먼저, 원인에 대한 치료는 비만과 인슐린을 개선하는 방법으로 식사조절과 운동 등 생활습관의 개선에 따

른 체중 감소이다. 두 번째, 구성요소에 대한 치료는 심혈관 위험도의 관점에서 총체적인 평가가 필요하다. 물론 MetSyn이 발병하면 치료를 해야 하나 예방보다 더 좋은 치료는 없다. MetSyn 발병을 억제하는 요인 중 가장 실효성이 큰 인슐린저항성 및 복부비만 개선이라는 목표를 세워서 Framingham 연구와 같은 대규모 코호트 추적연구 및 임상중재연구를 정부가 지원하여야 할 것이다.

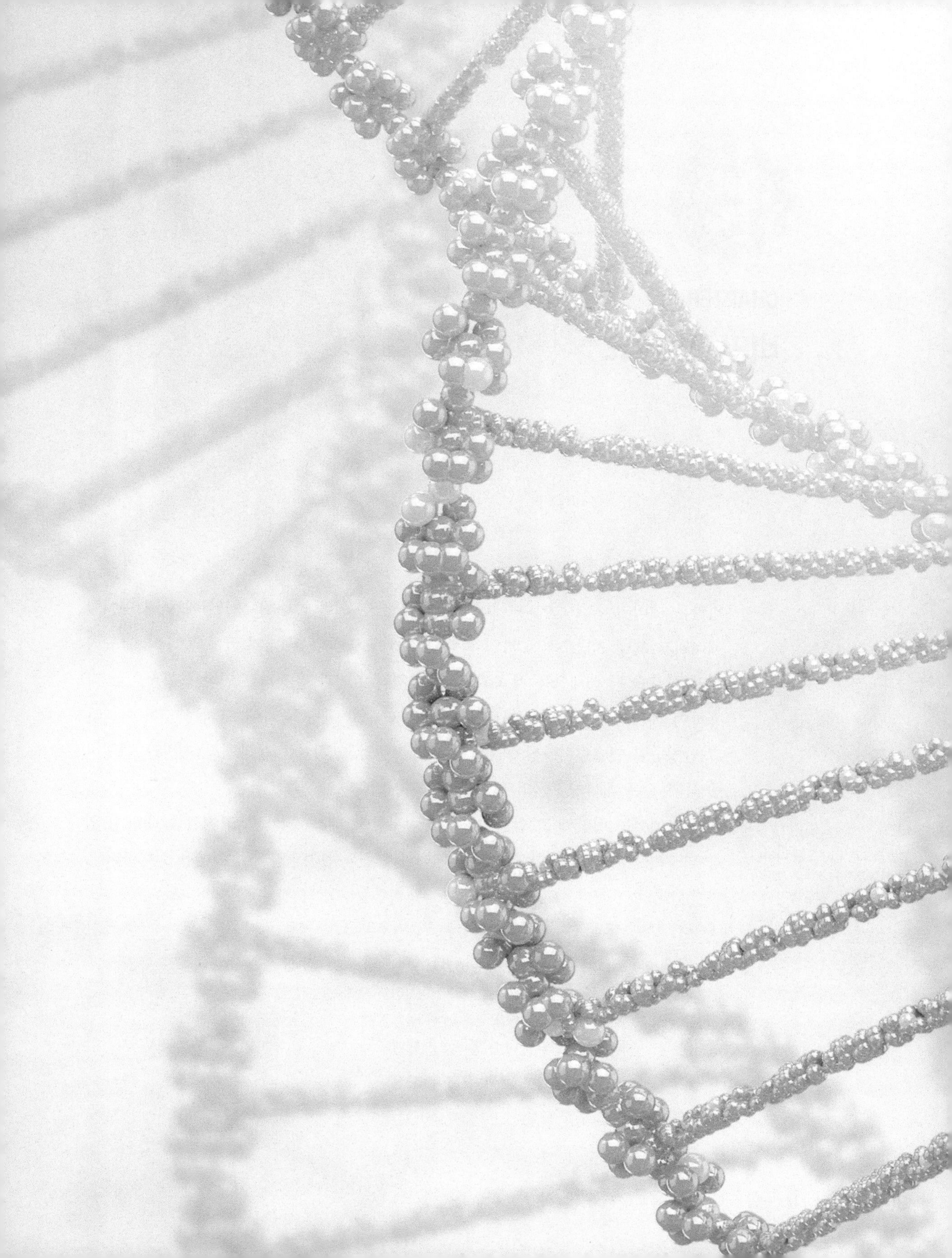

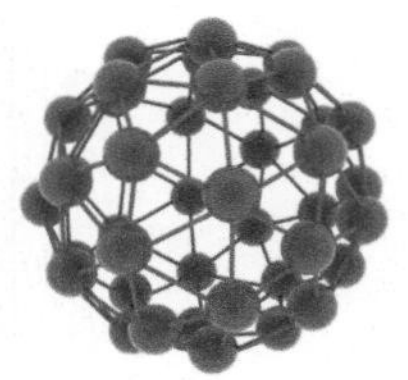

CHAPTER 11
비만 및 당뇨

비만은 에너지 섭취 증가나 에너지 소비 감소로 인한 에너지 불균형에 의해 잉여의 에너지가 체내 지방조직에 과잉 축적된 상태를 말한다. 에너지 균형은 과식, 불규칙적인 식사습관, 신체활동 부족과 같은 환경적 요인과 유전적 요인이 복합적으로 작용하여 깨지게 된다. 뿐만 아니라, **비만**은 단순한 체중 증가에 그치는 것이 아니라 그 합병증인 인슐린저항성, 제2형 당뇨병, 고혈압, 고지혈증, 동맥경화, 지방간, 간경변증 등과 같은 대사증후군의 위험성도 증가시킨다.

비만

일반적으로 비만도를 나타내는 체질량지수(BMI)가 25 미만이면 정상, 체질량지수가 25~30은 과체중, 26 이상은 비만으로 봄

이 장에서는 비만과 그 합병증인 인슐린저항성, 제2형 당뇨병, 고지혈증, 대사성 염증 및 지방간과 간 섬유화 유발과정과 이와 관련된 분자영양학적 이론을 설명한다.

에너지 균형을 유리하는 3가지 방법

첫째, 잉여 에너지를 지방으로 전환하여 지방세포에 저장함

둘째, 신체활동을 통해 잉여 에너지를 소모함

셋째, 미토콘드리아 내막의 짝풀림 단백질(uncoupling protein, UCP)을 통해 이루어지는 열 생성(thermogenesis) 반응에 소모됨

1 비만에 따른 지방조직의 병태생리

1) 지방조직의 유형과 기능

지방조직에는 백색지방(WAT)과 갈색지방(BAT)의 두 가지 종류가 있다. 지방세포 adipocytes, fat cells는 에너지 저장(지방합성)과 방출(지방분해)이라는 고유한 기능을 수행한다. 지방세포는 에너지 저장에 적응하기 위하여 직경을 20배까지 변화시킬 수 있고, 그 결과 세포 용적은 수천 배까지도 증가한다. 지방세포 수는 성인이 보통 250~300억 개 정도인데 비만인은 2~3배 더 많다. 과잉의 에너지 섭취나 운동 부족에 의하여 체지방이 증가되면 지방세포는 두 가지 방법으로 체지방을 저장하게 되는데, 하나는 지방세포의 지방 저장량을 늘리는 방법으로 세포의 용적을 팽창하는 것이고, 다른 하나는 지방세포의 수를 증식시켜 지방 축적량을 증가시키는 방법이다.

WAT
white adipose tissue

BAT
brown adipose tissue

백색지방은 과잉의 에너지를 지방의 형태로 축적하고 저장된 지방에너지를 다른 장기에 공급하는 역할을 담당한다. 이에 비해 갈색지방은 견갑골 사이, 경부, 신장 주위 등에 국한되어 있고, 소량이지만 지방을 연소시켜 열을 발생하여 체온을 유지하고 과잉 섭취한 에너지를 열로 소비하는 일을 한다. 일반적으로 갈색지방 세포의 중성지방은 세포를 차지하는 하나의 큰 방울이라기보다는 여러 개의 작은 지방방울들로 저장되며, 백색지방 세포보다 많은 미토콘드리아를 가지고 있고 모세혈관도 훨씬 풍부할 뿐만 아니라 음식으로부터 얻은 에너지를 백색지방으로 저장하는 대신 열로 전환시켜 신체를 따뜻하게 유지하는 역할을 한다.

백색지방 조직을 이루고 있는 물질들은 지방분자로 채워진 지방세포adipocyte, 지방전구세포preadipocyte와 섬유아세포fibroblast, 콜라겐 섬유기질matrix of collagen fiber, 모세혈관, 면역세포monocyte, macrophage, lymphocyte 및 수분이다. 일반적으로 에너지를 저장하는 역할을 하는 백색지방은 허릿살이나 뱃살의 주범으로 알려져 있다. 인간을 포함한 대부분의 포유류 신생아가 열을 생성하여 체온을 유지하는 것도 갈색지방이 담당한다. 그리고 동면하는 동물들도 갈색지방의 미토콘드리아를 이용하여 동면 기간에 정상체온을 유지한다. 즉 갈색지방은 체지방을 연소시켜 열로 방출하므로 체중 증가를 억제하는 역할을 한다. 따라서 갈색지방 조직의 형성과 기능을 활성화시키는 것은 비만을 줄이는 방안으로 제시되고 있다.

갈색지방의 미토콘드리아 내막에는 UCP1이라는 단백질이 특이적으로 발현되며 UCP1이 관여하는 짝풀림 반응을 통해 ATP를 만들지 않고 대신 열을 생성하여 체온을 조절한다. 또한 교감신경세포가 많이 분포되어 있어 지방분해와 지방산 산화능이 크다. 최근 연구에 따르면, NAD-의존적 deacetylase 인서트1(SirT1)은 PPARγ 단백질 분자의 Lys269, Lys293 부위의 탈아세틸화 반응deacetylation을 통하여 백색지방 조직의 갈색지방화를 촉진한다. 이 반응은 갈색지방 세포의 발달을 조절하는 전사 조절인자transcriptional coregulator인 PRDM16을 PPARγ로 모이게 하는 데 필요하다. 즉 PRDM16이 PPARγ로 모이게 되면 갈색지방 조직 유전자 발현이 선택적으로 유도되고, 인슐린저항성과 관련이 있는 내장 백색지방의 유전자 발현이 억제된다. 이러한 의미에서 PPARγ의 아세틸 이탈반응은 **SirT1** 활성화의 생체마커가 될 수 있으며, 이 반응을 중재하는 물질은 백색지방 조직의 갈색지방화 촉진제로 작용할 수 있다.

PPARγ
peroxisome proliferator-activated receptor γ

PRDM16
PRD1-BF1-RITZ1 homologous domain containing 16

PGC-1α
peroxisome proliferator-activated receptor gamma coactivator 1-α

FNDC5
fibronectin type III domain containing 5

LPL
lipoprotein lipase

인서트1(SirT1)

인슐린감수성을 높이는 티아졸리딘디온(TZD) 계열의 약물과 SirT1 효능제를 결합하면 비만을 치료할 수 있다고 발표되어 있으나 약물로 개발하는 과정은 현실적으로 매우 어려움

myokine

근육에서 분비되는 사이토카인을 이르는 말

UCP1(uncoupling protein 1, 짝풀림단백질)

이 단백질은 미토콘드리아에서 산화적 인산화에 의한 ATP 합성을 감소시키고 동시에 열을 발생시킴. 최근 들어 UCP1의 homologous proteins인 UCP2와 UCP3도 갈색지방에서 확인된 바 있음

또한 백색지방 조직의 갈색지방화에 관련하는 또 다른 인자로는 PGC-1α 의존적 **myokine**인 irisin을 들 수 있다. 운동이 근육에 미치는 큰 효과 중 하나는 PGC-1α에 의해 매개되는데, 의 근육 PGC-1α의 발현은 irisin의 전구체인 막단백질 FNDC5의 발현 증가를 유도한다. FNDC5가 쪼개지면 irisin이라는 호르몬이 분비되고 이는 생체에서 **UCP1**의 발현과 갈색지방 유사조직 생성을 자극한다고 제안되었다. Irisin은 생쥐와 사람에서 운동에 의해 유도되며, 에너지 소비 증가 이외에도 비만과 포도당 항상성을 호전시켜 학문적 관심이 주목되고 있다.

지방조직은 피부 밑, 난소, 신장의 주위 장간막 및 근육조직 등에 분포한다. 특히 복부비만에서 큰 비중을 차지하는 내장지방은 각 장기 속, 장기 사이의 빈 공간 또는 장기와 장기 사이를 구분해 주는 장간막에 축적된 지방을 말한다. 내장지방의 특성 중 하나는 지단백 분해효소(LPL)의 활발한 작용에 의해 피하지방보다 더 쉽게 분해되고, 분해된 내장지방은 간을 통과하지 않고 혈중으로 곧바로 유리되어 심장과 신장으로 흘러들어 혈관지방으로 축적될 수 있다. 또한 내장지방이 증가하면 인슐린의 기능이 떨어져 혈당이 상승하고 지질대사 이상이 발생하여 혈압이 올라가 혈관벽 손상과 혈액응고 장애가 발생하므로 심혈관계 질환의 발병을 초래할 수 있다. 내장지방은 성인 남성의 경우 체중의 15~20%, 성인 여성의 경우 체중의 20~25%를 차지하며 주성분은 중성지방(TG)이다. 체지방 1 kg이 7.7 kcal에 해당하는 것을 감안하면 비만인의 저장에너지는 상대적으로 높다.

2) 지방세포의 분화와 비만

지방세포의 분화과정은 근육세포나 신경세포 분화와는 달리 호르몬과 같은 많은 외부 자극과 복잡한 유전자 발현 조절을 통하여 지방전구세포에서 지방세포로 지속적으로 전환된다 **그림 11-1**. 지방세포의 분화를 유도하는 외부 신호 중 인슐린은 지방세포의 대사조절에 중추적인 역할을 담당한다. 인슐린이 분비되면 특정 단백질이 인산화 과정을 통해 활성화되며 당질의 흡수와 중성지방의 합성을 증가시키는 등의 복잡한 기전을 통해 지방전구세포가 지방세포로 분화된다. 또한 인슐린은 LDL을 활성화시킴으로써 혈액 내에 순환하는 지단백질에서 유래하는 지방산의 세포 내 유입을 촉진한다.

지방 저장량을 늘리기 위해 지방세포가 팽창될 때 세포 용적이 비대해지는데 이때 나타나는 병리적인 현상은 **그림 11-2A, 11-2B**와 같이 설명될 수 있다. 인슐린저항성이 없는 건강한 사람에서 지방조직이 팽창하는 경우 지방조직 합성 프로그램의 작동에 의해 지방전구세포가 효과적으로 신속히 조달되고 적합한 세포 외 기질에 의해 지방조직의 구조 변경이 이루어진다. 이 과정은 지방세포가 팽창 한계에 이를 때까지 계속되고 팽창한계에 도달한 후에도 지방세포의 지속적인 팽창이 진행되면 산소부족

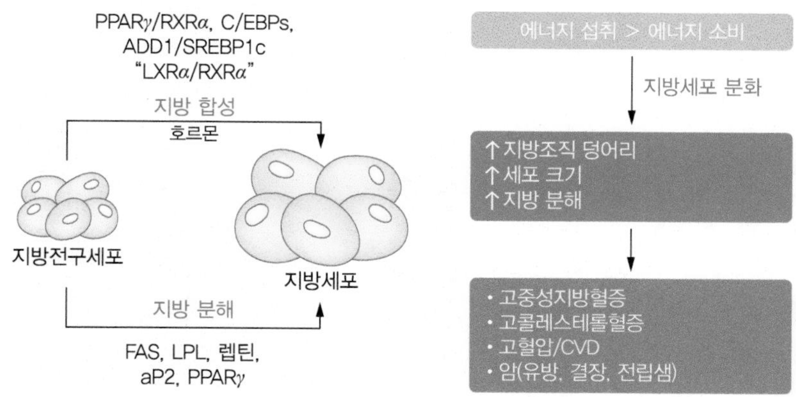

그림 11-1 지방세포 분화 시 지방합성과 축적에 영향을 미치는 인자들과 에너지 과잉섭취에 의한 대사성 장애

지방세포의 분화 조절은 PPARγ, C/EBP family, ADD1/SREBP1c 등과 같은 전사인자들이 중추적인 역할을 담당한다. 이들 전사인자는 지방세포의 분화과정 중 각기 다른 시점에서 발현이 유도되며 상호작용을 통하여 지방세포 특이유전자들의 발현을 조절하고, 지방대사의 활성화와 지방세포 분화를 단계적으로 유도한다.

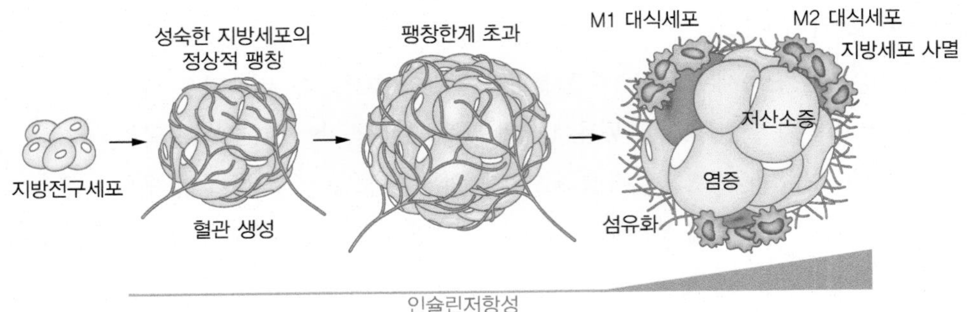

(A) 정상인의 정상적 지방분화과정

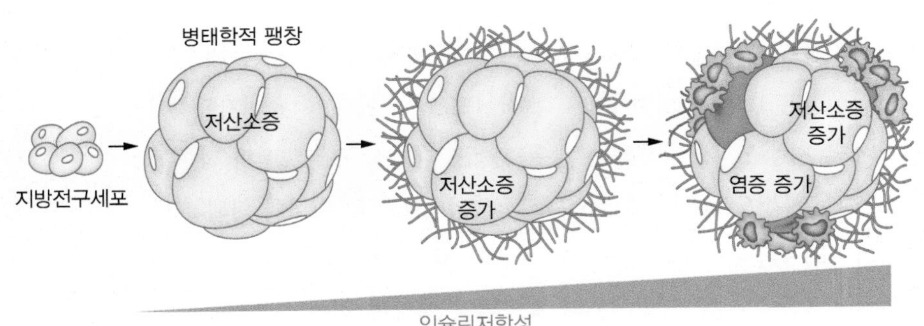

(B) 비만인의 비정상적 지방분화과정

(C) 체중 증가에 따른 지방세포 변화와 염증유도성 대식세포의 작용

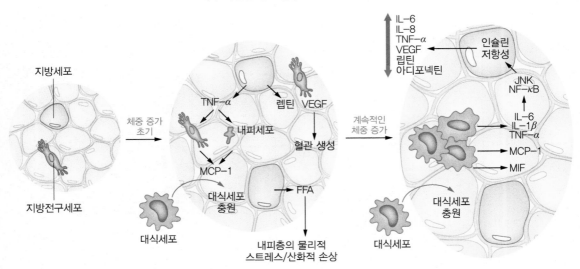

그림 11-2 정상인과 비만인의 지방조직 팽창 비교와 대식세포의 작용
자료: Lumeng, 2011 보정

증과 염증 및 인슐린저항성이 초래되며 지방세포의 괴사가 동반된다. 초기부터 인슐린저항성을 동반하는 건강하지 못한 지방세포의 경우 지방전구세포의 조달이 저해되므로 지방조직 팽창은 기존의 지방세포 크기를 아주 비대하게 만들고 혈관 생성도 일어나지 않으므로 지방조직의 산소부족증이 초래된다. 그 결과, 산소결핍에 의해 유도되는 인자인 HIF-1α라는 단백질이 생성되어 지방세포의 섬유화과정이 시작된다. 이 과정에서 M1-단계 대식세포M1-stage macrophages가 출현하여 염증을 일으키게 된다. 또한 만성염증 상태에서는 비정상적인 사이토카인cytokine 분비, 급성기 반응물질의 증가, 염증 대사경로의 활성이 관찰다 **그림 11-2C**. 지방전구세포는 잠재적 대식세포의 기능을 가지고 있어 자극에 의해 대식구 유사세포로 전환될 수 있다. 전사요소, 사이토카인, 염증분자, 지방산 운반체와 **포식 수용체**가 엔코딩encoding된 지방세포의 중요한 유전자들은 대식세포에서도 모두 발현된다. 뿐만 아니라 지방세포는 종양괴사인자-알파(TNF-α)를 분비시켜 지방전구세포와 내피세포의 단구주화성 인자(MCP-1) 생성을 유도하며, 지방전구세포에서의 염증관련 유전자 발현을 증가시킨다. 즉 지방조직에서는 지방전구세포의 대식세포로의 변환, 상주 대식세포와 순환 단핵세포의 동원 및 활성화 등의 기전으로 대식세포의 활성도가 증가된다. 또한 지방세포에서 발현되는 후두편평세포암종(VEGF)은 내장지방이 축적됨에 따라 증가하고 직접적인 혈관장애 원인으로 작용할 가능성도 높다.

대식세포 활동성의 증가는 지방세포의 증가로 인한 인슐린저항성 발생 이전에 시작된다. 일반적으로 대식세포는 TNF-α, IL-1, IL-6, MCP-1 등의 수많은 사이토카인, 케모카인chemokine을 분비해 지방세포에서의 인슐린저항성을 일으킨다. 또한 분비된 사이토카인, 케모카인은 대식세포를 추가적으로 더 자극하여 JNK와 NF-κB 신호전달 기전을 통하여 지방세포의 인슐린저항성을 더욱 심화시킨다.

HIF-1α
hypoxia-inducible factor 1-alpha

포식 수용체 (scavenger receptor)
대식세포에서 주로 발현되어 거대분자를 인식하는 막수송체

TNF-α
tumor necrosis factor-alpha

MCP-1
monocyte chemoattractant protein-1

VEGF
vascular endothelial growth factor

염증 매개성 인자
TNF-α, IL-1, IL-6, MCP-1

2 지방조직과 체질량 조절

체지방량의 항상성은 지방축적 억제-되먹임 모델adiposity negative-feedback model로 설명할 수 있다. 이것은 우리 체중이 어떤 정해진 정점 또는 값을 초과하면, 먹는 행동자체가 억제되고 그와 동시에 에너지 소비는 항상성에 의해 증가되는 방향으로 진

행되는 기전이다. 즉 지방조직에서 나오는 어떤 되먹임 신호는 뇌 중추에 영향을 미쳐 먹는 행동과 에너지 소모대사를 조절해 준다는 의미이다. 그러한 첫 번째 신호분자로 1994년에 렙틴이 발견되었고, 그 이후 지방조직은 중요한 내분비기관으로 **아디포카인**이라고 알려진 펩티드 호르몬들을 생성하여 혈중으로 분비한다고 밝혀졌다. 다양한 아디포카인 분자들은 국소적으로(자가분비작용과 주변분비작용) 혹은 전신적으로(내분비작용) 작용하며, 지방조직의 정보는 뇌와 다양한 조직으로 전달되어 체내 관련 대사 조절이 적절히 일어나도록 해준다.

아디포카인(adipokine)

에너지 항상성을 조절하고 지방조직의 재형성, 중성지방 합성, 지방구 형성, 신생 혈관 형성 등에 관여

1) 지방조직에서 분비되는 아디포카인의 내분비기능

비만은 과다한 지방세포에서 여러 가지 대사산물과 호르몬의 생성 및 분비를 증가시키는데 이러한 물질들을 총칭하여 아디포카인 또는 지방세포분비 호르몬이라 한다 **그림 11-3**. 혈중의 아디포카인 수치 변화는 혈중 포도당의 간과 골격근으로의 유입, 인슐린에 대한 감수성, 염증반응 유도 및 상피세포의 기능 이상 등 다양한 반응에 영향을 미친다.

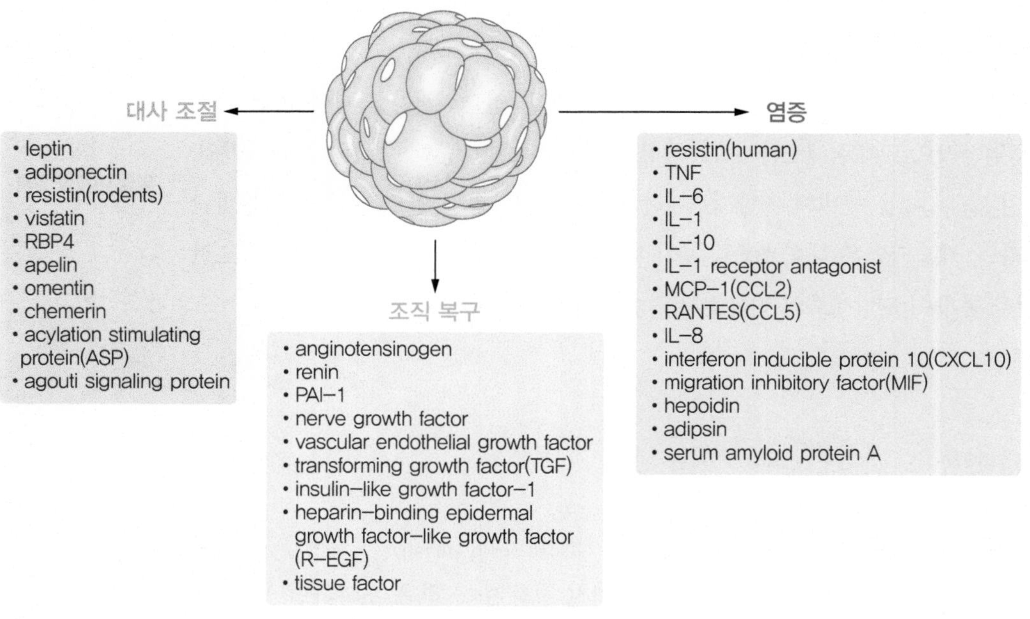

그림 11-3 지방세포분비 호르몬들: 아디포카인의 종류

(1) 렙틴과 식욕 조절

대표적인 아디포카인 중 하나인 렙틴은 비만동물과 비만인에서 발견되는 지방조직 특이분비단백질로 중추신경계 시상하부의 궁상핵arcuate nucleus에 작용하여 식욕을 억제하고 에너지 소비를 증가시켜 체중을 감소시킨다. 따라서 렙틴은 체중, BMI, 체지방량과는 양(+)의 상관성을 나타낸다. 정상 상태에서 렙틴은 단순히 식욕을 억제하는 작용을 하지만, 비만 상태에서 렙틴은 체내에서 저항성을 보이며, 혈장 렙틴 농도는 체지방량 및 인슐린저항성에 비례하여 증가한다. 특히 혈장 렙틴 농도가 증가하면 세포 내 인슐린 수용체 기질(IRS)의 인산화반응이 감소되어 인슐린 작용 또한 떨어진다. 실제로 렙틴유전자가 결핍된 *ob/ob* 생쥐는 식욕 억제가 불가능하여 정상 생쥐 체중의 3배가 되는 심한 비만이 된다 **그림 11-4A**. 반대로 렙틴 호르몬을 *ob/ob* 생쥐나 렙틴이 부족한 아동에게 주사하면 이들의 체중이 다시 감소하고 운동성과 열 생산도 증가한다 **그림 11-4B**. 또한 렙틴 신호를 인지하는 렙틴 수용체leptin receptor 결손이 있는 *db/db* 생쥐도 식욕 조절에 문제가 생겨 뚱뚱해지고 결국 제2형 당뇨병이 초래된다. 즉 렙틴뿐만 아니라 렙틴 신호를 인지하는 렙틴 수용체에 결함이 생겨도 렙틴작용 및 기능 발휘가 어려워짐을 알 수 있다.

IRS
insulin receptor substrate

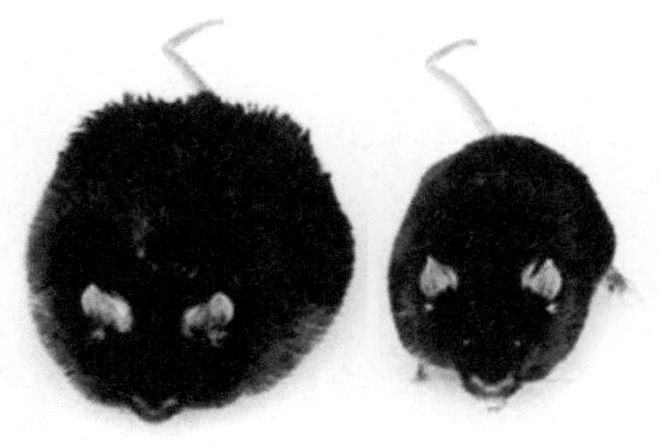

렙틴 결핍　　렙틴 투여

(A) *ob/ob* 생쥐

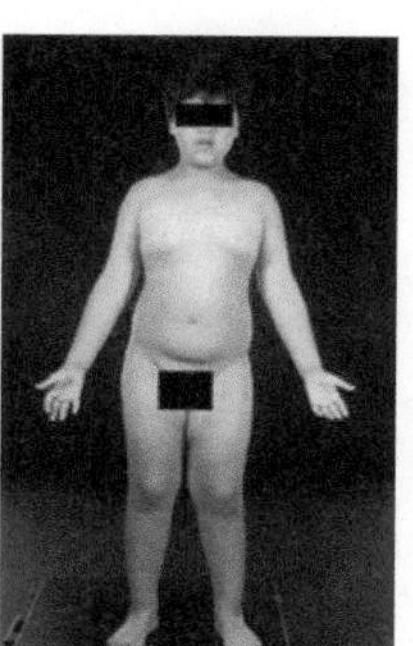

렙틴 결핍　　렙틴 투여

(B) 렙틴 결핍 소아

그림 11-4 렙틴 생산의 결핍으로 생기는 비만 생쥐와 비만인의 렙틴 투여 효과

(2) 아디포넥틴과 유전자 발현

아디포넥틴은 펩티드 호르몬(224개의 아미노산)으로 거의 지방조직에서만 생성되는데, 이는 다른 조직 또는 기관들이 인슐린에 민감하도록 해주고, 죽상경화증을 방지하며, 염증반응(단핵구 부착, 대식세포 변형, 혈관 평활근 세포의 증식과 이동)을 억제해 주는 유익한 아디포카인으로 비만인에서 낮게 나타나고 체중과 음(−)의 상관성을 가진다. 아디포넥틴은 혈액을 순환하고 간이나 근육에서 지방산 및 탄수화물 대사에 강력한 영향을 미쳐 혈액으로부터 근육세포로의 지방산 유입을 증가시키고, 근육에서 지방산이 β−산화하는 비율을 증가시킨다. 또한 간세포에서 지방산 합성과 포도당신생을 저해하고, 근육과 간으로의 포도당 유입과 이화작용을 유도한다.

이러한 아디포넥틴의 작용은 체내 에너지 수준을 감지하는 효소fuel-sensing enzyme인 AMPK에 의해 매개되는데 AMPK에 의한 에너지대사 조절작용은 골격근, 간, 지방조직, 췌장, 심장 및 뇌조직에서 일어난다 **그림 11−5**. 아디포넥틴은 수용체에 작용

AMPK
AMP-activated protein kinase

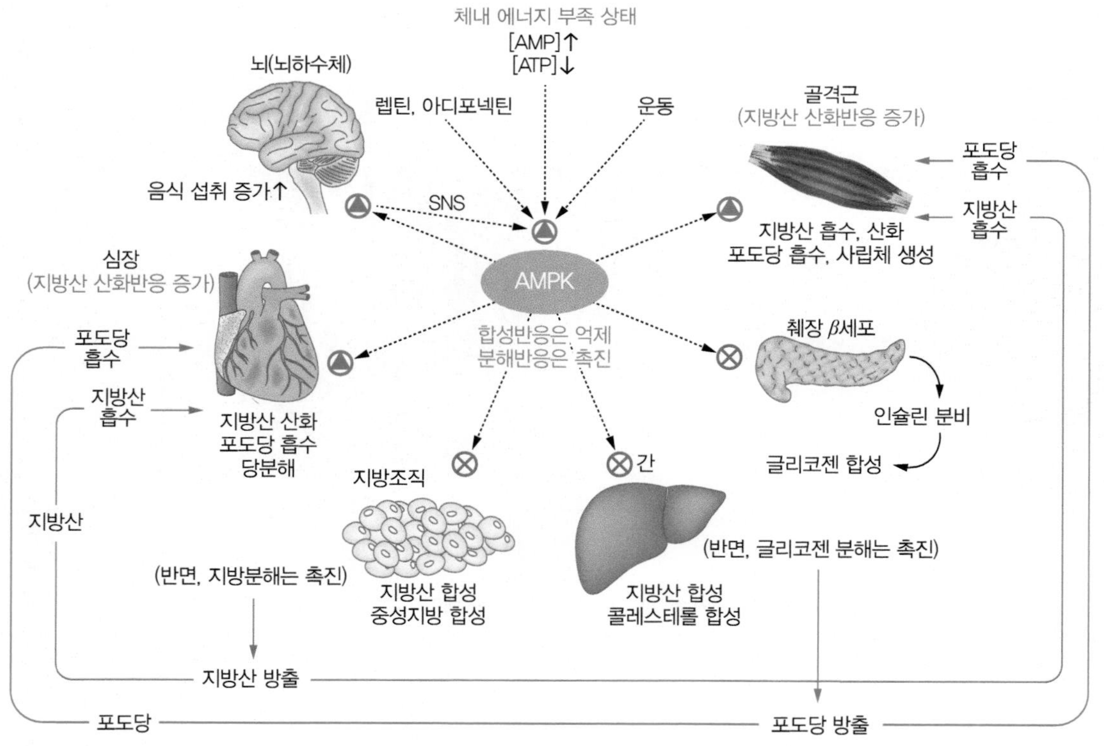

그림 11−5 AMPK의 에너지대사 조절작용

하여 AMPK의 인산화와 활성화를 유도한다. AMPK는 합성 대사 과정 중 에너지 생산을 필요로 하는 경로에 맞춰 활성화된다. AMPK가 활성화되면, 지질 및 탄수화물의 대사에 작용하는 일련의 표적 단백질을 인산화시켜 체내 대사조절이 일어나게 한다. 이러한 아디포넥틴의 수용체는 뇌에도 존재하며, 아디포넥틴에 의해 시상하부의 AMPK가 활성화되면 식욕 증진이 일어나고 에너지 합성도 증가되는 방향으로 진행한다.

간과 백색지방 조직에서 AMPK에 의해 조절되는 효소 중 하나는 지방산 합성의 첫 번째 중간체로 작용하는 말로닐-CoA를 생산하는 아세틸-CoA 카복실레이스(ACC)이다. 말로닐-CoA는 지방산을 미토콘드리아로 이동시켜 β-산화 과정을 일으키는 효소인 카니틴 아실트랜스퍼레이스 I(CTP-I)에 대한 강력한 억제자이다. AMPK는 아세틸-CoA 카복실레이스의 인산화 및 불활성화를 통하여 지방산 합성을 억제하는 반면, 말로닐-CoA에 의한 β-산화 억제를 감소시킨다. 콜레스테롤 합성 역시 AMPK에 의하여 억제되는데, AMPK는 콜레스테롤 합성 조절 효소인 HMG-CoA 환원효소를 인산화하여 불활성화시킨다. 또한 AMPK는 지방산 합성효소(FAS)와 아실기 전이효소를 억제해서 중성지방 합성을 효과적으로 차단할 수 있다.

제2형 당뇨병 환자에게 아디포넥틴을 투여할 경우 혈당이 떨어지고 인슐린 감수성이 증가되므로 이는 인슐린 감수성의 조절인자로 작용하기도 한다. 아디포넥틴의 중요한 수용체인 AdipoR1은 근육조직에, AdipoR2는 간 조직에 풍부하게 존재한다. AdipoR1은 AMPK 경로를 활성화시켜 지방산 산화를 증가시킴과 동시에 당신생을 억제시킨다. 한편, AdipoR2는 PPARα와 관련된 경로를 활성화시켜 지방산 산화를 증가시킴으로써 에너지 소비를 활성화시키고 염증반응도 억제한다.

(3) 기타 구심성/원심성 조절인자

레지스틴$_{\text{resistin}}$은 설치류의 지방세포와 사람의 대식세포에서 분비되는 단백질로서, NF-κB를 활성화시켜 MCP-1, VCAM-1 및 ICAM-1과 같은 염증 유발 사이토카인의 합성을 촉진시킨다. 그러므로 비만인에서 나타나는 혈중 레지스틴 수준의 증가는 염증반응, 지방 생성 및 인슐린저항성과 인과관계가 있다.

뿐만 아니라, 비만 지방조직에서는 TNF-α, MCP-1, IL-6, IFN-γ, PAI-1 등 염증관련 인자들이 발현되는데 이들은 간이나 지방세포에서 인슐린저항성을 유발한다. 종

VCAM-1
vascular cell adhesion molecule 1

ICAM-1
intercellular adhesion molecule 1

IL-6
interleukin 6

IFN-γ
interferon-γ

PAI-1
plasminogen activator inhibitor-1

양괴사인자인 TNF-α는 대식세포에서 생성되고 악성종양과 만성염증의 대사 장애와 관련이 있다. 즉 TNF-α 발현은 비만인에서 증가하며, 지방조직과 근육조직에서 TNF-α는 인슐린 수용체의 타이로신 인산화효소 활성을 억제하여 인산화를 저해함으로써 인슐린이 제 기능을 못하게 하고 인슐린저항성을 유도한다. IL-6는 섬유아세포, 상피세포, 단구세포 및 지방세포와 같은 다양한 세포에서 분비된다. 고지방식이를 섭취하면 IL-6의 생산이 증가하며 이로 인해 간조직 및 근육조직의 인슐린저항성이 야기된다. MCP-1과 수용체인 Ccr2는 지방조직으로의 대식세포 침윤과정에 중요한 역할을 담당한다. 그 외 IFN-γ와 PAI-1도 비만 및 대사증후군에서 나타나는 인슐린저항성 및 제2형 당뇨병을 유발하는 중요한 원인인자로 잘 알려져 있다.

Ccr2
C-C chemokine receptor type 2

PPARs
peroxisome proliferator-activated receptors

RXR
retinoid X receptor

위에서 분비되는 그렐린ghrelin은 렙틴이나 인슐린보다는 짧은 시간 단위(식사와 식사 사이)로 작용하는 강력한 식욕촉진 물질이다. 그렐린 수용체는 심장근육 및 지방조직뿐만 아니라, 뇌하수체 및 시상하부에도 존재한다. 그렐린은 궁상핵의 식욕증진 신경세포에 작용하여 NPY/AgRP를 증가시켜 공복감을 느끼게 하여 식욕을 증가시킨다.

PYY3-36은 장에서 분비되는 펩티드 호르몬으로 그렐린이 작용하는 동일한 위치에 작용하여 식후에 공복감을 줄여준다. PYY3-36 펩티드 호르몬은 음식물이 위에서 장으로 들어오는 것에 반응하는데 소장이나 대장의 내강을 덮고 있는 세포들 가운데 내분비 세포에서 분비된다. PYY3-36은 혈액에서 궁상핵으로 이동하며, 궁상핵에서 식욕증진 신경세포에 작용하여 식욕증진 호르몬인 NPY의 분비를 억제함으로써 공복감을 없앤다.

2) 체질량 조절 및 유지와 관련된 주요 유전자 발현을 조절하는 식이

리간드 활성 전사인자 군에 속하는 단백질인 과산화소체 증식자 활성수용체(PPARs)는 식이 지방에 반응하여 지방 및 탄수화물 대사에 관여하는 유전자의 발현을 변화시킨다.

PPARγ는 간이나 지방조직에서 주로 발현되며, 섬유모세포가 지방세포로 분화하는 데 필수적인 유전자와 지방세포의 지질 합성 및 저장에 필요한 단백질분자를 만드는 유전자들의 작동에 관여한다. PPARγ는 제2형 당뇨병의 치료에 사용되는 타이아졸리디나이엔디오네 계열의 약물에 의해 활성화되기도 한다.

PPARα는 간, 콩팥, 심장, 골격근 그리고 갈색지방 조직에서 발현되며, 주로 아이코사노이드와 유리지방산에 의해 활성화된다. 그리고 HDL을 증가시키고 혈중 중성지방을 감소시켜 관상동맥질환을 치료하는 데 사용되는 페노파이브레이트$_{TriCo}$, 시프로파이브레이트$_{Modalim}$와 같은 파이브레이트$_{Fibrate}$라고 불리는 약제 부류도 PPARα의 리간드로 작용한다. 간세포에서 PPARα는 지방산의 유입 및 β-산화에 필수적인 유전자들을 작동시킨다.

HDL
high-density lipoprotein

PPARδ와 그 동종형인 PPARβ는 지방산화의 핵심 조절인자로서 식이 지질 변화의 감지에 의해 작동된다. PPARδ는 간과 근육에서 작용하며, β-산화와 관련된 단백질 및 미토콘드리아의 UCP를 통한 에너지 소모에 관련된 유전자들의 전사를 자극한다. 정상 생쥐에게 고지방 식이를 과잉공급하면 많은 양의 갈색 및 백색지방이 축적되고, 많은 간에도 지방구가 축적된다. 그러나 유전적으로 β-산화가 항상 활성화되도록 조작된 형질전환 생쥐에게 동일한 고지방 식이를 급여할 경우 이러한 지방축적 현상은 억제된다. 또한 렙틴 수용체가 결여된 비만(*db/db*) 생쥐에서 PPARδ를 활성화시키면 비만 발생이 예방된다. 미토콘드리아의 UCP를 자극하는 PPARδ는 열 발생, 지방소모, 체중 감소 등을 유발한다. 이러한 점에서 PPARδ는 비만 치료제의 잠재적인 표적이 될 수도 있다.

3) 내분비호르몬과 신경계의 상호작용에 의한 식욕 조절

비만 및 지방 축적을 조절하는 식욕 조절 호르몬의 작동기전은 **그림 11-6**과 같다. 식욕 조절을 담당하는 2가지 회로는 식욕증진회로와 식욕억제회로로 구성되어 있고 회로에 포함된 주요 호르몬 및 단백질의 작용과 기능은 다음과 같다.

음식물을 섭취하면 지방세포에서 적정량의 저장지방을 유지하기 위해 렙틴이 분비되어 혈액-뇌 경계$_{blood\ brain\ barrier}$를 직접 통과하여 궁상핵에 도달한다. 렙틴은 궁상핵 내에 있는 식욕자극펩티드인 NPY와 AgRP의 발현을 억제하여 그 결과 α-MSH를 포함하는 식욕억제펩티드인 POMC와 CART의 발현을 증가시킨다. 또한 렙틴은 지방세포에 작용하는 교감신경계를 자극하여 미토콘드리아 내막의 산화인산화 반응에서 짝풀림을 유도하여 열을 생성시킨다.

POMC
pro-opiomelanocortin

CART
cocaine amphetamine-regulated transcript

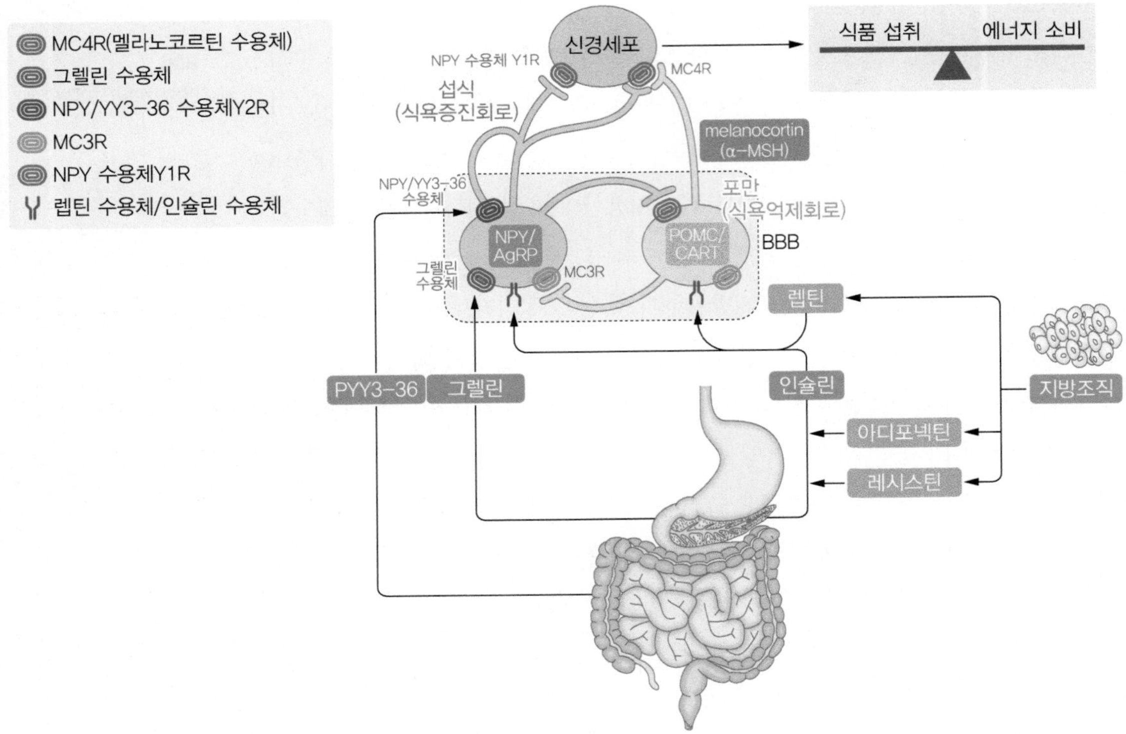

그림 11-6 식욕 조절에 관여하는 내분비호르몬과 신경계의 상호작용

JAK(Janus Kinase)

JAK-STAT 경로를 통해 사이토카인 매개 신호를 전달하는 타이로신 인산화 효소로 몇 가지 사이토카인 수용체에 결합되어 있음. 두 개의 도메인 중 하나는 인산화 효소 활성도를 띠고 나머지 하나는 처음 도메인의 활성도를 음성조절함

STAT (Signal Transduction and Transcription)

세포 성장, 생존, 분화 조절 단백질로 JAK에 의해 활성화됨

렙틴의 신호전달 기전은 **JAK-STAT** 시스템의 인산화를 포함한다. JAK에 의한 인산화에 의하여 STAT는 핵 DNA의 조절부위에 결합할 수 있으며, 식이행동을 결정하고 대사 정도를 설정하는 단백질들의 유전자 발현을 변화시킬 수 있다. 인슐린은 궁상핵에 있는 수용체에 작용하여 렙틴과 비슷한 결과를 일으켜 에너지 균형을 유지한다. 체지방량이 감소되면 인슐린 분비도 저하되고, 이 신호는 시상하부로 전달되어 NPY/AgRP를 자극하고 POMC를 억제시켜 음식 섭취를 증가시킴으로써 체중 증가를 유도한다. 반면, 체지방량이 증가되면 인슐린도 증가되며 이 신호가 시상하부로 전달되어 NPY/AgRP를 억제하고 POMC를 자극시켜 음식 섭취를 유도시킴으로써 체중 감소를 가져온다. 아디포넥틴 호르몬은 지방산의 유입과 산화를 자극하고 지방산의 합성을 억제하며, 또한 근육과 간조직을 인슐린에 민감하도록 해준다.

JAK-STAT 신호전달

1. 사이토카인 수용체에 JAKs가 결합되어 있는 상태에서 세포 외부로부터의 신호가 접근한다.
2. JAK가 수용체의 타이로신 잔기를 인산화시키고 이 부위는 STAT과 상호작용할 수 있는 자리가 된다.
3. 결합된 STAT은 JAKs에 의해 인산화된다.
4. 인산화된-STAT는 이합체를 이루어 핵 내부로 이동되고 전사요소로 작용한다.

3 인슐린저항성과 염증

체내에서 과잉의 에너지가 지속적으로 축적되면 세포의 산화스트레스 증가로 인해 염증반응이 초래되어 이와 연계된 비만과 그 합병증인 제2형 당뇨병 발생이 급격히 증가한다. 이때 산화스트레스는 PI3K/AKT 혹은 MAPK 신호전달경로를 통해 NF-κB 혹은 AP-1를 활성화시키며, 이는 염증반응에 관여한다. 이러한 산화 스트레스는 섬유아세포의 근섬유아세포로의 전환도 촉진시킨다. 당뇨병의 병리학적 현상에는 심혈관계 질환, 신부전, 실명, 신경병증, 사지의 치유불능으로 인한 말단 절단이 포함된다. 그러므로 제2형 당뇨병 및 비만과 당뇨병과의 관련성에 대한 이해가 필요하며, 약물과 마찬가지로 영양중재책도 마련되어야 한다.

1) 비만-인슐린저항성-염증성 대사장애의 연결고리

제2형 당뇨병의 시작을 설명하는 지질 부하lipid burden 가설에 따르면, 전사인자 PPARγ는 지방세포에 작용하여 정상적으로 중성지방을 합성하고 저장할 수 있게 해준다. 지방세포는 인슐린에 민감하고 렙틴을 생산하며, 이것은 세포 내에 중성지방이 지속적으로 축적될 수 있게 해준다. 반면, 비만한 사람의 경우 지방세포가 중성지방으로 가득차 있고, 지방조직은 증가된 중성지방의 저장 요구량을 감당하지 못해 지방세포와 그 전구체인 지방전구세포는 인슐린에 점점 덜 민감해진다. 이렇게 되면 새로운 지방세포를 형성하는 데 필요한 전사인자 SREBP1과 PPARγ의 발현은 지방세포에서 점차로 억제된다. 반면, 중성지방을 저장하기 시작하는 골격근과 간 같은 다른 조직들에서 SREBP1과 PPARγ 발현 유도가 촉진된다. 그 결과, 상당한 양의 중성지방은 점차로 정상적인 저장장소인 지방조직을 벗어나서 비정상적인 곳에 저장되어 조직의 세포기능을 손상시킨다. 한편, 간과 근육에 과도하게 축적된 지방산과 중성지방은 유독하며 세포기능을 손상시킨다. 결국, 지방조직의 과다한 지방 축적과 비정상적인 장소의 지질 부하는 인슐린저항성을 초래하며, 인슐린저항성은 인슐린의 대사반응을 중재하는 신호전달효소들이나 전사인자들의 활성을 변화시켜 대사장애를 일으킨다.

SOCS(suppressor of cytokine signaling)
사이토카인 신호의 억제자라고 알려진 항염증성 화학물질

JNK
c-Jun N-terminal kinase

IKK-β
IκB kinase

SOC
suppressor of cytokin signaling

iNOS
inducible nitric oxide synthase

GLUT4
glucose transporter 4

PI3K
phosphoinositide 3-kinase

mTOR
mammalian target of rapamycin

GSK3
glycogen synthase kinase 3

AKT 인산화효소
protein kinase B(PKB)로 잘 알려져 있으며 세린과 트레오닌에 특이적 단백질 인산화효소임. 포도당 대사, 세포괴사, 세포증식 등에 작용함

앞서 설명한 바와 같이, 인슐린저항성은 과도한 유리지방산뿐만 아니라 지방조직세포에서 분비되는 RNF-α, IL-6, MCP-1 및 대식세포에서 분비되는 인자들에 의해서도 유도된다. TNF-α와 IL-6는 수용체 매개과정을 통해 JNK와 IKK-β/NF-κB를 활성화시켜 염증매개체를 증가시킴으로써 인슐린저항성을 유도한다. **사이토카인 신호전달(SOCS)**을 억제(SOC)하는 유도성 산화질소 합성효소(iNOS) 또한 인슐린저항성 유도에 관여한다.

인슐린 신호전달체계는 췌장 β-세포에서 분비된 인슐린이 간, 지방 및 근육조직의 세포막에 존재하는 인슐린 수용체에 결합함으로써 발생하는 세포 신호전달체계이다. 인슐린 효과 감소 원인 중 하나는 인슐린에 반응하는 포도당수송체-4(GLUT4)의 세포막으로의 이동의 저하와 인슐린 수용체 신호전달체계의 변화를 들 수 있다. 혈중 인슐린과 세포막 인슐린 수용체와의 결합은 인슐린 수용체에 결합된 타이로신 인산화효소와 인슐린 수용체 기질(IRS)을 활성화시키고, 이는 PI3K와 AKT 인산화효소를 활성화시키게 된다. 이어서 **AKT 인산화효소**의 활성화는 골지체로부터 세포막으로의 GLUT-4 포도당수송체 이동을 매개하며 세포 내 포도당 유입을 촉진시킬 뿐만 아니라 mTOR와 GSK3 등의 효소 활성화를 유도하여 단백질과 글리코겐 합성은 촉진시키는 반면, 포도당신생gluconeogenesis은 억제되게 한다.

즉 이러한 일련의 신호전달 체계의 이상으로 인해 인슐린저항성이 발생될 수 있으며, 특히 mTOR 인산화효소의 기질인 S6 키네이스의 활성화는 음성되먹임 기전negative feedback mechanism에 의해 IRS를 불활성화시킴으로써 인슐린 신호전달체계를 저해한다. 또한 근육에서는 증가된 유리지방산 농도로 인해 근육의 포도당 수송과 산화반응이 감소하여 근육의 인슐린 감수성이 급격히 떨어질 수도 있다. 지방조직에서 분해되어 나온 과다한 혈중 유리지방산 분자는 세포 내 산화기질인 포도당

분자와의 경쟁하여 피루브산 탈수소효소, 포스포프럭토키네이스, 헥소키네이스 II 활성을 억제하므로 이를 통해 포도당신생이 촉진된다.

인슐린저항성으로 인해 야기되는 다양한 반응들은 **그림 11-7**과 같다.

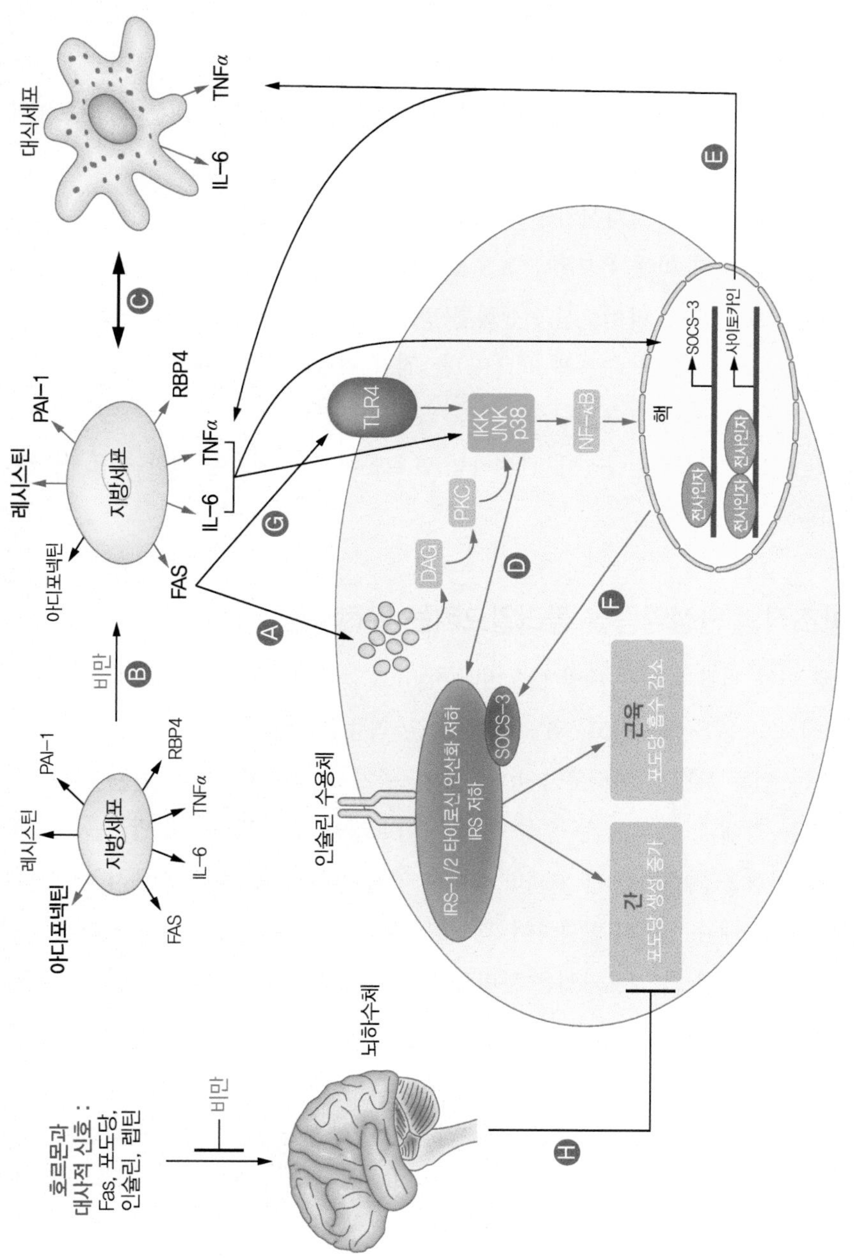

그림 11-7 비만에서 인슐린 저항성으로 연결되는 내분비, 염증 및 신경경로

PCK
protein kinase C

ATM
adipose tissue macrophages

TLR
toll-like receptor

그림 11-7의 각 반응은 다음과 같다.

- A: 지방산의 증가는 세린/트레오닌 키네이스 활성화와 단백질 키네이스 C(PKC)를 활성화하는 세포 내 대사산물을 통해 인슐린 저항성을 초래함
- B: 인슐린 신호조절에 관여하는 아디포카인의 분비패턴이 변함
- C: 인슐린 신호를 저해하는 염증성 사이토카인을 생산하는 지방조직을 증가시키고 지방조직 내 대식세포(ATM) 축적을 증가시킴
- D: 인슐린 신호를 저해하는 세린/트레오닌 키네이스로 모으는 내분비 염증 매개인자
- E: 인슐린 저항성을 악화시키는 NF-κB의 활성은 염증반응을 촉진시킴
- F: 아디포카인에 의해 유도된 SOCS family protein은 정상적인 인슐린 수용체 기질(IRS-1)과 IRS-2 타이로신 인산화를 방해하여 인슐린 저항성을 유발함
- G: 지방산은 톨 유사 수용체 4(TLR4)를 직접 활성화시키거나 선천 면역반응에 의한 인슐린 저항성을 유발함
- H: 말초조직 인슐린감수성에 관여하는 호르몬과 영양신호에 대한 주요 반응이 변화함

2) 지방조직의 만성염증을 불러일으키는 유전자들

비만으로 인한 지질 축적은 지방세포 비대현상hyperplasia을 초래하는데 이는 세포 내의 스트레스 반응을 개시하고, NF-κB와 같은 염증경로를 활성화시킨다. 이로 인해 지방세포는 염증 유발성 아디포카인의 분비를 증가시킨다. 비만으로 인한 아디포카인 조절기능 장애dysregulation는 염증 유발 사이토카인 및 케모카인의 발현을 증가시켜 염증성 반응을 가속화한다. 고지방 식이로 인해 비만이 유도된 생쥐에서 아디포카인 조절기능 장애가 빈번히 발생하며, 팽창된 지방조직에는 산소 결핍이 초래되고 염증 유발 사이토카인 및 케모카인을 분비하는 대식세포가 많이 모여 인슐린 감수성이 떨어진다. 케모카인은 면역세포에서 분비되는 작은 단백질 또는 사이토카인의 일종으로 케모카인이라는 명칭은 chemotatic cytokine을 의미하며, 작용 부위로 세포들을 이주시키는 주화성 인자chemoattractant로 작용하는 특성이 있다. 이들 단백질은 면역세포의 증식과 분화 및 항상성 유지에 관여하며 신생혈관 형성 및 상처치유 촉진 등

다양한 기능을 수행한다.

한편, 비만은 염증 유발 케모카인 및 사이토카인 유전자의 발현을 유의적으로 증가시킬 뿐만 아니라 이들의 상위조절인자의 발현 또한 유의적으로 증가시킨다. 톨 유사 수용체(TLRs)는 면역반응을 개시하거나 적응시키는 주된 조절인자로서 TLR의 유전자 발현이 증가하면 전사인자 NF-κB 및 MAPKs p38과 JNK가 활성화되어 염증반응이 가속화된다. TLR1-TLR9 유전자는 사람과 생쥐 모두에서 발현되며, TLR10은 사람에서만, TLR11-13은 생쥐에서만 발현된다. 일부 아디포카인들은 TLR 경로를 통해 염증반응을 조절하는데, 지방세포의 TLR2 합성은 NF-κB 경로를 통해 TNF-α발현을 증가시키며 생쥐의 TLR1-TLR9 및 TLR11-13 유전자의 발현은 렙틴에 의해서 강하게 조절된다고 보고된 바 있다. **인터페론** 조절인자(IGF)-5 및 IRF8 유전자는 MyD88 신호전달경로를 통해 TLR7, TLR8 및 TLR9에 의해 활성화되며, NF-κB를 활성화시켜 염증반응을 촉매한다. 또한 CD14 유전자는 TLR4에 의해 지질다당류(LPS) 분자를 인지한 후, TLR2와 TLR3와 같은 다른 TLRs와 상호작용하여 염증반응을 개시한다. 특히 TLR4는 CD14에 의해 LPS를 인지하여 염증반응을 개시할 뿐만 아니라 혈중의 포화된 유리지방산과 결합하여 NF-κB를 활성화시킨다. 따라서 간조직에서의 TLR4의 과다발현은 혈중의 유리지방산과의 결합을 증대시켜 염증반응을 활성화시키며, 이로 인해 지질독성lipotoxicity을 초래한다 **그림 11-8**.

TLRs
toll-like receptors

MAPKs
mitogen-Activated protein kinases

IGF
interferon regulatory factor

CCR
C-C motif chemokine receptor

LPS
lipopolysaccharide

CXCR
C-X-C motif chemokine receptor

인터페론(interferon)
바이러스 RNA 및 단백질 합성을 억제하고 면역세포의 성장과 분화를 조절하는 비특이적 항바이러스 활성을 나타내는 당단백질

케모카인은 단구 대식세포의 수용체인 C-C 모티브 케모카인 수용체(CCR)와 C-X-C 모티브 케모카인 수용체(CXCR)에 결합함으로써 지방세포 내에 대식세포 침윤infiltration을 유도한다. 비만인에서 지방조직의 대식세포 침윤은 아디포카인 조절기능 장애, 염증유발 케모카인/사이토카인 발현 증가 및 인슐린저항성을 초래한다. 렙틴은 내피세포접합 분자adhesion molecule의 발현을 증가시키거나 호중구, 평활근세포 및 암세포의 주화성 인자로 작용하여 지방조직 부위도 대식세포 동원을 개시하며, 지방조직에서 MCP-1과 MIP-1α와 같은 케모카인의 발현 증가는 지방조직의 대식세포 축적을 증가시킨다. 대식세포에서 분비된 TNF-α는 지방세포의 인슐린 신호전달을 방해하고 지방분해를 유도하여 지방세포 내의 유리지방산 축적을 야기함으로써 염증과 인슐린저항성을 초래한다. 또한 지방조직의 대식세포 침윤현상이 일시적인 혈장 인슐린 수준 상승 이전에 나타나는 것으로 보아 지방조직의 대식세포가 지방조직 내의 염증을 유도하여 인슐린저항성을 야기한다고 볼 수도 있다.

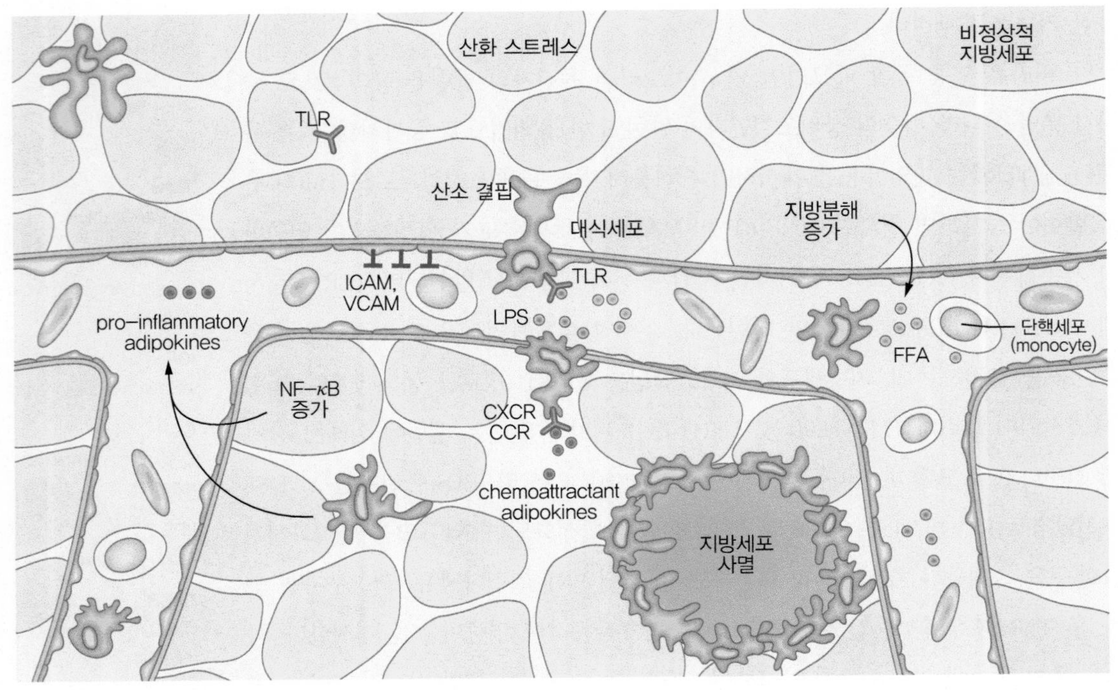

그림 11-8 비만에서 지방조직 염증이 발생하는 잠재적인 메커니즘

결과적으로, 마른 상태의 지방조직에서는 아디포넥틴과 기타 항염증성 아디포카인 분비가 증가되고 인슐린 반응에 민감하다. 반면, 비만에서 증가된 에너지 섭취는 지방조직 비대/사멸과 MCP-1과 같은 주화성 아디포카인의 방출을 유도한다. 이러한 상황에서 대식세포는 조직으로의 침윤이 용이하게 되고 염증반응을 심화시킨다. 이러한 분비 변화는 국소적 인슐린저항성과 저산소증을 수반하며, 염증성 지방조직에 의해 방출된 많은 양의 아디포카인은 인슐린저항성과 내피기능 장애를 유발한다.

3) 지방간 및 간섬유화증

NADPH
nicotinamide adenine dinucleotide phosphate

비만이나 과도한 지방 섭취로 인한 내장지방 조직의 축적은 NADPH 산화효소를 활성화시켜 산화적 스트레스를 야기한다. 증가된 산화 스트레스는 염증성 사이토카인인 PAI-1, MCP-1, IL-6 등의 분비를 증가시키고, 반대로 항염증성 아디포넥틴 분비를 감소시킨다 **그림 11-9**. 또한 지방조직에서 방출된 유리지방산은 간세포 내부로도 과

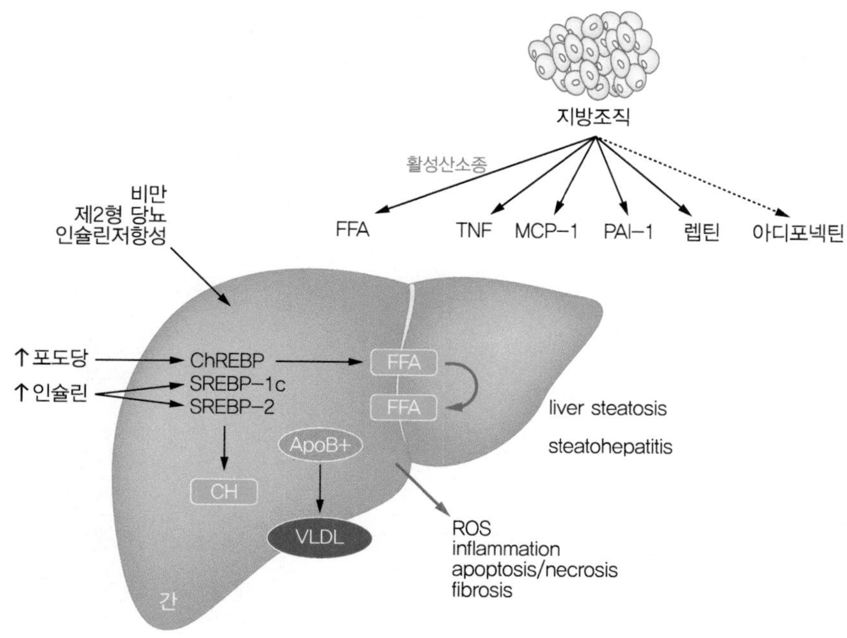

그림 11-9 비만에서의 지방간 메커니즘

다하게 유입되어 산화 스트레스의 원인이 된다. 간세포 안에서 인슐린은 전사인자인 SREBP(SREBP-1c와 SREBP-2)를 세포핵으로 이동하게 하며 FAS, ACC와 콜레스테롤 합성효소인 HMG-CoA reductase 등을 유도하여 지방산과 콜레스테롤을 합성을 증가시킨다. 결국 증가된 유리지방산과 콜레스테롤은 β-산화 기능이 원활하지 못하면 간세포 안에 유리지방산, 중성지방, 콜레스테롤로 모두 축적되어 지방간을 야기한다.

FAS
fatty acid synthase

ACC
acetyl-CoA carboxylase

한편, 비만으로 인한 지방간과 대사증후군은 간세포를 손상시키고, 손상된 간세포는 각종 염증유발 케모카인 및 사이토카인의 발현을 증가키거나 아디포카인 이상조절을 초래함으로써 NF-κB를 활성화시키고, 이는 염증반응을 가속화시킨다. 증가된 염증반응은 간의 성상세포를 활성화시키고 이는 다시 섬유아세포를 확장시켜 콜라겐과 같은 세포 외 기질의 합성을 촉진시킨다. 이때 생성된 세포외 기질은 디세강 space of Disse 주위로 흘러들어가 침착되면서 간섬유증을 유발하며 이 과정이 지속될 경우 간경변증으로 진행된다. 성상세포에 있는 대식세포도 염증반응을 가속화시키는 요인으로 작용하여 간성상세포를 활성화시킨다 **그림 11-10**. 한편, 간 성상세포를

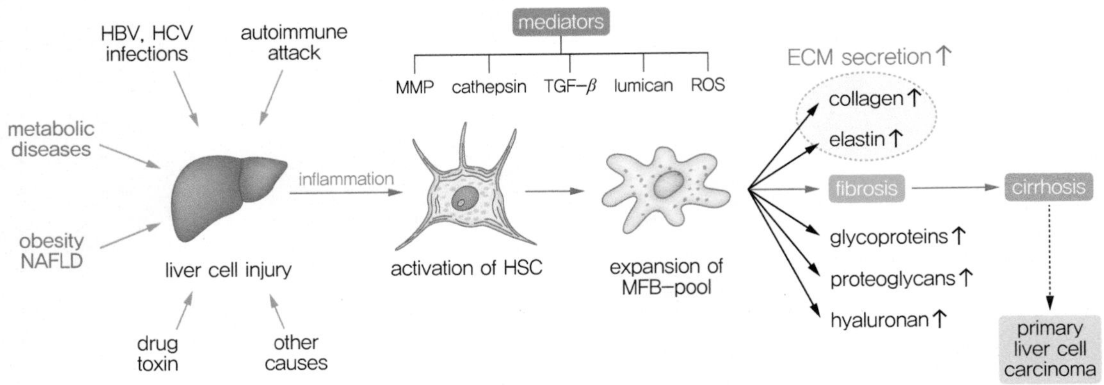

그림 11-10 비만과 타 요인에 의한 간성상세포의 활성화와 염증반응이 간섬유화 발병에 미치는 영향에 대한 핵심 개념

ChREBP
carbohydrate response element-binding protein

SREBP
sterol regulatory element-binding protein

ApoB
apolipoprotein B

HSC
hepatic stellate cells

MFB
myofibrobiasts

엔도펩티데이스 (endopeptidase)
단백질 등 펩티드 결합을 가수분해하는 효소의 총칭

기질 금속 단백질 분해효소 (matrix metallo-proteinases, MMPs)
세포의 기질을 분해하는 금속 단백질분해효소의 총칭

형질전환 성장인자 베타 (transforming growth factor-beta, TGF-β)
세포 증식 및 분화 등 기능 조절에 관여하는 단백질

활성화시키기 위해 다양한 인자들이 작용하는데, **엔도펩티데이스**인 **기질 금속 단백질 분해효소**(MMPs)는 세포외 기질의 구조 변경을 가능하게 하여 세포외 기질 발현을 조절한다. 또한 MMPs와 함께 루미칸lumican도 상피세포의 간질세포로의 변이를 유도하여 세포의 섬유화반응을 가속화시킨다. 한편, 사이토카인 중 **형질전환 성장인자 베타**(TGF-β)는 조직의 보수에 중요한 역할을 수행하는 다기능 인자의 일종으로, 대식세포와 같은 침윤세포에 의해 생성되거나 분비되며 거의 모든 조직에서 발견된다. TGF-β의 분비와 활성 증가는 다양한 세포 외 기질단백질의 생성은 자극하고 분해를 저해하여 조직섬유증을 더욱 악화시킨다.

4 비만과 생체리듬 조절대사

1) 말초조직 생체시계의 변화

지구에 존재하는 거의 모든 생명체는 지구 자전에 의해 이루어지는 낮·밤, 그리고 계절의 변화를 미리 예측하고 이에 맞는 행동을 하는 생명현상의 일주기 리듬을 갖고 있다. 사람의 경우도 수면·기상 리듬을 포함한 다양한 행동 및 생리작용이 24시간의 주기를 가지는 **생체리듬**이 있다. 하루를 주기로 호르몬 분비의 오르내림이 반복되고 체온 변화와 유전자 발현 등 생리학적 일주기 리듬이 관찰되는데 과학계에서는 이러

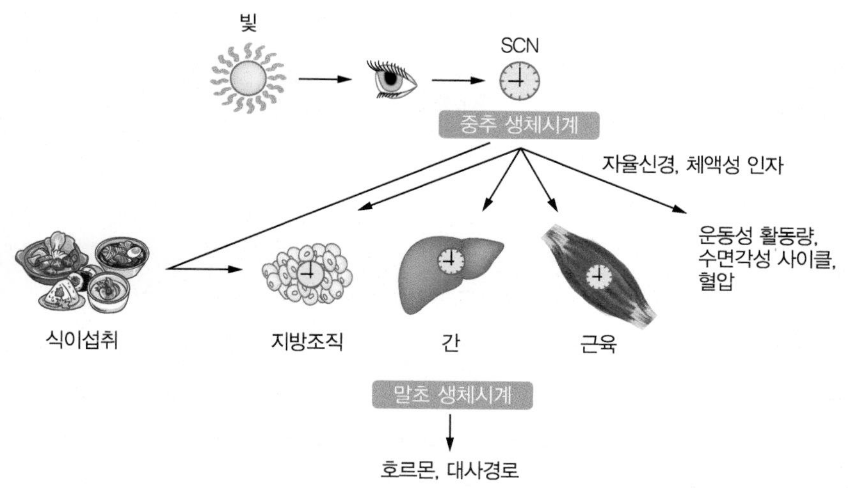

그림 11-11 중심생체시계와 말초 생체시계의 신호 재설정
자료: Froy, 2010 보정

한 분자 시스템을 **생체시계**라고 하는데, 이러한 일주기 리듬은 생명체의 건강과 밀접한 관련이 있다. 예를 들어, 생체시계가 오작동하면 생체의 일주기 리듬이 교란되면서 당뇨와 고혈압 등의 대사성 질환이 발생하고 때로는 암과 같은 심각한 질병의 원인이 되기도 한다.

생체시계는 생체 내의 대사와 관련된 호르몬과 효소의 활성을 조절한다. 대부분의 포유동물은 **시상하부**에 존재하는 **시교차상핵**(SCN)에 위치한 중추 생체시계를 비롯하여 말초기관계에 위치한 말초 생체시계를 가지고 있는데, 이 중추 생체시계와 말초 생체시계는 상호 조화를 통해 인체의 모든 생체리듬을 관장한다. 중추 생체시계에서 만들어진 일주기성은 다시 신체 각 부분의 말초시계로 전달되며 궁극적으로 식욕, 활동성, 수면패턴, 혈압을 조절할 수 있다. 최근 고지방 식이와 같은 비만유도 식이는 생체시계를 교란시킨다는 내용을 포함하여 생체시계와 관련한 흥미 있는 연구결과가 많이 나오고 있다. 식사시간이나 식품성분도 생체시계로 입력되어 호르몬 및 대사경로를 조절한다고 보고되고 있으며 **그림 11-11**, 특히 말초 생체시계는 조직의 생체리듬을 유지할 뿐만 아니라 조직특이적 유전자의 발현을 조절함으로써 지질 축적, 인슐린 분비, 인슐린 감수성, 면역체계, 지질대사, 당대사, 장내로의 식품성분 흡수 조절에 까지 관여한다 **그림 11-12**. 간조직과 같은 말초 생체시계에서는 뇌의 생체시계가

생체리듬 (circadian rhythm)

거의 일정한 주기로 반복되는 주기적인 생체현상. 사람의 체온, 혈압, 맥박, 맥박 수, 혈액, 수분, 염분량 등이 24시간 동안 일정한 것이 아니라 시간에 따라 또는 주야에 따라 약간씩 변동을 가져옴

생체시계(biological clock, circadian clock)

생체의 신경 내분비계가 갖는 규칙적인 활동 변화에 기초한 생체 내 시계로서, 생체리듬의 주기성을 나타냄

시상하부

뇌의 일부로 시상의 아래쪽에 위치하며 뇌하수체와 연결됨. 다양한 기능을 가지는 신경 핵들로 구성되어 있다. 주로 항상성의 유지에 관여하며 자율신경계통, 내분비계통 및 변연계통과 관련됨

시교차상핵 (suprachiasmatic nucleus, SCN)

뇌의 중심부의 작은 부위에 위치하며 시신경이 교차하는 바로 윗부분에 있음. 시교차상핵은 생리주기를 조절하는 데 2만 개의 뉴런을 이용하여 신경과 호르몬의 활동을 조절하여 인간의 24시간 주기의 다양한 기능들을 발생시키고 조절함

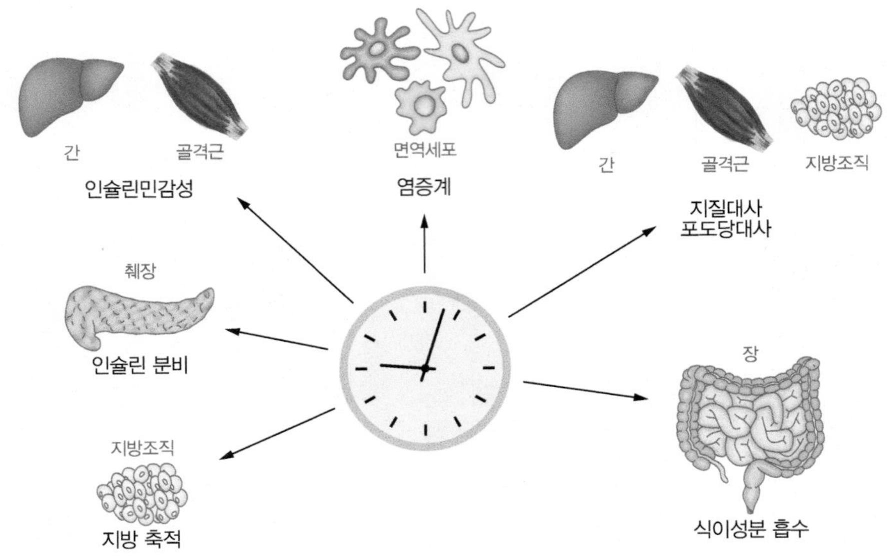

그림 11-12 말초 생체시계들에서 나타나는 반응 결과

보내는 신호에다 영양성분이 오가는 정보까지 합해서 생체리듬이 나타난다. 최근에는 대규모 전사체 분석을 통해 말초 생체시계가 세포 내 생화학적 경로와 밀접히 연결되어 있다는 증거들이 제시되었다. 특히 간조직의 총 mRNA 발현 중 5~10% 정도가 일주기적 발현 패턴을 보이며, 이는 지속적인 고지방식이나 비만에 의해 그 발현이 변화된다는 것을 의미한다.

CLOCK
(cricadian locomotor output cycles kaput)
일주기 리듬 조절 유전자

BMAL1
(brain and muscle ARNT-like protein 1)
일주기 리듬 조절 유전자

음성 되먹임 고리 기전
(negative feedback loop)
반응 생성물이 그 경로의 초기 단계를 억제할 때 생기는 생화학적 경로의 조절

CRY
cryptochrome

ROR α
RAR-related orphan receptor alpha

E-box
enhancer box

2) 음성 되먹임 고리 기전의 조절

포유동물의 경우 가장 상위단계의 생체시계 전사인자는 **CLOCK**과 **BMAL1**이며, 이들의 조절을 받는 하위 유전자로는 Period 계열의 유전자(PER: PER1, PER2 및 PER3), Cryptochrome 계열의 유전자(CRY: CRY1과 CRY2) 및 핵수용체 계열의 ROR α과 REV-ERBα(nuclear receptor subfamily 1, group D, member 1) 등이 있다. 이들 생체시계 유전자들은 일련의 전사/번역 피드백 루프를 형성하면서 개체 수준에서뿐만 아니라 단일 세포 수준에서도 생체리듬에 대한 자발적인 분자 진자로 작동하게 된다. 생체시계는 **음성 되먹임 고리 기전**에 의해 조절된다. 즉 생체시간 시스템의 양성 조절자로 작용하는 CLOCK과 BMAL1은 세포질에서 세포핵 내로 이동

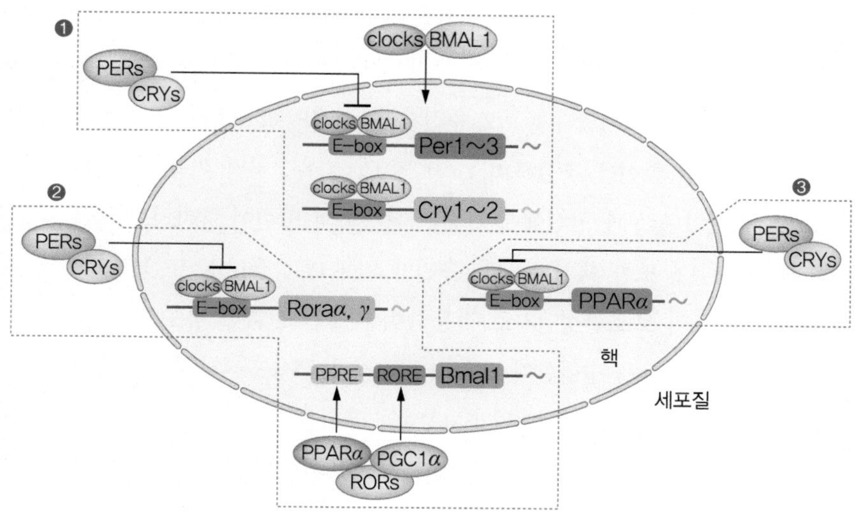

그림 11-13 포유류의 생체시계와 에너지대사 연관성에 대한 핵심 메커니즘
자료: Froy, 2010 보정

하여 E-box 내에서 이질이합체를 형성함으로써 CRY, period, Rev-erbα, RORα 및 PPARα의 전사적 발현을 유도한다. 또한 RORα 및 PPARα 단백질은 각각의 요소에 부착함으로써 BMAL1의 발현을 유도한다. 이때 음성 되먹임 고리 기전의 음성 조절인자 시계단백질인 CRY 및 PER 단백질이 축적되면, 이들은 세포핵으로 이동되어 CLOCK-BMAL1 단백질 복합체에 의해 매개되는 유전자 전사를 저해함으로써 음성 되먹임 고리 기전이 차단된다. 따라서 새로운 전사 사이클을 시작하기 위해서는 CLOCK-BMAL1 복합체는 PER 및 CRY 시계단백질의 가수분해를 활성화시켜야 한다 **그림 11-13**.

이처럼 CLOCK, BMAL1, Period(Per1, Per2, Per3), Cryptochrome(Cry1, Cry2)와 같은 핵심 시계 유전자core clock genes와 유관 단백질 분자는 생체리듬에 필수적인 역할을 한다. 그 예로, Per1 유전자를 제거한 생쥐에서는 wild type 생쥐와 동일한 수준의 고지방 식이를 섭취함에도 불구하고 체지방량 감소와 공복혈당 저하를 나타내어 Per1 유전자가 당과 지질대사 항상성 및 체중 유지에 직접적으로 관여함을 알 수 있다. Per2 유전자도 혈당 조절에 관여하는데, 제2형 당뇨병 치료제로 널리 사용되고 있는 **메트포르민**은 per2의 발현을 저하시켜 혈당의 항상성을 유지한다. 한편

메트포르민(metformin)
경구용 혈당 강하제. 인슐린 이용성을 높이고 간에서 글리코겐 배출을 억제하여 혈액내 당 수치를 낮춤

Per3 유전자는 PPARγ의 표적부위에 결합함으로써 PPARγ의 활성을 억제하여 지방형성을 감소시킨다. Per3 유전자가 결핍된 생쥐에서는 지방조직 무게가 증가된 반면, 근육조직의 무게는 감소되었다. Cry2 유전자는 cAMP signaling 및 간조직 당신생에 관련된 유전자의 발현을 조절하며, Cry1 및 Cry2 유전자가 이중으로 결핍된 생쥐는 CREB 단백질의 활성과 당신생에 관련된 유전자의 발현이 증가하고, 공복혈당 수준이 높게 나타난다. 또한 핵심적 시간 유전자 외에 PGC family 또한 생체리듬 조절에 관여해 PPARα의 보조활성인자로 작용하여 지방산 산화를 유도하며, 생체리듬을 조절하는 데 있어 역할을 수행한다. PGC-1α는 간과 근육조직과 같은 대사성 조직에서 RORα 및 RORγ를 보조활성시켜 BMAL1의 발현을 자극하는데, PGC-1α 유전자가 결핍된 생쥐의 경우 활동성, 체온조절, 대사율에 결함이 나타난다. 따라서 지금까지 생각지 못한 생체시계와 비만과의 관련성이 더욱 구체화되고 있다.

5 결론 및 제언

1) 비만과 대사성 합병증

에너지 소비에 비해 에너지 섭취가 증가한 경우 남는 에너지를 저장하기 위해 호르몬과 같은 많은 외부 자극이 지방세포의 분화와 팽창을 계속적으로 일어나게 한다. 지방조직의 팽창이 지속적으로 진행될 경우 산소부족증, 염증반응 및 인슐린저항성이 초래되어 지방세포의 섬유화와 괴사가 동반된다. 뿐만 아니라 지방세포로부터 유리된 유리지방산, 아디포카인, 호르몬은 비만, 당뇨병과 같은 대사성 질환, 심혈관질환의 주요 조절인자로 작용하게 된다.

식이에 따라 체질량 조절 및 유지와 관련된 유전자들의 발현이 조절된다. 대표적으로 PPAR는 식이 지방에 반응을 나타내어 지방 및 탄수화물대사에 관여하는 유전자 발현을 변화시킨다. 이와 같은 유전자 발현을 통해 분비된 내분비호르몬과 신경계의 상호작용을 통해 식욕증진 또는 식욕억제가 이루어진다. 비만은 인슐린저항성을 불러일으켜 췌장의 β-세포에서 과다하게 인슐린을 분비하면 β-세포에서 기능부전이 발생하고 마침내 인슐린의 분비가 줄어들어 혈당 조절이 어렵게 되어 제2형 당뇨병을 불러일으킨다. 또한 새로운 지방세포를 형성하는 데 필요한 전사인자 SREBP1과

PPARγ가 지방세포에서 발현이 억제되는 반면, 골격근과 간과 같은 다른 조직에서 과다하게 발현되어 상당한 양의 중성지방이 비정상적인 곳에 저장되어 조직에 유독하게 작용함으로써 기능이 손상된다.

한편, 비만은 염증 유발 사이토카인 및 케모카인 유전자의 발현을 증가시키고 이들의 상위조절인자 TLRs, IRF의 발현 또한 유의적으로 증가시킴으로써 염증반응을 촉매한다. 또한 케모카인과 렙틴은 지방세포 내 대식세포 침윤을 유도하며, 비만인에서 지방조직의 대식세포 침윤은 아디포카인 조절기능 장애, 염증유발 케모카인/사이토카인 발현 증가 그리고 인슐린저항성, 내피기능 장애를 유발한다.

간세포 안에서 인슐린은 FAS, ACC와 HMG-CoA 환원효소 등을 유도하여 지방산과 콜레스테롤 생성을 증가시킨다. 이렇게 증가된 유리지방산과 콜레스테롤은 간세포 안에 모두 축적됨으로써 지방간을 야기한다. 이때 손상된 간세포는 NF-κB를 활성화시키고, 이는 염증반응을 가속화시키며 증가된 염증반응은 간의 성상세포를 활성화시키고 결국 간섬유증, 간경변증으로까지 진행된다.

한편, 생체시계는 음성 되먹임 고리 기전에 의해 조절된다. 중추 생체시계와 말초 생체시계는 상호 조화를 통해 인체의 생체리듬을 관장하는데 비만은 영양상태 변화로 인해 생체시계의 리듬을 오작동시켜 정상적인 대사 흐름을 방해함으로써 여러 대사성 질환의 발병률을 증가시킨다.

2) 비만 관련 연구의 중요성

바람직한 체중 감소를 위해서는 식이 섭취를 줄이거나 장내 영양소 흡수를 억제하거나 열 생산을 증가시키고, 열량대사를 조절하는 중추 통제자를 조절해야 한다. "Let food be thy medicine and medicine thy food."은 고대의학자 히포크라테스의 말로, '식품을 통한 질병 예방의 중요성'을 강조하며 동양의 '약식동원(食藥東源)'의 개념과 그 맥을 같이하고 있다. 현재까지 소비자에게 영양소 섭취를 추천하는 방식은 획일화 방식이었으나 개인의 유전자 정보를 해석하여 이를 기반으로 각자의 유전자형에 적절한 반응을 보이는 식품을 처방하는 개인 맞춤형 영양 또는 맞춤식품의 기술 개발이 실현되리라 기대된다. 특히 개인 간의 유전자 변이가 식이반응에 영향을 미치므로 유전적 배경에 기초한 비만 예방 및 전체 식품에 대한 권장량 등이 정해져야 할 것이다. 유전적 인자와 비만과의 상호관계에 대한 연구에서 밝혀진 것처럼, 특정 종류의 식사에 대한 개인적인 감수성 차이는 결국 개인별 비만감수성 차이로 이어진다. 동일한 영양소 혹은 비영양소라 할지라도 동물이나 사람의 비만 관련 생체 반응은 유전적 다양성에 따라 달리 나타날 수 있다.

3) 비만중재와 영양과학적 접근 전망

비만 예방과 치료에 대한 기초연구는 식이 조절, 백색지방 조직 및 갈색지방 조직 그리고 그 하위경로를 표적으로 한 연구가 주목을 받고 있다. 특히 이들 조직과 관련된 인자와 그 하위경로를 타깃으로 하는 것은 비만인에서 체중 증가를 감소시킬 뿐만 아니라, 비만 관련 제2형 당뇨병과 기타 비만 합병증을 예방하고 치료하는 데 유용한 전략이 될 수 있을 것이다. 식품에 포함된 영양소와 생리활성물질들이 생체 비만대사 조절과 항상성 유지에 관여하며, 식품성분은 비만 등의 만성 질환의 진행단계에 영향을 미치므로 전사체, 대사체 및 단백체로 활용할 수 있다. 영양소들과 식이성분 섭취에 대한 반응은 각기 특별한 표현형으로 나타나지만 특이적인 영양소나 식이성분에 대한 반응 양상은 개인의 유전자형에 의해 결정된다는 사실도 고려되어야 한다. 한편, 생체시계의 리듬을 정상화시키는 식품성분은 교란된 생체리듬을 정상화하여 당뇨병, 지질이상혈증 및 고혈압 등의 대사성 질환의 개선을 가능하게 하며, 향후 연구도 활성화될 전망이다.

마지막으로, 최근 장내 미생물이 비만 표현형과 유전자 발현 조절에 관여한다는 보고들이 나오고 있어 비만 및 비만 관련 질환 예방을 위한 장내 미생물 조절에 대한 분자영양학적 중요성도 제안되고 있다.

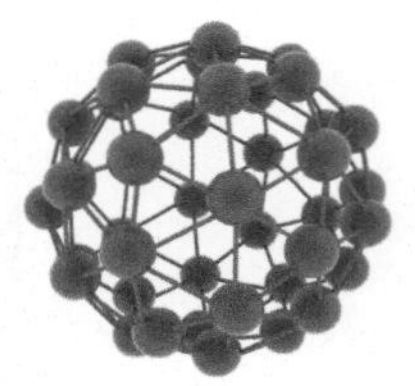

CHAPTER 12
심혈관질환

1 심혈관질환의 발생

1) 지단백질 LDL, HDL과 동맥경화증

식품으로부터 지방을 섭취하면 우리 몸은 체내 혈관을 통해 각 조직세포로 운반한다. 이때 우리 몸의 혈관과 세포 환경은 수용성이므로 지방은 체액에 쉽게 용해되지 않고 과하면 혈관에 쌓이게 된다. 이는 심혈관질환의 발병 원인이 되므로, 우리 몸은 지방을 효율적으로 운반하기 위해서 특수한 운반방법을 이용한다. 즉 지방을 혈관 내에서 운반할 때는 지질 성분으로 핵을 형성하고, 물과 친한 단백질이나 인지질과 같은 성분으로 표면을 형성하여 작은 크기의 미셀micelle과 같은 구 형태를 만들어 운반하게 되는데, 이를 지단백질lipoprotein이라고 한다. 특히 지단백질의 구성성분이 되는 단백질들을 아포단백질apo-protein(apo-는 'away, off, apart' 뜻의 접두어)이라고 하며, 지단백질의 종류에 따라서 아포단백질의 종류도 다양하다. 지단백질은 아포단백질의 종류와 속에 싸여 있는 지방의 종류(중성지방 또는 콜레스테롤 등) 그리고 지방의 함량에 따라서 구분하고 있으며, 각각의 지단백질이 운반하는 지방의 종류도 다르다 표 12-1.

표 12-1 지단백질 분류와 조성

		지단백질				
		카일로미크론	VLDL	IDL	LDL	HDL
모양	밀도(g/cm^3)	< 0.95	< 1.006	1.006~1.109	1.109~1.063	1.06~1.21
	크기(mm)	70~1200	30~70	25~35	22~30	18~36
조성	1. 지질성분(%)	99~90	89~94	80~85	75~80	50~55
	유리형 콜레스테롤	0.5~1	6~8	8	5~10	3~5
	콜레스테롤 에스터	1~3	12~14	30	35~40	14~18
	인지질	3~8	12~18	22	20~25	20~30
	중성지방(TG)	86~94	55~65	22	8~12	3~6
	2. 아포지단백질 성분(%)	1~2	5~10	15~20	20~24	45~50
	주요 아포지단백질	A-I, A-II, B-48, C-I, C-II, C-III, E	B-100, C-I, C-II, C-III, E	B-100, C-III, E	B-100	A-I, A-II, C-I, C-II, C-III, D, E

동맥경화증은 주로 혈관에 콜레스테롤이 쌓이는데, 콜레스테롤은 몸에 그다지 좋지 않은 것으로 오해되기가 쉽지만 사실 우리 몸은 콜레스테롤을 꼭 필요로 한다. 예를 들면, 지방의 유화를 촉진시켜 지방 소화를 도와주는 담즙을 만들 때 필요하며, 피부에서 비타민 D를 합성할 때도 콜레스테롤이 있으면 햇빛의 자외선을 이용하여 비타민 D를 합성할 수 있다. 또 세포막의 구성성분이기도 하며, 남성 호르몬인 테스토스테론도 콜레스테롤이 원료 물질이다.

따라서 우리 몸은 콜레스테롤이 필요할 때는 체내에서 합성하여 사용할 수 있으며, 단지 콜레스테롤이 문제가 되는 경우는 식이로부터 과다 섭취했을 때 혈관벽에 용해되지 않고 쌓이기 때문이다. 세포는 콜레스테롤이 필요하면 LDL 수용체LDL-receptor 단백질을 만들어서 세포막에 위치시킨 후에 혈관을 지나가는 LDL을 감지해서 세포 안으로 유입시킨 후 콜레스테롤을 사용한다. 만약 세포가 LDL 수용체 단백질을 잘 만들지 못하면 혈액 중의 LDL(즉 콜레스테롤)이 잘 제거되지 않아 콜레스테롤이 혈관에 쉽게 쌓이게 된다. 그래서 유전적으로 LDL 수용체 단백질을 만드는 유전자를 제거한 실험쥐 모델은 동맥경화증이 쉽게 유발된다(예: LDL receptor knock-out mouse).

LDL
low-density lipoprotein

LDL은 체내에 필요한 콜레스테롤을 제공해 주는 기능이 있지만, 산화되거나 변형된 LDL이 혈관 내에 존재하면 혈관 내 대식세포는 몸에 유해한 산화 LDLox-LDL를 제거하고자 대식작용을 하여 콜레스테롤이 포함된 산화 LDL를 대식세포 안으로 들인다. 혈중 산화 LDL의 양이 증가하면 이러한 과정이 계속 진행되어 산화 LDL를 많이 포함한 대식세포가 거품처럼 부풀어 오르게 되는데, 이를 거품세포foam cell라고 한다. 따라서 거품세포가 많으면 혈관에 산화 LDL 콜레스테롤이 많다는 뜻이고, 이는 동맥경화증의 원인이 된다. 거품세포는 혈관 내벽에 쌓여서 동맥 플라크plaque를 만들기 때문에 LDL 콜레스테롤은 몸에 좋지 않은 것으로 인식된다. 이와 반대로 HDL(또는 HDLc)을 몸에 좋다고 하는 이유는, HDL 안에 들어 있는 콜레스테롤은 간으로 운반되어 간세포에 의해서 담즙염 등을 만드는 데 쓰이고, 이 담즙염이 담

ABC1
ABC1 transporter

Apo
apolipoprotein

CETP
cholesterol ester transfer protein

HDL
high-density lipoprotein

HL
heparin lipase

IDL
intermediate-density lipoprotein

LCAT
lecithin acyltransferase enzyme

LPL
lipoprotein lipase

ox-LDL
oxidized low density lipoprotein

PONA
paraoxonase

SR-B1
scavenger receptor class B type I

VLDL
very low density lipoprotein

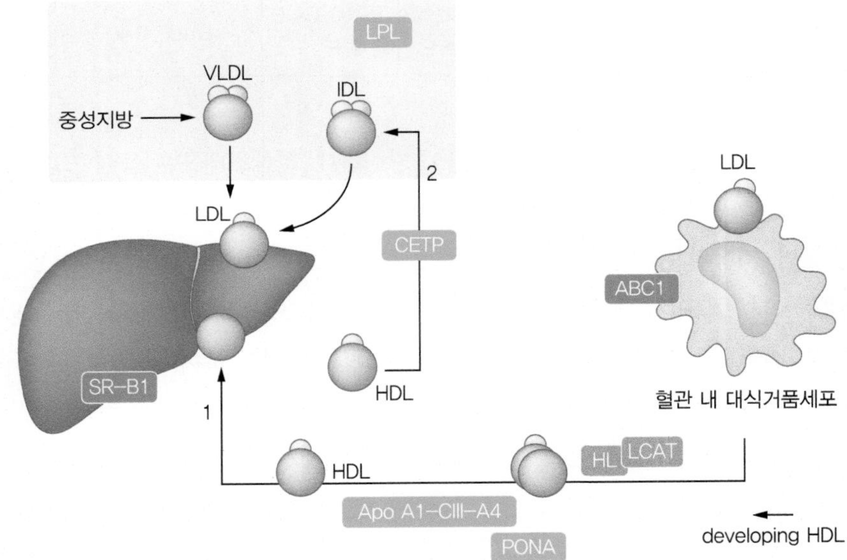

그림 12-1 HDL과 콜레스테롤 역전송

① 혈관의 끈끈한 죽종 플라크(atheroma plaque)에 존재하는 콜레스테롤을 간으로 역전송해서 담즙을 만든 후, 소화관을 통해 몸 밖으로 배출하는 과정(콜레스테롤의 역전송 과정). 이 과정은 대식세포가 만드는 ABC1 단백질과 HDL 아포단백질 부분이 간세포의 아포단백질 수용체(SR-B1)에 의해 인지되어서 일어남. ② CETP에 의해서 VLDL 및 IDL로 HDL 콜레스테롤이 수송되는 경로임. 상자 안은 지단백질 리페이스에 의해서 중성지방(TG)이 분해되어서 VLDL, IDL로 되는 것을 나타냄(자료: Navarro-López F, 2002).

즙관, 담관, 간관을 통해 소화관으로 분비되어 지방 소화에 도움을 주거나 소화관을 통해 몸 밖으로 콜레스테롤이 배출될 수 있기 때문이다. 이렇게 혈관 말초조직의의 콜레스테롤을 간으로 운반해서 몸 밖으로 배출하는 과정을 콜레스테롤 역전송 cholesterol reverse transport이라고 하며, HDL이 주로 담당하며 궁극적으로 콜레스테롤을 소화관으로 배출해서 몸 밖으로 내보낼 수 있기 때문에 체내 콜레스테롤 농도를 낮출 수 있다 **그림 12-1**.

2) 동맥경화증 기전

(1) 동맥경화증 기전

동맥경화는 혈관벽의 손상 또는 혈관 내피세포의 사멸 등의 원인으로 혈관에 콜레스테롤이 쌓이면서 딱딱하게 되는 현상이다. 혈관벽의 손상을 유발시키는 주된 원인으로는 산화 지방, 담배의 독성분, 혈중 호모시스테인homocysteine의 고농도 및 감염 물질, 전단응력shear stress 등이 있다. 혈관에서 동맥이 경화하는 현상이 어떻게 생기는지에 대한 내용과 관련 세포들의 작용 및 관련 분자물(주로 단백질들)을 **그림 12-2**과 **그림 12-3**에 나타내었다.

그림 12-2에서 보면, 일단 산화된 LDL이 혈관 내막에 응집하면 혈관내피세포 부분이 손상되어 혈관 안쪽이 노출되는 것으로부터 동맥경화 현상이 시작된다. 이때 혈관은 상처가 난 것으로 인식되어 손상된 부위의 세포들이 각종 염증 관련 단백질들의 합성 및 분비를 촉진하게 된다. 즉 염증 초기와 유사한 현상이 혈관벽에서 나타나게 되는 것이다 **그림 12-2, 1~3단계**. 이때 산화 LDL를 제거하기 위해서 혈액 중에 단핵구는 대식세포로 분화되어 산화 LDL를 대식세포 내로 유입시키고, 대식세포는 산

전단응력(shear stress)

물체의 어떤 면에서 어긋남의 변형이 일어날 때 그 면에 평행인 방향으로 작용하여 원형을 지키려는 힘을 전단응력이라고 한다. 혈관에서 혈액이 흐를 때 혈관벽(혈관 내피세포)에 가해지는 힘이다. 보통 전단응력이 높으면 혈관벽이 견디는 힘이 강해져서 동맥경화증이 덜 일어나고, 낮으면 동맥경화증에 잘 나타난다.

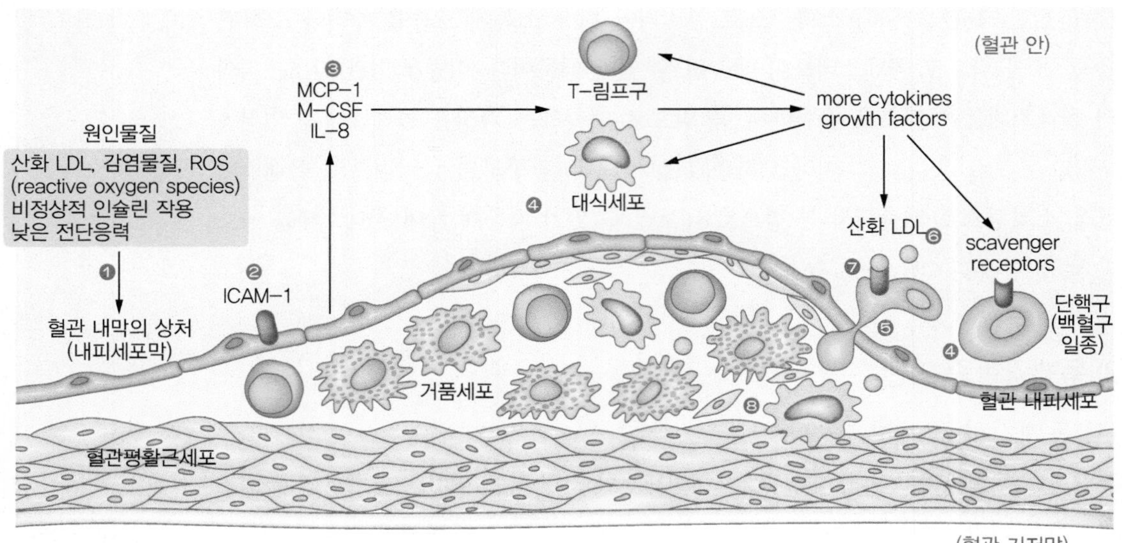

동맥경화증 발생과정

① 혈관 내피세포막 상처 및 기능 이상
② 내피세포가 흡착 분자물 단백질을 발현시킴
③ 내피세포의 염증 관련 분자물의 합성 및 분비. 예 : IL-8, M-CSF, MCP-1 등
④ 염증 관련 단핵세포의 탐색. 예 : T-림프구, 대식세포 등
⑤ 백혈구의 혈관 내막 흡착과 내막 안으로의 이동 증가
⑥ 포식 수용체(scavenger receptor)에 붙어 있는 산화 LDL를 대식세포가 감지해서 세포 안으로 들이면 대식세포는 거품세포가 됨
⑦ 활성화 된 단핵구, 즉 염증활동에 관여하는 백혈구 단핵세포들이 사이토카인 및 세포증식 단백질(mitogen)을 분비하면 산화 LDL이 증가함
⑧ 혈관 평활근세포의 이동 및 증식

그림 12-2 동맥경화증의 세포 및 분자물적 발생 기전

자료: Yu H and Rifai N, 2000

ICAM-1
intercellular adhesion molecule-1

IL-8
interleukin-8

MCP-1
monocyte chemotactic protein-1

M-CSF
macrophage colony stimulating factor

sICAM
soluble intercellular adhesion molecule

VCAM
vascular cell adhesion molecule

화된 LDL 콜레스테롤을 많이 함유한 거품 형태의 세포가 된다(거품세포) **그림 12-2, 4~7단계**.

이때 혈관 내피세포들은 염증반응에 관여하는 백혈구들(대식세포, 단핵구, T-세포 등)이 혈관 내벽으로 유입되기 쉽게 수용성 세포흡착 단백질들(sICAM 또는 VCAM 등)을 분비하여 동맥벽이 끈끈해지는데, 이는 동맥경화증 초기 현상이다. 즉 혈관 내피세포는 대식세포와 혈관 내피세포가 서로 잘 달라붙도록 수용성의 단백질을 분비해서 백혈구들이 혈관 내벽으로 쉽게 잘 들어올 수 있도록 한다. 이때 고콜레스테롤혈증이거나 산화 LDL이 많으면 이러한 동맥경화 초기 현상은 더욱 가속된다.

다음 단계는 산화된 LDL로부터 콜레스테롤을 많이 머금은 거품세포들이 혈관 내벽으로 들어와서 혈관 내막층에 쌓이게 되며, 혈관은 부풀어 오른다 **그림 12-3**. 이때

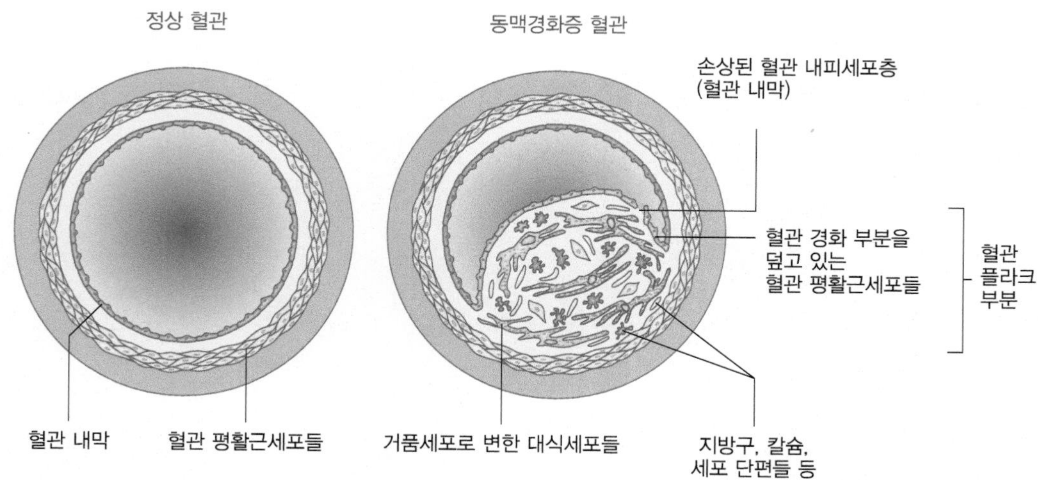

그림 12-3 동맥경화증 혈관 단면도
동맥혈관이 경화됨으로써 나타난 플라크가 보임

혈관 내피세포 바로 밑 부분에 위치하면서 혈관의 탄력성을 주는 혈관 평활근세포들의 수도 늘어나면서 혈관은 더욱 부풀어 오르게 된다. 혈관 평활근세포층이 두꺼워지면 혈관의 탄력성이 적어져서 혈액의 흐름은 더욱 방해를 받게 된다 **그림 12-2, 8단계**. 이러한 형태의 동맥경화성 지방 침착이 대동맥(심장에서 나와서 온 몸으로 혈액을 공급하는 동맥)이나 심장벽에 붙어 있는 왕관 모양의 동맥혈관(관상동맥혈관)에서 많이 발생하며, 이러한 동맥경화증의 지방 침착으로 인한 플라크를 만드는 핵심 물질이 바로 콜레스테롤이다. 이러한 동맥경화성 현상은 주로 혈류가 빠른 동맥에서 많이 일어난다(전단능력 현상).

(2) 동맥경화증 기전연구 내용

동맥경화증은 산화 LDL에 의해서 손상된 혈관의 염증반응으로부터 시작되는 질병이며, 다양하고 복잡한 일련의 단계를 거쳐서 발생된다 **그림 12-4**. 따라서 이 질병이 생기는 원리 및 기전을 규명하기 위해서는 다양한 기전연구 방면에서 접근해 볼 수 있다. **그림 12-4**를 보면, ① 산화 LDL이 혈관 내피세포에 어떻게 작용하는지, ② 이때의 염증반응에 관여하는 물질들(예: 사이토카인 등)은 어떠한 것이 있는지, 염증반응 과정은 어떻게 진행되는지, 또는 염증에 관여하는 단핵구들이 혈관 내벽으로 들어오기

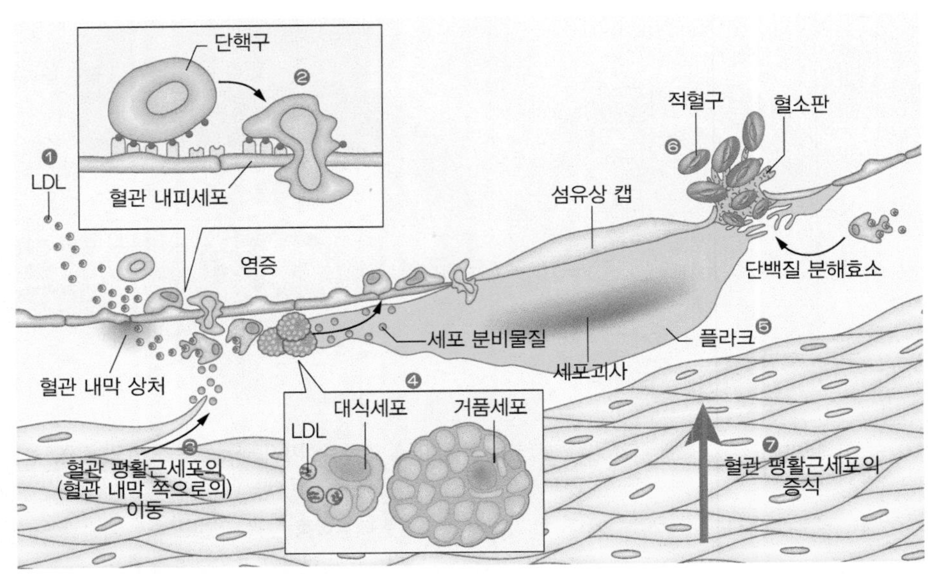

그림 12-4 동맥경화증이 일어나는 일련의 과정

위해서 세포흡착물질cell adhesion molecules을 분비하는 데 이러한 과정이 왜 나타나는지, ③ 혈관의 유연성을 유지하는 혈관 평활근세포가 왜 내피세포막 쪽으로 이동 및 증식을 하는지, ④ 대식세포가 LDL 콜레스테롤을 어떻게 세포 내로 유입해서 거품세포를 만드는지, ⑤ 콜레스테롤, 중성지방 및 죽은 혈관 평활근세포가 모여서 동맥 플라크를 형성하는데, 이 과정은 어떻게 일어나는지, ⑥ 플라크 표면을 덮고 있는 모자cap 모양의 내피세포막이 터짐으로써 만들어지는 혈전은 동맥경화에 있어 어떠한 영향을 미치는지, ⑦ 동맥경화가 일어날 때 혈관 평활근세포의 증식이 늘어나는데, 이 과정과 이로 인해 나타나는 현상 등과 같은 내용들이 동맥경화증의 발생과 치료를 이해하고 연구하는 데 도움이 된다.

관상동맥혈전증 (coronary thrombosis)

심장 벽면의 아주 가는 모세동맥 모세혈관(관상동맥)이 혈전 덩어리로 막힌 경우

뇌혈전증 (cerebral thrombosis)

뇌의 혈관은 아주 미세하므로 동맥경화 시 혈전에 의해서 막힘

(3) 혈전증 기전

혈전증thrombosis은 동맥경화증 말기에 나타나는 현상으로 혈관 안에 혈전blood clot이 생겨서 심장혈관과 말초혈관에서 혈액의 흐름을 방해하는 것이다. 혈전증은 동맥경화증과 더불어 심혈관질환을 일으키는 주요 원인이다. 혈전은 혈관 벽에 상처가 나면 혈관으로부터 출혈이 지속되지 않도록 혈소판(혈구세포의 일종)이 응고단백질 피

브린fibrin과 결합하여 혈액 응고상태로 만드는 현상이다. 혈관에는 산화 LDL, 콜레스테롤 등이 원인 물질이 되어 혈관 염증 및 플라크 부위가 떨어져서 혈전이 발생할 수 있다. 또한 동맥경화 부분의 플라크 덩어리가 떨어져 나와 조각이 되어 혈관 내에 떠 있을 수도 있는데, 이 경우에도 혈액의 흐름을 방해하므로 혈전증이 유발될 수 있다. 이러한 크고 작은 혈전 조각들이 혈관을 가로막으면 혈관에는 혈액의 운반량이 적어져서 세포에 산소공급의 부족으로 위험하게 된다.

동맥경화증 기전에서 혈전증이 생기는 과정을 자세히 설명하면 다음과 같다.

혈관 내에서의 산화 LDL, 콜레스테롤 같은 지방을 함유한 대식세포가 거품세포로 되어 혈관 내벽의 세포층(주로 혈관 평활근세포) 사이에 쌓이면, 혈관 평활근세포들이 점점 커지는 혈관 지방 플라크를 더 이상 커지지 않도록 세포 수를 증식시키면서 동맥경화 부분을 고정시키게 된다. 이렇게 동맥 플라크 부분을 고정하기 위해 늘어나는 혈관의 지방 침착 부위를 혈관 평활근세포들이 모자처럼 씌우게 된다fibrous cap **그림 12-2, 그림 12-3**. 이러한 동맥경화 부위에 모자처럼 얹어진 형태의 양 끝부분에서는 혈관 내피세포들이 약해지거나 혈관의 주요 세포들인 혈관 평활근세포들이 변화되어 쉽게 파열되어 떨어져 나가게 되면, 이들이 혈전처럼 혈류의 흐름을 방해하는 물질이 되어 심장 벽면의 가는 혈관들을 막으면서 심혈관계질환을 유발한다. 흔히 손발이 저리다고 하는 것은 이런 혈전들이 하는 말초혈관들을 막아서 생긴 경우가 많다.

동맥경화 플라크는 콜레스테롤 성분과 죽은 혈관 평활근세포들, 지방, 무기질(주로 Ca, P) 성분들이 쌓여서 딱딱해진 부분이고, 혈전은 혈액응고 덩어리, 또는 플라크 일부분이 떨어져서 혈관에 떠 있는 덩어리들이다. 동맥경화 플라크의 양 옆쪽 파열되는 부분에는 면역에 관련된 세포들이 많이 모이게 된다. 이는 혈관 내막의 혈관 내피세포들이 파열되면, 상처가 난 부분을 통해서 혈액 중의 대식세포들이 혈관 내벽으로 많이 몰리게 되는 것과 관련이 있다. 이러한 대식세포들은 면역에 관여하는 사이토카인(soluble ICAM-1이나 인터루킨-1interleukin-1 또는 인터루킨-6interleukin-6 등)을 분비하는데, 이들 염증 사이토카인 및 CRP의 혈중 농도가 높으면 심혈관계 질병 발생률이 높다.

CRP
C-reactive protein

2 심혈관질환의 종류

심혈관질환의 종류는 발병 기전과 위치에 따라 다음과 같이 나눈다.

1) 죽상동맥경화증

죽상동맥경화증
(atherosclerosis)
athero: 끈적한 상태, 죽상의
sclerosis: 경화, 딱딱해지는 현상

죽상동맥경화증은 혈관벽에 콜레스테롤이나 지방이 침착하고, 여기에 칼슘이나 인 등의 무기질이 쌓여서 혈관이 좁아지고 딱딱하게 되는 경우이다. 따라서 혈류의 흐름이 방해를 받아서 영양소 및 산소부족 상태가 되고, 혈류 흐름의 저항으로 고혈압이 생긴다. 동맥경화증은 심장에서 나오는 대동맥 부분(심근경색증), 심장 벽면에 붙은 관상동맥혈관(관상동맥질환, 또는 허혈성 심질환 등), 또는 뇌의 가는 동맥혈관(중풍 등) 등에 잘 생긴다.

2) 관상동맥경화증(허혈성 심질환)

관상동맥은 심장 벽면에 왕관 모양으로 존재하는 동맥으로서 심장이 박동하는 데 필요한 산소와 영양소를 공급한다 **그림 12-5**. 관상동맥경화증coronary heart disease은 이 관상동맥이 막혀서 혈액이 충분하지 못하므로 허혈성 심질환ischemic heart disease이라고도 한다.

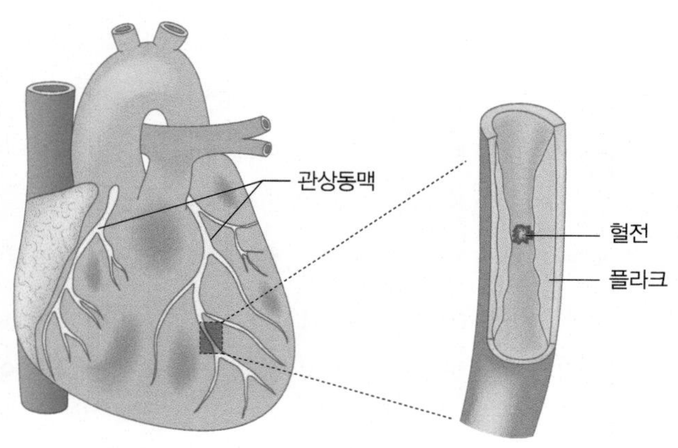

그림 12-5 관상동맥경화증

3) 심근경색증

심근경색myocardial infarction은 심장으로 통하는 대동맥 또는 심장 벽면에 존재하는 관상 모양의 동맥이 막혀서 심장근육이 제대로 수축과 이완을 하지 못하고 잠시 경색이 되는 경우이다. 이 경우 산소 공급이 일시적으로 중단되어 심근경색 또는 심장마비heart attack가 일어나게 된다.

4) 뇌졸중

뇌졸중(중풍)stroke은 뇌의 모세혈관이 막히는 경우이다. 뇌세포 조직에 산소와 영양소가 공급되지 않아서 뇌세포가 사멸하게 되면 위험하다. 뇌혈관 혈류 저항으로 인한 고혈압으로 혈관 파열, 혈관 파열에 의한 용혈현상, 혈전 등이 뇌졸중의 주요 원인들이다.

5) 고혈압

고혈압hypertension은 말초혈관 부분에서 혈류의 저항을 받아서 혈압이 높아지는 경우이며, 혈액의 양이 많아지면 저항도 증가하여 혈압이 더 높아질 수도 있다.

6) 고지혈증

고지혈증hyperlipidemia은 혈액 중에 지질이 높은 경우로서 지단백질에 의해서 운반되는 지질의 종류에 따라 고콜레스테롤혈증, 고중성지방혈증 등으로 나눌 수 있다. 혈액 중에 LDL이 많으면 고콜레스테롤혈증을 유발하게 되고, VLDL이 많으면 이 지단백이 많이 운반하는 중성지방이 많으므로 고중성지방혈증일 경우가 많다.

3 심혈관질환 발생과 유전적·환경적 요인들

동맥경화증으로 인한 심혈관 발병에는 유전적 요인과 환경적 요인이 작용하게 된다. **그림 12-6**에 동맥경화증 및 혈전증으로 심장의 관상동맥경화증이 생길 수 있는 유전적 및 환경적 요인들을 제시하였다. 그림의 타원 안에 표기된 약자는 단백질 분자물

ACE
angiotensin-converting enzyme

AGN
angiotensinogen

AHT
arterial hypertension

ApoE
apolipoprotein E

AT1
angiotensin receptor type 1

FGN
fibrinogen

IRS-1
insulin receptor substrate

Lp(a)
lipoprotein (a)

MTFR
methylene-tetrahydrofolate reductase

NADH
NADH oxidase

NOS
nitric oxide synthase

PAI-1
plasminogen activator inhibitor

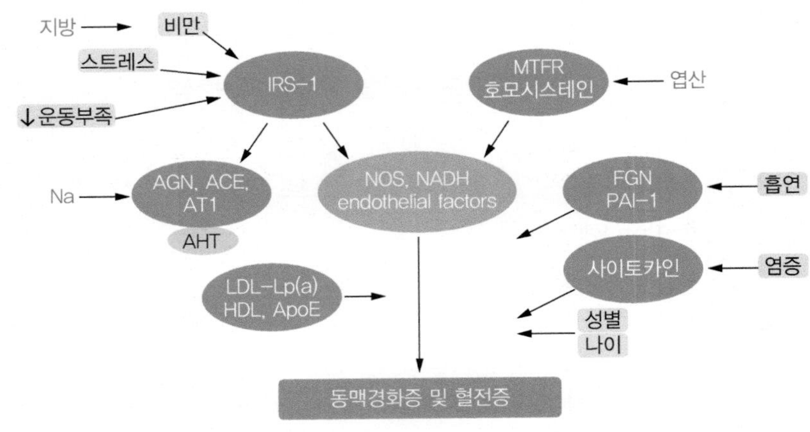

그림 12-6 심혈관질환을 일으키는 다양한 유전적·환경적 요인들
심혈관질환 발병은 여러 유전적·환경적 요인들에 의해서 일어나는데, 특히 영양소에 의한 요소로서는 엽산, 지방 및 나트륨이 있다.

로서 이 단백질들이 많이 만들어지면 심혈관질환 발병 가능성이 높다. 또한 이러한 분자물들은 그림에서 표기된 환경적 요인들-운동 부족, 스트레스, 비만, 흡연, 면역, 염증 상태 등-에 의해서 궁극적으로는 심혈관질환 발병이 더욱 촉진된다.

고지방 및 고나트륨(Na 또는 sodium이라고도 함) 식이 및 저엽산 식이 섭취는 심혈관질환 발생을 높인다. 엽산 섭취가 부족할 경우, 엽산이 구성분으로 필요한 효소 MTFR이 잘 안 만들어질 수 있다. MTFR은 혈액 중의 호모시스테인을 분해해서 아미노산인 메티오닌을 만드는 효소인데, 그 구성분으로 엽산을 필요로 하고 있다. 그런데 혈중에 호모시스테인 농도가 높으면 고호모시스테인혈증hyperhomocysteinemia인 경우는 유전적으로 심혈관질환에 걸리기 쉽다. 따라서 MTFR이 부족하면 혈중 호모시스테인이 분해되지 못하고 혈중에 많이 남게 되어 심혈관질환이 일어나기 쉽다('고호모시스테인혈증과 엽산'에 대해서는 뒤에 자세히 설명함).

또한 고지방 섭취는 LDL, HDL, ApoE 단백질의 유전자 다형성 변이를 일으켜서 심혈관질환 발병을 촉진할 수 있다(뒤의 '유전자 다형성' 부분에서 자세히 설명함). 고Na 섭취는 안지오텐시노겐(AGN), 안지오텐신-변환효소(ACE), 안지오텐신 수용체 단백질(AT1)의 유전자 변이를 일으켜서 심혈관질환 발병을 높인다.

4 영양소 및 식품 성분에 의한 심혈관질환의 분자영양학적 기전

심혈관질환의 가장 주된 원인은 지질대사(즉 지단백질의 대사)의 이상이므로, 지질대사를 변화시키는 유전자 및 단백질을 영양소나 식품 섭취로 조절할 수 있으면 심혈관질환 발병도 조절될 수 있다고 본다. 다음에는 심혈관질환과 관련된 영양소나 식품이 심혈관질환 관련 유전자 발현에 어떻게 관여하는지를 설명하였다.

1) 불포화지방산

세포 안에는 퍼옥시좀peroxisome(과산화소체)이라는 세포소기관이 있는데, 원래 이 세포 소기관은 세포작용에 의해서 생긴 산화물을 산화효소에 의해서 과산화물hydrogen peroxide, H_2O_2(이 물질 자체는 세포독성이 있음)을 만들어 최종적으로 무독성 물질을 만드는 일에 관여하고 있다. 근래에 와서 새로이 알려진 이 세포 소기관의 또 다른 기능은 긴사슬지방산의 β-산화를 촉진시킴으로써 지방산 분해를 촉진시켜서 체내 지질 침착을 줄이며, 콜레스테롤이 담즙산bile acids으로 변환되는 과정을 촉진시켜 콜레스테롤이 몸 밖으로 배설되는 것을 도와주는 중요한 작용을 하는 것으로 밝혀졌다. 따라서 세포 내에서 이 퍼옥시좀을 많이 만들 수 있는 물질이 있다면 지방산과 콜레스테롤 대사를 향상시켜 심혈관질환을 예방, 완화시킬 수 있다.

퍼옥시좀을 많이 만들려면 퍼옥시좀 합성 촉진 분자물peroxisome synthesis-stimulating molecules 있는 수용체 단백질receptors이 많아야 한다. 이 수용체 단백질이 **PPAR**이다. PPARs 는 핵 내에 존재하는 수용체 단백질인데, PPAR 분자물이 활성화되면, 지방세포 분열 저하, β-산화에 의한 지방산 분해 증가, 중성지방 합성 저하, 인슐린민감성 향상 등의 작용이 일어난다. 따라서 PPAR 단백질을 만드는 유전자 발현이 촉진되고 이 수용체 단백질이 많이 만들어지면, 퍼옥시좀이 많이 만들어질 수 있고 지방산 분해와 콜레스테롤 소비가 많아져서 심혈관질환을 예방할 수가 있는 것이다. **그림 12-7**을 보면, 주로 지방산(다가불포화지방산PUFA으로 주로 ω-3 또는 ω-6임)들이 PPAR에 가서 많이 붙는다(리간드). 리간드ligand란 수용체 단백질에 가서 인지 또는 결합하는 분자물을 말한다. 여기서는 PPAR에 가서 붙는 지방산이 리간드인 셈이다. 지방산 리간드가 PPAR에 붙으면, 지방산-PPAR 복합체는 핵 내에서 또 다른

PPAR(peroxisome proliferation-activator receptors)
퍼옥시좀을 많이 만드는 물질들이 붙는 수용체 단백질이라는 뜻. alpha, beta, gamma, 세 종류가 있음

PUFA
polyunsaturated fatty acid

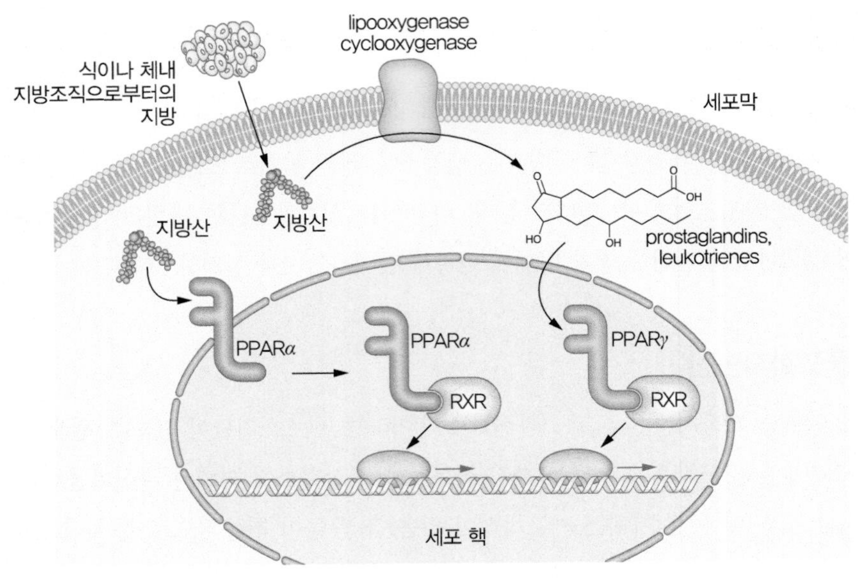

그림 12-7 PPAR 핵 수용체 단백질 및 지질대사 개선

RXR(retinoid X receptor)
비타민 A 수용체 단백질

수용체 단백질인 **RXR**과 결합하고, 이어서 DNA의 표적유전자 프로모터 영역에 결합하여 해당 표적유전자의 발현을 조절하게 된다.

앞의 설명에서처럼 다가불포화지방산은 PPAR에 가서 결합함으로써 PPAR을 활성화시키며, 이는 지방산의 분해를 촉진하거나 콜레스테롤의 저하를 유도함으로써 심혈관질환의 발병을 저하시킬 수 있다. 또한 말초조직이나 혈관의 대식세포로부터 콜레스테롤을 간으로 가지고 오는 콜레스테롤 역수송에 ABCA1이라는 단백질 효소가 필요하다. PPAR는 이 효소단백질의 발현도 촉진시킴으로써 체내 혈관에서의 콜레스테롤을 간으로 역수송해서 담즙의 형태로 몸 밖으로 배출시킴으로써 콜레스테롤 체내 축적을 억제시킬 수 있다.

2) 아이소플라본

아이소플라본isoflavone은 주로 콩에 많이 들어 있는 색소물질인데, 이 아이소플라본이 PPARγ에 붙는 리간드로 작용하여 지방 분해를 촉진할 수 있다. 리간드 물질은 수용체 단백질에 붙으면, 세포 내로 신호가 전달되어 핵에서 유전자 발현 및 단백질 합성을 조절할 수 있다. 즉 아이소플라본은 지방산 대신에 PPAR에 결합하여 지방산의 β-산화 분해를 촉진하여 중성지방 합성을 저하시킨다.

3) 고호모시스테인혈증과 엽산

1968년에 하버드대학교 연구팀들은 유전적으로 호모시스테인의 대사 분해 과정이 제대로 진행되지 않아 혈중 호모시스테인 농도가 높은 아동과 성인들에게서 주로 동맥경화증 현상이 나타나는 경우를 발견했으며, 고호모시스테인혈증이 심혈관계 질환의 '유전적' 위험인자라고 연구 발표하였다. 혈액 중에 존재하는 호모시스테인 단백질은 혈관 내피세포에 상처를 주는 물질로 알려졌으며, 그 후 혈액 중에 호모시스테인의 농도가 높으면 동맥경화증 위험이 있는 것으로 인식되었다. 호모시스테인은 환경 요인과는 관련없이 유전적 요인만으로 동맥경화증을 발생시킬 수 있는 위험인자이다. 호모시스테인이 혈관벽 내피세포에 부착되면 세포 산화를 잘 일으키며, 혈관의 염증을 유발하고 혈관 내피세포의 기능을 저해하여 동맥경화증을 쉽게 유발한다. 따라서 세포의 호모시스테인 합성과 혈중 호모시스테인 농도가 감소하면 동맥경화증 또는 심혈관질환의 발병을 줄일 수 있으며, 이러한 작용이 있는 식품이나 영양소가 있다면 심혈관질환의 예방에 도움이 될 수 있다. 대표적인 예로 엽산이 있으며, 이 호모시스테인 분해 대사에 보조인자로 작용하는 비타민 B_6와 B_{12}도 중요하게 인식된다. 따라서 이러한 비타민들도 부족하지 않게 섭취하는 것이 좋다. 흡연의 경우는 고호모시스테인혈증을 더욱 가중되므로 주의를 요한다.

엽산이 고호모시스테인혈증을 완화시켜서 심혈관질환을 예방하는 기전은 **그림 12-8**과 같다. 그림에서 보면, 식이로부터 엽산의 섭취가 증가하면 혈중 5-MTHF 농도가 높아지면 간에서의 호모시스테인(Hcy) 합성을 저하시킬 수 있고, 따라서 혈중 분비도 저하되므로 혈중 호모시스테인의 농도를 저하시켜서 동맥경화증을 줄일 수 있다. 혈중 5-MTHF 농도 저하는 혈관 내피세포층(ECs)에서의 5-MTHF 농도 저하를 가져오며, 따라서 혈관 내피세포층에서의 호모시스테인 농도를 저하시켜서 동맥경화증 발병을 줄일 수 있다. 5-MTHF를 합성할 때 엽산이 필요하므로 엽산 섭취 부족은 5-MTHF 합성이 잘 안 되어서 혈중 5-MTHF 수준이 낮아지고, 혈중 호모시스테인 농도를 줄일 수가 없다. 따라서 유전적으로 고호모시스테인혈증이 있는 사람이나 심

5-MTHF
plasma 5-methyl-tetrahydrofolate

Hcy
homocysteine

ADMA
asymmetric dimethylarginine

BHMT
BH methionine

BH_2
dihydrobiopterin

BH_4
tehrahydrobiopterin

eNOS
endothelial NO synthase

L-arg
L-arginine

MET
methionine

MS
methionine synthase

MTHFR
MTHF reductase

NO
nitric oxide

$ONOO^-$
peroxynitrite

$O2^-$
ROS, mitochondria-derived reaction oxyten species

PRMT
PR methionine

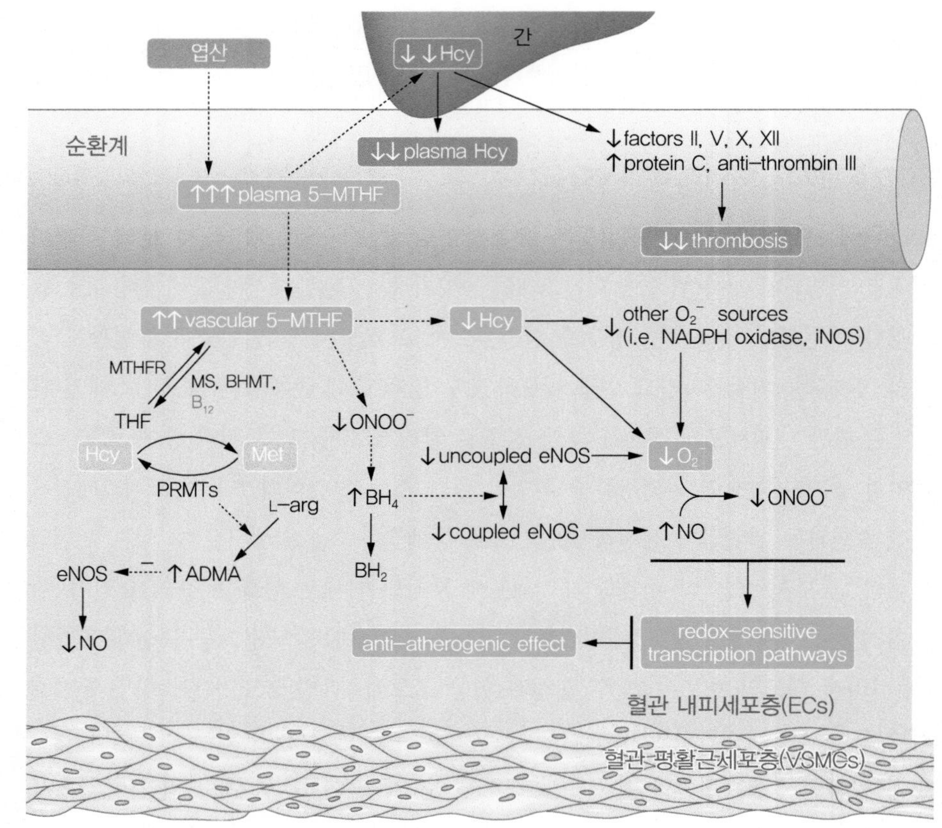

그림 12-8 고호모시스테인혈증과 엽산 섭취

엽산 섭취는 혈중 5-MTHF(그림에서 plasma 5-MTHF) 농도를 높여서 간으로부터의 호모시스테인(Hcy) 합성을 줄임으로써 동맥경화증 발생을 줄일 수 있다. 점선 화살표는 실선 화살표에 비해서 반응의 정도가 약함을 의미한다.

redox-senstive transcription pathways
세포의 산화-환원반응을 하는 쪽으로 유전자 발현, 전사가 일어나는 세포신호전달 경로

anti-atherogenic effect
항동맥경화 효과

혈관계 질환자는 엽산의 섭취가 부족되지 않도록 한다.

또한 혈중 호모시스테인 양이 저하되면 혈전증 현상도 저하되고, 혈관 내피세포층에서 호모시스테인 양이 저하되면 세포의 산화-환원반응 과정 중 세포 산화를 줄여줌으로써 혈관 내피세포를 보호할 수 있다. 혈관 내피세포에서 5-MTHF에 의해서 세포내 호모시스테인(Hcy) 양이 감소되면 세포 내의 자유산화기(O_2^- 라디칼)를 줄일 수 있어서 동맥경화증을 줄여줄 수도 있다.

5 심혈관질환과 유전자 다형성

1) 유전자 다형성이란?

유전자 다형성gene polymorphism이란 특정 단백질을 만드는 유전자에 약간의 변이가 일어나서, 이 유전자로부터 합성되는 단백질에 가벼운 변이나 기능 변화를 일으키는 경우로 일종의 유전자 변이라고도 한다.

변이는 유전정보가 있는 DNA 특정 염기서열 부분이 변화되어서 전사, 번역의 과정이 진행되었을 때 아미노산의 일정 부분이 다르게 치환되고, 변형단백질이 합성될 수 있다. 유전형이 변하여 표현형 또는 해당 단백질의 기능이 확연히 달라 보일 수 있다. 이러한 경우를 일반적 유전자 변이gene mutation로 볼 수 있지만, 유전자 다형성에서처럼 가벼운 정도의 유전자 변이, 그래서 '병에 잘 걸릴 수 있는' 등의 성질을 나타내는 경우가 있으며, 이렇게 유전자 다형성에 의해서 질병 발생의 가능성이 높은 경우에 질병 감수성 유전자로 얘기한다.

유전자 다형성에서 단지 한 개의 염기서열만 변이된 경우를 단일 염기 유전자 다형성(SNP)이라고 한다. 이러한 SNP은 보통 DNA 유전자의 단백질 암호 부위가 없는 곳에 존재하기 때문에 위의 유전자 다형성에서처럼 단백질의 아미노산의 치환은 일어나지 않으나, 특정 SNP의 존재는 특정 질병의 발생과 연관이 있는 것으로 알려져서 다양한 SNP를 찾는 연구도 활발하다.

SNP
single nucleotide polymorphism

심혈관질환은 환경적 요인의 자극이 같은 경우라도 특정 사람들에게서 발병이 되므로 유전적 요소가 작용한다고 볼 수 있다. 유전적 요소, 즉 세포가 만들어서 분비하는 분자물(단백질)에 의해서 질병의 발생이 영향을 받을 수 있는 것이다. **표 12-2**에는 심혈관질환 발생과 관련이 있는 유전자 다형성을 제시하였다. 표에서 보면 심혈관질환 발병과 관련된 단백질들의 유전자들과 이 유전자에 변이가 생긴 유전자 다형성, 그리고 이에 따른 임상 증상(심혈관질환 증상), 질병 발생을 촉진시킬 수 있는 환경적 요인들을 제시하였다.

2) LDL과 관련된 유전자들

다음에 소개하는 단백질들의 유전자들은 LDL과 연관된 유전자들로서, 이들 유전자

allele(대립형질유전자)
어떤 한 특성에 대해서 서로 다른 표현을 하게 되는 유전자쌍

CETP
cholesterol ester transfer protein

NOS3
nitric oxide synthase 3

eNOS
endothelial NOS

FGB
fibrinogen-β

LPL
lipoprotein lipase

PAI-1
plasminogen activator inhibitor-1

PONA
paraoxonase

표 12–2 심혈관질환 발생 관련 유전자 및 유전자 다형성

관련 단백질	유전자	유전자 다형성 (risk alleles)	임상적 증상	관련 환경요인들
LDL/VLDL	apo-E	E4 (Cys112Arg)	↑LDL	지방 섭취
		E2 (Arg158Cys)		
Lp(a)	apo(a)	Apo (a)	Lp(a)≥30 mg/dL	-
HDL 역수송	LPL	Asp9Asn	↓HDL, ↑TG	비만
		Asn291Ser	-	흡연
		Gly188Glu, etc.	-	-
		Ser447Ter (HindIII)	↑HDL, ↓TG	-
	CETP	TaqI-B	-	음주
	PONA (paraoxonase)	-192Q/R 55 L/M	-	-
	ABC1	-477T/C	-	-
	apo-A I-CIII-AIV	Apo A1 (multiple)	↓HDL	-
	hepatic lipase	-	-	-
인슐린저항성	IRS-1	G972 GR	대사증후군	비만
혈관내막 기능	NOS3*	G894T	g V. dilation	-
	NAD(P)H oxidase	-	-	-
	MTHR	C677T	↑homocysteine ↓vasodilation(혈관 확장)	엽산
염증	Il-6	G/C-174	↑IL-6, ↑↑FGN	흡연
	IL-1β	C(-511)T	-	-
	chemokine receptors	CCR5	-	-
혈전증	FGB	G/A-455 (HaeIII H1/H2) C/T-148	-	흡연
	PAI-1	4G/5G (-675)	↓PAI-1	-

*예를 들어, NOS3(nitric oxide synthase 3, NO 합성효소) 단백질을 만드는 유전자에 유전자 다형성(G894T)이 생겼다는 얘기는 894 nucleotide(염기서열)에 guanine(G) → thymine(T)로 치환이 되었다는 뜻이며, 그래서 아미노산이 Glu → Asp로 되었다는 뜻임.

들의 발현 조절과 유전자 다형성에 따라서 LDL의 혈관 침착 등에 영향을 받아서 동맥경화증이 쉽게 걸릴 수도 있는 것이다.

(1) LDL 수용체 단백질

LDL 수용체 단백질은 혈관에 돌아다니는 LDL을 인지하고 수용하는 단백질이다. 특히 간세포의 세포막에 존재하는 LDL 수용체 단백질은 콜레스테롤을 다량 함유하고 있는 혈중 LDL을 감지하여 세포 내로 유입하고, 유입된 콜레스테롤을 사용하여 담즙액 등을 만든다. 따라서 LDL 수용체 단백질을 만드는 유전자에 변이가 일어나게 되면, 혈관으로부터 LDL이 제거되지 않고, 즉 혈액 중의 콜레스테롤 제거가 효과적으로 되지 않아 혈관의 동맥경화증을 유발하기 쉽다. 또한 LDL 수용체는 다른 조직 세포의 막에도 존재하며 LDL을 유입하여 지단백질 안에 존재하는 지질을 사용하여 세포의 에너지원으로 사용한다.

(2) Apolipoprotein B(apo-B100)

Apolipoprotein B(Apo-B100) 유전자는(유전자명 Arg3500Gln) 아포단백질 B를 만드는 유전자이다. Apo-B100 아포단백질은 지단백질 구성요소로서 지단백질막에 존재하면서 지질을 에너지원으로 필요로 하는 세포들의 세포막에 존재하는 LDL 수용체에 의해 감지되어 혈류로부터 Apo-B100을 함유하고 있는 지단백질을 세포 내로 유입시킨다. 그러나 Apo-B100을 코딩하는 유전자에 변이가 생기면 LDL 수용체에 의해 쉽게 감지가 되지 않고, 따라서 혈중 Apo-B100을 포함하는 지단백질이 많아지면서 고콜레스테롤혈증으로 인한 동맥경화증이 쉽게 일어난다. 보통 서구인의 경우 1,000명당 1명 꼴로 Apo-B100 유전자의 SNP이나 유전자 다형성이 있으며, 이러한 유전자를 보유한 사람은 심혈관질환에 쉽게 걸릴 수 있으므로 예방에 주의를 해야 한다.

(3) Apolipprotein E 유전자 다형성

Apolipoprotein E(Apo-E) 유전자의 변이가 일어나도 심혈관질환이 나타나기 쉽다. Apo-E는 중성지방을 많이 함유하고 있는 VLDL이나 **IDL**에 많이 존재하는 아포단백질 부분이다.

Apo-E 지단백질은 세 가지 형태(Apo-E2, E3, E4)의 변이형을 가지고 있다. 그중

IDL(intermediate-density lipoproteinon-activator receptors)
VLDL에서 LDL 지단백질로 이행하는 과정 중에 생기는 지단백질

apo-E2

158번 염기 서열의 변화로 아르기닌이 시스테인으로 바뀐 형태

apo-E4

112번 염기의 변화로 시스테인이 아르기닌으로 변한 상태

Apo-E3는 가장 일반적이고 정상적 형태의 Apo-E 단백질이다. 다른 두 형태는 변이형으로서 **apo-E2**와 **apo-E4**가 이에 속한다. Apo-E 단백질은 Apo-B 단백질을 감지하는 수용체 단백질에 의해서 감지되는데, Apo-E 지단백질의 변이형인 apo-E4 지단백질의 경우는 이 Apo-B 지단백질 수용체에 감지되는 민감도가 낮아서 혈류로부터 쉽게 제거되지 못한다. 따라서 세포가 해당 지단백질을 세포 내로 유입하지 못하고 혈중에 남아서 콜레스테롤이나 중성지방의 혈액 중의 농도를 높이게 되는 것이다.

(4) Apo(a) 유전자 다형성

Apo(a)는 LDL의 일부분으로서 혈관 내벽에서 피브린에 쉽게 달라붙는 성질이 있다. 피브린은 섬유상 형태의 그물 모양의 단백질로서 혈액응고 시 혈소판 등을 고정하여 혈액 응고를 도와주는 기능을 한다. 따라서 피브린이 많은 경우에는 Apo(a)와 쉽게 결합되어 응고되기 쉬운 상태가 된다. 그 결과로 혈전증 등을 일으켜서 심혈관질환 발병률이 높아질 수가 있다.

3) HDL 관련 유전자들과 콜레스테롤 역전송

HDL과 LDL 모두 콜레스테롤을 많이 함유하고 있지만, 낮은 HDL 농도는 높은 LDL 수준보다 심혈관질환 발병에 더 큰 위험요인으로 알려져 있다. 이는 HDL의 역전송, HDL은 혈관 내의 콜레스테롤을 간으로 이동시켜서 소화관을 통해 몸 밖으로 배설시키기 때문이다. 다음에 HDL의 역전송과정에 작용하는 단백질을 만드는 유전자들과 중성지방 분해효소에 관련된 유전자들에 대해 설명하겠다.

(1) 지단백질 분해효소와 중성지방

지단백질 분해효소는 중성지방을 많이 함유한 지단백질들(주로 VLDL과 IDL)에 함유되어 있는 중성지방을 분해하는 효소이다. 이 단백질의 유전자는 변이가 쉽게 일어나는 편이다(변이 유전자가 약 40개 정도 알려져 있음). 변이의 예를 보면, 아미노산 carboxyl기 말단 부위의 313–448 아미노기에 변이가 일어나는 식이다. 이 유전자 다형성이 생기면 중성지방 분해가 저하, 혈관 중성지방 또는 LDL의 축적 증가, HDL의 합성은 저하시키는 등의 현상이 나타나서 동맥경화증 유발을 증가시키는 것으로 알려져 있다.

(2) 콜레스테롤 에스터 운반단백질과 알코올

콜레스테롤을 혈관에서 간으로 운반하여 몸 밖으로 배설하기 위해서는(콜레스테롤 역전송) 두 가지 효소, 즉 LCAT와 CEPT가 필요하다. LCAT은 혈관의 콜레스테롤을 취해서 콜레스테롤 역전송을 시작하는 효소이고, CETP는 HDL과 LDL에 함유되어 있는 콜레스테롤을 취하여 간으로 가지고 와서 분해하는 데 필요한 효소이다. 이 효소들의 유전자에 이상이 있으면서 음주자인 경우 심혈관질환 발병 가능성이 더욱 높았으며, 비음주자에게는 같은 유전자 다형성이 있어도 발병은 되지 않은 것으로 알려져 있다. 따라서 이 유전자를 가진 사람은 특별히 음주를 하지 않도록 주의해야 한다.

(3) 간 지방분해효소

간 지방분해효소hepatic lipase는 간에서 지방분해를 하는데, 유전자 변이가 생기면 HDL 농도가 저하되는 것으로 알려져서 심혈관질환 감수성 유전자로 알려져 있다.

4) 혈관 내피세포 관련 유전자들

(1) NO synthase(NOS_3, NO 합성효소)

NOnitric oxide는 혈관 내피세포들이 합성하는 분자물이며, 혈관을 확장하는 기능이 있다. 이 효소 단백질에 유전자 다형성이 일어나면 혈관 확장을 저하시켜서 심혈관질환 발생을 촉진하는 것으로 알려져 있다.

(2) NADH/NADPH oxidase(NADH/NADPH 산화효소)

유리산화기free oxygen radical는 세포 산화를 일으키는 물질인데, 산화효소oxidative enzyme가 주로 합성한다. 정상적인 에너지 대사과정에는 산소를 이용한 산화과정이 있으며, 대부분은 H_2O나 CO_2의 형태로 체외로 배출되지만, 몸 안 세포에 유리 산화기가 많이 남으면(예: 과산화물) 유해하다. 혈관 평활근세포vascular smooth muscle cells에서 NADH와 NADPH 산화효소의 유전자 다형성은 오히려 과산화물superoxide의 합성을 줄여서 심혈관질환 발생을 감소시키는 것과 관계가 있는 것으로 일부 연구에서 보고되었다.

5) 심혈관질환 염증반응과 관련된 유전자들

(1) Interleukin 6(IL-6)와 Interleukin 1β(IL-1β)

IL-6는 염증반응에서 가장 중심 효소로 알려져 있는데, 즉 염증반응에 관여하는 모든 단백질의 합성을 촉진시키는 사이토카인이므로, IL-6 농도가 높은 경우는 염증반응이 증가된 경우이다. 동맥경화증은 산화 LDL에 의해 손상된 혈관의 염증반응으로 시작된다. IL-6 유전자에 유전자 다형성(G/C -174)이 일어나면 IL-6의 합성을 저하시켜서 동맥경화성 염증반응을 저하시킬 수 있다. IL-1β의 유전자 다형성(C/T -511 또는 C(-511)T로도 표기)도 심혈관질환 발생과 연관이 있는 것으로 알려져 있다.

감수성 유전자(susceptibility gene, sensitive gene)
특정 유전자 염기서열에서 단일 또는 몇 개의 유전자에 변이가 일어나서 이로 인해 특정 질병에 걸리기가 쉬운 상태를 유발하는 유전자를 말한다. 일종의 유전자 다형성에 해당한다.

6) 혈전증과 관련된 유전자

(1) 피브리노겐 유전자와 담배

피브리노겐fibrinogen은 피브린의 전구체이며, 피브린은 그물처럼 생긴 망상조직 단백질로 혈구를 잡아두어 혈액응고시키는 단백질이다. 따라서 혈관의 동맥경화증 플라크 부분에는 피브린이 많이 존재하고, 피브린이 많을수록 혈액의 점성이 높아지고 혈전이 많이 생겨서 동맥경화를 촉진시킬 수 있다. 피브리노겐의 혈중 농도는 유전자형에 따라서 달라질 수 있는데, 피브리노겐 유전자 다형성(-455A 또는 G/A -455로 표시)이 있는 경우에는 정상보다 높은 혈중 피브리노겐 농도를 나타내었으며, 이는 흡연자의 경우에 더 심하게 나타났다. 금연을 했을 경우에는 이 유전자 다형성이 있어도 피브리노겐의 농도가 감소했으므로 이 유전자 다형성이 있는 사람은 특히 흡연을 주의해야 한다.

6 결론 및 제언

심혈관질환은 동맥경화증에 의해 가장 많이 발생하며, 동맥경화는 산화 LDL이 혈관 내막에 응집하였을 때 혈관 내피세포가 손상되면서 그 부위의 염증반응으로부터 시작된다. 즉 혈액 중의 산화 LDL을 제거하기 위해서 염증 관련 단핵구는 대식세포로 분화하여 산화 LDL을 대식세포 내로 유입시키고, 이러한 과정이 계속 진행되어 대식세포는 LDLc을 많이 함유한 거품세포가 되어서 혈관 내벽에 쌓이게 된다. 여기에 사멸된 혈관 평활근세포와 무기질이 침착하여 동맥경화가 일어나게 되는 것이다. 혈전증은 동맥경화증 말기에 나타나는 현상이며, 동맥경화 부위를 파열되지 않도록 하기 위해서 혈관 내피세포가 모자 형태로 거품세포 주위를 싸고 있는데, 이 부분이 파열되었을 때 조각난 혈전이 혈액 중에 떠다니는 경우를 말한다.

동맥경화증을 일으키는 주 원인물질은 콜레스테롤이며, 지단백질 중에서 콜레스테롤을 함유하여 운반하는 지단백질은 LDL과 HDL이다. 산화된 LDL은 대식세포에 유입되어서 혈관벽에 콜레스테롤을 쌓이게 하지만, HDLc은 HDLc 역전송과정에 의해서 몸 밖으로 배출된다. 즉 HDLc은 간으로 운반되어 간세포에 의해서 담즙염 등을 만드는 데 사용되고, 이 담즙염이 간관을 통해 소화관으로 분비되어 몸 밖으로 배출되는 것이다. 동맥경화성 심혈관질환은 운동, 식사습관 등 환경적인 요인에도 영향을 받지만 유전적으로 혈액 중의 호모시스테인 단백질이 많은 경우 호모시스테인이 혈관벽에 부착해서 염증반응을 일으키고, 혈관 내피세포의 기능을 저하시킴으로써 동맥경화가 더 쉽게 발병될 수 있다. 혈액이나 세포 내의 호모시스테인을 저하시키는 분자물 중에 5-MTHF라는 물질이 있는데, 이 분자물 구성에 엽산이 필요하기 때문에 엽산은 고호모시스테인 혈증을 완화시킬 수 있으며, 따라서 엽산 부족은 심혈관질환의 위험이 있다고 볼 수 있다.

환경적 요인 이외에 지질대사에 관여하는 많은 효소와 단백질의 유전자에 약간의 변이가 생기는 유전자 다형성에 의해서도 심혈관질환 발병이 쉽게 일어날 수 있다. LDL 수용체 단백질은 세포막에 존재하면서 혈관 중의 LDL을 감지해서 세포 내로 유입하여 세포가 지단백질의 지방 부분을 에너지원으로 사용하게 하는데, 이 유전자에 이상이 생겨서 LDL 수용체를 잘 만들 수 없는 경우에는 혈관으로부터 LDL를 쉽게 제거하지 못하므로 혈관에 LDLc이 많이 쌓이고 따라서 동맥경화증이 나타날 수 있다.

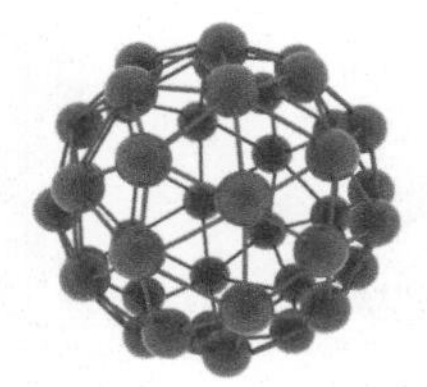

CHAPTER 13

퇴행성 신경질환

1 뉴런과 신경전달물질

신경계는 전기화학적 자극을 만들고 전도하는 신경세포(뉴런neuron)와 뉴런의 기능을 도와주며 결합조직의 역할을 하는 신경교세포neuroglia로 구성되어 있다. 뉴런은 수초myelin sheath의 유무에 따라 유수신경과 무수신경으로 분류되며, 신경자극의 전달 방향에 따라서는 구심성 뉴런, 원심성 뉴런, 연합 뉴런으로 분류된다. 신경교세포는 성상세포astrocyte, 소교세포microglia, 희돌기세포oligodendrocyte, 상의세포ependymal cell 등의 다양한 세포군을 지칭하며, 뉴런의 세포체, 수상돌기dendrites, 축삭돌기axon fiber 등을 둘러싸고 지지하는 기능을 수행한다 **그림 13-1**.

1) 뉴런과 자극 전달 기전

뉴런에서는 세포막 표면을 따라 신경 자극의 전달이 이루어진다. 뉴런의 중심부에는 핵과 세포체가 있으며, 세포체로부터 뻗어나온 여러 개의 수상돌기가 신호의 수용에 관여한다. 또한 뉴런은 전기신호를 전달하는 축삭axon이라고 하는 길게 뻗은 돌기를 가지고 있다. 신경 자극은 뉴런과 뉴런 사이, 뉴런과 근육세포 또는 뉴런과 분

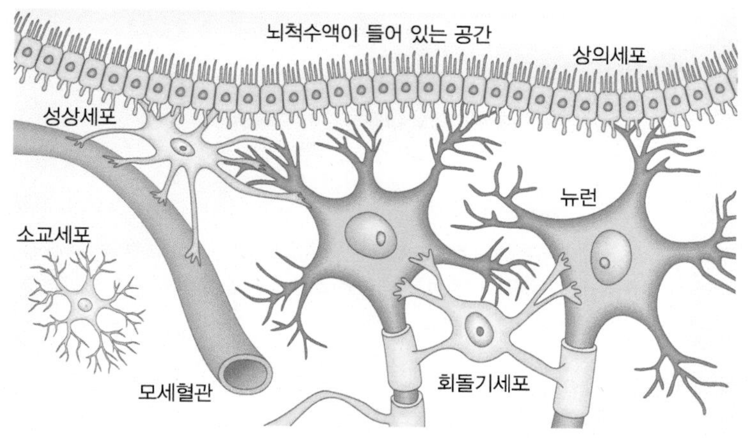

그림 13-1 신경계를 구성하는 다양한 세포

비세포gland cell사이에 위치하는 틈새를 통해 전달되며, 이와 같은 기능적 연결부의 역할을 담당하는 구조를 시냅스synapse라고 한다 **그림 13-2**. 활동전위가 축삭의 말단부에 도달하면 전기적 시냅스 또는 화학적 시냅스를 통하여 인접 세포들을 자극

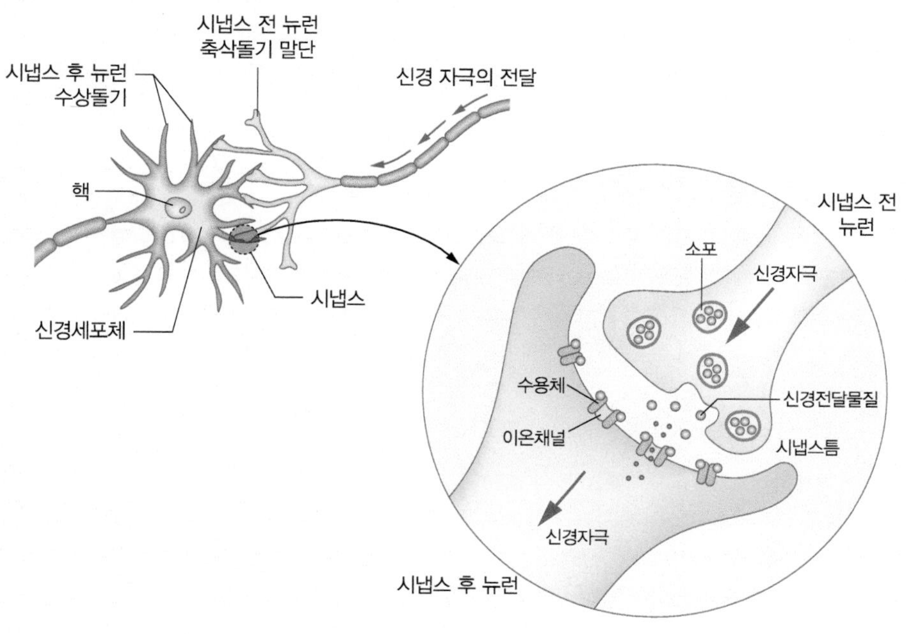

그림 13-2 뉴런과 시냅스

신경전달물질의 종류

신경전달물질은 화학구조에 따라 다음과 같이 분류된다.

▶ 아세틸콜린

아세틸콜린은 아세틸 CoA(acetyl-CoA)와 콜린(choline) 간의 에스터 결합을 통하여 형성되며, 뇌의 콜린 작동성 뉴런(cholinergic neuron)은 아세틸콜린을 흥분성 신경전달물질로 사용한다. 아세틸콜린은 혈류량 조절, 운동기능 조절, 학습능력 조절 등에 관여하며, 연령이 증가하거나 퇴행성 신경질환의 경우 분비가 감소된다.

▶ 모노아민계

모노아민계(monoamines) 신경전달물질에는 카테콜아민(catecholamine: 도파민, 에피네프린, 노르에피네프린), 세로토닌(serotonin), 히스타민(histamine)이 있다. 이들은 시냅스 후 막의 이온채널을 직접 여는 대신에 G-단백질 연계수용체(G protein-coupled receptor)에 결합하여 2차 신호전달물질(messenger)인 cAMP를 통해 작용한다. 중뇌 흑색질의 뉴런에서 도파민(dopamine)의 분비량이 감소되면 운동장애 증상을 보이는 파킨슨병(Parkinson's disease)이 발병한다. 세로토닌은 뇌간(brain stem)에서 신경전달물질로 사용되며, 기분, 행동, 식욕, 대뇌 순환 등을 조절한다.

▶ 아미노산

알츠하이머병 환자의 경우에 흥분성 신경전달물질인 글루탐산 신호 전달 기전의 과활성화가 보고되었으며, 이는 흥분성 독작용(excitotoxicity)을 통하여 신경세포 사멸을 유발하는 것으로 여겨지고 있다. 글루탐산으로부터 합성되는 γ-아미노부티르산(γ-aminobutyric acid: GABA)과 글리신은 신경 흥분을 억제하는 억제 시냅스에서 주로 분비된다. GABA는 뇌 속에 가장 많이 존재하는 신경전달물질이다.

▶ 폴리펩타이드

뇌에서 신경전달물질로 사용되는 폴리펩타이드를 신경펩타이드(neuropeptide)라고 하며, 일반적으로 2~40개의 아미노산으로 구성된다. 대표적 신경펩타이드에는 오피오이드(opioid)계열의 엔돌핀(endorphin)과 엔케팔린(enkephalin)이 있다. 신경펩타이드는 일반적으로 뉴런 내에서 전구체 형태로 합성되며, 단백질 분해효소에 의하여 몇 개의 펩타이드 단편으로 절단되어 그중 일부가 신경펩타이드로서 작용한다. β-엔돌핀의 경우, pro-opiomelanocortin(POMC)이라는 전구체 단백질로서 합성되며 단백질 분해효소에 의하여 부신피질자극호르몬(ACTH), 흑색소포자극호르몬(MSH)과 β-엔돌핀과 같은 단편이 생성된다.

▶ 기체성

산화질소(nitric oxide, NO)는 세포막에 대해 투과성이 있는 기체로 뇌에서 신경전달물질로 작용하는 것으로 알려져 있다. 산화질소는 수용체와의 결합 없이 세포 내로 확산되어 soluble guanylate cyclase(sGC)를 활성화하여 cGMP를 증가시켜 이온채널의 개폐를 조절한다.

하거나 억제한다. 전기적 시냅스에서는 이온과 분자들이 인접 세포들 간의 간극접합gap junction을 직접 통과함으로써 신경자극을 전달한다. 반면 화학적 시냅스에서는 활동전위가 축삭돌기의 말단인 신경종말axon terminal에서 멈추며, 신경종말에서는 다음 세포의 활동전위 생성을 촉진시키거나 억제시킬 수 있는 물질인 신경전달물질neurotransmitter을 방출한다. 시냅스로 분비된 신경전달물질은 확산에 의해 운반되어 시냅스 후 뉴런(또는 표적세포)의 세포막에 있는 수용체와 결합하여 이온채널을 열고 막전위를 변화시킨다.

2) 신경전달물질

말초신경계에 존재하는 대부분의 뉴런은 아세틸콜린acetylcholine과 노르에피네프린norepinephrine을 신경전달물질로 사용한다. 중추신경계에서는 다양한 신경전달물질이 사용되나, 일반적으로 각 뉴런은 한 가지 종류의 특정 신경전달물질만을 분비하는 것으로 알려져 있다. 신경전달물질의 분해나 재흡수를 저해하면 신경전달물질이 시냅스에 오랫동안 머무르게 되어 시냅스 후 세포를 과도하게 자극하는 반면, 분해나 재흡수를 촉진하면 시냅스에서의 신경 자극의 전달을 감소시킬 수 있다. 따라서 이와 같은 신경전달물질의 대사적 불균형은 관련 신경계 질병을 유발한다.

2 혈액뇌장벽과 물질수송

1) 혈액뇌장벽

뇌 조직은 무게가 체중의 약 2% 정도밖에 되지 않으나, 심장 방출량의 약 20%까지의 혈액을 공급받으며 전체 산소의 20%와 포도당의 25% 정도를 소비한다. 혈액뇌장벽(BBB)은 혈액과 뇌 간의 상호 물질이동을 선택적으로 조절한다. 혈액뇌장벽의 주요 구성요소는 뇌 모세혈관 내피세포이며, 그 외에도 혈관주위세포pericyte와 성상세포로 구성되어 있다. 뇌의 모세혈관 내피세포는 다른 기관과는 달리 세포 사이 밀착연접tight junction이 발달되어 있고, 간극이 거의 존재하지 않는다 **그림 13-3**.

BBB
blood-brain barrier

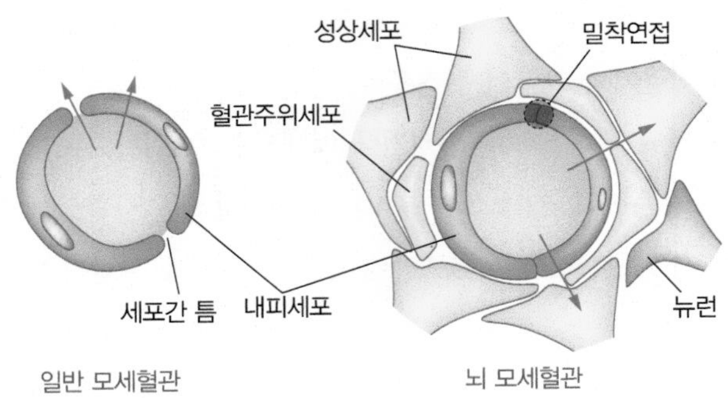

그림 13-3 뇌혈관 미세순환계

IR
insulin receptor

TFR
transferrin receptor

MCT1
monocarboxylate transporter 1

GLUT1
glucose transporter 1

EAAT
excitatory amino acid transporter

ASC
the alanine, serine and cysteine, prefering system

A
the alanine preferring system

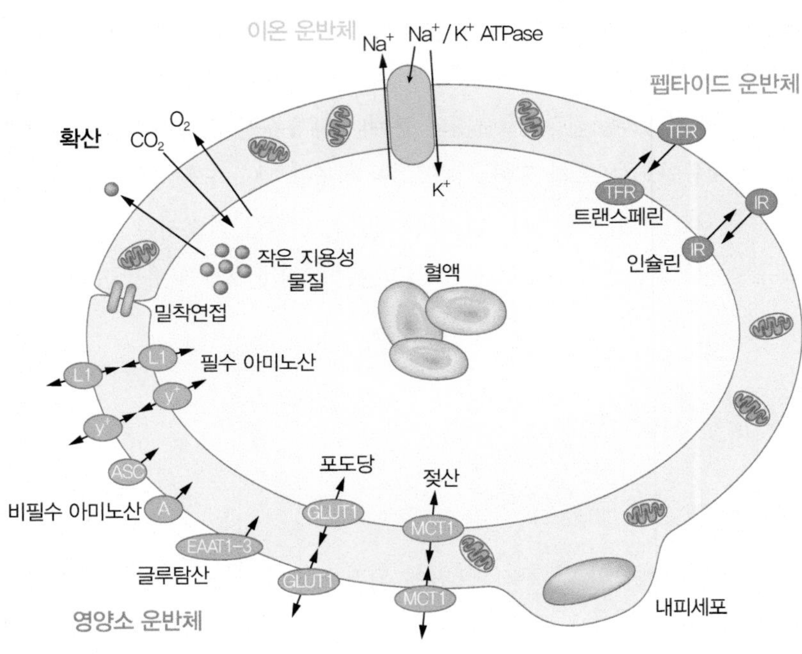

그림 13-4 혈액뇌장벽 내 다양한 영양소 수송계

LI

분자량이 큰 중성 필수아미노산 운반에 관여하는 운반체

yt

염기성(양전하성) 필수아미노산 운반에 관여하는 운반체

작은 지용성 물질과 산소, 이산화탄소 등의 기체는 확산작용을 통하여 혈액뇌장벽을 통과할 수 있는 반면, 이온들은 Na^+/K^+ ATPase와 같은 ATP 의존 펌프를 필요로 한다. 이외에 포도당, 젖산, 필수 아미노산 및 특정 단백질은 특이적 운반체에 의하여 수송된다.

따라서 뇌 모세혈관 내 분자들은 확산과 특이적 수송체에 의해 내피세포를 통해 이동하며, 유리지방산free fatty acid을 비롯한 여러 물질의 투과가 제한된다. 이와 같은 뇌 모세혈관의 선택적 물질투과성은 영양소의 운송뿐만 아니라 다양한 신경독성 물질로부터 뇌를 보호하는 작용을 한다 **그림 13-4**.

2) 혈액뇌장벽 손상과 뇌질환

혈관주위세포가 떨어지게 되면 혈액뇌장벽이 파괴되어 혈중 단백질과 적혈구가 뇌 조직으로 유입되고 국소성 미세출혈이 일어난다. 적혈구의 헤모글로빈 단백질로부터 유출된 철이온은 활성산소종(ROS)을 증가시켜 신경 손상을 유발한다. 또한 알부민과 면역글로빈의 뇌조직 내 유입은 부종, 저관류hypoperfusion와 저산소상태hypoxia를 유발함으로써 세포 손상을 증대시킨다. 이외에도 트롬빈thrombin, 피브린fibrin, 플라스민plasmin과 같은 혈장단백질의 유입도 추가적으로 혈액뇌장벽의 손상을 일으킨다 **그림 13-5**.

ROS
reactive oxygen species

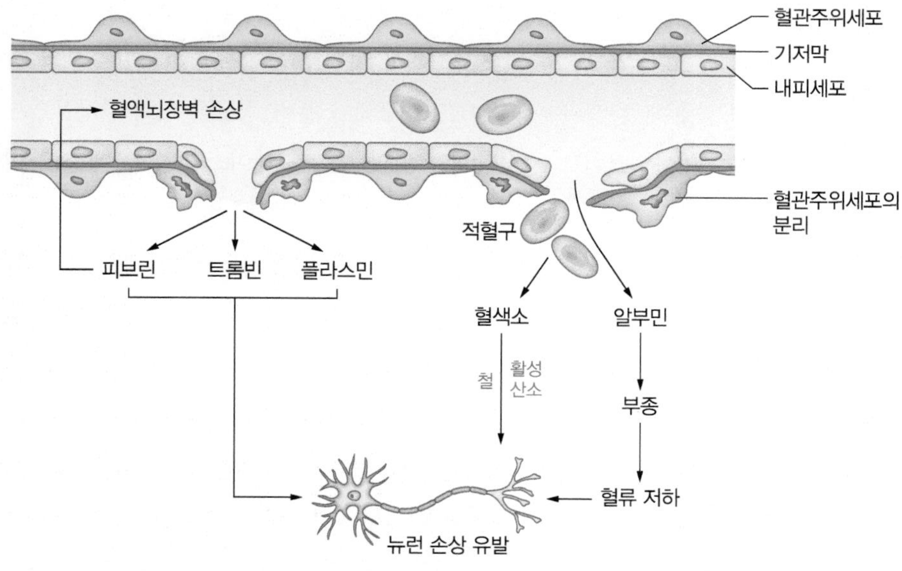

그림 13-5 혈액뇌장벽 손상에 따른 뇌조직 손상

3 신경계 세포사멸과 퇴행성 신경질환

신경계를 구성하는 세포의 비정상적 세포사멸은 퇴행성 신경질환의 발병을 유발한다. 이와 같은 신경계 세포사멸에는 다양한 기전이 관여한다.

1) 세포 내 스트레스 증가에 따른 신경계 세포 사멸

신경계를 구성하는 세포 내 산화적 스트레스oxidative stress와 칼슘이온의 과다한 증가는 미토콘드리아의 기능을 저해하고, 시냅스의 안정성을 저해하며 뉴런의 기능 상실을 촉진시킨다. 또한 세포질 내 칼슘농도 조절에는 미토콘드리아와 함께 소포체(ER)가 중요한 역할을 하기 때문에 세포 내 소포체 스트레스ER stress의 증가도 칼슘이온을 매개로 세포사멸에 관여한다.

ER
endoplasmic reticulum

Aβ
beta-amyloid

APP
amyloid precursor protein

BACE1
beta-site APP-cleaving enzyme 1

AICD
APP intracellular domain

2) 베타아밀로이드와 신경계 세포사멸

(1) 베타아밀로이드 합성과 축적

베타아밀로이드(Aβ)는 약 4.5 kDa 단백질로 40개 (Aβ40) 또는 42개 (Aβ42)의 아미노산으로 구성되어 있으며, 뇌조직과 말초조직에서 아밀로이드 전구체(APP)로부터 합성된다 **그림 13-6**. 새롭게 생성된 아밀로이드 전구체가 분비 경로를 거쳐서 세포막으로 이동하게 되면, 비아밀로이드 생성단계인 알파-세크라테이스secretase에 의하여 우선적으로 분절되어 독성을 거의 가지지 않는 P3를 형성한다. 만약 아밀로이드 전구체 단백질이 클라트린clathrin단백질이 관여하는 내포작용에 의하여 세포 내로 들어오게 되면 엔도좀endosome에서 베타-세크라테이스(BACE1)에 의하여 일차적으로 분절되고, 이후 감마-세크라테이스에 의하여 추가적으로 분절되어 독성이 가장 높은 베타아밀로이드를 합성한다. 대부분의 베타아밀로이드는 세포 외부로 방출되지만, 일부의 베타아밀로이드는 세포 내 후기 엔도좀이나 리소좀lysosome에 축적될 수 있다. 베타아밀로이드 생성과정과 비생성과정 모두에서 생성되는 대사물인 AICD는 핵으로 이동하여 p53과 같은 세포사멸 관련 유전자와 베타-세크라테이스와 같은 아밀로이드 대사 관련 유전자의 발현을 조절한다.

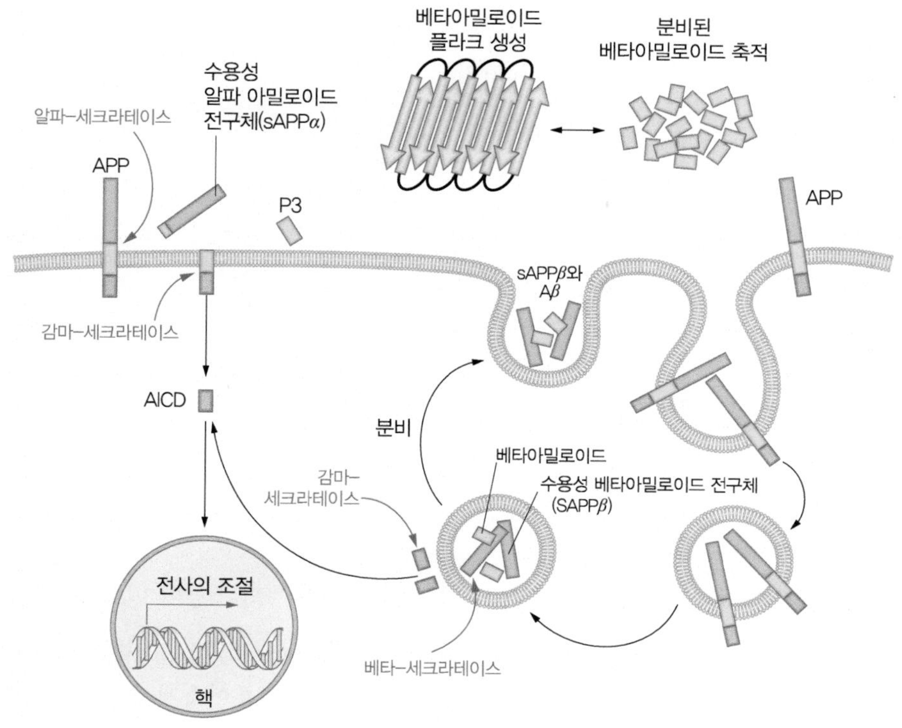

그림 13-6 아밀로이드 전구체 단백질(APP)의 대사과정

(2) 혈액뇌장벽을 통한 베타아밀로이드 운송

혈중 베타아밀로이드의 약 70~90%는 주로 수용성 LRP1에 결합되어 있다. 이들 복합체는 혈액뇌장벽을 통과하여 뇌조직 내로 이동할 수 없으며, 주로 간과 신장에서 제거된다. 반면 최종 당화산물 수용체(RAGE)와 결합한 베타아밀로이드는 뇌조직 내로 이동할 수 있다 **그림 13-7**. 뇌조직 내 베타아밀로이드는 혈액뇌장벽의 세포 표면에 존재하는 LRP1이 관여하는 트랜스시토시스$_{\text{transcytosis}}$에 의하여 제거될 수 있다. 즉, LRP1은 ApoE2, ApoE3 또는 a2-macroglobulin에 결합된 베타아밀로이드나 수용성 베타아밀로이드가 혈액뇌장벽을 통하여 간질액$_{\text{interstitial fluid}}$으로부터 혈중으로 배출될 수 있도록 한다. 따라서 베타아밀로이드는 뇌조직에서 비교적 짧은 반감기를 가지고 있으며, 사람의 경우 약 8시간, 생쥐의 경우 약 2~4시간이다.

LRP1
LDL receptor-related protein-1

RAGE
receptor for advanced glycation end product

ApoE
apolipoprotein E

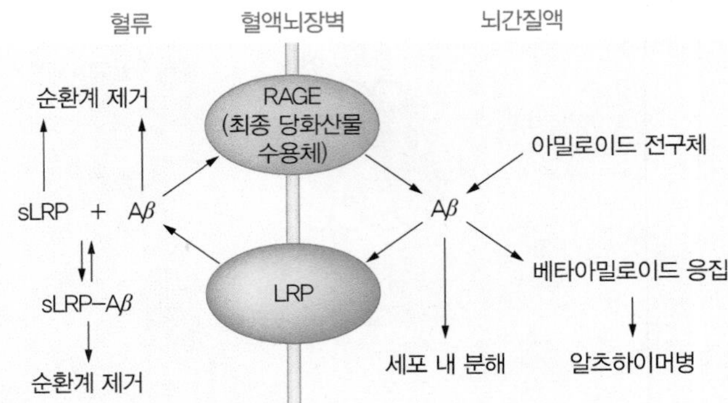

그림 13-7 혈액뇌장벽을 통한 베타아밀로이드의 이동
자료: Deane R et al., 2008

sLRP
soluble LDL receptor-related protein

3) 알츠하이머병 발생 기전

치매dimentia는 대뇌의 질환으로 인하여 인식능력, 기억력 등의 기능이 현저하게 저하된 상태를 의미하는 일반적인 용어이다. 알츠하이머병Alzheimer's disease은 치매의 가장 흔한 종류이며, 이외에도 혈관성 치매vascular dementia와 **루이소체**Lewy Body 치매가 있다. 알츠하이머병은 시냅스와 뉴런의 광범위한 손상으로 인하여 기억 손상 및 인지기능의 감퇴를 가지고 오는 질환이다. 알츠하이머병의 원인은 아직까지 정확하게 규명되어 있지 않으나, 현재까지 알려진 바로는 신경전달물질인 아세틸콜린 합성 감소, 베타아밀로이드의 플라크plaque 생성, 타우tau단백질의 과인산화에 따른 신경섬유 덩어리(NFT) 형성으로 인한 신경세포 손상이 주된 원인이다. 또한 apoE 유전자, α-synuclein 단백질 변화, 산화적 스트레스, 노화에 따른 미엘린 파괴 등도 알츠하이머병 발병에 영향을 미치는 것으로 알려져 있다. 이외에도 고혈압, 당뇨, 심장병, 뇌졸중 등의 경우, 혈관기능의 저하, 혈액뇌장벽 손상, 아밀로이드 전구체 발현과 베타아밀로이드 중합체 생성 증가 등을 통하여 알츠하이머병의 발병을 촉진할 수 있다 **그림 13-8**.

루이소체
파괴되어 가는 뉴런에서 발견되는 단백질 덩어리로 파킨슨병 환자의 주요 병변 부위인 뇌간의 흑질 부위에서 주로 발견됨

NFT
neurofibrillary tangles

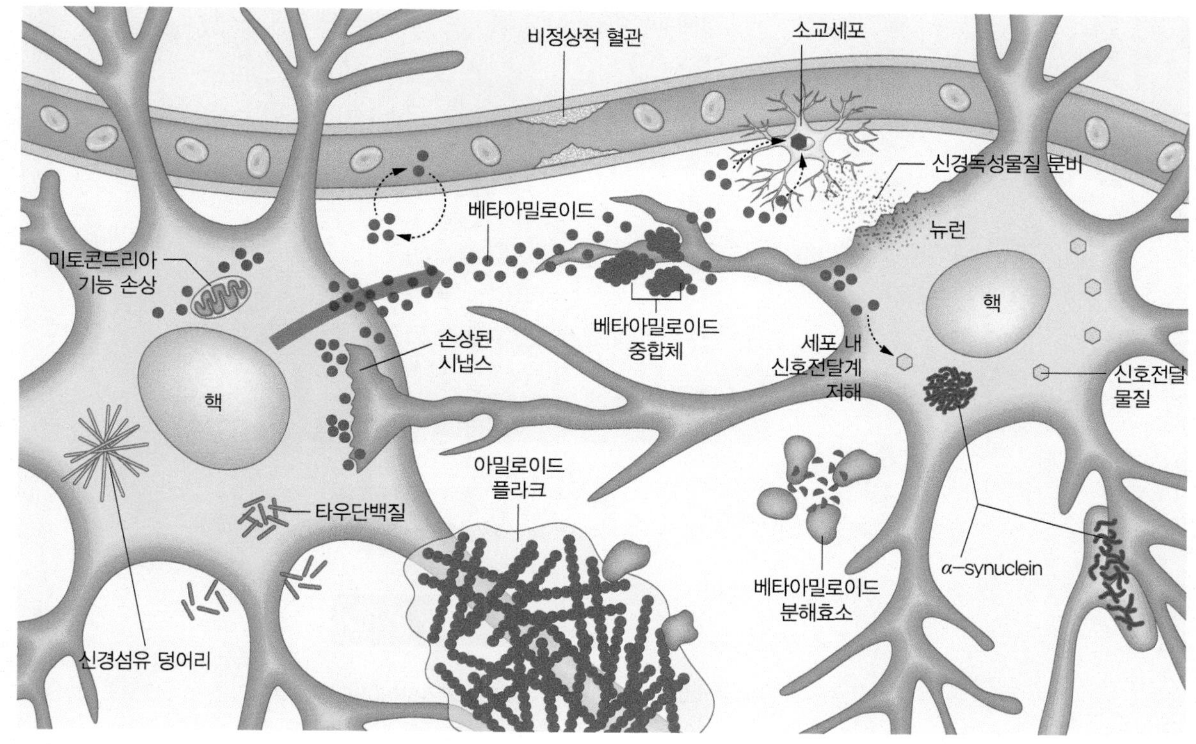

그림 13-8 알츠하이머병의 발병 기전

자료: Mucke L, 2009

4 지질대사 이상과 퇴행성 신경질환

1) 대사성 질환과 퇴행성 신경질환의 상관관계

고지방 식이 섭취, 인슐린 저항증, 비만, 죽상동맥경화증 등의 대사성 질환은 염증 반응을 통하여 뇌조직의 노화와 퇴행성 신경질환 발병에 직·간접적으로 영향을 주는 것으로 보고되고 있으나, 관련 기전은 아직까지 정확하게 밝혀지지 않았다 **그림 13-9**. 대사성 질환에 따른 소교세포와 성상세포의 활성화 및 대식세포의 조직 내 침윤은 인터루킨 1β(IL-1β), IL-6와 같은 IKK/NF-κB 신호전달 기전 관련 사이토카인, 프로스타글란딘 그리고 활성산소종의 생성을 증가시킴으로써 신경염증 neuroinflammation을 유발한다. 신경염증 반응은 뉴런의 산화적 스트레스와 소포체

> **IL**
> interleukin
>
> **IKK**
> IκB kinase
>
> **NF-κB**
> nuclear factor κB

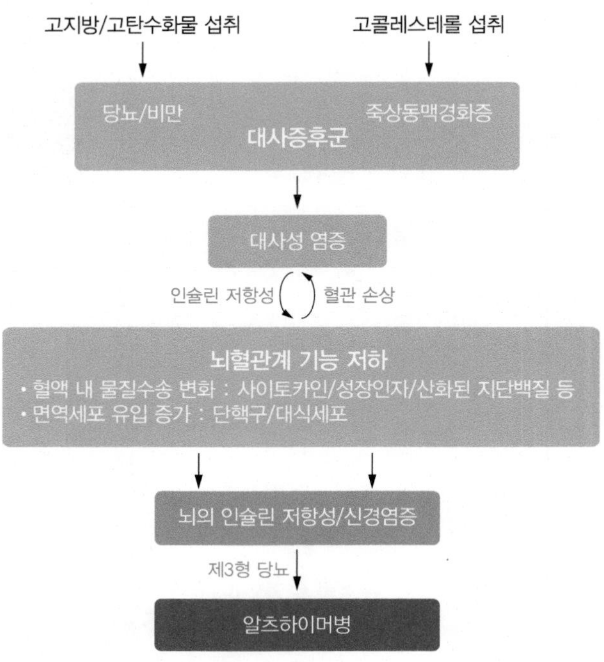

그림 13-9 대사증후군의 알츠하이머병 유발 가설

스트레스 유발, 자가포식 결여 등을 매개로 하여 세포 신호전달 체계의 결함, 신경줄기세포 소멸에 따른 신경 생성neurogenesis 저하, 신경계 세포사멸 및 퇴행성 신경질환을 일으키는 것으로 보고되었다. 또한 대사성 질환에 따른 아디포넥틴adiponectin, 렙틴leptin과 같은 아디포카인adipokine의 혈중 농도의 변화도 신경염증 유발에 관여하는 것으로 여겨진다. 특히 아디포넥틴은 대사성 질환의 완화와 함께 뇌조직에서 항염 기전을 직접적으로 조절함으로써 뇌조직을 보호하는 작용을 한다. 이에 따라 대사성 질환으로 인한 아디포넥틴의 감소는 뇌손상을 유발하게 된다.

2) 콜레스테롤 대사와 퇴행성 신경질환

(1) 뇌조직 내 콜레스테롤 대사

중추신경계는 체내 콜레스테롤의 약 23%까지 포함하고 있다. 흥미롭게도 혈장 내 콜레스테롤의 반감기가 수 시간인 반면, 뇌조직 내 콜레스테롤의 반감기는 6개월에서 5년에 이른다. 콜레스테롤은 진핵세포 세포막의 구조와 기능 조절에 있어서 중요한 물질이기 때문에 뇌조직과 같이 시냅스 생성 및 리모델링이 계속 진행되는 조직에서는 콜레스테롤 대사의 항상성 조절이 매우 중요하다. 지단백lipoprotein은 혈액뇌장벽을 통과할 수 없으므로 콜레스테롤은 말초조직에서 중추신경계로 이동하지 못한다. 따라서 뇌조직 내에 존재하는 대부분의 콜레스테롤은 뇌 조직 내 성상세포에서 합성되며, **성상세포**에서 분비된 아포지단백 E(ApoE)는 세포막에 존재하는 ABCA1을 통해 콜레스테롤 및 다른 지질들을 전달받아 지단백을 구성한다. ApoE 함유 지단백은 뉴런 세포막에 존재하는 LDL 수용체(LDLR) 또는 LRP1에 결합하여 뉴런 내로 이동하거나 뇌척수액으로 배출된다 **그림 13-10**. 뉴런 내 유리 콜레스테롤의 농도가 높아지면, ACAT에 의해 콜레스테롤을 에스터화하거나 세포 외로 콜레스

성상세포(astrocyte)

모세혈관을 둘러싸고 있는 별 모양의 세포로서, 뇌 용적의 약 30%를 차지함. 성상세포는 뉴런과 혈액사이의 상호작용에 영향을 주며, 각종 화학물질에 의한 세포 손상의 일차 표적이 되기도 함. 또한 축삭종말로부터 분비된 신경전달물질을 흡수함.

ABCA1
ATP-binding cassette transporter 1

LDLR
LDL receptor

ACAT
acetyl-CoA acetyltransferase

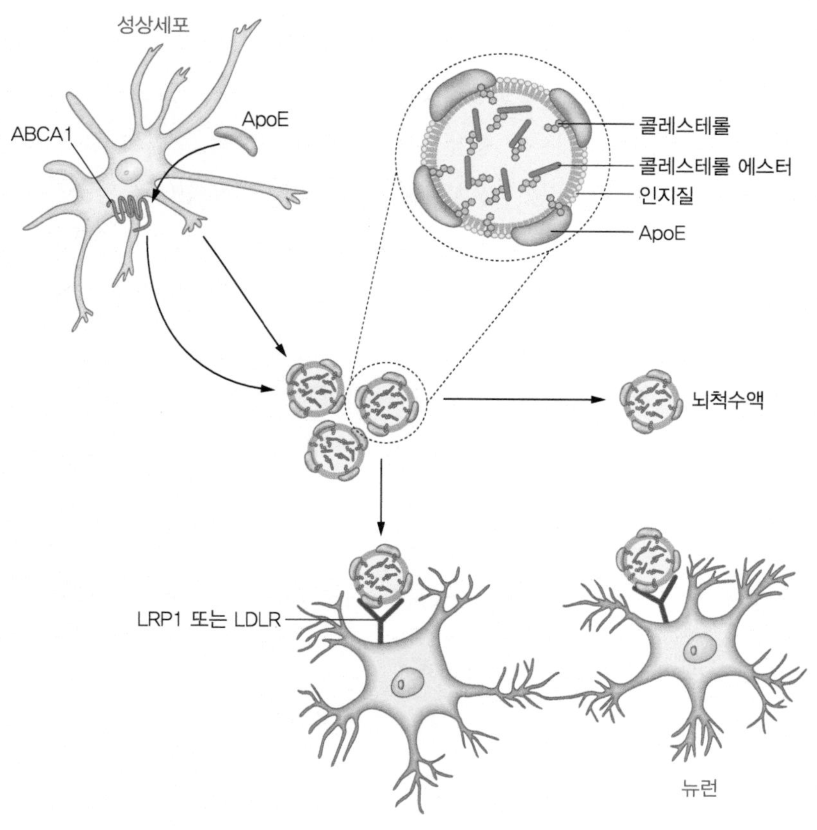

그림 13-10 ApoE-ApoE 수용체를 통한 뇌조직 내 콜레스테롤 대사
자료: Bu G, 2009

테롤을 방출한다. 유리 콜레스테롤은 혈액뇌장벽을 통과할 수 없기 때문에 24S-하이드록시콜레스테롤hydroxycholesterol로 전환된 후 ABCA1을 통하여 혈액뇌장벽을 통과한다.

(2) 콜레스테롤 대사이상과 퇴행성 신경질환의 발생

치매 및 알츠하이머병 환자의 경우, 혈중 콜레스테롤 농도와 뇌조직 내 콜레스테롤 농도 간의 양의 상관관계가 보고되었다. 또한 많은 설치류 연구에서 식이 중 콜레스테롤 함량의 증가에 따른 아밀로이드 플라크 생성이나 타우단백질의 인산화가 증가되었다. 현재까지의 연구에 따르면, 고콜레스테롤혈증은 산화물의 생성 증가에 따른 염증작용을 통하여 혈관기능을 저하시킴으로써 퇴행성 신경질환을 유발하는 것으로 볼 수 있다. 또한 식이성 포화지방산과 콜레스테롤은 혈액뇌장벽의 기능을 저해하여 뇌조직으로 통과되는 ApoB-베타아밀로이드 복합체를 증가시킬 수 있다. 그러나 이러한 작용에는 실험동물의 종에 따른 차이가 있는 것으로 보고되었다.

뉴런에서는 콜레스테롤 대사의 항상성을 유지하기 위하여 콜레스테롤을 세포 내 소기관막이나 세포막으로 이동시키며, ApoE 함유 지단백의 형태로 방출시킨다. 콜레스테롤 대사의 항상성이 깨지면 소포체막과 세포막 간의 콜레스테롤 이동이 감소하여 뉴런 내 콜레스테롤 에스터의 축적을 유발하며, 세포막 내 콜레스테롤은 감소한다. 만약 이와 같은 콜레스테롤 이동이 장기간 비정상적으로 일어난다면 세포막 내 지방미세구역 파열lipid raft disassembly, 미엘린 파괴, 시냅스 형성 이상 등이 발생할 수 있다. 또한 ACAT뿐만 아니라 cholesterol 24-hydroxylase를 활성화시킴에 따라 24S-hydroxycholesterol의 생산이 증가된다. 이렇게 생성된 oxysterol은 혈액뇌장벽을 통하여 혈중으로 방출되며, LDL 산화를 유발할 수 있다. 알츠하이머병 환자의 경우 정상인에 비하여 뇌척수액 내 24S-hydroxycholesterol 농도가 높은 것으로 보고되었다.

(3) ApoE 단백질과 퇴행성 신경질환

ApoE는 다양한 조직에서 발현되며, 특히 간조직과 뇌조직에 많이 존재한다. 뇌조직 내 성상세포는 ApoE를 합성하는 주요 세포이며, 병리적인 상태에서는 뉴런이나 소교세포에서도 합성된다. 세포간 공간extracellular space에서 지질을 함유한 ApoE는 수용성 베타아밀로이드에 결합하여 베타아밀로이드의 병리작용에 관여하는 β sheet 구조를 변화시키며, 이는 뇌실질에서의 아밀로이드 플라크 생성과 중추신경계 내의 베타아밀로이드의 운송에 영향을 준다.

(4) ApoE 유전자 다형성

사람의 ApoE 유전자는 19번 염색체의 장완long arm에 위치하며, 몇 가지 단일염기서열변이를 가지고 있다. 가장 많이 발견되는 형은 3가지 대립유전자 ε2, ε3, ε4의 동위형isoform ApoE2, ApoE3와 ApoE4이다. 이들은 112번과 158번 아미노산 잔기의 변화에 의하여 구조와 기능에서 상당한 차이를 가짐에 따라 ApoE와 베타아밀로이드 간의 상호작용에 영향을 준다 **그림 13-11**. 이들 복합체 형성의 효율성은 ApoE2 > ApoE3 >> ApoE4 순이며, 베타아밀로이드와 ApoE2 또는 ApoE3 간에 형성된 복합체는 ApoE4와 형성된 복합체에 비하여 유의적으로 빠르게 뇌조직에서 제거되는 것으로 보고되었다. 또한 ApoE4는 LRP1 의존적 기전에 의하여 아밀로이드 전구체로부터 베타아밀로이드를 생성하는 반응을 촉진시킨다. 따라서 E4형의 경우 알츠하이머병과 대뇌 아밀로이드 맥관병증cerebral amyloid antiopathy 발병에서 강한 위험인자로 작용하는 반면, E2나 E3형의 경우 알츠하이머병 발생 위험을 감소시킴으로써 발병 연령에 차이를 보인다. 그리고, ApoE 단백질 내 베타아밀로이드의 결합부위는 지질 결합부위와 중첩되기 때문에 베타아밀로이드의 결합은 뇌조직의 지질대사에도 영향을 줄 수 있다.

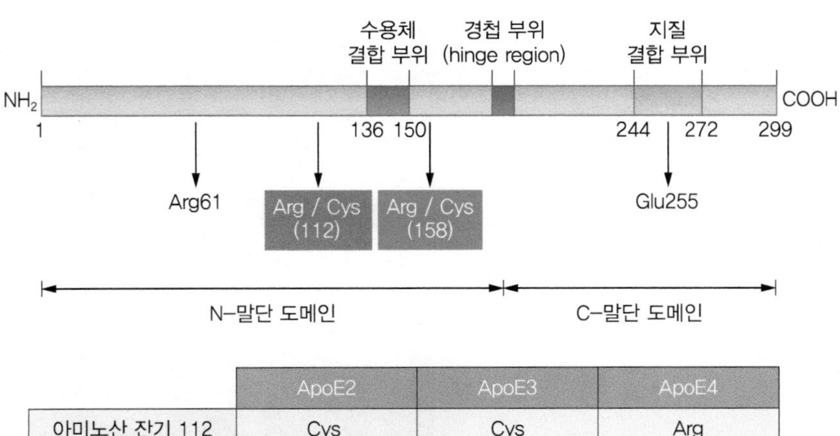

	ApoE2	ApoE3	ApoE4
아미노산 잔기 112	Cys	Cys	Arg
아미노산 잔기 158	Cys	Arg	Arg

그림 13-11 사람 ApoE 단백질의 구조와 유전자 다형성

5 단일 탄소 대사이상과 퇴행성 신경질환

황 함유 아미노산인 호모시스테인homocysteine은 직접적으로, 그리고 뇌혈관질환cerebrovascular disease 유발을 통하여 간접적으로 알츠하이머병 발생에서 중요한 역할을 한다.

1) 엽산 결핍과 고호모시스테인혈증

선천성 질환 또는 식이에 의하여 비롯되는 고호모시스테인혈증hyperhomocysteinemia은 혈액과 소변 중의 호모시스테인 농도의 증가를 유발한다. 고호모시스테인혈증은 관상동맥질환arteriosclerosis, 뇌졸중, 퇴행성 신경질환 등의 발병과 상관관계가 있으며, 비타민 B_2, 비타민 B_6, 비타민 B_{12}, 엽산과 같은 단일 탄소 대사에 관여하는 비타민 B 보조인자의 섭취 부족, 유전적 질환, 연령 등의 다양한 인자들이 고호모시스테인혈증의 발생에 기여한다. 호모시스테인은 메티오닌의 대사과정에서 생성되며, 재메틸화remethylation와 황 전이 경로transsulfuration를 통하여 대사된다 **그림 13-12**. 호모시스테인은 SAM으로부터 합성되며, 메티오닌으로의 재메틸화는 대부분의 조직에서 엽산과 비타민 B_{12}를 조효소로 사용한다. 엽산 결핍은 혈중 호모시스테인의 농도를 증가시킴으로써 퇴행성 신경질환과 상관관계가 있는 것으로 보고되었다.

SAM
S-adenosylmethionine

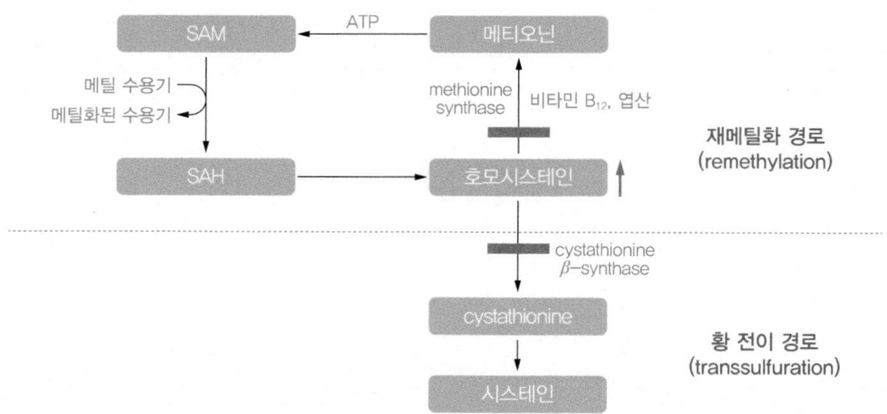

그림 13-12 단일 탄소 대사와 황 전이 경로 결함에 따른 고호모시스테인혈증 발생 기전

2) 고호모시스테인혈증과 퇴행성 신경질환

고호모시스테인혈증에 따른 알츠하이머병을 포함한 퇴행성 신경질환의 발생 기전은 다음과 같다.

(1) 산화적 스트레스

중추신경계는 다른 조직에 비하여 다량의 산소를 소비하며 철과 지질의 함량이 높다. 또한 항산화계의 활성도가 낮기 때문에 고호모시스테인혈증에 의한 산화적 스트레스에 의하여 뇌조직의 손상이 일어난다.

(2) 탈메틸화

고호모시스테인혈증은 베타아밀로이드 대사에 관여하는 BACE1 유전자와 presenilin 1(감마-세크라타제이스 1 복합체의 주요 구성성분) 유전자의 프로모터 부위를 탈메틸화하여 이들 단백질의 발현을 증가시키며, 베타아밀로이드의 생성을 증가시킨다. 또한 단백질 탈인산화효소(PP2A)의 탈메틸화를 통하여 효소의 활성도를 조절할 수도 있다. PP2A는 뇌조직에 존재하는 주요 세린/트레오닌 탈인산화 효소로서 타우단백질의 탈인산화에 관여한다.

PP2A
protein phosphatase 2A

(3) 혈액뇌장벽 손상

고호모시스테인혈증은 혈액뇌장벽을 파괴하는 것으로 알려져 있으며, 이에 따라 정상적인 뇌조직에서는 혈액뇌장벽을 통과할 수 없는 물질들이 뇌조직으로 유입되어 세포 손상 및 인지기능의 저하를 유발한다. 이는 또한 비정상적인 GABA 신호전달을 유발하며, 내피세포와 성상세포의 손상을 가지고 온다. 그러나 이러한 과정에 호모시스테인이 직접적으로 작용하는지는 확실하지 않다.

(4) 흥분성 세포독성

호모시스테인과 호모시스테인의 대사물인 homocysteic acid은 NMDA의 유사체로서 NMDA 수용체에 결합할 수 있다. 이들은 또한 글루탐산 수용체의 길항제로 작용함으로써 수용체를 과다하게 자극하여 세포 내 칼슘이온의 농도 증가를 유발한다. 이는 뇌에서 흥분성 시냅스 후 전위를 과도하게 유발함으로써 세포 손상을 가지고 온다.

NMDA
N-methyl-D-aspartate

(5) 베타아밀로이드 축적

호모시스테인의 대사물인 homocysteine thiolactone은 베타아밀로이드의 라이신 lysine 잔기에 결합하여 중합체의 안정성을 증가시키며, 단백질 응집을 유발함으로써 베타아밀로이드 대사에 영향을 줄 수 있다.

(6) 소포체 스트레스 유발

호모시스테인은 이황화결합disulfide bond을 파괴하고, 단백질의 잘못된 접힘을 유도함으로써 소포체 스트레스를 유발한다.

6 식이성분과 퇴행성 신경질환

현재까지 연구된 바에 따르면, 다양한 식이요인들이 퇴행성 신경질환 발병에 영향을 주는 것으로 보고되었다 **표 13-1**.

표 13-1 퇴행성 신경질환 발생에 영향을 주는 식이요인들

식이요인		영향
알츠하이머병	엽산과 비타민 B_{12} 섭취 부족	촉진
	열량 섭취 제한	보호
	항산화제	보호
	과일과 채소가 풍부한 식단	보호
	오메가-3 지방산, 생선	보호
파킨슨병	카페인	보호
	과일, 채소, 콩, 견과류	보호
	생선	보호

1) 지방산과 인지기능

(1) 지방산의 인지기능 조절작용

포유류의 뇌조직은 지방함량이 건조무게의 50~60%에 달한다. 불포화지방산은 뇌 조직의 지방산 가운데 약 30~35% 정도를 차지하며, 특히 도코사헥사에노산(DHA, 22:6 n-3)과 아라키돈산arachidonic acid(20:4 n-6)의 함량이 높다. 지방산에 의한 뇌 기능 조절작용은 지방산 계열에 따라 차이가 있다 **그림 13-13**. 포화지방산의 경우 염증반응에 의한 세포사멸을 촉진함에 따라 인지기능 손상을 유발할 수 있는 반면, 다중불포화지방산의 경우 지방산이나 지방산의 대사물인 에이코사노이드eicosanoid가 전사인자(RAR, RXR, PPAR 등)의 리간드로 작용하여 다양한 신호전달 기전에 관여하거나 산화적 스트레스 및 염증반응을 저해하여 인지기능을 향상시킬 수 있다.

DHA
docoxahexaenoic acid

RAR
retinoic acid receptor

RXR
retinoid X receptor

PPAR
peroxisome proliferator-activated receptor

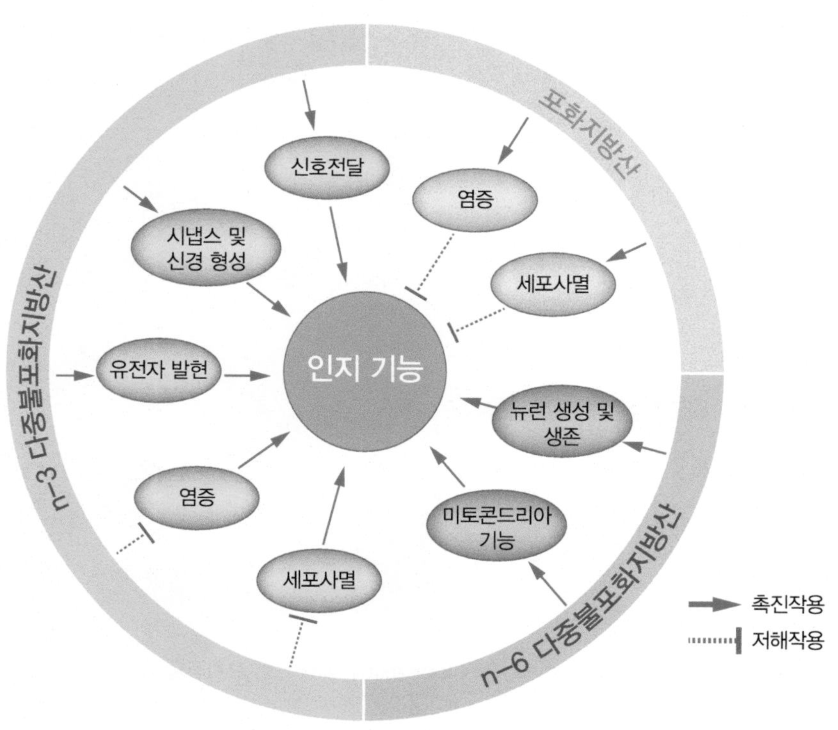

그림 13-13 지방산에 의한 대뇌 해마(hippocampus)의 인지기능 조절작용

(2) n-3 다중불포화지방산의 뉴런 보호작용

n-3 다중불포화지방산의 하나인 DHA는 주로 광수용체와 시냅스막과 같은 신경조직에 존재하며, 시각을 비롯한 뉴런의 기능을 조절하는 것으로 알려져 있다. DHA 결핍은 노화에 따른 뇌기능 저해, 알츠하이머병, 과잉행동장애, 퍼옥시좀 질환peroxisomal disorders 등과 관계가 있다. 또한 식이를 통한 DHA 보충은 뇌조직 내 DHA 함량 증가와 함께 노화과정에서 일어나는 인지능력 저하를 개선하였으며, 식이 DHA 섭취는 알츠하이머병 발병과 역의 상관관계가 있는 것으로 보고되었다. DHA는 뇌혈관의 내피세포에 의하여 운송되어 신경계의 성상세포로 운반되며, 성상세포의 막구조상에 존재하거나 뉴런으로 전달된다.

또한 대사체학 연구에 따르면, 뉴런은 DHA로부터 NPD1이라는 신경보호물질을 합성할 수 있다. NPD1은 산화적 스트레스, 염증 반응, 베타아밀로이드의 합성을 저해함으로써 신경세포를 보호하는 작용을 한다 **그림 13-14**.

NPD1
neuroprotectin D1

sAPP
soluble amyloid precursor protein

LOX
lipoxygenase

PLA
phospholipase A

PPARγ
peroxisome proliferator activated receptor gamma

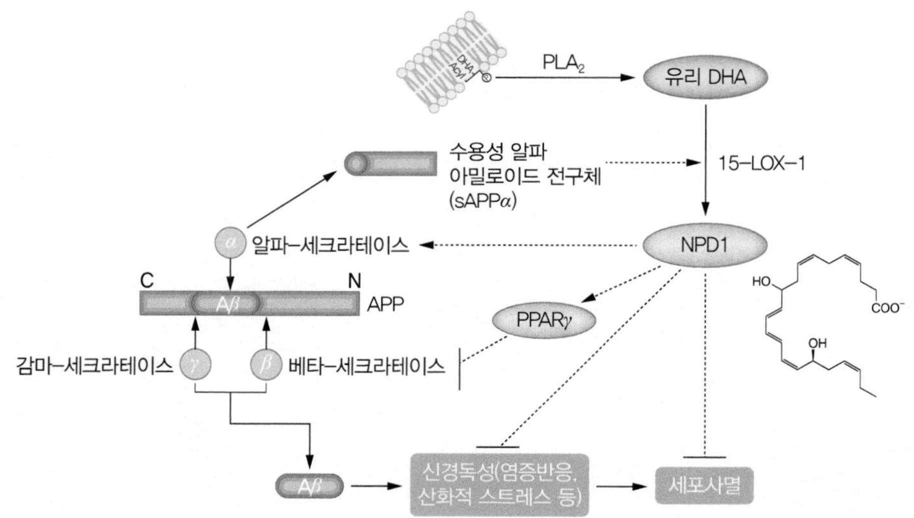

그림 13-14 Neuroprotectin D1의 뉴런 보호작용
자료: Bazan NG et al., 2011

2) 인지질 대사와 퇴행성 신경질환

(1) 인지질과 인지기능

포스파티딜콜린phosphatidylcholine 또는 레시틴lecithin은 체내 주요 인지질의 하나로, 세포 이중막의 주요 구성인자이며 외막에 풍부하게 존재한다. 콜린 작동성 뉴런의 경우 콜린으로부터 아세틸콜린, 인지질유래 이차 신호전달물질, 레시틴을 합성할 수 있다 **그림 13-15**. 콜린은 양방향으로 혈액뇌장벽을 통과할 수 있으며, 혈중 수준이 14 μmol/L 이상인 경우 뇌조직으로 이동하고, 14 μmol/L 이하인 경우 혈액으로 이동하는 것으로 보고되었다. 알츠하이머병 환자의 경우 **콜린아세틸기 전이효소**choline acetyltransferase 활성도가 감소하며, 신경세포막 내 아세틸콜린과 레시틴의 수준도 정상인에 비하여 낮다.

콜린아세틸기 전이효소
아세틸 CoA와 콜린 간의 에스터 결합을 형성하여 신경전달물질인 아세탈콜린을 활성하는 효소

(2) 식이성분에 의한 인지질과 신경전달물질의 합성 조절

일반적으로 금식 시 인간의 혈중 콜린 수준은 8~12 μmol/L이다. 콜린의 함량이 높은 음식을 섭취하게 되면 혈중 콜린 수준이 30 μmol/L 정도까지 증가하며, 이 경우 뇌조직에서의 콜린과 아세틸콜린의 농도도 증가된다. 콜린 결핍 식이를 장기간 섭취

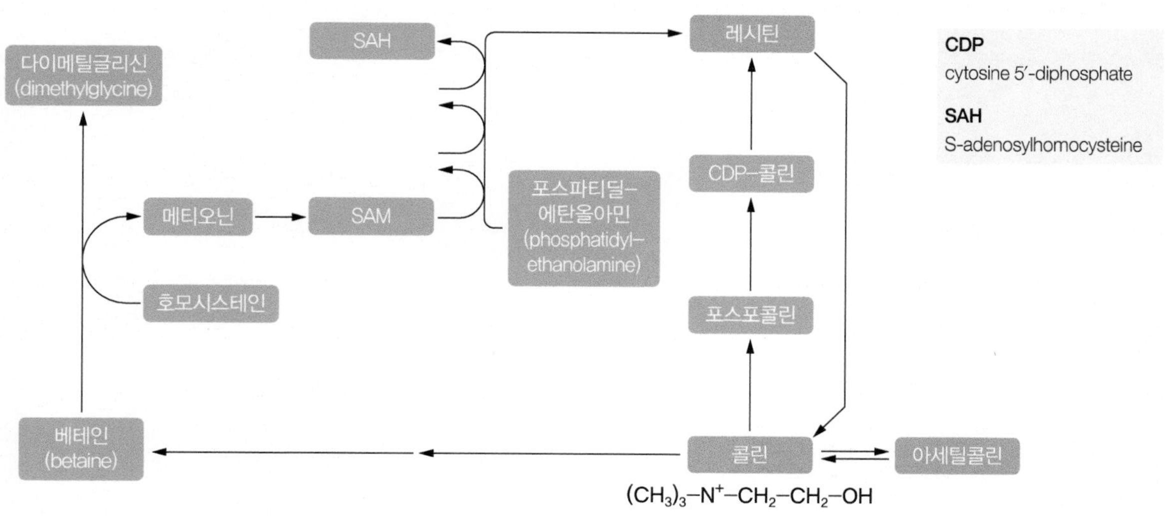

그림 13-15 콜린 대사과정

CDP
cytosine 5′-diphosphate

SAH
S-adenosylhomocysteine

하면 세포막 내의 레시틴을 이용하여 아세틸콜린을 합성하므로 세포의 수축과 사멸을 유발한다. 또한 세포막 내에서 레시틴 농도의 감소는 막의 구조와 기능을 파괴시킴으로써 아밀로이드 전구체로부터 베타아밀로이드 생성을 증가시킬 수 있다.

7 결론 및 제언

신경계는 뉴런과 신경교세포로 이루어져 있으며, 뉴런은 다양한 신경전달물질을 분비함으로써 신경 자극을 전달한다. 뇌조직은 심장 방출량의 약 20%까지 공급받으며, 혈액뇌장벽은 혈액과 뇌 간의 상호 물질이동을 선택적으로 조절한다. 알츠하이머병은 아세틸콜린의 합성 감소, 베타아밀로이드의 침착, 타우 단백질의 과인산화에 따른 신경섬유 덩어리로 인한 뉴런의 손상으로 기억 손상 및 인지기능이 감퇴되는 대표적 퇴행성 신경질환이다. 단일 탄소 대사의 불균형, 고지방 식이 섭취, 인슐린 저항증, 비만 등의 대사적 이상이 뇌조직의 노화와 퇴행성 신경질환 발병에 직·간접적으로 영향을 주는 것으로 보고되고 있으나, 관련 기전은 아직까지 정확하게 밝혀지지 않았다. ApoE 단백질은 지단백과 베타아밀로이드의 수송에서 중요한 역할을 하며, E4형의 경우 알츠하이머병의 강한 위험인자로 작용한다. 다양한 종류의 식이요인들이 퇴행성 신경질환 발생에 영향을 주는 것으로 보고되고 있으며, 특히 다가불포화지방산과 레시틴은 산화적 스트레스 및 염증반응을 저해하고 세포막과 신경전달물질을 합성함으로써 인지기능의 조절에 관여한다.

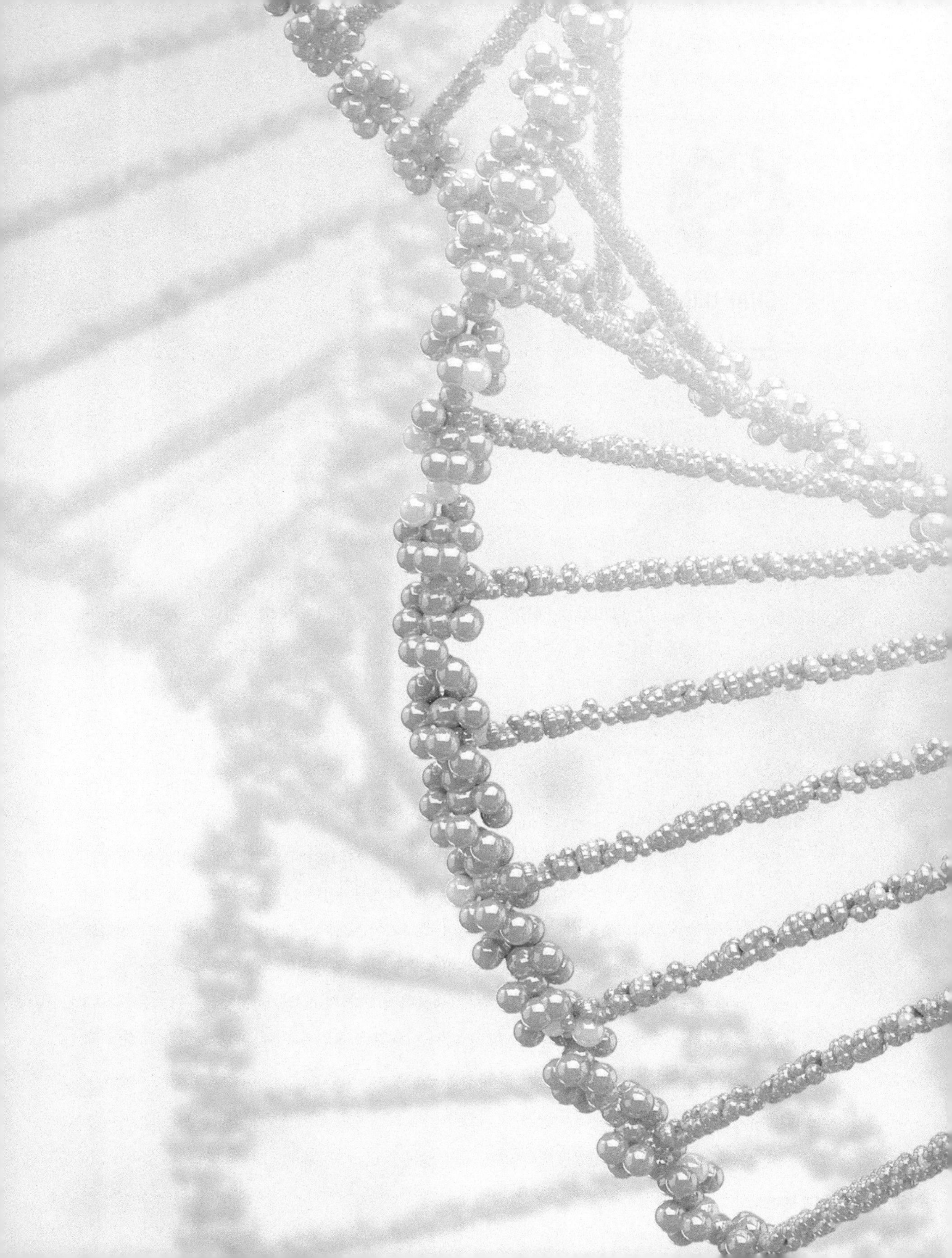

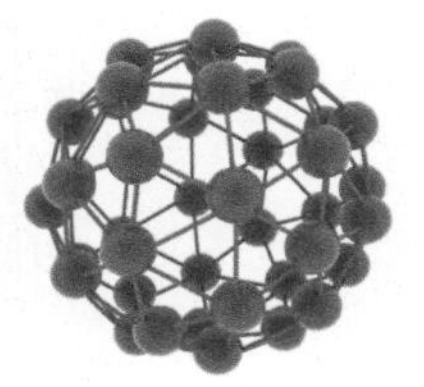

CHAPTER 14

노화

노화aging는 나이가 들어감에 따라 정신적·신체적 기능이 저하되는 것으로, 건강하고 성공적인 노화란 신체적·사회적·정신적 기능이 잘 유지되고 이로 인해 행복감을 느낄 수 있는 상태이다. 최근 인간 수명의 연장으로 건강한 노화에 대한 관심이 높은데, 이를 위해서는 균형잡힌 식사를 통해 적절한 영양 상태를 유지하는 것이 중요하다. 노령인구가 늘어감에 따라 노화를 막기 위한 식생활에 대한 관심이 증가하고 있고, 노화영양 관련 연구가 다각적으로 이루어지고 있다. 그동안 노화의 진행에 대한 작용기전으로 텔로미어telomere, 산화 스트레스oxidative stress, 염증inflammation반응 등에 중점을 둔 연구들이 주로 이루어졌고, 하나의 기전 또는 표적인자를 억제하는 약리적 및 영양적인 방법들의 효능은 제한적이었다. 최근에는 하나의 작용 기전과 표적인자만을 억제하는 것이 아닌 다각적인 노화 억제방법에 대한 연구가 진행되고 있고, 이에 있어 영양과 관련된 유전적 조절의 중요성은 매우 크다.

따라서 본 장에서는 노화의 분자생물학적 기전과 노화에 영향을 주는 유전자에 대해 정리해 보고, 노화에 영향을 미치는 영양적 요인과 이에 의한 유전적 조절에 대해 알아보기로 한다.

1 노화의 분자생물학적 기전

1) 텔로미어

텔로미어는 염색체의 말단 부위에 존재하는 DNA 단편으로 세포의 시계 역할을 담당한다. 노화가 진행됨에 따라 텔로미어의 길이가 짧아지는 것으로 알려져 이를 지연시키기 위한 영양적 접근법에 대한 연구들이 많이 이루어졌다. 기존의 연구결과에 의하면, 엽산, 비타민 B_{12}, 나이아신, 비타민 A, C, D, E, 마그네슘, 아연, 오메가-3 지방산, 폴리페놀, 커큐민 등이 텔로미어의 길이 감소를 억제시키고 텔로머레이스 telomerase 활성을 조절함으로써 항노화 영양소로서 기능한다 **그림 14-1**. 텔로미어 길이와 텔로머레이스 활성조절 작용기전으로는 DNA 메틸화, DNA 손상, 염증반응, 세포 증식, 산화 스트레스의 조절이 제안된다.

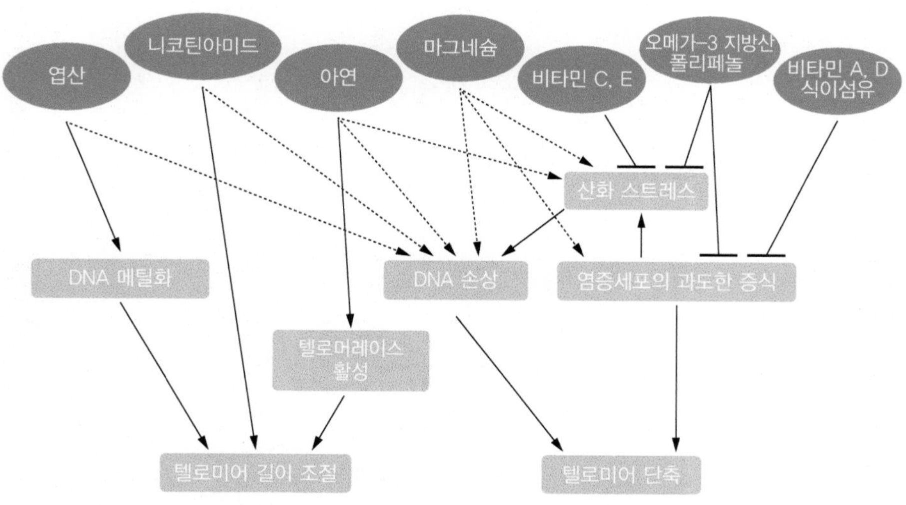

그림 14-1 영양소가 텔로미어에 의한 노화 조절에 미치는 영향
영양소들은 DNA 메틸화, DNA 손상, 염증반응, 세포 증식, 산화 스트레스 등의 다양한 기전에 의해 텔로미어의 길이와 활성을 조절한다. 점선은 각 영양소 결핍에 의한 영향을 나타낸다(자료: Paul L, 2011 보정).

2) 산화 스트레스

산화 스트레스는 산화 유발인자인 유리라디칼과 항산화 시스템 간의 불균형에 의해 발생하는 것으로 과도한 산화 스트레스는 노화의 원인이 된다. 기존에 많은 항노화 식품과 제품들이 개발되었는데, 주요 작용기전으로 산화 스트레스의 감소를 제시하고 있다. 대표적인 항산화 영양소로서 비타민 C, E, 셀레늄, 아연, 폴리페놀 등이 항노화식품에 포함되어 있다. 산화 스트레스에 의한 노화조절 작용은 **그림 14-2**와 같다.

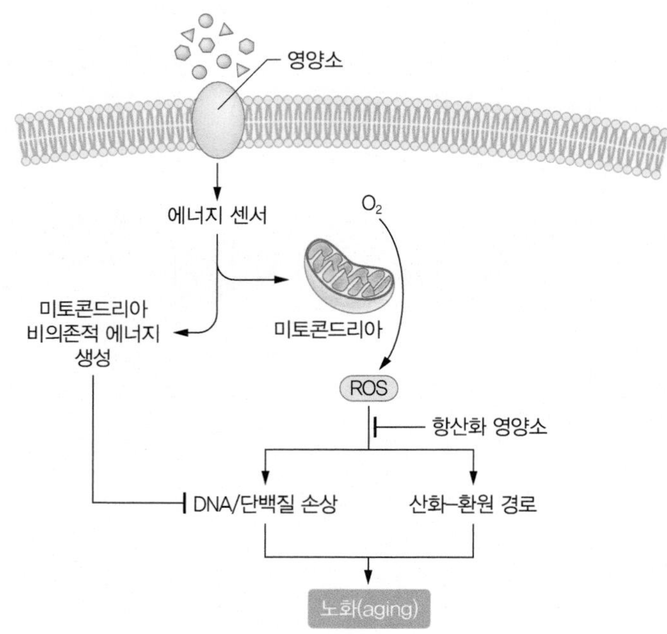

그림 14-2 산화스트레스에 의한 노화조절
생체 내에서 영양소 대사와 미토콘드리아에서의 에너지 대사과정 동안 생성되는 활성산소종(ROS)은 DNA와 단백질의 손상을 유도하고 특정 산화환원경로를 통하여 노화 속도를 조절한다(자료: Nemoto S and Finkel T, 2004 보정).

ROS
reactive oxygen species

3) 염증반응

초기의 염증반응과 노화 관련 연구는 노화를 촉진시키는 염증반응에 관여하는 사이토카인들을 선별하여 분석하는 것이 대부분이었다. 최근의 연구는 염증반응의 한 유형인 대사성 염증반응에 중점을 두어 연구가 진행되고 있는데, 이는 소포체 스트레스(ER stress), 인플라마좀inflammasome, 자가포식autophagy 등의 분자생물학적 기전과 연관되어 있다.

ER stress
endoplasmic reticulum stress

IL-1
interleukin-1

NLRP3
NOD-like receptor family, pyrin domain containing 3

ASC
apoptosis-associated speck-like protein containing a caspase activation recruitment domain

CASP1
caspase 1

소포체 스트레스(ER stress)

소포체는 단백질 합성, 단백질의 활성형 구조 형성, 지질과 스테롤 합성, 칼슘 저장소로서 체내 칼슘 농도 조절 등의 역할을 담당한다. 소포체 스트레스는 소포체에 미성숙 단백질이 과도하게 유입되거나 소포체 내 칼슘이 고갈되어 소포체의 기능에 장애가 생기는 스트레스 상태를 의미한다. 일정 수준의 소포체 스트레스는 체내 방어 기전에 해당되나, 과도한 수준의 소포체 스트레스는 대사 관련 질환과 노화를 촉진시킨다.

인플라마좀(inflammasome)

인플라마좀은 세포의 감염이나 스트레스 등 선천성 면역 방어체계(innate immune defenses)와 관련된 염증조절결합체이다. 인터루킨-1(IL-1)은 인플라마좀에 의해 조절되는 대표적인 염증 조절 인자들 중 하나로서 염증 신호를 받아 인플라마좀이 활성화되면 pro-IL-1β의 일부가 절단(cleavage)되면서 mature IL-1β를 생성한다. 대사조절과 관련하여 대표적인 인플라마좀은 NLRP3 인플라마좀이고 이는 NLRP3, ASC, caspase 1(CASP1)으로 구성된다(그림 14-3).

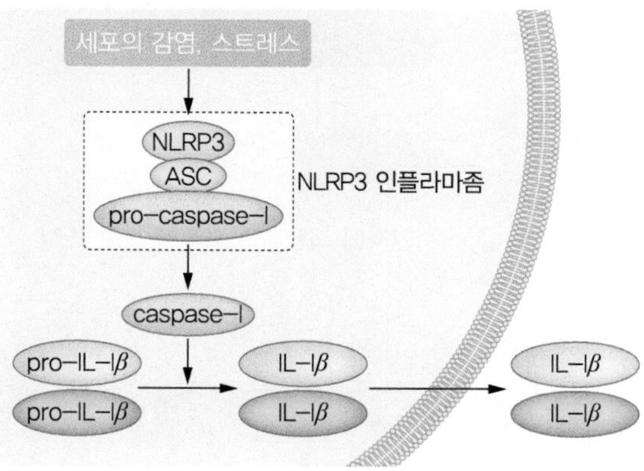

그림 14-3 NLRP3 인플라마좀

4) 자가포식

ATG
autophagy-related gene

AMPK
AMP activated protein kinase

mTOR
mammalian target of rapamycin

PKA
protein kinase A

자가포식은 세포질의 수명이 다하거나 변성되어 기능이 저하된 세포 소기관들이 세포 스스로에 의해 분해 및 제거되어 항상성을 조절하는 과정으로, 이는 '세포 안에서 이루어지는 재활용 시스템'으로 간주된다. 자가포식에 의한 노화조절은 ATG이 결여되어 있는 실험 동물들(*C. elegans*, Drosophila)이 단축된 수명을 가진다는 연구결과들에 의해 제안되었고, 이후의 연구들은 이러한 노화 조절작용이 시르투인 sirtuin, AMPK, mTOR, PKA, SCH9(homologue of Akt/PKB) 등에 의해 이루어진다고 보고했다 **그림 14-4**. 자가포식에 영향을 미치는 식사인자들에 대한 연구는 아직 많이 보고되지 않았고, 지금까지의 연구결과들을 정리해 보면 **그림 14-4**와 **표 14-1**과 같다. 일반적인 생리항상성 유지에 있어 자가포식은 필수 조절과정이므로 이의 정상적인 기능은 노화 억제에 기여한다. 하지만, 일부 식사요인의 경우 일반적인 생리적 조건과 병리적 조건에서의 자가포식 조절 방식이 다른 것으로 보고되므로, 이를 명확히 하기 위한 후속 연구가 필요하다.

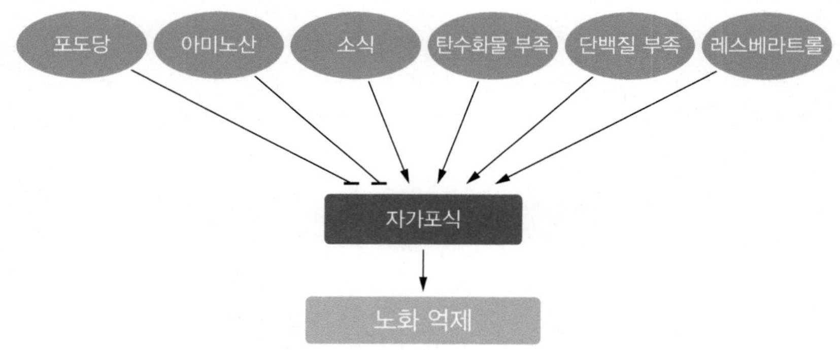

그림 14-4 식사인자에 의한 자가포식과 노화 조절

표 14-1 자가포식에 영향을 미치는 식사인자들

자가포식 촉진	자가포식 억제
열량 제한 포도당 섭취 제한 단백질 섭취 제한 레스베라트롤	포도당 과다 섭취 단백질 과다 섭취

5) 후생유전학

후생유전학epigenetics은 DNA 염기서열의 변화 없이 일어나는 유전자의 기능이나 발현의 변화를 연구하는 학문으로, DNA 메틸화, 크로마틴 구조 변화, 히스톤의 변형(메틸화, 아세틸화), 유전자 발현 등의 변화가 이에 해당한다. 후생유전학적 변화의 원인들 중 영양적 요인이 태아 단계에서부터 중요한 조절작용을 하는 것으로 알려지면서, 후생유전학 그리고 영양유전체학nutritional genomics에 대한 관심이 높아지고 있다. 후생유전학과 영양과의 관계에 대한 주요 이론들 중 1990년대 초에 제안된 절약표현형 가설thrifty phenotype hypothesis은 태아 및 생후 1년 동안의 영양상태가 유전자 염기서열 변화 없이도 유전자의 기능과 발현을 변화시켜 노년의 건강상태와 질환(비만, 당뇨병, 고혈압, 심혈관 질환, 암) 발병 감수성에 영향을 미친다는 것이다.

영양 및 식사인자와 관련하여 가장 많이 연구된 후생유전학적 변화는 DNA 메틸화에 미치는 영향에 대한 것이다. DNA 메틸화에 있어 직접적인 메틸기 공여자로서 또는 엽산대사를 조절하는 기능을 담당하는 영양소들은 콜린, 베타인, 메티오닌, 엽산 등이 있다. 이외에도 후생유전학적 변화에 영향을 미치는 영양 및 식사인자들에 대한 선행연구 결과들은 **표 14-2**와 같다. 이러한 과도한 메틸화 또는 아세틸화 그리고 크로마틴 구조 변화 등의 후생유전학적 변화들은 노화를 가속화시키고, 암과 같은 노화 관련 질환의 발병에 기여한다.

표 14-2 식사인자에 의한 후생유전학적 변화와 노화 조절

식사인자	후생유전학적 변화	노화 조절
고지방 식이	장기간의 고지방식이에 의해 비만이 유도되면 체내 렙틴(leptin) 수준이 증가하고, 이는 과도한 메틸화를 촉진시킴	노화 촉진
나이아신(niacin)	크로마틴 구조 변화(예: 아세틸화)	노화 억제
설포라판(sulforaphane)	히스톤 아세틸화 억제, 암 예방 효과를 기대함	노화 억제와 암 예방 효과 기대
알코올	DNA 메틸화를 감소시키는 경향을 보임	추가 연구 필요
플라보노이드(flavonoids)	DNA 메틸화와 히스톤 아세틸화 변화	노화 억제 효과 기대
셀레늄(selenium)	von Hippel-Lindau(VHL) tumor-suppressor gene promoter의 과도한 메틸화	추가 연구 필요

2 노화에 영향을 주는 유전자

노화는 수많은 유전자와 비유전성 인자(식습관, 활동량, 약물, 흡연, 환경적 요인 등)의 복합적인 상호작용에 의해 진행되고, 노화에 영향을 주는 유전자의 대표적인 예는 시르투인, DAF2, DAF16 등이 있다.

1) 시르투인

DAF2
dauer formation 2

FOXO1
forkhead box protein O1

NF-κB
nuclear factor kappa B

PPARγ
peroxisome proliferator-activated receptor gamma

Sir2는 효모에서 처음으로 규명되었고, 포유동물에서는 시르투인sirtuin, SIRT으로 명명된다. 이는 NAD-의존성 탈아세틸화효소deacetylase 활성과 ADP-ribosyl transferase 활성을 가지고 **그림 14-5**, 이를 통해 세포성장, 노화, 대사, DNA 손상의 회복 등 다양한 세포기능을 조절하는 것으로 알려져 있다. 특히 탈아세틸화효소의 작용에 의해 시르투인 하부 조절인자인 p53, FOXO1, Ku70, NF-κB, PPARγ 등의 탈아세틸화를 통해 세포기능을 조절한다. 시르투인은 노화 억제인자로 주목받고 있는데, 특히 Sirt1 knock-out mouse의 경우 수명 단축, 가속화된 노화 현상, 노화와 관련된 대사이상 등을 보인다. 식이 제한 또는 레스베라트롤 섭취를 통해 NAD가 증가되면 시르투인이 활성화되고 히스톤을 탈아세틸화시켜 특정 유전자 발현을 조절하고 유전체의 안정성을 높임으로써 생체 수명을 30~40% 연장시키는 것으로 알려져 있다. 시르투인에 영향을 미치는 영양적 인자들은 **표 14-3**과 같다.

SIRT1은 유전자 발현, 당과 지질 대사, 인슐린 생산 및 신호전달, 염증반응 등에 관여하여 세포의 성장과 노화를 제어하고 조직 및 개체 수준에서 비만과 당뇨병 등의 대사질환과 염증질환, 퇴행성질환 등 다양한 노화질환 발병에 관여한다. 따라서, SIRT1을 표적으로 하는 노화질환 치료제 개발이 진행 중에 있고, 현재 SRT2104, SRT2379, SRT3025 등의 SIRT1 조절제들이 임상실험 중이다.

SIRT1 이외에도 현재까지 7개의 시르투인이 규명되어 있고 **표 14-4**, 이들이 노화 및 노화관련 대사질환에 미치는 영향에 대한 연구가 진행 중이다.

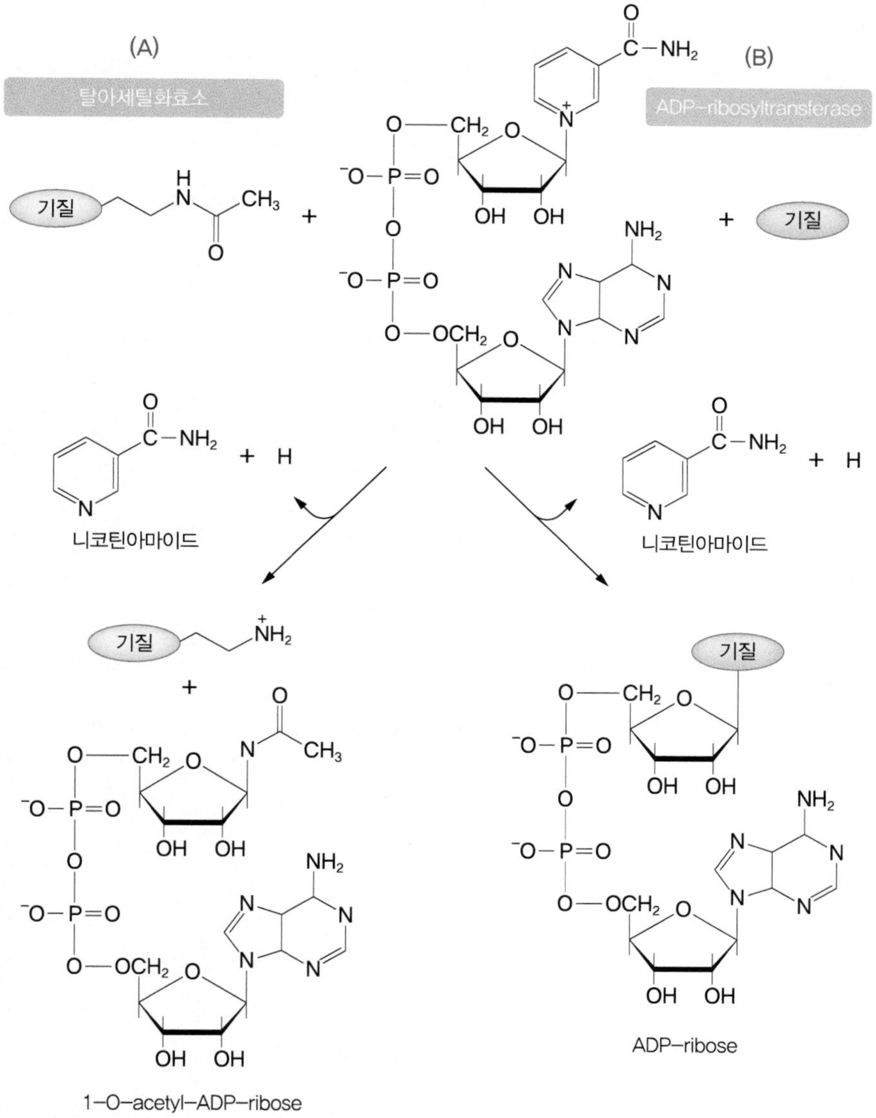

(A)

탈아세틸화효소

(B)

ADP-ribosyltransferase

기질

기질

니코틴아마이드

니코틴아마이드

기질

기질

1–O–acetyl–ADP–ribose

ADP–ribose

그림 14–5 시르투인의 작용

(A) NAD-의존적인 탈아세틸화효소, (B) ADP-ribosyltransferase.

표 14-3 시르투인에 영향을 미치는 영양적 인자들

영양적 인자	시르투인에 미치는 영향
소식	시르투인 활성 증가
레스베라트롤	시르투인 활성 증가
나이아신	시르투인 활성 증가/감소
고당질 식이: 당 독성	시르투인 활성 감소
고지방 식이: 지질 독성	시르투인 활성 감소

표 14-4 시르투인의 종류, 위치, 활성 및 기능

종류	세포 내 위치	활성	기능
SIRT1	핵	탈아세틸화효소	대사, 염증반응
SIRT2	세포질	탈아세틸화효소	세포주기, 종양 생성
SIRT3	핵, 미토콘드리아	탈아세틸화효소	대사, 열 생성, ATP 생성
SIRT4	미토콘드리아	ADP-리보실기 전이효소	인슐린 분비
SIRT5	미토콘드리아	탈아세틸화효소	요소회로
SIRT6	핵	탈아세틸화효소, ADP-리보실기 전이효소	대사, DNA 복구
SIRT7	핵	규명되어 있지 않음	rDNA 전사

2) DAF2/IGF-1 수용체

DAF2
dauer formation 2

IGF-1
insulin-like growth factor-1

Foxo3a
forkhead box protein O3a

DAF2는 선충*C. elegans*에서 처음 밝혀진 노화 유전자로 포유동물의 IGF-1 수용체와 상동 유전자이다. DAF2의 유전자 변이를 가지는 선충이 정상적인 유전자를 가지는 선충보다 2배 더 오래 산다는 결과가 발표되면서 노화 유전자로서의 DAF2가 주목받게 되었다. 또다른 노화 유전자인 DAF16은 포유동물의 Foxo3a와 상동 유전자이다. 이는 스트레스 저항성, 대사조절 및 발생과정을 조절하고, DAF2에 의해 활성화되는 전사인자인 것으로 밝혀졌다 **그림 14-6**. DAF2-DAF16의 선충에서의 노화 조절기능에 대해서는 분명하게 제시되어 있지만, 사람을 비롯한 포유동물에서는 DAF2가 인슐린 및 IGF의 수용체로서 인슐린 신호전달을 조절하여 당뇨병과 암 발생에 관여하는 것으로 알려져 있다. 사람에서의 노화와 수명에 대한 역할에 대해서는 아직 분명하게 규명되어 있지 않다.

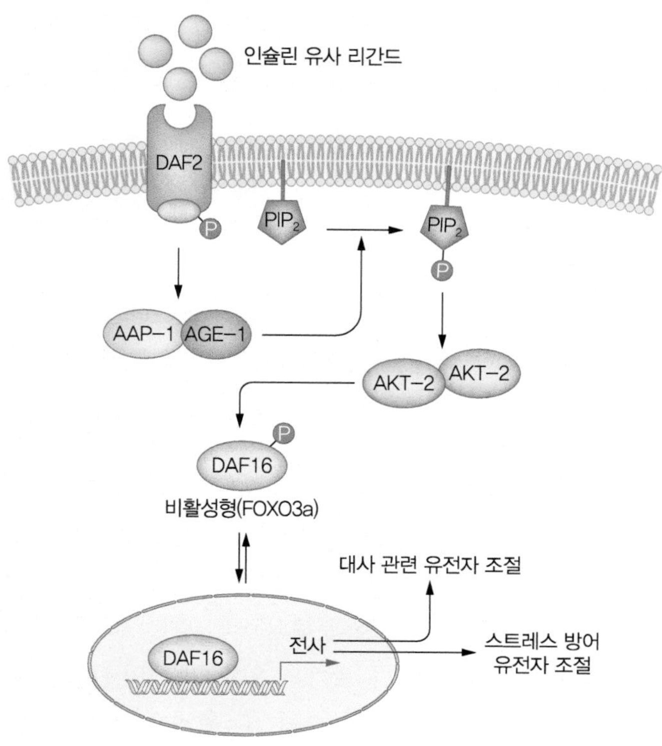

그림 14-6 Dauer formation 2(DAF2)-DAF16 신호전달 경로
인슐린 유사 리간드가 DAF2에 결합하면 단백질 키네이스(AAP-1/AGE-1, AKT-1/AKT-2)을 활성화시키고, DAF16를 인산화시킨다. 인산화된 DAF16는 비활성형으로 세포질에 있다가 탈인산화된 활성형의 DAF16는 핵으로 이동하여 대사와 스트레스 반응과 관련된 유전자의 전사속도를 조절한다(자료: Nemoto S and Finkel T, 2004 보정).

PIP2
phosphatidylinositol 4,5-bisphosphate

3 노화에 영향을 미치는 식사요인

노화와 영양은 밀접한 관련을 가지는데, 노화에 영향을 미치는 대표적인 식사요인은 **표 14-5**에 요약되어 있다.

1) 노화 촉진 식사요인

(1) 고지방식사

장기간의 고지방 식사 섭취는 비만을 유도하고, 관련 질환인 당뇨병, 심혈관질환, 암

표 14-5 노화에 영향을 미치는 식사요인

노화 촉진 식사요인	노화 억제 식사요인
고지방식사 고당질식사 과도한 알코올 섭취	소식 플라보노이드 적포도주 녹차 알로에 오메가-3 지방산 항산화 영양소(비타민 C, E, 셀레늄, 아연) 커피 은행 추출물 소량의 알코올 섭취

등의 원인이 된다. 이러한 질환들은 노화가 진행됨에 따라 발병 빈도가 증가하는 것으로, 고지방 식사 섭취는 노화와 노화 관련 질환의 발병속도를 가속화시킨다. 중성지방은 체내에서 글리세롤과 지방산으로 분해되는데 고지방 식사 섭취는 체내 이용 가능한 유리지방산의 양을 증가시킨다. 증가된 유리지방산은 인슐린 민감도를 감소시켜 인슐린저항성을 유도할 뿐만 아니라, 특히 간으로의 유입이 증가되어 비알코올성 지방간질환의 원인이 된다. 비알코올성 지방간질환의 초기 단계는 단순히 간에 지방이 정상(간의 5% 이내)보다 많이 축적되는 지방간의 유형으로 나타나지만, 간으로의 유리지방산 유입 증가와 같은 지방간 유발인자들의 만성적 노출은 더욱 심각한 단계인 간경화, 간기능 부전, 간암 등으로 진행하게 한다.

(2) 고당질 식사

고지방 식사뿐만 아니라 고당질 식사 역시 노화를 가속화시키고 관련 대사질환 발병을 증가시키는 원인이 된다. 최근 들어, 총당질 섭취가 증가하고 있는데, 대표적인 원인은 탄산음료 또는 당첨가 음료의 소비가 늘어나고 있기 때문이다. 이러한 첨가당의 대부분은 고과당 옥수수시럽(HFCS)으로 저렴한 가격에 높은 당도를 가지는 가공상의 이점을 가지지만, 고혈당, 인슐린 저항성, 당뇨병을 일으키는 건강상의 유해성을 가진다.

HFCS
high fructose corn syrup

(3) 과도한 알코올 섭취

건강한 식생활을 위한 알코올의 적정 섭취량은 남성은 하루 30 g, 여성은 하루 15 g 정도이다. 개인차가 있지만, 과도한 알코올 섭취는 노화 속도를 증가시키고, 심장질환, 당뇨병, 뇌졸중 등의 발병위험과 이로 인한 사망률을 높인다.

2) 노화 억제 식사요인

(1) 소식/식이 제한

'적게 먹으면 장수한다' 는 개념은 일본의 한 장수촌 노인들이 공통적으로 채식 위주의 소식을 실천하고 있었다는 조사 결과에서 비롯된 것으로, *C. elegans*와 생쥐 등을 활용한 이후의 연구결과들은 이를 뒷받침하고 있다. 일반적으로 하루 섭취 열량의 30~40%를 감소시키면 평균 수명이 15~40% 정도 늘어나는 것으로 추정된다. 전 생애주기를 실험기간으로 한 인체실험은 실험 수행상의 어려움으로 인해 아직까지 보고되지 않았지만, 많은 인체실험 결과 소식 또는 저열량 식사가 사망 위험 및 노화 관련 질환의 발병 위험과 유의적인 상관성을 가진다고 보고했다. 2012년 8월 미 국립노화연구소가 〈*Nature*〉에 붉은털 원숭이 121마리를 대상으로 한 노화연구 결과를 발표했는데, 대조군은 식이를 자유롭게 먹게 하고 실험군은 하루 평소 섭취량의 30% 감소된 열량을 제공하면서 25년간 추적 조사한 결과 두 군 간 평균 수명과 사망 원인에 있어 차이가 없었다. 하지만 실험군의 경우 노화 관련 질환의 발병 시기가 늦다는 것이 특징적이었다. 이 연구결과가 발표된 후 소식의 수명 연장 효과에 대한 기존의 연구들과 다르다는 이유로 많은 찬반 논쟁이 있었지만, 여전히 소식은 노화 관련 질환의 발병 시기를 늦추어 생존하는 동안 삶의 질을 유지하는 데 기여한다는 긍정적인 측면이 있다는 것은 중요한 의미를 가진다. 이 연구는 121마리 중 49마리가 생존해 있는 단계의 연구 중간 보고로서, 향후 실험종료 연구 보고 내용이 기대된다.

이와 같은 식이 제한은 지금까지 알려진 노화의 조절방법 중 입증된 유일한 방법인데, 30~40%에 해당하는 열량 섭취 제한을 지속적으로 시행하는 것은 현실적으로 쉽지 않다. 최근 들어 이에 대한 대안으로 식이 제한을 모방할 수 있는 식이 제한 유사체(CRM)가 개발되고 있는데, SIRT1 유전자를 활성화시키는 영양소와 물질 복용 시 식이 제한과 유사한 노화 억제효과를 가질 수 있을 것이라 기대된다. 식이 제한 유사체로 제

CRM
calorie restriction mimetics

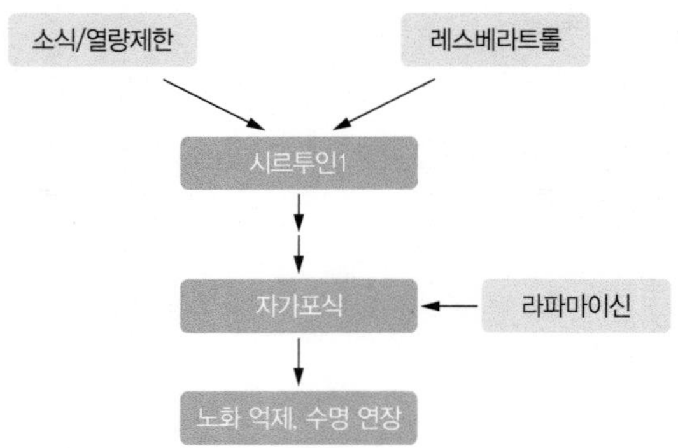

그림 14-7 소식, 라파마이신, 레스베라트롤에 의한 노화조절 기전의 예
소식, 레스베라트롤, pnc-1에 의해 시르투인1 발현과 활성이 증가되고 라파마이신에 의해 자가포식을 증가시키고 노화를 조절한다.

안되는 물질들은 2-deoxyglucose, fisetin, metformin, rapamycin, resveratrol 등이 있다. 식이제한 유사체의 작용기전의 한 예로 SIRT1의 활성을 증가시켜 자가포식 작용을 조절함으로써 노화를 조절한다 **그림 14-7**.

소식이 미치는 영향

- 개체의 성장 억제, 체중 감소
- 체지방 조직 양 감소
- 공복 시 혈당 저하
- 지질과 에너지 대사 변화
- 스트레스에 대한 저항성 증가
- 성 성숙 억제
- 체온 저하
- 혈장 인슐린 저하
- 혈장 코르티코스테롤 수준 상승
- 노화 억제

(2) 적포도주

적포도주에는 레스베라트롤, 프로시아니딘procyanidine 등의 생리활성물질들이 들어 있고 노화 억제에 기여하는 것으로 알려져 있다. 레스베라트롤과 프로시아니딘은 포도, 오디, 땅콩, 크랜베리, 라스베리 등의 베리류에 함유되어 있는 폴리페놀이고, 특히 포도 껍질에 많이 분포하고 있다. 이들은 포도 껍질의 색소 성분이면서 높은 항산화 활성을 가지는 것으로 유명하다. 특히 알코올과 육류 섭취가 많은 프랑스인들이 상

대적으로 낮은 심혈관질환 발병률을 가진다는 'French paradox'의 원인물질로 지목되고 있고, 많은 연구결과가 이들의 장기간 섭취가 심장질환의 발병 위험을 감소시키고 수명 연장에 기여할 것이라고 제안하고 있다. 최근 들어, 특히 레스베라트롤에 대한 연구가 급증하고 있는데, 레스베라트롤의 효과에 있어 중요한 조절인자로서 '시르투인'이 주목받고 있다. 시르투인은 장기간의 소식 시 발현이 증가되고, 시르투인 유전자 결여 생쥐는 빠른 노화가 진행되어 수명이 단축되는 것이 보고되면서 노화 억제 단백질로 알려졌다. 노화 조절 이외에도 당질과 지질대사 조절, 그리고 당뇨병, 지방간 등의 질병 예방에도 기여하는 것으로 제안된다.

(3) 녹차

녹차에는 카테킨catechin, 에피카테킨epicatechin, 에피갈로카테킨 갈레이트epigallo-catechin gallate 등의 폴리페놀이 함유되어 있고, 다양한 생리활성들이 보고되어 있다. 이 중 특히 항산화작용과 항암효과가 뛰어난 것으로 알려져 강력한 항노화 식사인자로 간주된다. 또한 혈중 콜레스테롤 저하 효과를 통해 동맥경화증을 포함한 심혈관질환의 위험을 낮추고, 파킨슨병과 알츠하이머병과 같은 퇴행성 신경질환을 예방함으로써 노화 질환의 발병과 진행을 늦춘다.

(4) 오메가-3 지방산

오메가-3 지방산은 리놀렌산linolenic acid, EPA, DHA 등이 있고, 주로 고등어, 삼치 등의 등푸른생선에 많이 함유되어 있다. 오메가-3 지방산의 혈중 지질 강하 효과는 많은 선행 연구에서 입증되었고, 이를 통해 노화에 수반되는 심장질환의 위험을 낮추는 것으로 알려져 있다. 또한 오메가-3 지방산은 인지능력의 발달과 유지에 필요하므로 두뇌 영양소로 알려져 있어 노년기에 발생할 수 있는 노인성 치매와 퇴행성 신경질환 등을 예방하고 발병 속도를 늦출 수 있다.

EPA
eicosapentaenoic acid

DHA
docosahexaenoic acid

(5) 항산화 영양소

항산화 영양소에는 비타민 C, E, 셀레늄, 아연 등이 있는데, 노화의 주된 원인인 과도한 산화 스트레스에 대한 방어 시스템으로 중요성을 가진다. 비타민 C와 E의 경우 대규모 역학연구에서 효과가 없는 것으로 보고된 경우도 있으나, 많은 연구에서 노화 관련 질환들에 의한 사망 위험과 음(-)의 상관성이 있음을 보여주었다.

셀레늄은 육류, 곡류, 견과류가 주요 급원이고, 글루타티온 과산화효소glutathione peroxidase의 일부로 체내 항산화 시스템으로서의 기능을 담당한다. 셀레늄에 대한 인체연구는 셀레늄이 산화 스트레스 감소에 의한 노화억제 작용뿐만 아니라 노인들, 특히 여성 노인들의 근육 강도를 증가시킨다는 결과를 보고했다. 아연은 붉은 육류와 생선에 함유되어 있는데, 항산화효과와 면역기능 개선 효과가 가장 잘 알려져 있다. 또한, 노화 관련 질환을 예방하고 수명을 연장시키는 것으로 보고되었다.

(6) 커피

커피와 노화와의 연관성에 대해 대규모 역학연구가 수행되지는 않았지만, 일부 인체 및 동물실험 결과 커피의 섭취가 심근경색증과 알츠하이머병의 발병 위험을 감소시킴을 보고하였다. 커피에는 카페인 이외에도 다양한 생리활성물질들이 존재하는데, 커피 섭취가 노화에 미치는 영향에 대한 대규모의 연구가 요구된다.

(7) 은행추출물

은행추출물에는 쿼세틴quercetin, 징코라이드ginkgolides A, B, C 등이 함유되어 있고, 이는 특히 난소암과 같은 특정 암의 예방에 효과가 있는 것으로 알려져 있다. 은행추출물이 노화 관련하여 주목받는 이유는 항암효과 이외에도 노인성 치매나 알츠하이머병 등의 퇴행성 신경질환의 발병을 예방하고 진행속도를 늦추는 효과가 있다는 연구결과가 보고되었기 때문이다.

(8) 소량의 알코올 섭취

알코올 섭취에 대한 연구결과들은 하루 1~2잔 정도의 소량의 알코올 섭취는 혈관의 이완작용을 개선시켜 심혈관질환의 위험을 감소시킨다고 보고하였다. 또한 몇몇의 인체실험 결과, 인슐린 민감성을 개선시키고 골밀도를 증가시킴을 보여주었는데, 이는 알코올에 의한 것이라기보다는 술에 함유되어 있는 알코올 이외의 생리활성물질에 의한 것으로 보고되었다.

4 결론 및 제언

노화의 작용기전을 영양유전학적 관점으로 규명하고 이를 바탕으로 한 바람직한 항노화 식사법 규명에 대한 요구가 높아지고 있는 데 반해, 아직까지 밝혀진 연구내용들은 인과관계보다 연관성을 보여주는데 그치는 경우가 많다. 인과관계를 명확하게 규명하고 여러 연구를 비교 분석하기 위해서는 관련 연구자들의 합의로 도출된 신뢰성 있는 연구방법을 바탕으로 한 기전 연구가 수행되어야 한다. 본 장에서 제안한 여러 영양 및 식사요인들을 대상으로 이들의 노화조절에 있어 세부 작용기전은 무엇인지, 그리고 노화 및 대사조절에 있어 긍정적인 효과들을 극대화하고 노화를 억제하기 위해 권장하는 적정 섭취량과 섭취방법은 무엇인지에 대한 연구가 이루어지기를 기대해 본다.

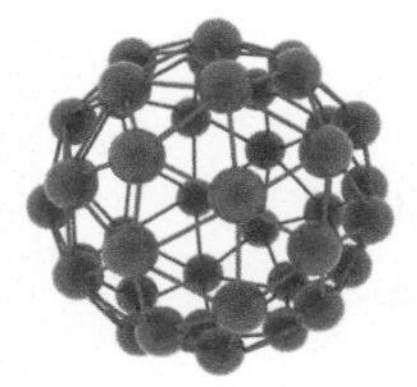

CHAPTER 15
암

1 암과 영양유전체학

암의 발생은 환경요인과 관련이 높아 식생활을 포함한 생활습관 변화와 밀접하게 관련된 것으로 알려져 있다. 식품은 직접적 또는 간접적으로 암을 유발하는 물질뿐만 아니라 반대로 암을 예방하는 물질도 다량 포함하고 있다. 특히 과일, 채소 및 기타 식물성 식품에 함유된 성분이 비정상적인 세포분열을 억제하고, DNA 손상을 줄여 줄 뿐 아니라 손상된 DNA의 복구와 손상된 세포의 제거 그리고 세포의 분화 유도에 관여함으로써 암을 예방할 수 있다는 연구결과가 나오고 있다. 실제로 우리나라를 포함한 세계 건강 관련 단체들에서는 암 예방을 위한 실천항목 중 가장 중요한 것으로 과일과 채소의 섭취량을 증가시킬 것을 권장하고 있다. 그러나 아직까지는 **횡단적 역학연구**나 대규모 **중재연구** 등에서 식품 또는 식품성분이 나타내는 항암효과가 일치하지 않아 추가적인 연구가 요구되고 있다.

횡단적 역학연구 (cross-sectional study)
동일한 시점에서 서로 다른 인구 집단에서 나타나는 특성을 비교하는 연구 방법

중재연구 (intervention study)
인간 집단을 무작위로 실험군과 대조군으로 나누어 처치에 대한 효과를 연구하는 방법

다양한 인체연구에서 암에 대한 식품과 식품성분의 영향이 다르게 나타나는 원인 중 하나는 개인의 유전적 차이이다. 즉 특정 성분에 대한 체내 반응이 개인에 따라 달리 나타날 수 있기 때문이다. 최근 인간유전체사업human genome project이 완성됨

에 따라 인간 DNA 내 약 20,000~25,000개 유전자 존재가 규명되고 DNA를 구성하는 염기서열이 해독되어 유전자와 식이의 상호작용 연구가 가능하게 되었다. 따라서 최근 들어 식품영양과 유전형질과의 관계를 대량 유전자 분석기법을 적용하여 유전자 수준에서 해석하는 분야인 영양유전체학Nutrigenomics이 활성화되고 있다. 한 예로, 십자화과식물에 함유된 설포라판sulforaphan의 암 예방 효능은 글루타티온-S-전달효소 M1(GSTM1) 유전자의 변이가 있을 때 더 뚜렷하게 나타난다. 또한 다양한 오믹스omics 기술이 개발되면서 특정 식품 성분이 항암 활성을 나타내는 데에는 다양한 유전자 네트워킹이 관여하고, 그 결과산물로 많은 수의 단백질과 대사물질들의 생성량이 조절된다는 연구결과들이 보고되고 있다. 즉 과거의 연구가 특정 분자와 특정 대사경로를 선택하여 연구해 왔다면 앞으로의 연구는 유전체·단백체·대사체연구를 통해 암화과정을 포함한 다양한 생물화학적 반응에 관여하는 유전자, 단백질, 대사물질의 군을 찾아내고 분류하여 주요 표적을 선별하는 방향으로 진행되고 있다.

GSTM1
glutathione-S-transferase M1

1) 암의 발생

암이란 세포의 기본 규칙이 깨진 질병이다. 정상세포의 성장은 한 생명체의 필요에 의해 정교하게 조절된다. 그러나 암세포는 스스로 계속 분열하여 결국 정상조직을 침범하고 그 기능을 방해한다. 따라서 정상세포가 암세포로 변환되는 것은 정상세포 생리에 중심적인 역할을 하는 조절기능의 혼란에 의한 것으로 볼 수 있다. 우리 주변 환경에는 DNA를 손상시켜서 유전자에 변이를 가져오는 물질들이 많이 존재한다. 화합물이나 X-선과 같이 암을 유발하는 물질을 발암물질carcinogen(발암원)이라고 한다. 많은 발암물질은 돌연변이원mutagen으로 작용하여 오랜 기간 그 영향을 미치므로써 암을 발생carcinogenesis시킨다.

발암원에 의한 암의 발생과정은 다단계로 일어나며 3단계로 나눈다. 제1단계는 암유발 개시단계로 발암원이 DNA를 공격하여 돌연변이를 유발하는 비가역 반응(거꾸로 돌이킬 수 없는 반응)이다. 제2단계는 암유발 촉진단계로 암유발 개시단계만으로는 암이 발생하지 않으며 암발생을 촉진하고 유지하는 단계가 필요하다(초기에는 가역반응). 암유발을 촉진하는 대표적인 물질은 1967년 헤커Hecker 등이 규명한 TPA로 TPA는 발암원이 아니며, 발암원의 작용을 촉진하는 '종양촉진제'로 작용한다. 제3단

TPA
12-0-tetradecanoyl-phorbol 13-acetate

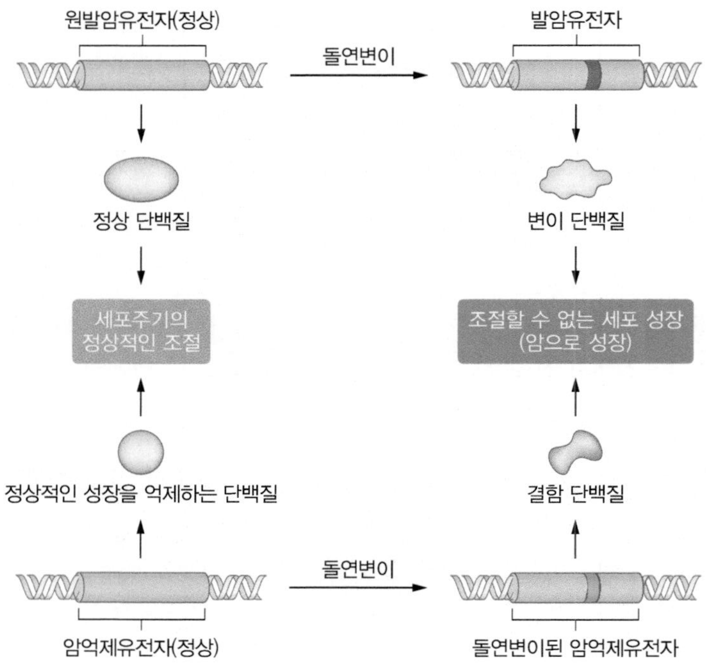

그림 15-1 세포 성장에서 원발암유전자, 발암유전자 및 암억제유전자의 역할

계는 암 진행단계로 양성 종양에서 악성 종양으로 전환하여 악성 종양의 특성이 증대되는 과정이다. 이 단계에서는 발암유전자와 암억제유전자의 돌연변이가 점차 증가하며, 염색체의 이상이 분명하게 나타나게 된다. 그러나 실험적인 과정에서는 발암기전의 각 단계를 분명하게 구별할 수 있지만, 실제 사람의 발암과정에는 이러한 단계들에 관여하는 요인들이 동시에 오랫동안 지속되므로 각 단계를 구별하기 어려운 경우가 많다.

정상적인 상황에서 세포의 성장과 분열을 촉진하는 양성 조절인자로서 기능하지만 돌연변이 후에 발암유전자oncogene로 활성화되는 유전자를 원발암유전자proto-oncogene라 한다 **그림 15-1**. **표 15-1**과 같이 *ras, erb-B, myc, Bcl-2, β-카테닌, src* 등이 잘 알려진 원발암유전자이다. 정상적으로 증식을 제한하는 역할을 하는 음성 조절인자는 암억제인자tumor-suppressor라 한다. 암억제유전자는 돌연변이로 불활성화되어 세포의 성장 억제능력을 빼앗길 때 발암과정에 관여하게 된다. 대표적인 종양억제유전자인 *p53*은 세포의 비정상적인 분열과 증식을 억제하며, 세포 DNA가 손상되었을 때에 이를 정상적으로 복구하는 기능을 수행하고 DNA가 무제한적으로 증폭되는 것을 방지하기도 한다. *BRCA1, BRCA2* 유전자는 1994년 발견된 것으로 이 유전자의 변이는 유방암과 밀접한 관계가 있다. 그 외에도 *Rb, APC, WT1, BRCA1* 및 *BRCA2* 등이 알려져 있다.

세포가 세포분열의 조절기능을 상실하였을 때, 이 세포는 증식하여 종양tumor이라고 부르는 덩어리를 형성한다. 비암성인 양성 종양은 비침입적이고 다른 조직에 영향을 주지 않지만, 암성인 악성 종양은 파괴적인 경로를 따라 진행한다. 종양 성장은 종양에 영양소를 공급하는 새로운 혈관을 형성하는 **혈관신생**이라고 부르는 과정이 동반된다. 최종적으로 악성세포는 원래의 위치에서 떨어져 나와 **전이**라고 하는 과정을 통해 몸의 다른 장소에서 자라기 시작한다 **그림 15-2**. 따라서 빠르게 성장하면서 침입적 특징을 보이면서 체내 각 부위에 전이하는 악성 종양을 암이라고 한다. 이러

Rb
retinoblastoma protein

APC
adenomatous polyposis coli

WT1
wilms tumor 1

BRCA1
breast cancer 1

혈관신생(angiogenesis)
새로운 혈관이 형성되는 과정

전이(metastasis)
종양세포가 처음 형성된 종양(1차 종양)을 떠나 몸의 다른 장소로 이동하여 그곳에서 새로운 종양세포의 집락을 형성하는 것

표 15-1 주요 원발암유전자와 암억제유전자

구분	유전자	기능	주로 발현하는 암의 종류
원발암 유전자	*K-ras* *N-ras*	세포증식 신호전달에 작용	폐암, 난소암, 소장암, 췌장암, 백혈병 등
	C-myc *N-myc* *L-myc*	전사과정에서 성장을 자극	백혈병, 유방암, 위암, 폐암, 신경세포암, 뇌암 등
	β-카테닌	세포증식 조절 및 *β*-카테닌 분해	대장암 등
	Bcl-2	세포자살을 억제	림프종
	erb-B	성장인자 또는 성장인자 수용체에 작용	뇌종양(glioma), 유방암 등
	MDM2	*p53*과 역작용	육종(sarcoma)
	src	타이로신의 인산화	간암, 대장암, 폐암, 유방암 등
암억제 유전자	*Rb*	전사제어, 세포주기 조절	망막아세포종, 골육종, 폐암 등
	p53	전사제어, 세포주기 조절, DNA 수복, 유전자 안정성	대부분의 모든 종양
	NF1, NF2	신호전달, 세포접착	뇌종양, 백혈병 등
	APC	*β*-카테닌의 분해 및 세포 증식 조절	대장암, 위암, 췌장암
	DCC	세포자살 유도	대장암
	p16	세포주기 조절	흑색종, 신장암
	BRCA1, BRCA2	DNA 손상 복구	유방암, 난소암

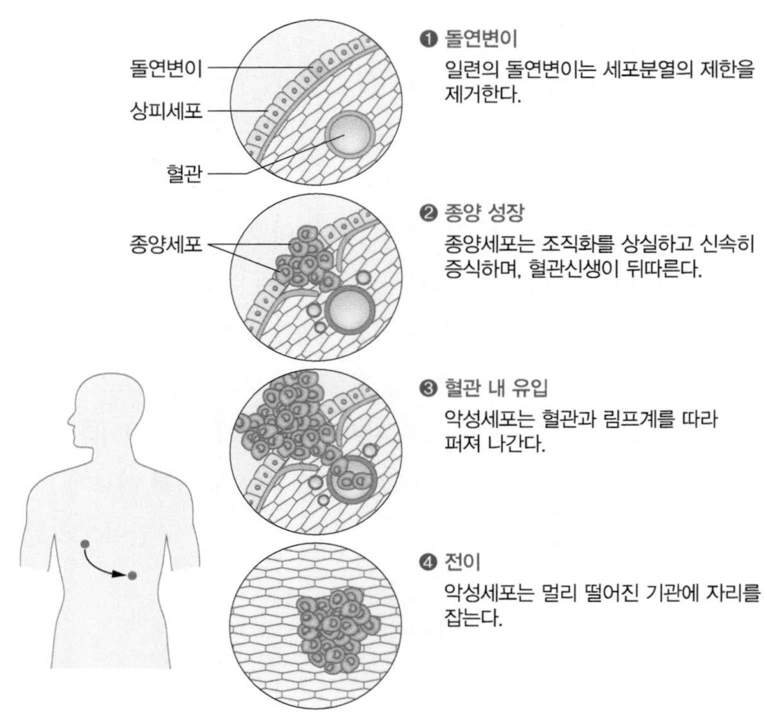

돌연변이
상피세포
혈관
종양세포
❶ 돌연변이
일련의 돌연변이는 세포분열의 제한을 제거한다.
❷ 종양 성장
종양세포는 조직화를 상실하고 신속히 증식하며, 혈관신생이 뒤따른다.
❸ 혈관 내 유입
악성세포는 혈관과 림프계를 따라 퍼져 나간다.
❹ 전이
악성세포는 멀리 떨어진 기관에 자리를 잡는다.

그림 15-2 종양의 형성과 진행

한 암 발생과정에는 발암유전자, 암억제유전자, 세포사멸/생존 유전자, 신생혈관 생성, 침투 및 증식 유전자, 전이유전자 등 여러 종류의 유전자의 활성화, 불활성화 및 변화가 관여한다 **그림 15-3**.

사람에게서 일어나는 암은 비정상 세포의 성장 덩어리가 기원하는 세포의 종류에 따라 그 종류를 나눈다. 사람에서 가장 많이 관찰되는 형태는 암종carcinoma이며 여러 기관의 내강과 표면을 이루는 상피세포에서 발생된다. 이에 속하는 암으로는 폐, 결장, 유방, 전립샘, 위, 이자 및 피부암 등이다. 육종sarcoma은 빈도가 훨씬 낮으며 섬유모세포와 밀접히 관련된 세포에서 유래된 간충조직mesenchymal tissue에서 발생한다. 즉 뼈와 근육암이 이 부류에 속한다. 다른 형태는 백혈병leukemia, 림프종lymphoma, 골수종myeloma과 같이 혈액 생성과 연관된 세포에서 발생한다.

비교적 많이 연구된 대장암 발생경로를 한 예로 살펴본 발암과정은 **그림 15-4**와 같다. 세포증식을 조절하고 있는 *K-ras*와 β-카테닌의 변이가 일어나고, 거기에 β-카테

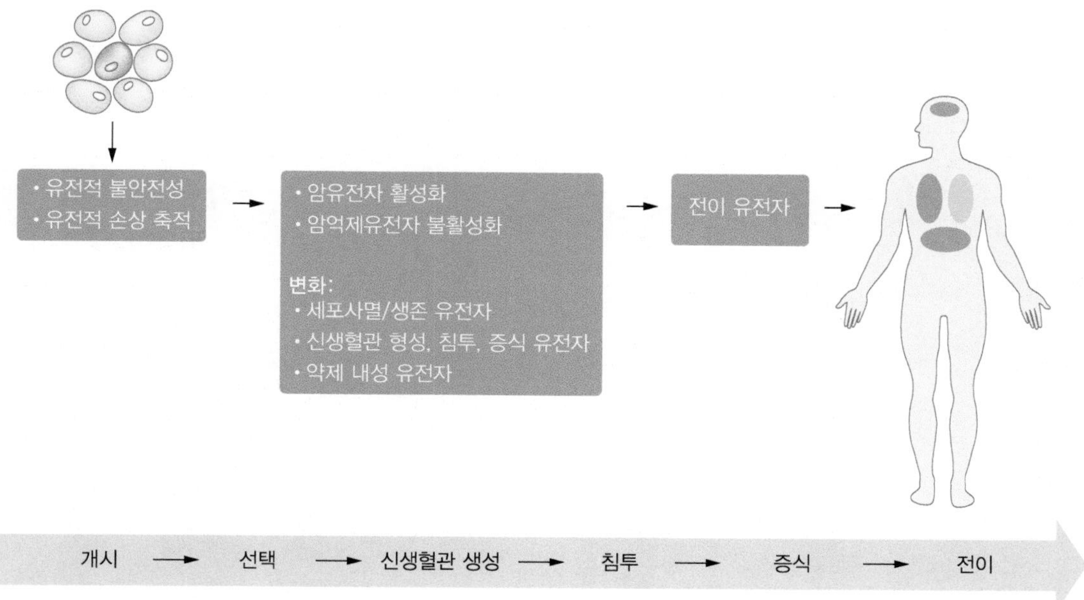

그림 15-3 암 발생 과정 동안의 관여하는 여러 유전자

닌 단백질 분해를 일으키는 APC 단백질 정보를 가지는 암억제유전자 *APC* 변이가 일어나면 **이형성 선종**세포가 된다. 여기에 암 억제유전자인 *DCC*와 *Smad4*의 변이를 수반하는 세포는 고도 이형성 선종세포로 변하고, 나아가 *p53*(세포증식 조절, 세포자살$_{\text{apoptosis}}$ 유도, DNA 복구기능을 갖는 암 억제유전자)의 변이가 따르면 악성 암종세포가 된다. 따라서 유전자 돌연변이의 원인이 되는 DNA 손상을 원래대로 복구할 수 있다면 발암 억제도 가능할 것이다.

이형성(dysplasia)

주로 암조직 감별진단에 이용되는 말로, 암은 아닌데 정상 또는 종양조직이 이형을 수반해 증식하는 경우를 이형성이 있다고 함. 그 정도에 따라 경도, 중증도, 고도로 구별함

선종(adenoma)

위·장관·젖샘·침샘 등의 선세포에서 발생하는 악성종양

2) 암세포의 특징

암세포는 정상세포와는 달리 성장과 생존, 분열을 위해 다른 세포로부터의 신호에 의존하는 정도가 낮다. 이는 외부 신호에 대해 반응하는 세포 신호 경로의 구성요소에서 돌연변이가 일어나기 때문이다. 예를 들면, *Ras* 유전자의 돌연변이는 적절한 외부 신호 없이도 성장촉진 신호를 자급자족할 수 있다. 따라서 암세포는 세포의 죽음을 조절하는 유전자의 돌연변이에 기인하여 정상세포보다 세포사멸 신호를 극복할 수 있다. 또 다른 예로, 사람에서 발생되는 암의 약 50%는 *p53* 유전자에서 돌연변이

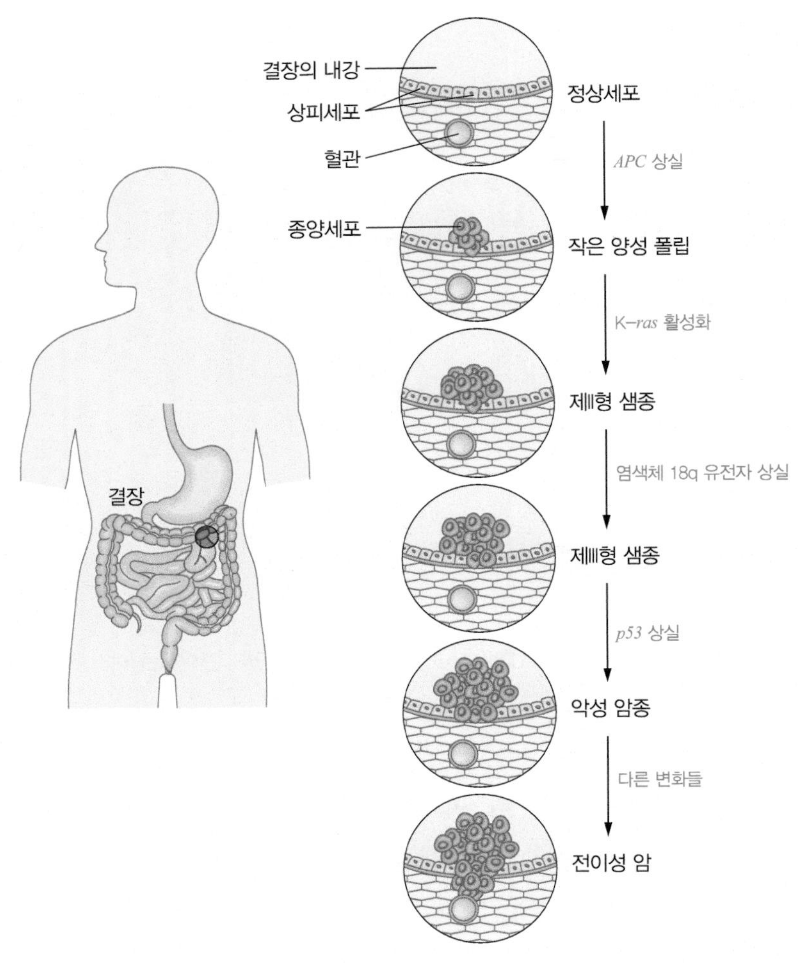

그림 15-4 돌연변이 축적에 의한 대장암 발생

말단소립(telomere)

분해와 융합으로부터 염색체 끝을 보호하는 역할

염색체 말단

진핵세포의 선형 염색체상에 존재하는 특별한 말단구조를 지칭하는 것으로 특수한 단백질과 결합한 6개 뉴클레오티드 반복서열로 구성된 말단소립이 존재함

말단소립 중합효소 (telomerase)

염색체의 끝이나 텔로미어에 DNA를 첨가해 주는 효소

가 생겼거나, 이 유전자를 상실하고 있다. *p53* 단백질은 DNA가 손상되었을 경우, 세포자살에 의해 세포가 죽거나 세포분열을 중단시키는 확인지점 기작의 한 부분으로서 작용한다. 정상세포에서 염색체 절단이 회복되지 않을 경우 세포는 자살하게 되나 *p53*이 결손된 세포는 살아남아 분열하여 좀 더 악성으로 전환될 수 있는 비정상인 딸세포를 탄생시키게 된다. 또한 대부분의 정상세포와는 달리, 암세포는 자주 무한정 증식할 수 있다. 대부분의 정상 체세포는 세포 배양 시 제한된 횟수만큼 분열한 이후 분열을 멈추는데, 이는 염색체의 **말단소립**이 짧아지기 때문이라고 알려져 있다. 암세포는 **염색체 말단**의 길이를 유지할 수 있는 **말단소립 중합효소**의 재활성

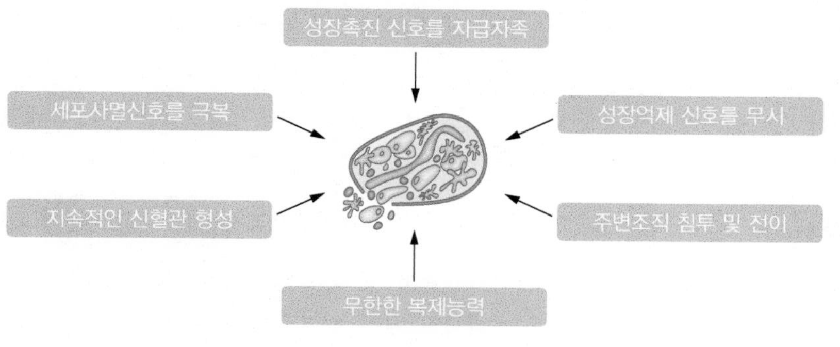

그림 15-5 암세포의 특징

화에 의해 이러한 장벽을 극복한다. 암세포는 비정상적으로 주변 조직으로의 침투력이 강하다. 이는 부분적으로 정상세포를 적절한 위치에 고착시키는 기능을 하는 **카데린**과 같은 특수 세포 부착분자를 가지고 있지 않기 때문이다. 정상세포는 다른 조직으로 가면 죽게 되는 데 반하여, 암세포는 다른 조직으로 전이되어 생존하고 증식하는 특징을 가지고 있다 **그림 15-5**. 이러한 능력을 갖추기 위한 분자에서의 변화는 아직 잘 알려져 있지 않다. 또한 세포를 배양할 때 정상세포는 배양조건에서 바닥에 부착되어 증식을 하는 **부착의존성**을 나타내나 암세포는 부착비의존성anchorage independent 성장을 한다는 것이 특징적이다.

카데린(cadherin)
동물세포가 상호 간에 접착하는 데 필수적인 분자군. 많은 침윤성 암종에서는 카데린 또는 카데린의 발현과 기능에 이상이 있어 암세포의 분산활성을 높이는 요인이 됨

부착의존성 (anchorage dependent)
정상적인 세포가 배양상태에서 성장을 위해 딱딱한 표면에 부착을 필요로 하는 성질

2 암 억제 활성을 나타내는 주요 식품과 그 성분

1) 에피갈로카테킨

녹차는 다량의 생리활성 물질을 함유하고 있다. 그 중 양적으로 가장 풍부한 에피갈로카테킨(EGCG)는 녹차에 함유된 대표적인 **폴리페놀**로서 강력한 항산화물질임과 동시에 가장 주목받고 있는 항암물질 중 하나이다. 여러 역학연구와 동물실험에서 녹차와 이의 구성성분이 다양한 암의 위험률을 감소시키는 것으로 보고되었다. 녹차의 EGCG 성분은 여러 동물모델에서 함께 투여한 항암제의 효과를 향상시키는 효과를 보였다. 두경부암head and neck cancer의 경우, 동물모델을 대상으로 항암제(erlotinib 50 mg/kg)와 EGCG(125 mg/kg)를 7주간 동시에 처리한 결과 암세포의

EGCG
epigallocatechin-3-gallate

폴리페놀(polyphenol)
한 분자 내에 -OH기를 두 개 이상 가진 페놀. 녹차의 카테킨, 붉은색이나 자색의 안토사이아닌계 색소 등

성장이 유의적으로 억제되었다. 뿐만 아니라 세포사멸도 증가하여 종양의 크기가 유의적으로 감소하는 것으로 관찰되었다. EGCG의 이러한 효과는 **그림 15-6**과 같이 세포주기 단백질, 세포자살 단백질, 성장인자, 단백질 키네이스, 전사인자, 항세포자살 단백질 등에 영향을 주기 때문이다.

사람을 대상으로 한 여러 인체시험에서도 녹차 또는 녹차성분의 암 예방효과가 나타났다. 한 예로 내시경 대장용종 절제술을 받은 136명의 환자를 대상으로 하루에 녹차추출물 1.5 g씩을 12개월간 섭취시킨 결과, 대조군에서는 31%가 대장암으로 진단받은 반면, 녹차추출물 섭취군에서는 15%가 대장암으로 진단받았다고 발표하였다. 또한 건강인에게 1.8 g의 녹차 폴리페놀을 섭취시킨 결과 대장 점막의 **PGE2**의 수준이 유의적으로 감소하여, 녹차 성분이 암화를 촉진하는 염증매개 물질의 생성을 억제하는 것으로 나타났다.

PGE2 (prostaglandin E2)
사이토카인의 하나로, 발열을 포함한 염증 반응에 관여하는 신호분자

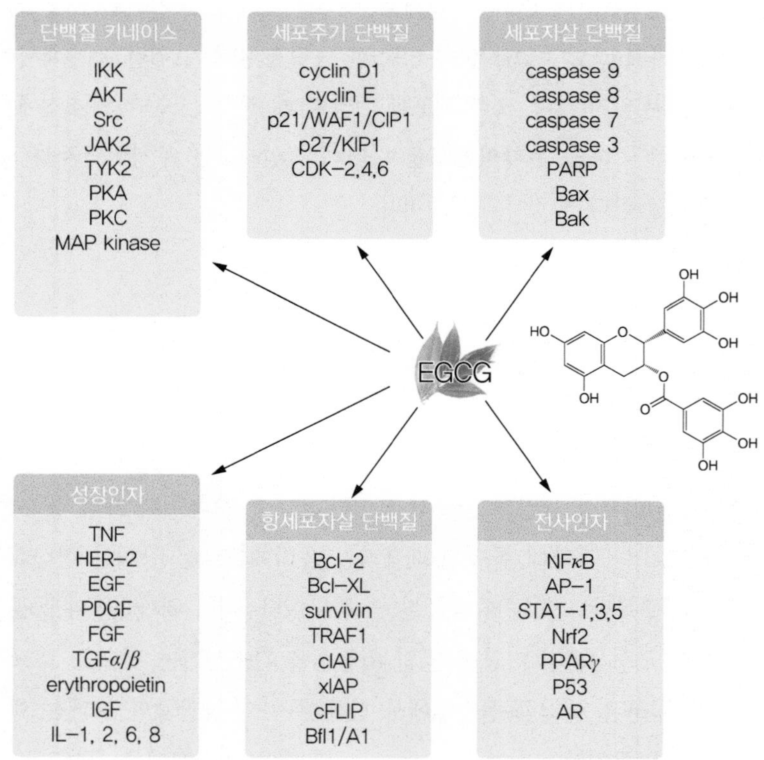

그림 15-6 EGCG가 영향을 주는 분자 표적

2) 레스베라트롤

레스베라트롤resveratrol은 포도나 그 껍질에 특히 많이 존재하는 폴리페놀 화합물로 적포도주에 존재하는 생리활성물질로 잘 알려져 있다. 레스베라트롤은 심장보호기능뿐만 아니라 화학적 암 예방능chemoprevention으로 인해 주목을 받기 시작했다. 발암물질을 처리한 생쥐의 피부암 발병과정에서 자외선 노출 전·후 피부에 레스베라트롤을 도포한 생쥐는 피부 손상이 완화되고 피부암 발병률도 감소하였다. 이 외에도 다양한 동물모델에서 레스베라트롤의 암 예방효능이 증명되었는데, 실험동물의 식도, 소장 및 대장 종양의 수·크기가 레스베라트롤 섭취군에서 감소하였다. 건강한 사람을 대상으로 레스베라트롤 2.5 g씩 29일간 섭취시킨 결과 혈장 **IGF-1**과 **IGFBP-3**의 수준이 감소하였다. 대장암 환자를 대상으로 레스베라트롤을 1일 0.5 g 및 1.0 g씩 8일간 섭취시켰을 경우 대장 조직의 레스베라트롤 및 이의 대사체가 *in vitro* 실험에서의 유효농도인 674 nmol/g 및 86 nmol/g로 각각 검출되었으며 대장암 세포의 성장이 감소하였다. 그러나 상당수의 연구가 정상 식이로부터 섭취가 어려운 고농도로 레스베라트롤을 섭취한 결과이며, 섭취기간 및 섭취형태에 따라 결과에 차이를 나타내고 있다.

IGF-1(insulin-like growth factor-1)
인슐린 유사 성장인자로 체내 세포의 성장과 분열을 촉진하나 성인에게서는 노화와 암과 관련되기도 함

IGFBP-3
insulin-like growth factor binding protein-3

3) 라이코펜

라이코펜lycopene은 천연 항산화제로서 토마토, 구아바, 수박 등 과채류의 붉은색 색소 성분이다. 특히 붉은 토마토와 토마토 제품에 다량 함유되어 있고, 강한 항산화 활성으로 인해 암 예방효능을 갖는 물질로 주목을 받아왔다. 토마토 또는 라이코펜 섭취가 전립샘암 세포의 세포사멸을 유도하고 전립샘비대증 진행을 억제하는 것으로 나타났다. 다수의 역학연구에서 라이코펜이 함유된 채소 및 과일 섭취는 전립샘암, 자궁경부암 및 소화기계 암의 발병률과 음의 상관성이 있는 것으로 조사되었다. 전립샘암 환자를 대상으로 수행된 제2상 무작위 임상시험에서는 전립샘 절제술 전에 라이코펜을 15 mg씩 하루에 2회 3주간 섭취시킨 결과 전립샘암의 성장이 감소하는 것으로 관찰할 수 있었다. 또 다른 제2상 연구에서는 대장암 환자들에게 라이코펜(15 mg)을 콩 아이소플라본(40 mg)과 같이 하루에 2회, 6개월간 섭취시킨 경우 라이코펜(15 mg) 단독 섭취군보다 혈청 **PSA** 수준이 유의적으로 감소하였다. 또한 대

PSA (prostate-specific antigen)
전립샘 특이항원. 전립샘의 상피세포에서 합성되는 단백질 분해효소로 전립샘암의 선별에 이용되는 종양지표

코호트 연구(cohort study)
전향성 추적조사. 특정의 역학 요인을 조사한 집단을 정하여 일정 기간 관찰하고 해당질환의 발생률을 비교하여 요인과 질병 발생관계를 파악함

규모 **코호트 연구**에서 카로틴과 라이코펜 섭취는 폐암의 유병률과 음(-)의 상관성이 있었으며, 식이 토마토가루와 라이코펜 보충제 섭취가 자궁근종 생성도 예방하는 것으로 나타났다.

4) 커큐민

커큐민curcumin은 강황에 들어 있는 노란색 색소성분으로 세계적인 향신료로 사용되고 있다. 다수의 동물실험에서 커큐민은 암 발생과정의 모든 단계에 관여하며 피부암, 유방암, 대장암 및 췌장암 등에서 항암효능이 있는 것으로 나타났다. 또한 커큐민은 제니스테인, 차 및 엠벨린 등의 폴리페놀 혹은 항암제(fluorouracil, vinca alkaloid 등)와 함께 섭취시켰을 경우 이들 효능을 높이는 시너지 효과도 있는 것으로 보고된 바 있다.

deoxyguanosine adduct
DNA 손상지표로서 산화성 DNA-adduct의 하나. 구아닌이 수산화되어 만들어지는 부가물

FAP
familial adenomatous polyposis protein-3

중증의 대장암 환자들에게 하루 3.6 g씩의 커큐민을 4개월간 섭취시킨 결과 혈중 PGE2 농도가 감소하였으며, 커큐민 섭취 7일 후 대장암 조직에서 DNA 손상지표인 **deoxyguanosine adduct**의 수준이 감소하였다. 또한 가족성 대장용종(FAP) 환자들에게 커큐민(480 mg)과 쿼세틴(20 mg)을 혼합하여 하루에 3회씩 6개월간 섭취시킨 결과 모든 환자의 용종polyp의 크기 및 수가 감소하는 것으로 나타났다. 한편 독성시험에서도 phase I 임상연구에서 커큐민을 하루에 8 g씩 3개월간 섭취시킨 결과 독성이 나타나지 않아 커큐민 사용은 비교적 안전하다고 제안된 바 있다. 또한 phase II 임상연구에서 췌장암 환자들에게 하루에 8 g씩 한 달간 커큐민을 섭취시켰을 때 혈중 glucuronide 및 sulfate가 결합된 형태의 커큐민이 약 22~41 ng/mL 정도만 검출되었다고 하여 생체이용률은 비교적 낮은 것으로 나타났다. 그러나 흡수율이 낮음에도 불구하고 연구 대상자인 췌장암 환자들의 말초혈액세포에서 NF-κB, COX-2 및 p-STAT3의 단백질 발현이 유의하게 감소하여 커큐민의 항암제로서의 사용가능성이 시사되었다.

커큐민의 항암활성 기전은 종양 형성과정에서 유전자 및 세포신호전달계를 조절함으로써 세포사멸을 유도하고 혈관 형성을 억제하는 것으로 보고되고 있다. 커큐민이 영향을 주는 분자 표적은 염증성 사이토카인, 전사인자, 성장인자, 키네이스, 부착분자, 수용체, 항세포자살 단백질, 효소 등이다 **그림 15-7**. 다수의 연구에서 커큐민 섭취

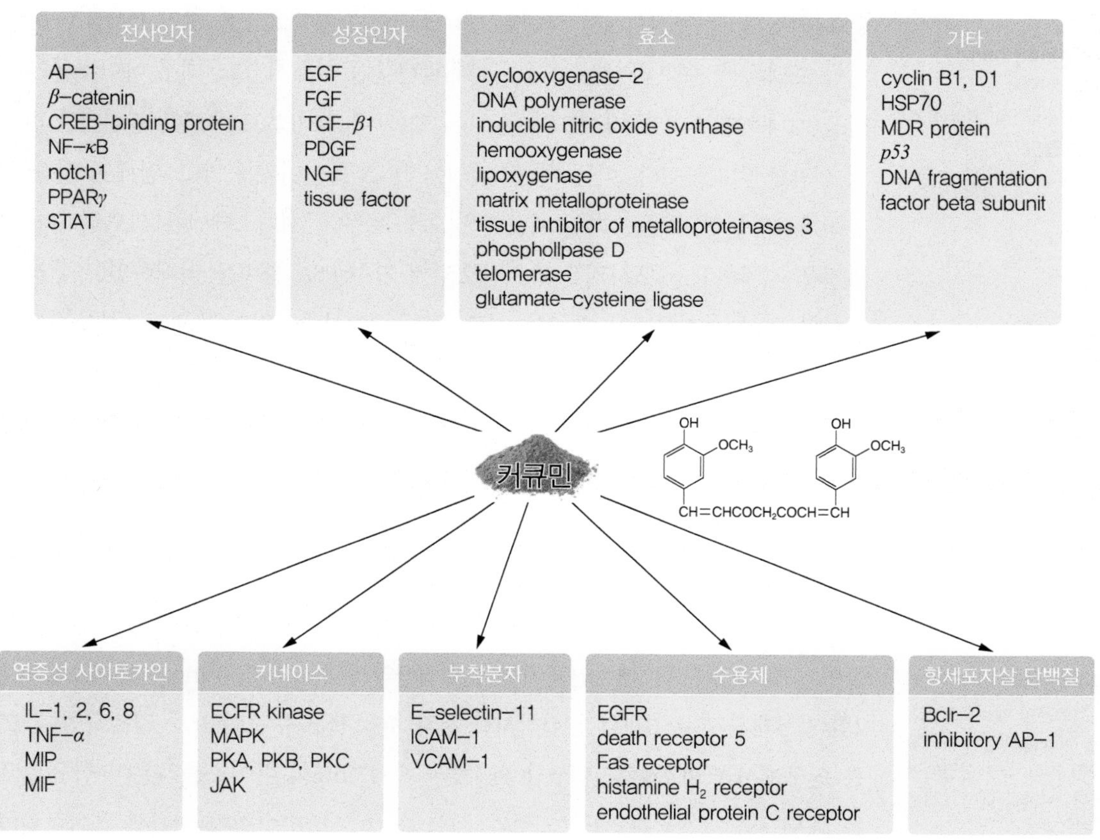

그림 15-7 커큐민이 영향을 주는 분자 표적

가 발암과정뿐 아니라 암치료 과정에서도 유효한 결과들을 보이는 것으로 나타나고 있지만 식이 성분과 항암활성과의 인과관계를 구명하기 위해서는 후속 연구가 진행되어야 할 것이다.

5) 제니스테인

제니스테인$_{genistein}$은 대두와 대두 제품에 다량 함유되어 있는 플라보노이드계 성분이다. 제니스테인은 화학구조상 호르몬인 에스트로겐과 유사하여 이 호르몬의 작용을 필요로 하는 조직과 관련된 암에 효과적일 것이라고 예상되었다. 실제 여러 역학연구 결과, 콩(대두) 섭취와 췌장암, 유방암 및 자궁암과 음의 상관성이 있는 것으

DMBA (7,12-dimethylbenz[α] anthracene)

방향족 탄화수소의 하나로 강력한 발암물질

CpG sequence

척추동물에서 구아닌, 시토신의 나란한 배열 내에 한정되는 DNA의 메틸화가 일어나는 염기 순서

아이소플라본(isoflavone)

여성 호르몬인 에스트로겐과 비슷한 기능을 담당하며 대두에 많이 들어 있는 콩단백질의 하나. 식물성 에스트로겐이라고도 함

로 나타났다. 동물실험에서 확인된 제니스테인의 항암효능을 보면 **DMBA**-유도 유방암 모델에서 종양 다발성multiplicity과 발생률을 감소시켰고, 대두 아이소플라본 혼합물(제니스테인 74%, 다이드제인daidzein 21%)은 DMBA로 유도한 전립샘암 및 점액성 선암을 억제하였다. 이는 제니스테인이 DNA 돌연변이를 막고, 암세포 성장 및 혈관신생과정을 억제하는 기전 때문인 것으로 보인다. 제니스테인은 세포주기의 G2/M 과정을 저지하고 세포사멸을 유도함으로써 혈청 PSA 분비를 억제하였고 췌장암 세포실험 및 동물실험에서 방사선 치료의 효능을 상승시키는 효과도 있는 것으로 나타났다. 또한 일부 연구에서는 제니스테인이 **CpG**의 메틸화와 염색체 변형과정을 조절함으로써 유전정보의 전사과정에도 참여하는 것으로 나타났다. 제니스테인이 함유된 식이를 섭취한 C57BL/6J 생쥐의 전립샘 조직에서 DNA 메틸화의 패턴이 변화하였으며, 이러한 결과는 제니스테인이 DNA 메틸화 프로파일을 유지시킴으로써 특정 암의 발달을 예방하는 것으로 해석되고 있다.

이러한 동물실험의 결과를 근거로 제니스테인과 대두제품에 대한 여러 인체연구들이 수행되었다. 한 예비연구에서는 전립샘암 환자에게 100 mg의 **아이소플라본**을 2회/일 3개월 혹은 6개월간 섭취시킨 결과 혈청 PSA 수준이 모두 감소하였다. 또 다른 연구에서는 재발한 전립샘암 환자들에게 47 mg의 아이소플라본이 함유된 두유를 하루 3회 12개월간 제공한 결과, 실험 초기 56%였던 혈청 전립샘 특이항원의 증가율이 20%로 감소하였다. 그러나 제니스테인의 유방암에 대한 효능은 현재까지 논란의 여지가 있다. 여러 역학연구에도 불구하고 폐경 전 여성을 대상으로 한 인체시험에서 이의 유효한 효과에 관한 결과가 일관성 있게 나타나고 있지 않으며, 난소 적출 생쥐를 이용한 동물실험에서는 유방암 위험률이 증가하는 것으로 나타났다. 따라서 제니스테인의 표적 암 종류 및 노출시간에 대한 추가적인 연구자료가 필요할 것으로 보인다.

3 발암 억제를 나타내는 분자 기전

암의 발생과정에 다양한 식이요인이 밀접하게 관련된다는 과학적 증거가 축적되고 있다. 이러한 식이성분은 항산화작용, 항염증작용, 세포자살 유도작용, 세포분화작용

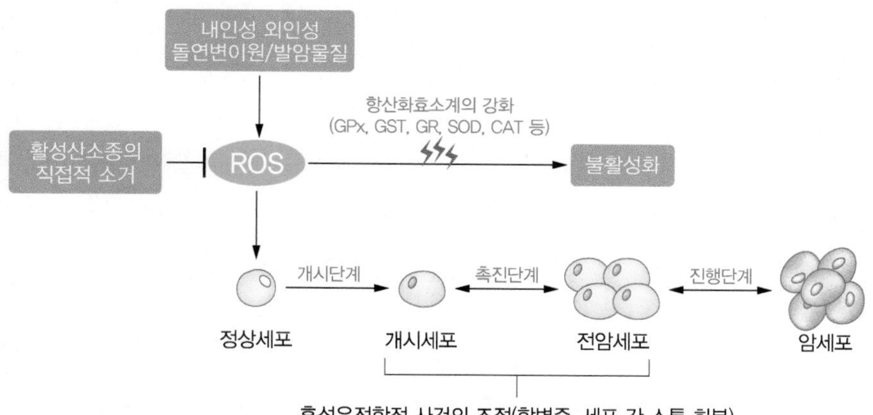

그림 15-8 비타민 C의 항암활성 기전

및 세포성장과 사멸에 관련된 특정 유전자의 발현 조절이나 DNA 염기서열의 변화 없이 크로마틴의 구조적 변화나 microRNA$_{\text{miRNA}}$ 조절 등 다양한 기전을 통해 암 예방활성을 보인다. 식이성분이 암 억제작용을 나타내는 분자 기전은 예로 든 비타민 C와 같이 한 가지가 아니라, 여러 다른 과정에 따라 다양한 작용기전이 복합적으로 관여한다 **그림 15-8**.

1) 산화 스트레스 억제를 통한 발암 억제

다수의 연구결과에 의하면, 다양한 식이 성분들의 암 예방 활성이 Nrf2 또는 MAPKs, PKC, PI3K 등 **signaling cascade**의 활성화를 유도하여 항산화효소나 DNA 복구효소의 발현을 증가시킴으로써 산화 스트레스에 의한 암화과정을 차단한다고 한다.

signaling cascade
생체 내의 신호전달 연쇄반응

2) 항염증작용을 통한 발암 억제

식이성분들이 나타내는 암 예방 활성은 염증반응 억제와 관련성이 있는 것으로 보인다. 만성염증은 암을 비롯한 여러 질환의 진행과 밀접한 관련이 있다. 정상적인 상태에서 염증반응은 외부로부터의 감염 등으로부터 신체를 보호하기 위한 일련의 과정이지만, 과도한 산화 스트레스나 체지방 축적 등은 면역체계가 활성화된 상태가 지속되게 한다. 특히 암세포에서는 NF-κB 활성화 및 염증성 사이토카인(TNF-α, IL-6,

NF-κB
nuclear factor kappa B

iNOS
inducible nitric oxide synthase

COX-2
cyclooxygenase-2

IL-1β) 생성 등을 매개로 한 염증반응이나 iNOS와 COX-2에 의해 생성되는 nitric oxide, 그리고 프로스타글란딘 E_2 등과 관련된 유전자 발현이 증가하게 된다. 제니스테인, EGGC, 커큐민, 레스베라트롤, 캡사이신 등 다양한 식이 성분들에 의한 암 예방 효능은 이러한 유전자들의 발현 조절과 관련되는 것으로 알려져 있다. 또한 이들 성분들은 하나의 성분이 여러 가지 과정에 작용하는 것으로 보인다.

nuclear factor kappa B(NF-κB)란?

NF-κB는 세포 밖 정보를 핵 내로 전달함으로써 세포증식과 세포자살에 관여하는 단백질의 하나이다. NF-κB는 IκB(inhibitor of NF-κB, IκB)와 결합한 형태로 세포질 내에 존재하고 있다. 증식을 유도하는 신호가 세포 밖에서 세포질 내로 전달되면 PKC, *Ras*는 *p38*, ERK, IκB 키네이스를 활성화하고, 이들 분자가 IκB를 인산화한다. 한편 Pi3K는 PDK와 AKT를 통해 IkB 키네이스를 활성화하여 IκB를 인산화한다. 인산화된 IκB는 유비퀴닌화된 후 26S 프로테아솜으로 분해되기 때문에 IκB가 결합되어 있던 NF-κB의 NLS(nuclear localization signal; 핵 내 수송신호)가 노출되어 핵 속으로 전이된다. 핵 속으로 이동한 NF-κB가 DNA상의 kappa-B 영역(GGGACTTTCC)에 결합함으로써 세포증식 관련 유전자의 전사가 개시되어 세포증식이 시작된다.

3) 세포주기 조절을 통한 발암 억제

세포는 세포주기라는 고도의 질서 정연한 과정을 거쳐 1개의 세포를 2개의 세포로 정확하게 분열한다. 핵 DNA는 S(합성)기에서 복제되고 M(유사분열)기에서 서로 분리된다. 대부분 세포의 S기와 M기는 간극기로 분리되며 한 세포주기가 끝나는 M기와 다음 주기의 S기 사이에 G1이, S기와 곧이어 일어나는 M기 사이에 G2가 있다. 세포는 DNA 복제과정에서 실수가 있으면 수정을 할 수 있는 여러 가지 조절 기전을 가지고 있다. 이러한 조절기전으로는 세포주기의 G1기와 S기에 들어가기까지의 사이(G1/S 확인지점)와 G2기와 M기 사이(G2/M 확인지점)에 두 곳의 '검문소'가 존재하여 DNA 손상을 감시하고 있다. G1/S 확인지점에서는 DNA가 복제되기 전에 DNA 손상을 복구시키고, G2/M 확인지점에서는 복제된 DNA 손상의 복구 상황이나 딸세포로 염색체 분배가 정확히 이루어지는지의 여부를 점검한다. 세포주기가 1회전하면 정상세포에서 변이세포로의 변화가 완료되기 때문에 발암을 억제시키기 위해서는 DNA 손상을 갖는 세포를 G1/S 확인지점와 G2/S 확인지점에서 확실히 정지시키는 것이 중요하다. 특히 확인지점 유전자, 원발암유전자 또는 종양억제유전자의 돌연변이는 암을 유도할 수 있다.

G1/S기에서 세포주기의 정지를 유도하는 식품성분으로는 사과와 양파에 많이 함유되어 있는 쿼세틴quercetin, 시금치와 파슬리에 많이 포함된 루테오린luteorin, 대두 아이소플라본의 다이드제인 등이 알려져 있지만 현재 그 작용기전은 명확하지 않다. 또한 와사비와 겨자의 매운 성분인 알릴아이소티오사이아네이트(AITC)와 브로콜리에 함유된 설포라판은 G2/M기에서 정지를 유도한다. 두 성분의 작용기전은 서로 다른데, 알릴아이소티오사이아네이트는 *Cdc25c* 유전자가 mRNA로 전사되지 못하게 억제하지만, 설포라판은 *Cdc25c* mRNA의 단백질 번역을 억제한다. 또한 비타민 A, 비타민 D, 비타민 B_{12}, 엽산, 철, 아연과 같은 특정 영양소는 세포주기를 조절하는 여러 인자의 생산과 작용을 제어하여 세포성장에 영향을 주는 것으로 알려져 있다. 연구결과 비타민 A는 세포주기를 조절하는 사이클린 단백질 분해를 통해 세포주기 진행을 억제하고, 비타민 D는 세포주기 단백질의 직접 조절을 통해 세포분화 및 증식을 조절하여 암 예방에 관여하는 것으로 나타났다.

AITC
allylisothiocyanate

세포주기와 손상 검사

세포주기란 1개의 세포를 2개의 세포로 정확하게 분열시키는 질서정연한 과정으로 DNA 복제기(S), 간극기(G1, G2)와 유사분열기(M)로 구성된다.

세포는 자신의 DNA에 손상이 일어나면 G1/S 확인지점와 G2/M 확인지점에서 세포주기를 정지시키고 그 사이에 DNA를 복구시킨다. DNA 손상이 일어나면 먼저 *p53* 유전자를 인산화한다. 인산화된 *p53*이 *p21*을 유도하면 세포주기가 G1/S기에서 정지하고 동시에 DNA 복구를 행하는 *GADD45*와 *p53R2*의 전사를 유도한다. 또한 DNA가 손상되면 *Chk*이 인산화되고 이것이 *Cdc25C*를 인산화시키면 *Cdc25C*는 핵 밖으로 이동하여 사이클린 B1–CDK1 복합체의 탈인산화를 억제하여 G2/M기에서 정지시킨다.

4) 세포자살 조절을 통한 발암 억제

식이 성분들의 암 예방 활성 기전 중 하나는 세포사멸의 조절을 통해서이다. 세포는 DNA 손상이 일어날 때마다 복구하여 암세포가 되는 것을 피하고 있지만, DNA가 복구되지 못할 정도의 손상을 받은 경우에는 자체적인 죽음을 유도해 변이세포가 되는 것을 피하는 능동적인 세포사멸 기능을 지니고 있다. 이를 세포자살이라고 부르며, 수동적인 괴사성 사멸necrosis과 구별하고 있다. 능동적인 세포사멸은 세포가 정상적인 분열과 분화를 수행할 수 없는 유전적 결함을 가지고 있을 때 세포 수축, 막의 거품 형성, 염색체 응축, DNA 절단 등을 통해 세포 스스로를 사멸시키는 것이다 **그림 15-9**. 암세포의 가장 큰 특징 중 하나가 이러한 능동적인 세포사멸과정이 정상적으로 진행되지 못해 세포의 성장과 분열이 비정상적으로 지속되는 것이다. 따

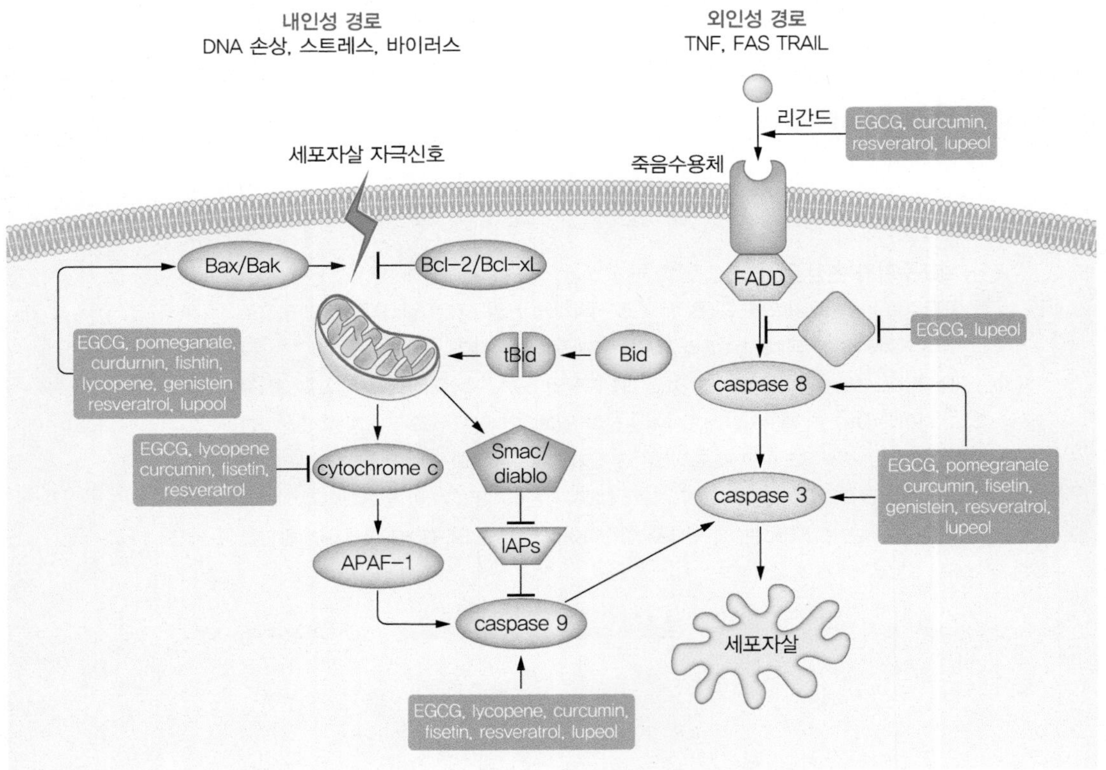

그림 15-9 내인성 및 외인성 경로 세포자살에 영향을 미치는 식품 성분

라서 암세포에서 능동적인 세포사멸을 촉진한다면 암 예방이 가능할 것이라고 보고 많은 연구가 이루어졌다.

세포자살은 세포막상의 죽음 수용체를 통한 경로와 미토콘드리아를 통해 일어나는 경로가 있다. 두 경로는 모두 caspase라는 효소가 중요한 작용을 한다. Caspase는 단백질 가수분해효소로서 아스파라긴산의 C 말단 쪽을 절단하여 기능을 수행한다. Caspase는 억제인자나 인산화에 의해 활성이 조절되는 것이 아니라, caspase 자신이 어떤 효소에 의해 잘려나감으로써 활성화되어 세포자살 신호를 전달한다.

실제 많은 식이성분들이 세포막의 죽음 수용체에 대한 리간드로 작용하거나 미토콘드리아 외막의 투과에 영향을 주어 세포내 caspase를 활성화시킴으로써 세포자살을 유도하는 것으로 알려졌다. 이 외에도 예비-세포자살pro-apoptotic 또는 항세포자살anti-apoptotic 단백질에 속하는 Bcl-2 family 단백질의 발현 조절을 통해 항암 활성을 나타내는 식이성분들이 보고되었다. 차의 성분인 카테킨(플라보노이드)류의 (−)-EGCG와 커피에 함유된 카페인은 caspase-3을 활성화하여 세포자살을 유도한다 **그림 15-9**.

5) 영양과 후생유전학

후생유전학epigenetics은 유전자 서열의 변화가 아닌 다른 기작, 즉 DNA 메틸화, 히스톤의 변화 등에 의해 표현형이나 유전자 발현이 조절되는 현상을 연구하는 분야이다. 인간의 유전체에는 'CpG'라는 이중 염기서열이 다량으로 존재하고 있고 이중 약 70%에 이르는 CpG의 사이토신 염기에는 메틸기($-CH_3$)가 결합되어 있는데, 이를 'DNA 메틸화methylation'라고 부른다. 이러한 DNA 메틸화 현상은 유전체의 각종 반복 서열 등에서 흔히 관찰되며, 이는 유전체의 안정성 유지 등에 중요한 역할을 하고 있는 것으로 보여진다. 즉 사이토신 메틸화는 이 부위 뉴클레오솜 히스톤 분자들과의 교감을 통해 크로마틴의 구조에 변화를 이끌어 결국 유전자 발현에 영향을 주게 된다. 따라서 유전자의 발현은 DNA 메틸화 및 히스톤 변형 등과 같은 화학적 가역반응에 의해 조절된다고 할 수 있는데, 이와 같이 DNA 염기서열의 변화 없이 크로마틴의 구조적 변화, 즉 '크로마틴 리모델링'에 영향을 주어 유전자 발현이 조절되는 기전에 관한 후생유전학에 대한 연구가 이루어지고 있다.

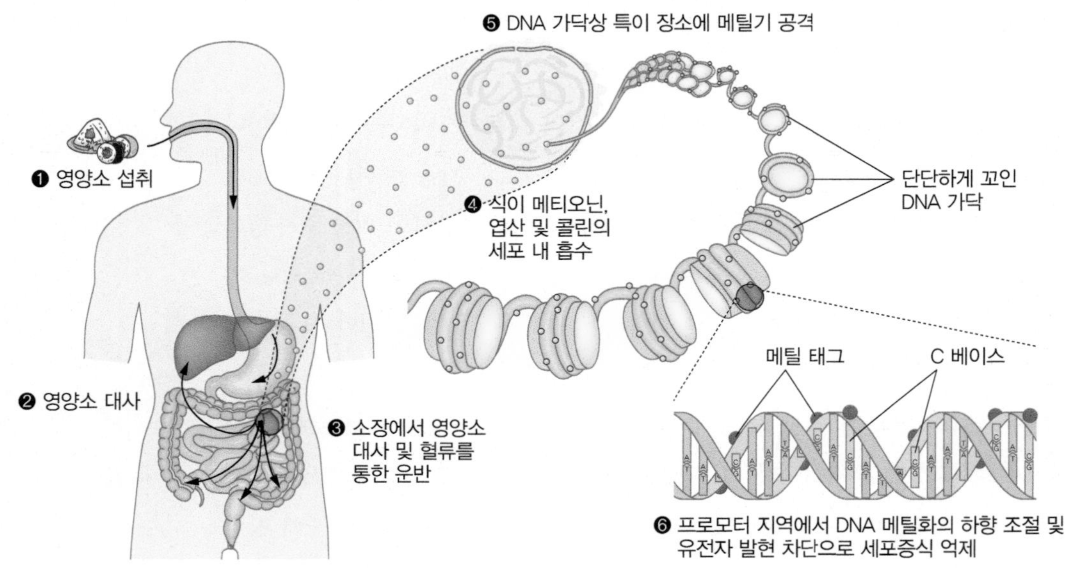

그림 15-10 식이 및/또는 식이성분과 DNA 메틸화 현상

히스톤(histone)

핵 내 DNA와 결합하고 있는 단백질로 DNA가 감기는 축 역할을 하여 DNA의 응축을 도움

DNA 메틸화

생물체의 정상적인 기능을 위한 필수 단계

영양소를 포함한 식이성분이 유전자 발현뿐만 아니라 DNA 메틸화 **그림 15-10**와 **히스톤**의 변경 등 후생유전자적 현상을 되돌리거나 변경시켜 발암현상 등을 포함한 생리적 및 병리학적 과정에 관여한다는 연구결과가 발표되고 있다. 특히 암세포에서는 DNA 전반에 걸쳐서 탈메틸화가 일어나지만, 특정 프로모터에서는 과메틸화가 발생한다. 또한 DNA의 비정상적인 메틸화 양상이 히스톤의 비정상적인 변화와 연관되어 발생한다. DNA의 저메틸화는 발암유전자를 활성화시키고 염색체의 불안정화를 초래한다. 반면에, DNA의 과메틸화는 종양 억제유전자의 불활성화를 유도한다. 엽산을 포함한 비타민 A, B_{12}, B_6와 메티오닌, 아연 등의 영양소뿐만 아니라 제니스테인, 폴리페놀, 에콜과 같은 다양한 식이성분이 **DNA 메틸화**에 영향을 준다 **표 15-2**. 일례로 여러 연구결과 엽산이 결핍된 식이는 DNA 메틸화에 영향을 주어 대장암의 위험성을 증가시킨다고 한다. 그러나 아직까지는 모든 인체시험 결과가 일치하지 않아 추가적인 연구가 필요하다.

영양소를 포함한 식이 성분이 microRNA에 영향을 줌으로써 후생유전학적 조절에 관여하는 것으로 알려지고 있다. miRNA는 최근 새롭게 발견된 19~25 뉴클레오티드의 단일가닥 RNA 분자로서 진핵생물의 유전자 발현을 제어하는 조절물질이다. 여

표 15-2 DNA 메틸화에 영향을 주는 식이인자

베타인(betaine) 식이섬유(fiber) 제니스테인(genistein) 셀레늄(selenium) 비타민 A(Vitamin A) 비타민 B_{12}(Vitamin B_{12}) 아연(zinc)	콜린(choline) 에콜(equol) 엽산(folate) 메티오닌(methionin) 폴리페놀(polyphenol) 비타민 B_6(Vitamin B_6)

러 연구에서 miRNA는 세포성장 및 분화, 세포사멸 등 다양한 생리학적 대사에서 중요한 역할을 하는 것으로 밝혀지고 있으며, 암의 발달 및 진행과정에도 관여한다는 증거들이 발표되고 있다. 암의 발달단계 및 전이단계에서 miRNA의 비정상적인 발현이 관찰되었고, 배아줄기세포의 분화과정을 조절하는 것으로 밝혀져 miRNA는 암세포의 대사를 조절하는 종양유전자 혹은 종양억제유전자로서의 기능을 하는 것으로 알려지고 있다.

식품 유래 암 예방물질들은 세포사멸, 세포주기, 염증반응, 혈관 형성 및 DNA 복구 등 여러 가지 신호전달체계에 관여하는데 이러한 모든 분자적 작용기전들이 miRNA에 의해 조절되고 있다. 실제로 커큐민, 아이소플라본, I3C, 3,3′-DIM 및 EGCG 등과 같은 식품유래 암 예방물질들이 특정 miRNA의 발현을 조절할 수 있는 것으로 나타났다. 인간 췌장암세포주인 BxPC-3에서 커큐민을 처리한 결과 miRNA의 발현이 유의적으로 변화되었다. 최근의 한 연구에서는 폐암 유도 동물모델에 I3C를 식이로 15주간 섭취시킨 후 miRNA 발현 양상을 조사하였다. 그 결과, 발암물질만을 투여한 동물에서 증가된 miR-21, miR-31, miR-130a, miR-146b 및 miR-377의 발현이 I3C 식이 섭취군에서 모두 감소하였다.

I3C
indole-3-carbinol

3,3′-DIM
3,3′-diindolylmethane

4 결론 및 제언

암의 발생은 환경요인과 관련이 높아 식생활을 포함한 생활습관 변화와 밀접하게 연관된 것으로 알려져 있다. 식품은 직접적 또는 간접적으로 암을 유발하는 물질뿐만 아니라 반대로 암을 예방하는 물질도 다량 포함하고 있다. 특히 과일, 채소 및 기타 식물성 식품에 함유된 성분이 암을 예방할 수 있다는 과학적인 증거가 늘어나고 있다. 이러한 식이성분은 항산화작용, 항염증작용, 세포자살 유도작용, 세포분화작용 및 세포성장과 사멸에 관련된 특정 유전자의 발현 조절 등 다양한 분자기전을 통해 암 예방 활성을 보인다. 최근에는 식이성분이 유전자 발현뿐만 아니라 DNA 메틸화와 히스톤의 변경, miRNA 발현 조절 등 후생유전학적 현상을 되돌리거나 변경시켜 발암현상 등을 포함한 생리적 및 병리학적 과정에 관여한다는 연구결과가 발표되고 있다. 식이성분은 한 가지 분자기전이 아니라 경우에 따라 다양한 작용기전으로 복합적인 활성을 나타내는 것으로 보인다. 그러나 아직까지는 역학연구나 대규모 중재연구 등에서 식품 또는 식품성분이 나타내는 항암 효과가 일치하지 않아 추가적인 연구가 요구되고 있다.

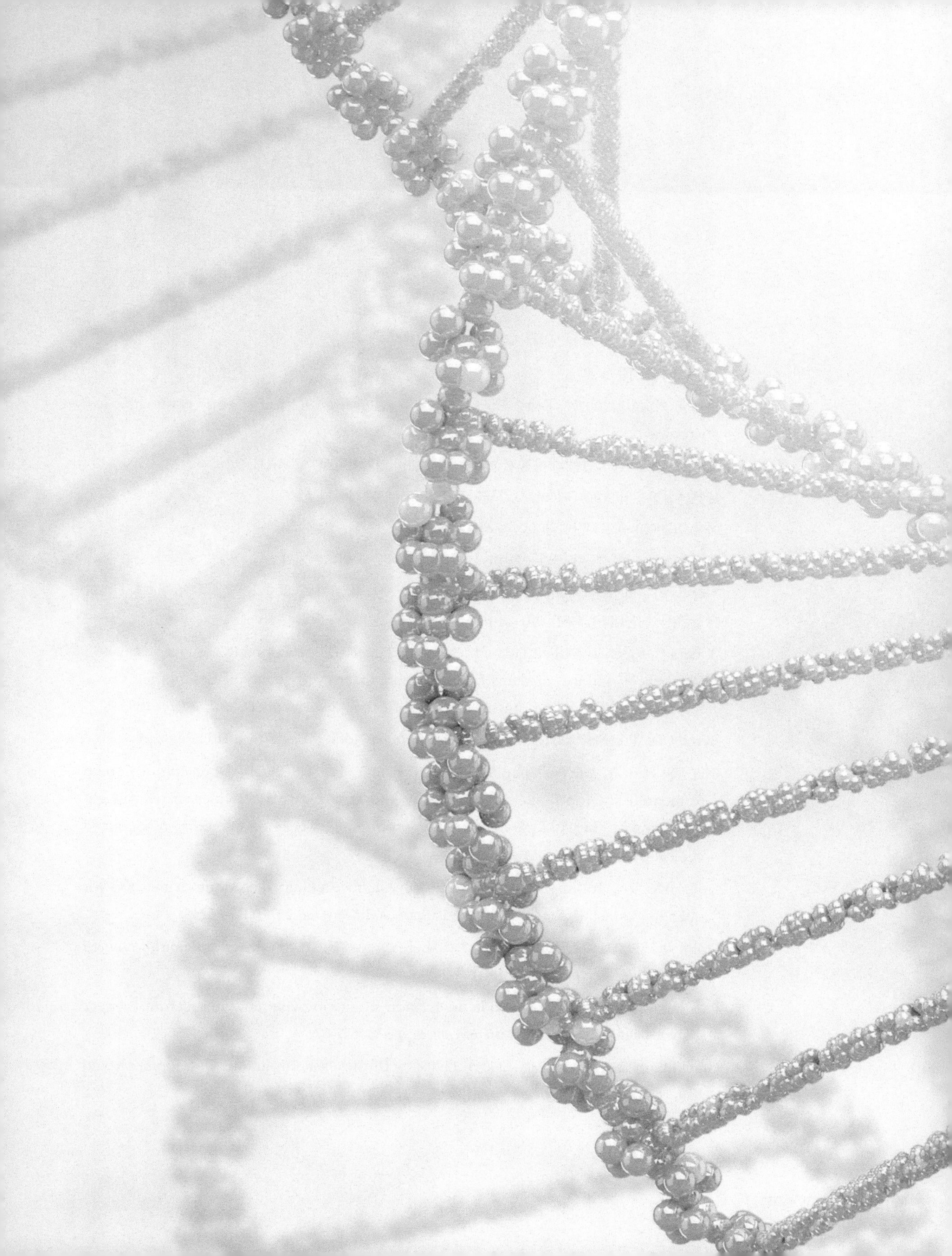

⊙ CHAPTER 10

권혁상 외 11명(2007). 대사증후군의 최신지견. *Biowave*, 9(2); http://bric.postech.ac.kr/webzine.

박혜순(2002). 한국인의 대사증후군의 역학. 대한비만학회지. 11: 203-211.

보건산업진흥원(2010). 제4기 2010 국민건강영양조사. 보건복지부.

이명숙(2000). 아포지단백질대사. 도서출판 효일.

이명숙(2009). 대사증후군과 영양(In 대사증후군, 허갑범 외). 진기획.

허갑범, 김유리, 안광진 외(1993). 인슐린비의존성 당뇨병 환자의 체지방분포와 인슐린저항성과의 상관성. 대한내과학회지. 44(1): 1-18.

Bonora E, Kiechl S, Willeit J, Oberhollenzer F, Egger G, Bonadonna RC, Muggeo M (2003). Metabolic syndrome: epidemiology and more extensive phenotypic description. Cross-sectional data from the Bruneck Studym. *Int J Obes Relat Metab Disord.* 27(10): 1283-9.

Byrne CD, Wild SH (2006). *The metabolic syndrome.* John Wiley & Son Ltd., England.

Cha YS, Park Y, Lee M, Chae SW, Park K, Kim Y, Lee HS (2014). Doenjang, a Korean fermented soy food, exerts anti-obesity and antioxidative activities in overweight subjects with the PPARγ2 C1431T polymorphism: 12 weeks double blind randomized clinical trial. *J Medicinal Foods* in press.

DeFronzo RA, Tobin JD, Andres R (1979). Glucose clamp technique: a method for quantifying insulin secretion and resistance. *Am J Physiol.* 237: E214-E223.

Florez JC (2007). The new types 2 diabetes gene TCF7L2. *Current opinion in clinical nutrition and metabolic care.* 10(4): 391-396.

Frayling TM (2007). Genome-wide association studies provide new insights into type 2 diabetes aetiology. *Nature Reviews Genetics.* 8(9): 657-62.

Gluckman PD, Hanson MA (2004). Living with the Past: Evolution, Development, and Patterns of Disease. *Science.* 305(17): 1733-1736.

Hotamisligil GS (2006). Inflammmation and metabolic disorder. ***Nature.*** 444(7121): 860-867.

Kim SY, Lee SJ, Park HK, Yun JE, Lee M, Sung JD, Jee SH (2011). Adiponectin is associated with impaired fasting glucose in the non-diabetic population. ***Epidemiology and Health.*** Volume: 33, Article ID: e2011007, 2011.

Kim Y, Lee M, Lim Y, Jang Y, Park HK, Lee Y (2013). The gene-diet interaction, LPL PvuII and HindIII and carbohydrate, on the criteria of metabolic syndrome: KMSRI-Seoul Study. ***Nutrition.*** 29: 1115-1121.

Laaksonen DE, Niskanen L, Nyyssönen K, Punnonen K, Tuomainen TP, Valkonen VP, Salonen R, Salonen JT (2004). C-reactive prtoein and development of the metabolic syndrome and diabetes in middle aged men. ***Diabetologia.*** 47(8): 1403-1410.

Lee HK, Song JH, Shin CS, Park DJ, Park KS, Lee KU, Koh CS (1998). Decreased mitochondrial DNA content in peripheral blood prededes the development of non-insulin dependent diabetes mellitus. ***Diabetes Res Clin Pract.*** 42: 161-167.

Lee M, Jang Y, Kim K, Cho H, Jee HS, Park Y, Kimg MK (2010). Relationship between HDL3 subclasses and waist circumferences on the prevalence of metabolic syndrome: KMSRI-Seoul Study. ***Atherosclerosis.*** 213: 288-293.

Lee M, Chae S, Cha YS, Park Y (2012). Supplementation of Korean fermented soy paste doenjang reduces visceral fat in overweight subjects with mutant uncoupling protein-1 allele. ***Nutr Res.*** 32: 8-14.

Mutch DM, Clément K (2006). Unraveling the Genetics of Human Obesity. ***PLOS genetics.*** DOI: 10.1371/journal.pgen.0020188

Pischon T, Girman CJ, Hotamisligil GS, Rifai N, Hu FB, Rimm EB (2004). Plasma adiponectin levels and risk of myocardial infarction in men. ***JAMA.*** 291: 1730-1737.

Rankinen T (2006). The obesity gene map: The 2005 update. ***Obesity.*** 14(4): 529-644.

Reaven GM (1988). Banting lecture 1988. Role of insulin resistance in human disease. ***Diabetes.*** 37: 1595-607.

Rutter MK, Meigs JB, Sullivan LM (2004). Agostino RBD, Sr, Wilson PWF, C-reactive proein, the Metabolic Syndrome, and Prediction of Cardiovascular events in Framingham offspring study. ***Cirulation.*** 110(4): 380-385.

Slack R, Rocheleu G, Ruing et al. (2007). GWAS identifies novel risk loci for the type 2 diabetes. ***Nature.*** 447(7130): 881-885.

Steinthorsdottir V, Thorleifsson G, Reynisdottir I, Benediktsson R, Jonsdottir T et al. (2007). A variant in CDKAL1 influences insulin response and risk of type 2 diabetes. ***Nature Genetics.*** 39(6): 770-775.

Sull JW, Park EJ, Lee M, Jee SH (2012). EVects of SLC2A9 variants on uric acid levels in a Korean population. *Rheumatol Int.* DOI 10.1007/s00296-011-2303-2.

Sull JW, Lee JE, Lee M, Jee SH (2012). Cholesterol ester transfer protein gene is associated with high-density lipoprotein cholesterol levels in Korean population. *Genes & Genomics.* 34: 231-235.

The Wellcome trust case control consortium (2007). GWAS of 14,000 cases of severn diseases and 3,000 shared controls. *Nature.* 447(7145): 661-678.

Tierney AC, McMonagle J, Shaw DI, Gulseth HL, Helal O, Saris WHM, Paniagua JA et al. (2011). Effects of dietary fat modification on insulin sensitivity and on other risk factors of the metabolic syndrome- LIPGENE: a European randomized dietary intervention study. *International Journal of Obesity.* 35: 800-809.

Wang XM (2013). Early life programming and metabolic syndrome. *World J Pediatr.* 9(1): 5-8.

Wang K, Li WD, Zhang CK, Wang Z, Glessner JT, Grant SFA, Zhao H, Hakonarson H, Price RA (2011). A Genome-Wide Association Study on Obesity and Obesity-Related Traits. *PLOS One.* 6(4): e18939.

Watts GF et al. (2008). HDL metabolism in context: looking on the bright side. *Curr Opin Lipidol.* 19: 395-404.

Yang SJ, Kim S, Park H, Kim SM, Choi KM, Lim S, Lee M (2013). Sex-dependent association between angiotensin-converting enzyme insertion/deletion polymorphism and obesity in relation to sodium intake in children. *Nutrition.* 29: 525-530.

⊙ CHAPTER 11

Akashi-Takamura S, Miyake K (2008). TLR accessory molecules. *Curr Opin Immunol.* 20(4): 420-5.

Akhtar RA, Reddy AB, Maywood ES, Clayton JD, King VM, Smith AG, Gant TW, Hastings MH and Kyriacou CP (2002). Circadian cycling of the mouse liver transcriptome, as revealed by cDNA microarray, is driven by the suprachiasmatic nucleus. *Curr Biol.* 12: 540-550.

Akira S, Uematsu S, Takeuchi O (2006). Pathogen recognition and innate immunity. *Cell.* 124: 783-801.

Bastard JP, Lagathu C, Caron M, Capeau J (2007). Point-counterpoint: Interleukin-6 does/does not have a beneficial role in insulin sensitivity and glucose homeostasis. *J Appl Physiol.* 102(2): 821-2.

Batra A, Pietsch J, Fedke I, Glauben R, Okur B, Stroh T, Zeitz M, Siegmund B (2007).

Leptin-dependent toll-like receptor expression and responsiveness in preadipocytes and adipocytes. *Am J Pathol.* 170(6): 1931-41.

Boden G (2001). Free fatty acids-the link between obesity and insulin resistance. *Endocr Pract.* 7(1): 44-51.

Borish LC, Steinke JW (2003). 2. Cytokines and chemokines. *J Allergy Clin Immunol.* 111(2 Suppl): S460-75.

Brown MS, Goldstein JL (1997). The SREBP pathway: regulation of cholesterol metabolism by proteolysis of a membrane-bound transcription factor. *Cell.* 89: 331-340.

Capeau J (2007). The story of adiponectin and its receptors AdipoR1 and R2: to follow. *J Hepatol.* 47(5): 736-8.

Chavey C, Mari B, Monthouel MN, Bonnafous S, Anglard P, Van Obberghen E, Tartare-Deckert S (2003). Matrix metalloproteinases are differentially expressed in adipose tissue during obesity and modulate adipocyte differentiation. *J Biol Chem.* 278(14): 11888-96.

Costa MJ, So AY, Kaasik K, Krueger KC, Pillsbury ML, Fu YH, Ptacek LJ, Yamamoto KR, Feldman BJ (2011). Circadian rhythm gene period 3 is an inhibitor of the adipocyte cell fate. *J Biol Chem.* 286(11): 9063-70.

Curat CA, Miranville A, Sengenes C, Diehl M, Tonus C, Busse R, Bouloumie A (2004). From blood monocytes to adipose tissue-resident macrophages: induction of diapedesis by human mature adipocytes. *Diabetes.* 53(5): 1285-92.

Dallmann R, Touma C, Palme R, Albrecht U, Steinlechner S (2006). Impaired daily glucocorticoid rhythm in Per1 (Brd) mice. *J Comp Physiol A Neuroethol Sens Neural Behav Physiol.* 192: 769-75.

Dandona P, Aljada A, Bandyopadhyay A (2004). Inflammation: the link between insulin resistance, obesity and diabetes. *Trends Immunol.* 25(1): 4-7.

Duffield GE, Best JD, Meurers BH, Bittner A, Loros JJ and Dunlap JC (2002). Circadian programs of transcriptional activation, signaling, and protein turnover revealed by microarray analysis of mammalian cells. *Curr Biol.* 12: 551-557.

Englund A, Kovanen L, Saarikoski ST, Haukka J, Reunanen A, Aromaa A, Lönnqvist J, Partonen T (2009). NPAS2 and PER2 are linked to risk factors of the metabolic syndrome. *J Circadian Rhythms.* 26;7: 5.

Farooqi IS, Matarese G, Lord GM, Keogh JM, Lawrence E, Agwu C, Sanna V, Jebb SA, Perna F, Fontana S, Lechler RI, DePaoli AM, O'Rahilly S (2002). Beneficial effects of leptin on obesity, T cell hyporesponsiveness, and neuroendocrine/metabolic dysfunction of human congenital leptin deficiency. *J Clin Invest.* 110: 1093-1103.

Fernandez EJ, Lolis E (2002). Structure, function, and inhibition of chemokines. *Annu Rev Pharmacol Toxicol.* 42: 469-99.

Frankenberry KA, Somasundar P, McFadden DW, Vona-Davis LC (2004). Leptin induces cell migration and the expression of growth factors in human prostate cancer cells. *Am J Surg*. 188(5): 560-5.

Froy O (2010). Metabolism and circadian rhythms--implications for obesity. *Endocr Rev*. 31(1): 1-24.

Fruhbeck G, Gomez-Ambrosi J, Muruzabal FJ, Burrell MA (2001). The adipocyte: a model for integration of endocrine and metabolic signaling in energy metabolism regulation. *Am J Physiol Endocrinol Metab*. 280(6): E827-47.

Furukawa S, Fujita T, Shimabukuro M, Iwaki M, Yamada Y, Nakajima Y, Nakayama O, Makishima M, Matsuda M, Shimomura I (2004). Increased oxidative stress in obesity and its impact on metabolic syndrome. *J Clin Inves*t. 114(12): 1752-61.

Hatori M, Panda S (2010). CRY links the circadian clock and CREB-mediated gluconeogenesis. *Cell Res*. 20: 1285-1288.

Havel PJ (2000). Role of adipose tissue in body-weight regulation: mechanisms regulating leptin production and energy balance. *Proc Nutr Soc*. 59(3): 359-71.

Inouye KE, Shi H, Howard JK, Daly CH, Lord GM, Rollins BJ, Flier JS (2007). Absence of CC chemokine ligand 2 does not limit obesity-associated infiltration of macrophages into adipose tissue. *Diabetes*. 56(9): 2242-50.

Kadowaki S, Li SH, Wang CH, Fedak PW, Li RK, Weisel RD, Mickle DA (2003). Resistin promotes endothelial cell activation : further evidence of adipokine-endothelialinteraction. *Circulation*. 108(6): 736-40.

Kamei N, Tobe K, Suzuki R, Ohsugi M, Watanabe T, Kubota N, Ohtsuka-Kowatari N, Kumagai K, Sakamoto K, Kobayashi M, Yamauchi T, Ueki K, Oishi Y, Nishimura S, Manabe I, Hashimoto H, Ohnishi Y, Ogata H, Tokuyama K, Tsunoda M, Ide T, Murakami K, Nagai R, Kadowaki T (2006). Overexpression of monocyte chemoattractant protein-1 in adipose tissues causes macrophage recruitment and insulin resistance. *J Biol Chem*. 281(36): 26602-14.

Karastergiou K, Mohamed-Ali V (2010). The autocrine and paracrine roles of adipokines. *Mol Cell Endocrinol*. 318(1-2): 69-78.

Kawanami D, Maemura K, Takeda N, Harada T, Nojiri T, Imai Y, Manabe I, Utsunomiya K, Nagai R (2004). Direct reciprocal effects of resistin and adiponectin on vascular endothelial cells: a new insight into adipocytokine-endothelial cell interactions. *Biochem Biophys Res Commun*. 314(2): 415-9.

Lakka HM, Laaksonen DE, Lakka TA, Niskanen LK, Kumpusalo E, Tuomilehto J, Salonen JT (2002). The metabolic syndrome and total and cardiovascular disease mortality in middle-aged men. *JAMA*. 288(21): 2709-16.

Liu C, Li S, Liu T, Borjigin J, Lin JD (2007). Transcriptional coactivator PGC-1alpha integrates the mammalian clock and energy metabolism. *Nature*. 447(7143): 477-81.

Maury E, Ramsey KM, Bass J (2010). Circadian rhythms and metabolic syndrome: from experimental genetics to human disease. *Circ Res*. 106(3): 447-62.

Mormone E, George J, Nieto N (2011). Molecular pathogenesis of hepatic fibrosis and current therapeutic approaches. *Chem Biol Interact*. 193(3): 225-31.

Olefsky JM, Glass CK (2010). Macrophages, inflammation, and insulin resistance. *Annu Rev Physio*l. 72: 219-46.

Pedersen BK, Fischer CP (2007). Physiological roles of muscle-derived interleukin-6 in response to exercise. *Curr Opin Clin Nutr Metab Care*. 10(3): 265-71.

Qatanani M, Lazar MA (2007). Mechanisms of obesity-associated insulin resistance: many choices on the menu. *Genes Dev*. 21(12): 1443-55.

Sabio G, Das M, Mora A, Zhang Z, Jun JY, Ko HJ, Barrett T, Kim JK, Davis RJ (2008). A stress signaling pathway in adipose tissue regulates hepatic insulin resistance. *Science*. 322(5907): 1539-43.

Sahar S, Sassone-Corsi P (2009). Metabolism and cancer: the circadian clock connection. *Nat Rev Cancer*. 9(12): 886-96.

Schibler U, Sassone-Corsi P (2002). A web of circadian pacemakers. *Cell*. 111: 919-922.

Sesti G, Federici M, Hribal ML, Lauro D, Sbraccia P, Lauro R (2001). Defects of the insulin receptor substrate (IRS) system in human metabolic disorders. *FASEB J*. 15(12): 2099-111.

Shoelson, SE, Herrero L, Naaz A (2007). Obesity, inflammation, and insulin resistance. *Gastroenterology*. 132: 2169-2180.

Steppan CM, Lazar MA (2004). The current biology of resistin. *J Intern Med*. 255(4): 439-47.

Suganami T, Nishida J, Ogawa Y (2005). A paracrine loop between adipocytes and macrophages aggravates inflammatory changes. Role of free fatty acids and tumor necrosis factor α. Arterioscler. *Arterioscler Thromb Vasc Biol*. 25(10): 2062-8.

Sun K, Kusminski CM, Scherer PE (2001). Adipose tissue remodeling and obesity. *J Clin Invest*. 121(6): 2094-2101.

Takaoka A, Yanai H, Kondo S, Duncan G, Negishi H, Mizutani T, Kano S, Honda K, Ohba Y, Mak TW, Taniguchi T (2005). Integral role ofI RF-5 in the gene induction programme activated by Toll-liker eceptors. *Nature*. 434(7030): 243-9.

Um JH, Yang S, Yamazaki S, Kang H, Viollet B, Foretz M, Chung JH (2007). Activation of 5'-AMP-activated kinase with diabetes drug metformin induces casein kinase Iepsilon (CKIepsilon)-dependent degradation of clock protein mPer2. *J Biol Chem*. 282: 794-8.

Weisberg SP, McCann D, Desai M, Rosenbaum M, Leibel RL, Ferrante AW Jr. (2003). Obesity is associated with macrophage accumulation in adipose tissue. *J Clin Invest*. 112(12): 1796-808.

Wellen KE, Hotamisligil GS (2005). Inflammation, stress, and diabetes. ***J Clin Invest.*** 115(5): 1111-9.

Xu H, Barnes GT, Yang Q, Tan G, Yang D, Chou CJ, Sole J, Nichols A, Ross JS, Tartaglia LA, Chen H (2003). Chronic inflammation in fat plays a crucial role in the development of obesity-related insulin resistance. ***J Clin Invest.*** 112(12): 1821-30.

Yamauchi T, Kamon J, Ito Y, Tsuchida A, Yokomizo T, Kita S, Sugiyama T, Miyagishi M, Hara K, Tsunoda M, Murakami K, Ohteki T, Uchida S, Takekawa S, Waki H, Tsuno NH, Shibata Y, Terauchi Y, Froguel P, Tobe K, Koyasu S, Taira K, Kitamura T, Shimizu T, Nagai R, Kadowaki T (2003). Cloning of adiponectin receptors that mediate antidiabetic metabolic effects. ***Naure.*** 423(6941): 762-9.

Yamauchi T, Nio Y, Maki T, Kobayashi M, Takazawa T, Iwabu M, Okada-Iwabu M, Kawamoto S, Kubota N, Kubota T, Ito Y, Kamon J, Tsuchida A, Kumagai K, Kozono H, Hada Y, Ogata H, Tokuyama K, Tsunoda M, Ide T, Murakami K, Awazawa M, Takamoto I, Froguel P, Hara K, Tobe K, Nagai R, Ueki K, Kadowaki T (2007). Targeted disruption of AdipoR1 and AdipoR2 causes abrogation of adiponectin binding and metabolic actions. ***Nat Med.*** 13(3): 332-9.

Yu R, Kim CS, Kwon BS, Kawada T (2006). Mesenteric adipose tissue-derived monocyte chemoattractant protein-1 plays a crucial role in adipose tissue macrophage migration and activation in obese mice. ***Obesity*** (Silver Spring). 14(8): 1353-62.

Zhang EE, Liu Y, Dentin R, Pongsawakul PY, Liu AC, Hirota T, Nusinow DA, Sun X, Landais S, Kodama Y, Brenner DA, Montminy M, Kay SA (2010). Cryptochrome mediates circadian regulation of cAMP signaling and hepatic gluconeogenesis. ***Nat Med.*** 16: 1152-1156.

ⓟ CHAPTER 12

도명술, 유리나, 박건영(2013). 분자영양학. 라이프사이언스.

이명숙 외(2012). 임상영양학. 양서원.

Borissoff JI, Joosen IA, Versteylen MO, Brill A, Fuchs TA, et al. (2013). Elevated levels of circulating DNA and chromatin are independently associated with severe coronary atherosclerosis and a prothrombotic state. ***Arterioscler Thromb Vasc Biol.*** 33(8): 2032-40.

Chanet A, Milenkovic D, Claude S, Maier JA, Kamran Khan M, et al. (2013). Flavanone metabolites decrease monocyte adhesion to TNF-α-activated endothelial cells by modulating expression of atherosclerosis-related genes. ***Br J Nutr.*** 110(4): 587-98.

Jové M, Pamplona R, Prat J, Arola L, Portero-Otín M (2013). Atherosclerosis prevention by nutritional factors: A meta-analysis in small animal models. ***Nutr Metab Cardiovasc Dis.*** 23(2): 84-93.

Mäkinen PI, Ylä-Herttuala S (2013). Therapeutic gene targeting approaches for the treatment of dyslipidemias and atherosclerosis. *Curr Opin Lipidol.* 24(2): 116-22.

Melo LG, Pachori AS, Gnecchi M, Dzau VJ (2005). Genetic therapies for cardiovascular diseases. *Trends Mol Med.* 11(5): 240-50.

Navarro-López F (2002). Genes and coronary heart diseas. *Rev Esp Cardiol.* 55(4): 413-31.

Ness AR, Powles JW (1997). Fruit and vegetables, and cardiovascular disease: A review. *Int J Epidemiol.* 26(1): 1-13.

Neves AL, Coelho J, Couto L, Leite-Moreira A, Roncon-Albuquerque R (2013). Metabolic endotoxemia: a molecular link between obesity and cardiovascular risk. *J Mol Endocrinol.* 51(2): R51-R64.

Ricketts ML, Moore DD, Banz WJ, Mezei O, Shay NF (2005). Molecular mechanisms of action of the soy isoflavones includes activation of promiscuous nuclear receptors. A review. *J Nutr Biochem.* 16(6): 321-30.

Ridker PM, Hennekens CH, Buring JE, Rifai N (2000). C-reactive protein and other markers of inflammation in the prediction of cardiovascular disease in women. *N Engl J Med.* 342(12): 836-43.

Seo D, Goldschmidt-Clermont PJ (2008). Cardiovascular genetic medicine: the genetics of coronary heart disease. *J Cardiovasc Transl Res.* 1(2): 166-70.

Yu H, Rifai N (2000). High-sensitivity C-reactive protein and atherosclerosis: from theory to therapy. *Clin Biochem.* 33(8): 601-10.

◉ CHAPTER 13

Brady ST, Siegel GJ, Albers RW, Price DL (2012). ***Basic neurochemistry: Principles of molecular, cellular, and medical neurobiology***, 8th Ed. Academic Press.

Sherwood L (2012). ***Human physiology: From cells to systems***, 8th Ed. Cengage Learning.

Stipanuk MH, Caudill MA (2013). ***Biochemical, physiological, and molecular aspects of human nutrition***, 3rd Ed. Elsevier.

Aarts MM, Arundine M, Tymianski M (2003). Novel concepts in excitotoxic neurodegeneration after stroke. *Expert Rev Mol Med.* 5: 1-22.

Bazan NG, Molina MF, Gordon WC (2011). Docosahexaenoic acid signalolipidomics in nutrition: significance in aging, neuroinflammation, macular degeneration, Alzheimer's, and other neurodegenerative diseases. *Annu Rev Nutr.* 31: 321-351.

Bhat NR (2010). Linking cardiometabolic disorders to sporadic Alzheimer's disease: a perspective on potential mechanisms and mediators. *J Neurochem.* 115: 551-562.

Bu G (2009). Apolipoprotein E and its receptors in Alzheimer's disease: pathways, pathogenesis and therapy. *Nat Rev Neurosci.* 10: 333-344.

Canty DJ, Zeisel SH (1994). Lecithin and choline in human health and disease. *Nutr Rev.* 52: 327-339.

Dietschy JM, Turley SD (2004). Thematic review series: brain Lipids. Cholesterol metabolism in the central nervous system during early development and in the mature animal. *J Lipid Res.* 45: 1375-1397.

Holtzman DM, Herz J, Bu G (2012). Apolipoprotein E and apolipoprotein E receptors: normal biology and roles in Alzheimer disease. *Cold Spring Harb Perspect Med.* 2: a006312.

Hussain G, Schmitt F, Loeffler JP, de Aguilar JL (2013). Fatting the brain: a brief of recent research. *Front Cell Neurosci.* 7: 144.

Iraola-Guzman S, Estivill X, Rabionet R (2011). DNA methylation in neurodegenerative disorders: a missing link between genome and environment? *Clin Genet.* 80: 1-14.

Mucke L (2009). Neuroscience: Alzheimer's disease. *Nature.* 461: 895-897.

Spuch C, Ortolano S, Navarro C (2012). LRP-1 and LRP-2 receptors function in the membrane neuron. Trafficking mechanisms and proteolytic processing in Alzheimer's disease. *Front Physiol.* 3: 269.

Uranga RM, Bruce-Keller AJ, Morrison CD, Fernandez-Kim SO, Ebenezer PJ, Zhang L, Dasuri K, Keller JN (2010). Intersection between metabolic dysfunction, high fat diet consumption, and brain aging. *J Neurochem.* 114: 344-361.

Zhuo JM, Wang H, Pratico D (2011). Is hyperhomocysteinemia an Alzheimer's disease (AD) risk factor, an AD marker, or neither? *Trends Pharmacol Sci.* 32: 562-571.

Zlokovic BV (2011). Neurovascular pathways to neurodegeneration in Alzheimer's disease and other disorders. *Nat Rev Neurosci.* 12: 723-738.

⊙ CHAPTER 14

Arendash GW, Schleif W, Rezai-Zadeh K, Jackson EK, Zacharia LC, Cracchiolo JR, Shippy D, Tan J (2006). Caffeine protects Alzheimer's mice against cognitive impairment and reduces brain beta-amyloid production. *Neuroscience.* 142(4): 941-952.

Bernstein AM, Willcox BJ, Tamaki H, Kunishima N, Suzuki M, Willcox DC, Yoo JS, Perls TT (2004). First autopsy study of an Okinawan centenarian: absence of many age-related diseases. *J Gerontol A Biol Sci Med Sci.* 59(11): 1195-1199.

Cabreiro F, Perichon M, Jatje J, Malavolta M, Mocchegiani E, Friguet B, Petropoulos I (2008). Zinc supplementation in the elderly subjects: effect on oxidized protein degradation and repair systems in peripheral blood lymphocytes. *Exp Gerontol.* 43(5): 483-487.

Corder R, Mullen W, Khan NQ, Marks SC, Wood EG, Carrier MJ, Crozier A (2006). Oenology: red wine procyanidins and vascular health. *Nature.* 444(7119): 566.

Haigis MC, Guarente LP (2006). Mammalian sirtuins-emerging roles in physiology, aging, and calorie restriction. *Genes Dev.* 20(21): 2913-2921.

Ikehara S, Iso H, Toyoshima H, Date C, Yamamoto A, Kikuchi S, Kondo T, Watanabe Y, Koizumi A, Wada Y, Inaba Y, Tamakoshi A; Japan Collaborative Cohort Study Group (2008). Alcohol consumption and mortality from stroke and coronary heart disease among Japanese men and women: the Japan collaborative cohort study. *Stroke.* 39(11): 2936-2942.

Kaufman RJ, Scheuner D, Schroder M, Shen X, Lee K, Liu CY, Arnold SM (2002). The unfolded protein response in nutrient sensing and differentiation. *Nat Rev Mol Cell Biol.* 3: 411-421.

Kelly G (2010). A review of the sirtuin system, its clinical implications, and the potential role of dietary activators like resveratrol: part 1. *Altern Med Rev.* 15: 245-263.

Mattison JA, Roth GS, Beasley TM, Tilmont EM, Handy AM, Herbert RL, Longo DL, Allison DB, Young JE, Bryant M, Barnard D, Ward WF, Qi W, Ingram DK, de Cabo R (2012). Impact of caloric restriction on health and survival in rhesus monkeys from the NIA study. *Nature.* 489(7415): 318-321.

Milagro FI, Campión J, García-Díaz DF, Goyenechea E, Paternain L, Martínez JA (2009). High fat diet-induced obesity modifies the methylation pattern of leptin promoter in rats. *J Physiol Biochem.* 65(1): 1-9.

Morselli E, Maiuri MC, Markaki M, Megalou E, Pasparaki A, Palikaras K, Criollo A, Galluzzi L, Malik SA, Vitale I, Michaud M, Madeo F, Tavernarakis N, Kroemer G (2010). Caloric restriction and resveratrol promote longevity through the Sirtuin-1-dependent induction of autophagy. *Cell Death Dis.* 1: e10.

Morselli E, Maiuri MC, Markaki M, Megalou E, Pasparaki A, Palikaras K, Criollo A, Galluzzi L, Malik SA, Vitale I, Michaud M, Madeo F, Tavernarakis N, Kroemer G (2010). The life span-prolonging effect of sirtuin-1 is mediated by autophagy. *Autophagy.* 6(1): 186-188.

González S, Huerta JM, Fernández S, Patterson AM, Lasheras C (2007). Life-quality indicators in elderly people are influenced by selenium status. *Aging Clin Exp Res.* 19(1): 10-15.

Nemoto S, Finkel T (2004). Ageing and the mystery at Arles. *Nature.* 429(6988): 149-152.

Niculescu MD, Lupu DS (2011). Nutritional influence on epigenetics and effects on longevity. *Curr Opin Clin Nutr Metab Care.* 14(1): 35-40.

Paul L (2011). Diet, nutrition and telomere length. *J Nutr Biochem.* 22(10): 895-901.

Ribarič S (2012). Diet and aging. *Oxid Med Cell Longev.* 2012: 741468.

Rockenfeller P, Madeo F (2010). Ageing and eating. *Biochim Biophys Acta.* 1803(4): 499-506.

Rubinsztein DC, Mariño G, Kroemer G (2011). Autophagy and aging. *Cell.* 146(5): 682-695.

Sauer J, Jang H, Zimmerly EM, Kim KC, Liu Z, Chanson A, Smith DE, Mason JB, Friso S, Choi SW (2010). Ageing, chronic alcohol consumption and folate are determinants of genomic DNA methylation, p16 promoter methylation and the expression of p16 in the mouse colon. *Br J Nutr.* 104(1): 24-30.

Schroder K, Tschopp J (2010). The inflammasomes. *Cell.* 140(6): 821-832.

Willcox BJ, Yano K, Chen R, Willcox DC, Rodriguez BL, Masaki KH, Donlon T, Tanaka B, Curb JD (2004). How much should we eat? The association between energy intake and mortality in a 36-year follow-up study of Japanese-American men. *J Gerontol A Biol Sci Med Sci.* 59(8): 789-795.

Zaveri NT (2006). Green tea and its polyphenolic catechins: medicinal uses in cancer and noncancer applications. *Life Sci.* 78(18): 2073-2080.

⊙ CHAPTER 15

도명술, 유리나, 박건영(2005). 분자영양학. 라이프사이언스.

박상대(2013) 필수세포생물학. 교보문고.

한국영양학회(2011). 파이토뉴트리언트 영양학. 라이프사이언스.

Garcia-Closas R, Castellsague Z, Bosch X, Gonzalez CA (2005). The role of diet and nutrition in cervical carcinogenesis: a review of recent evidence. *Int J Cancer* 117: 629-337.

Laura A. Da Costa, Alaa Badawi, Ahmed El-Sohemy (2012). Nutrigenetics and Modulation of Oxidative Stress. *Ann Nutr Metab* 60: 27-36.

Liu RH (2004). Potential synergy of phytochemicals in cancer prevention: mechanism of action. *J Nutr.* 134: 3479S-3485S.

Júlio César Nepomuceno (2013). *Nutrigenomics and Cancer Prevention.* INTECH.

Brenda L. Bohnsack and Karen K. Hirschi (2004). Nutrient regulation of cell cycle progression. *Annu Rev Nutr.* 24: 433-453.

Valerio Costa, Amelia Casamassimi, Alfredo Ciccodicola(2010). Nutritional genomics era: opportunities toward a genome-tailored nutritional regimen. *J Nutritional Biochem.* 21: 457-467.

Elaine Trujillo, Cindy Davis John Milner (2006). Nutrigenomics, proteomics, metabolomics, and the practice of dietetics. *J Am Diet Assoc.* 206: 403-413.

Yun-Zhong Fang, Sheng Yang, and Guoyao Wu (2002). Free Radicals, antioxidants, and nutrition. *Nutrition.* 18: 872-879.

Sahin K, Ozercan R, Onderci M, Sahin N, Gursu MF, Khachik F, Sarkar FH, Munkarah A, Ali-Fehmi R, Kmak D, Kucuk O (2004). Lycopene supplementation prevents the development of spontaneous smooth muscle tumors of the oviduct in Japanese quail. *Nutr Cancer.* 50: 181-189.

Sun M, Estrov Z, Ji Y, Coombes KR, Harris DH, Kurzrock R (2008). Curcumin (diferuloylmethane) alters the expression profiles of microRNAs in human pancreatic cancer cells. *Mol Cancer Ther.* 7: 464-473.

Zhang X, Zhang H, Tighiouart M, Lee JE, Shin HJ, Khuri FR, Yang CS, Chen ZG, Shin DM (2008). Synergistic inhibition of head and neck tumor growth by green tea (-)-epigallocatechin-3-gallate and EGFR tyrosine kinase inhibitor. *Int J Cancer.* 123: 1005-1014.

국립암센터 암등록통계자료 http://ncc.re.kr

INDEX
찾아보기

저자 소개

편집위원 **이명숙** 성신여자대학교 식품영양학과 교수

정자용 경희대학교 식품영양학과 교수

권영혜 서울대학교 식품영양학과 교수

이미경 순천대학교 식품영양학과 교수

이윤경 제주대학교 식품영양학과 교수

집필위원 **강영희** 한림대학교 식품영양학과 교수

권인숙 안동대학교 식품영양학과 교수

김양하 이화여자대학교 식품영양학과 교수

양수진 서울여자대학교 식품영양학과 교수

전향숙 중앙대학교 식품공학부 식품공학전공 교수

차연수 전북대학교 식품영양학과 교수

최명숙 경북대학교 식품영양학과 교수

세포부터 인체까지
분자영양학

2015년 5월 11일 초판 인쇄 | 2015년 5월 20일 초판 발행

지은이 이명숙·정자용·권영혜·이미경·이윤경·강영희·권인숙·김양하·양수진·전향숙·차연수·최명숙
펴낸이 류제동 | **펴낸곳** **교문사**

편집부장 모은영 | **책임진행** 김지연 | **디자인** 신나리 | **본문편집** 북큐브
제작 김선형 | **홍보** 김미선 | **영업** 이진석·정용섭 | **출력·인쇄** 삼신인쇄 | **제본** 한진제본

주소 (413-120)경기도 파주시 문발로 116 | **전화** 031-955-6111 | **팩스** 031-955-0955
홈페이지 www.kyomunsa.co.kr | **E-mail** webmaster@kyomunsa.co.kr
등록 1960. 10. 28. 제406-2006-000035호
ISBN 978-89-363-1454-5 (93590) | 값 28,000원

* 저자와의 협의하에 인지를 생략합니다.
* 잘못된 책은 바꿔 드립니다.

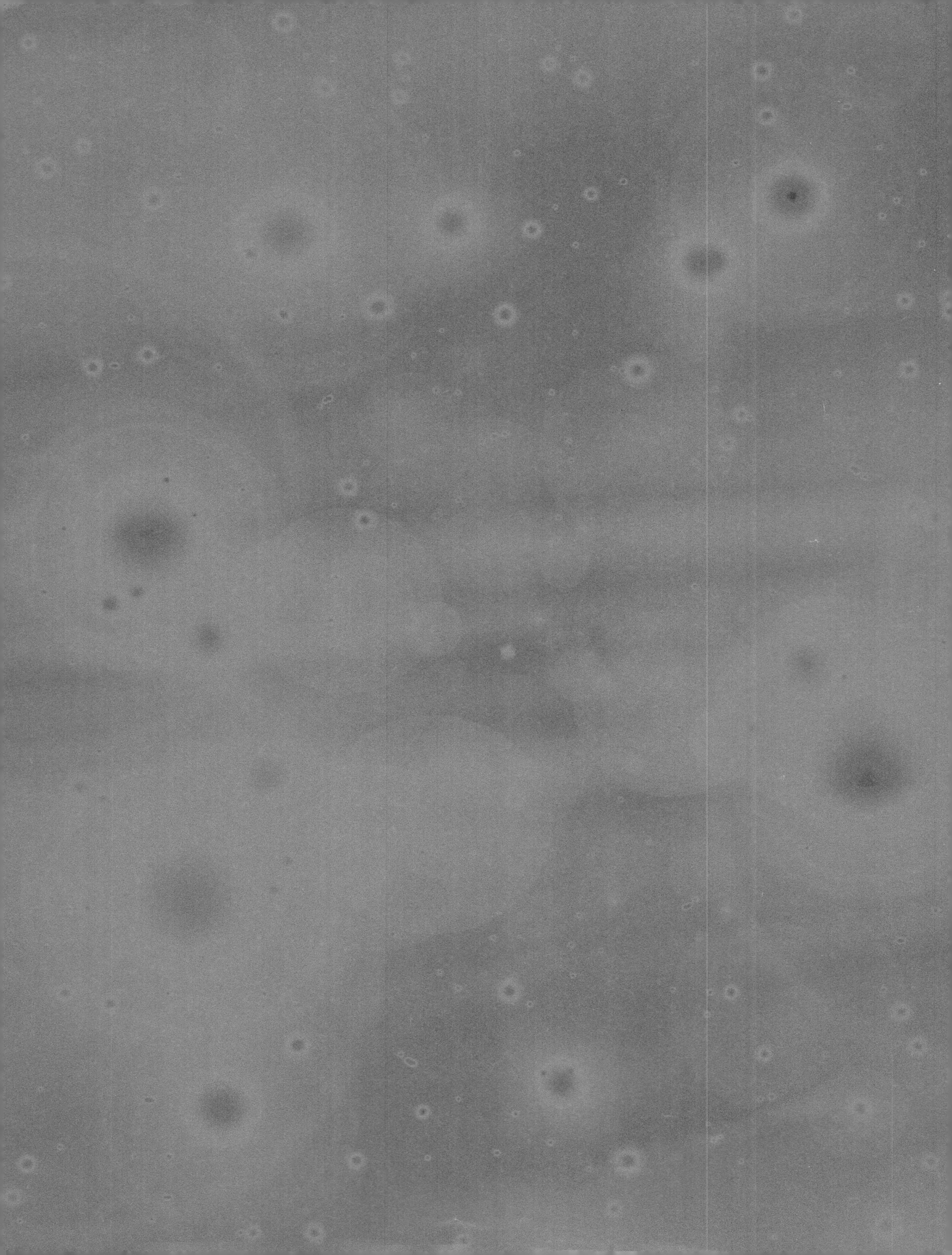